METEOROLOGISCHER DIENST
DER DEUTSCHEN DEMOKRATISCHEN REPUBLIK
Erdmagnetisches Jahrbuch
1939-1944

Ergebnisse der Beobachtungen am Adolf Schmidt-Observatorium für Erdmagnetismus in Niemegk in den Jahren 1939-1944

1. Teil

Stunden-, Tages-, Monats- und Jahresmittel der erdmagnetischen Elemente

von

G. FANSELAU

1950

AKADEMIE-VERLAG BERLIN

Erschienen im Akademie-Verlag GmbH., Berlin NW 7, Schiffbauerdamm 19
Lizenz-Nr. 156 · 5768/49—6752/49
Gedruckt in der Buchdruckerei F. Mitzlaff, Rudolstadt/Thür. (811)
Bestell- und Verlags-Nr. 2021/2
Preis: 10,— DM

Vorbemerkung

In der regelmäßigen Veröffentlichung der erdmagnetischen Jahrbücher des Observatoriums Niemegk ist durch den Krieg eine empfindliche Verzögerung eingetreten. Der vollständige Satz für das Jahrbuch 1939 wurde kurz vor dem Ausdrucken durch Bombenschaden vernichtet. Von den rechnerischen Unterlagen auch der folgenden Jahre ging in den unruhigen Zeiten kurz nach Beendigung des Krieges manches verloren. Besonders empfindlich betrafen diese Verluste das Jahr 1944, wofür praktisch die gesamte geleistete Arbeit von neuem gemacht werden mußte.

Der gegenwärtige Personalstand des Observatoriums ließ es nicht ratsam erscheinen, die Jahrbücher in der bisher üblichen Form zu veröffentlichen. Dies hätte in vieler Hinsicht eine noch größere Verzögerung gegeben, die aber, zumindest was das Grundmaterial anbelangt, unbedingt vermieden werden mußte. Infolgedessen wurde beschlossen, die sechs Jahre 1939—1944 gemeinsam zu bearbeiten und das auf diese Weise geschaffene sechs Jahre umfassende Jahrbuch 1939—1944 in verschiedene Teile aufzuspalten. Der erste Teil, der hiermit zur Veröffentlichung gelangt, enthält die Stundenmittel der erdmagnetischen Komponenten, und daraus abgeleitet die Tages-, Monats- und Jahresmittel. Es ist beabsichtigt, die weiteren Teile in möglichst rascher Folge herauszubringen, so daß schließlich auch für den Zeitraum 1939—1944 die Jahrbücher vollständig in der bisher üblichen Form vorliegen werden.

Mit dem Jahre 1944 schließt die erste Beobachtungsreihe des Observatoriums Niemegk ab. Denn die kriegsbedingten Schädigungen des Observatoriums haben einen so tiefgreifenden Einfluß auf die gesamte Beobachtungstechnik gehabt, daß praktisch mit dem Neubeginn der Beobachtungen gerechnet werden kann.

Zu dem Inhalt des vorliegenden Jahrbuches ist im Prinzip nicht viel zu sagen, da die Anordnung die gleiche geblieben ist wie in den vorhergehenden Jahrbüchern. X ist nach Norden, Y nach Osten und Z nach unten positiv gerechnet. Dementsprechend ist eine östliche Deklination positiv, ebenso eine nördliche Inklination. Zur Zeit ist die Deklination in Niemegk westlich, also negativ.

Alle Zeiten beziehen sich auf Weltzeit (M. G. Z.). 0^h ist Mitternacht.

Die als international ruhig bezeichneten Tage tragen das Kennzeichen *, die als gestört bezeichneten Tage das Kennzeichen †.

Wie bisher sind in den Tabellen die Maximal- und Minimalwerte der Tagesmittel durch besonderen Druck hervorgehoben, groß fette Zahlen für das Maximum, klein fette für das Minimum. Entsprechendes gilt für die in den Spalten Max. und Min. angegebenen Zahlen. Auch hier ist das größte Maximum durch groß fetten Druck und das kleinste Minimum durch klein fetten Druck besonders gekennzeichnet.

Die Zuverlässigkeit des gesamten Materials hat durch den Krieg in keiner Weise gelitten, abgesehen höchstens von dem letzten Halbjahr 1944, wo durch wiederholte Bombenabwürfe und Flugzeugabschüsse zahlreiche Versetzungen in der Registrierung der Vertikalintensität zu verzeichnen sind. Die Elimination dieser Sprünge könnte gegebenenfalls zu einer geringen Verminderung der Zuverlässigkeit dieser Werte führen.

Vor den Tabellen der Stundenmittel findet sich eine Zusammenstellung der Normalwerte zur Epoche .0 und .5 für alle Komponenten und Elemente. Der Gang dieser Normalwerte ist in der beigegebenen Figur graphisch dargestellt.

Ergebnisse der Beobachtungen in den Jahren 1939-1944

in

Niemegk

Astronomische Koordinaten: $\varphi = 52^{0}4.'3$, $\lambda = 12^{0}40.'5$ E. v. Grw.
$= 0^{h}50^{m}42^{s}.0$ E. v. Grw.

Geomagnetische Koordinaten: $\Theta = 52^{0}12'$, $\Lambda = 96^{0}30'$, $\psi = -18^{0}48'$

Höhe über N. N.: 78 m

Zusammenstellung der Normalwerte 1934.0–1944.5

Epoche	D	H	J	X	Y	Z	F
		Γ γ		Γ γ	Γ γ	Γ γ	Γ γ
1934.0*)	−5°10.'34	0.18500.6	66°45.'77	0.18425.3	−0.01667.9	0.43088.0	0.46891.8
·5	5.16	491.3	46.92	418.4	639.3	106.0	904.7
1935.0	−4°59.94	484.0	48.12	413.7	610.7	130.5	924.4
·5	54.88	476.9	49.42	408.9	582.9	158.9	947.7
1936.0	50.02	469.8	50.78	404.1	556.3	189.9	973.4
·5	45.34	463.8	52.06	400.2	530.8	220.2	998.9
1937.0	40.54	456.5	53.43	395.1	504.5	250.8	0.47024.1
·5	35.80	449.2	54.85	389.9	478.5	283.5	051.3
1938.0	31.42	441.4	56.25	383.9	454.5	313.8	076.2
·5	27.09	437.0	57.27	381.4	431.0	339.2	097.9
1939.0	22.78	438.6	57.81	384.8	408.5	361.7	119.1
·5	18.30	437.9	58.54	385.9	384.1	385.6	141.0
1940.0	13.78	435.3	59.38	385.1	359.7	409.2	161.6
·5	9.60	434.5	67° 0.06	385.9	337.3	431.2	181.6
1941.0	5.59	434.7	0.76	387.7	315.8	456.2	204.7
·5	1.44	429.6	1.88	384.2	293.3	483.6	227.9
1942.0	−3°57.55	430.2	2.31	386.3	272.5	500.1	243.4
·5	53.76	433.0	2.56	390.4	252.4	515.7	258.8
1943.0	49.86	428.1	3.46	386.9	231.2	535.6	275.2
·5	45.95	420.6	4.59	380.9	209.9	558.1	293.0
1944.0	42.00	419.4	5.40	381.0	188.6	583.5	315.9
·5	−3°38.35	0.18422.5	67° 5.69	0.18385.3	−0.01169.3	0.43600.9	0.47333.2
Δ P**)	+ 8.'6	− 114 γ	+ 11.'2	− 109 γ	+ 56 γ	+ 122 γ	+ 67 γ
Δ S	+ 7.'3	− 76 γ	+ 8.'2	− 72 γ	+ 46 γ	+ 107 γ	+ 68 γ

*) Nach vorläufiger Berechnung.

**) Die Zahlen sind zu den Niemegker Werten zu addieren, um die entsprechenden Werte für Seddin und Potsdam zu erhalten.

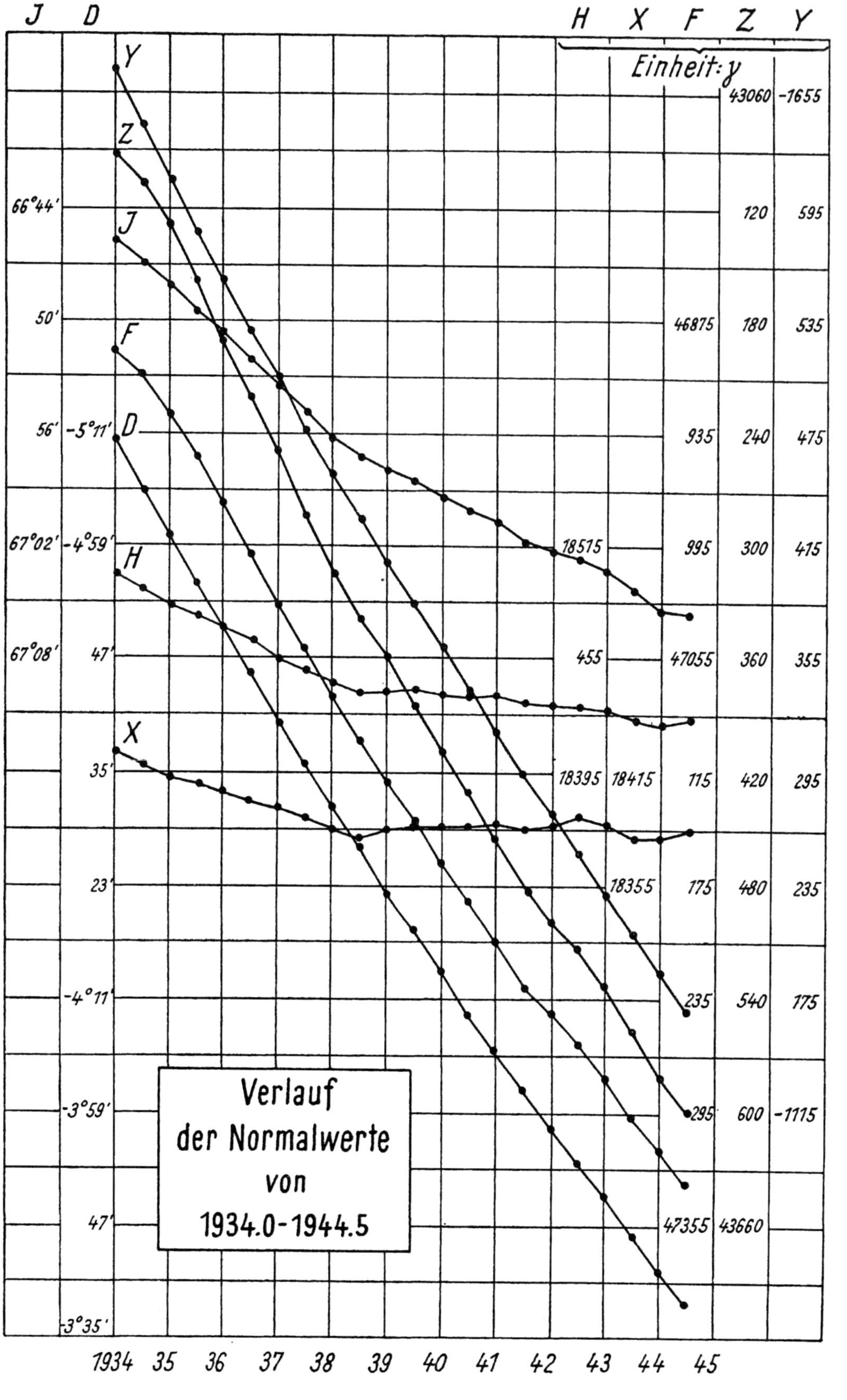
J D
H X F Z Y
Einheit: γ
Y
Z
J
F
D
H
X
66°44'
50'
56'
67°02'
67°08'
-5°11'
-4°59'
47'
35'
23'
-4°11'
-3°59'
47'
-3°35'
43060 -1655
120 595
46875 180 535
935 240 475
18515 995 300 415
455 47055 360 355
18395 18415 115 420 295
18355 175 480 235
235 540 175
295 600 -1115
47355 43660
1934 35 36 37 38 39 40 41 42 43 44 45
Verlauf
der Normalwerte
von
1934.0-1944.5

Nordkomponente.

Niemegk — $X = 0.18300\ \Gamma + \text{Tafelwert.}$ — 1939

Tag	0h–1h	1h–2h	2h–3h	3h–4h	4h–5h	5h–6h	6h–7h	7h–8h	8h–9h	9h–10h	10h–11h	11h–12h	12h–13h	13h–14h	14h–15h	15h–16h	16h–17h	17h–18h	18h–19h	19h–20h	20h–21h	21h–22h	22h–23h	23h–24h	Tagesmittel	Max.	Min.
Januar																									γ		
1*	99	102	105	107	108	110	108	104	98	94	91	95	103	99	94	91	95	97	96	98	97	96	98	100	99.4	110	91
2	100	99	100	101	104	111	111	104	98	96	85	87	92	95	97	93	98	103	105	106	108	106	103	97	100.0	111	85
3*	94	98	103	104	108	107	106	102	98	94	95	92	94	100	93	92	95	98	101	102	101	103	102	100	99.2	108	92
4	102	102	102	105	107	108	110	105	96	95	91	93	93	96	96	95	99	103	105	109	112	111	111	105	102.1	112	91
5†	106	111	116	120	111	107	112	112	112	109	106	109	108	102	102	96	95	104	92	95	104	117	118	95	**106.6**	**120**	92
6	92	94	103	99	99	101	101	97	91	84	82	81	87	91	92	95	82	88	85	91	102	115	98	96	93.6	115	81
7	92	102	96	95	101	102	102	100	98	92	88	92	95	95	94	95	94	101	104	91	107	95	92	91	96.4	107	88
8	88	91	96	105	96	99	100	95	87	80	80	84	91	93	86	83	81	80	87	95	110	86	89	102	91.0	110	80
9†	95	96	97	99	111	104	89	85	74	72	72	71	81	82	79	83	86	88	85	92	83	104	96	81	87.7	111	71
10	86	89	88	95	114	100	96	97	88	83	77	79	65	76	77	80	85	94	96	91	95	94	87	85	88.2	114	65
11	84	86	91	95	101	97	91	89	87	85	80	82	83	92	90	82	84	77	87	88	100	95	91	90	88.6	101	77
12	91	92	92	96	96	93	91	92	91	88	89	96	104	98	87	90	92	99	101	102	98	99	96	92	94.4	104	87
13	96	94	91	94	95	97	95	91	90	91	97	104	104	102	99	98	92	95	99	100	102	100	98	103	97.0	104	90
14	100	100	104	102	101	99	104	101	94	94	98	95	92	88	72	76	87	101	104	101	98	107	93	83	95.6	107	72
15	91	94	96	96	102	108	99	96	88	76	82	84	84	79	80	88	96	100	96	96	95	96	95	92	92.0	108	76
16	98	97	98	98	100	100	102	100	94	81	84	92	95	94	91	91	91	92	98	87	107	70	76	80	92.3	107	70
17†	86	97	111	90	100	91	87	83	75	74	70	58	60	79	74	76	80	88	93	87	87	94	77	89	**83.6**	111	**58**
18	94	89	91	94	100	98	85	89	91	83	74	77	87	90	85	84	87	89	94	96	94	92	107	91	90.0	107	74
19	93	94	93	93	96	99	100	96	91	89	85	84	86	89	89	89	90	96	100	100	96	102	95	99	93.5	102	84
20	95	103	115	101	107	98	109	110	103	93	80	84	85	89	92	93	95	97	94	88	84	95	96	93	95.8	115	80
21†	98	93	94	98	103	104	109	107	107	91	87	83	90	76	73	70	72	64	75	87	95	95	96	96	90.1	109	64
22†	97	97	97	102	105	109	111	106	101	92	88	84	88	91	95	95	97	98	88	93	94	92	105	103	97.0	111	84
23	99	91	93	92	97	92	97	100	97	75	80	85	95	91	71	73	77	89	92	91	92	100	99	97	90.2	100	71
24	98	97	98	102	104	114	108	105	91	86	80	76	80	85	87	89	91	95	95	94	93	93	110	93	94.3	114	76
25	91	99	101	104	107	105	105	100	98	92	86	84	86	95	93	88	93	96	99	100	98	100	97	97	96.4	107	84
26*	98	98	100	103	106	108	108	107	103	93	90	88	91	91	95	96	98	101	104	104	103	103	103	103	99.8	108	88
27*	103	103	104	105	106	108	107	103	94	86	81	86	92	97	101	102	102	104	107	108	108	108	108	107	101.2	108	81
28	107	107	108	110	111	114	119	120	119	112	103	95	95	100	105	106	100	99	91	92	106	103	106	114	105.9	120	91
29	104	88	93	97	103	104	103	101	100	97	93	90	94	99	100	99	100	102	105	104	101	99	101	99	99.0	105	88
30*	99	100	104	106	107	111	107	108	100	89	83	80	84	91	97	96	96	95	101	107	104	105	105	106	99.2	111	80
31	105	106	107	109	113	114	113	107	100	84	82	76	80	86	85	89	94	99	103	104	105	104	103	104	98.8	114	76
Mittel	96	97	100	101	104	104	103	100	95	89	86	86	89	91	89	89	91	95	96	97	99	99	98	96	95.4	109	80
Februar																									γ		
1†	103	104	104	101	100	100	101	106	107	103	102	100	99	87	81	91	101	102	83	53	44	64	64	56	89.8	107	44
2	50	69	80	76	72	75	78	76	82	83	80	80	83	81	73	73	79	74	88	57	62	81	90	80	75.9	90	50
3	80	81	84	93	102	92	88	86	83	79	77	73	72	79	79	84	80	86	86	85	84	101	83	84	84.2	102	72
4	87	90	92	87	90	90	88	88	88	84	73	56	74	81	81	79	85	88	91	95	92	93	96	97	86.0	97	56
5	93	93	96	92	92	97	98	101	104	104	86	83	89	96	88	81	82	90	93	101	93	88	95	88	92.6	104	81
6†	93	93	94	93	102	102	96	107	104	97	52	41	36	32	33	30	09	14	17	05	15	19	26	49	56.6	107	05
7†	52	67	72	61	55	48	48	58	60	56	53	61	51	42	52	51	47	42	72	61	59	61	69	72	57.1	72	42
8	76	73	73	69	74	76	82	87	88	84	79	72	68	69	72	79	81	82	85	74	67	80	74	75	76.6	88	67
9	75	77	78	79	80	88	95	100	102	102	97	83	84	88	86	85	81	86	72	60	54	73	72	88	82.7	102	54
10	81	81	83	91	84	80	81	84	84	78	79	79	75	75	86	76	76	49	61	82	93	98	98	108	81.8	108	49
11	110	95	90	114	97	99	96	96	99	93	73	67	76	81	81	82	86	88	90	93	93	92	93	93	90.7	114	67
12*	94	95	97	98	98	97	99	101	101	98	94	93	93	89	86	86	89	90	96	100	102	104	102	103	96.0	104	86
13*	101	101	99	100	100	101	106	111	109	101	96	94	95	95	96	96	98	100	103	105	94	97	96	96	99.6	111	94
14	99	104	104	104	107	108	115	110	105	98	87	80	77	85	87	92	96	87	89	92	96	104	104	108	97.4	115	77
15	107	117	122	104	109	119	127	115	111	98	89	89	94	96	87	79	91	94	96	101	109	105	108	108	**103.1**	**127**	79
16	102	100	102	97	96	96	101	104	99	98	88	83	78	80	70	70	66	89	88	89	94	102	94	96	90.9	104	66
17	97	97	98	97	97	106	107	91	88	81	86	83	72	65	58	60	85	84	92	90	109	100	92	93	88.7	109	58
18	100	97	97	96	97	100	102	94	96	90	90	90	92	90	92	92	82	98	96	95	95	104	124	111	96.7	124	82
19	95	97	93	96	99	104	108	104	98	88	75	75	72	83	81	85	91	94	96	100	113	97	93	96	93.0	113	72
20	94	96	97	98	101	104	103	99	88	81	80	78	82	86	84	81	84	76	86	91	95	102	108	96	91.2	108	76
21*	96	93	93	96	94	103	105	106	105	99	92	89	92	92	92	95	98	100	103	102	103	103	103	103	98.2	106	89
22*	104	103	103	105	107	109	108	105	98	95	96	97	103	106	104	101	100	99	96	101	96	100	101	101	101.6	109	95
23	110	108	100	95	97	100	99	99	96	90	88	86	93	108	108	105	105	103	104	105	104	104	111	105	101.0	111	86
24†	104	99	105	109	106	102	102	101	100	97	95	97	92	76	75	64	55	29	-08	-18	-60	-03	-64	-62	58.0	109	-64
25†	-76	-34	-32	-17	-12	-20	-38	-59	-04	-22	-10	-04	-20	-08	03	31	08	-06	35	33	32	60	60	49	**-02.1**	60	**-76**
26	48	48	49	52	54	56	54	50	45	43	42	45	51	55	58	57	61	65	66	68	68	66	92	77	57.1	92	42
27*	73	74	75	75	76	79	82	82	79	74	70	68	73	71	68	71	72	76	80	82	83	84	84	86	76.5	86	68
28	85	85	83	84	87	88	91	90	87	78	74	71	74	83	83	83	63	51	64	66	59	63	67	71	76.2	91	51
Mittel	83	86	87	87	88	89	90	89	89	84	78	75	76	77	77	77	77	76	79	77	77	84	83	83	82.0	102	56

Weltzeit

Nordkomponente.

Niemegk X = 0.18300 Γ + Tafelwert. 1939

0h 1h 2h 3h 4h 5h 6h 7h 8h 9h 10h 11h 12h 13h 14h 15h 16h 17h 18h 19h 20h 21h 22h 23h 24h Weltzeit

März

Tag	0h	1h	2h	3h	4h	5h	6h	7h	8h	9h	10h	11h	12h	13h	14h	15h	16h	17h	18h	19h	20h	21h	22h	23h	Tagesmittel γ	Max.	Min.
1	72	70	79	82	80	92	87	89	77	60	67	72	79	85	70	82	56	62	72	65	63	80	72	74	74.5	92	56
2	71	78	120	64	65	50	69	62	60	52	55	48	48	51	66	71	71	74	77	80	79	84	81	81	69.0	120	48
3	81	83	79	76	80	88	97	98	92	77	71	66	70	61	59	59	64	62	72	73	72	55	65	105	75.2	105	55
4	76	65	63	118	93	74	66	65	52	57	52	55	58	63	64	65	66	64	81	88	70	73	81	74	70.1	118	52
5	74	72	71	80	79	83	86	81	69	58	54	62	71	80	84	79	72	77	77	98	81	85	108	84	77.7	108	54
6	77	77	81	84	84	96	86	90	72	48	39	40	56	55	70	68	68	82	88	93	94	92	87	81	75.3	96	39
7*	80	102	80	82	83	89	89	87	76	69	65	61	71	83	90	88	84	87	92	92	89	92	92	96	84.1	102	61
8	107	104	96	100	98	114	96	87	82	75	68	67	71	81	84	83	88	93	79	89	93	96	100	99	89.6	114	67
9	98	94	98	99	101	107	112	99	65	79	88	89	79	70	66	76	71	76	79	106	106	89	94	90	88.8	112	65
10	90	98	88	87	89	92	92	92	95	89	88	83	72	68	78	79	85	84	96	99	97	105	91	93	88.8	105	68
11	94	93	94	94	96	102	103	89	92	70	65	72	82	84	86	94	88	85	88	98	99	96	92	88	89.3	103	65
12	117	92	89	91	92	96	101	90	88	71	64	65	72	78	84	68	71	84	87	106	97	91	95	117	87.7	117	64
13*	90	87	91	94	94	96	97	96	84	60	59	68	82	80	76	83	86	91	96	98	98	99	102	101	87.8	102	59
14	102	103	106	109	107	108	110	107	103	95	93	91	80	95	91	82	77	92	94	94	96	98	102	97	97.2	110	77
15	98	102	100	102	103	103	109	109	92	91	87	67	76	87	88	90	56	69	96	98	107	101	100	102	93.0	109	56
16	105	95	95	108	103	103	102	97	84	58	57	70	71	72	85	85	94	95	92	93	111	101	91	98	90.2	111	57
17	112	100	92	84	76	83	76	86	83	81	70	64	70	75	76	78	88	90	90	111	109	96	99	101	87.1	112	64
18*	110	97	91	94	98	99	100	97	89	75	68	65	70	76	84	86	91	96	100	101	102	101	100	100	91.2	110	65
19*	98	98	96	99	101	102	103	101	94	83	76	78	83	83	88	92	95	98	101	110	104	108	113	108	96.3	113	76
20	103	105	96	118	110	114	114	105	91	80	80	85	93	99	102	101	98	88	100	103	102	101	101	105	**99.8**	118	80
21	107	107	106	110	110	113	120	110	87	76	39	44	58	65	72	75	82	96	84	74	88	91	92	92	87.4	120	39
22†	95	96	98	96	104	101	104	102	85	66	48	44	44	33	46	61	98	68	112	94	98	96	112	87	82.8	112	33
23	83	85	74	91	88	88	92	89	80	53	63	70	71	71	77	56	66	78	92	97	91	132	91	85	81.8	132	53
24	93	91	89	89	90	93	98	96	82	68	63	64	72	77	82	87	88	88	87	83	91	115	100	98	86.8	115	63
25*	94	92	96	102	93	104	103	98	87	79	78	79	80	84	84	89	91	91	97	99	101	102	99	115	93.2	115	78
26	110	96	91	105	99	103	101	100	87	69	68	67	67	75	88	89	90	92	120	99	110	105	95	112	93.2	120	67
27†	103	107	118	134	119	117	121	107	93	67	55	56	68	78	84	90	94	94	71	98	64	102	123	84	93.6	**134**	55
28†	79	79	91	93	101	79	91	87	62	50	31	52	51	48	88	71	66	43	40	29	02	−04	−20	41	56.2	101	**−20**
29†	63	66	48	29	56	67	43	17	26	14	46	18	20	39	69	60	90	70	63	88	93	64	55	84	**53.7**	93	14
30†	83	58	59	63	63	63	72	71	65	57	50	61	64	62	75	78	86	111	77	72	77	106	61	74	71.2	111	50
31	62	77	72	56	76	69	66	59	56	49	43	52	70	71	67	62	68	86	90	107	86	96	115	99	73.1	115	43
Mittel	91	89	89	91	91	93	94	89	79	67	63	64	68	72	78	78	80	83	87	91	89	92	90	92	83.4	111	55

April

Tag	0h	1h	2h	3h	4h	5h	6h	7h	8h	9h	10h	11h	12h	13h	14h	15h	16h	17h	18h	19h	20h	21h	22h	23h	Tagesmittel γ	Max.	Min.
1	91	94	84	68	71	89	84	74	48	46	52	49	39	50	54	70	72	94	88	97	83	83	81	104	73.5	104	39
2	95	87	97	75	77	89	77	69	57	51	46	46	61	65	75	76	81	102	107	91	106	94	104	134	81.8	134	46
3	88	87	88	89	86	81	80	76	42	45	56	58	59	58	71	82	77	90	96	88	86	87	81	74	76.0	96	42
4	91	82	80	84	102	93	88	75	61	57	58	65	76	81	81	88	90	102	115	85	74	77	85	91	82.5	115	57
5	84	85	84	80	90	98	97	88	68	70	50	49	55	74	64	82	88	95	97	95	95	94	94	94	82.1	98	49
6*	94	95	95	96	98	98	90	98	85	76	71	72	72	72	84	90	96	102	102	103	104	104	106	108	92.1	108	71
7*	105	103	104	107	109	110	108	106	96	80	72	65	70	77	88	108	96	92	98	100	101	102	104	107	96.2	110	65
8	104	102	98	99	99	106	105	98	92	83	79	79	78	81	89	94	95	98	107	96	118	106	107	111	96.8	118	78
9	107	103	106	106	109	116	114	101	96	83	75	75	75	74	83	92	99	103	131	111	108	116	102	115	100.0	131	74
10	105	96	99	98	98	98	106	95	60	52	61	70	67	58	72	80	98	89	88	128	99	90	102	106	88.1	128	52
11	94	91	93	95	90	98	97	92	70	52	47	55	67	68	74	80	100	131	140	90	102	112	102	88	88.7	140	47
12	81	82	93	79	78	80	71	56	50	65	58	57	54	76	77	82	92	99	101	101	100	106	105	101	81.0	106	50
13*	103	97	97	96	95	99	90	65	77	78	72	62	69	66	80	88	92	100	108	101	100	108	102	101	89.4	108	62
14	97	96	93	104	108	106	105	94	86	75	61	68	80	78	88	95	89	100	105	105	110	104	104	106	94.0	110	61
15*	98	98	100	102	106	106	104	96	93	84	75	81	84	89	90	96	102	99	104	106	108	104	104	104	97.2	108	75
16*	103	101	100	101	106	108	102	93	86	76	73	77	84	88	91	93	96	101	105	108	111	126	138	136	**100.1**	138	73
17†	139	132	174	80	50	55	63	10	71	52	46	35	35	52	107	66	15	03	51	56	82	23	41	38	61.5	174	03
18†	38	34	38	36	38	39	36	07	00	32	25	29	40	54	66	122	84	93	70	62	57	64	56	91	50.5	122	00
19	76	79	62	66	64	71	78	84	71	60	50	52	73	67	71	63	54	128	73	63	54	74	64	85	70.1	128	50
20	63	71	79	80	64	79	68	44	09	−04	00	09	24	49	61	50	95	84	73	83	82	76	73	84	58.2	95	−04
21	88	78	83	80	83	83	68	57	44	28	36	39	35	47	65	85	85	95	80	82	87	83	74	86	69.6	95	28
22	82	74	87	75	69	67	58	46	40	34	32	46	75	86	92	94	73	68	103	81	75	77	85	76	70.6	103	32
23†	82	99	95	93	106	40	−44	24	35	02	32	39	32	33	73	105	45	43	70	97	63	65	62	71	56.8	106	−44
24†	67	59	62	67	65	64	63	58	43	30	24	24	31	46	62	73	81	138	281	162	09	−44	−09	−31	59.4	**281**	−44
25†	−26	−68	−45	15	25	10	−01	−22	−17	−11	−24	−30	04	07	39	68	94	78	82	84	57	66	79	53	**21.5**	94	**−68**
26	38	50	52	57	57	63	58	48	38	32	32	34	44	53	65	76	79	72	85	78	76	80	83	77	59.5	85	32
27	76	76	76	76	77	79	76	67	57	45	41	45	54	65	72	92	89	87	85	84	82	114	132	89	76.5	132	41
28	84	78	84	88	82	73	70	58	53	46	50	47	59	73	68	82	103	99	97	101	104	90	90	88	77.8	104	46
29	80	77	77	71	79	76	71	67	53	54	50	64	59	67	80	91	88	110	103	95	90	81	83	91	77.4	110	50
30	86	80	77	81	81	79	73	66	57	59	63	67	78	79	88	85	102	106	101	90	81	82	82	85	80.3	106	57
Mittel	84	81	84	81	82	82	75	66	57	51	49	51	58	64	76	85	85	93	102	94	87	85	87	89	77.0	120	37

Nordkomponente.

$X = 0.18300\,\Gamma + \text{Tafelwert}.$

Niemegk — 1939

0h 1h 2h 3h 4h 5h 6h 7h 8h 9h 10h 11h 12h 13h 14h 15h 16h 17h 18h 19h 20h 21h 22h 23h 24h Weltzeit

Mai

Tag	0h	1h	2h	3h	4h	5h	6h	7h	8h	9h	10h	11h	12h	13h	14h	15h	16h	17h	18h	19h	20h	21h	22h	23h	Tagesmittel	Max.	Min.
																									γ		
1†	83	79	81	80	84	84	81	69	69	70	67	89	96	104	109	80	73	63	63	34	45	54	45	34	72.3	109	34
2†	46	56	46	61	60	30	23	22	34	52	43	42	56	38	62	79	71	76	84	82	74	83	88	82	**57.9**	88	22
3	75	80	87	92	81	76	49	40	36	19	15	38	47	37	53	54	81	90	93	102	90	84	83	84	66.1	102	15
4	89	85	87	81	82	78	69	60	54	51	46	63	69	82	88	100	103	100	93	105	98	96	96	94	82.0	105	46
5	94	94	92	91	87	78	68	67	58	39	50	65	72	82	86	107	100	99	107	101	132	175	145	143	93.0	**175**	39
6†	140	137	132	132	123	124	112	98	86	71	63	57	98	95	49	98	134	108	79	82	89	55	66	59	95.3	140	49
7†	63	58	82	86	54	69	52	46	43	24	13	01	36	55	50	82	72	71	85	93	104	106	107	101	64.7	107	**01**
8†	81	90	88	82	85	75	41	36	39	54	41	35	50	62	60	74	80	87	107	110	96	101	98	96	73.7	110	35
9	97	89	95	68	93	81	64	61	58	34	54	60	72	68	68	69	102	116	94	94	97	101	96	93	80.2	116	34
10	86	81	82	84	89	87	78	73	74	72	68	67	74	85	86	106	120	105	102	96	95	94	93	94	87.1	120	67
11*	94	94	96	95	97	95	96	90	84	78	77	77	77	88	81	88	93	100	100	100	102	98	99	99	91.6	102	77
12*	100	98	99	100	101	101	91	81	85	83	77	72	64	77	90	102	106	110	108	109	107	108	108	107	95.2	110	64
13*	104	106	105	105	106	107	100	92	93	96	98	95	96	76	96	100	108	105	110	111	112	104	100	101	101.1	112	76
14*	104	103	104	104	103	102	97	96	96	100	96	95	95	88	88	99	108	108	110	114	116	115	121	122	**103.5**	122	88
15	117	120	124	116	109	111	121	111	90	80	80	85	80	76	78	80	92	107	114	108	107	107	107	108	101.2	124	76
16	112	122	124	94	95	105	97	75	63	64	78	88	67	58	70	79	92	103	111	111	110	106	110	104	93.2	124	58
17	95	94	94	96	100	96	88	84	88	91	90	96	89	95	104	103	109	111	112	120	99	99	103	88	97.7	120	84
18	113	124	117	116	107	96	77	68	61	66	76	72	90	84	88	96	106	113	100	97	98	100	105	95	94.4	124	61
19	101	99	115	99	107	91	83	71	63	63	64	74	81	86	91	99	107	109	120	101	102	104	105	96	93.0	120	63
20	98	102	89	87	82	71	72	62	44	60	74	72	79	87	90	93	96	100	102	100	94	95	97	102	85.3	102	44
21	113	100	104	107	107	104	102	97	88	75	67	71	69	80	91	121	84	107	102	98	95	94	91	72	93.3	121	67
22	102	96	88	79	78	82	87	75	40	15	31	49	55	58	66	80	76	96	99	102	106	107	95	97	77.5	107	15
23	89	95	104	93	83	86	76	57	48	62	55	41	41	46	63	86	99	107	126	114	106	99	93	124	83.0	126	41
24	97	91	90	112	94	60	61	61	54	49	54	56	56	65	92	83	98	107	126	116	105	92	74	90	82.6	126	49
25	86	99	102	90	97	87	66	61	55	64	62	75	70	85	102	142	107	94	92	102	97	97	82	86	87.5	142	55
26	82	88	111	110	100	88	68	55	43	48	64	72	62	82	93	120	101	106	120	128	103	92	90	93	88.3	128	43
27	92	85	88	99	92	72	73	63	66	73	74	68	63	70	76	88	102	106	105	102	105	123	110	114	87.9	123	63
28	117	107	114	109	117	103	88	78	69	78	73	65	76	82	81	88	94	101	108	115	120	122	124	104	97.2	124	65
29	100	105	112	132	92	91	69	61	37	61	64	76	50	56	81	76	81	113	90	110	108	95	87	85	84.7	132	37
30	88	91	95	98	96	88	77	69	65	66	76	83	85	94	90	89	92	97	104	109	109	105	106	106	90.8	109	65
31*	104	105	103	97	100	97	96	90	77	74	68	64	65	73	86	96	99	107	113	119	117	121	117	108	95.7	121	64
Mittel	96	96	98	97	94	88	78	70	63	62	63	67	70	75	81	92	96	101	103	103	101	101	98	96	87.0	119	52

Juni

Tag	0h	1h	2h	3h	4h	5h	6h	7h	8h	9h	10h	11h	12h	13h	14h	15h	16h	17h	18h	19h	20h	21h	22h	23h	Tagesmittel	Max.	Min.
																									γ		
1	108	111	112	119	118	110	94	82	82	80	74	76	78	87	112	134	84	104	111	127	120	128	129	127	104.5	134	74
2	126	124	114	102	113	116	112	101	78	67	63	63	83	72	92	95	116	137	123	116	116	117	121	112	103.3	137	63
3	111	102	107	116	115	100	88	69	61	75	82	50	64	74	95	101	107	107	114	116	115	109	105	107	95.4	116	50
4	106	105	104	105	96	88	98	86	79	75	62	62	64	86	106	108	135	111	116	112	113	112	111	110	97.9	135	62
5	107	107	105	104	114	110	100	92	71	69	56	66	75	79	112	96	103	117	107	107	109	107	108	109	97.1	117	56
6	104	102	103	96	98	98	97	88	75	58	56	60	63	83	95	104	105	113	114	114	116	115	114	111	95.1	116	56
7*	110	110	111	115	118	110	97	88	83	78	79	80	70	80	99	117	119	122	116	118	113	113	112	111	102.9	122	70
8*	111	112	113	118	118	112	106	91	78	76	79	75	83	94	110	111	117	118	124	119	119	120	119	118	105.9	124	75
9*	118	116	117	121	122	122	114	106	89	85	85	87	94	92	106	118	120	120	118	118	119	121	124	121	110.5	124	85
10	118	128	132	130	134	139	130	119	103	92	96	92	100	107	115	123	122	125	138	134	126	123	122	121	**119.5**	139	92
11*	120	122	122	123	126	122	118	114	107	92	84	84	75	86	100	110	113	112	118	126	123	130	127	120	111.4	130	75
12	118	117	118	130	132	125	111	97	90	87	89	95	98	87	91	99	109	115	118	121	123	124	121	117	109.7	132	87
13	113	114	128	122	117	111	104	96	93	94	91	93	102	99	119	114	124	133	138	140	134	129	132	121	115.0	140	91
14†	136	160	114	104	94	90	92	55	−32	−48	−07	47	74	70	62	80	80	74	70	71	70	70	73	78	69.9	**160**	**−48**
15	83	82	79	73	61	56	48	42	47	54	62	62	66	77	96	81	85	99	101	103	87	84	91	82	75.0	103	42
16†	85	93	104	92	72	52	28	01	−13	00	54	59	62	66	83	71	74	76	85	89	85	86	83	85	**65.5**	104	−13
17	84	83	85	88	88	81	70	63	52	54	57	58	61	66	78	85	94	104	109	108	109	108	98	97	82.5	109	52
18	98	108	124	109	97	86	78	61	55	51	26	32	51	66	50	74	73	105	97	116	113	112	113	121	84.0	124	26
19†	121	117	110	100	86	84	72	72	59	42	47	50	58	73	99	90	97	110	101	106	107	101	109	117	88.7	121	42
20	92	86	78	83	76	86	70	54	41	47	47	40	46	47	85	85	93	107	108	100	100	99	101	106	78.2	108	40
21	97	96	86	103	102	85	81	59	60	58	58	64	99	98	108	119	87	100	114	111	112	97	99	94	91.1	119	58
22	98	96	101	98	92	98	93	83	96	78	70	74	68	73	79	84	94	111	111	110	109	117	115	112	94.2	117	68
23	101	91	109	106	104	98	100	98	77	74	79	68	76	69	98	107	120	117	114	122	106	104	102	110	97.9	122	68
24	100	103	92	110	112	106	90	84	79	80	83	74	68	67	89	96	91	99	106	109	104	107	112	107	94.5	112	67
25*	101	102	102	104	108	103	92	79	79	79	78	77	75	71	87	102	106	106	114	113	116	111	108	101	96.4	116	71
26	101	108	109	116	120	122	120	112	103	83	81	74	79	93	103	109	119	118	120	123	155	125	120	130	110.1	155	74
27†	129	118	123	130	118	114	102	88	85	93	50	74	80	77	73	86	83	97	111	112	112	110	111	109	99.4	130	50
28	107	106	107	110	103	95	92	87	79	70	59	60	74	71	93	122	98	121	121	119	124	137	132	117	100.2	137	59
29†	120	121	119	98	105	103	96	83	87	86	66	56	81	83	76	103	102	91	104	110	108	109	106	103	96.5	121	56
30	94	98	95	100	106	96	95	94	80	52	72	84	97	93	85	90	104	101	112	108	110	110	111	115	95.9	115	52
Mittel	107	108	107	108	106	101	93	81	71	66	66	68	75	80	93	100	102	109	112	113	112	111	111	110	96.3	125	57

Nordkomponente.

Niemegk

$X = 0.18300 + \text{Tafelwert}$ (Γ)

1939

Weltzeit: 0h 1h 2h 3h 4h 5h 6h 7h 8h 9h 10h 11h 12h 13h 14h 15h 16h 17h 18h 19h 20h 21h 22h 23h 24h

Juli

Tag	0h–1h	1h–2h	2h–3h	3h–4h	4h–5h	5h–6h	6h–7h	7h–8h	8h–9h	9h–10h	10h–11h	11h–12h	12h–13h	13h–14h	14h–15h	15h–16h	16h–17h	17h–18h	18h–19h	19h–20h	20h–21h	21h–22h	22h–23h	23h–24h	Tagesmittel γ	Max.	Min.
1	101	101	101	100	98	93	89	67	72	73	57	84	98	99	102	106	111	106	112	119	109	109	106	106	96.6	119	57
2	111	112	112	112	109	91	89	91	93	80	72	77	77	88	108	93	101	116	116	116	112	110	110	105	100.0	116	72
3†	111	119	124	120	138	122	103	85	63	41	54	67	60	73	79	99	103	104	142	74	71	95	84	95	92.8	142	41
4†	97	93	97	91	90	82	74	68	63	54	46	49	67	76	107	131	147	162	126	111	96	86	100	113	92.8	**162**	46
5†	102	119	102	107	100	76	36	23	02	03	−19	−19	−10	11	62	90	139	102	108	79	68	82	63	58	**61.8**	139	**−19**
6	67	63	56	62	67	60	44	26	15	19	45	47	49	57	68	70	76	82	84	87	90	86	86	86	62.2	90	15
7*	84	84	82	86	88	88	81	72	60	49	47	53	61	71	84	89	90	93	96	96	100	96	95	95	80.8	100	47
8	96	92	93	97	103	101	92	84	82	80	75	67	74	91	105	107	114	112	119	107	101	105	107	104	96.2	119	67
9*	102	98	106	108	109	105	100	91	81	76	71	78	84	89	105	106	103	102	107	108	108	107	108	107	98.3	109	71
10*	106	103	111	118	117	110	102	90	87	87	90	97	101	106	109	108	109	111	121	122	122	119	118	116	107.5	122	87
11	119	119	121	122	119	108	101	98	96	101	105	110	130	139	113	97	113	129	138	115	115	115	114	117	**114.8**	139	96
12	114	114	116	115	113	103	97	93	92	102	99	104	113	115	111	120	132	133	98	94	94	92	92	93	106.2	133	92
13*	95	94	96	96	99	91	90	83	69	62	60	52	52	61	76	88	99	103	113	110	111	115	112	113	89.2	115	52
14	111	112	110	118	132	112	95	73	96	98	63	67	34	48	79	108	80	76	92	92	100	109	103	73	90.9	132	34
15	70	88	85	82	83	79	74	66	59	64	65	56	60	71	82	86	104	106	109	116	106	98	106	104	84.1	116	56
16	101	104	99	109	115	105	94	87	73	57	63	75	88	91	86	101	113	136	122	147	158	111	89	91	100.6	158	57
17	110	108	91	95	100	78	58	45	44	61	69	69	67	86	92	91	91	114	114	114	107	127	108	114	89.7	127	44
18	94	103	113	111	104	94	80	74	75	69	67	64	68	79	84	99	102	97	116	107	106	104	103	101	92.2	116	64
19	101	99	103	105	100	92	76	77	81	76	69	63	73	90	99	104	113	125	121	112	109	125	154	129	99.8	154	63
20†	141	117	116	118	109	73	89	76	74	42	13	34	53	66	53	70	79	64	79	80	91	92	93	97	80.0	141	13
21†	100	96	99	97	93	84	83	77	63	53	58	30	65	93	10	52	65	88	73	81	87	89	92	94	75.9	100	10
22	93	92	98	94	68	87	81	71	68	64	54	45	48	53	78	94	104	99	101	110	118	114	106	100	85.0	118	45
23	110	110	97	106	107	97	90	82	82	67	64	62	68	83	84	93	96	100	98	103	101	94	95	94	91.0	110	62
24	98	103	110	113	112	108	97	86	80	83	84	87	87	65	84	104	97	98	96	106	114	120	117	113	98.4	120	65
25	112	120	115	115	114	84	65	78	73	73	72	62	59	64	78	85	91	98	106	105	105	102	102	105	91.0	120	59
26	106	110	114	118	100	93	84	69	42	77	79	78	60	36	44	65	90	105	105	99	100	101	84	89	85.3	118	36
27	87	86	86	76	80	86	76	72	74	75	71	71	72	73	81	87	84	111	111	106	104	103	121	97	87.1	121	71
28	86	87	92	94	95	92	68	72	79	78	67	53	62	72	76	94	107	113	108	108	100	100	104	109	88.2	113	53
29	97	96	100	99	92	88	79	68	65	59	72	80	84	93	95	95	94	108	106	112	102	97	97	97	90.6	112	59
30*	100	101	104	104	92	98	94	89	82	76	85	93	92	92	97	98	100	109	107	107	108	104	104	102	97.4	109	76
31	104	104	106	107	110	112	101	90	85	77	63	58	64	77	89	93	101	105	110	114	119	118	118	112	97.4	119	58
Mittel	101	102	102	103	102	93	83	75	70	67	64	65	70	78	85	94	102	107	108	105	104	104	103	101	91.1	123	53

August

Tag	0h–1h	1h–2h	2h–3h	3h–4h	4h–5h	5h–6h	6h–7h	7h–8h	8h–9h	9h–10h	10h–11h	11h–12h	12h–13h	13h–14h	14h–15h	15h–16h	16h–17h	17h–18h	18h–19h	19h–20h	20h–21h	21h–22h	22h–23h	23h–24h	Tagesmittel γ	Max.	Min.
1	112	105	99	101	105	98	96	88	80	75	80	84	85	86	95	106	114	115	116	118	119	118	118	110	101.0	119	75
2*	110	109	108	108	109	102	96	91	81	81	81	82	83	87	92	97	104	112	116	115	114	111	110	109	100.3	116	81
3*	110	109	110	113	113	112	103	88	81	79	82	80	83	93	105	106	106	105	110	112	116	115	115	111	102.4	116	79
4	110	111	109	114	118	114	109	101	89	77	71	78	88	97	103	102	114	125	119	116	111	114	118	116	105.2	125	71
5*	116	116	117	118	117	115	108	99	84	79	80	84	84	93	106	114	112	116	120	127	128	128	131	122	**108.9**	131	79
6*	124	119	116	119	117	115	108	95	81	76	74	75	79	89	99	107	117	117	120	123	123	121	119	114	106.1	124	74
7*	112	112	116	114	114	112	105	95	85	79	72	72	85	92	102	104	105	111	119	120	119	117	116	116	103.9	120	72
8	116	114	112	116	114	111	108	103	100	89	82	83	86	90	105	114	120	113	121	133	119	110	115	114	107.8	133	82
9	113	113	114	116	115	110	102	94	92	83	69	81	91	94	96	103	109	112	119	120	118	115	115	117	104.6	120	69
10	116	115	116	113	112	109	106	97	86	73	62	52	106	102	103	104	120	129	122	101	98	102	108	107	102.5	129	52
11	104	109	108	107	105	95	82	68	67	66	64	63	82	83	81	88	111	106	122	128	129	130	114	98	96.2	130	63
12†	106	123	133	94	28	46	21	10	−06	−39	−22	24	38	34	43	75	84	80	85	89	82	94	59	62	56.0	133	−39
13†	64	51	65	52	54	58	50	31	23	21	18	43	38	59	64	91	119	86	81	97	97	86	77	75	62.5	119	18
14	76	73	68	73	71	40	52	53	46	43	41	42	47	52	60	72	81	80	86	85	84	84	84	83	65.7	86	40
15	84	81	82	85	85	80	70	60	58	63	60	62	75	82	85	92	96	91	93	104	103	104	103	100	83.2	104	58
16†	101	96	97	99	104	88	70	70	77	74	64	68	67	82	111	148	08	32	54	77	78	73	62	56	77.3	**148**	08
17	96	103	98	64	65	71	56	33	08	16	21	32	43	48	64	60	55	70	86	93	93	86	84	82	63.6	103	08
18	86	86	85	87	86	75	62	45	31	24	30	39	52	65	71	78	91	103	94	100	99	97	99	91	74.0	103	24
19	89	88	90	94	105	100	94	81	62	52	53	71	85	97	101	115	88	76	96	97	94	94	92	93	87.8	115	52
20	95	96	96	95	96	91	80	68	59	63	77	88	95	96	100	90	91	99	100	109	114	111	111	111	93.0	114	59
21	107	107	105	104	104	101	96	82	70	71	74	82	95	98	95	96	97	96	109	107	108	121	123	128	99.0	128	70
22†	138	128	97	88	66	80	77	71	65	41	44	41	61	41	13	55	45	55	25	40	29	04	−11	22	54.8	138	−11
23†	−04	63	40	45	62	−26	−50	−54	−64	−52	−61	−12	−03	32	45	45	58	62	73	78	72	72	81	62	**23.5**	81	**−64**
24	71	68	71	76	78	77	67	36	41	38	33	47	55	42	50	65	69	75	83	85	84	82	83	84	65.0	85	33
25	88	79	79	74	88	84	80	70	63	58	54	64	63	54	52	64	76	84	84	90	87	90	90	86	75.0	90	52
26	83	83	88	89	87	79	73	67	60	59	68	81	77	84	80	75	77	81	87	92	93	95	96	102	81.5	102	59
27	95	92	84	88	90	89	85	70	59	51	48	64	78	81	73	68	74	85	88	94	98	96	94	98	80.9	98	48
28	95	93	91	90	91	92	82	68	53	49	53	65	77	75	71	74	84	84	92	93	98	100	99	97	81.9	100	49
29	94	105	101	98	97	97	93	81	71	64	61	66	67	72	77	83	89	98	103	107	106	100	98	98	88.6	107	61
30	98	99	100	100	99	101	100	88	75	64	59	68	72	76	75	88	81	95	103	107	107	103	100	98	89.8	107	59
31	97	98	99	100	101	102	98	91	80	73	72	82	88	90	95	97	103	110	115	116	112	111	107	110	97.8	116	72
Mittel	97	98	97	95	93	88	80	69	60	55	54	63	72	76	81	90	90	94	98	102	101	99	97	96	85.2	114	47

Nordkomponente.

Niemegk

$X = 0.18300 + \text{Tafelwert.}$ (Einheit: γ)

1939

Weltzeit: 0h 1h 2h 3h 4h 5h 6h 7h 8h 9h 10h 11h 12h 13h 14h 15h 16h 17h 18h 19h 20h 21h 22h 23h 24h

September

Tag	0h	1h	2h	3h	4h	5h	6h	7h	8h	9h	10h	11h	12h	13h	14h	15h	16h	17h	18h	19h	20h	21h	22h	23h	Tagesmittel γ	Max.	Min.
1*	104	104	106	105	104	100	92	80	66	64	62	74	92	98	99	98	88	96	106	107	104	104	101	102	94.0	107	62
2	101	100	103	105	106	108	99	91	83	74	74	77	93	104	108	115	110	106	104	108	111	125	130	112	**102.0**	130	74
3†	108	119	144	153	114	80	68	38	38	57	39	34	55	68	76	82	73	86	92	100	92	93	89	93	83.0	**153**	34
4	97	101	100	88	85	77	71	61	52	44	35	40	62	80	90	88	89	88	89	91	96	95	96	96	79.6	101	35
5*	94	94	95	97	99	97	93	86	77	64	56	59	72	81	88	91	94	96	100	100	95	94	98	122	89.2	122	56
6	110	97	102	99	99	94	87	77	76	77	74	76	82	86	85	86	92	98	106	108	114	103	101	118	93.6	118	74
7	111	105	99	94	98	100	96	85	75	69	62	59	70	70	74	91	92	98	101	100	99	103	107	106	90.2	111	59
8	102	102	100	103	104	104	103	95	83	67	56	65	78	85	90	92	95	95	102	108	113	113	115	122	95.5	122	56
9†	124	116	110	118	124	110	81	92	73	60	55	45	49	46	58	70	77	88	93	102	94	99	98	96	86.6	124	45
10	99	97	86	100	105	92	92	73	66	54	58	65	74	77	68	69	76	88	89	98	99	88	92	89	83.1	105	54
11	92	92	94	94	94	90	81	70	59	51	50	55	63	74	84	90	87	90	95	98	96	95	95	98	82.8	98	50
12	96	100	92	97	95	94	86	70	58	62	57	61	71	75	83	92	92	94	99	97	101	113	93	95	86.4	113	57
13	102	95	94	95	95	88	79	67	55	52	62	73	84	99	104	101	94	96	102	103	104	108	112	122	91.1	122	52
14	96	100	96	106	94	90	82	60	51	50	48	61	69	76	80	78	75	87	96	98	102	97	107	97	83.2	107	48
15	99	104	100	100	96	89	85	73	62	57	61	64	74	83	92	92	99	104	108	107	108	112	117	122	92.0	122	57
16	99	104	102	102	102	96	89	77	67	62	66	76	79	82	84	94	102	110	121	121	116	119	113	109	95.5	121	62
17†	110	111	107	101	92	70	80	84	72	65	62	60	57	42	39	58	61	31	11	41	29	38	39	45	62.7	111	11
18	66	61	57	59	62	66	63	56	44	26	24	34	44	49	50	54	66	73	81	83	82	84	86	87	**60.7**	87	24
19†	88	87	86	96	98	91	98	74	51	30	06	09	30	28	43	75	40	36	54	69	88	82	76	82	63.2	98	06
20†	66	103	91	55	86	87	52	48	36	05	21	22	40	37	49	49	61	73	104	100	88	89	93	97	64.7	104	**05**
21	89	88	78	83	84	80	75	65	59	56	49	59	69	73	80	82	86	84	97	96	118	99	96	93	80.8	118	49
22	90	95	89	93	93	88	87	74	55	58	50	53	69	70	77	82	73	90	89	93	95	123	117	104	83.6	123	50
23	90	90	92	94	94	95	94	83	73	68	66	66	66	71	77	81	88	91	100	102	100	115	99	99	87.2	115	66
24*	99	100	104	111	109	104	106	92	70	55	53	59	68	76	82	84	87	94	100	103	96	99	101	103	89.8	111	53
25	107	104	104	106	106	103	100	90	84	75	75	69	81	93	101	103	95	91	86	94	100	108	108	100	95.1	108	69
26	102	111	99	102	88	68	67	66	57	49	60	63	72	77	72	72	83	92	96	107	93	99	98	106	83.3	111	49
27	94	94	93	96	92	92	92	84	71	60	58	66	77	86	89	93	101	99	98	97	118	112	97	99	89.9	118	58
28*	102	103	102	98	98	96	93	79	74	70	73	78	85	88	89	90	95	102	104	99	103	104	103	103	93.0	104	70
29*	101	101	101	101	102	101	96	90	82	81	80	82	88	97	104	106	108	107	108	110	110	111	106	104	99.0	111	80
30	102	101	104	107	108	108	108	99	82	70	67	63	70	84	85	79	84	90	94	78	78	80	89	88	88.2	108	63
Mittel	98	99	98	99	98	92	86	76	65	58	55	59	69	75	80	85	85	89	94	97	98	100	99	100	85.6	113	51

Oktober

Tag	0h	1h	2h	3h	4h	5h	6h	7h	8h	9h	10h	11h	12h	13h	14h	15h	16h	17h	18h	19h	20h	21h	22h	23h	Tagesmittel γ	Max.	Min.
1	83	92	104	95	91	92	90	78	67	63	69	76	85	92	91	93	99	108	105	100	103	103	108	100	91.1	108	63
2	98	98	97	99	96	100	99	88	79	65	66	77	85	91	97	98	101	105	112	114	115	114	119	117	**97.1**	119	65
3†	116	109	108	110	109	107	100	80	55	36	31	44	45	49	01	30	54	54	31	35	25	15	38	66	60.3	116	01
4†	81	75	11	61	60	41	44	29	09	00	04	12	20	28	48	51	56	62	75	76	63	72	66	66	46.2	81	00
5	74	76	69	70	69	65	58	51	41	21	02	17	33	42	47	61	70	67	71	118	80	72	79	82	59.8	118	02
6	105	97	103	126	77	41	54	55	33	19	32	32	36	42	59	62	63	72	71	73	68	66	75	79	64.2	**126**	19
7	81	77	76	77	78	79	76	68	58	52	57	67	74	73	70	76	62	44	66	86	70	58	78	80	70.1	86	44
8	71	70	63	76	76	79	78	67	61	56	59	63	67	73	76	77	82	94	96	87	92	93	80	80	75.7	96	56
9	85	106	89	86	77	76	57	−12	50	53	52	51	50	09	17	43	50	56	61	69	68	72	73	74	58.8	106	−12
10	74	75	74	76	79	79	78	67	52	41	35	40	51	53	64	68	76	81	84	86	85	86	101	90	70.6	101	35
11	86	92	88	97	101	102	101	86	70	57	48	52	62	73	75	82	88	88	92	97	97	101	103	85	84.3	103	48
12*	83	82	84	86	85	89	85	72	60	51	46	50	58	68	77	84	85	90	91	93	95	98	95	95	79.2	98	46
13†	96	97	121	124	123	104	95	86	74	43	55	49	49	53	74	76	80	62	49	06	−06	−40	−16	62	63.2	124	−40
14†	−01	02	12	49	63	34	−03	01	−11	−48	−40	−11	−24	05	12	30	56	95	55	38	98	65	67	61	**25.2**	98	**−48**
15†	63	49	113	71	18	52	44	33	21	00	−14	−02	22	42	43	42	61	83	79	50	61	59	59	60	46.2	113	−14
16	54	68	75	70	67	76	63	47	28	03	02	05	28	36	41	63	44	66	45	55	52	62	68	82	50.0	82	02
17	66	64	65	59	78	71	63	68	58	40	18	07	35	56	60	38	53	50	87	50	53	75	75	81	57.1	87	07
18	76	75	88	88	86	73	59	64	58	37	09	19	26	42	36	36	34	34	22	54	90	84	80	96	56.9	96	09
19	105	78	80	73	71	78	71	57	37	09	−05	22	36	40	39	32	31	46	66	76	69	70	75	78	55.6	105	−05
20*	78	78	84	82	88	89	81	72	57	40	31	45	58	64	70	75	80	84	87	89	90	92	94	95	75.1	95	31
21	95	93	93	92	92	95	101	104	83	64	56	60	67	63	54	72	84	89	85	62	82	96	99	117	83.2	117	54
22	91	86	88	88	92	96	96	88	81	67	62	63	70	79	84	88	90	94	95	92	105	97	91	94	86.5	105	62
23	93	95	96	95	99	104	100	96	73	47	43	46	45	46	51	46	72	74	71	80	80	88	92	86	75.8	104	43
24	92	93	84	81	81	79	82	77	65	52	50	57	60	69	78	82	89	92	94	92	97	94	96	94	80.4	97	50
25*	98	95	90	94	97	99	100	88	80	66	57	52	53	60	71	86	90	94	96	96	100	100	99	100	85.9	100	52
26	99	97	97	101	101	106	103	95	80	62	58	63	72	80	84	88	90	93	99	104	112	100	97	98	90.8	112	58
27*	97	98	97	101	103	104	102	97	83	74	70	74	84	88	87	92	100	102	102	104	107	106	104	105	95.0	107	70
28	104	106	107	107	108	105	100	99	96	81	74	66	60	75	85	87	91	90	91	94	82	90	87	104	91.2	108	60
29	90	95	104	122	105	101	97	86	73	60	58	58	65	70	69	78	81	87	84	85	101	90	94	95	85.3	122	58
30	98	115	97	89	88	92	89	80	66	57	57	61	60	62	60	62	73	79	76	93	94	93	102	104	81.1	115	57
31*	93	94	97	96	94	93	98	86	66	53	50	54	61	67	69	76	80	80	83	91	92	93	94	95	81.5	98	50
Mittel	85	85	86	88	86	84	79	69	58	43	38	44	51	58	61	67	73	78	78	79	81	79	83	88	71.7	105	30

Nordkomponente.

Niemegk — $X = 0.18300 + \text{Tafelwert}$ (γ) — 1939

Tag	0–1h	1–2h	2–3h	3–4h	4–5h	5–6h	6–7h	7–8h	8–9h	9–10h	10–11h	11–12h	12–13h	13–14h	14–15h	15–16h	16–17h	17–18h	18–19h	19–20h	20–21h	21–22h	22–23h	23–24h	Tagesmittel γ	Max.	Min.
November																											
1	93	90	99	101	104	102	98	88	76	65	65	53	54	65	73	77	79	77	78	90	91	93	94	95	83.3	104	53
2	92	93	93	97	100	104	100	93	83	67	59	59	64	70	73	80	87	93	96	95	100	95	96	97	86.9	104	59
3	100	95	104	98	97	98	101	100	92	79	74	69	65	75	77	81	81	85	88	96	101	98	113	105	90.5	113	65
4	97	95	94	93	93	96	96	98	98	92	81	80	84	84	87	91	95	97	96	98	98	99	98	94	93.1	99	80
5	95	95	89	90	93	96	97	96	89	74	61	71	84	84	86	89	87	97	90	97	93	96	96	94	89.1	97	61
6	96	97	93	102	100	100	97	96	87	85	85	83	86	88	90	90	93	88	82	85	89	94	94	112	92.2	112	82
7	103	95	89	86	93	94	96	93	85	81	76	73	77	81	85	87	70	72	84	93	98	99	96	98	87.7	103	70
8*	94	93	93	94	97	96	97	93	83	73	73	75	81	81	92	90	92	96	98	101	98	98	98	96	90.9	101	73
9	95	94	95	93	98	99	98	91	82	71	73	75	79	86	90	92	94	91	94	97	99	101	98	96	90.9	101	71
10*	94	94	93	96	100	101	96	89	80	76	79	83	87	91	95	95	94	89	87	88	90	94	98	98	91.1	101	76
11	95	95	96	98	102	103	103	98	91	83	81	82	86	87	89	91	98	96	100	96	105	98	88	89	93.8	105	81
12†	101	81	90	94	99	103	105	99	92	87	78	62	66	75	71	62	75	82	88	89	90	93	94	96	86.3	105	62
13†	91	90	98	93	132	100	89	62	55	61	50	11	24	30	27	49	34	51	46	72	87	87	70	74	66.0	**132**	**11**
14†	73	83	92	92	94	73	70	74	66	56	42	52	58	62	60	65	71	67	57	62	78	71	90	84	70.5	94	42
15	81	80	80	75	77	86	92	85	78	76	66	62	62	59	63	72	81	77	82	95	96	87	86	86	78.5	96	59
16	83	84	88	90	93	94	94	90	84	79	71	69	70	73	74	77	82	88	75	80	85	91	93	93	83.3	94	69
17	93	92	92	96	96	99	96	91	87	82	80	83	87	89	91	95	96	100	95	100	92	94	93	87	91.9	100	80
18*	89	91	94	99	100	103	100	93	81	70	68	72	77	83	87	93	100	100	102	101	101	103	103	101	92.1	103	68
19	100	100	101	104	105	108	108	104	97	92	85	87	90	87	74	74	95	70	72	69	86	95	94	93	91.2	108	69
20	86	93	89	88	90	98	94	87	80	70	70	73	76	79	82	86	86	90	95	89	90	86	89	89	85.6	98	70
21	88	90	94	94	92	95	96	90	83	78	75	73	79	79	83	87	92	94	98	99	99	99	98	98	89.7	99	73
22*	97	96	97	98	102	103	101	97	90	83	78	79	86	92	95	101	104	103	105	104	102	96	98	95	95.9	105	78
23*	95	95	98	102	108	111	109	102	91	82	81	83	91	96	98	100	103	106	107	104	104	104	103	102	**99.0**	111	81
24	99	100	102	104	105	103	105	101	94	88	83	86	92	97	96	102	102	105	104	88	76	92	84	74	95.1	105	74
25†	79	86	76	83	87	80	96	86	73	54	40	34	42	47	52	54	64	77	88	86	57	24	46	52	**65.1**	96	24
26†	61	77	77	81	81	78	77	86	73	54	53	49	62	61	56	70	70	75	76	74	96	82	80	80	72.0	96	49
27	78	78	81	80	84	90	93	88	77	64	60	53	66	74	78	83	86	84	75	79	84	86	87	90	79.1	93	53
28	88	84	87	94	95	100	97	94	84	77	63	59	67	63	70	74	80	80	82	78	83	90	90	89	82.0	100	59
29	87	86	92	95	96	94	96	97	87	68	63	67	70	68	64	66	76	85	92	89	91	104	96	88	84.0	104	63
30	90	90	90	94	99	102	101	92	89	80	76	74	81	81	76	82	88	90	84	80	82	81	83	87	86.3	102	74
Mittel	90	90	92	93	97	97	97	92	84	75	70	68	73	76	78	82	85	87	87	89	91	91	92	91	86.1	103	64
Dezember																											
1	93	93	95	93	94	93	108	107	97	86	73	68	80	86	90	96	95	96	96	93	87	89	94	93	91.5	108	68
2	91	90	92	96	94	97	98	96	98	99	93	89	91	94	92	95	94	97	96	95	87	92	86	94	93.6	99	86
3	93	92	92	91	97	99	107	107	100	93	93	95	99	97	101	105	105	105	105	104	98	93	94	90	98.1	107	90
4	89	89	92	88	90	92	94	97	95	89	85	87	91	93	95	98	100	101	100	101	103	102	104	100	94.8	104	85
5	99	99	98	100	103	105	106	104	103	95	92	91	91	83	79	78	55	55	46	54	59	80	91	86	85.5	106	46
6†	81	85	81	85	85	91	96	100	94	86	80	80	88	94	100	102	102	103	94	89	99	74	57	38	86.8	103	38
7†	66	60	79	83	96	96	85	74	63	56	65	59	52	53	38	50	42	28	39	43	54	65	110	82	**64.1**	110	**28**
8†	70	73	78	97	87	82	62	76	55	56	48	41	40	54	67	60	83	45	70	74	78	74	78	82	67.9	97	40
9	97	90	89	81	91	90	91	82	68	68	66	59	52	38	68	75	78	70	110	82	86	89	85	87	78.8	110	38
10	87	89	90	91	93	94	95	91	89	83	76	76	75	71	76	90	88	94	94	94	99	102	89	88	88.1	102	71
11	85	86	85	94	100	97	102	99	84	77	74	71	73	74	79	85	87	88	94	94	95	100	98	95	88.2	102	71
12	95	90	84	95	98	100	102	97	94	90	89	87	88	89	95	86	92	84	87	96	98	96	122	94	93.7	122	84
13	89	89	90	96	97	107	107	101	96	86	81	80	78	75	69	85	93	94	95	97	97	99	100	99	91.7	107	69
14*	96	95	101	101	104	105	104	100	97	93	89	85	89	93	99	100	104	105	106	106	105	104	103	101	99.4	106	85
15	102	95	90	95	97	100	102	98	95	88	84	83	86	88	86	74	65	87	84	91	93	94	92	94	90.1	102	65
16	95	92	91	93	97	104	106	106	105	100	98	102	104	104	103	107	108	96	105	104	103	86	84	100	99.7	108	84
17	86	85	82	87	90	95	98	101	100	99	98	92	88	87	85	87	87	94	94	93	93	94	88	89	91.3	101	82
18*	88	88	97	96	96	97	97	96	98	96	90	86	86	88	89	90	96	100	101	101	100	97	96	96	94.4	101	86
19*	94	94	94	95	100	100	99	98	99	98	95	96	97	96	96	98	102	104	105	105	103	102	100	99	98.7	105	94
20*	99	99	98	101	102	103	102	102	101	97	94	94	102	104	105	108	110	109	107	102	103	98	100	99	**101.6**	110	94
21†	98	98	98	102	106	103	99	107	109	94	76	88	88	79	60	38	53	78	71	69	57	74	84	76	83.5	109	38
22†	87	76	88	96	95	90	101	94	81	80	72	72	75	43	37	49	75	57	72	75	73	97	77	82	76.8	101	37
23	82	84	87	91	99	100	96	96	85	70	63	66	74	79	84	85	90	86	90	91	88	83	108	84	85.9	108	63
24	84	87	87	101	93	103	93	96	96	80	77	76	74	73	72	75	84	87	89	79	80	70	83	82	84.2	103	72
25	85	88	108	102	94	97	96	92	88	81	78	78	83	78	75	88	90	89	85	87	84	90	84	87	87.8	108	75
26	90	94	100	102	104	102	117	114	108	99	93	83	82	84	84	90	93	97	99	100	98	99	98	110	97.5	117	82
27	102	106	107	111	122	112	108	110	102	89	102	104	100	98	94	80	81	91	99	96	99	92	95	96	99.8	**122**	80
28	96	96	94	94	98	102	101	100	99	95	88	88	91	95	93	94	96	89	86	76	86	89	89	89	92.7	102	76
29	82	91	94	100	99	102	95	96	97	95	92	94	96	88	95	83	88	97	93	88	89	92	94	94	93.1	102	82
30	110	91	91	92	94	96	97	98	99	95	92	92	95	97	99	96	93	94	98	100	98	98	98	97	96.2	110	91
31*	96	99	98	99	96	97	96	93	92	91	92	95	97	98	99	99	101	101	101	101	100	98	97	97	97.2	101	91
Mittel	91	90	92	95	97	98	99	98	93	87	83	82	84	83	84	85	88	88	91	90	90	91	93	90	90.1	106	71

Weltzeit

Ostkomponente.

Niemegk $Y = -0.01400 + \text{Tafelwert.}$ (γ) 1939

Weltzeit

Tag	0h–1h	1h–2h	2h–3h	3h–4h	4h–5h	5h–6h	6h–7h	7h–8h	8h–9h	9h–10h	10h–11h	11h–12h	12h–13h	13h–14h	14h–15h	15h–16h	16h–17h	17h–18h	18h–19h	19h–20h	20h–21h	21h–22h	22h–23h	23h–24h	Tagesmittel γ	Max.	Min.
Januar																											
1*	-06	-12	-14	-15	-14	-11	-08	-04	-06	-12	-17	-21	-25	-15	-12	-08	-16	-18	-16	-11	-10	-05	-05	-09	-12.1	-04	-25
2	-12	-14	-14	-15	-14	-10	-09	-05	-10	-14	-15	-30	-31	-30	-26	-27	-19	-17	-13	-10	-11	-11	-11	-10	-15.8	-05	-31
3*	-14	-20	-19	-16	-13	-10	-06	-06	-10	-13	-17	-24	-23	-18	-17	-20	-19	-17	-14	-11	-10	-08	-11	-13	-14.5	-06	-24
4	-15	-16	-16	-18	-17	-13	-08	-05	-06	-09	-16	-27	-28	-22	-20	-22	-24	-22	-18	-13	-13	-14	-16	-15	-16.4	-05	-28
5†	-19	-22	-24	-26	-18	-10	-08	-09	-12	-16	-21	-28	-31	-30	-29	-36	-34	-24	-22	-13	-06	-10	-08	02	**-18.9**	02	-36
6	-02	-06	-10	-12	-09	-11	-09	-06	-07	-12	-20	-27	-30	-31	-24	-27	-30	-16	-21	-10	00	12	-01	00	-12.9	12	-31
7	-05	-06	-08	-10	-06	-09	-08	-07	-10	-11	-10	-27	-21	-13	-18	-21	-25	-17	-15	-06	-02	06	03	04	-10.1	06	-27
8	10	-04	02	-04	-05	-06	-03	-03	-05	-10	-17	-26	-22	-15	-20	-23	-24	-19	-10	-12	08	-01	03	03	-08.5	10	-26
9†	15	20	16	04	00	-09	-13	-13	-14	-15	-20	-13	-10	-05	-08	-16	-17	-19	-18	-13	-17	01	-02	08	-06.6	20	-20
10	03	-01	-02	-10	-18	-10	-06	-09	-10	-13	-17	-30	-24	-13	-20	-16	-14	-12	-12	-06	08	04	-04	06	-09.4	08	-30
11	04	-01	01	-09	-06	-04	-05	-08	-12	-20	-25	-30	-21	-11	-13	-19	-10	-23	-16	-13	-07	-04	-01	06	-10.3	06	-30
12	10	00	-08	-04	-10	-09	-08	-07	-10	-16	-21	-28	-30	-20	-17	-16	-20	-17	-13	-11	-10	-06	-06	-10	-12.0	10	-30
13	-05	-03	-04	-05	-08	-08	-06	-08	-13	-19	-24	-28	-20	-16	-19	-24	-21	-16	-12	-11	-13	-10	-05	02	-12.3	02	-28
14	-02	06	03	-05	-03	-08	-08	-07	-11	-19	-26	-30	-24	-21	-15	-16	-21	-12	-10	-10	-11	22	20	-04	-08.8	22	-30
15	-11	-13	-13	-18	-24	-17	-13	-14	-16	-12	-16	-28	-27	-22	-20	-13	-15	-12	-10	-08	-08	-09	-10	-10	-15.0	-08	-28
16	-12	-06	-08	-09	-10	-09	-07	-05	-04	-09	-24	-32	-24	-18	-17	-18	-23	-21	-15	-12	04	02	05	00	-11.3	05	-32
17†	11	04	07	-14	-19	-18	-09	-05	01	02	-07	-21	-22	-17	-22	-14	-11	-11	-08	-04	05	16	02	01	**-06.4**	16	-22
18	10	15	-01	-08	-16	-27	-37	-19	-03	-03	-09	-17	-20	-20	-20	-20	-18	-16	-12	-10	-10	-07	06	-03	-11.0	15	**-37**
19	-06	-07	-07	-10	-12	-12	-06	-03	-02	-05	-10	-14	-18	-18	-20	-19	-17	-17	-14	-08	-02	-02	04	10	-09.0	10	-20
20	02	-06	02	-03	-05	-20	-23	-18	-14	-10	-09	-15	-22	-18	-16	-20	-16	-14	-14	-12	00	-04	-09	-05	-11.2	02	-23
21†	04	06	-12	-09	-13	-11	-09	-08	-09	-11	-19	-16	-22	-10	-17	-22	-23	-04	50	-09	-08	-07	-08	-10	-08.2	**50**	-23
22†	-11	-11	-15	-20	-19	-17	-13	-12	-15	-10	-12	-13	-20	-16	-16	-20	-17	-13	16	19	-08	01	34	-10	-09.1	34	-20
23	10	-04	-01	-09	-13	-14	-10	-11	-13	-11	-21	-24	-20	-17	02	-05	-13	-09	-06	-02	03	-01	-08	-09	-08.6	10	-24
24	-09	-12	-10	-11	-16	-21	-15	-08	-05	01	-08	-16	-26	-18	-16	-16	-13	-12	-08	-05	-04	-04	-04	00	-10.7	01	-26
25	-16	-08	-06	-08	-10	-09	-08	-05	-03	-07	-13	-23	-15	-13	-14	-13	-12	-10	-09	-08	-06	-06	-07	-07	-09.8	-03	-23
26*	-08	-09	-09	-10	-11	-11	-08	-08	-09	-10	-16	-21	-24	-16	-14	-17	-18	-16	-13	-11	-10	-08	-07	-06	-12.1	-06	-24
27*	-07	-07	-09	-09	-11	-10	-07	-02	-02	-08	-20	-28	-28	-24	-20	-20	-19	-19	-15	-12	-11	-09	-08	-08	-13.0	-02	-28
28	-08	-09	-11	-13	-13	-13	-10	-11	-13	-13	-15	-20	-24	-26	-24	-23	-24	-20	-18	-10	-09	-06	-02	26	-12.9	26	-26
29	37	19	00	-08	-14	-13	-11	-08	-08	-12	-12	-19	-24	-21	-19	-18	-17	-17	-16	-13	-14	-06	06	04	-08.5	37	-24
30*	02	-04	-10	-11	-09	-11	-08	-03	-04	-08	-13	-24	-28	-27	-24	-21	-20	-19	-14	-11	-10	-09	-11	-12	-12.9	02	-28
31	-12	-12	-12	-17	-11	-09	-06	-03	-04	-08	-15	-17	-25	-22	-23	-22	-18	-16	-12	-11	-11	-10	-08	-08	-13.0	-03	-25
Mittel	-02	-05	-07	-11	-12	-12	-10	-08	-08	-11	-16	-23	-24	-19	-18	-19	-19	-16	-11	-09	-06	-03	-02	-02	-11.3	09	-27
Februar																											
1†	-06	-04	-01	-04	-05	-06	-04	-06	-10	-19	-22	-27	-36	-30	-38	-38	-33	-25	-21	-16	15	24	46	59	-08.6	59	-38
2	18	20	34	03	03	04	03	-03	-02	-10	-24	-20	-19	-20	-18	-18	-17	-28	38	01	07	10	37	10	00.4	38	-28
3	10	16	15	17	17	09	06	-02	-07	-10	-15	-22	-30	-28	-23	-30	-33	-30	-24	-22	-15	15	07	06	-07.2	17	-30
4	16	10	08	01	-03	00	01	-05	-03	-08	-17	-09	-20	-17	-20	-16	-14	-14	-09	-02	00	-01	-02	02	-05.1	16	-20
5	06	03	08	02	02	01	03	-04	-09	-20	-15	-20	-10	-15	-17	-18	-19	-12	-17	-13	05	10	10	05	-05.6	10	-20
6†	05	12	04	-04	03	-06	-30	-05	-04	-14	-16	-14	-08	-17	08	-07	29	-04	-03	21	42	51	49	49	05.9	51	-30
7†	77	77	87	57	25	14	03	-02	-14	-16	-09	-16	-24	-16	-21	-15	-13	-22	24	08	01	14	16	16	10.5	87	-24
8	21	22	14	04	03	02	-04	-05	-04	-03	-02	-03	-11	-18	-16	-14	-16	-15	-11	02	-05	14	39	26	00.8	39	-18
9	15	15	14	10	03	-01	-04	-07	-07	-12	-25	-25	-22	-28	-13	-13	-16	-12	28	-07	10	30	17	28	-00.9	30	-28
10	33	14	15	15	08	03	-02	00	04	03	-04	-13	-32	-31	-34	-23	-20	13	07	00	-04	-08	-05	-05	-02.8	33	-34
11	00	09	-19	-12	04	-03	-07	-02	-04	-05	-10	-06	-18	-23	-18	-09	-03	-04	06	02	-01	-01	-02	-02	-05.3	09	-23
12*	-05	-04	-03	00	-01	-01	-03	-04	-06	-10	-15	-17	-20	-21	-18	-15	-14	-12	-10	-08	-06	-05	-05	-05	-08.7	00	-21
13*	-05	-03	-05	-05	-04	-04	-05	-03	-01	-04	-13	-18	-20	-18	-18	-17	-16	-14	-16	-10	-09	16	09	-06	-07.9	16	-20
14	-07	-07	-09	-05	-06	-05	-04	-07	02	-01	-10	-14	-12	-13	-14	-12	-07	-06	-07	10	-04	-08	-09	-08	-06.8	10	-14
15	-06	-12	16	01	-13	-06	-08	-06	00	-04	-15	-24	-26	-28	-28	-18	-13	-17	-10	-02	01	-02	00	-02	-09.2	16	-28
16	-03	-05	-09	-14	-20	-06	-08	-10	00	-07	-10	-23	-23	-20	-02	-23	-06	09	-04	00	04	25	06	-04	-06.4	25	-23
17	-04	-05	00	-04	-10	-09	-07	-05	-12	-06	-02	-11	-08	-04	-11	03	27	-08	-07	02	35	04	07	-06	-01.7	35	-12
18	-11	-06	02	-01	-01	-04	-08	-06	-15	-10	-08	-21	-25	-12	-12	-13	-08	-04	-05	-04	00	00	08	22	-05.9	22	-25
19	13	07	00	-01	-04	-16	-16	-08	01	-06	-11	-19	-26	-11	-10	-06	-03	-06	-06	-01	32	04	02	00	-03.8	32	-26
20	-02	-02	-08	-13	-01	03	03	09	15	08	-06	-17	-25	-23	-13	09	12	-01	01	05	04	03	00	-02	-01.7	15	-25
21*	-04	-07	-08	-07	-07	-02	00	04	08	03	-11	-25	-28	-23	-19	-14	-11	-09	-08	-06	-05	-05	-05	-04	-08.0	08	-28
22*	-05	-06	-06	-07	-06	-02	-01	01	-01	-10	-23	-26	-29	-28	-21	-17	-16	-16	-13	-12	-05	-02	03	03	**-10.2**	03	-29
23	-02	15	26	16	08	08	03	04	04	-02	-14	-19	-24	-34	-26	-26	-28	-25	-24	-19	-15	20	08	06	-05.8	26	-34
24†	16	18	18	23	02	01	00	03	02	-09	-27	-44	-46	-40	-45	-44	-48	-36	-29	08	38	138	112	128	05.8	138	**-48**
25†	187	185	84	45	28	05	-42	-35	00	-04	-10	-05	-11	-11	34	35	05	-03	37	22	45	15	19	22	**27.0**	**187**	-42
26	18	16	17	17	14	15	16	21	18	07	-06	-13	-16	-11	-05	01	00	00	03	06	11	10	16	08	06.8	21	-16
27*	11	11	11	09	09	09	09	12	14	07	-03	-12	-17	-18	-05	-07	-06	-04	-01	00	02	04	04	07	01.9	14	-18
28	05	05	06	05	05	06	09	16	18	10	-02	-20	-17	-24	-21	-23	-06	02	04	08	14	30	37	23	03.8	37	-24
Mittel	14	14	11	05	02	00	-03	-02	00	-05	-12	-18	-22	-21	-16	-14	-10	-11	-03	-01	07	14	15	13	-01.7	36	-26

Ostkomponente.

Niemegk

Γ
Y = — 0.01 400 + Tafelwert.

1939

Tag	0–1h	1–2h	2–3h	3–4h	4–5h	5–6h	6–7h	7–8h	8–9h	9–10h	10–11h	11–12h	12–13h	13–14h	14–15h	15–16h	16–17h	17–18h	18–19h	19–20h	20–21h	21–22h	22–23h	23–24h	Tagesmittel	Max.	Min.
März																									γ		
1	17	-02	10	14	14	18	09	15	16	10	-01	-14	-28	-44	-32	-25	-31	-24	-21	-06	01	15	54	60	01.0	60	-44
2	19	19	22	44	32	12	09	19	17	22	03	-28	-27	-36	-12	-08	-02	01	03	03	10	06	08	08	06.0	44	-36
3	-02	01	11	14	08	06	05	14	14	16	-03	-20	-33	-43	-27	-14	12	12	09	25	30	32	37	23	05.3	37	-43
4	44	50	18	55	35	21	18	19	20	-06	-17	-28	-27	-27	02	05	-02	03	07	27	23	17	34	42	13.9	55	-28
5	41	26	20	19	15	16	11	12	06	00	-18	-30	-34	-27	-18	-16	-12	-06	07	16	16	08	35	30	04.9	41	-34
6	17	08	13	11	07	13	11	19	13	-03	-08	-20	-32	-32	-23	-13	06	15	-02	11	25	27	24	11	04.1	27	-32
7*	16	13	21	20	08	16	16	18	17	11	-10	-23	-28	-22	-16	-07	-03	03	-01	00	05	07	07	03	03.0	21	-28
8	13	32	26	27	06	-10	07	16	20	12	-03	-19	-26	-27	-24	-15	-12	-12	-02	10	-02	05	02	01	01.0	32	-27
9	05	08	08	-06	-03	03	00	03	-14	-12	-11	-27	-26	-23	-10	-04	-01	06	12	12	08	05	05	06	-02.3	12	-27
10	06	07	15	04	06	05	09	19	16	10	-03	-18	-27	-22	-20	-10	-03	-03	00	-02	02	28	12	05	01.5	28	-27
11	05	06	05	03	02	00	04	12	09	01	-09	-22	-24	-28	-20	-10	33	-01	-04	-03	-01	07	22	23	00.4	33	-28
12	16	19	11	-01	-06	00	04	12	16	06	00	-17	-25	-22	-19	-07	-08	-06	01	38	19	02	13	21	02.8	38	-25
13*	13	07	08	08	07	05	07	11	09	00	-18	-16	-24	-24	-18	-10	-09	-07	-05	-04	-05	-04	-02	04	-02.8	13	-24
14	05	06	07	07	03	04	06	13	14	06	-18	-39	-35	-21	-16	-10	-07	-06	-04	-02	01	08	01	-01	**-03.2**	14	-39
15	01	02	06	08	09	05	03	14	14	02	-27	-21	-20	-18	-08	00	25	25	-02	04	07	01	-02	04	01.3	25	-27
16	16	04	-10	-21	18	09	12	13	05	-03	-16	-17	-34	-13	-11	-01	28	10	01	04	14	13	13	-24	00.4	28	-34
17	-12	-01	14	13	01	-03	-02	08	15	07	-08	-19	-25	-26	-22	-11	-03	-01	08	25	07	01	00	02	-01.3	25	-26
18*	-05	04	07	08	08	09	15	23	23	15	-01	-18	-22	-23	-16	-06	-01	-02	-02	-01	00	03	00	02	00.8	23	-23
19*	02	02	03	02	04	05	13	23	21	10	-04	-18	-28	-23	-16	-06	-03	-05	-02	-01	-01	04	11	04	-00.1	23	-28
20	01	00	-21	01	10	07	13	26	29	14	-11	-30	-36	-30	-21	-09	-07	-03	-03	-01	-01	00	00	00	-03.0	29	-36
21	01	02	04	03	03	01	-04	02	15	02	-11	-22	-32	-28	-20	-11	-03	-04	08	38	10	06	02	05	-01.4	38	-32
22†	08	07	04	-14	06	23	16	24	29	13	-08	-19	-42	-32	-22	-14	23	22	28	20	24	24	14	21	06.5	29	-42
23	11	09	-13	-03	15	12	17	25	28	17	08	-16	-29	-36	-35	-02	-05	-07	-05	-01	24	30	36	19	04.1	36	-36
24	09	03	07	02	00	02	13	26	24	15	-01	-24	-37	-40	-09	-12	-10	00	07	10	05	01	01	03	-00.2	26	-40
25*	10	11	05	03	08	08	16	22	19	08	-14	-27	-33	-34	-20	-11	-09	-06	-02	-02	-02	03	10	27	-00.4	27	-34
26	22	17	14	10	14	16	19	30	32	14	-06	-27	-45	-41	-40	-32	-21	-08	30	06	36	39	16	15	04.6	39	-45
27†	19	-07	-11	24	30	16	17	19	16	11	-08	-24	-32	-34	-32	-23	-17	-12	-16	70	13	24	30	35	04.5	70	-34
28†	34	07	12	16	22	17	16	32	27	06	-16	-29	-54	-72	-48	-52	-16	31	34	58	80	102	89	91	16.1	**102**	**-72**
29†	68	95	53	34	07	25	02	24	12	16	10	-19	-02	-10	04	19	52	33	37	01	47	54	40	28	**26.2**	95	-19
30†	48	54	17	21	28	17	16	18	20	07	04	-07	-18	-16	-10	-12	10	30	14	20	34	33	46	31	16.9	54	-18
31	-03	17	29	18	22	25	32	38	27	05	-05	-18	-24	-29	-27	-05	-05	-02	08	24	16	25	20	34	09.2	38	-29
Mittel	14	14	10	11	11	10	11	18	17	07	-07	-22	-29	-29	-20	-11	00	02	05	13	14	17	19	17	03.9	37	-33
April																									γ		
1	49	43	42	23	18	-06	01	06	07	-06	-11	-24	-22	-22	-25	02	-05	20	21	46	26	38	28	15	11.0	49	-25
2	21	36	26	16	05	14	31	37	30	12	-06	-23	-34	-31	-23	-19	-09	21	16	12	14	18	29	24	09.0	37	-34
3	17	19	17	27	29	22	32	38	20	09	04	-23	-38	-35	-28	-25	-10	-01	34	24	15	29	40	45	10.9	45	-38
4	46	32	27	05	24	18	20	24	17	06	-07	-17	-26	-28	-17	-11	-09	-09	-09	36	32	54	26	15	10.4	54	-28
5	15	09	18	-08	-01	17	27	35	34	17	-08	-31	-39	-55	-35	-16	-03	00	01	02	02	08	07	07	00.1	35	-55
6*	08	09	07	06	00	01	16	27	28	22	09	-17	-36	-28	-19	-09	-02	-03	-04	00	00	00	01	02	00.8	28	-36
7*	05	05	03	08	05	07	15	30	32	23	03	-20	-36	-39	-32	-24	-11	-04	-02	-03	04	04	02	01	**-01.0**	32	-39
8	04	05	05	06	07	07	19	26	24	14	00	-25	-44	-36	-24	-08	-01	05	13	02	-01	19	-05	08	00.8	26	-44
9	06	08	-06	13	15	17	23	23	25	11	-07	-23	-37	-30	-20	-11	-06	-02	45	-01	03	10	13	06	03.1	45	-37
10	-22	38	27	19	00	02	13	26	22	00	-01	-19	-28	00	-11	11	17	11	11	58	11	08	-02	-43	06.2	58	-43
11	13	23	17	10	07	19	29	27	18	06	-07	-09	-19	-24	-11	07	14	37	45	22	35	08	24	19	12.9	45	-24
12	08	-08	-01	-12	06	04	17	21	25	10	01	-08	-19	-11	-07	-01	04	05	02	00	04	12	10	11	03.0	25	-19
13*	-04	-04	14	18	17	17	21	24	26	16	-05	-21	-39	-34	-27	-16	-08	01	17	16	04	-01	02	00	01.4	26	-39
14	03	-03	-02	00	10	20	26	35	33	11	-12	-31	-45	-41	-30	-19	-06	02	01	04	07	15	15	12	00.2	35	-45
15*	04	01	02	06	10	16	25	33	30	11	-06	-23	-30	-25	-11	01	03	03	05	05	11	03	-01	-02	03.0	33	-30
16*	-02	03	06	08	12	20	27	34	36	26	02	-23	-42	-38	-25	-15	-09	-06	-05	-02	-02	-10	-12	-03	-00.8	36	-42
17†	-07	07	18	-04	43	83	89	47	47	24	-12	-55	-60	-84	-69	-47	-52	21	-03	-06	-32	40	38	26	02.2	89	**-84**
18†	23	23	24	27	35	43	53	63	45	14	-05	-21	-33	-28	-30	-04	-01	41	28	37	28	24	31	55	19.7	63	-33
19	32	45	38	31	22	24	21	35	38	21	-09	-37	-61	-53	-30	-15	-07	17	12	25	32	41	28	41	12.1	45	-61
20	30	20	05	36	17	24	32	42	37	10	-10	-34	-29	-17	-16	-01	18	14	17	30	37	37	32	36	15.3	42	-34
21	33	21	02	24	26	16	19	37	45	30	00	-24	-35	-37	-16	05	05	32	17	11	26	22	20	34	13.0	45	-37
22	33	34	40	24	22	32	42	44	42	26	02	-24	-50	-48	-40	-29	-08	03	43	08	15	15	29	44	12.5	44	-50
23†	23	21	29	23	07	06	05	70	52	16	01	-27	-46	-48	-53	-22	14	03	31	20	00	09	12	03	06.2	70	-53
24†	03	20	23	25	28	32	42	51	51	34	12	-08	-25	-26	-20	-15	-07	-06	04	-08	130	124	85	141	28.8	141	-26
25†	144	60	-10	55	56	60	58	50	29	18	10	-03	-01	-09	-15	25	40	20	40	32	28	18	26	48	**32.5**	**144**	-15
26	05	13	13	18	27	41	48	53	43	25	05	-18	-36	-37	-22	-09	01	12	19	13	13	13	09	13	10.9	53	-37
27	14	17	17	20	23	31	42	48	39	20	-05	-27	-36	-32	-17	-09	04	18	15	11	08	-03	27	36	10.9	48	-36
28	54	27	27	40	50	42	40	41	35	19	00	-22	-29	-30	-11	06	05	08	13	22	22	27	29	10	17.7	54	-30
29	18	22	26	17	29	42	44	50	37	17	03	-20	-27	-19	-05	-04	01	13	18	23	19	13	10	08	14.0	50	-27
30	17	14	18	23	30	37	38	39	33	18	-03	-18	-30	-25	-20	-10	-04	-01	31	13	12	09	11	11	10.1	39	30
Mittel	20	19	16	17	19	24	30	37	33	16	-02	-22	-34	-32	-24	-09	-01	09	16	15	17	20	19	21	09.2	51	-38

Weltzeit

Ostkomponente.

Niemegk $\quad Y = -0.01400 + \text{Tafelwert.}$ (Γ) $\quad$ 1939

Tag	0h–1h	1h–2h	2h–3h	3h–4h	4h–5h	5h–6h	6h–7h	7h–8h	8h–9h	9h–10h	10h–11h	11h–12h	12h–13h	13h–14h	14h–15h	15h–16h	16h–17h	17h–18h	18h–19h	19h–20h	20h–21h	21h–22h	22h–23h	23h–24h	Tagesmittel	Max.	Min.
Mai																									γ		
1†	10	14	09	20	26	34	47	44	25	-01	-29	-63	-96	-77	-43	-23	-24	09	15	27	29	60	48	36	04.0	60	**-96**
2†	41	88	79	43	48	34	46	05	12	20	-05	-08	-20	-05	04	-01	28	20	16	28	38	16	25	28	**24.2**	**88**	-20
3	22	03	17	30	29	47	47	42	25	04	-07	-16	-23	-13	-04	12	23	20	15	20	30	16	06	01	14.4	47	-23
4	25	20	24	31	40	45	48	51	39	25	08	-13	-20	-21	-13	-03	07	09	06	13	06	04	07	10	14.5	51	-21
5	12	11	14	11	16	17	16	31	35	20	04	-16	-32	-33	-24	-16	-02	-02	-03	-01	-07	-32	-09	07	00.7	35	-33
6†	04	22	24	28	38	48	52	38	36	18	-02	-18	-45	-54	-22	-30	09	-02	10	20	34	38	51	51	14.5	52	-54
7†	55	08	52	34	03	12	53	24	25	17	03	-09	-12	-14	03	27	15	13	06	16	16	11	13	21	16.3	55	-14
8†	-16	-07	32	35	45	45	33	21	18	26	05	05	-08	-13	05	02	-03	01	22	12	08	22	15	17	13.4	45	-16
9	33	25	19	-11	28	31	30	30	24	14	04	-02	-16	-17	-04	06	16	26	06	02	06	08	11	15	11.8	33	-17
10	18	12	18	20	25	29	31	28	22	11	-09	-14	-22	-19	-11	-09	-04	16	11	06	04	06	10	14	08.0	31	-22
11*	16	21	25	29	30	28	28	27	17	09	-04	-13	-04	-05	02	06	09	09	08	05	06	05	06	08	11.2	30	-13
12*	08	16	18	23	27	33	33	25	19	06	-04	-17	-24	-17	-09	-06	-01	05	10	01	00	01	02	08	06.5	33	-24
13*	12	14	16	21	28	30	32	24	07	05	-05	-16	-29	-13	-11	-07	-03	-02	04	01	05	15	13	08	06.2	32	-29
14*	09	10	12	18	26	30	24	17	13	02	-15	-28	-35	-30	-23	-18	-13	-04	-02	-01	00	02	02	07	**00.1**	30	-35
15	13	14	16	24	29	29	25	34	25	02	-14	-32	-40	-41	-26	-18	-05	01	00	01	06	09	07	-01	02.4	34	-41
16	11	18	34	11	28	27	27	35	-01	-13	-09	-18	-26	-11	00	08	10	11	11	10	07	07	10	12	08.3	35	-26
17	17	19	24	24	38	44	44	30	21	05	-11	-24	-28	-24	-18	-06	07	16	29	39	08	06	11	13	11.8	44	-28
18	10	16	14	22	43	38	43	40	18	-06	-33	-43	-53	-45	-29	-10	06	15	10	09	06	08	21	36	05.7	43	-53
19	37	42	34	37	35	33	26	36	26	09	-08	-27	-41	-37	-26	-14	-06	02	20	17	12	15	42	29	12.2	42	-41
20	31	38	45	29	10	20	45	40	33	20	-06	-23	-29	-34	-29	-20	02	09	09	09	17	12	09	18	10.6	45	-34
21	33	24	24	31	35	34	36	41	37	20	-05	-34	-56	-63	-54	-37	-17	06	22	24	22	09	39	30	08.4	41	-63
22	09	40	36	28	38	27	38	51	36	04	-16	-32	-49	-34	-31	-13	-03	-01	03	02	01	00	20	71	09.4	71	-49
23	38	30	31	46	46	50	43	48	34	15	-06	-12	-26	-25	-16	-15	01	15	32	18	15	19	18	27	17.8	50	-26
24	22	31	04	29	13	43	22	31	21	04	-06	-13	-18	-18	-26	-13	01	03	03	28	23	47	34	13	11.6	47	-26
25	-01	32	23	19	48	43	44	42	30	12	-03	-17	-23	-22	-26	-01	01	04	00	03	30	27	25	32	13.4	48	-26
26	22	08	38	30	16	17	25	16	09	-04	-16	-23	-19	-16	-12	11	12	10	12	14	10	12	20	29	09.2	38	-23
27	22	23	16	28	35	36	43	39	29	16	01	-12	-16	-16	-10	00	14	16	16	13	08	04	-10	40	14.0	43	-16
28	32	29	40	61	67	65	71	60	24	12	-09	-27	-22	-22	-14	00	09	10	05	06	05	05	12	25	18.5	71	-27
29	55	63	72	81	75	53	56	45	05	-22	-27	-42	-46	-10	-07	-02	-03	00	15	12	14	13	03	12	17.3	81	-46
30	15	18	18	28	30	34	32	26	20	03	-10	-28	-29	-26	-10	02	09	09	09	08	07	06	09	09	07.9	34	-29
31*	16	15	21	22	32	48	52	42	28	16	-03	-26	-35	-31	-23	-14	-04	06	10	09	08	11	27	18	10.2	52	-35
Mittel	20	23	27	28	33	36	38	34	23	09	-08	-21	-30	-26	-16	-07	03	08	11	12	12	12	16	21	10.8	46	-32
Juni																									γ		
1	10	08	21	29	34	44	52	52	46	25	-04	-21	-26	-24	-27	-26	-17	-13	-08	-10	-01	07	03	06	06.7	52	-27
2	-01	21	13	19	10	31	43	45	33	23	-01	-22	-31	-26	-26	-19	-05	06	02	06	05	-02	05	06	05.6	45	-31
3	10	17	21	30	33	37	42	38	21	15	-17	-26	-24	-23	-17	-05	10	16	10	09	09	16	06	07	09.8	42	-26
4	-02	-11	09	20	23	24	45	41	41	30	04	-11	-26	-34	-28	-14	15	11	14	14	08	08	06	02	07.9	45	-34
5	02	06	07	04	26	42	57	60	37	16	-04	-23	-37	-34	-37	-17	-02	10	07	03	02	04	07	08	06.0	60	-37
6	19	14	10	15	18	30	44	51	46	31	12	-14	-23	-30	-25	-14	00	08	11	06	02	00	07	03	09.2	51	-30
7*	-02	03	14	27	38	49	51	52	45	26	02	-18	-20	-21	-19	-12	-07	-02	02	00	-04	-01	02	06	08.8	52	-21
8*	09	04	04	22	33	40	44	37	23	12	-01	-18	-26	-34	-35	-26	-12	-04	00	04	01	00	-01	02	03.2	44	-35
9*	04	05	12	18	23	31	39	47	42	29	08	-12	-21	-22	-20	-14	-08	-04	-03	-03	-02	-03	-06	-06	05.6	47	-22
10	09	07	14	14	29	43	46	44	32	15	05	-12	-24	-27	-27	-25	-17	-08	-05	-11	-12	-08	-04	00	03.2	46	-27
11*	07	05	13	16	25	34	40	41	40	24	04	-11	-19	-24	-23	-14	-08	00	03	01	-01	04	01	01	06.6	41	-24
12	10	09	03	14	35	43	41	37	26	12	-12	-32	-41	-39	-28	-16	-03	-03	-03	-03	-03	-04	00	09	02.2	43	-41
13	05	01	22	42	48	44	56	38	23	06	-11	-25	-36	-32	-37	-30	-04	-22	-30	-28	-15	-11	13	20	**01.5**	56	-37
14†	24	49	76	77	68	46	53	52	27	11	-16	-28	-29	-22	-09	-03	13	14	15	05	14	14	02	09	**19.2**	**77**	-29
15	24	34	40	45	37	43	47	38	27	11	-02	-14	-06	-04	-07	04	08	14	18	22	18	18	23	12	18.8	47	-14
16†	26	35	15	04	02	29	36	46	32	18	09	-21	-35	-23	-16	-06	13	08	10	04	08	09	14	16	09.7	46	-35
17	16	24	30	38	46	56	53	50	38	24	-01	-16	-13	-10	-06	02	03	00	02	02	05	09	22	22	16.5	56	-16
18	26	23	34	59	62	50	43	44	24	06	-13	-29	-32	-44	-27	-18	-10	-02	15	25	04	07	07	-16	09.9	62	-44
19†	12	34	32	40	40	41	46	51	54	38	11	-23	-46	-44	-36	-23	-01	07	12	11	16	07	10	40	13.7	54	**-46**
20	45	19	20	22	20	19	34	33	34	30	12	-10	-28	-16	-25	-14	-07	03	11	13	11	15	16	11	11.2	45	-28
21	19	16	01	16	11	41	43	54	31	25	07	-07	-21	-23	-19	04	04	06	01	16	35	19	22	15	13.2	54	-23
22	18	23	33	41	26	32	42	37	30	15	08	-08	-15	-13	-06	-01	00	10	13	09	04	08	07	14	13.6	42	-15
23	16	07	25	39	46	47	46	47	34	29	17	03	-31	-29	-19	-15	-10	04	12	19	12	14	15	11	14.1	47	-31
24	19	19	03	07	34	40	46	42	42	34	14	-09	-26	-26	-26	-15	-05	03	04	06	07	06	24	11	10.6	46	-26
25*	24	26	25	24	28	30	31	35	38	31	15	-05	-21	-24	-20	-09	-04	02	04	07	07	21	22	14	12.5	38	-24
26	16	20	20	26	42	50	48	47	39	18	01	-15	-21	-31	-36	-22	-17	-08	-01	00	-12	07	04	01	07.3	50	-36
27†	19	18	14	16	07	27	30	24	22	13	-04	-12	-24	-28	-26	-15	01	18	14	08	05	01	08	13	06.2	30	-28
28	15	18	23	28	34	37	43	40	32	17	-06	-25	-25	-20	-18	-20	-03	-07	05	04	05	09	20	23	09.5	43	-25
29†	19	29	16	-13	13	12	33	25	25	14	02	-17	-18	-10	-13	08	28	15	19	11	08	04	04	07	09.2	33	-18
30	01	-05	24	36	44	35	41	41	29	15	-11	-23	-35	-26	-12	-01	00	03	06	03	01	04	14	18	08.4	44	-35
Mittel	14	16	20	26	31	38	44	43	34	20	01	-17	-26	-25	-22	-13	-02	03	05	05	05	06	09	10	09.3	48	-29

Weltzeit

Ostkomponente.

Niemegk — Γ Y = — 0.01 400 + Tafelwert. — 1939

Tag	0h–1h	1h–2h	2h–3h	3h–4h	4h–5h	5h–6h	6h–7h	7h–8h	8h–9h	9h–10h	10h–11h	11h–12h	12h–13h	13h–14h	14h–15h	15h–16h	16h–17h	17h–18h	18h–19h	19h–20h	20h–21h	21h–22h	22h–23h	23h–24h Weltzeit	Tagesmittel	Max.	Min.
Juli																									γ		
1	09	18	24	27	35	39	39	32	31	08	−04	−17	−24	−15	−14	06	13	12	06	06	07	11	06	07	10.9	39	−24
2	12	10	28	36	32	35	37	50	44	25	05	−07	−12	−20	−23	−11	02	09	17	12	04	06	08	10	12.9	50	−23
3†	08	17	24	−03	34	35	37	38	25	11	−11	−24	−35	−41	−57	−69	−38	−18	17	−08	05	05	12	−04	**−01.7**	38	**−69**
4†	05	34	43	52	54	60	68	67	55	40	20	06	−06	−16	−29	−31	−14	−07	00	26	32	36	42	37	23.9	68	−31
5†	35	46	16	30	28	−09	−23	02	17	28	17	02	−36	−26	−51	−25	−06	−13	08	−04	12	36	38	43	06.9	46	−51
6	54	65	17	24	44	47	47	59	60	54	31	12	−02	−08	−06	−02	08	14	19	17	16	16	12	14	**25.5**	65	−08
7*	24	28	25	31	40	49	52	47	34	12	−02	−08	−18	−18	−08	−04	−02	06	12	12	12	13	16	15	15.3	52	−18
8	16	18	26	37	46	51	53	55	49	40	16	00	−07	−15	−13	−05	00	06	05	04	06	06	07	09	17.1	55	−15
9*	22	16	20	40	48	57	53	45	36	18	−04	−26	−32	−31	−21	−09	00	05	05	03	02	04	12	14	11.5	57	−32
10*	12	13	16	35	50	53	52	50	38	22	04	−08	−13	−11	−03	01	00	01	−02	−03	−01	05	12	15	14.1	53	−13
11	18	20	22	30	44	52	56	52	42	21	−03	−30	−52	−53	−21	−03	−03	−10	−07	07	04	07	13	16	09.2	56	−53
12	17	20	24	33	44	48	38	33	26	14	−02	−16	−30	−33	−21	−16	−07	02	10	00	02	08	16	27	09.9	48	−33
13*	20	22	27	30	34	40	41	35	28	16	02	−22	−32	−24	−12	04	13	14	14	12	04	00	03	11	11.7	41	−32
14	12	07	17	31	32	29	29	10	08	14	−01	−23	−15	−18	−12	−08	08	18	14	15	11	42	49	65	13.9	65	−23
15	25	25	37	48	48	57	64	60	42	19	−04	−22	−25	−16	−16	−05	−02	02	05	06	10	13	04	27	16.8	64	−25
16	28	31	29	22	51	56	51	41	30	06	−14	−21	−13	−21	−22	−18	−11	−07	00	18	48	33	29	19	15.2	56	−22
17	28	51	60	35	45	55	46	26	22	07	−11	−30	−25	−20	−09	04	15	10	11	15	15	14	16	26	16.9	60	−30
18	26	14	35	46	45	49	52	56	54	38	07	−15	−27	−22	−18	−15	−08	07	22	17	18	18	23	24	18.6	56	−27
19	24	15	22	28	39	46	44	44	36	23	02	−17	−37	−40	−32	−17	−03	10	04	11	10	07	27	43	12.0	46	−40
20†	18	64	65	73	83	38	12	34	32	12	−02	−18	−40	−39	−37	−17	−15	−04	12	20	35	19	18	20	16.0	**83**	−40
21†	25	29	24	26	41	50	54	54	43	23	−03	−16	−39	−63	−40	−30	09	26	22	06	05	06	10	18	11.7	54	−63
22	22	16	09	19	22	30	24	26	28	20	01	−14	−20	−06	00	04	04	06	10	10	16	17	29	15	12.0	30	−20
23	10	40	46	45	54	50	50	45	37	24	19	07	−03	−08	−04	03	11	11	16	15	17	20	19	23	22.8	54	−08
24	23	24	29	34	42	48	48	40	26	06	−12	−28	−30	−18	−09	00	07	11	11	09	08	12	13	22	13.2	48	−30
25	23	21	36	35	45	42	39	24	19	25	12	04	−05	01	08	16	23	21	13	11	12	16	16	19	19.8	45	−05
26	21	25	27	30	32	−08	−11	03	−01	−28	−12	−20	−29	−17	−10	03	10	25	20	20	20	20	20	24	06.8	32	−29
27	30	22	25	26	34	40	38	30	21	17	05	−02	−03	08	14	16	22	28	15	16	16	24	47	35	21.8	47	−03
28	35	32	35	39	43	43	30	24	26	09	−11	−16	−13	−12	−07	12	24	24	21	18	16	13	20	27	18.0	43	−16
29	29	33	35	34	35	48	58	54	40	28	12	−09	−10	−07	03	12	16	15	22	29	18	16	19	21	23.0	58	−10
30*	20	17	19	27	28	36	41	39	30	21	07	−09	−15	−14	−05	05	17	29	18	16	16	16	17	22	16.6	41	−15
31	23	30	28	36	40	40	46	41	32	23	07	−15	−24	−16	−07	06	12	15	14	14	17	16	20	21	17.5	46	−24
Mittel	22	27	29	33	42	42	41	39	33	19	02	−13	−22	−21	−16	−06	03	09	11	11	13	15	19	22	14.8	51	−27
August																									γ		
1	20	32	36	35	36	40	39	38	25	16	−03	−23	−31	−25	−09	04	14	20	17	13	12	12	16	20	14.8	40	−31
2*	20	24	25	32	41	43	44	42	32	20	01	−15	−25	−24	−15	−01	13	19	17	15	16	17	19	21	15.9	44	−25
3*	23	25	28	31	41	48	48	41	29	11	−04	−10	−13	−10	01	11	18	17	09	10	11	13	11	14	16.8	48	−13
4	15	18	21	25	41	48	50	44	37	26	11	−02	−14	−14	−09	03	18	18	15	10	06	10	16	17	17.1	50	−14
5*	20	26	30	36	42	50	51	49	40	32	13	−06	−16	−20	−13	−01	06	10	10	09	09	11	20	25	18.0	51	−20
6*	25	28	28	26	37	49	57	58	46	27	06	−14	−24	−25	−20	−05	02	06	06	06	09	15	22	24	16.2	58	−25
7*	26	30	30	36	40	45	50	48	42	30	10	−06	−25	−30	−26	−14	−04	06	10	13	18	20	22	24	16.5	50	−30
8	23	26	24	29	40	49	52	48	37	21	−01	−20	−28	−27	−17	−06	00	07	08	09	14	14	18	21	**14.2**	52	−28
9	24	26	27	33	44	52	57	51	34	14	04	−06	−14	−13	−02	07	15	15	13	11	15	15	16	19	19.0	57	−14
10	24	26	30	38	48	49	48	42	26	18	−07	−19	−27	−26	−21	−06	05	14	16	19	30	21	16	14	15.8	49	−27
11	20	26	32	46	55	60	64	56	36	19	02	−15	−21	−20	−09	−02	−08	−14	−07	−01	04	12	10	39	16.0	64	−21
12†	29	29	33	58	58	51	74	38	59	26	12	07	−03	03	21	46	55	53	46	56	63	71	61	18	40.2	74	−03
13†	17	34	62	54	74	78	84	79	65	39	19	00	−12	−10	03	18	38	26	27	30	29	30	26	15	34.4	84	−12
14	27	19	17	38	47	50	62	61	44	31	13	−01	−08	−02	06	16	23	28	31	30	29	28	29	29	27.0	62	−08
15	30	34	38	43	49	54	57	56	39	15	−08	−24	−22	−16	−03	12	18	24	26	24	26	22	24	31	22.9	57	−24
16†	35	36	38	40	40	46	50	42	35	13	−07	−33	−35	−47	−18	−14	25	30	22	21	14	17	17	10	15.7	50	**−47**
17	58	50	86	74	56	68	76	62	36	08	−08	−22	−24	−08	04	26	37	36	27	21	23	26	29	31	32.0	86	−24
18	36	40	41	40	50	56	67	66	51	27	−06	−31	−33	−24	−03	15	36	43	24	24	24	19	12	24	24.9	67	−33
19	28	29	35	43	53	62	68	69	54	27	−04	−28	−39	−42	−34	−17	11	25	21	20	22	26	27	32	20.3	69	−42
20	36	36	37	42	52	58	59	54	42	19	−01	−11	−09	−04	03	12	18	22	20	22	15	16	18	23	24.1	59	−11
21	26	29	32	38	49	58	63	55	35	05	−20	−21	−26	−23	−06	04	09	14	15	16	14	15	19	07	17.0	63	−26
22†	24	11	−12	81	99	85	83	72	50	26	07	−24	−08	−32	−45	−15	11	68	71	100	44	91	54	104	39.4	104	−45
23†	68	110	76	57	43	20	51	26	40	34	24	09	11	04	14	19	25	49	67	69	48	40	35	31	**40.4**	**110**	04
24	15	25	45	46	52	61	60	52	38	17	04	−01	−13	−09	07	16	28	36	28	26	26	27	27	30	26.8	61	−13
25	15	39	39	27	41	52	50	43	26	12	00	−06	−14	−04	03	17	29	34	33	33	26	19	30	36	24.2	52	−14
26	39	42	41	41	44	53	60	51	37	22	06	00	03	14	22	28	28	25	26	28	20	22	28	33	29.7	60	00
27	34	40	37	48	48	57	64	54	38	16	−04	−13	−13	−02	10	24	28	25	24	23	34	29	22	24	27.0	64	−13
28	30	32	35	40	47	59	65	61	42	22	02	−09	−16	−08	02	14	22	21	24	22	19	23	21	22	24.7	65	−16
29	15	18	38	42	44	51	55	50	40	22	11	−02	−03	03	09	18	24	26	26	25	22	22	21	20	24.9	55	−03
30	22	23	26	27	30	36	39	35	27	18	02	−17	−24	−17	−09	09	24	28	23	25	27	22	22	24	17.6	39	−24
31	28	30	30	32	38	47	53	54	42	19	−01	−14	−18	−18	−13	01	14	15	14	15	14	21	22	25	18.8	54	−18
Mittel	27	32	35	41	48	53	58	52	39	21	02	−12	−18	−15	−05	08	19	24	23	24	22	24	24	26	23.0	61	−20

Ostkomponente.

Niemegk $Y = -0.01400 + \text{Tafelwert.}$ 1939

Γ

Weltzeit

Tag	0–1h	1–2h	2–3h	3–4h	4–5h	5–6h	6–7h	7–8h	8–9h	9–10h	10–11h	11–12h	12–13h	13–14h	14–15h	15–16h	16–17h	17–18h	18–19h	19–20h	20–21h	21–22h	22–23h	23–24h	Tagesmittel	Max.	Min.
September																									γ		
1*	27	28	29	30	36	49	56	57	48	20	−05	−21	−26	−24	−14	05	20	19	16	16	19	22	24	25	19.0	57	−26
2	26	28	28	31	40	54	62	56	40	19	−05	−19	−28	−24	−12	02	14	21	10	11	12	16	34	40	19.0	62	−28
3†	49	52	53	75	50	63	84	74	64	33	08	−01	−13	−14	−07	12	28	21	17	14	20	58	30	34	**33.5**	84	−14
4	39	43	61	45	42	46	50	51	45	23	−02	−18	−22	−14	−02	17	23	17	14	17	20	23	26	29	23.9	61	−22
5*	30	29	30	33	38	45	46	45	42	32	14	−03	−08	−03	05	11	13	13	13	23	21	25	29	46	23.7	46	−08
6	56	40	34	34	38	43	49	42	36	24	04	−15	−25	−11	01	14	22	21	19	24	27	30	26	34	23.6	56	−25
7	38	30	31	32	42	55	60	60	43	22	−01	−20	−33	−22	−05	05	17	19	19	17	21	22	23	24	20.8	60	−33
8	23	24	24	28	33	40	50	51	45	27	09	−18	−25	−22	−15	−02	05	03	04	09	12	16	21	25	**15.3**	51	−25
9†	32	34	40	39	41	64	68	34	33	31	−07	−26	−31	−20	−04	−01	07	12	17	32	55	44	36	25	23.1	68	−31
10	24	31	20	26	40	46	52	48	36	22	04	−06	−20	−26	−12	02	12	13	18	41	37	28	28	26	20.4	52	−26
11	32	25	28	36	40	48	51	48	40	25	05	−16	−24	−16	04	15	23	20	20	24	24	22	23	26	21.8	51	−24
12	27	30	33	27	45	53	59	52	47	17	−04	−11	−17	−12	00	09	19	21	20	29	21	36	33	26	23.3	59	−17
13	25	26	30	33	37	44	50	49	41	22	−05	−21	−17	−04	12	23	22	17	18	21	20	19	21	40	21.8	50	−21
14	37	33	34	27	45	49	63	66	45	20	−07	−34	−39	−32	−19	−08	06	15	20	22	23	29	31	29	19.0	66	−39
15	26	24	29	33	37	39	41	42	38	26	03	−13	−18	−11	−02	08	09	07	09	16	18	20	35	56	19.7	56	−18
16	42	35	36	34	35	42	48	45	37	18	−02	−21	−22	−14	03	06	10	09	27	21	17	23	23	23	19.8	48	−22
17†	20	14	30	26	12	35	34	61	54	36	03	−33	−40	−38	−30	−16	−08	41	60	101	94	91	78	56	28.4	**101**	**−40**
18	50	49	50	49	49	55	58	56	47	36	22	06	−04	−04	05	13	15	24	26	29	28	30	29	30	31.2	58	−04
19†	31	30	22	31	37	27	29	34	19	05	−05	−15	−09	−20	−17	34	28	30	38	41	54	50	58	79	25.5	79	−20
20†	66	52	68	12	25	36	38	32	28	34	14	12	04	07	12	20	32	45	47	47	38	30	26	20	31.0	68	04
21	32	39	34	28	36	38	50	46	33	08	06	−06	−20	−03	10	14	18	22	29	22	37	27	27	27	23.1	50	−20
22	20	30	27	34	38	41	46	42	38	16	−02	−08	−18	−09	−05	08	23	26	29	28	26	24	36	40	22.1	46	−18
23	32	31	33	32	34	38	46	50	43	34	20	01	00	−03	03	14	19	19	21	21	25	41	38	35	26.1	50	−03
24*	32	32	42	46	44	40	35	38	30	18	−06	−15	−14	−05	10	24	25	26	27	27	30	27	27	29	23.7	46	−15
25	31	34	34	34	34	39	46	50	46	30	−11	−14	−19	−15	−07	01	01	08	12	18	25	28	36	46	20.3	50	−19
26	46	41	72	80	55	53	51	50	39	26	07	−06	−15	−17	−03	14	19	21	36	36	32	31	18	22	29.5	80	−17
27	34	37	36	42	42	43	49	54	50	34	14	−08	−16	−13	−02	09	15	23	26	20	28	42	28	26	25.5	54	−16
28*	27	22	36	36	39	44	52	51	46	31	12	−05	−09	−04	02	09	13	17	18	19	22	26	26	27	23.2	52	−09
29*	30	31	33	34	37	44	51	57	52	36	13	−09	−19	−20	−12	−01	07	11	14	18	22	25	25	28	21.1	57	−20
30	33	35	37	35	37	44	56	64	64	44	09	−19	−30	−24	−16	01	10	15	28	51	53	60	65	68	30.0	68	−30
Mittel	34	33	36	36	39	45	51	50	42	26	04	−13	−19	−15	−04	09	16	19	22	27	29	32	32	35	23.6	60	−20
Oktober																									γ		
1	59	44	55	46	44	44	48	50	44	30	17	05	−04	−05	00	06	13	13	16	14	18	30	42	34	27.6	59	−05
2	33	32	33	34	35	41	52	61	57	40	20	−01	−08	−09	−06	02	06	08	12	16	20	23	25	28	**23.1**	61	−09
3†	29	29	29	25	25	34	49	53	55	19	02	−15	−22	−35	−19	−05	21	59	67	93	76	57	70	68	31.8	93	**−35**
4†	85	86	44	71	73	73	75	68	63	47	25	15	−02	15	10	13	22	28	60	48	42	43	40	40	45.2	86	−02
5	33	44	46	46	40	44	49	60	47	32	04	−06	−08	05	07	23	26	29	35	96	44	35	35	44	33.8	96	−08
6	64	82	56	29	05	24	44	54	52	32	22	16	12	20	28	35	49	48	27	42	72	36	33	36	38.2	82	05
7	40	41	40	41	42	46	54	58	52	40	20	07	01	11	14	21	28	33	58	72	71	61	39	46	39.0	72	01
8	40	36	19	38	47	55	61	64	56	43	26	14	09	09	13	18	20	20	19	20	20	41	39	52	32.5	64	09
9	63	71	74	41	40	45	60	62	31	27	16	10	−19	−20	−07	−04	11	25	39	71	53	42	35	36	33.4	74	−20
10	37	40	41	41	41	43	52	61	61	44	25	14	03	09	16	20	24	27	30	32	34	33	36	39	33.5	61	03
11	28	39	39	37	36	38	48	59	58	43	26	14	04	−02	10	16	19	23	24	27	29	32	67	72	32.8	72	−02
12*	51	33	34	41	39	43	55	62	56	37	19	08	05	09	17	22	23	25	28	30	31	32	32	32	31.8	62	05
13†	30	30	16	37	30	77	87	84	60	38	35	25	08	13	08	10	−14	29	120	24	201	160	242	231	**65.9**	**242**	−14
14†	82	65	48	09	68	33	65	36	80	34	49	21	07	23	15	42	88	102	56	58	76	32	52	30	48.8	102	07
15†	42	13	02	−31	30	46	71	81	80	66	50	36	19	10	26	77	72	86	60	65	82	74	65	50	48.8	86	−31
16	22	26	29	37	26	30	56	55	61	37	12	08	−10	21	10	82	63	37	57	55	58	75	42	63	39.7	82	−10
17	45	44	27	05	38	25	35	55	65	54	27	18	10	01	11	46	60	41	85	58	72	52	42	36	39.7	85	01
18	38	33	08	29	26	18	26	49	50	36	26	06	04	−01	16	59	21	21	42	42	42	41	48	38	29.9	59	−01
19	30	47	37	34	19	21	49	58	66	38	16	14	−02	−05	−07	10	34	42	62	76	82	60	42	34	35.7	82	−07
20*	30	23	31	37	39	44	54	55	53	42	24	13	07	10	19	26	27	26	27	30	31	33	33	33	31.1	55	07
21	34	34	34	38	36	38	45	55	56	46	22	03	−11	−01	07	18	25	26	24	56	34	31	50	48	31.2	56	−11
22	42	38	37	39	38	39	44	51	53	42	22	07	04	09	17	22	23	24	26	33	71	54	39	29	33.5	71	04
23	30	32	33	34	33	35	42	55	48	28	11	03	−03	28	16	24	61	30	32	35	38	40	62	61	33.7	62	−03
24	39	52	43	40	42	45	55	64	64	47	28	17	10	11	14	19	22	25	27	30	31	34	35	33	34.5	64	10
25*	36	38	36	34	41	39	50	61	66	54	30	11	04	06	19	22	23	26	28	31	32	34	35	35	33.0	66	04
26	34	34	34	36	36	38	46	56	55	45	20	03	−05	−03	03	08	11	16	22	29	62	54	38	30	29.2	62	−05
27*	30	31	33	32	34	38	43	51	52	41	23	07	04	06	13	15	18	22	26	28	30	31	31	30	27.9	52	04
28	28	27	28	30	33	38	48	53	54	37	11	−09	06	05	15	17	20	20	19	18	26	51	43	50	27.8	54	−09
29	43	47	44	45	50	43	42	51	52	36	17	06	05	07	20	23	26	28	34	43	53	45	38	34	34.7	53	05
30	28	35	42	44	41	44	49	58	54	38	22	06	12	16	12	16	30	34	37	43	41	36	42	39	34.1	58	06
31*	42	17	27	31	34	35	42	50	49	37	16	06	−01	10	20	30	32	35	36	38	41	37	33	30	30.3	50	−01
Mittel	41	40	35	34	37	41	51	58	56	40	22	09	01	06	11	24	29	33	40	44	52	46	49	47	35.2	75	−03

Ostkomponente.

Niemegk

$Y = -0.01400 + \text{Tafelwert}$ (Γ)

1939

Weltzeit

Tag	0h–1h	1h–2h	2h–3h	3h–4h	4h–5h	5h–6h	6h–7h	7h–8h	8h–9h	9h–10h	10h–11h	11h–12h	12h–13h	13h–14h	14h–15h	15h–16h	16h–17h	17h–18h	18h–19h	19h–20h	20h–21h	21h–22h	22h–23h	23h–24h	Tagesmittel	Max.	Min.
November																									γ		
1	28	28	32	40	39	37	38	42	41	29	10	06	03	09	19	28	34	34	44	55	39	36	39	41	31.3	55	03
2	36	38	36	34	24	26	33	44	49	44	35	20	16	14	24	25	28	30	30	33	36	33	35	33	31.5	49	14
3	36	28	27	33	33	33	34	44	49	45	29	16	12	08	12	19	16	20	22	33	36	40	50	55	30.4	55	08
4	50	45	43	35	35	37	37	38	44	39	22	24	15	18	25	24	27	26	29	33	33	34	40	45	33.2	50	15
5	46	43	41	38	38	38	39	44	44	38	24	23	13	16	17	19	25	23	22	35	37	36	36	35	32.1	46	13
6	34	37	37	37	37	42	40	45	44	39	29	22	18	16	18	19	19	22	21	29	40	52	41	38	32.3	52	16
7	54	49	46	39	38	39	41	45	45	34	21	17	14	14	18	19	41	32	34	38	46	35	36	34	34.5	54	14
8*	36	32	34	34	35	36	39	45	45	40	27	15	13	20	22	25	29	31	32	32	35	34	35	34	31.7	45	13
9	34	35	36	34	38	44	43	51	49	40	23	15	14	18	19	20	17	22	23	32	34	37	40	37	31.5	51	14
10*	37	37	36	39	36	37	40	45	43	33	22	14	12	15	18	21	25	30	30	38	40	41	37	38	31.8	45	12
11	35	34	31	22	32	34	38	43	44	38	27	16	10	13	17	17	21	22	42	37	33	43	55	61	31.9	61	10
12†	76	64	45	33	32	33	36	42	40	27	12	03	12	08	02	19	22	22	25	30	36	48	44	44	31.5	76	02
13†	51	64	51	10	18	21	29	36	32	30	16	09	16	22	40	32	42	74	63	68	93	70	52	51	41.2	93	09
14†	38	−02	34	33	21	28	36	52	61	48	44	30	20	20	37	61	61	63	49	53	66	64	73	78	**44.5**	78	−02
15	53	51	46	33	28	31	34	39	44	40	35	20	17	22	22	45	35	28	30	49	41	42	46	44	36.5	53	17
16	37	32	31	30	32	34	38	43	47	41	32	24	25	23	24	25	31	45	36	39	27	23	36	35	32.9	47	23
17	35	33	32	32	32	33	35	41	42	32	21	15	15	16	18	21	22	20	22	44	44	41	40	38	30.2	44	15
18*	33	32	31	30	34	36	38	46	48	42	25	16	14	15	18	21	23	21	24	26	30	31	31	33	**29.1**	48	14
19	32	33	32	31	32	33	36	42	45	37	31	21	19	18	19	18	16	32	38	34	40	38	36	42	31.5	45	16
20	43	40	39	37	36	35	38	43	42	40	31	23	22	23	25	26	26	29	30	30	40	43	46	46	34.7	46	22
21	41	43	40	40	38	38	38	39	45	45	32	22	22	23	24	28	32	32	34	36	37	38	38	38	35.1	45	22
22*	37	36	36	35	35	35	38	41	44	40	30	21	20	23	25	28	31	32	33	33	34	37	42	42	33.7	44	20
23*	38	34	32	33	34	35	37	43	45	32	21	16	18	24	28	29	30	30	30	32	33	36	36	36	31.8	45	16
24	35	33	32	34	36	34	39	42	42	34	21	10	08	09	20	20	18	24	18	28	44	68	97	78	34.3	97	08
25†	63	68	44	38	42	06	26	42	44	39	27	15	−01	−05	00	13	27	36	38	40	60	128	119	68	40.7	**128**	**−05**
26†	46	28	38	36	36	28	33	35	43	43	32	35	25	24	31	42	38	43	45	52	84	52	50	46	40.2	84	24
27	46	40	37	33	17	38	44	53	58	46	39	29	26	24	28	33	36	40	53	44	42	46	44	38	38.9	58	17
28	37	37	38	38	34	33	41	45	46	39	32	25	20	26	30	33	33	37	39	54	52	46	44	43	37.6	54	20
29	42	41	40	40	42	42	44	45	46	39	27	19	18	21	25	33	33	39	41	42	48	55	48	40	37.9	55	18
30	39	35	34	28	38	40	40	38	40	36	28	24	24	27	26	30	33	35	38	45	52	60	54	48	37.2	60	24
Mittel	42	38	37	34	33	34	37	43	45	38	27	19	16	17	22	26	29	32	34	39	44	46	47	45	34.4	59	14
Dezember																									γ		
1	37	38	33	31	40	42	34	45	44	36	26	17	22	22	26	29	30	34	35	48	55	50	43	48	36.0	55	17
2	49	45	41	42	40	38	42	38	38	33	27	22	20	23	22	25	30	29	33	36	48	64	45	46	36.5	64	20
3	44	41	43	39	42	40	39	38	37	33	27	24	23	21	25	25	25	26	26	33	36	44	75	65	36.3	75	21
4	65	75	60	50	47	42	40	40	44	41	34	28	27	27	31	32	33	34	35	36	38	40	41	43	41.0	75	27
5	39	43	36	35	34	33	34	36	42	40	34	23	20	18	12	11	11	06	18	41	63	63	71	94	35.7	94	06
6†	60	49	39	39	36	39	36	40	43	35	26	18	16	17	22	26	31	29	25	28	87	145	136	91	46.4	**145**	16
7†	57	72	52	−13	32	40	37	51	40	35	29	27	25	24	78	52	29	38	94	96	88	86	90	52	**50.5**	96	**−13**
8†	45	42	28	27	18	13	01	24	40	30	26	22	26	28	42	88	108	47	68	96	79	58	60	41	44.0	108	01
9	31	46	36	30	27	37	41	46	44	24	24	28	32	43	31	40	60	48	90	46	46	53	46	41	41.2	90	24
10	39	38	38	36	37	41	42	39	41	41	32	33	31	34	46	54	44	43	41	46	66	65	50	44	42.5	66	31
11	43	41	30	36	38	42	41	45	46	41	33	33	24	30	32	35	38	43	50	44	47	49	48	42	39.6	50	24
12	38	38	28	37	36	38	41	45	42	35	24	22	22	27	31	37	36	47	45	41	45	51	83	62	39.6	83	22
13	52	39	34	35	26	33	34	41	45	43	38	32	26	26	33	42	39	39	39	44	45	45	45	46	38.4	52	26
14*	44	32	34	38	37	36	38	40	40	41	34	31	26	26	28	30	32	34	37	38	41	42	43	46	36.2	46	26
15	55	54	45	49	47	39	39	44	46	44	40	28	23	19	18	23	33	33	37	45	48	49	51	48	39.9	55	18
16	42	43	43	40	38	40	40	40	43	38	31	32	26	25	24	26	29	29	38	37	40	54	67	94	40.0	94	24
17	65	49	40	40	38	40	41	40	42	36	40	32	25	26	29	36	34	37	39	40	43	49	50	45	39.8	65	25
18*	49	47	52	49	46	44	43	40	39	36	35	33	33	33	34	36	39	40	40	41	42	43	43	45	40.9	52	33
19*	45	43	42	42	41	43	43	40	38	35	31	25	24	28	29	31	33	35	38	39	40	41	41	41	37.0	45	24
20*	41	40	40	39	39	41	42	42	41	37	34	31	27	28	28	27	28	30	30	34	38	50	57	54	37.4	57	27
21†	47	46	48	49	48	47	47	36	32	28	26	13	21	19	−06	03	25	39	38	56	62	59	50	55	37.0	62	−06
22†	74	48	44	39	36	35	31	31	34	34	27	22	18	16	19	45	68	39	49	53	68	79	52	40	41.7	79	16
23	37	39	38	35	31	40	36	40	42	44	46	32	19	27	31	36	38	41	44	43	45	46	49	52	38.8	52	19
24	39	36	40	50	47	48	46	46	41	44	42	36	30	35	34	39	42	59	57	58	72	56	55	44	45.7	72	30
25	41	38	38	44	40	42	42	37	34	29	28	29	24	30	37	37	39	41	45	44	47	65	60	49	40.0	65	24
26	39	30	28	29	29	19	29	35	37	38	38	34	30	33	36	37	38	39	41	42	42	42	45	52	35.9	52	19
27	40	35	33	31	32	36	37	37	41	30	28	23	23	31	22	20	13	29	35	76	52	44	44	42	**34.8**	76	13
28	41	45	42	44	39	42	42	40	39	34	32	26	27	38	43	37	34	34	47	37	43	48	52	61	40.3	61	26
29	47	54	51	50	51	49	47	44	42	36	35	27	35	33	40	29	49	37	41	56	59	49	46	49	44.0	59	27
30	58	51	43	42	41	44	40	43	41	34	37	30	31	36	38	33	38	45	40	43	45	44	47	42	41.1	58	30
31*	40	39	42	44	40	45	46	43	37	32	30	30	30	34	40	40	40	42	42	44	44	44	44	44	39.8	46	30
Mittel	47	44	40	38	38	39	38	40	40	36	32	27	25	28	31	34	38	37	43	47	52	55	56	52	39.9	69	20

Vertikalkomponente.

Niemegk $Z = 0.43300 + \text{Tafelwert}$. Γ 1939

Tag (Weltzeit)	0h–1h	1h–2h	2h–3h	3h–4h	4h–5h	5h–6h	6h–7h	7h–8h	8h–9h	9h–10h	10h–11h	11h–12h	12h–13h	13h–14h	14h–15h	15h–16h	16h–17h	17h–18h	18h–19h	19h–20h	20h–21h	21h–22h	22h–23h	23h–24h	Tagesmittel γ	Max.	Min.
Januar																											
1*	56	55	54	53	54	54	55	55	55	54	52	52	54	54	52	54	56	57	58	58	58	58	58	58	55.2	58	52
2	57	56	56	56	55	54	55	54	55	57	56	49	52	56	54	56	57	58	58	57	56	56	56	56	55.5	58	49
3*	57	56	54	54	54	54	54	54	56	55	53	54	59	59	57	57	56	57	57	56	56	57	57	56	55.8	59	53
4	55	54	54	53	52	52	53	52	50	48	48	48	53	56	56	54	53	55	55	54	53	53	53	53	52.8	56	48
5†	53	51	49	48	49	50	48	46	46	44	44	45	50	52	48	50	54	56	60	59	57	50	45	51	**50.2**	60	44
6	54	54	53	53	53	53	53	53	53	52	51	53	55	55	54	55	62	63	63	63	60	57	57	56	55.6	63	51
7	57	54	55	55	54	54	53	52	50	47	47	49	57	57	54	54	57	56	57	60	53	54	55	56	54.0	60	47
8	56	55	54	52	54	54	53	53	54	54	52	52	54	54	56	58	61	62	63	62	52	57	58	55	55.6	63	52
9†	57	57	56	57	53	54	55	53	56	58	57	57	61	60	57	59	61	62	63	62	64	59	58	60	58.2	64	53
10	61	58	58	55	49	52	53	52	54	55	54	54	60	58	58	61	61	61	61	61	61	60	60	59	57.3	61	49
11	60	58	57	54	53	54	54	52	52	53	52	50	52	54	57	61	63	66	64	65	61	60	60	60	57.2	66	50
12	59	58	58	56	57	57	57	56	56	54	51	49	51	54	54	56	57	59	58	57	57	58	57	58	56.0	59	49
13	56	56	55	54	54	54	54	55	54	52	52	55	59	56	51	55	58	59	58	58	57	57	57	57	55.5	59	51
14	55	54	54	53	53	55	56	57	58	59	58	58	60	58	61	65	61	60	59	57	58	55	58	58	57.5	65	53
15	57	56	55	55	52	52	53	54	57	59	55	51	53	59	59	59	59	60	60	59	58	57	57	57	56.4	60	51
16	56	55	56	55	55	56	57	58	61	64	56	54	59	55	50	54	56	58	58	60	54	60	64	64	57.3	64	50
17†	60	55	41	44	43	49	53	56	63	66	64	63	67	61	62	61	63	62	62	63	64	62	65	62	58.8	67	**41**
18	60	60	60	58	56	55	56	54	57	61	62	59	58	57	56	57	58	60	59	59	59	59	56	58	58.1	62	54
19	58	57	57	57	56	56	56	58	60	59	60	60	60	56	56	56	58	58	58	57	58	56	55	52	57.2	60	52
20	52	47	44	49	49	52	47	48	50	53	56	54	54	53	53	56	56	57	59	60	61	59	58	57	53.5	61	44
21†	56	56	54	53	54	55	55	57	60	62	57	54	56	66	71	66	69	76	76	69	64	61	60	58	**61.0**	**76**	53
22†	57	57	57	56	56	54	53	54	55	55	55	54	54	55	56	56	57	58	63	64	60	58	54	51	56.2	64	51
23	48	51	52	53	53	55	54	54	56	59	58	58	58	60	64	66	65	64	63	63	61	59	58	58	57.9	66	48
24	57	56	56	55	55	51	52	53	58	57	56	52	53	54	52	53	56	58	59	59	58	58	53	55	55.2	59	51
25	55	54	54	54	56	57	56	56	58	58	56	58	61	61	58	59	59	60	60	58	58	57	57	57	57.4	61	54
26*	56	56	56	55	55	55	55	55	58	61	60	57	56	58	56	56	56	57	57	56	55	55	55	55	56.3	61	55
27*	55	54	53	53	54	54	55	57	60	60	54	52	54	55	54	53	53	54	54	54	54	53	53	52	54.3	60	52
28	52	52	52	51	51	51	51	48	50	55	58	54	51	51	51	52	53	55	58	58	56	56	56	53	53.1	58	48
29	54	56	54	54	53	54	55	52	53	52	52	51	50	52	52	53	53	54	55	55	56	57	56	56	53.7	57	50
30*	55	54	52	52	52	52	53	52	54	54	53	52	52	54	55	55	56	56	56	56	56	55	55	54	54.0	56	52
31	53	53	53	52	52	52	53	54	55	57	53	51	51	53	56	56	56	56	56	56	55	55	55	54	54.0	57	51
Mittel	56	55	54	54	53	54	54	54	55	56	55	54	56	56	56	57	58	59	60	59	58	57	57	56	55.8	61	50
Februar																											
1†	54	53	52	52	52	52	52	51	51	52	54	50	52	55	54	52	53	57	65	76	83	81	78	80	58.8	83	50
2	76	58	54	58	60	60	62	62	62	63	58	57	57	60	62	61	63	70	73	76	77	74	70	67	64.2	77	54
3	65	65	63	58	51	52	52	54	59	61	62	62	63	64	63	64	66	66	68	69	69	66	67	66	62.3	69	51
4	66	65	62	62	61	60	60	59	59	60	60	59	58	57	59	60	62	62	62	62	62	62	60	58	60.7	66	57
5	59	59	58	59	58	56	53	49	51	54	60	60	55	55	58	60	60	61	61	60	67	72	67	66	59.1	72	49
6†	61	60	57	57	56	56	51	47	50	54	67	76	84	105	122	111	116	120	112	94	94	91	79	56	78.2	122	47
7†	61	59	49	52	54	61	66	68	70	72	71	68	75	81	83	84	85	89	84	86	82	80	78	76	72.2	89	49
8	72	72	71	70	69	68	66	64	62	61	62	60	57	60	64	64	65	67	69	74	78	76	74	72	67.4	78	57
9	71	70	68	67	66	65	61	58	56	54	56	61	62	65	66	66	69	69	77	83	86	82	78	73	67.9	86	54
10	72	70	67	61	62	64	66	68	65	65	64	64	63	63	62	64	69	84	86	78	72	68	65	59	67.5	86	59
11	53	57	57	40	50	53	56	59	62	64	68	69	66	65	69	70	68	66	66	66	65	64	63	63	61.6	70	40
12*	62	61	60	60	60	60	57	54	52	54	55	56	56	56	57	59	60	62	61	61	61	60	60	60	58.5	62	52
13*	60	59	58	58	58	57	55	54	53	50	49	51	53	54	55	57	57	57	58	58	61	61	60	59	56.3	61	49
14	58	57	56	56	55	54	53	55	54	52	53	55	56	56	56	57	59	62	62	64	62	60	59	58	57.0	64	52
15	57	53	48	51	50	48	48	53	52	51	50	50	50	52	54	57	59	59	60	60	58	59	56	56	53.8	60	48
16	56	56	55	52	46	50	51	52	51	52	51	50	52	55	65	69	73	68	67	66	64	60	60	59	57.5	73	46
17	60	59	58	58	58	54	54	56	54	54	54	57	63	68	76	78	73	70	65	65	61	61	60	60	61.5	78	54
18	54	55	56	57	57	57	56	57	55	53	52	50	51	52	55	60	64	62	62	62	62	59	49	48	56.0	64	48
19	53	54	56	56	56	52	52	52	52	52	50	51	53	56	59	60	62	61	60	60	58	60	58	58	55.9	62	50
20	58	58	57	56	55	55	57	59	58	52	46	45	46	53	58	63	68	68	66	65	63	60	56	57	57.5	68	45
21*	56	58	58	58	59	58	56	57	54	48	44	43	42	45	50	55	56	56	56	57	57	57	56	56	53.8	59	42
22*	55	55	56	56	55	55	54	54	48	44	44	44	43	45	49	52	56	57	58	58	60	60	60	59	**53.2**	60	43
23	56	52	53	55	56	55	56	57	56	52	50	49	48	47	46	46	52	56	56	58	61	63	60	58	54.1	63	46
24†	56	56	53	51	52	53	51	49	42	40	44	46	50	53	61	74	89	134	191	238	214	103	44	69	79.7	**238**	40
25†	75	33	72	102	103	105	98	95	90	97	115	121	129	129	142	146	143	139	119	113	110	94	82	86	**105.8**	146	**33**
26	88	90	89	88	87	87	87	86	83	78	76	80	79	79	79	81	82	84	84	83	85	86	79	78	83.2	90	76
27*	78	78	78	78	78	76	75	75	72	67	63	62	65	76	76	74	74	75	77	76	76	77	76	75	74.0	78	62
28	74	74	74	72	70	71	71	72	67	60	56	59	59	61	65	78	86	94	90	90	92	88	85	82	74.6	94	56
Mittel	63	61	61	61	60	60	60	60	59	58	58	59	60	63	67	69	71	74	76	77	76	71	66	65	64.7	83	50

Vertikalkomponente.

Niemegk

$Z = 0.43300 + \text{Tafelwert}$. (Γ)

1939

Tag	0h–1h	1h–2h	2h–3h	3h–4h	4h–5h	5h–6h	6h–7h	7h–8h	8h–9h	9h–10h	10h–11h	11h–12h	12h–13h	13h–14h	14h–15h	15h–16h	16h–17h	17h–18h	18h–19h	19h–20h	20h–21h	21h–22h	22h–23h	23h–24h Weltzeit	Tagesmittel	Max.	Min.
März																									γ		
1	80	79	72	73	74	72	73	73	69	67	64	64	66	72	76	86	95	84	96	100	101	96	95	88	79.8	101	64
2	83	77	54	46	56	68	64	67	66	67	64	68	71	76	80	82	82	80	80	80	81	78	78	77	71.9	83	46
3	76	72	72	73	72	69	67	72	71	68	66	70	72	81	92	95	96	92	87	86	85	86	79	69	77.8	96	66
4	63	61	56	43	48	56	62	67	63	63	64	66	68	76	91	100	96	96	88	82	83	77	66	70	71.0	100	43
5	72	73	74	73	72	71	68	66	67	66	67	67	69	75	75	80	86	83	88	80	81	80	75	76	74.3	88	66
6	76	77	76	75	73	70	74	72	71	67	65	69	75	75	76	88	88	86	81	78	78	76	74	75	75.6	88	65
7*	75	70	71	72	72	71	74	72	68	65	62	62	64	66	68	72	73	74	73	74	76	75	74	71	70.6	76	62
8	63	63	64	64	63	50	55	59	59	57	57	59	63	71	75	75	75	77	82	82	79	78	76	75	67.5	82	50
9	74	74	72	70	64	63	66	67	70	61	57	56	60	70	71	76	80	83	84	77	71	73	72	72	70.1	84	56
10	72	67	66	69	70	71	72	70	61	60	60	61	67	70	75	73	76	75	74	72	73	69	71	70	69.3	76	60
11	70	70	70	70	70	69	72	73	67	66	60	54	58	67	69	75	85	82	77	74	73	73	73	67	70.2	85	54
12	59	65	67	67	65	66	70	72	68	66	64	61	66	68	74	86	81	78	79	74	76	74	71	62	70.0	86	59
13*	64	68	69	69	69	70	70	67	65	63	59	57	62	66	68	72	72	71	70	70	70	71	70	70	67.6	72	57
14	69	69	68	67	66	65	68	68	65	58	53	54	61	64	68	74	77	72	73	73	73	72	70	70	67.4	77	53
15	69	68	68	67	67	67	67	65	63	56	57	64	64	68	69	78	88	86	77	75	72	72	71	69	69.5	88	56
16	66	68	68	53	56	60	63	66	66	63	59	57	67	73	77	78	78	76	75	74	69	68	68	61	67.0	78	53
17	50	52	58	63	66	64	64	58	55	51	52	54	58	63	74	76	73	74	75	70	67	67	67	67	63.2	76	50
18*	63	65	67	67	67	69	72	72	66	59	53	52	55	60	66	70	69	68	67	67	68	67	67	67	65.1	72	52
19*	67	67	67	66	65	65	68	68	64	59	54	51	56	60	65	67	67	67	66	65	66	65	63	63	63.8	68	51
20	64	64	65	52	56	59	63	67	64	54	48	51	59	64	65	65	69	67	66	65	66	65	65	64	62.0	69	48
21	63	62	62	62	62	64	65	62	61	56	56	57	62	67	72	76	75	71	82	85	79	76	72	71	67.5	85	56
22†	70	70	69	61	54	56	61	62	62	60	58	60	69	77	81	94	101	96	80	74	71	68	58	61	69.7	101	54
23	65	63	59	50	55	62	66	69	69	66	59	56	59	69	79	93	94	84	76	73	75	60	65	65	68.0	94	50
24	65	66	66	67	66	66	66	63	59	53	50	51	55	63	77	78	76	79	80	80	74	66	64	65	66.5	80	50
25*	66	67	66	62	64	64	64	59	52	50	49	50	51	54	58	63	66	68	68	68	67	67	68	63	**61.4**	68	49
26	60	61	64	59	61	63	68	66	62	57	50	48	49	56	64	70	74	77	73	76	72	70	68	61	63.7	77	48
27†	62	61	45	35	43	48	52	56	56	55	50	48	51	55	62	69	76	81	95	92	91	81	54	61	61.6	95	**35**
28†	66	66	61	64	61	61	60	54	53	52	53	54	62	70	97	137	164	168	138	103	97	88	77	66	**82.2**	**168**	52
29†	62	48	55	55	54	62	71	71	74	77	78	93	97	102	110	133	118	106	104	83	69	70	72	62	80.2	133	48
30†	66	70	70	67	67	69	71	73	73	71	70	71	74	83	89	94	103	102	97	96	87	73	73	74	78.5	103	66
31	72	56	62	61	66	72	75	74	69	65	63	63	64	67	76	85	82	80	82	78	79	75	64	62	70.5	85	56
Mittel	67	66	65	63	63	65	67	67	64	61	59	60	64	69	75	83	85	83	82	78	76	73	70	68	69.8	88	54
April																									γ		
1	58	55	56	59	64	61	67	68	68	62	62	65	67	69	82	91	96	95	91	82	81	79	77	66	71.7	96	55
2	62	60	59	62	65	70	76	76	71	65	61	62	64	73	82	81	87	84	83	81	75	74	70	57	70.8	87	57
3	62	66	68	65	66	70	70	70	70	62	59	57	60	73	78	85	86	85	85	84	81	79	75	73	72.0	86	57
4	69	73	74	70	64	69	70	67	63	59	56	56	61	64	70	72	72	72	76	88	91	82	74	72	70.2	91	56
5	76	75	74	70	70	74	77	78	73	65	64	62	61	72	73	76	79	77	76	74	75	74	74	74	72.6	79	61
6*	74	74	73	73	72	76	77	75	69	58	47	44	54	62	68	70	70	69	70	71	71	71	71	70	67.9	77	44
7*	70	70	70	68	68	71	72	70	64	58	53	50	52	59	65	70	76	74	74	72	72	70	69	69	66.9	76	50
8	69	69	69	69	69	71	73	71	64	57	49	46	58	66	69	74	76	81	83	81	76	76	74	71	69.2	83	46
9	71	71	65	65	67	69	70	68	58	52	47	44	51	60	66	70	73	75	72	74	70	67	66	63	64.8	75	44
10	56	49	60	65	68	66	69	66	62	58	57	57	65	84	86	88	89	84	83	74	74	73	68	58	69.1	89	49
11	42	58	65	67	70	71	72	72	72	70	66	62	62	69	76	79	82	81	82	81	74	62	59	65	69.1	82	42
12	68	69	65	65	67	69	73	74	72	71	69	61	60	62	66	71	74	75	74	74	75	72	71	68	69.4	75	60
13*	67	67	67	69	70	72	73	72	66	60	49	41	48	59	65	70	72	74	75	77	75	70	70	71	66.6	77	41
14	72	71	68	64	65	68	70	72	66	56	49	50	54	61	67	71	72	73	72	76	73	72	71	71	66.8	76	49
15*	71	71	71	69	68	71	73	74	66	58	51	47	53	68	74	80	82	81	80	80	78	78	76	76	70.7	82	47
16*	68	68	69	68	68	68	72	71	62	48	42	39	43	52	58	61	62	62	63	64	65	62	62	62	**60.8**	72	39
17†	59	57	50	56	19	28	32	37	34	52	58	82	99	114	196	255	218	213	146	105	74	57	89	94	92.7	**255**	**19**
18†	96	97	95	95	96	96	94	92	87	80	73	73	84	103	121	136	142	129	121	97	91	88	76	58	**96.7**	142	58
19	64	67	72	76	82	85	82	80	80	73	63	58	67	88	120	142	149	136	118	114	108	97	89	81	91.3	149	58
20	78	71	62	65	66	62	75	82	86	80	72	77	79	81	96	103	109	115	106	100	96	91	83	73	83.7	115	62
21	69	71	65	69	75	80	87	88	82	70	58	65	74	81	95	105	112	116	108	101	95	90	87	82	84.4	116	58
22	82	78	77	82	87	91	93	91	85	77	65	57	60	77	94	107	121	127	110	92	90	87	83	79	87.2	127	57
23†	72	63	70	68	61	69	49	30	31	38	44	71	99	113	144	174	185	156	141	119	104	99	97	88	91.0	185	30
24†	82	85	87	88	89	90	92	90	85	79	70	69	74	79	79	80	83	83	80	90	42	47	75	41	77.5	92	41
25†	34	46	34	53	82	93	98	103	100	98	98	104	112	108	116	125	133	132	122	109	103	97	89	84	94.7	133	34
26	70	73	80	82	85	91	96	98	97	94	85	77	81	88	91	92	96	96	95	95	93	91	89	87	88.4	98	70
27	87	88	88	89	88	88	90	90	83	74	64	62	68	78	81	84	91	97	96	92	90	82	65	39	81.4	97	39
28	47	62	67	70	79	82	82	84	80	73	67	66	72	85	98	95	95	95	95	92	90	86	77	75	79.8	98	47
29	79	84	86	82	76	78	77	74	68	64	53	56	66	77	81	86	88	92	99	93	91	90	88	81	79.5	99	53
30	81	79	83	84	85	85	83	80	78	71	61	60	64	74	82	86	89	101	104	100	97	93	91	89	83.3	104	60
Mittel	68	70	70	71	72	74	76	75	71	66	60	61	67	77	88	96	99	98	93	88	82	79	77	71	77.0	104	49

Vertikalkomponente.

Niemegk $Z = 0.43300 + \text{Tafelwert}$. (Γ) 1939

Tag	0h–1h	1h–2h	2h–3h	3h–4h	4h–5h	5h–6h	6h–7h	7h–8h	8h–9h	9h–10h	10h–11h	11h–12h	12h–13h	13h–14h	14h–15h	15h–16h	16h–17h	17h–18h	18h–19h	19h–20h	20h–21h	21h–22h	22h–23h	23h–24h	Tagesmittel	Max.	Min.
Mai																									γ		
1†	88	88	87	85	83	82	78	72	67	60	56	55	79	118	164	162	174	168	160	149	121	94	89	74	**102.2**	**174**	55
2†	53	49	60	72	76	75	73	72	75	70	67	74	88	99	104	125	140	127	113	114	111	99	86	86	87.8	140	49
3	86	69	66	71	77	80	91	87	86	80	74	76	83	91	98	105	104	103	101	100	100	98	95	92	88.0	105	66
4	86	90	89	92	93	95	93	90	81	68	44	52	63	70	80	86	93	97	95	92	92	90	89	90	83.8	97	44
5	89	89	90	88	89	87	87	84	80	75	67	63	70	81	88	94	97	96	95	96	86	83	83	84	85.0	97	63
6†	85	86	90	91	91	87	86	86	82	73	68	64	70	100	116	119	142	150	127	118	104	93	73	60	94.2	150	60
7†	71	52	36	44	59	58	72	85	91	91	92	94	96	103	115	122	123	120	113	109	102	96	94	88	88.6	123	**36**
8†	75	52	60	77	86	96	102	101	101	92	88	86	88	97	123	117	109	108	106	106	100	92	79	83	92.7	123	52
9	83	80	75	69	62	80	86	92	88	84	79	75	84	94	99	102	103	108	104	102	98	95	94	93	88.7	108	62
10	92	92	93	93	95	94	91	86	79	75	69	68	70	75	80	85	92	104	104	99	96	95	94	93	88.1	104	68
11*	93	93	93	94	93	88	84	83	81	79	72	73	70	81	87	92	93	94	95	94	93	93	92	92	87.6	95	70
12*	90	90	90	91	92	90	88	84	78	75	70	66	74	80	86	89	90	93	94	93	92	91	90	90	86.1	94	66
13*	90	89	90	90	91	88	85	82	76	72	69	69	78	81	83	88	94	96	94	93	92	93	92	90	86.0	96	69
14*	89	89	90	92	93	90	89	86	81	75	68	64	71	78	80	81	85	88	88	88	88	88	87	87	84.0	93	64
15	88	87	87	90	89	84	84	81	80	69	56	60	72	84	95	104	101	96	92	92	92	90	89	88	85.4	104	56
16	84	83	82	85	73	66	64	60	63	64	66	66	79	87	94	97	95	94	94	95	94	93	89	89	81.5	97	60
17	90	91	93	93	91	90	88	80	68	61	54	55	67	77	88	101	108	112	112	103	96	94	89	90	87.1	112	54
18	79	73	68	66	65	69	74	73	64	53	50	56	70	85	96	106	111	111	105	101	97	94	90	86	**80.9**	111	50
19	80	78	75	76	76	79	81	81	77	73	68	67	70	77	84	87	92	95	97	98	97	94	88	83	82.2	98	67
20	77	74	75	80	86	87	87	88	81	74	72	74	82	90	98	106	111	113	111	105	102	100	98	94	90.2	113	72
21	90	87	84	82	82	83	82	79	75	71	68	63	68	80	99	116	129	133	132	122	112	105	93	94	92.9	133	63
22	81	73	76	84	86	87	86	89	82	78	76	73	80	89	104	119	119	114	107	102	100	97	96	89	91.1	119	73
23	89	87	83	84	88	90	89	87	78	72	70	70	73	80	87	98	112	125	125	112	100	96	91	71	89.9	125	70
24	69	81	77	62	70	76	81	83	84	79	65	64	72	81	98	111	108	115	114	112	100	93	92	85	86.3	115	62
25	85	72	72	70	78	85	94	94	87	77	69	67	72	80	97	110	120	108	102	100	101	97	91	78	87.8	120	67
26	76	68	65	69	71	76	85	93	92	82	76	82	83	90	108	116	116	111	108	102	98	97	94	90	89.4	116	65
27	88	90	87	84	88	92	91	90	81	75	73	75	80	88	94	98	100	101	101	100	97	93	85	79	88.8	101	73
28	70	66	53	60	73	82	85	85	86	71	71	80	85	93	98	101	100	98	94	95	94	93	93	95	84.2	101	53
29	93	84	78	69	73	52	56	52	50	45	52	64	84	97	102	107	108	108	112	110	102	98	99	98	83.0	112	45
30	98	100	101	102	101	99	103	103	98	90	82	84	85	90	99	99	99	99	99	99	98	98	97	97	96.7	103	82
31*	97	97	98	100	99	95	92	89	84	70	62	64	71	81	87	91	92	94	94	94	96	93	93	94	88.6	100	62
Mittel	84	81	79	81	83	83	85	84	80	73	68	69	77	87	98	104	108	109	106	103	98	94	90	87	88.0	112	61
Juni																									γ		
1	93	92	92	94	96	95	90	78	68	62	58	60	70	81	88	108	112	108	109	104	100	97	95	94	89.3	112	58
2	92	86	91	92	84	86	86	81	76	70	66	69	73	83	91	103	113	118	115	115	106	100	93	92	90.9	118	66
3	93	94	95	95	96	98	99	98	91	81	76	77	82	85	92	100	106	108	103	101	100	98	96	94	94.1	108	76
4	95	89	81	86	92	90	89	91	85	80	72	66	72	86	101	107	114	111	110	109	103	98	97	95	92.5	114	66
5	94	93	96	97	98	96	96	94	96	89	83	80	84	94	106	114	111	110	102	98	96	96	94	93	96.2	114	80
6	93	94	97	99	99	98	94	92	89	85	79	74	75	80	89	95	100	100	99	98	95	94	93	93	91.8	100	74
7*	92	89	90	95	96	99	96	91	82	77	74	73	76	77	81	86	92	95	95	95	94	92	91	91	88.3	99	73
8*	90	90	90	91	95	96	89	83	82	78	70	65	62	68	79	88	88	92	91	91	90	89	88	88	84.7	96	62
9*	88	88	89	90	93	92	91	86	81	72	64	63	64	72	78	82	86	88	89	87	86	86	86	86	82.8	93	63
10	86	84	86	86	85	82	82	73	67	58	53	62	68	70	75	80	84	89	89	89	89	88	88	86	79.1	89	53
11*	86	85	87	87	85	87	83	79	77	72	60	57	66	74	79	83	84	84	82	84	84	83	83	83	79.8	87	57
12	81	82	83	81	83	83	81	75	72	69	65	62	62	72	80	83	86	87	87	87	86	85	85	85	79.2	87	62
13	85	83	76	78	83	83	84	83	76	73	69	68	65	72	83	88	90	89	89	90	92	87	80	82	81.2	92	65
14†	71	47	54	67	69	69	76	85	85	76	79	94	116	139	143	147	148	141	127	116	107	101	94	83	**97.2**	**148**	**47**
15	83	85	88	92	92	91	91	86	84	87	92	97	97	96	103	104	100	103	102	104	104	100	95	90	94.4	104	83
16†	89	86	71	70	67	72	78	78	85	86	85	85	86	99	113	127	129	118	108	104	100	98	98	97	92.9	129	67
17	96	96	99	100	102	100	97	94	95	88	82	76	78	86	93	97	95	93	92	95	95	92	94	94	92.9	102	76
18	94	88	76	78	83	80	78	81	76	71	70	78	83	101	108	110	115	116	119	107	99	96	93	84	91.0	119	70
19†	70	72	72	73	76	76	82	82	74	70	65	68	75	86	107	113	111	108	101	93	93	92	80	70	83.7	113	65
20	74	74	77	78	83	79	82	82	82	84	79	75	78	83	93	99	101	104	103	99	95	94	93	90	86.7	104	74
21	88	88	86	78	78	79	80	78	72	62	62	65	72	84	100	109	103	96	92	99	97	93	89	86	84.8	109	62
22	82	81	84	88	93	84	80	74	73	70	64	73	73	72	76	81	84	91	95	96	93	89	84	77	81.5	96	64
23	76	71	70	74	78	80	82	84	85	78	68	71	82	80	89	94	99	101	103	99	96	92	90	84	84.4	103	68
24	82	80	81	71	73	77	80	80	74	73	70	69	75	81	84	90	93	89	88	88	88	88	86	84	81.0	93	69
25*	82	82	84	86	83	82	87	92	86	78	72	72	72	79	86	87	93	94	90	90	87	88	88	88	84.5	94	72
26	86	85	86	85	81	78	77	76	70	72	63	58	57	62	73	74	80	83	84	85	80	85	85	82	**77.0**	86	57
27†	75	79	82	79	85	86	85	80	65	60	64	65	74	91	103	105	110	107	100	97	93	91	90	88	85.6	110	60
28	89	89	90	91	93	90	90	87	79	72	71	67	68	75	81	92	99	101	104	102	96	84	76	78	86.0	104	67
29†	81	82	84	90	77	79	78	80	78	82	84	85	90	107	114	124	122	111	104	99	96	92	90	90	92.5	124	77
30	90	81	82	87	86	90	88	87	82	81	73	73	75	82	91	97	102	103	99	95	92	90	87	84	87.4	103	73
Mittel	86	84	84	85	86	86	86	84	80	75	71	72	76	84	93	99	102	101	99	97	94	92	89	87	87.1	105	67

Weltzeit

Vertikalkomponente.

Niemegk $Z = 0.43300 + \text{Tafelwert}$. [Γ] 1939

0h 1h 2h 3h 4h 5h 6h 7h 8h 9h 10h 11h 12h 13h 14h 15h 16h 17h 18h 19h 20h 21h 22h 23h 24h Weltzeit

Juli

Tag	0h–1h	1h–2h	2h–3h	3h–4h	4h–5h	5h–6h	6h–7h	7h–8h	8h–9h	9h–10h	10h–11h	11h–12h	12h–13h	13h–14h	14h–15h	15h–16h	16h–17h	17h–18h	18h–19h	19h–20h	20h–21h	21h–22h	22h–23h	23h–24h	Tagesmittel γ	Max.	Min.
1	82	84	88	90	90	87	84	82	75	71	66	64	75	85	93	97	98	100	92	92	94	91	90	89	85.8	100	64
2	86	84	83	86	90	93	86	81	81	72	67	68	75	79	88	91	91	94	96	92	90	88	84	83	84.5	96	67
3†	83	82	82	82	70	80	79	77	77	72	65	75	104	145	161	165	157	137	119	107	104	99	101	95	100.8	165	65
4†	90	91	93	95	97	98	100	96	91	84	79	75	80	85	90	98	109	126	130	127	115	93	58	91	95.5	130	58
5†	96	96	94	75	69	58	51	54	64	71	88	103	127	155	169	184	200	184	168	152	128	111	106	99	**112.6**	**200**	51
6	89	85	76	65	67	82	84	82	74	66	66	62	71	86	96	101	101	104	102	102	100	100	99	96	85.7	104	62
7*	97	98	97	97	101	103	99	93	94	86	87	85	83	93	104	102	99	99	97	96	96	96	97	97	95.7	104	83
8	96	96	95	97	97	98	99	98	88	78	79	70	68	80	96	99	103	104	108	109	105	100	98	97	94.1	109	68
9*	96	95	87	92	93	92	93	90	88	90	85	82	86	86	90	93	94	95	96	95	95	94	94	94	91.5	96	82
10*	93	93	93	94	96	96	94	95	95	91	86	76	78	82	85	86	90	91	91	87	86	88	88	89	89.3	96	76
11	89	89	89	90	91	86	84	76	63	52	42	43	49	58	84	77	75	77	84	88	87	87	86	85	**76.3**	91	**42**
12	84	84	84	85	85	83	82	80	79	72	69	66	65	78	85	96	95	112	111	100	94	92	90	90	85.9	112	65
13*	89	89	89	89	85	81	77	80	78	76	72	69	65	70	79	89	91	93	94	94	91	90	90	87	83.6	94	65
14	88	87	87	91	92	93	94	88	84	82	84	84	92	97	104	118	132	125	118	109	101	96	85	83	96.4	132	82
15	79	83	90	94	91	90	88	88	84	72	68	71	74	81	92	90	91	95	95	95	94	94	88	86	86.4	95	68
16	90	90	91	85	80	76	76	77	76	70	67	68	72	83	82	83	87	94	105	100	85	81	84	81	82.6	105	67
17	68	67	74	77	79	88	91	87	72	65	62	68	70	74	80	88	90	92	97	97	95	85	81	77	80.2	97	62
18	78	74	72	76	80	86	91	89	82	75	71	66	77	83	87	95	96	96	100	98	95	93	89	88	84.9	100	66
19	88	86	85	89	92	88	87	83	84	85	76	67	64	68	83	93	95	97	94	94	92	87	73	75	84.4	97	64
20†	51	57	68	77	84	84	72	76	73	72	72	70	89	117	135	140	151	146	128	115	106	95	89	93	94.2	151	51
21†	93	95	96	97	99	100	97	98	98	92	75	76	95	126	121	122	129	127	114	108	105	103	101	98	102.7	129	75
22	99	97	85	84	87	85	81	81	79	77	80	77	87	86	91	96	96	96	98	99	99	98	98	95	89.6	99	77
23	83	83	91	92	94	90	84	85	87	88	81	79	82	88	93	96	98	96	92	94	96	96	94	94	89.8	98	79
24	92	90	90	90	89	87	88	86	86	82	75	72	85	89	89	95	91	88	89	90	90	88	90	90	87.5	95	72
25	88	86	87	91	94	95	90	91	92	80	77	80	80	87	99	104	104	100	94	97	94	93	93	90	91.1	104	77
26	92	90	89	88	89	75	68	67	74	79	81	86	102	109	113	109	120	117	116	115	107	100	100	96	95.1	120	67
27	97	97	92	91	90	85	84	79	76	68	64	70	76	86	99	109	106	100	100	97	96	95	84	85	88.6	109	64
28	84	87	90	94	97	96	100	92	89	84	73	73	81	85	91	98	100	105	101	98	96	94	92	86	91.1	105	73
29	87	89	90	91	93	93	91	86	79	70	64	70	75	84	95	97	92	90	95	93	92	90	90	90	86.9	97	64
30*	90	89	88	89	92	89	87	84	83	80	72	68	74	84	90	92	94	95	94	92	90	90	89	89	86.8	95	68
31	90	90	90	92	92	88	92	93	90	85	78	71	70	76	86	93	91	88	87	88	88	87	86	85	86.5	93	70
Mittel	87	87	87	88	89	88	86	84	82	77	73	73	80	90	98	103	105	105	103	101	97	93	90	89	89.9	110	68

August

Tag	0h–1h	1h–2h	2h–3h	3h–4h	4h–5h	5h–6h	6h–7h	7h–8h	8h–9h	9h–10h	10h–11h	11h–12h	12h–13h	13h–14h	14h–15h	15h–16h	16h–17h	17h–18h	18h–19h	19h–20h	20h–21h	21h–22h	22h–23h	23h–24h	Tagesmittel γ	Max.	Min.
1	85	85	87	90	92	94	95	94	92	85	76	78	81	86	89	89	90	88	86	86	88	89	89	90	87.7	95	76
2*	90	90	91	94	95	93	92	89	89	85	78	72	73	78	85	90	91	91	90	90	90	89	89	89	87.6	95	72
3*	89	89	90	91	92	91	92	90	82	79	80	80	78	83	89	92	90	86	86	87	88	88	88	87	87.0	92	78
4	88	88	89	90	90	90	87	86	82	79	75	74	81	83	91	93	92	91	90	92	91	90	88	87	87.0	93	74
5*	86	86	87	89	91	88	87	85	84	82	78	74	75	75	80	85	86	85	84	84	84	84	83	84	83.6	91	74
6*	83	83	84	85	86	87	87	84	78	72	62	63	70	78	84	85	87	86	82	82	83	84	84	84	81.0	87	62
7*	84	84	84	85	87	85	85	85	83	79	75	69	67	70	78	83	86	85	85	85	84	85	84	84	81.7	87	67
8	83	84	84	84	84	85	83	79	71	66	57	57	66	71	74	79	79	80	81	81	85	87	84	83	**77.8**	87	57
9	83	82	84	86	88	90	90	87	83	78	70	71	72	74	80	85	86	85	85	86	86	85	84	84	82.7	90	70
10	84	84	83	85	87	86	85	83	79	73	70	62	64	75	84	90	94	105	115	115	108	101	98	95	87.7	115	62
11	93	89	87	89	91	92	91	86	77	75	70	67	72	77	80	79	83	79	82	86	86	86	92	87	83.2	93	67
12†	80	74	60	37	34	41	65	80	88	99	100	114	138	135	143	147	140	132	121	115	104	91	85	71	95.6	147	34
13†	73	61	65	66	83	93	94	96	95	89	84	83	87	100	114	119	129	123	112	105	98	96	98	94	94.0	129	61
14	96	96	96	96	98	104	97	93	86	81	79	79	85	92	96	99	101	99	98	98	98	98	98	98	94.2	104	79
15	97	97	98	99	100	99	100	98	92	88	83	80	91	98	98	98	98	95	92	92	94	94	94	94	94.5	100	80
16†	93	93	94	94	92	92	92	85	78	80	78	82	100	126	165	226	217	151	129	121	118	116	114	86	**113.4**	226	78
17	80	67	61	77	85	87	96	94	88	77	82	89	100	103	115	126	123	110	104	102	102	104	104	103	95.0	126	61
18	102	102	103	105	108	106	106	106	101	96	89	91	95	104	110	114	112	112	106	102	102	100	94	95	102.5	114	89
19	97	98	99	100	101	102	100	99	99	88	81	78	84	92	102	121	130	114	107	105	103	101	100	98	100.0	130	78
20	98	97	97	100	101	98	99	99	95	87	80	79	84	89	92	94	94	93	95	94	95	93	93	92	93.2	101	79
21	92	92	92	94	96	94	92	89	81	78	78	75	76	82	88	90	92	92	93	95	95	92	92	79	88.3	96	75
22†	72	70	33	−07	48	72	84	92	91	93	88	88	111	157	196	250	270	231	189	146	86	94	49	40	110.1	**270**	**−07**
23†	05	13	20	09	07	37	56	69	78	97	112	127	136	138	156	159	143	143	136	122	114	110	101	96	91.0	159	05
24	88	92	101	107	108	113	116	111	100	95	91	86	93	107	116	120	121	117	112	108	108	108	107	107	105.5	121	86
25	100	100	102	102	100	102	103	100	95	96	97	99	103	102	105	108	110	111	111	109	107	106	104	102	103.1	111	95
26	102	102	102	103	104	104	104	102	97	92	88	87	92	96	105	111	108	108	106	106	105	102	102	98	101.1	111	87
27	97	96	93	96	100	103	102	96	87	81	80	84	94	105	116	113	110	105	106	105	104	104	102	100	99.1	116	80
28	99	99	100	102	104	105	104	100	96	93	89	88	93	96	102	107	107	106	105	105	104	103	102	100	100.4	107	88
29	101	93	94	97	99	100	102	101	97	87	82	84	89	90	93	97	98	98	98	98	99	99	98	98	95.5	102	82
30	97	97	98	98	99	100	102	107	104	92	83	80	86	92	97	104	108	104	102	102	102	100	98	98	97.9	108	80
31	97	97	97	97	98	100	101	98	94	88	83	80	81	84	89	90	90	89	89	90	91	92	93	93	91.7	101	80
Mittel	88	86	86	85	89	92	93	92	88	85	81	81	88	95	104	111	112	106	102	100	97	96	93	90	93.3	116	69

Vertikalkomponente.

Niemegk $Z = 0.43300 + \text{Tafelwert}$ (Γ) 1939

Weltzeit

Tag	0h	1h	2h	3h	4h	5h	6h	7h	8h	9h	10h	11h	12h	13h	14h	15h	16h	17h	18h	19h	20h	21h	22h	23h 24h	Tagesmittel	Max.	Min.
September																									γ		
1*	93	93	93	93	96	97	98	99	93	87	82	79	78	82	91	98	99	93	93	93	93	94	94	93	91.8	99	78
2	93	93	92	93	96	96	93	87	82	74	72	75	80	87	91	94	98	97	96	94	92	90	89	90	89.3	98	72
3†	91	86	70	53	62	75	76	79	75	66	62	70	76	86	93	100	101	97	97	99	102	104	101	98	**84.1**	104	**53**
4	96	91	88	93	95	95	94	93	88	78	72	68	69	75	85	92	92	91	92	94	95	95	95	95	88.4	96	68
5*	95	95	95	95	96	98	98	98	98	90	82	84	89	92	93	92	91	91	94	97	98	98	97	89	93.5	98	82
6	88	90	90	91	94	94	95	96	93	86	82	84	83	86	90	96	98	97	95	95	95	96	94	87	91.5	98	82
7	85	86	89	92	93	93	94	92	86	75	73	72	78	85	88	94	97	96	98	98	98	96	94	94	89.4	98	72
8	93	92	92	92	93	93	92	91	90	84	77	74	76	86	94	99	97	95	94	95	94	94	93	90	90.4	99	74
9†	89	89	88	87	87	89	94	93	93	94	88	87	94	107	114	118	112	106	103	103	107	98	98	97	97.3	118	87
10	96	94	94	83	84	88	89	88	85	79	75	75	82	98	109	108	104	99	104	103	102	101	100	100	93.3	109	75
11	98	97	95	94	95	98	100	99	97	90	82	81	88	94	97	98	94	92	93	94	95	95	95	94	94.0	100	81
12	94	93	93	86	90	93	94	92	87	83	83	85	88	92	94	95	95	93	94	96	95	92	94	94	91.5	96	83
13	91	92	93	94	94	96	98	94	88	79	76	79	84	88	92	91	88	88	90	91	90	91	90	85	89.2	98	76
14	89	90	91	83	85	89	91	91	84	78	74	78	87	96	104	108	105	100	98	97	96	96	93	94	91.5	108	74
15	93	91	92	92	92	92	92	90	83	74	69	72	77	82	87	88	87	87	89	90	91	90	90	87	86.5	93	69
16	89	89	90	91	92	94	95	94	90	79	72	72	74	82	90	90	89	91	91	91	90	89	90	90	87.7	95	72
17†	90	88	86	88	86	90	87	87	86	77	71	73	87	102	104	124	164	186	173	133	113	121	127	123	106.9	**186**	71
18	114	110	113	113	114	115	116	114	109	103	94	89	90	96	104	105	105	106	107	107	106	106	105	104	106.0	116	89
19†	103	104	103	97	99	103	101	105	105	104	109	109	107	112	122	157	165	160	152	144	127	118	104	84	**116.4**	165	84
20†	84	70	72	79	73	88	96	98	98	104	103	102	104	110	114	125	130	131	114	106	106	106	104	100	100.7	131	70
21	100	102	104	101	102	102	102	98	92	90	91	92	96	99	104	104	105	107	106	106	100	101	101	99	100.2	107	90
22	99	97	98	98	99	101	102	101	97	89	86	86	89	95	103	112	115	110	111	108	106	95	88	90	99.0	115	86
23	94	96	97	98	99	100	101	96	83	73	70	73	75	83	88	94	96	97	97	98	100	95	95	95	91.4	101	70
24*	96	96	94	91	91	95	95	92	87	82	78	82	90	99	105	105	101	100	100	100	101	100	100	99	95.0	105	78
25	97	98	97	96	96	98	98	93	84	75	71	75	78	82	89	96	103	108	112	109	107	104	103	102	94.6	112	71
26	99	92	87	81	81	90	94	92	88	88	89	89	99	94	99	102	100	102	105	104	102	100	99	92	94.1	105	81
27	95	96	98	97	98	99	96	91	86	78	74	76	79	82	86	90	93	97	98	97	92	91	94	94	90.7	99	74
28*	94	91	90	92	93	95	95	97	91	85	78	76	80	80	85	88	88	90	92	94	93	93	93	92	89.4	97	76
29*	93	93	93	92	93	94	93	88	81	71	68	67	68	71	77	80	82	85	86	88	88	89	90	90	84.2	94	67
30	91	91	90	89	89	90	90	85	77	70	70	76	80	85	91	96	98	101	104	114	114	109	105	101	91.9	114	70
Mittel	94	93	92	91	92	95	95	94	89	83	79	80	84	90	96	101	103	103	103	101	100	98	97	95	93.7	108	76

Tag	0h	1h	2h	3h	4h	5h	6h	7h	8h	9h	10h	11h	12h	13h	14h	15h	16h	17h	18h	19h	20h	21h	22h	23h 24h	Tagesmittel	Max.	Min.
Oktober																									γ		
1	100	96	89	91	92	92	89	85	82	73	68	69	74	78	81	85	89	91	94	95	95	94	93	94	87.0	100	68
2	93	93	93	91	92	94	96	96	89	82	74	72	70	71	76	83	84	86	86	87	87	88	87	87	**85.7**	96	70
3†	87	88	88	88	88	92	95	94	90	87	83	88	95	112	123	118	125	141	146	135	142	132	90	89	104.8	146	83
4†	72	59	33	−02	33	78	97	105	108	107	104	103	113	127	133	127	120	118	114	112	111	107	108	108	95.6	133	**−02**
5	104	98	99	101	104	107	110	108	100	98	99	104	107	115	117	117	114	115	114	103	103	104	103	101	106.0	117	98
6	86	72	66	51	57	66	78	86	90	90	95	106	110	111	115	118	119	118	115	113	114	113	108	106	96.0	119	51
7	105	104	103	103	103	106	106	106	102	97	94	95	97	94	96	107	119	127	123	105	100	106	99	94	103.8	127	94
8	101	103	100	96	101	105	109	107	103	102	100	98	100	103	104	104	101	100	101	103	104	105	108	108	102.8	109	96
9	107	95	95	98	100	102	108	115	99	98	93	95	114	130	132	128	131	128	128	123	118	113	111	110	111.3	138	93
10	109	108	108	106	106	107	109	107	101	99	102	101	99	98	99	102	102	103	103	102	103	102	97	97	102.9	109	97
11	98	96	97	95	96	96	98	96	91	86	86	87	89	92	94	97	98	100	99	98	99	99	99	100	95.2	100	86
12*	100	101	101	100	100	101	103	104	97	91	90	93	95	96	98	99	97	98	98	98	98	98	98	98	98.0	104	90
13†	96	95	86	80	78	78	84	86	88	93	92	100	102	104	109	109	116	139	142	159	162	128	74	41	101.7	**162**	41
14†	105	115	110	79	61	74	86	80	84	89	90	104	121	131	136	135	140	126	122	123	103	99	98	96	104.5	140	61
15†	78	53	22	19	36	58	86	104	105	105	107	108	108	114	122	132	128	117	114	114	110	107	104	101	93.8	132	19
16	97	93	94	99	102	104	112	115	109	107	108	110	115	122	137	155	152	134	136	130	112	109	98	85	114.0	155	85
17	98	103	104	101	100	109	116	118	116	111	109	111	112	113	121	135	139	138	126	128	125	115	108	105	115.0	139	98
18	105	106	96	93	97	103	108	109	114	111	111	114	118	129	140	153	148	148	154	142	121	111	111	104	**118.6**	154	93
19	90	90	91	95	96	102	111	116	116	117	117	117	121	127	134	142	145	141	133	127	120	118	116	113	116.5	145	90
20*	112	110	107	109	110	114	118	118	115	108	102	99	100	105	109	109	109	109	109	109	109	109	108	107	108.9	118	99
21	106	106	105	105	105	105	106	107	100	98	93	91	97	111	114	108	107	108	113	120	115	112	108	99	105.8	120	91
22	101	104	104	105	104	104	105	108	102	96	94	94	94	96	100	102	103	104	105	108	107	107	106	106	102.5	108	94
23	106	105	104	103	103	103	107	106	103	96	94	102	110	124	133	135	131	124	121	118	117	114	111	107	111.5	135	94
24	100	98	102	103	106	108	111	107	97	87	86	87	92	98	103	104	106	106	107	108	106	107	106	106	101.7	111	86
25*	106	106	106	106	105	106	109	112	106	103	104	104	104	108	109	109	107	106	106	106	106	105	105	105	106.2	112	103
26	104	104	104	102	102	102	105	105	101	100	97	96	97	99	101	103	105	104	104	104	105	104	104	103	102.3	105	96
27*	103	103	103	101	101	100	103	104	100	93	90	92	94	98	100	101	100	101	101	100	100	101	101	100	99.6	104	90
28	100	100	99	99	98	99	102	104	98	90	85	96	103	102	102	102	104	105	106	107	112	111	113	106	101.8	113	85
29	107	104	101	94	95	96	98	103	98	94	97	97	99	105	108	106	106	107	108	108	103	104	103	103	101.8	108	94
30	101	93	93	96	98	100	106	109	106	100	100	103	107	111	117	115	114	114	114	111	108	107	103	100	105.2	117	93
31*	100	100	97	100	103	104	106	106	102	98	94	94	98	103	108	108	109	111	110	108	107	105	104	102	103.2	111	94
Mittel	99	97	94	91	93	97	102	104	100	97	95	98	102	107	112	114	115	115	115	113	110	108	103	99	103.3	122	82

Vertikalkomponente.

Niemegk — $Z = 0.43300 + \text{Tafelwert}$. (Γ) — 1939

Weltzeit

Tag	0h–1h	1h–2h	2h–3h	3h–4h	4h–5h	5h–6h	6h–7h	7h–8h	8h–9h	9h–10h	10h–11h	11h–12h	12h–13h	13h–14h	14h–15h	15h–16h	16h–17h	17h–18h	18h–19h	19h–20h	20h–21h	21h–22h	22h–23h	23h–24h	Tagesmittel γ	Max.	Min.
November																											
1	102	102	98	100	100	100	102	104	101	96	100	105	107	109	111	111	110	111	112	109	107	105	103	102	104.5	112	96
2	102	102	102	102	100	98	99	100	99	101	101	97	95	102	105	104	103	103	103	103	102	102	100	100	101.0	105	95
3	99	99	95	96	98	98	100	102	99	95	94	95	96	99	103	104	106	106	107	105	104	104	99	98	100.0	107	94
4	98	98	98	98	98	98	98	100	101	97	95	94	93	93	97	98	99	100	101	101	102	102	101	101	98.4	102	93
5	100	99	99	99	99	97	98	100	99	96	95	94	95	97	100	101	100	99	101	102	102	101	100	98	98.8	102	94
6	98	97	97	95	96	95	96	98	98	94	90	90	90	91	92	95	98	98	103	104	105	103	100	93	96.5	105	90
7	91	92	94	94	95	95	95	95	94	91	91	90	91	93	95	99	103	104	101	100	99	97	96	94	95.4	104	90
8*	95	95	95	94	94	94	95	96	96	93	90	91	94	96	96	95	96	95	94	95	95	95	95	95	94.5	96	90
9	95	95	94	94	92	92	94	94	90	85	86	87	90	93	95	96	96	96	96	96	96	95	95	94	93.2	96	85
10*	95	94	93	93	93	93	94	95	91	89	90	92	94	95	96	95	96	97	98	98	99	98	96	95	94.5	99	89
11	95	95	94	93	92	92	92	93	89	85	85	87	89	92	94	94	94	95	95	98	94	94	94	92	**92.4**	98	85
12†	89	95	94	94	93	93	94	94	92	88	90	95	94	95	99	101	102	102	101	101	100	98	97	93	95.6	102	88
13†	90	86	84	85	73	83	89	99	102	100	105	116	122	132	144	127	129	127	128	117	101	97	101	102	**105.8**	**144**	**73**
14†	101	84	80	85	85	91	95	97	98	97	99	98	102	107	110	113	112	111	113	113	108	106	88	84	99.0	113	80
15	88	89	92	96	99	99	99	102	101	100	99	100	102	107	109	109	109	107	106	104	103	102	101	100	101.0	109	88
16	100	99	99	99	100	100	101	104	101	97	98	100	99	100	101	103	103	104	108	106	105	104	102	100	101.4	108	97
17	100	99	99	99	99	100	100	100	99	95	93	91	94	96	97	99	98	98	100	101	103	102	100	100	98.4	103	91
18*	98	98	98	97	97	98	99	99	98	95	94	95	97	100	99	99	99	99	99	100	100	100	98	98	98.1	100	94
19	97	96	96	96	95	94	96	98	98	94	94	94	94	99	104	104	103	110	116	116	112	108	106	103	101.0	116	94
20	102	95	96	97	98	97	99	101	99	94	94	95	96	98	100	103	104	101	101	104	104	104	103	102	99.5	104	94
21	103	101	100	98	99	98	99	101	98	95	95	97	98	101	103	103	102	102	102	101	101	100	100	99	99.8	103	95
22*	98	98	98	98	97	97	97	98	100	99	97	98	101	102	100	100	99	98	98	99	99	101	100	100	98.8	102	97
23*	99	98	98	97	96	96	96	98	97	94	96	99	100	101	100	99	99	97	96	96	96	96	96	96	97.3	101	94
24	96	96	95	94	94	94	94	95	95	92	91	95	99	100	98	97	98	97	98	103	108	105	103	103	97.5	108	91
25†	101	99	101	99	98	98	87	90	94	96	100	107	108	112	116	116	116	112	109	108	114	121	112	112	105.2	121	87
26†	107	99	96	99	101	101	98	97	99	101	105	106	110	112	115	114	114	112	112	113	108	106	105	105	105.6	115	96
27	106	106	106	105	101	100	100	103	103	100	101	105	109	110	110	110	108	109	111	110	108	106	105	103	105.6	111	100
28	103	103	103	103	103	101	100	101	98	94	96	100	103	108	111	110	108	108	108	109	108	106	104	104	103.8	111	94
29	104	103	102	101	101	102	101	102	102	101	101	105	109	112	112	113	112	111	108	108	107	102	102	102	105.1	113	101
30	102	103	103	101	100	101	101	102	100	94	93	97	98	104	107	107	106	106	108	109	108	108	104	101	102.6	109	93
Mittel	98	97	97	97	96	96	97	99	98	95	95	97	99	102	104	104	104	104	104	104	103	102	100	99	99.7	107	92
Dezember																											
1	97	96	96	98	99	100	97	99	99	96	94	98	99	103	103	104	104	104	105	106	109	107	104	104	100.9	109	94
2	104	104	103	101	101	101	100	98	94	92	93	96	99	103	104	105	105	105	106	107	108	107	107	104	102.0	108	92
3	104	104	104	103	102	101	98	98	96	95	97	97	100	101	101	101	102	101	103	104	104	106	106	106	101.4	106	95
4	104	104	102	102	102	103	102	100	100	101	101	102	103	104	104	105	104	103	102	102	102	102	101	101	102.3	105	100
5	101	99	100	99	98	98	97	99	100	99	97	97	101	106	109	110	121	126	134	132	129	121	116	111	108.3	134	97
6†	108	106	105	104	105	104	103	102	102	99	99	102	105	105	104	105	105	105	108	112	117	110	98	111	105.2	117	98
7†	111	109	97	82	75	87	95	102	102	101	98	102	108	114	127	131	132	145	151	143	130	122	99	98	110.9	**151**	**75**
8†	103	107	107	95	99	100	103	104	108	111	114	118	122	127	129	130	129	132	126	122	118	116	114	109	**114.3**	132	95
9	94	98	103	105	104	105	104	107	105	103	110	115	118	126	123	121	121	122	113	117	113	112	112	111	110.9	126	94
10	111	111	110	110	108	108	108	108	107	106	105	106	109	115	116	117	116	112	112	111	110	108	108	108	110.0	117	105
11	109	109	109	107	106	108	107	106	104	101	103	105	108	112	113	113	114	114	113	113	110	108	106	107	108.5	114	101
12	108	109	109	106	107	107	105	104	98	99	103	106	110	110	111	113	111	114	114	111	110	108	101	103	107.4	114	98
13	102	102	102	102	103	101	101	102	102	101	102	104	108	110	113	113	113	112	111	110	109	108	108	107	106.1	113	101
14*	106	106	103	104	104	105	104	104	104	104	105	105	104	105	107	108	107	106	106	106	105	105	104	105	105.1	108	103
15	104	105	106	104	105	105	104	104	106	105	104	103	103	106	110	115	118	116	119	117	116	113	113	110	108.8	119	103
16	109	109	108	107	106	105	104	104	103	99	98	98	97	99	104	104	105	108	107	107	107	110	107	97	104.2	110	97
17	101	101	104	105	105	104	102	100	98	94	94	93	97	103	106	108	109	108	108	108	108	107	108	107	103.2	109	93
18*	107	106	103	103	103	103	102	100	99	99	99	99	99	102	104	105	105	105	105	103	104	103	103	102	102.6	107	99
19*	102	102	102	101	101	100	99	97	96	97	97	98	101	101	102	103	103	103	102	102	102	101	101	100	100.5	103	96
20*	100	99	99	98	98	98	98	96	95	95	96	96	97	97	99	99	99	99	100	102	103	105	104	103	**99.0**	105	95
21†	102	100	99	97	97	97	97	96	96	99	102	98	101	106	113	121	124	118	119	118	121	114	110	108	106.4	124	96
22†	95	100	100	99	97	99	98	97	100	103	106	105	107	117	122	126	126	125	121	119	118	110	112	108	108.8	126	95
23	108	107	106	104	102	102	102	101	102	104	106	106	108	109	110	110	110	110	110	109	109	110	100	103	106.2	110	100
24	102	101	101	100	101	100	101	100	100	101	104	102	104	109	111	111	110	110	110	112	112	113	110	109	105.6	113	100
25	108	106	99	98	100	102	102	103	102	104	106	103	106	110	112	110	109	109	110	109	109	107	108	105	105.7	112	98
26	104	103	102	101	101	100	96	96	99	103	105	102	106	109	109	108	107	105	104	104	103	103	103	100	103.0	109	96
27	100	99	99	98	95	97	96	94	95	98	97	98	99	100	106	110	112	109	111	112	110	108	106	105	102.2	112	94
28	104	104	103	103	102	101	100	99	98	100	103	103	104	103	105	106	108	109	112	114	114	113	110	110	105.3	114	98
29	109	108	106	103	102	101	103	100	100	100	101	102	102	105	105	110	109	109	110	110	110	108	106	106	105.2	110	100
30	100	103	103	102	102	102	100	98	96	100	104	105	108	106	106	106	107	108	107	105	104	104	103	103	103.4	108	96
31*	102	102	102	102	103	102	102	100	101	104	105	103	102	102	104	104	103	104	104	103	103	103	102	102	102.7	105	100
Mittel	104	104	103	101	101	101	101	101	100	100	102	102	104	107	109	111	111	111	112	111	111	109	106	105	105.4	115	97

Nordkomponente.

Niemegk

$X = 0.18300 + \text{Tafelwert.}$ (Γ)

1940

Tag	0h	1h	2h	3h	4h	5h	6h	7h	8h	9h	10h	11h	12h	13h	14h	15h	16h	17h	18h	19h	20h	21h	22h	23h	Tages-mittel γ	Max.	Min.
Januar																											
1	99	99	101	97	98	98	98	93	89	84	82	88	93	97	100	99	105	105	100	103	87	90	89	86	95.0	105	82
2	78	84	96	93	89	91	89	89	83	83	82	82	73	67	66	86	92	96	98	98	96	90	88	107	87.3	107	66
3†	96	95	94	98	110	96	90	79	67	57	47	48	47	50	48	−30	−47	−33	10	13	12	23	43	47	**48.3**	110	**−47**
4	58	48	47	51	50	53	54	50	43	43	42	33	38	34	45	64	65	74	76	64	70	78	70	74	55.2	78	33
5	72	75	84	100	68	83	80	78	71	70	73	75	80	82	84	86	87	88	87	84	78	71	75	94	80.2	100	68
6	75	69	77	89	109	107	94	84	78	73	67	63	56	53	61	52	56	70	92	98	78	85	106	90	78.4	109	52
7	84	91	91	92	90	91	90	88	82	75	70	67	69	66	68	77	82	87	121	102	91	116	111	81	86.8	121	66
8	78	81	86	88	106	96	85	89	87	86	88	89	89	87	79	75	84	84	88	98	89	92	101	96	88.4	106	75
9	90	90	92	92	94	96	97	96	91	84	82	76	75	76	90	77	88	93	75	125	75	79	86	83	87.6	**125**	75
10†	87	92	94	88	91	94	95	96	91	89	95	101	101	66	28	09	23	49	48	26	87	70	51	60	72.1	101	09
11†	61	64	71	74	65	78	91	84	68	63	64	70	72	73	74	75	69	82	86	108	110	56	52	62	73.8	110	52
12	77	79	73	70	76	79	67	81	79	73	68	71	55	80	76	56	76	63	86	88	78	103	87	79	75.8	103	55
13	78	79	84	91	90	89	87	85	79	74	77	82	87	92	90	89	89	90	89	96	93	93	93	92	87.0	96	74
14*	91	89	89	89	91	94	94	94	89	84	80	85	91	92	93	90	91	94	95	90	89	91	89	97	90.5	97	80
15	112	104	94	85	87	90	91	89	86	81	80	87	88	93	91	85	92	96	97	99	99	103	97	97	92.6	112	80
16	96	96	103	112	106	110	109	97	92	86	81	92	91	82	80	93	85	86	110	88	84	89	94	89	93.8	112	80
17	86	89	106	106	98	108	87	89	80	78	74	90	94	69	31	66	65	45	55	74	78	83	81	88	80.0	108	31
18†	74	74	81	82	87	93	95	92	77	74	81	84	85	80	68	52	−01	−08	−01	−05	26	30	34	41	58.1	95	−08
19	43	50	56	58	61	61	61	62	62	60	58	61	64	67	65	71	71	77	71	77	73	72	72	71	64.3	77	43
20	76	76	76	78	81	81	80	74	71	68	69	73	78	76	69	74	77	75	74	85	80	80	80	82	76.4	85	68
21*	85	85	86	87	88	89	87	83	78	73	74	77	81	83	82	80	85	86	84	84	86	84	86	87	83.3	89	73
22	86	87	90	91	94	94	95	92	85	74	78	80	79	79	82	86	88	80	94	73	95	93	91	92	86.6	95	73
23	91	90	93	96	99	102	104	101	95	90	89	97	99	97	98	97	100	100	102	94	80	75	73	81	93.5	104	73
24	80	87	99	95	93	92	95	95	93	86	81	78	74	82	81	78	70	72	85	79	67	64	72	82	82.5	99	64
25	81	81	84	104	95	89	87	75	66	71	72	70	78	63	50	76	74	81	87	91	92	90	87	84	80.3	104	50
26*	87	88	89	90	90	88	87	83	76	74	74	84	92	96	99	96	94	94	94	99	92	86	94	92	89.1	99	74
27*	91	91	95	96	99	95	96	102	98	86	79	78	81	87	96	93	93	100	101	103	102	100	99	98	94.1	103	78
28*	99	92	94	96	96	97	100	98	91	88	89	90	95	100	102	102	99	98	97	101	99	96	96	93	**96.2**	102	88
29	90	90	90	94	96	94	93	90	83	77	70	75	79	83	77	66	55	33	49	84	94	94	89	93	80.8	96	33
30	99	106	113	102	95	96	105	105	91	64	61	57	64	79	89	72	73	88	95	96	96	89	88	82	87.7	113	57
31†	89	90	83	88	99	114	108	100	97	92	83	80	78	44	62	83	49	87	77	87	102	74	82	100	85.3	114	44
Mittel	84	84	87	89	90	92	90	88	81	76	75	77	78	77	75	73	72	75	81	84	83	82	82	84	81.6	102	56
Februar																									γ		
1†	113	93	74	73	70	80	63	70	55	51	60	44	50	60	76	89	75	127	67	58	66	62	82	63	**71.7**	**127**	44
2†	80	82	76	75	75	79	82	70	51	61	66	66	68	65	70	79	85	83	91	95	78	83	87	88	76.5	95	51
3†	90	94	88	91	90	93	92	88	84	67	58	62	66	60	73	54	68	120	77	82	85	94	110	84	82.1	120	54
4	90	87	86	87	88	89	93	93	90	82	78	78	78	81	82	81	88	70	84	90	109	92	89	94	86.6	109	70
5	97	89	91	92	93	97	100	103	98	94	88	88	91	90	72	78	96	100	96	92	85	86	91	98	91.9	103	72
6	104	88	90	92	91	98	102	99	92	92	90	96	98	91	85	90	91	94	70	63	93	74	81	84	89.5	104	63
7	106	100	89	88	90	88	88	88	88	84	76	72	74	73	76	75	70	76	88	88	94	91	96	91	85.4	106	70
8	95	93	91	93	96	92	100	96	87	77	72	80	82	82	84	76	84	83	85	86	92	72	80	82	85.8	100	72
9	96	84	81	74	84	95	92	83	79	73	71	74	79	81	84	80	82	88	91	93	95	93	90	89	84.6	96	71
10	92	88	92	91	87	91	90	89	84	80	78	81	86	89	91	89	89	98	92	93	86	82	85	82	87.7	98	78
11	86	88	94	97	102	103	102	101	102	96	83	88	92	92	81	78	84	88	89	80	70	72	67	65	87.5	103	65
12†	74	76	78	85	85	86	88	89	84	82	80	80	83	76	55	50	67	86	92	94	96	95	93	93	82.0	96	50
13	96	105	90	90	99	101	101	106	105	96	91	88	85	80	86	93	97	97	92	85	100	86	84	91	93.5	106	80
14*	96	89	88	94	96	97	98	101	98	86	71	73	83	93	94	93	92	92	94	96	96	98	95	95	92.0	101	71
15	91	92	95	100	99	100	104	102	94	78	76	81	82	78	83	87	91	97	99	100	96	104	102	99	92.9	104	76
16	98	99	96	98	100	100	97	96	94	92	82	84	95	103	102	93	78	85	94	106	112	100	89	94	95.3	112	78
17*	92	93	95	96	98	101	104	99	88	86	88	85	86	100	100	96	88	87	92	95	97	96	97	99	94.1	104	85
18*	98	97	96	98	100	103	105	106	104	103	100	99	99	102	101	99	99	99	98	95	96	100	99	100	99.8	106	95
19*	100	101	102	102	103	104	104	100	95	90	89	93	102	105	105	103	102	103	103	104	101	107	111	110	**101.6**	111	89
20	108	89	94	92	88	83	81	97	96	91	89	92	90	94	84	94	84	81	88	86	76	80	95	88	89.2	108	76
21	91	99	100	99	96	90	91	88	87	74	67	67	61	74	81	81	60	72	83	92	93	91	94	94	84.4	100	60
22	93	95	117	102	103	104	102	84	83	95	88	81	81	86	86	82	83	78	80	89	93	86	98	98	91.1	117	78
23	91	87	92	99	94	94	93	90	89	88	86	85	91	96	93	90	92	97	103	102	87	75	72	73	90.0	103	72
24	81	88	84	90	96	96	97	97	95	82	86	80	83	79	79	81	79	73	92	99	90	91	107	100	88.5	107	73
25†	91	96	86	86	101	100	102	76	82	71	47	52	55	59	42	44	62	55	59	82	79	85	84	87	74.3	102	**42**
26	86	89	88	92	93	93	89	86	85	78	78	81	88	90	89	85	85	94	104	126	101	92	93	94	90.8	126	78
27*	94	95	98	107	109	105	100	92	81	74	77	83	90	91	99	101	98	101	102	102	103	105	103	102	96.3	109	74
28	102	102	100	100	106	107	105	101	95	90	82	85	90	95	97	94	95	94	103	108	110	109	109	105	99.3	110	82
29	106	108	112	110	111	110	112	110	100	92	83	83	83	76	77	78	86	94	99	104	118	107	99	101	98.3	118	76
Mittel	94	93	92	93	95	96	96	93	88	83	79	79	82	84	84	83	84	90	90	93	93	90	92	91	89.1	107	71

Weltzeit

Nordkomponente.

Niemegk

$X = 0.18300 + \text{Tafelwert}$ (Γ)

1940

0h 1h 2h 3h 4h 5h 6h 7h 8h 9h 10h 11h 12h 13h 14h 15h 16h 17h 18h 19h 20h 21h 22h 23h 24h Weltzeit

Tag	0h	1h	2h	3h	4h	5h	6h	7h	8h	9h	10h	11h	12h	13h	14h	15h	16h	17h	18h	19h	20h	21h	22h	23h	Tagesmittel	Max.	Min.
März																									γ		
1	99	99	99	101	109	105	108	93	79	76	77	73	76	83	91	96	97	100	105	105	108	107	108	106	95.8	109	73
2	105	106	106	109	108	107	104	96	86	81	78	81	87	93	100	99	99	102	106	108	109	110	105	106	99.6	110	78
3	106	106	108	113	114	107	110	100	92	81	78	85	91	93	94	90	98	100	106	106	108	122	102	106	100.7	122	78
4	101	101	104	105	109	111	109	105	99	94	94	93	92	92	88	100	100	104	109	107	107	108	108	124	102.7	124	88
5	108	103	99	98	103	107	108	104	98	92	88	88	92	93	95	97	100	104	107	108	109	108	109	107	101.0	109	88
6*	106	105	105	107	110	113	113	106	94	88	88	92	97	102	106	107	108	113	112	118	119	115	109	104	**105.7**	119	88
7*	110	110	109	105	104	110	110	104	90	79	75	82	90	95	103	110	110	112	115	116	110	108	107	108	103.0	116	75
8	105	116	108	103	106	107	102	103	101	95	92	96	96	98	96	98	103	104	107	104	88	80	83	92	99.3	116	80
9	82	97	88	84	85	91	84	78	72	71	66	66	66	62	67	73	80	76	88	85	90	82	86	81	79.2	97	62
10	87	83	86	94	88	85	88	92	96	100	96	97	100	100	98	98	97	101	101	104	96	93	96	95	94.6	104	83
11*	94	96	98	97	96	99	101	96	88	80	76	76	76	82	88	93	91	95	103	104	108	108	108	108	94.2	108	76
12	107	105	106	108	108	109	106	100	91	85	82	80	88	93	98	95	95	71	67	47	46	62	104	83	89.0	109	46
13	78	76	84	88	94	99	92	81	77	60	56	55	72	82	84	80	80	91	96	97	96	97	104	99	84.1	104	55
14	88	89	91	96	100	90	100	89	79	64	70	64	64	69	78	85	81	79	95	104	100	92	99	99	86.0	104	64
15*	97	96	96	97	100	102	103	97	87	74	67	69	71	80	88	97	101	101	104	104	104	105	104	103	93.6	105	67
16	103	103	103	106	107	108	104	98	85	72	64	67	73	84	89	100	103	100	98	88	76	89	89	95	91.8	108	64
17	97	95	96	100	103	106	109	100	84	67	58	61	68	77	85	93	99	101	104	105	106	106	107	106	93.0	109	58
18*	104	104	104	106	108	110	108	99	84	76	76	80	87	96	104	108	107	109	112	115	115	117	119	119	102.8	119	76
19	119	118	122	120	117	117	112	102	80	70	72	79	85	90	90	80	56	63	80	67	80	87	89	88	91.0	122	56
20	92	84	90	118	86	80	75	58	47	37	19	12	45	61	53	73	84	82	122	97	85	83	89	114	74.4	122	12
21	110	99	81	95	93	97	95	85	73	65	64	67	73	79	80	79	92	97	100	101	102	98	101	105	88.8	110	64
22	114	116	112	101	97	102	101	92	73	65	64	67	73	81	89	94	102	104	111	107	106	91	91	89	93.4	116	64
23	92	92	93	97	104	104	113	115	90	53	61	27	48	60	70	76	95	81	97	102	110	123	52	47	83.4	123	27
24†	85	69	59	62	50	58	63	56	56	46	32	44	64	84	121	254	309	506	45	−99	−144	−152	−107	−127	59.8	**506**	−152
25†	−205	−69	−118	−103	−74	−70	−73	−104	−35	−37	−66	−64	−02	03	−06	05	04	24	20	32	150	46	−13	−17	**−32.2**	150	**−205**
26	15	53	12	07	09	19	17	16	06	−08	−13	−16	−06	06	21	41	52	55	60	124	69	56	52	51	29.1	124	−16
27	43	62	73	42	36	49	51	43	37	26	25	29	35	42	50	53	57	69	64	66	72	123	85	66	54.1	123	25
28	58	65	53	56	56	57	69	62	52	33	23	15	31	42	52	59	67	66	81	82	96	77	80	90	59.2	96	15
29†	76	74	68	69	71	73	76	70	67	36	17	32	42	62	45	49	188	84	−06	−18	−09	15	15	83	53.3	188	−18
30†	53	−23	08	−10	−22	05	−19	−20	−110	−150	−90	−55	−26	−14	15	52	88	30	42	14	18	42	29	67	−03.2	88	−150
31†	46	−04	39	52	37	28	28	22	08	−23	−52	−22	−21	30	−29	−02	91	39	05	38	59	33	30	25	19.0	91	−52
Mittel	80	81	80	81	81	83	83	75	65	53	50	52	62	71	74	85	98	99	86	82	84	82	79	81	77.0	127	31
April																									γ		
1†	34	31	22	58	31	24	02	28	−10	−45	−49	−25	−03	06	22	23	37	51	75	86	56	58	72	54	**26.6**	86	−49
2†	51	47	50	47	48	52	50	47	37	32	36	37	50	56	60	69	71	78	97	103	65	62	59	56	56.7	103	32
3†	59	48	139	75	−10	−08	−51	−42	−02	01	18	23	31	38	68	62	80	80	70	94	97	82	67	66	45.2	**139**	**−51**
4	57	59	60	60	60	62	63	63	43	29	35	40	53	66	76	75	71	70	93	83	78	100	78	83	64.9	100	29
5	89	86	87	78	74	76	75	70	61	50	51	56	62	63	65	68	71	74	86	88	107	104	92	82	75.6	107	50
6	83	82	80	83	75	70	82	73	59	46	42	47	50	59	67	74	79	82	89	94	88	88	91	86	73.7	94	42
7*	86	86	86	89	91	94	94	86	74	64	54	50	55	65	78	86	90	90	94	94	87	90	89	88	81.7	94	50
8*	88	87	87	90	94	98	101	94	83	63	54	56	63	74	82	93	93	84	93	92	96	96	95	93	85.4	101	54
9*	91	92	91	93	97	102	100	94	80	66	62	63	68	74	74	80	83	87	94	93	94	94	94	94	85.8	102	62
10*	93	94	94	95	99	100	96	90	78	66	61	61	66	74	86	92	96	101	104	102	102	101	101	100	89.7	104	61
11	101	101	101	103	109	110	106	98	88	79	77	80	80	88	98	106	106	96	98	99	99	99	98	96	96.5	110	77
12*	95	95	97	98	100	103	101	98	90	76	67	63	64	70	85	98	105	104	105	104	106	106	103	103	93.2	106	63
13	98	111	106	106	111	113	117	108	93	79	74	60	67	70	57	70	94	94	99	99	97	93	93	93	91.8	117	57
14	97	97	98	95	105	99	85	74	74	54	56	52	60	67	73	83	87	79	88	96	94	94	96	98	83.4	105	52
15	101	88	85	86	94	99	94	90	76	62	59	64	66	60	86	94	90	101	95	104	102	89	90	97	86.3	104	59
16	110	100	84	84	69	79	84	71	60	56	51	58	66	72	85	88	94	83	78	85	90	99	90	87	80.1	110	51
17	86	83	80	78	86	90	75	76	76	75	66	63	64	70	82	86	86	90	95	94	89	87	88	88	81.4	95	63
18	97	93	90	95	94	93	88	84	79	67	66	70	74	77	82	90	90	96	98	98	97	101	101	105	88.5	105	66
19	103	104	97	99	102	102	91	89	86	73	72	74	78	79	85	98	89	93	96	98	96	95	95	94	91.2	104	72
20	96	96	93	100	96	104	102	93	91	86	86	82	88	102	100	98	114	121	110	110	100	104	101	103	99.0	121	82
21	124	124	119	118	117	109	107	102	96	86	75	73	73	84	91	99	104	103	107	108	93	92	100	120	**101.0**	124	73
22	97	99	108	103	95	76	50	27	27	30	37	37	41	60	70	76	100	99	97	96	96	94	96	96	75.3	108	27
23	90	90	96	94	96	95	86	75	66	54	51	57	70	66	87	99	100	98	98	101	98	109	91	91	85.8	109	51
24	85	79	84	89	94	94	89	79	67	52	52	63	79	88	86	83	91	90	97	99	100	101	102	101	85.2	102	52
25†	99	101	133	66	107	102	90	79	62	42	28	37	51	64	76	91	95	96	80	53	42	102	30	40	73.6	133	28
26†	16	59	65	72	77	68	40	34	28	28	19	24	26	40	37	44	59	80	76	70	79	65	67	67	51.7	80	16
27	85	74	70	70	89	80	70	66	55	44	36	32	50	62	63	66	83	85	90	83	80	83	84	86	70.2	90	32
28	82	82	88	84	85	86	86	86	82	72	61	70	77	78	79	87	79	86	94	95	94	96	105	96	84.6	105	61
29	82	110	97	88	85	90	91	86	81	72	66	67	75	74	86	90	87	100	96	96	100	102	98	98	88.2	110	66
30	97	97	98	102	107	109	107	100	90	78	70	62	69	90	103	107	106	108	110	103	106	102	108	102	97.1	110	62
Mittel	86	86	90	87	86	86	79	74	66	55	51	53	60	68	76	82	88	90	93	94	91	93	89	89	79.6	106	46

Nordkomponente.

Niemegk — X = 0.18300 Γ + Tafelwert. — 1940

Weltzeit: 0h 1h 2h 3h 4h 5h 6h 7h 8h 9h 10h 11h 12h 13h 14h 15h 16h 17h 18h 19h 20h 21h 22h 23h 24h

Mai

Tag	0h–1h	1h–2h	2h–3h	3h–4h	4h–5h	5h–6h	6h–7h	7h–8h	8h–9h	9h–10h	10h–11h	11h–12h	12h–13h	13h–14h	14h–15h	15h–16h	16h–17h	17h–18h	18h–19h	19h–20h	20h–21h	21h–22h	22h–23h	23h–24h	Tagesmittel γ	Max.	Min.
1	100	91	87	94	93	90	89	75	70	71	71	80	80	81	75	90	97	106	99	114	97	95	98	90	88.9	114	70
2	94	94	95	104	96	92	96	87	77	67	71	75	74	79	85	94	92	92	92	94	96	98	95	96	89.0	104	67
3*	97	95	92	93	98	94	98	86	78	76	80	80	84	89	90	91	92	97	100	103	100	99	103	102	92.4	103	76
4*	98	97	95	96	100	97	84	71	68	72	75	74	80	81	87	95	98	101	102	103	102	103	106	107	91.3	107	68
5	108	100	98	103	104	105	93	78	68	68	79	90	90	94	94	97	98	102	111	113	107	100	101	102	96.0	113	68
6*	100	102	103	106	107	106	101	92	88	88	89	91	95	99	102	110	111	111	112	113	112	112	110	110	102.9	113	88
7	114	116	115	118	118	108	90	75	72	72	77	81	80	81	85	91	98	106	105	100	104	102	98	99	96.0	118	72
8	104	102	110	112	112	100	88	78	70	73	75	80	87	90	95	93	100	109	112	114	111	111	111	109	97.8	114	70
9	107	114	115	106	92	111	93	78	67	67	73	82	86	87	70	83	92	99	103	111	111	111	115	113	95.2	115	67
10	110	114	113	115	116	102	91	90	90	86	90	87	95	89	97	99	111	112	128	115	128	145	94	97	**104.8**	145	86
11	96	101	97	107	98	100	86	77	67	69	71	64	64	76	89	94	91	99	101	121	127	98	95	95	91.0	127	64
12	97	100	104	92	87	82	57	64	75	68	60	62	59	59	62	99	108	103	114	119	99	98	96	119	86.8	119	57
13	99	100	95	94	90	86	80	78	71	71	73	82	77	79	78	87	106	116	111	103	103	114	106	105	91.8	116	71
14	114	102	103	100	91	75	61	60	55	56	68	75	73	72	94	112	111	101	102	105	105	96	95	96	88.4	114	55
15	93	93	97	84	102	97	93	76	71	75	77	82	79	80	92	99	91	103	119	112	106	91	91	96	91.6	119	71
16	87	98	95	97	93	85	81	76	75	77	80	83	78	75	75	84	95	106	112	113	110	107	109	107	91.6	113	75
17	109	114	112	102	99	101	107	106	100	108	110	91	77	83	86	88	104	111	120	129	110	102	102	103	103.1	129	77
18†	95	106	111	112	101	90	104	80	43	40	70	65	46	−07	43	56	60	76	84	83	84	81	80	83	**74.4**	112	−07
19	92	91	80	80	86	79	72	52	44	56	70	72	68	80	79	79	88	102	95	99	103	117	105	100	82.9	117	44
20	100	100	96	95	92	84	84	81	79	81	84	83	87	87	104	92	110	99	99	97	99	101	103	103	93.3	110	79
21	102	105	107	99	125	111	95	83	76	73	69	78	84	96	107	112	107	107	110	111	110	100	100	109	99.0	125	69
22†	106	106	129	96	67	54	43	72	76	40	32	54	52	63	79	79	71	84	102	106	102	98	96	98	79.4	129	32
23†	96	97	96	102	104	107	100	87	68	69	67	68	73	84	95	95	104	114	150	140	146	131	129	121	101.8	**150**	67
24†	123	120	123	106	101	124	106	88	38	−29	−18	28	28	42	72	83	64	75	101	80	107	103	79	74	75.8	124	**−29**
25	91	80	80	96	88	76	68	57	52	50	56	68	68	76	80	84	98	127	104	106	122	96	95	94	83.8	127	50
26†	92	100	106	101	96	63	83	67	63	56	56	60	66	72	80	91	131	131	147	120	110	95	100	89	90.6	147	56
27	121	97	104	91	78	60	68	66	60	56	61	63	68	71	77	85	96	109	117	102	109	110	108	102	86.6	121	56
28	100	103	111	98	119	104	85	67	73	69	71	59	53	70	88	93	100	104	117	111	107	103	96	95	91.5	119	53
29	96	104	98	98	92	77	73	67	60	63	76	80	81	86	100	103	111	119	116	113	113	102	98	95	92.5	119	60
30*	96	99	100	100	98	88	80	77	76	76	78	84	87	93	99	101	105	112	108	116	110	114	107	100	96.0	116	76
31*	100	100	103	102	100	98	92	87	84	84	87	92	92	90	98	103	108	111	112	111	108	105	108	107	99.2	112	84
Mittel	101	101	102	100	98	92	85	77	69	66	70	75	75	77	86	92	98	105	110	109	108	104	101	101	91.8	120	61

Juni

Tag	0h–1h	1h–2h	2h–3h	3h–4h	4h–5h	5h–6h	6h–7h	7h–8h	8h–9h	9h–10h	10h–11h	11h–12h	12h–13h	13h–14h	14h–15h	15h–16h	16h–17h	17h–18h	18h–19h	19h–20h	20h–21h	21h–22h	22h–23h	23h–24h	Tagesmittel γ	Max.	Min.
1*	104	106	108	114	113	106	96	84	79	86	95	91	91	91	96	113	116	118	118	117	115	113	104	103	103.2	118	79
2	103	107	107	119	115	111	112	104	91	80	76	74	76	86	99	95	88	100	113	112	108	102	103	102	99.3	119	74
3	97	99	100	102	100	93	84	76	65	64	78	83	93	75	97	104	107	106	110	115	115	112	111	109	95.6	115	64
4*	115	100	104	108	108	103	96	89	88	89	95	93	99	106	112	109	110	113	116	121	120	123	119	119	106.5	123	88
5	120	118	120	124	124	116	100	84	80	71	84	100	112	109	106	108	118	125	131	132	124	119	104	109	109.9	132	71
6†	131	117	108	98	75	63	74	63	32	33	56	61	46	78	99	99	91	121	114	98	96	85	81	76	83.1	131	32
7†	76	91	116	106	78	84	75	59	30	11	28	57	72	98	94	95	101	105	110	116	120	104	90	106	84.2	120	**11**
8	113	120	95	95	94	76	63	50	42	48	56	59	72	90	74	90	110	107	116	130	110	107	125	102	89.3	130	42
9	98	99	98	97	79	95	87	81	62	36	36	57	76	91	93	91	99	107	140	120	106	111	115	107	90.9	140	36
10	91	94	98	100	98	94	80	67	70	75	67	68	79	89	99	102	104	105	106	107	108	105	105	108	92.5	108	67
11*	111	103	104	110	112	112	107	98	84	73	75	75	84	94	106	106	108	115	109	112	110	110	115	110	101.8	115	73
12	107	106	107	113	114	109	103	99	93	80	70	65	64	78	94	94	106	113	122	124	118	124	118	116	101.5	124	64
13	113	115	118	122	120	115	111	107	101	99	95	91	87	93	107	111	114	115	118	124	122	122	126	117	**111.0**	126	87
14†	115	118	119	124	133	131	115	94	73	93	82	85	102	95	102	115	118	144	138	112	80	85	71	80	105.2	144	71
15†	76	88	78	78	64	62	44	19	27	23	37	26	29	66	58	85	89	79	91	94	97	95	95	96	66.5	97	19
16	91	95	100	102	97	88	76	67	42	50	62	77	82	90	88	91	99	101	102	115	112	109	102	98	89.0	115	42
17	97	95	91	93	99	98	73	71	87	88	79	60	64	75	69	82	100	111	99	94	101	97	97	97	88.2	111	60
18	97	98	96	94	102	82	60	72	66	61	65	62	70	68	71	83	89	98	106	108	103	106	107	105	86.2	108	60
19	102	105	103	103	102	93	86	83	66	68	54	58	59	71	90	102	91	98	106	107	106	102	102	103	90.0	107	54
20*	97	95	98	100	98	96	91	85	72	62	58	54	58	70	82	91	102	106	113	111	109	110	109	105	90.5	113	54
21*	102	99	97	101	109	105	94	84	82	81	80	77	73	80	91	93	100	106	111	112	110	109	106	104	96.1	112	73
22	105	105	107	111	111	106	98	89	82	81	80	79	93	116	112	104	110	118	122	123	118	116	110	110	104.4	123	79
23	118	125	106	106	105	98	92	82	73	73	72	78	80	86	92	101	109	106	119	122	121	106	100	106	99.0	125	72
24	100	97	109	109	104	92	94	91	66	58	62	77	83	83	98	116	113	111	109	103	96	91	108	101	94.6	116	58
25†	83	83	80	42	92	71	80	92	102	82	39	112	21	199	158	98	19	31	64	111	19	35	35	34	74.2	**199**	19
26	39	58	56	61	63	67	63	58	45	31	37	38	36	46	57	65	75	102	84	93	91	100	97	79	**64.2**	102	31
27	79	77	73	74	81	74	66	53	44	38	42	58	57	74	75	93	104	88	88	88	87	85	85	85	73.7	104	38
28	80	82	82	85	85	81	78	76	70	64	63	60	59	66	77	88	108	128	112	106	96	96	99	101	85.1	128	59
29	102	101	100	100	100	93	82	72	63	58	58	63	65	68	80	97	102	99	127	127	113	113	116	115	92.2	127	58
30	110	107	109	124	116	105	98	84	64	52	49	62	80	96	104	92	88	101	92	98	97	100	93	91	92.2	124	49
Mittel	99	100	100	100	100	94	86	78	68	64	64	70	72	88	93	97	100	106	110	112	104	103	102	100	92.0	122	56

Nordkomponente.

Niemegk — $X = 0.18300\,\Gamma + \text{Tafelwert.}$ — 1940

Weltzeit

Tag	0h	1h	2h	3h	4h	5h	6h	7h	8h	9h	10h	11h	12h	13h	14h	15h	16h	17h	18h	19h	20h	21h	22h	23h	Tagesmittel γ	Max.	Min.
Juli																											
1	92	92	85	110	101	106	96	87	68	55	58	68	72	90	104	102	112	108	102	100	96	98	99	99	91.7	112	55
2*	98	97	97	100	99	96	92	92	92	92	93	86	86	92	96	109	108	105	108	112	105	100	102	105	98.4	112	86
3	102	99	98	104	103	91	83	85	91	89	82	85	78	74	79	105	116	116	116	138	112	103	92	102	97.6	**138**	74
4†	78	82	104	104	90	83	74	64	46	41	43	64	92	92	96	92	91	108	107	106	96	96	105	105	85.8	108	41
5	100	97	91	92	87	84	71	73	68	53	56	68	79	80	106	113	98	101	122	126	102	120	110	103	91.7	126	53
6	111	105	99	90	98	92	78	66	60	59	58	64	52	78	95	98	112	109	106	123	112	95	92	95	89.5	123	52
7	89	92	95	99	99	95	86	72	64	58	60	64	70	72	97	108	110	112	112	100	95	93	91	92	88.5	112	58
8	92	94	94	95	94	90	85	78	70	59	56	65	77	83	94	100	100	98	106	105	114	119	121	132	92.5	132	56
9	115	116	115	106	112	104	89	78	64	70	69	67	67	91	107	99	111	114	136	122	124	124	109	115	101.0	136	64
10†	104	118	115	105	99	72	72	89	68	41	33	33	35	81	86	114	103	104	106	100	98	108	120	99	87.6	120	**33**
11	103	110	104	97	83	98	94	82	59	47	51	52	54	65	82	92	97	108	105	104	110	97	92	96	86.8	110	47
12	96	99	99	107	108	93	91	87	83	72	66	72	79	84	88	99	99	103	108	112	105	100	99	100	93.7	112	66
13†	100	99	98	97	99	93	81	83	89	76	71	111	111	118	35	48	84	64	69	59	61	71	78	70	81.9	118	35
14†	76	75	76	70	81	83	54	58	55	52	42	55	51	44	60	90	105	106	102	97	93	97	99	87	**75.3**	106	42
15	87	88	87	106	88	81	79	71	70	62	52	54	72	80	88	100	93	105	109	98	101	99	94	88	85.5	109	52
16	88	83	79	83	84	88	81	73	61	55	68	74	80	79	93	104	103	109	103	100	101	101	104	96	87.1	109	55
17*	95	93	97	102	104	98	85	80	68	64	68	76	82	88	93	108	100	94	99	101	99	100	99	99	91.3	108	64
18*	98	97	98	97	94	93	91	87	83	82	79	87	89	93	90	95	100	102	106	109	109	109	108	111	96.1	111	79
19	106	103	103	106	111	106	102	90	75	70	71	75	80	87	100	92	105	107	114	114	116	116	111	105	98.5	116	70
20*	102	106	110	111	110	102	98	84	73	67	67	70	80	93	106	111	117	121	120	112	108	107	104	103	99.2	121	67
21	103	110	111	114	119	115	106	102	91	75	75	66	76	83	92	103	109	123	124	111	115	108	113	106	102.1	124	66
22	105	107	103	103	100	87	59	62	65	64	68	66	76	85	72	91	109	104	103	111	114	95	97	95	89.2	114	59
23	104	98	99	100	98	94	88	80	77	78	79	71	66	76	87	96	111	110	104	105	99	100	100	97	92.4	111	66
24	94	96	99	103	90	99	94	87	81	55	55	59	60	67	87	102	102	108	106	111	104	99	98	114	90.4	114	55
25	111	97	95	90	100	93	81	78	70	51	51	57	70	79	86	99	111	109	106	110	109	105	104	106	90.3	111	51
26	112	105	104	102	104	109	107	99	87	79	75	68	70	79	94	92	93	102	106	108	109	109	109	107	97.0	112	68
27*	107	103	102	105	107	110	110	103	95	88	85	87	91	98	100	106	107	113	115	119	120	122	121	122	105.7	122	85
28	122	120	114	117	114	108	101	91	82	80	81	83	99	92	94	98	99	105	110	114	114	112	113	114	103.2	122	80
29	110	105	106	114	118	115	103	98	94	90	84	86	87	95	106	117	119	127	119	125	118	121	109	111	**107.4**	127	84
30†	115	119	119	123	116	122	116	98	89	74	71	78	91	93	114	124	126	121	118	129	105	100	94	96	106.3	129	71
31	96	85	102	111	93	79	70	83	74	47	60	62	61	62	86	98	111	92	100	111	114	111	101	100	87.9	114	47
Mittel	100	100	100	102	100	96	88	83	75	66	65	70	75	83	91	100	105	107	109	109	106	104	103	102	93.3	117	61
August																											
1	98	92	118	111	99	95	88	75	66	65	66	78	88	93	100	103	105	110	101	106	102	106	106	103	94.8	118	65
2	95	94	98	100	100	94	86	78	70	58	71	79	85	91	91	102	110	102	120	123	121	115	111	114	96.2	123	58
3†	114	114	119	110	110	100	76	63	49	63	60	56	48	56	89	36	82	86	84	86	84	84	90	92	**81.3**	119	**36**
4	90	86	98	100	99	91	70	62	49	46	55	66	76	83	90	94	94	91	99	102	119	104	99	100	86.0	119	46
5	97	94	92	92	95	96	92	77	64	55	56	68	73	87	88	114	100	107	115	113	112	118	108	99	92.2	118	55
6†	103	112	100	105	93	92	91	78	55	48	46	61	64	76	67	88	106	91	100	110	119	104	98	118	88.5	119	46
7	98	99	95	97	98	100	88	74	67	37	37	54	50	50	67	64	92	104	103	102	102	100	99	99	82.3	104	37
8	101	104	106	93	92	91	72	53	63	52	68	67	82	83	74	70	81	94	97	98	98	98	100	98	84.8	106	52
9†	97	97	93	96	98	92	87	78	77	39	38	60	76	83	77	93	118	103	88	125	67	66	60	70	82.4	125	38
10	79	78	80	84	86	79	71	64	63	64	71	83	71	70	87	85	83	90	101	101	102	95	96	94	82.4	102	63
11†	92	92	90	99	90	90	76	75	55	46	65	79	91	90	90	100	98	98	107	110	99	97	100	117	89.4	117	46
12	104	99	107	105	102	75	75	75	72	71	62	61	62	69	71	86	97	105	103	100	98	98	101	102	87.5	107	61
13	95	100	96	96	95	82	65	58	51	58	64	80	91	92	93	87	88	96	99	105	104	104	110	104	88.0	110	51
14	102	103	103	103	100	103	102	88	63	51	55	63	78	80	78	87	91	101	99	100	102	103	98	104	89.9	104	51
15*	104	98	93	97	98	91	78	69	61	64	67	74	83	90	97	96	98	102	106	107	110	109	108	108	92.0	110	61
16*	110	108	108	106	107	105	98	78	63	62	65	75	80	88	99	104	102	106	108	111	106	106	106	104	96.0	111	62
17*	107	109	104	103	100	95	87	79	78	79	80	88	91	87	94	106	111	108	110	111	117	113	113	113	99.3	117	78
18	114	114	114	114	114	110	102	93	88	86	85	80	87	95	97	119	119	118	92	99	113	110	90	107	102.5	119	80
19	95	85	84	85	86	82	76	70	66	64	61	61	75	74	85	95	88	102	106	109	103	105	105	102	86.0	109	61
20	95	96	98	88	101	98	89	83	82	77	78	72	78	74	87	99	99	90	102	98	98	98	98	98	90.7	102	72
21	103	102	95	93	103	96	86	71	60	58	59	66	74	94	99	93	98	104	110	101	99	92	94	107	89.9	110	58
22	111	110	108	109	111	111	104	97	87	77	76	83	98	103	106	114	94	104	108	105	104	107	108	111	101.9	114	76
23	115	103	98	103	103	92	82	72	66	56	55	62	78	89	99	99	105	98	101	106	106	106	106	104	91.8	115	55
24*	102	99	99	99	100	96	89	81	70	57	55	69	87	102	104	105	103	102	106	106	106	104	103	103	93.6	106	55
25	103	104	105	106	105	100	98	93	82	78	82	87	94	102	102	114	116	110	115	116	122	119	117	110	103.3	122	78
26†	119	126	130	123	117	108	99	88	80	72	79	94	99	108	96	91	107	118	130	103	115	130	127	99	**106.6**	**130**	72
27	105	111	106	113	99	76	79	71	63	63	71	83	90	92	105	106	93	101	103	108	107	110	107	114	94.8	114	63
28	116	108	100	82	99	98	88	78	68	63	55	64	78	90	96	104	107	110	107	115	112	109	106	103	94.0	116	55
29	104	96	108	108	108	101	89	84	75	68	69	70	67	73	87	94	98	102	106	108	104	103	107	107	93.2	108	67
30*	105	99	102	99	100	99	91	83	78	79	87	94	101	104	100	95	95	103	108	113	112	107	107	118	99.1	118	78
31	117	107	103	103	102	98	95	91	83	79	77	85	94	98	95	94	99	99	107	113	118	119	118	129	101.0	129	77
Mittel	103	101	102	101	100	95	86	77	68	62	65	73	80	86	91	95	99	102	105	107	106	104	103	105	92.3	114	60

Nordkomponente.

Niemegk — X = 0.18300 + Tafelwert. (Γ) — 1940

Weltzeit (0h–24h)

Tag	0h	1h	2h	3h	4h	5h	6h	7h	8h	9h	10h	11h	12h	13h	14h	15h	16h	17h	18h	19h	20h	21h	22h	23h	Tagesmittel	Max.	Min.
September																									γ		
1†	108	115	104	95	96	103	76	55	55	52	51	42	79	76	80	62	62	70	78	78	87	90	90	90	78.9	115	42
2	90	91	91	91	87	83	74	63	51	56	47	58	67	74	78	74	83	88	96	91	99	95	99	102	80.3	102	47
3	98	96	90	92	89	70	67	56	51	49	46	53	48	64	78	78	89	91	90	90	88	80	96	96	76.9	98	46
4	88	91	94	86	100	87	81	68	41	17	28	45	64	76	87	87	83	86	93	98	105	109	88	87	78.7	109	**17**
5	96	98	85	83	87	86	72	59	46	39	46	54	71	77	82	87	94	92	100	97	96	95	99	96	80.7	100	39
6	92	95	89	94	95	93	90	84	68	56	52	61	67	85	91	94	95	96	101	106	104	118	105	98	88.7	118	52
7†	107	124	103	92	76	97	79	54	32	26	22	34	55	49	50	69	83	82	93	93	90	103	101	89	75.1	124	22
8	99	81	85	91	83	83	82	74	60	43	32	47	68	68	63	71	91	77	82	89	91	95	93	99	77.0	99	32
9	118	106	97	79	95	93	83	79	59	37	44	55	73	73	73	73	74	84	100	88	100	97	79	97	81.5	118	37
10*	82	84	83	83	85	88	90	84	77	67	60	71	83	85	85	84	85	88	92	96	98	99	99	97	85.2	99	60
11	93	93	94	95	96	95	93	87	79	64	60	67	78	86	83	80	77	82	94	104	105	106	104	99	88.1	106	60
12*	98	98	99	96	99	99	97	91	82	73	75	82	86	86	83	88	94	103	105	104	105	105	104	100	93.8	105	73
13	102	102	103	104	103	99	92	81	71	73	83	94	102	106	114	106	110	107	116	116	115	116	115	113	**101.8**	116	71
14	112	110	112	118	124	115	101	88	82	81	89	98	105	109	105	109	94	100	111	70	92	103	94	96	100.8	124	70
15	94	90	91	94	87	77	84	71	49	64	71	79	79	75	91	89	89	102	109	98	95	98	100	100	86.5	109	49
16	97	98	97	96	95	91	79	73	70	65	66	75	90	88	86	60	74	92	87	90	89	90	94	94	84.8	98	60
17*	93	93	94	94	94	92	86	79	72	67	72	84	94	98	98	97	102	103	107	113	110	112	115	110	95.0	115	67
18	108	106	106	106	106	103	98	86	76	67	63	70	79	84	93	99	101	106	112	114	116	114	112	118	97.6	118	63
19*	112	107	107	107	105	103	98	86	81	76	73	84	87	90	93	92	100	106	106	106	107	107	108	112	98.0	112	73
20	110	111	111	112	109	106	99	93	80	73	67	74	85	89	95	94	71	94	107	112	105	110	109	110	96.9	112	67
21	107	107	113	107	110	108	101	89	75	69	59	65	59	62	57	70	90	103	98	98	102	103	104	102	89.9	113	57
22	102	98	100	99	96	94	92	87	71	57	56	75	76	82	76	88	88	98	113	107	100	100	98	99	89.7	113	56
23*	100	98	97	99	99	100	96	87	74	71	72	74	73	81	91	97	98	103	104	104	104	105	104	103	93.1	105	71
24	100	104	101	98	105	104	100	94	82	67	60	67	75	84	92	98	98	103	108	108	106	100	97	97	93.7	108	60
25	100	98	107	110	103	95	111	103	88	76	62	54	67	79	89	86	91	89	80	86	96	104	116	93	91.0	116	54
26†	92	94	95	95	95	96	95	91	80	66	61	64	69	75	84	87	82	170	38	26	28	50	65	69	77.8	**170**	26
27†	65	103	97	60	60	67	60	64	51	40	44	47	47	48	48	57	56	68	80	75	85	77	83	72	64.8	103	40
28†	70	89	82	66	48	48	44	71	54	58	49	52	52	47	43	47	57	71	63	98	71	71	82	78	**63.0**	98	43
29	75	76	76	79	83	77	69	65	56	50	48	53	64	64	62	64	72	74	78	84	92	85	87	86	71.6	92	48
30	87	86	86	86	91	95	88	76	63	56	58	63	73	74	78	79	80	86	82	82	103	84	87	91	80.6	103	56
Mittel	96	98	96	94	93	92	86	78	66	58	57	65	74	78	81	82	85	94	94	94	96	97	98	96	85.4	111	52
Oktober																									γ		
1†	108	107	95	94	85	101	87	78	54	35	30	32	42	51	44	51	48	57	57	37	47	58	62	61	63.4	108	30
2	64	68	70	74	71	72	62	51	45	42	37	35	54	52	52	59	52	57	58	61	67	88	79	76	60.2	88	35
3	75	82	88	95	97	88	71	62	36	16	17	25	36	44	61	63	67	66	121	83	81	85	97	96	68.8	121	16
4	84	99	91	102	100	95	80	69	58	46	48	55	63	68	72	76	77	86	87	88	90	91	89	91	79.4	102	46
5	98	89	87	82	96	99	92	82	70	59	55	60	65	69	60	77	85	92	93	92	95	95	96	96	82.7	99	55
6	96	92	92	93	98	98	98	88	75	71	74	65	72	60	71	76	61	71	76	85	92	117	76	84	82.5	117	60
7†	112	98	100	110	115	109	94	56	16	25	47	47	28	22	47	27	17	−02	00	10	33	72	60	61	54.3	115	**−02**
8†	64	101	109	103	55	35	32	26	31	14	18	27	30	39	55	42	51	50	35	37	51	60	66	95	**51.1**	109	14
9	86	68	72	76	80	81	84	81	76	64	54	57	62	71	78	75	80	83	87	85	87	82	86	87	76.8	87	54
10	87	88	89	90	92	96	95	93	86	79	68	60	52	54	65	76	83	90	87	82	85	78	79	84	80.8	96	52
11	88	90	86	84	96	95	94	90	76	68	63	63	64	67	70	75	79	86	91	95	96	96	99	102	83.9	102	63
12	132	107	104	99	102	101	101	96	87	75	75	64	65	79	89	92	98	96	100	100	100	107	100	93	94.2	**132**	64
13*	94	94	94	96	98	101	99	89	73	62	61	68	76	81	92	94	95	95	99	100	100	99	98	94	89.7	101	61
14*	95	95	96	98	100	102	99	92	79	69	64	67	73	80	87	95	99	100	104	106	106	104	101	100	92.1	106	64
15	103	106	107	116	117	116	104	105	98	65	58	69	72	78	89	91	96	91	96	94	99	98	95	96	94.1	117	58
16	95	95	100	100	102	108	108	100	81	72	67	76	78	75	73	73	74	71	105	64	76	92	93	94	86.3	108	64
17	96	92	94	91	94	96	99	98	92	82	73	74	80	87	91	90	95	99	104	104	103	105	104	119	94.2	119	73
18	108	94	94	95	100	102	100	76	79	79	76	72	72	80	83	94	95	105	94	91	103	98	99	102	91.3	108	72
19	92	91	89	98	91	97	98	79	51	38	51	53	46	65	83	81	82	90	91	95	105	114	99	88	82.0	114	38
20	90	92	95	101	88	91	87	81	74	63	60	65	70	83	84	86	90	91	91	89	96	99	99	98	86.0	101	60
21	85	90	93	95	100	92	92	81	75	69	61	52	82	87	86	87	74	98	92	94	124	123	111	97	89.2	124	52
22	82	84	84	91	99	95	70	84	80	69	59	42	43	67	78	78	82	86	88	88	94	92	90	88	79.7	99	42
23*	87	89	90	93	95	97	95	89	74	62	60	63	70	77	82	85	87	90	93	93	93	92	93	93	85.1	97	60
24*	93	93	93	95	96	96	96	88	79	68	66	66	73	81	84	87	91	94	94	97	98	98	98	98	88.4	98	66
25†	98	97	98	100	102	102	101	98	92	86	83	80	74	91	106	113	121	127	129	126	126	116	71	91	**101.2**	129	71
26†	99	92	98	93	102	107	110	111	108	106	85	81	83	82	51	62	40	19	44	56	49	98	84	72	80.5	111	19
27	72	90	85	83	70	73	79	73	70	70	63	56	53	66	75	64	76	70	67	85	86	79	79	86	73.8	90	53
28	76	74	88	84	85	86	93	84	76	70	71	79	74	67	70	69	78	77	78	82	105	86	89	89	80.4	105	67
29	90	90	87	86	106	94	95	87	81	74	71	69	70	76	80	81	86	90	90	91	92	95	97	96	86.4	106	69
30*	93	98	89	104	101	106	103	93	76	71	72	75	75	78	85	89	95	100	101	101	98	96	96	98	91.4	106	71
31	95	100	100	108	105	103	98	86	73	61	64	66	74	79	76	73	66	78	93	98	99	98	99	98	87.1	108	61
Mittel	92	92	92	94	95	95	91	83	72	62	60	60	64	70	75	77	78	81	85	84	90	94	90	91	81.8	107	52

Nordkomponente.

Niemegk — X = 0.18300 + Tafelwert. (Γ) — 1940

0h 1h 2h 3h 4h 5h 6h 7h 8h 9h 10h 11h 12h 13h 14h 15h 16h 17h 18h 19h 20h 21h 22h 23h 24h Weltzeit

November

Tag	0h	1h	2h	3h	4h	5h	6h	7h	8h	9h	10h	11h	12h	13h	14h	15h	16h	17h	18h	19h	20h	21h	22h	23h	Tagesmittel	Max.	Min.
																									γ		
1	97	101	101	101	106	120	98	88	75	74	72	62	57	56	69	74	75	80	78	94	98	98	97	94	86.0	**120**	56
2	92	91	90	88	98	101	99	79	76	78	76	65	74	79	82	83	88	92	95	98	98	101	97	97	88.2	101	65
3	94	90	86	90	91	101	111	104	77	62	47	46	53	58	52	57	68	70	61	70	76	81	83	86	75.6	111	46
4	85	89	91	94	97	90	104	95	81	67	63	64	66	49	39	32	36	30	41	63	61	72	74	85	69.5	104	30
5	101	76	74	74	90	102	87	71	64	58	53	48	55	62	70	72	80	82	85	90	114	94	91	88	78.4	114	48
6	90	86	82	96	94	93	95	90	79	70	66	62	64	68	78	80	87	100	93	110	102	106	99	96	86.9	110	62
7	98	100	106	108	109	105	110	91	84	76	69	50	52	66	71	83	90	92	92	96	95	103	98	99	89.3	110	50
8*	95	105	105	100	102	102	102	93	88	80	76	75	73	77	81	86	87	89	91	96	98	99	98	98	91.5	105	73
9	98	97	98	104	114	107	103	98	78	62	51	51	50	46	54	58	41	64	81	89	86	82	88	85	78.5	114	41
10*	82	84	86	88	94	96	92	85	80	76	72	78	82	84	85	88	91	96	98	100	100	99	98	97	88.8	100	72
11*	97	97	100	103	107	108	108	101	95	84	82	82	85	90	94	96	100	101	103	103	102	104	101	99	97.6	108	82
12†	96	99	92	95	98	100	100	104	100	68	40	62	80	68	65	80	78	83	71	78	57	94	53	52	79.7	104	40
13†	55	63	54	49	82	57	59	50	56	52	49	44	52	53	50	45	61	61	76	80	84	83	82	78	61.5	84	44
14	74	78	86	77	78	77	73	68	66	63	57	62	56	65	76	79	80	67	75	80	84	76	82	83	73.4	86	56
15	78	77	80	86	92	84	83	74	80	76	74	69	77	77	77	83	77	80	84	96	87	94	84	82	81.3	96	69
16	99	79	79	86	96	84	91	91	87	83	79	78	82	88	91	93	54	54	86	68	59	87	72	75	80.9	99	54
17	79	76	76	80	85	88	88	86	79	69	64	65	69	75	83	71	61	66	78	79	74	80	111	92	78.1	111	61
18*	70	78	78	80	82	82	85	87	87	81	75	69	70	72	79	82	87	89	91	92	94	96	86	84	82.3	96	69
19*	89	89	91	96	99	101	104	102	92	89	92	96	96	94	92	96	100	101	103	108	109	107	103	101	97.9	109	89
20	101	101	104	106	109	109	112	117	109	100	96	96	98	95	92	89	91	97	98	93	80	85	92	107	**99.0**	117	80
21	86	78	75	86	96	101	116	100	66	51	50	58	56	52	65	68	78	81	86	87	82	100	76	71	77.7	116	50
22†	92	84	83	91	100	83	84	61	70	64	27	25	45	65	66	74	78	83	87	85	68	91	74	80	73.3	100	25
23	78	80	91	100	83	81	50	38	30	12	26	29	30	37	54	62	70	69	63	66	73	72	74	71	**60.0**	100	12
24	74	73	74	77	77	77	76	83	84	76	73	74	78	82	83	83	84	88	87	81	84	98	87	80	80.5	98	73
25†	78	82	92	88	91	92	95	95	96	62	80	85	71	42	−04	29	02	36	32	63	61	78	108	83	68.2	108	**−04**
26	75	70	71	99	68	75	79	65	46	56	63	67	65	64	77	70	62	90	81	83	85	88	87	85	73.8	99	46
27	84	90	91	88	89	90	89	85	77	80	82	80	66	52	57	71	85	90	89	83	85	98	88	88	82.4	98	52
28	88	87	88	93	97	96	94	92	88	78	76	79	79	84	85	86	89	91	92	93	93	97	104	85	88.9	104	76
29†	99	96	96	103	105	74	98	94	78	52	78	70	62	51	19	34	47	55	40	56	79	107	114	83	74.6	114	19
30	60	61	62	65	74	80	80	79	77	57	50	54	60	68	72	57	75	81	76	88	89	83	88	98	72.2	98	50
Mittel	86	85	86	90	93	92	92	86	78	69	65	65	67	67	68	72	73	79	80	86	85	92	90	87	80.5	104	53

Dezember

Tag	0h	1h	2h	3h	4h	5h	6h	7h	8h	9h	10h	11h	12h	13h	14h	15h	16h	17h	18h	19h	20h	21h	22h	23h	Tagesmittel	Max.	Min.
																									γ		
1	85	82	85	89	83	95	95	96	85	86	79	64	78	80	72	73	84	82	77	90	80	79	84	77	82.5	96	64
2	87	99	97	76	88	88	90	87	86	83	45	54	67	74	68	65	73	72	93	85	84	91	114	89	81.5	114	45
3	72	83	89	88	93	85	86	86	87	85	75	65	68	70	50	54	80	89	86	81	96	121	77	83	81.2	121	50
4	87	88	90	94	105	98	90	94	96	90	83	81	80	84	70	59	66	82	90	97	90	91	92	92	87.0	105	59
5	106	90	90	91	91	94	98	92	94	90	88	93	98	96	89	82	82	83	78	86	90	92	93	96	90.9	106	78
6*	98	90	96	94	100	104	99	98	98	93	97	100	98	96	94	94	94	94	95	96	101	94	94	94	96.3	104	90
7*	93	91	92	100	100	99	96	93	92	88	88	93	98	98	96	97	98	100	100	101	100	100	99	100	96.3	101	88
8*	100	101	102	104	106	107	107	108	109	105	102	102	102	103	102	102	102	101	102	104	103	102	100	100	**103.2**	109	100
9	101	105	110	107	105	109	122	125	109	104	91	85	73	59	74	95	97	96	93	89	89	90	94	93	96.5	**125**	59
10	93	89	89	88	94	95	91	97	98	97	95	95	105	106	109	107	85	58	85	87	90	90	87	86	92.3	109	58
11	89	89	91	89	88	88	86	85	81	81	85	88	91	97	96	98	98	94	94	94	95	92	80	86	89.8	98	80
12	93	98	87	85	89	92	88	88	84	91	90	81	81	82	86	74	80	85	90	87	94	93	93	92	87.6	98	74
13	89	93	100	91	87	89	89	88	89	71	85	89	90	93	93	90	92	102	95	96	110	98	90	88	91.5	110	71
14	101	95	94	93	94	94	96	98	98	95	94	82	69	80	92	94	81	47	58	62	78	75	77	90	84.9	101	47
15	89	82	84	84	87	91	93	97	98	96	94	88	92	94	79	87	92	90	100	77	88	95	104	116	91.5	116	77
16	92	89	86	89	94	92	93	95	92	77	79	85	83	80	87	89	97	93	90	93	94	96	93	86	89.3	97	77
17	86	90	88	91	95	97	99	98	96	93	89	88	78	61	68	78	82	84	77	86	95	91	114	86	87.9	114	61
18*	89	97	84	85	90	95	97	98	95	94	90	85	86	92	93	95	93	87	90	97	98	98	97	93	92.4	98	84
19*	92	97	93	94	98	100	102	101	96	90	89	87	92	99	105	108	109	107	106	106	106	96	88	88	97.9	109	87
20†	107	110	97	97	101	101	106	109	105	93	45	35	46	54	75	42	36	85	48	66	92	98	88	65	79.2	110	35
21†	67	67	69	72	64	90	74	72	59	54	42	24	61	66	53	61	72	67	76	76	105	95	84	82	**68.8**	105	**24**
22†	78	80	90	91	90	87	87	76	68	58	58	59	42	60	64	69	63	70	78	82	82	80	83	82	74.0	91	42
23	88	85	91	93	93	95	96	98	97	86	74	73	56	72	58	55	41	68	76	118	85	75	81	94	81.2	118	41
24	82	82	82	87	88	86	89	90	84	77	78	78	76	70	80	89	86	87	87	92	91	94	87	87	84.5	94	70
25	88	90	94	93	102	102	102	78	78	81	74	63	60	56	70	68	64	59	78	82	90	91	104	87	81.4	104	56
26	87	88	87	97	104	90	93	93	93	64	56	61	61	76	81	86	89	82	80	88	87	85	84	85	83.2	104	56
27	93	85	88	94	106	106	102	101	93	89	83	85	76	54	64	71	82	86	89	89	90	89	93	90	87.4	106	54
28	89	89	92	92	94	99	100	99	86	75	87	91	87	86	84	97	101	102	100	97	93	109	55	70	90.6	109	55
29	87	83	73	78	68	80	90	83	81	75	65	67	76	77	77	69	60	56	103	83	76	84	77	96	77.7	103	56
30†	83	82	83	88	89	107	111	77	28	65	72	64	59	46	62	68	75	64	75	80	87	95	102	94	77.3	111	28
31†	86	74	86	106	109	96	92	92	89	86	86	85	81	83	87	78	54	46	36	64	78	82	84	83	81.0	109	36
Mittel	90	89	90	91	93	95	95	93	89	84	79	77	78	79	80	80	81	81	85	88	92	92	90	89	86.7	106	61

Ostkomponente.

Niemegk $\qquad$ Y = — 0.01 300 + Tafelwert. $\qquad$ 1940

Γ

Tag	0h–1h	1h–2h	2h–3h	3h–4h	4h–5h	5h–6h	6h–7h	7h–8h	8h–9h	9h–10h	10h–11h	11h–12h	12h–13h	13h–14h	14h–15h	15h–16h	16h–17h	17h–18h	18h–19h	19h–20h	20h–21h	21h–22h	22h–23h	23h–24h	Tagesmittel	Max.	Min.
Januar																									γ		
1	-60	-56	-59	-45	-47	-49	-50	-53	-59	-65	-71	-71	-79	-71	-74	-70	-64	-61	-61	-53	-38	-44	-48	-44	-58.0	-38	-79
2	-28	-52	-30	-32	-43	-52	-69	-69	-72	-72	-73	-76	-85	-93	-86	-65	-62	-59	-58	-57	-57	-46	-52	-34	-59.2	-28	-93
3†	-50	-50	-52	-51	-50	-72	-81	-83	-79	-78	-76	-83	-89	-88	-83	-30	-147	-60	-31	-52	05	-17	-46	-46	-62.0	05	**-147**
4	-53	-48	-47	-53	-50	-51	-50	-53	-53	-56	-65	-73	-64	-58	-56	13	-64	-75	-68	-55	-25	-41	-56	-58	-52.5	13	-75
5	-61	-61	-60	-61	-65	-54	-58	-54	-59	-62	-66	-70	-69	-66	-65	-64	-63	-62	-60	-57	-55	-37	-54	-34	-59.0	-34	-70
6	-48	-47	-60	-48	-56	-59	-64	-57	-56	-62	-70	-74	-80	-67	-63	-60	-24	-58	-12	-35	-50	-51	-51	-51	-54.3	-12	-80
7	-51	-77	-60	-61	-64	-62	-61	-59	-58	-64	-70	-74	-69	-66	-32	-66	-63	-54	-30	-51	-53	-21	-50	-44	-56.7	-21	-77
8	-52	-66	-66	-74	-78	-61	-62	-57	-56	-56	-60	-66	-64	-59	-58	-56	-61	-63	-60	-55	-57	-49	-45	-62	-60.1	-45	-78
9	-57	-59	-59	-61	-61	-59	-55	-50	-51	-54	-61	-66	-69	-63	-58	-61	-32	-56	-58	-11	-43	-42	-48	-55	-53.7	-11	-69
10†	-64	-62	-59	-65	-59	-55	-56	-57	-58	-58	-66	-75	-78	-81	-67	-34	-68	-18	-55	-46	-21	-46	-26	-38	-54.7	-18	-81
11†	-52	-49	-52	-46	-56	-58	-56	-66	-64	-59	-59	-65	-67	-58	-50	-63	-70	-64	-65	02	-17	-19	-43	-35	-51.3	02	-70
12	-29	-15	-32	-52	-53	-54	-57	-59	-76	-66	-66	-74	-67	-50	-72	-57	-41	-64	-39	-47	-30	-14	-45	-49	-50.3	-14	-76
13	-49	-48	-55	-61	-48	-50	-51	-54	-58	-63	-71	-76	-74	-63	-55	-56	-60	-62	-60	-56	-56	-55	-53	-53	-57.8	-48	-76
14*	-54	-55	-58	-59	-59	-58	-54	-50	-55	-61	-64	-70	-70	-69	-64	-62	-66	-63	-60	-56	-49	-48	-46	-49	-58.3	-46	-70
15	-30	-22	-32	-49	-56	-57	-57	-55	-58	-63	-75	-85	-88	-78	-68	-68	-66	-64	-62	-61	-58	-59	-59	-58	-59.5	-22	-88
16	-56	-48	-49	-52	-60	-63	-62	-69	-71	-76	-78	-85	-90	-80	-67	-64	-66	-39	-08	-45	-51	-49	-39	-56	-59.3	-08	-90
17	-60	-64	-70	-61	-60	-68	-71	-66	-57	-65	-71	-85	-81	-69	-72	-64	-57	-48	-40	-28	-17	-47	-39	-36	-58.2	-17	-85
18†	-45	-53	-51	-60	-61	-61	-63	-59	-58	-59	-78	-87	-88	-87	-55	-26	08	02	119	-02	-24	-51	-54	-56	**-43.7**	**119**	-88
19	-52	-52	-53	-49	-46	-45	-44	-48	-50	-54	-62	-64	-58	-54	-54	-58	-61	-56	-45	-50	-50	-50	-53	-55	-52.6	-44	-64
20	-54	-54	-55	-56	-54	-50	-46	-47	-52	-57	-64	-69	-64	-58	-54	-59	-60	-54	-34	-16	-52	-54	-54	-58	-53.1	-16	-69
21*	-58	-58	-58	-58	-56	-53	-49	-46	-48	-54	-62	-65	-61	-56	-56	-52	-59	-53	-53	-54	-54	-55	-56	-58	-55.5	-46	-65
22	-59	-60	-61	-60	-57	-57	-51	-50	-53	-60	-75	-83	-77	-73	-66	-70	-61	-54	-37	-43	-48	-58	-62	-64	-60.0	-37	-83
23	-64	-62	-63	-62	-61	-59	-55	-51	-52	-62	-76	-74	-76	-72	-70	-71	-67	-66	-62	-64	-40	-36	-41	-44	-60.4	-36	-76
24	-47	-46	-44	-33	-50	-51	-50	-51	-54	-60	-64	-74	-87	-86	-81	-80	-81	-79	-63	-58	-01	-44	-48	-49	-57.5	-01	-87
25	-52	-46	-62	-45	-49	-55	-57	-52	-55	-57	-62	-69	-82	-85	-75	-67	-59	-58	-55	-54	-53	-38	-46	-56	-57.9	-38	-85
26*	-58	-57	-57	-57	-56	-54	-50	-50	-54	-60	-68	-75	-77	-70	-63	-62	-62	-60	-59	-61	-59	-52	-53	-51	-59.4	-50	-77
27*	-55	-59	-62	-60	-58	-57	-64	-55	-57	-61	-65	-76	-78	-75	-69	-65	-66	-66	-62	-60	-58	-57	-56	-58	-62.5	-55	-78
28*	-59	-60	-62	-60	-61	-60	-55	-54	-61	-67	-71	-78	-80	-75	-67	-64	-66	-66	-65	-64	-61	-58	-54	-51	-63.3	-51	-80
29	-55	-52	-53	-58	-52	-51	-51	-51	-52	-61	-70	-81	-84	-88	-95	-113	-120	-107	-62	-56	-54	-57	-50	-40	**-67.2**	-40	-120
30	-42	-41	-21	-41	-53	-54	-56	-58	-61	-65	-76	-80	-87	-77	-72	-66	-39	-64	-68	-56	-46	-39	-46	-40	-56.2	-21	-87
31†	-62	-56	-62	-65	-69	-79	-74	-69	-63	-70	-73	-76	-82	-85	-68	-61	-42	-24	-18	-36	-08	-35	-47	-16	-55.8	-08	-85
Mittel	-52	-53	-54	-55	-56	-57	-57	-57	-58	-62	-69	-75	-76	-72	-66	-59	-62	-57	-45	-46	-41	-44	-49	-48	-57.1	-21	-82
Februar																									γ		
1†	-09	-25	-38	-49	-59	-65	-58	-60	-60	-56	-65	-75	-66	-64	-51	-45	-61	00	-25	-37	-23	-22	-33	-61	-46.1	00	-75
2†	-73	-58	-49	-54	-56	-56	-55	-51	-56	-58	-60	-75	-74	-69	-64	-48	-66	-55	-04	-20	-43	-41	-48	-60	-53.9	-04	-75
3†	-65	-53	-51	-50	-54	-54	-52	-48	-52	-63	-67	-66	-74	-52	-55	-56	-37	-05	-53	-54	-50	-18	-42	-51	-50.9	-05	-74
4	-56	-54	-55	-54	-52	-52	-50	-47	-46	-51	-60	-66	-67	-63	-62	-60	-20	-65	-60	-52	-24	-43	-51	-62	-53.0	-20	-67
5	-62	-60	-54	-52	-54	-55	-54	-54	-53	-60	-64	-69	-70	-67	-54	-52	-63	-59	-58	-42	-37	-25	-39	-58	-54.8	-25	-70
6	-54	-50	-52	-50	-52	-51	-50	-50	-61	-65	-67	-80	-77	-70	-65	-67	-66	-70	-55	-55	-12	-36	-37	-39	-55.5	-12	-80
7	-51	-78	-47	-51	-53	-53	-53	-48	-48	-54	-69	-68	-82	-74	-51	-69	-70	-66	-60	-58	-44	-51	-55	-60	-58.9	-44	-82
8	-59	-67	-58	-54	-55	-59	-59	-58	-53	-61	-60	-65	-71	-72	-69	-64	-62	-67	-63	-55	-15	-39	-32	-40	-56.5	-15	-72
9	-32	-29	-30	-43	-59	-47	-52	-51	-55	-62	-63	-70	-72	-71	-63	-68	-62	-60	-58	-55	-53	-53	-47	-59	-54.8	-29	-72
10	-38	-43	-50	-46	-50	-47	-49	-47	-48	-56	-67	-73	-80	-76	-67	-60	-57	-57	-57	-37	-45	-34	-29	-35	-52.0	-29	-80
11	-50	-56	-57	-58	-57	-54	-54	-51	-53	-58	-68	-82	-81	-78	-76	-66	-58	-54	-40	-32	-04	09	11	08	-48.3	11	-82
12†	-12	-26	-40	-23	-48	-48	-54	-52	-52	-58	-63	-74	-79	-86	-64	-64	-42	-57	-59	-58	-59	-55	-57	-54	-53.5	-12	-86
13	-54	-58	-48	-56	-56	-58	-60	-58	-58	-63	-71	-78	-82	-77	-74	-65	-64	-61	-60	-54	-18	-43	-51	-64	-59.6	-18	-82
14*	-52	-47	-50	-48	-50	-52	-52	-52	-52	-55	-68	-64	-66	-62	-61	-60	-59	-57	-56	-55	-53	-50	-45	-42	-54.5	-42	-68
15	-47	-54	-60	-52	-50	-50	-52	-54	-56	-69	-76	-79	-77	-67	-73	-65	-64	-59	-58	-58	-55	-51	-54	-53	**-59.7**	-47	-79
16	-54	-51	-52	-53	-57	-54	-53	-55	-57	-62	-70	-72	-70	-72	-66	-62	-60	-58	-58	-44	-40	-44	-47	-51	-56.8	-40	-72
17*	-55	-56	-54	-54	-51	-51	-52	-53	-52	-59	-68	-68	-66	-65	-62	-58	-61	-53	-58	-57	-55	-55	-54	-54	-57.1	-51	-68
18*	-54	-54	-54	-54	-54	-52	-54	-55	-55	-59	-64	-69	-69	-66	-63	-61	-61	-58	-57	-55	-57	-56	-56	-55	-58.0	-52	-69
19*	-54	-54	-53	-53	-53	-51	-50	-49	-50	-54	-61	-66	-65	-65	-62	-62	-66	-65	-62	-61	-59	-57	-59	-51	-57.6	-49	-66
20	-40	-31	-42	-36	-24	-34	-47	-53	-58	-68	-72	-75	-76	-77	-67	-69	-80	-74	-61	-56	-43	-58	-44	-42	-55.3	-24	-77
21	-33	-18	-27	-34	-43	-43	-48	-52	-55	-63	-70	-76	-74	-80	-59	-62	-48	-58	-55	-50	-47	-45	-37	-39	-50.7	-18	-80
22	-41	-39	-18	-31	-42	-49	-53	-56	-63	-62	-73	-76	-76	-75	-63	-66	-56	-68	-60	-55	-53	-50	-47	-42	-54.8	-18	-76
23	-26	-30	-32	-32	-37	-42	-42	-44	-45	-53	-68	-62	-64	-64	-59	-53	-54	-54	-55	-47	-38	-28	-02	-16	**-43.6**	-02	-68
24	-23	-13	-22	-22	-19	-29	-35	-47	-53	-68	-68	-73	-75	-80	-70	-68	-72	-69	-58	-58	-55	-52	-34	-14	-49.0	-13	-80
25†	-15	12	01	00	03	-09	-33	-64	-72	-82	-88	-92	-84	-82	-55	-53	-37	-60	-48	-53	-48	-49	-49	-49	-46.1	**12**	-92
26	-48	-48	-47	-48	-46	-46	-47	-50	-55	-58	-65	-71	-72	-65	-64	-61	-51	-46	-36	-18	-20	-46	-53	-55	-50.7	-18	-72
27*	-55	-54	-59	-56	-59	-41	-45	-41	-46	-56	-67	-74	-76	-68	-61	-59	-59	-58	-55	-56	-53	-54	-54	-52	-56.6	-41	-76
28	-51	-49	-48	-49	-48	-49	-45	-40	-47	-59	-68	-77	-80	-77	-68	-60	-58	-54	-54	-57	-57	-43	-31	-59	-55.3	-31	-80
29	-57	-59	-56	-55	-53	-59	-59	-48	-52	-57	-72	-82	-90	-87	-69	-51	-23	-57	-56	-49	-48	-51	-55	-57	-58.4	-23	-90
Mittel	-46	-45	-45	-45	-48	-49	-51	-51	-54	-60	-68	-73	-74	-71	-63	-60	-56	-56	-53	-50	-42	-43	-42	-47	-53.9	-23	-76

Weltzeit

Ostkomponente.

Niemegk — Y = — 0.01 300 Γ + Tafelwert. — 1940

Tag	0h–1h	1h–2h	2h–3h	3h–4h	4h–5h	5h–6h	6h–7h	7h–8h	8h–9h	9h–10h	10h–11h	11h–12h	12h–13h	13h–14h	14h–15h	15h–16h	16h–17h	17h–18h	18h–19h	19h–20h	20h–21h	21h–22h	22h–23h	23h–24h	Tagesmittel γ	Max.	Min.
März																											
1	-55	-54	-55	-55	-54	-58	-59	-47	-46	-56	-69	-71	-78	-72	-64	-56	-56	-50	-55	-57	-56	-56	-55	-55	-57.9	-46	-78
2	-55	-55	-57	-55	-53	-49	-43	-37	-38	-48	-63	-75	-82	-76	-71	-65	-56	-58	-59	-58	-56	-46	-54	-57	-56.9	-37	-82
3	-57	-56	-62	-52	-49	-56	-49	-42	-48	-61	-73	-80	-79	-75	-69	-60	-51	-53	-56	-55	-52	-36	-51	-53	-57.3	-36	-80
4	-55	-55	-56	-55	-52	-50	-49	-47	-49	-56	-70	-82	-85	-84	-74	-67	-63	-61	-59	-57	-53	-55	-49	-45	-59.5	-45	-85
5	-44	-50	-49	-53	-52	-46	-43	-39	-45	-57	-68	-79	-80	-77	-70	-62	-60	-60	-59	-57	-57	-57	-56	-56	-57.3	-39	-80
6*	-57	-56	-55	-54	-53	-50	-45	-38	-42	-57	-70	-80	-82	-80	-78	-69	-65	-63	-62	-61	-60	-57	-54	-50	-59.9	-38	-82
7*	-50	-51	-51	-49	-47	-49	-44	-36	-33	-43	-65	-82	-91	-94	-83	-71	-64	-62	-60	-58	-59	-56	-54	-50	-58.4	-33	-94
8	-46	-42	-36	-38	-43	-46	-43	-39	-33	-42	-64	-75	-76	-77	-71	-63	-58	-60	-63	-67	-38	-11	-10	20	-46.7	20	-77
9	-04	17	-02	-21	-61	-54	-54	-48	-49	-52	-58	-71	-81	-81	-75	-64	-52	-52	-55	-52	-55	-39	-39	-40	-47.6	17	-81
10	-43	-36	-36	-33	-35	-38	-41	-40	-44	-56	-66	-73	-73	-71	-60	-51	-52	-56	-53	-53	-56	-50	-49	-48	-50.5	-33	-73
11*	-48	-48	-49	-45	-44	-44	-42	-38	-39	-45	-58	-72	-80	-77	-73	-67	-61	-61	-59	-56	-56	-53	-53	-53	-55.0	-38	-80
12	-53	-53	-54	-54	-51	-48	-40	-32	-34	-46	-66	-79	-85	-88	-84	-73	-33	-62	-45	-25	-14	11	-35	-35	-49.1	11	-88
13	-41	-42	-53	-44	-42	-47	-44	-36	-43	-50	-66	-73	-81	-79	-73	-59	-47	-54	-55	-54	-52	-49	-28	-34	-51.9	-28	-81
14	-44	-47	-48	-45	-41	-42	-46	-46	-49	-57	-72	-77	-84	-86	-79	-68	-58	-53	-41	-47	-42	-42	-52	-51	-54.9	-41	-86
15*	-51	-51	-48	-47	-46	-45	-39	-32	-34	-42	-59	-75	-86	-84	-80	-70	-62	-62	-61	-59	-58	-56	-55	-51	-56.4	-32	-86
16	-51	-50	-50	-47	-44	-39	-32	-30	-32	-49	-67	-85	-82	-91	-76	-71	-66	-67	-64	-57	-54	-40	-32	-42	-54.9	-30	-91
17	-48	-49	-49	-48	-48	-45	-37	-29	-33	-42	-60	-76	-86	-85	-77	-67	-58	-58	-57	-56	-55	-54	-53	-53	-55.1	-29	-86
18*	-52	-52	-52	-53	-50	-46	-36	-22	-24	-40	-63	-77	-85	-83	-74	-63	-58	-60	-59	-58	-58	-57	-56	-54	-55.5	-22	-85
19	-51	-49	-53	-46	-42	-32	-28	-23	-27	-46	-61	-81	-82	-101	-102	-99	-96	-63	-39	-22	-04	-09	03	06	-47.8	06	-102
20	-06	-28	-30	-25	-28	-24	-16	-12	-28	-43	-76	-96	-89	-96	-87	-60	-55	-42	01	-28	02	-35	-43	-67	-42.1	02	-96
21	-43	-29	-46	-38	-43	-48	-25	-24	-25	-34	-45	-71	-79	-89	-83	-70	-59	-53	-50	-36	-32	-49	-54	-54	-49.1	-24	-89
22	-60	-58	-49	-39	-40	-35	-29	-19	-20	-33	-54	-80	-96	-91	-80	-62	-55	-57	-56	-52	-06	-37	-31	-47	-49.4	-06	-96
23	-51	-48	-47	-45	-40	-29	-20	-22	-36	-51	-78	-108	-96	-97	-85	-72	-57	-47	-44	-51	-41	42	08	-35	-47.9	42	-108
24†	-11	-28	-38	-27	-31	-29	-23	-14	-15	-26	-39	-55	-75	-80	-16	-121	-97	-292	-05	128	59	146	170	168	-14.6	**170**	**-292**
25†	-09	-68	-240	-241	-200	-160	-134	-121	-118	-104	-106	-64	-70	-62	-43	-17	-08	-08	-26	-27	27	-14	-27	-01	**-76.7**	27	-241
26	37	-34	-08	01	-05	-33	-31	-09	01	01	-12	-30	-44	-47	-48	-48	-47	-44	-20	48	-20	-32	-34	-36	-20.6	48	-48
27	-72	-56	-24	-27	-29	-46	-19	-10	-19	-30	-50	-74	-82	-84	-76	-63	-40	-35	-48	-46	-39	-05	-26	-17	-42.4	-05	-84
28	-27	-35	-28	-44	-49	-40	-33	-18	-08	-25	-53	-75	-84	-82	-68	-58	-48	-37	-38	-35	-47	-38	-33	-38	-43.4	-08	-84
29†	-44	-34	-35	-39	-38	-36	-22	-19	-24	-39	-64	-88	-102	-93	-87	-65	-16	91	54	-25	31	22	50	96	-21.9	96	-102
30†	36	66	119	96	-89	-115	17	26	21	-13	-39	-40	-39	-27	-34	-56	26	-20	22	-60	-04	07	-29	30	**-04.1**	119	-115
31†	06	-56	-10	-09	-17	-10	-05	-10	-06	-04	140	58	-43	-103	-83	-60	24	12	-24	-21	-35	-37	-30	-52	-15.6	140	-103
Mittel	-37	-42	-44	-43	-49	-48	-37	-31	-33	-43	-55	-71	-79	-81	-72	-65	-50	-53	-42	-39	-34	-27	-29	-28	-47.1	04	-99
April																											
1†	-57	-14	-56	-42	-12	-22	-06	-12	-22	-20	-48	-63	-70	-68	-65	-51	-42	-37	-21	-17	-41	-42	-41	-32	-37.5	-06	-70
2†	-31	-30	-31	-28	-28	-18	-11	-08	-16	-34	-51	-70	-73	-61	-48	-37	-33	-36	-30	-19	37	31	35	-13	**-25.1**	37	-73
3†	-37	06	17	-06	-14	-70	-45	-60	-39	-27	-45	-60	-61	-60	-73	-74	-58	-35	-60	-59	-66	-58	-42	-39	-44.4	17	-74
4	-35	-28	-24	-30	-24	-21	-15	-13	-23	-37	-43	-53	-61	-57	-56	-51	-46	-34	-10	-38	-40	-42	-41	-46	-36.2	-10	-61
5	-50	-42	-34	-35	-38	-34	-19	-13	-19	-33	-52	-73	-77	-72	-66	-58	-50	-39	-32	-39	-33	-44	-37	-44	-43.0	-13	-77
6	-67	-47	-35	-33	-36	-42	-32	-22	-23	-32	-46	-61	-72	-71	-65	-55	-46	-44	-45	-44	-42	-40	-30	-37	-44.5	-22	-72
7*	-39	-39	-40	-39	-40	-36	-25	-14	-12	-24	-41	-65	-77	-80	-74	-62	-51	-46	-44	-43	-45	-46	-43	-43	-44.5	-12	-80
8*	-42	-41	-41	-42	-41	-31	-18	-09	-11	-22	-40	-62	-79	-78	-68	-56	-44	-36	-43	-49	-48	-47	-46	-46	-43.3	-09	-79
9*	-49	-45	-47	-42	-38	-30	-20	-12	-14	-26	-51	-75	-85	-81	-68	-57	-49	-46	-44	-42	-44	-46	-46	-46	-46.0	-12	-85
10*	-49	-44	-42	-42	-38	-30	-21	-15	-18	-34	-56	-76	-85	-81	-69	-56	-49	-50	-51	-50	-50	-48	-47	-46	-47.8	-15	-85
11	-44	-42	-41	-41	-38	-31	-22	-15	-17	-31	-57	-82	-89	-87	-66	-57	-55	-47	-47	-48	-50	-50	-48	-46	-48.0	-15	-89
12*	-45	-44	-43	-41	-37	-29	-20	-15	-23	-38	-60	-80	-90	-84	-74	-64	-57	-54	-55	-53	-52	-53	-49	-48	**-50.3**	-15	-90
13	-45	-35	-33	-35	-32	-34	-28	-19	-20	-30	-58	-76	-98	-102	-100	-68	-58	-50	-52	-49	-45	-44	-41	-42	-49.8	-19	-102
14	-44	-45	-44	-45	-41	-39	-24	-30	-31	-38	-59	-80	-84	-80	-70	-63	-57	-49	-49	-46	-45	-46	-44	-36	-49.5	-24	-84
15	-24	-26	-28	-30	-27	-14	-03	-08	-18	-32	-53	-60	-93	-83	-83	-47	-54	-51	-44	-20	-32	-37	-43	-51	-40.0	-03	-93
16	-27	-19	-22	-25	-37	-37	-16	-22	-32	-47	-69	-78	-88	-75	-72	-59	-50	-42	-38	-43	-30	-32	-49	-43	-43.8	-16	-88
17	-41	-36	-36	-46	-31	-22	-29	-32	-32	-45	-57	-75	-81	-77	-70	-61	-50	-42	-40	-42	-44	-43	-43	-39	-46.4	-22	-81
18	-42	-34	-30	-28	-28	-22	-20	-21	-26	-47	-67	-84	-87	-81	-69	-54	-46	-45	-46	-47	-49	-50	-47	-45	-46.5	-20	-87
19	-39	-27	-23	-12	-09	-08	-11	-14	-19	-29	-48	-67	-79	-76	-67	-61	-48	-47	-43	-38	-42	-46	-46	-45	-39.3	-08	-79
20	-45	-44	-44	-43	-34	-24	-13	-05	-04	-19	-40	-58	-73	-82	-82	-76	-75	-71	-58	-56	-53	-42	-40	-42	-46.8	-04	-82
21	-42	-38	-39	-41	-43	-38	-31	-20	-30	-38	-54	-67	-73	-76	-70	-62	-54	-47	-48	-43	-27	-28	-27	-14	-43.8	-14	-76
22	-28	-45	-38	-39	-50	-36	-23	-20	-30	-38	-58	-84	-100	-103	-86	-66	-41	-37	-40	-39	-40	-39	-42	-40	-48.4	-20	-103
23	-40	-42	-45	-34	-28	-22	-18	-18	-22	-32	-53	-75	-99	-83	-72	-62	-53	-47	-46	-43	-39	-16	-22	-02	-42.2	-02	-99
24	-11	-32	-39	-39	-38	-31	-23	-18	-24	-40	-56	-76	-94	-90	-80	-65	-57	-49	-46	-46	-47	-47	-44	-46	-47.4	-11	-94
25†	-46	-46	-55	-118	-88	-11	-05	-04	-10	-25	-44	-66	-80	-84	-77	-67	-55	-36	-22	18	41	04	35	65	-32.3	**65**	**-118**
26†	-19	00	-24	-19	-26	-10	-03	-07	-03	-22	-39	-52	-63	-73	-73	-65	-50	-38	-37	-37	-19	-22	-21	-14	-30.7	00	-73
27	-04	-24	-26	-23	-16	-13	-11	-11	-23	-37	-53	-65	-73	-76	-68	-64	-57	-42	-38	-36	-32	-37	-44	-34	-37.8	-04	-76
28	-34	-46	-34	-28	-28	-22	-20	-24	-32	-43	-55	-62	-76	-80	-76	-65	-62	-53	-44	-46	-49	-46	-44	-42	-46.3	-20	-80
29	-57	-46	-23	-19	-40	-44	-34	-25	-30	-41	-53	-72	-84	-81	-76	-65	-52	-50	-52	-47	-49	-47	-46	-46	-49.1	-19	-84
30	-45	-41	-39	-35	-26	-18	-14	-16	-26	-42	-61	-71	-75	-73	-72	-55	-52	-56	-61	-60	-59	-50	-41	-26	-46.4	-14	-75
Mittel	-39	-35	-35	-36	-34	-28	-19	-17	-22	-33	-52	-70	-81	-78	-72	-60	-52	-45	-43	-41	-38	-38	-36	-34	-43.2	-08	-84

Weltzeit

Ostkomponente.

Niemegk $Y = -0.01300 + \text{Tafelwert.}$ 1940

Weltzeit

Tag	0h–1h	1h–2h	2h–3h	3h–4h	4h–5h	5h–6h	6h–7h	7h–8h	8h–9h	9h–10h	10h–11h	11h–12h	12h–13h	13h–14h	14h–15h	15h–16h	16h–17h	17h–18h	18h–19h	19h–20h	20h–21h	21h–22h	22h–23h	23h–24h	Tagesmittel	Max.	Min.
Mai																									γ		
1	-24	-28	-31	-27	-19	-13	-04	-10	-22	-43	-60	-82	-92	-88	-74	-59	-48	-44	-43	-30	-38	-46	-42	-32	-41.6	-04	-92
2	-30	-29	-27	-27	-19	-21	-14	-14	-28	-42	-64	-82	-88	-88	-75	-65	-48	-40	-41	-46	-47	-46	-45	-45	-44.6	-14	-88
3*	-44	-44	-39	-43	-33	-26	-16	-18	-32	-51	-64	-79	-82	-76	-68	-59	-50	-46	-46	-47	-47	-46	-46	-41	-47.6	-16	-82
4*	-41	-40	-34	-36	-25	-13	-11	-22	-37	-55	-72	-80	-80	-71	-62	-56	-49	-46	-44	-45	-49	-52	-51	-47	-46.6	-11	-80
5	-46	-42	-38	-35	-25	-25	-20	-20	-25	-45	-68	-82	-86	-74	-64	-57	-50	-46	-50	-50	-42	-44	-49	-46	-47.0	-20	-86
6*	-45	-43	-42	-40	-34	-28	-25	-25	-32	-52	-74	-87	-89	-81	-70	-60	-52	-50	-52	-52	-52	-51	-50	-51	-51.5	-25	-89
7	-52	-44	-37	-34	-24	-19	-18	-14	-34	-52	-67	-81	-83	-75	-64	-60	-53	-47	-47	-45	-46	-41	-45	-43	-46.9	-14	-83
8	-37	-37	-34	-35	-23	-15	-14	-22	-37	-57	-74	-88	-90	-83	-72	-61	-54	-50	-50	-52	-52	-48	-47	-51	-49.3	-14	-90
9	-51	-52	-38	-32	-35	-34	-25	-26	-34	-50	-68	-83	-91	-87	-75	-59	-60	-56	-57	-52	-43	-56	-54	-51	**-52.9**	-25	-91
10	-49	-42	-39	-32	-20	-13	-22	-31	-45	-64	-83	-97	-99	-91	-75	-70	-62	-46	-36	-43	-24	-26	-30	-40	-49.1	-13	-99
11	-32	-29	-43	-29	-23	-33	-29	-27	-33	-44	-72	-89	-98	-86	-72	-62	-51	-46	-48	-48	-35	-40	-46	-49	-48.5	-23	-98
12	-40	-38	-29	-34	-39	-31	-29	-41	-29	-37	-54	-65	-73	-83	-72	-55	-44	-49	-43	-26	-43	-49	-40	-15	-44.1	-15	-83
13	-20	-31	-24	-25	-21	-22	-20	-18	-24	-35	-54	-77	-84	-86	-78	-62	-61	-57	-47	-43	-33	-24	-22	-24	-41.3	-18	-86
14	-16	-16	-20	-20	-16	-05	-11	-20	-32	-51	-67	-83	-79	-76	-67	-55	-47	-50	-50	-49	-44	-45	-53	-40	-42.2	-05	-83
15	-37	-35	-34	-42	-40	-28	-17	-30	-48	-56	-66	-74	-72	-58	-59	-28	-48	-54	-47	-24	-24	-35	-37	-10	-41.8	-10	-74
16	-09	-03	-17	-16	-09	-11	-19	-28	-47	-64	-70	-74	-72	-67	-63	-58	-51	-49	-48	-41	-43	-51	-50	-47	-42.0	-03	-74
17	-50	-43	-33	-29	-14	-17	-22	-32	-47	-65	-80	-82	-77	-75	-65	-58	-53	-49	-48	-16	-42	-39	-28	-28	-45.5	-14	-82
18†	-32	-41	-06	05	08	-12	-27	-08	-24	-57	-57	-86	-92	-77	-61	-57	-36	-23	-26	-31	-36	-38	-39	-43	**-37.3**	08	-92
19	-43	-57	-32	-20	-14	-10	-07	-14	-23	-29	-44	-65	-73	-73	-65	-56	-50	-42	-39	-41	-41	-52	-42	-40	-40.5	-07	-73
20	-40	-41	-34	-28	-31	-27	-16	-13	-21	-36	-56	-73	-82	-83	-74	-57	-47	-34	-43	-46	-46	-43	-41	-40	-43.8	-13	-83
21	-39	-37	-40	-46	-44	-15	-15	-17	-25	-41	-69	-88	-88	-79	-67	-53	-44	-39	-39	-39	-28	-39	-46	-49	-45.2	-15	-88
22†	-40	-54	-44	-51	-47	-46	-25	-25	-22	-40	-71	-80	-72	-73	-63	-45	-33	-18	-35	-41	-45	-45	-48	-42	-46.0	-18	-80
23†	-42	-41	-34	-34	-23	-06	-02	-08	-25	-42	-62	-75	-78	-72	-66	-56	-46	-41	-51	-50	08	-33	-33	-27	-39.1	08	-78
24†	-32	-29	-26	-32	-75	-46	-06	10	-16	-38	-79	-92	-108	-99	-73	-73	-48	-43	-50	-44	-20	-22	-32	-33	-46.1	10	**-108**
25	-32	-38	-41	-32	-14	01	11	05	-14	-34	-53	-73	-74	-71	-68	-56	-50	-28	-48	-41	-30	-45	-44	-41	-37.9	**11**	-74
26†	-37	-37	-39	-28	-19	-31	-31	-43	-46	-65	-76	-82	-87	-71	-55	-40	-48	-45	-14	-37	-30	-16	-13	-12	-41.8	-12	-87
27	-05	-07	02	-01	02	-05	-14	-23	-42	-66	-82	-91	-87	-84	-72	-64	-54	-48	-47	-55	-56	-49	-33	-53	-43.1	02	-91
28	-24	-20	-21	-35	-42	-10	-11	-21	-20	-29	-54	-76	-72	-72	-75	-64	-56	-45	-45	-44	-43	-44	-41	-43	-42.0	-10	-76
29	-42	-47	-28	-21	-14	-14	-13	-18	-29	-44	-57	-71	-73	-69	-65	-61	-62	-56	-51	-46	-38	-40	-39	-37	-43.1	-13	-73
30*	-36	-36	-32	-25	-16	-10	-07	-08	-20	-37	-53	-65	-72	-72	-67	-58	-53	-53	-52	-48	-44	-40	-44	-40	-41.2	-07	-72
31*	-36	-36	-30	-24	-20	-19	-21	-24	-34	-50	-69	-80	-79	-73	-63	-54	-51	-52	-52	-50	-48	-47	-43	-41	-45.7	-19	-80
Mittel	-36	-36	-31	-29	-25	-19	-16	-20	-31	-47	-66	-80	-83	-78	-68	-57	-50	-45	-45	-43	-39	-42	-41	-39	-44.4	-10	-84
Juni																									γ		
1*	-40	-34	-33	-26	-20	-23	-28	-34	-48	-58	-69	-75	-78	-71	-64	-57	-51	-47	-48	-47	-41	-39	-37	-39	-46.1	-20	-78
2	-36	-36	-30	-24	-01	-11	-21	-30	-39	-58	-73	-81	-82	-84	-73	-57	-48	-38	-42	-43	-44	-44	-40	-33	-44.5	-01	-84
3	-34	-30	-29	-27	-20	-12	-11	-15	-22	-40	-63	-81	-91	-82	-64	-58	-48	-42	-39	-43	-44	-45	-44	-50	-43.1	-11	-91
4*	-40	-38	-35	-25	-17	-11	-11	-19	-34	-54	-69	-78	-77	-73	-66	-54	-49	-46	-46	-46	-46	-46	-42	-44	-44.4	-11	-78
5	-44	-42	-35	-26	-22	-14	-16	-21	-34	-59	-75	-87	-93	-87	-68	-54	-46	-46	-51	-53	-43	-48	-40	-25	-47.0	-14	-93
6†	-18	11	16	-22	-28	-28	-24	-22	-41	-56	-87	-90	-95	-83	-81	-68	-50	-30	-28	-35	-32	-26	-13	04	-38.6	16	-95
7†	-14	-35	-26	-07	-04	-16	-07	01	-21	-41	-60	-67	-82	-88	-84	-74	-63	-49	-35	-34	-20	-22	-26	-46	-38.3	01	-88
8	-37	-16	-26	-11	-03	-02	03	-01	-12	-32	-58	-72	-80	-88	-77	-73	-42	-52	-52	-28	-29	-29	-18	-31	-36.1	03	-88
9	-29	-32	-28	-26	-35	-15	-01	05	-09	-33	-57	-72	-80	-89	-80	-64	-49	-50	-28	-35	-30	-37	-43	-25	-39.2	05	-89
10	-45	-49	-31	-18	-06	04	04	-02	-12	-33	-60	-79	-88	-88	-80	-66	-56	-49	-45	-43	-42	-41	-42	-44	-42.1	04	-88
11*	-36	-34	-37	-30	-24	-19	-14	-11	-16	-32	-53	-72	-84	-84	-78	-69	-52	-44	-45	-49	-48	-46	-39	-40	-44.0	-11	-84
12	-40	-37	-35	-26	-16	-10	-02	-03	-08	-17	-38	-65	-81	-89	-87	-75	-61	-59	-54	-56	-49	-52	-49	-47	-44.0	-02	-89
13	-46	-43	-40	-33	-23	-17	-16	-18	-30	-48	-66	-77	-81	-78	-67	-55	-46	-45	-44	-46	-48	-50	-48	-41	-46.1	-16	-81
14†	-40	-36	-36	-33	-20	-09	-02	-02	-17	-36	-54	-72	-88	-93	-89	-81	-68	-50	-22	-20	-14	11	02	38	-34.6	**38**	-93
15†	16	09	-16	-30	-56	-55	-31	-26	-29	-28	-35	-61	-66	-76	-71	-63	-58	-49	-52	-48	-48	-50	-45	-43	-42.1	16	-76
16	-40	-32	-19	-13	-05	-06	-03	-07	-25	-46	-54	-58	-66	-72	-60	-51	-49	-47	-45	-44	-47	-50	-38	-44	-38.4	-03	-72
17	-38	-26	-27	-40	-21	-16	-27	-38	-41	-43	-62	-72	-74	-74	-62	-49	-40	-33	-25	-43	-44	-34	-46	-47	-42.6	-16	-74
18	-44	-38	-42	-63	-50	-52	-13	-23	-30	-48	-62	-66	-69	-66	-59	-50	-38	-31	-32	-35	-38	-43	-36	-35	-44.3	-13	-69
19	-34	-36	-44	-39	-30	-39	-19	-14	-19	-41	-58	-66	-74	-69	-74	-61	-46	-37	-37	-41	-38	-40	-46	-42	-43.5	-14	-74
20*	-42	-38	-36	-30	-26	-14	-03	-04	-14	-33	-54	-66	-75	-76	-66	-58	-46	-37	-35	-37	-37	-43	-46	-42	-39.9	-03	-76
21*	-39	-38	-40	-45	-27	-19	-12	-10	-18	-39	-65	-85	-88	-82	-70	-54	-42	-36	-35	-39	-39	-44	-43	-43	-43.8	-10	-88
22	-43	-40	-33	-28	-21	-17	-15	-15	-20	-30	-46	-68	-90	-95	-88	-80	-68	-65	-59	-54	-47	-39	-34	-34	-47.0	-15	-95
23	-27	-23	-10	-16	-16	-19	-18	-14	-22	-35	-53	-74	-85	-88	-80	-75	-66	-53	-50	-43	-39	-32	-34	-32	-41.8	-10	-88
24	-36	-46	-33	-23	-17	-31	-11	06	-10	-33	-50	-70	-81	-82	-76	-79	-62	-53	-26	-41	-42	-40	-47	-16	-41.6	06	-82
25†	-28	-28	-32	-119	-34	-10	00	10	07	-27	-46	-81	-131	-138	-85	-120	-71	-66	04	-04	-41	-52	-64	-57	**-50.5**	10	**-138**
26	-63	-43	-24	-17	-13	-06	01	02	-06	-11	-30	-50	-56	-56	-51	-42	-38	-50	-40	-42	-35	-43	-36	-27	**-32.3**	02	-63
27	-25	-33	-26	-29	-13	-10	-07	-14	-20	-31	-44	-60	-65	-64	-58	-46	-36	-39	-38	-41	-39	-37	-36	-34	-35.2	-07	-65
28	-38	-38	-26	-17	-10	-09	-09	-11	-18	-29	-45	-58	-63	-65	-59	-54	-48	-43	-41	-44	-39	-41	-38	-35	-36.6	-09	-65
29	-30	-28	-25	-19	-04	08	03	-04	-16	-32	-49	-63	-70	-70	-66	-60	-51	-40	-48	-48	-53	-44	-41	-40	-37.1	08	-70
30	-38	-26	-45	-16	-23	-02	03	01	-08	-25	-44	-54	-57	-63	-65	-58	-50	-45	-35	-42	-44	-44	-41	-40	-35.9	03	-65
Mittel	-35	-32	-29	-29	-20	-16	-10	-11	-21	-38	-56	-71	-80	-80	-72	-64	-51	-46	-39	-41	-40	-40	-38	-34	-41.4	-02	-83

Ostkomponente.

Niemegk — Y = — 0.01 300 Γ + Tafelwert. — 1940

Tag	0h–1h	1h–2h	2h–3h	3h–4h	4h–5h	5h–6h	6h–7h	7h–8h	8h–9h	9h–10h	10h–11h	11h–12h	12h–13h	13h–14h	14h–15h	15h–16h	16h–17h	17h–18h	18h–19h	19h–20h	20h–21h	21h–22h	22h–23h	23h–24h	Tagesmittel	Max.	Min.
Juli																									γ		
1	-40	-42	-48	-13	-02	03	00	-03	-13	-29	-39	-52	-56	-64	-62	-52	-47	-42	-44	-45	-40	-40	-39	-38	-35.3	03	-64
2*	-37	-35	-32	-22	-13	-05	-07	-11	-20	-37	-58	-69	-70	-64	-60	-50	-44	-43	-48	-39	-38	-46	-46	-41	-39.0	-05	-70
3	-36	-31	-19	-07	-01	00	-12	-16	-19	-29	-50	-82	-83	-78	-72	-69	-65	-62	-45	-21	-35	-37	-29	00	-37.4	00	-83
4†	09	-19	-24	-06	-01	-01	01	-07	-10	-29	-51	-69	-82	-85	-76	-62	-44	-45	-39	-33	-30	-16	-07	-08	**-30.6**	**09**	-85
5	-09	-20	-27	-18	-09	-01	-01	-03	-08	-26	-52	-77	-93	-78	-69	-62	-47	-43	-30	-35	-40	-26	-36	-32	-35.1	-01	-93
6	-34	-27	-21	-20	-09	-03	02	00	-19	-36	-54	-78	-83	-78	-77	-66	-51	-36	-37	-36	-25	-38	-35	-37	-37.4	02	-83
7	-43	-33	-25	-21	-10	-04	-04	-08	-14	-25	-41	-59	-70	-71	-61	-54	-47	-35	-44	-38	-42	-41	-40	-43	-36.4	-04	-71
8	-35	-31	-35	-28	-14	-06	-02	-05	-14	-27	-46	-60	-69	-73	-75	-71	-65	-52	-46	-44	-43	-44	-43	-52	-40.8	-02	-75
9	-46	-41	-41	-49	-26	-14	-08	-16	-29	-41	-55	-73	-72	-86	-86	-68	-66	-58	-51	-53	-49	-38	-38	-29	**-47.2**	-08	-73
10†	-36	-57	-47	-40	-29	-31	-22	-25	-24	-18	-28	-48	-62	-59	-65	-61	-43	-34	-27	-43	-44	-43	-26	-33	-39.4	-18	-65
11	-31	-38	-29	-28	-42	-14	01	06	-11	-22	-40	-62	-74	-74	-70	-60	-49	-36	-33	-38	-30	-36	-39	-37	-36.9	06	-74
12	-33	-32	-39	-33	-30	-20	-17	-16	-23	-32	-43	-60	-67	-67	-65	-63	-55	-48	-44	-43	-36	-40	-43	-41	-41.2	-16	-67
13†	-41	-39	-40	-26	-11	-12	-19	-22	-27	-41	-66	-79	-114	-115	-94	-63	-52	-15	-02	-31	-44	-46	-43	-39	-45.0	-02	**-115**
14†	-40	-46	-26	-50	-24	-23	-10	00	-10	-21	-37	-51	-59	-58	-56	-53	-39	-30	-39	-39	-42	-41	-38	-34	-36.1	00	-59
15	-30	-37	-42	-12	-25	-09	00	-15	-19	-33	-54	-65	-74	-69	-54	-38	-27	-31	-30	-38	-39	-38	-32	-36	-35.3	00	-74
16	-37	-42	-31	-35	-18	-07	-01	-07	-19	-27	-43	-63	-69	-68	-63	-48	-38	-32	-34	-42	-42	-38	-34	-36	-36.4	-01	-69
17*	-36	-41	-39	-22	-11	-07	-06	-06	-11	-14	-23	-39	-49	-54	-57	-50	-41	-34	-38	-41	-43	-41	-39	-39	-32.5	-06	-57
18*	-38	-34	-32	-26	-19	-14	-12	-13	-21	-37	-54	-74	-78	-75	-66	-56	-51	-48	-45	-44	-45	-46	-42	-35	-41.9	-12	-78
19	-35	-31	-28	-23	-14	-02	05	05	-05	-22	-44	-57	-70	-73	-68	-54	-47	-41	-42	-47	-49	-34	-35	-31	-35.1	05	-73
20*	-30	-31	-28	-22	-16	-11	-01	-07	-19	-32	-48	-67	-77	-78	-69	-55	-48	-45	-43	-43	-43	-38	-35	-29	-38.1	-01	-78
21	-26	-28	-21	-17	-07	00	-07	-08	-20	-35	-40	-53	-60	-74	-76	-72	-62	-52	-43	-39	-32	-25	-22	-25	-35.2	00	-76
22	-29	-27	-20	-26	-19	-06	-06	-40	-34	-34	-46	-62	-69	-81	-74	-64	-60	-43	-44	-40	-25	-38	-37	-26	-39.6	-06	-81
23	-34	-23	-21	-16	-06	-03	00	-02	-09	-26	-45	-63	-70	-73	-60	-49	-46	-42	-40	-31	-37	-42	-34	-25	-33.2	00	-73
24	-26	-26	-21	-29	-40	-36	-26	-15	-08	-18	-26	-44	-57	-60	-57	-48	-42	-38	-30	-28	-36	-38	-36	-31	-34.0	-08	-60
25	-17	-04	-12	-20	-14	-16	-11	-22	-19	-18	-25	-44	-63	-69	-70	-61	-53	-46	-41	-38	-39	-38	-34	-34	-33.7	-04	-70
26	-48	-29	-27	-22	-14	-02	-01	-03	-08	-12	-31	-44	-59	-71	-74	-62	-47	-41	-39	-40	-38	-37	-34	-30	-33.9	-01	-74
27*	-30	-26	-22	-21	-14	-07	-05	-04	-11	-24	-39	-58	-73	-70	-60	-54	-50	-56	-53	-49	-48	-46	-43	-40	-37.6	-04	-73
28	-36	-31	-30	-27	-13	-05	-02	-05	-14	-34	-56	-62	-68	-65	-61	-55	-48	-44	-40	-41	-42	-44	-41	-32	-37.3	-02	-68
29	-31	-28	-27	-23	-17	-06	01	-04	-14	-25	-41	-60	-72	-74	-68	-61	-56	-52	-44	-48	-20	-22	-36	-32	-35.8	01	-74
30†	-20	-19	-13	-06	04	-03	-01	-06	-21	-31	-38	-53	-85	-96	-91	-70	-58	-64	-48	-36	-21	-25	-22	-24	-35.3	04	-96
31	-29	-40	-44	-24	02	-01	-03	-06	-12	-19	-38	-57	-75	-71	-66	-49	-42	-35	-38	-41	-35	-26	-36	-35	-34.2	02	-75
Mittel	-32	-32	-29	-24	-15	-09	-06	-09	-16	-28	-44	-61	-72	-73	-68	-58	-49	-43	-39	-39	-38	-37	-35	-32	-37.0	-02	-75
August																									γ		
1	-35	-54	-41	-09	01	07	08	05	-08	-24	-48	-63	-69	-66	-57	-49	-41	-35	-36	-31	-33	-28	-46	-27	-32.5	08	-69
2	-25	-24	-25	-23	-10	-03	02	02	-04	-20	-42	-65	-83	-84	-72	-57	-52	-45	-41	05	-33	-38	-34	-34	-33.5	05	-84
3†	-26	-22	-13	-09	-11	-22	-30	-45	-45	-53	-60	-62	-69	-72	-74	-37	-36	-15	-31	-20	-28	-41	-40	-42	-37.6	-09	-74
4	-40	-54	-46	-30	-23	-18	-18	-26	-34	-39	-52	-68	-73	-68	-60	-49	-40	-36	-36	-34	-22	-30	-32	-35	-40.1	-18	-73
5	-37	-31	-30	-25	-21	-11	-01	-06	-18	-33	-51	-67	-76	-76	-66	-57	-49	-45	-41	-40	-25	-20	-20	-34	-36.7	-01	-76
6†	-36	-43	-26	-22	-19	-10	-02	-04	-20	-37	-52	-72	-76	-77	-60	-49	-43	-38	-40	-35	-20	-32	-22	-18	-35.5	-02	-77
7	-30	-32	-23	-20	-10	01	-04	-12	-22	-32	-48	-60	-68	-70	-61	-50	-46	-29	-15	-42	-44	-43	-40	-38	-34.9	01	-70
8	-40	-49	-33	-21	-08	-03	-14	-32	-35	-42	-49	-54	-50	-57	-49	-42	-31	-33	-36	-34	-35	-31	-37	-44	-35.8	-03	-57
9†	-47	-26	-26	-30	-30	-42	-36	-16	-12	-13	-32	-55	-58	-66	-48	-50	-25	-26	-29	03	-26	-09	02	-05	**-29.2**	03	-66
10	-26	-22	-25	-18	-09	-07	-14	-24	-39	-46	-56	-62	-67	-58	-52	-45	-38	-32	-35	-32	-34	-43	-40	-36	-35.8	-07	-67
11†	-31	-28	-42	-30	-16	-07	-09	-15	-38	-45	-55	-55	-55	-58	-50	-40	-20	-31	-33	-23	-40	-43	-31	-20	-34.0	-07	-58
12	-30	-29	-28	-21	-11	-11	-24	-25	-36	-52	-64	-76	-80	-80	-69	-48	-27	-23	-30	-35	-41	-40	-40	-38	-39.9	-11	-80
13	-35	-29	-35	-17	-13	-10	-14	-19	-40	-57	-67	-75	-77	-74	-62	-52	-40	-34	-38	-40	-39	-39	-31	-30	**-40.3**	-10	-77
14	-32	-29	-26	-32	-33	-19	-06	-08	-22	-45	-61	-67	-71	-73	-68	-56	-41	-31	-28	-30	-36	-36	-36	-45	-38.8	-06	-73
15*	-33	-30	-25	-18	-10	-02	02	-01	-15	-33	-51	-65	-68	-61	-57	-45	-39	-38	-41	-42	-40	-40	-38	-35	-34.4	02	-68
16*	-32	-28	-24	-18	-14	-10	-01	-02	-17	-29	-48	-65	-80	-83	-70	-55	-43	-38	-40	-38	-34	-31	-32	-30	-35.9	-01	-83
17*	-31	-25	-22	-16	-10	-04	-04	-10	-28	-47	-61	-72	-81	-81	-71	-56	-42	-37	-40	-41	-34	-29	-31	-30	-37.6	-04	-81
18	-30	-28	-27	-22	-18	-13	-06	-09	-26	-48	-66	-79	-81	-76	-65	-50	-56	-58	-44	-41	-48	-46	-13	-17	-40.3	-06	-81
19	-17	-20	-22	-17	-07	-02	-03	-08	-25	-43	-66	-82	-85	-76	-61	-45	-14	-20	-26	-36	-43	-38	-32	-06	-33.1	-02	-85
20	01	-06	00	-03	-04	-21	-14	-06	-20	-39	-59	-69	-85	-70	-61	-48	-37	-29	-14	-30	-34	-33	-32	-30	-31.0	01	-85
21	-28	-21	-23	-12	-08	-03	-06	-12	-26	-46	-71	-86	-80	-73	-65	-39	-30	-33	-36	-33	-35	-34	-26	-07	-34.7	-03	-86
22	-10	-16	-17	-14	-07	-02	-02	-04	-15	-32	-49	-66	-76	-79	-72	-62	-46	-42	-32	-50	-40	-37	-32	-26	-34.5	-02	-79
23	-22	-18	-18	-10	-07	-04	-02	-07	-16	-33	-54	-72	-78	-72	-61	-43	-32	-28	-27	-37	-36	-33	-27	-23	-31.7	-02	-78
24*	-25	-25	-21	-19	-14	-06	02	01	-09	-26	-52	-73	-77	-74	-64	-48	-36	-34	-36	-34	-33	-33	-32	-29	-33.2	02	-77
25	-28	-26	-26	-23	-19	-15	-13	-10	-17	-30	-50	-72	-78	-75	-64	-53	-45	-42	-44	-46	-46	-41	-17	-18	-37.4	-10	-78
26†	-27	-30	-30	-24	-13	-07	-06	-08	-13	-30	-49	-66	-71	-73	-64	-50	-39	-47	-50	-36	-37	-29	-28	13	-33.9	**13**	-73
27	08	-10	-17	-06	-05	-04	-09	-11	-16	-27	-41	-53	-60	-58	-56	-53	-46	-46	-42	-42	-36	-27	-33	-31	-30.0	08	-60
28	-26	-29	-18	-29	-21	-06	-03	-02	-07	-23	-41	-53	-65	-61	-54	-42	-37	-37	-36	-25	-30	-36	-27	-30	-30.8	-02	-65
29	-29	-46	-29	-22	-18	-08	-08	-13	-20	-36	-59	-82	-86	-69	-61	-53	-43	-37	-34	-33	-33	-33	-34	-35	-38.4	-08	**-86**
30*	-30	-29	-22	-21	-16	-11	-06	-08	-18	-39	-61	-74	-76	-66	-54	-47	-39	-40	-39	-32	-23	-31	-34	-37	-35.5	-06	-76
31	-26	-16	-18	-14	-10	-07	-06	-09	-17	-36	-63	-76	-72	-65	-52	-42	-34	-38	-42	-41	-41	-41	-37	-02	-33.5	-02	-76
Mittel	-28	-28	-25	-19	-13	-09	-08	-11	-22	-37	-54	-68	-73	-71	-61	-49	-38	-35	-35	-33	-35	-34	-31	-26	-35.2	-03	-75

Weltzeit

Ostkomponente.

Niemegk — $Y = -0.01300\,\Gamma + \text{Tafelwert}$ — 1940

Tag	0h–1h	1h–2h	2h–3h	3h–4h	4h–5h	5h–6h	6h–7h	7h–8h	8h–9h	9h–10h	10h–11h	11h–12h	12h–13h	13h–14h	14h–15h	15h–16h	16h–17h	17h–18h	18h–19h	19h–20h	20h–21h	21h–22h	22h–23h	23h–24h	Tagesmittel	Max.	Min.
September																									γ		
1†	-04	-09	-18	-21	-18	-03	-06	-09	-10	-36	-66	-89	-104	-95	-78	-45	-38	-27	-27	-17	-20	-28	-30	-28	-34.4	-03	**-104**
2	-26	-23	-20	-12	-04	01	02	-05	-24	-45	-62	-81	-81	-74	-54	-42	-38	-38	-14	-27	-38	-31	-32	-24	-33.0	02	-81
3	-20	04	-17	-14	-07	-25	-30	-18	-17	-37	-50	-73	-68	-58	-52	-38	-22	-07	-30	-26	-08	07	-24	-22	-27.2	07	-73
4	-28	-61	-20	-13	-14	00	05	02	-15	-38	-50	-63	-76	-65	-50	-32	-22	-27	-30	-29	-10	-07	-12	-23	-28.2	05	-76
5	-38	-23	-30	-32	-23	-04	07	03	-16	-35	-58	-64	-68	-60	-45	-24	-23	-26	-22	-15	-10	-27	-30	-26	-28.7	07	-68
6	-30	-30	-30	-26	-17	-11	-06	-10	-21	-38	-52	-68	-62	-61	-53	-41	-31	-32	-33	-33	-30	-11	-19	-16	-31.7	-06	-68
7†	-16	02	04	-38	-38	-39	-42	-17	-14	-22	-43	-55	-65	-78	-60	-27	-25	-24	-26	-26	-24	-19	-10	-23	-30.2	04	-78
8	-27	-20	-16	-07	-14	-10	-04	-08	-13	-32	-55	-66	-73	-76	-56	-28	-10	-13	-21	-30	-30	-30	-31	-33	-29.3	-04	-76
9	-22	-03	-24	-39	-12	-07	05	06	-11	-37	-61	-66	-68	-58	-50	-33	-22	-10	-13	-14	-22	-04	-16	-16	-24.9	06	-68
10*	-33	-28	-22	-22	-18	-12	-03	01	-06	-21	-41	-61	-66	-58	-46	-35	-29	-30	-30	-30	-31	-27	-26	-24	-29.1	01	-66
11	-26	-26	-25	-24	-20	-16	-10	-10	-22	-39	-65	-82	-84	-72	-63	-49	-45	-37	-36	-33	-32	-31	-31	-28	-37.8	-10	-84
12*	-25	-28	-22	-20	-21	-18	-15	-14	-22	-33	-47	-61	-62	-60	-50	-42	-38	-38	-34	-28	-26	-32	-26	-27	-32.9	-14	-62
13	-27	-26	-25	-22	-20	-11	-06	-07	-21	-41	-61	-69	-67	-53	-50	-42	-46	-52	-51	-44	-40	-34	-31	-30	-36.5	-06	-69
14	-27	-23	-29	-26	-23	-12	-04	-03	-14	-31	-49	-61	-68	-60	-51	-46	-40	-32	03	-04	-31	-33	-26	-10	-29.2	03	-68
15	-07	-15	-17	-14	-03	-20	-06	-17	-25	-31	-42	-53	-62	-45	-40	-37	-26	-15	-05	-20	-28	-28	-29	-26	-25.5	-03	-62
16	-23	-23	-22	-20	-13	-06	-02	01	-10	-27	-46	-63	-77	-71	-71	-52	-34	-30	-17	-22	-25	-25	-25	-26	-30.4	01	-77
17*	-26	-25	-24	-21	-16	-07	-01	-04	-18	-36	-52	-61	-62	-56	-49	-45	-45	-45	-42	-40	-36	-29	-24	-28	-33.0	-01	-62
18	-26	-25	-24	-22	-18	-14	-06	01	-04	-17	-38	-61	-72	-70	-62	-52	-44	-43	-41	-38	-29	-26	-29	-28	-32.8	01	-72
19*	-24	-26	-25	-23	-22	-14	-04	-06	-09	-22	-38	-52	-58	-57	-57	-50	-46	-42	-38	-34	-33	-31	-29	-29	-32.0	-04	-58
20	-29	-29	-28	-28	-22	-20	-13	-10	-18	-39	-68	-79	-90	-93	-80	-80	-61	-49	-38	-39	-24	-23	-25	-26	**-42.1**	-10	-93
21	-26	-26	-22	-26	-20	-08	-05	01	-14	-37	-62	-88	-85	-77	-76	-59	-36	-21	-27	-30	-30	-30	-27	-26	-35.7	01	-88
22	-25	-25	-26	-24	-20	-17	-09	-06	-14	-28	-47	-65	-69	-71	-50	-46	-45	-39	-24	-28	-30	-26	-25	-23	-32.6	-06	-71
23*	-25	-22	-23	-23	-21	-18	-13	-08	-13	-26	-42	-53	-57	-54	-48	-41	-38	-36	-34	-33	-33	-31	-30	-29	-31.3	-08	-57
24	-27	-24	-20	-21	-21	-19	-11	-03	-06	-19	-40	-54	-65	-63	-56	-48	-41	-38	-34	-35	-38	-27	-11	-08	-30.4	-03	-65
25	-01	-03	-10	-16	-17	-13	-22	-08	-14	-28	-51	-64	-78	-69	-67	-51	-33	06	-22	-18	-23	-19	-05	-24	-27.1	06	-78
26†	-21	-22	-25	-26	-22	-17	-10	-07	-14	-24	-38	-53	-61	-60	-55	-41	-24	57	81	95	02	-19	-16	-37	-14.9	**95**	-61
27†	-14	-18	28	01	-17	-13	-02	00	02	-06	-22	-37	-37	-35	-15	-19	-18	07	22	-18	-30	04	-12	13	**-09.8**	28	-37
28†	-17	-07	-09	-50	-51	-50	-20	-24	-20	-16	-31	-34	-50	-40	-34	-29	-04	24	-11	18	03	-08	-02	-18	-20.0	24	-51
29	-20	-22	-18	-17	-20	-17	-06	-02	-05	-17	-38	-44	-54	-50	-27	-30	-26	-22	-17	-18	-23	-18	-28	-30	-23.7	-02	-54
30	-32	-34	-26	-25	-21	-14	-03	04	00	-15	-38	-54	-61	-53	-40	-29	-26	-24	-02	-15	09	-19	-25	-26	-23.7	09	-61
Mittel	-23	-21	-20	-22	-19	-14	-08	-06	-14	-29	-48	-62	-68	-63	-53	-41	-33	-23	-20	-21	-24	-22	-23	-23	-29.3	04	-70
Oktober																									γ		
1†	-45	-04	-01	-06	-25	-30	-06	-06	-12	-33	-55	-72	-77	-70	-70	-53	-17	04	55	73	08	-22	-22	-22	-21.2	73	**-77**
2	-23	-22	-21	-17	-13	-04	03	05	00	-15	-38	-48	-52	-46	-38	-29	01	09	-01	08	-09	02	-09	-17	-15.6	09	-52
3	-23	-24	-24	-26	-47	-37	-33	-17	-17	-36	-50	-61	-60	-55	-45	-30	-20	-09	33	-01	-19	-23	-15	-10	-27.0	33	-61
4	-18	-18	-34	-19	-24	-11	-02	01	-02	-13	-29	-43	-51	-50	-41	-31	-27	-10	-20	-24	-27	-22	-23	-25	-23.5	01	-51
5	-28	-22	-25	-37	-31	-19	-14	-08	-08	-22	-37	-54	-62	-60	-47	-36	-29	-28	-25	-23	-26	-25	-25	-25	-29.8	-08	-62
6	-23	-22	-23	-23	-20	-18	-13	-09	-12	-20	-52	-61	-75	-73	-53	-37	-14	-07	-25	-24	-23	16	02	-06	-25.6	16	-75
7†	-07	-02	-15	-14	-30	-59	-48	-10	-36	-31	-38	-56	-72	-67	-30	-72	-57	-38	05	38	46	53	24	25	-20.5	53	-72
8†	45	67	08	-09	-13	-19	-21	-40	-14	-14	-38	-54	-58	-61	-50	-48	-24	-20	-35	-05	21	12	08	-22	-16.0	67	-61
9	01	-11	-12	-12	-15	-16	-11	-05	-03	-12	-26	-42	-51	-50	-41	-33	-29	-30	-29	-27	-17	-10	-08	-15	-21.0	01	-51
10	-21	-20	-21	-22	-21	-20	-16	-14	-14	-22	-36	-45	-54	-50	-42	-38	-30	-24	-25	-21	07	20	18	06	-21.0	20	-54
11	-07	-11	-19	-30	-26	-14	-08	-04	-03	-18	-33	-48	-55	-54	-48	-48	-42	-37	-34	-29	-25	-14	-11	-23	-26.7	-03	-55
12	10	02	-05	-20	-10	-14	-11	-04	-08	-21	-38	-54	-52	-57	-51	-46	-40	-42	-36	-34	-32	-06	-01	-16	-24.4	10	-57
13*	-16	-18	-20	-21	-18	-15	-11	-05	-08	-21	-37	-48	-56	-48	-41	-34	-35	-30	-29	-27	-26	-24	-22	-24	-26.4	-05	-56
14*	-25	-25	-26	-25	-24	-19	-09	00	-04	-15	-34	-51	-54	-54	-46	-38	-34	-34	-33	-29	-28	-21	-18	-19	-27.7	00	-54
15	-25	-28	-27	-27	-24	-22	-20	-10	-10	-20	-37	-56	-63	-60	-51	-42	-34	-25	00	-13	-18	-14	-09	-16	-27.1	00	-63
16	-22	-33	-30	-27	-26	-23	-22	-16	-10	-25	-38	-50	-61	-56	-49	-43	-27	-32	13	02	-10	-22	-24	-25	-27.3	13	-61
17	-27	-24	-22	-20	-21	-18	-15	-10	-07	-12	-22	-39	-52	-53	-49	-40	-38	-37	-35	-33	-29	-27	-21	-02	-27.2	-02	-53
18	-13	-14	-22	-24	-20	-20	-13	-10	-08	-20	-31	-39	-49	-55	-52	-42	-44	-42	-40	-31	-13	00	-02	-13	-25.7	00	-55
19	-12	-18	-18	-29	-26	-21	-13	-10	-17	-17	-37	-53	-63	-45	-42	-37	-29	-26	-28	-22	-23	-29	-04	-19	-26.6	-04	-63
20	-14	-18	-27	-16	-18	-12	-12	-07	-07	-25	-42	-51	-52	-48	-38	-34	-32	-26	-31	-31	-28	-23	-04	15	-24.2	15	-52
21	-16	-17	-13	-25	-21	-18	-14	-17	-17	-35	-52	-55	-49	-41	-40	-40	-34	-15	-28	-19	-31	-18	-05	-01	-25.9	-01	-55
22	-09	-04	-14	-22	-15	-20	-25	-20	-14	-18	-35	-48	-35	-38	-36	-32	-32	-30	-28	-25	-17	-16	-19	-18	-23.8	-04	-48
23*	-19	-18	-20	-21	-22	-20	-16	-06	-05	-14	-28	-38	-42	-39	-34	-30	-30	-27	-25	-23	-22	-21	-20	-20	-23.3	-05	-42
24*	-21	-22	-22	-23	-22	-21	-18	-11	-09	-18	-28	-37	-42	-43	-37	-35	-32	-28	-26	-25	-24	-24	-24	-24	-25.7	-09	-43
25†	-24	-23	-24	-26	-26	-24	-20	-11	-10	-25	-34	-51	-47	-49	-50	-51	-53	-53	-50	-45	-34	14	01	-08	**-30.1**	14	-53
26†	-17	-17	-18	-18	-20	-19	-18	-12	-14	-32	-32	-43	-48	-50	-42	-24	07	-06	27	82	26	16	07	-15	**-11.7**	**82**	-50
27	-30	-27	-33	-29	-34	-20	-12	-11	-16	-23	-29	-28	-34	-22	-24	-02	02	-16	-15	10	02	01	-01	07	-16.0	10	-34
28	-19	-34	-24	-15	-19	-20	-22	-18	-26	-30	-34	-41	-44	-30	-26	-26	-19	-24	-23	-10	28	-10	-12	-18	-21.5	28	-44
29	-23	-23	-22	-42	-15	-15	-13	-11	-16	-23	-30	-32	-33	-31	-26	-26	-28	-26	-22	-16	-20	-21	-23	-23	-23.3	-11	-42
30*	-22	-25	-28	-25	-25	-21	-17	-12	-17	-28	-37	-40	-42	-37	-36	-36	-34	-31	-28	-27	-26	-19	-18	-19	-27.1	-12	-42
31	-32	-30	-21	-13	-16	-15	-15	-10	-15	-26	-41	-48	-40	-43	-38	-31	-38	-27	-19	-22	-19	-17	-19	-20	-25.6	-10	-48
Mittel	-17	-16	-20	-22	-22	-20	-16	-10	-12	-22	-36	-48	-52	-50	-42	-37	-29	-25	-18	-12	-13	-09	-10	-13	-23.8	12	-54

Weltzeit

Ostkomponente.

Niemegk — Y = — 0.01 300 + Tafelwert. — 1940

(The value 0.01 300 is printed with a "Γ" above it.)

Tag	0h–1h	1h–2h	2h–3h	3h–4h	4h–5h	5h–6h	6h–7h	7h–8h	8h–9h	9h–10h	10h–11h	11h–12h	12h–13h	13h–14h	14h–15h	15h–16h	16h–17h	17h–18h	18h–19h	19h–20h	20h–21h	21h–22h	22h–23h	23h–24h Weltzeit	Tagesmittel	Max.	Min.
November																									γ		
1	-23	-25	-20	-22	-20	-23	-27	-31	-24	-34	-39	-65	-50	-44	-28	-31	-27	-24	-08	-15	-19	-18	-18	-21	**-27.3**	-08	-65
2	-24	-26	-26	-30	-24	-22	-20	-27	-27	-26	-36	-41	-43	-41	-34	-29	-26	-25	-24	-22	-20	-19	-11	-05	-26.2	-05	-43
3	-08	-10	-22	-27	-26	-39	-21	-17	-14	-17	-32	-44	-53	-60	-57	-44	-33	-28	-13	-09	01	06	-01	-10	-24.1	06	-60
4	-17	-18	-24	-24	-27	-38	-48	-27	-23	-16	-27	-40	-60	-63	-58	-63	-43	-14	09	20	44	29	12	-03	-21.6	44	-63
5	05	-09	-16	-36	-44	-26	-21	-18	-17	-21	-29	-33	-32	-18	-29	-29	-21	-21	-17	-14	-01	-14	-15	-19	-20.6	05	-44
6	-25	-32	-35	-30	-21	-22	-16	-08	-09	-14	-30	-42	-48	-41	-36	-33	-26	-18	-23	-06	-19	-20	-14	-24	-24.7	-06	-48
7	-27	-31	-29	-20	-19	-22	-16	-15	-20	-22	-35	-44	-40	-46	-38	-31	-25	-22	-21	-18	-20	-15	-20	-21	-25.7	-15	-46
8*	-21	-16	-17	-18	-20	-21	-15	-10	-12	-23	-33	-37	-41	-40	-36	-33	-32	-31	-28	-22	-21	-20	-20	-20	-24.5	-10	-41
9	-20	-22	-22	-24	-20	-24	-32	-17	-14	-20	-29	-36	-45	-51	-40	-46	-58	-31	-23	-14	-19	-08	01	-03	-25.7	01	-58
10*	-10	-17	-20	-24	-23	-21	-18	-13	-12	-20	-29	-35	-36	-35	-30	-28	-26	-25	-25	-24	-24	-22	-22	-24	-23.5	-10	-36
11*	-25	-28	-29	-27	-25	-23	-19	-13	-11	-19	-31	-40	-40	-37	-33	-31	-29	-27	-25	-24	-22	-24	-19	-08	-25.4	-08	-40
12†	-21	-11	-18	-22	-22	-19	-16	-12	-17	-21	-46	-52	-60	-54	-50	-44	-39	-46	-25	07	08	06	65	74	-18.1	74	-60
13†	96	70	67	19	-09	-24	-20	-06	03	-08	-34	-34	-43	-59	-71	-52	-43	-31	-30	-21	-16	-08	-13	-10	-11.5	**96**	**-71**
14	-02	-11	-10	-06	-11	-10	-14	-16	-17	-21	-32	-33	-37	-24	-30	-28	-29	-15	-11	-16	-13	12	02	-02	-15.6	12	-37
15	-05	-09	-26	-17	-16	-14	-13	-09	-06	-18	-30	-37	-31	-31	-25	-32	-31	-27	-23	-18	-09	11	03	08	-16.9	11	-37
16	21	-08	-21	-21	-16	-24	-20	-16	-13	-17	-28	-27	-30	-31	-33	-39	04	-10	-06	16	20	26	27	03	**-10.1**	27	-39
17	-15	-19	-18	-19	-18	-17	-17	-11	-06	-08	-14	-24	-29	-28	-32	-33	-20	-51	-31	31	-06	06	-04	17	-15.2	31	-51
18*	01	-03	-12	-18	-18	-16	-17	-15	-12	-13	-21	-30	-31	-31	-31	-28	-25	-23	-21	-19	-17	-10	-04	-14	-17.8	01	-31
19*	-14	-14	-19	-21	-24	-23	-22	-21	-18	-20	-31	-42	-38	-36	-30	-31	-33	-32	-30	-26	-24	-22	-21	-22	-25.6	-14	-42
20	-22	-24	-25	-26	-26	-25	-24	-22	-20	-25	-33	-37	-39	-36	-32	-34	-33	-26	-25	-25	-09	14	-06	28	-22.2	28	-39
21	26	-04	-26	-26	-19	-16	-20	-21	-27	-22	-32	-33	-46	-23	-26	-26	-22	-22	-19	-18	-08	19	15	-08	-16.8	26	-46
22†	14	14	08	-07	-12	-52	-44	-32	-40	-26	-27	-35	-33	-30	-26	-19	-17	-17	-18	-13	27	34	-09	-06	-15.2	34	-52
23	-13	-24	-15	-15	-21	-32	-33	-24	-16	-26	-24	-34	-34	-23	-21	-16	-15	-13	-09	-03	19	-07	-11	-11	-17.5	19	-34
24	-19	-15	-16	-18	-18	-16	-14	-11	-14	-22	-30	-38	-41	-34	-33	-31	-29	-25	-21	-22	-15	21	06	-10	-19.4	21	-41
25†	-17	-16	-12	-15	-16	-17	-19	-17	-22	-23	-43	-49	-57	-43	-66	-18	-28	-19	02	28	-04	-02	25	15	-18.0	28	-66
26	03	-12	-61	-38	-44	-38	-42	-33	-24	-32	-27	-34	-33	-22	-08	-20	07	07	-20	-18	-14	-13	-14	-16	-22.8	07	-61
27	-19	-24	-18	-15	-15	-16	-16	-13	-13	-19	-29	-37	-33	-19	-32	-27	-04	-04	07	02	-06	-22	-13	-16	-16.7	07	-37
28	-18	-21	-23	-22	-22	-18	-18	-16	-16	-23	-32	-38	-36	-31	-22	-19	-22	-23	-21	-17	-10	-10	09	03	-19.4	09	-38
29†	-07	-22	-23	-15	-20	-42	-41	-28	-30	-39	-40	-40	-43	-05	-15	-16	24	36	-07	12	-07	02	00	11	-14.8	36	-43
30	-10	-09	-27	-25	-25	-25	-18	-15	-18	-21	-31	-42	-38	-14	-20	-04	-18	-14	-12	00	-07	-13	-06	-18	-17.9	00	-42
Mittel	-07	-13	-18	-20	-21	-24	-23	-18	-17	-21	-31	-38	-41	-35	-34	-30	-24	-21	-27	-09	-07	-03	-03	-04	-20.0	15	-47
Dezember																									γ		
1	-13	-18	-21	-25	-26	-20	-19	-19	-16	-20	-26	-25	-28	-30	-27	-27	-20	-19	15	02	-02	16	09	04	-14.8	16	-30
2	-18	-05	-10	-26	-13	-18	-20	-24	-20	-28	-20	-32	-38	-30	-21	11	-17	-19	14	-07	-15	16	25	07	-12.8	25	-38
3	-08	-22	-29	-17	-23	-20	-21	-19	-22	-33	-37	-26	-33	-30	-19	-21	-07	00	-12	-04	09	25	-08	-17	-16.4	25	-37
4	-18	-19	-20	-32	-19	-23	-27	-33	-33	-34	-35	-34	-24	-28	-26	-23	-08	-01	09	-09	-19	-18	-18	-14	-21.1	09	-35
5	-09	-13	-20	-18	-23	-25	-26	-23	-28	-24	-25	-28	-31	-27	-24	-27	-30	-17	-21	-14	-16	-15	-09	-15	-21.2	-09	-31
6*	-11	-16	-18	-22	-20	-16	-18	-20	-24	-26	-31	-33	-31	-29	-26	-26	-24	-20	-21	-19	-05	-10	-15	-18	-20.8	-05	-33
7*	-18	-23	-28	-18	-18	-18	-17	-18	-19	-25	-28	-32	-30	-27	-23	-21	-19	-18	-16	-16	-16	-16	-15	-17	-20.7	-15	-32
8*	-18	-18	-18	-18	-18	-17	-16	-17	-17	-22	-26	-31	-28	-24	-22	-22	-23	-22	-21	-18	-19	-19	-18	-18	-20.4	-16	-31
9	-19	-21	-21	-18	-19	-21	-24	-28	-26	-27	-32	-31	-42	-41	-33	-24	-24	-21	-18	-13	-12	-10	10	05	**-21.2**	10	-42
10	-03	-06	-04	-14	-13	-09	-15	-16	-18	-27	-34	-35	-35	-33	-28	-30	-47	-46	-15	-18	-05	-06	-09	-13	-20.0	-03	-47
11	-08	-06	-11	-07	-07	-06	-06	-10	-12	-22	-30	-34	-34	-30	-23	-20	-23	-23	-17	-18	-14	27	15	-02	-13.4	27	-34
12	08	14	02	-08	-09	-10	-12	-13	-18	-16	-26	-31	-36	-30	-31	-18	-26	-32	-23	-17	-12	-14	-15	-08	-15.9	14	-36
13	-04	10	11	00	-10	-12	-14	-16	-22	-18	-28	-37	-32	-26	-23	-26	-23	-13	-20	-17	-04	-07	-09	-10	-14.6	11	-37
14	-06	-05	-09	-12	-12	-10	-10	-15	-21	-20	-29	-32	-19	-26	-24	-18	-26	24	14	01	07	09	05	-10	-10.2	24	-32
15	-04	-13	-12	-18	-17	-15	-14	-16	-14	-17	-22	-27	-30	-31	-24	-27	-27	-18	06	-16	-02	-03	10	25	-13.6	25	-31
16	-02	-07	-16	-20	-18	-13	-13	-11	-15	-18	-26	-26	-34	-33	-27	-28	-21	-22	-14	-09	-10	-07	-02	-07	-16.6	-02	-34
17	-08	-11	-17	-18	-18	-15	-14	-13	-12	-16	-21	-23	-30	-19	-26	-19	-16	-10	-08	-03	-10	03	08	01	-13.1	08	-30
18*	-01	13	-10	-17	-14	-15	-13	-12	-14	-18	-21	-29	-23	-25	-22	-19	-18	-17	-09	-14	-14	-14	-12	-12	-14.6	13	-29
19*	-13	-14	-12	-19	-19	-19	-17	-17	-18	-21	-26	-25	-24	-25	-24	-23	-21	-18	-18	-17	-16	-14	00	-04	-17.7	00	-26
20†	-13	-07	-17	-22	-25	-33	-36	-23	-19	-24	-24	-27	-33	12	-22	-13	09	44	13	01	23	42	39	38	**-04.9**	44	-36
21†	02	-16	-16	-22	-71	-57	-15	-02	00	-05	-23	-07	-17	-30	-22	-02	02	-10	20	08	20	06	07	06	-10.2	20	**-71**
22†	-13	-29	-27	-11	-15	-18	-24	-25	-39	-23	-23	-29	-08	-18	-27	24	-05	-04	-03	02	00	-04	-06	-06	-13.8	24	-39
23	-17	-20	-09	-12	-15	-18	-18	-19	-15	-21	-23	-24	-19	-15	-15	06	04	02	-08	38	11	20	-04	-14	-08.5	38	-24
24	00	-07	-11	-16	-18	-19	-18	-20	-16	-20	-24	-28	-30	-26	-20	-20	-19	-11	-18	-16	03	13	09	-03	-14.0	13	-30
25	-10	-20	-19	-19	-14	-17	-19	-21	-18	-15	-20	-24	-26	-34	-24	-14	07	-11	-04	-09	-04	-11	-01	-09	-14.8	07	-34
26	-14	-15	-19	-28	-21	-19	-21	-17	-17	-15	-28	-31	-35	-28	-23	-18	-14	-12	-07	34	12	00	-07	-08	-14.6	34	-35
27	-15	-14	-17	-26	-12	-10	-16	-19	-14	-10	-11	-25	-34	-32	-28	03	-18	-12	-09	-07	-04	-04	-03	-14	-14.6	03	-34
28	-15	-16	-11	-19	-19	-16	-14	-13	-12	-21	-20	-25	-28	-23	-26	-20	-18	-17	-15	-14	07	78	35	27	-09.0	**78**	-28
29	17	-05	-11	-14	-29	-30	-22	-15	-10	-13	-14	-16	-27	-27	-18	-02	-13	-06	12	-10	09	28	06	04	-08.6	28	-30
30†	-05	-15	-14	-20	-37	-39	-42	-35	-29	-35	-35	-29	-27	-31	-22	02	24	02	51	26	-12	-10	-12	-05	-14.5	51	-42
31†	-10	-36	-24	-04	-14	-23	-16	-13	-17	-15	-17	-19	-26	-27	-34	-37	-17	-09	-16	-05	-04	-06	-05	-09	-16.8	-04	-37
Mittel	-09	-12	-15	-17	-20	-19	-19	-18	-19	-21	-25	-28	-29	-27	-24	-16	-15	-11	-05	-06	-04	03	00	-04	-14.9	16	-35

Vertikalkomponente.

Niemegk — $Z = 0.43400 + \text{Tafelwert.}$ (Γ) — 1940

Weltzeit

Januar

Tag	0h–1h	1h–2h	2h–3h	3h–4h	4h–5h	5h–6h	6h–7h	7h–8h	8h–9h	9h–10h	10h–11h	11h–12h	12h–13h	13h–14h	14h–15h	15h–16h	16h–17h	17h–18h	18h–19h	19h–20h	20h–21h	21h–22h	22h–23h	23h–24h	Tagesmittel γ	Max.	Min.
1	-03	-03	-04	-04	-03	-02	-01	-01	00	04	04	00	-01	01	00	01	01	01	03	02	06	07	06	05	**00.8**	07	-04
2	05	01	-07	-06	-03	-01	01	00	04	06	04	02	06	09	08	06	06	06	05	04	03	04	02	-07	02.4	09	-07
3†	-06	-06	-06	-08	-11	-07	-05	-01	03	05	06	05	08	13	21	105	206	158	103	75	60	54	34	27	**34.7**	**206**	**-11**
4	20	22	23	22	23	24	25	25	28	30	29	28	30	31	34	39	31	25	24	28	28	17	16	16	25.8	39	16
5	15	14	10	02	05	04	08	10	13	14	11	10	10	10	10	11	11	11	11	11	13	14	13	06	10.3	15	02
6	09	06	03	02	-04	-04	00	04	08	09	09	06	18	25	25	27	27	24	17	17	14	12	04	02	10.8	27	-04
7	03	-01	-01	03	05	06	05	04	05	05	04	05	11	19	19	17	13	13	05	07	08	00	-01	00	06.4	19	-01
8	04	04	03	02	-03	00	03	03	05	07	06	10	14	15	15	14	11	11	10	07	09	08	05	04	07.0	15	-03
9	03	04	05	06	06	06	07	09	10	10	09	06	09	14	11	14	12	11	14	05	10	10	09	09	08.7	14	03
10†	07	04	02	04	04	05	06	06	09	08	05	02	07	21	51	61	61	55	54	53	28	18	20	19	21.2	61	02
11†	18	17	17	16	16	13	11	08	09	12	13	10	13	19	18	18	21	17	20	22	15	21	23	15	15.9	23	08
12	10	08	07	06	05	06	09	10	13	15	16	17	22	22	21	25	24	26	22	22	22	09	11	11	15.0	26	05
13	12	12	10	07	06	07	07	06	07	11	11	10	13	15	14	13	13	12	13	10	10	09	09	09	10.2	15	06
14*	09	09	09	08	08	09	09	10	09	09	12	09	09	12	10	12	10	09	09	11	12	10	10	07	09.6	12	07
15	-01	00	-01	02	04	06	07	06	06	08	07	04	07	09	12	12	11	09	08	08	07	07	08	07	06.4	12	-01
16	06	06	02	00	02	02	04	07	07	07	01	-03	04	10	10	09	12	13	10	11	09	07	05	04	06.0	13	-03
17	04	03	-03	-03	00	00	06	08	08	08	06	08	18	27	33	22	26	33	29	21	16	13	10	04	12.4	33	-03
18†	06	08	08	09	08	09	10	11	11	09	07	05	08	14	29	50	93	103	55	54	40	38	34	29	27.0	103	05
19	28	26	25	24	24	25	24	24	27	28	27	26	26	26	22	22	24	24	25	23	22	22	21	20	24.4	28	20
20	18	19	18	18	18	18	19	18	18	18	18	18	22	24	19	18	19	22	23	20	20	18	18	17	19.1	24	17
21*	16	16	16	16	15	16	16	14	14	14	17	19	22	23	19	17	18	18	18	17	16	16	15	15	16.8	23	14
22	14	14	14	13	13	14	13	11	10	09	05	08	16	17	16	15	15	19	19	22	17	15	14	13	14.0	22	05
23	13	13	12	11	10	09	10	10	09	06	07	08	10	11	11	12	11	11	10	14	20	23	22	20	12.2	23	06
24	19	17	11	07	08	08	08	07	08	10	12	10	12	14	14	18	22	25	22	24	28	28	23	20	15.6	28	07
25	18	17	12	02	05	08	07	06	06	08	08	06	10	22	28	20	23	23	20	18	16	15	16	15	13.7	28	02
26*	14	14	14	13	13	13	12	09	09	09	08	08	12	14	14	12	12	13	13	12	14	15	14	14	12.3	15	08
27*	14	13	12	11	10	11	10	07	06	07	06	08	10	14	14	13	12	11	12	11	11	11	10	08	10.5	14	06
28*	08	09	09	10	10	10	10	10	08	07	06	06	06	08	11	08	09	10	11	11	11	11	11	12	09.2	12	06
29	12	12	12	11	10	11	12	11	10	12	12	12	14	15	15	20	31	51	54	43	33	29	26	22	20.4	54	10
30	16	07	01	05	08	10	10	08	09	13	13	14	15	15	17	24	28	24	20	18	19	20	20	21	14.8	28	01
31†	16	12	14	13	12	09	09	09	11	13	17	17	20	30	21	22	35	29	29	24	07	15	14	05	16.8	35	05
Mittel	11	10	08	07	07	08	09	09	10	11	10	09	13	17	18	22	27	26	22	20	18	16	14	12	13.9	32	04

Februar

Tag	0h–1h	1h–2h	2h–3h	3h–4h	4h–5h	5h–6h	6h–7h	7h–8h	8h–9h	9h–10h	10h–11h	11h–12h	12h–13h	13h–14h	14h–15h	15h–16h	16h–17h	17h–18h	18h–19h	19h–20h	20h–21h	21h–22h	22h–23h	23h–24h	Tagesmittel γ	Max.	Min.
1†	-03	-02	05	06	10	12	16	19	20	23	25	28	31	34	37	34	33	23	34	32	21	24	21	20	21.0	37	**-03**
2†	09	12	16	18	19	20	22	24	26	25	24	26	26	28	29	29	27	26	25	25	25	23	21	19	22.7	29	09
3†	14	14	17	17	18	18	20	21	21	21	25	25	25	26	30	38	35	27	32	27	25	22	15	17	22.9	38	14
4	16	17	18	19	19	19	18	19	17	16	17	17	20	21	23	26	28	29	24	23	20	21	20	18	20.2	29	16
5	13	16	16	16	17	17	16	16	16	16	16	17	17	17	23	25	22	20	21	22	25	23	17	11	18.1	25	11
6	08	13	14	14	16	16	17	19	18	14	16	14	14	17	20	20	21	23	33	37	31	33	28	25	20.0	37	08
7	15	06	07	13	15	16	16	17	16	15	16	17	19	22	28	32	31	29	27	26	24	24	20	20	19.6	32	06
8	18	13	12	14	15	15	13	14	12	12	13	15	18	22	24	24	22	24	24	25	25	26	23	21	18.5	26	12
9	12	12	14	16	14	12	13	15	16	15	14	14	16	20	22	26	23	23	22	21	20	21	21	22	17.7	26	12
10	16	19	17	18	19	18	17	17	15	12	12	13	16	19	21	21	21	20	22	22	25	24	24	24	18.8	25	12
11	21	20	20	20	18	17	15	12	08	05	06	08	10	14	22	24	24	23	25	28	27	22	20	15	17.7	28	05
12†	17	21	23	22	21	20	17	14	14	14	16	19	19	25	28	40	44	36	30	28	27	26	25	24	23.8	44	14
13	20	16	19	20	19	20	17	15	12	13	16	19	23	23	22	20	22	23	25	27	25	25	25	20	20.2	27	12
14*	16	19	20	20	20	20	17	14	11	11	13	12	11	12	17	20	22	24	23	23	22	22	22	20	18.0	24	11
15	20	19	18	17	19	19	16	15	14	13	13	14	17	24	25	24	24	24	24	24	24	21	21	21	19.6	25	13
16	21	20	20	20	20	20	18	19	17	14	14	13	09	10	13	17	25	24	23	22	18	18	18	18	18.0	25	09
17*	18	19	19	19	18	18	17	18	18	15	13	15	15	13	16	18	22	23	22	21	20	20	20	19	18.2	23	13
18*	19	18	18	18	18	17	16	16	14	10	08	08	07	08	10	13	16	17	18	18	19	18	18	18	15.0	19	07
19*	17	17	16	16	16	15	13	12	11	06	03	04	06	06	08	10	11	13	15	16	18	17	16	14	**12.3**	18	03
20	12	12	01	00	09	14	16	13	14	14	14	14	17	18	19	20	24	28	29	32	36	33	27	28	18.5	36	00
21	25	18	18	18	17	18	18	19	20	22	22	25	26	30	35	38	43	40	35	31	30	30	27	27	26.3	43	17
22	26	25	17	18	16	14	13	16	15	13	18	22	23	26	29	32	32	34	35	33	32	32	29	27	24.0	35	13
23	25	26	25	24	23	21	20	19	17	14	15	19	17	19	24	21	22	24	24	25	25	27	28	26	22.1	28	14
24	23	22	23	22	20	18	15	13	14	14	14	16	18	20	25	32	34	35	32	30	31	30	27	29	23.2	35	13
25†	32	30	28	26	18	15	12	17	16	16	19	23	36	56	88	87	78	72	62	47	41	36	35	33	**38.5**	**88**	12
26	32	32	31	30	30	30	30	27	23	20	21	24	23	24	26	27	30	29	28	22	25	24	24	24	26.5	32	20
27	24	24	23	20	16	17	22	26	25	22	22	22	20	21	22	24	26	24	23	23	22	22	21	20	22.1	26	16
28*	20	20	20	20	20	20	21	21	18	16	16	16	16	16	18	18	20	22	21	21	20	20	19	18	19.0	22	16
29	17	17	15	15	16	17	17	18	18	16	16	16	19	26	26	32	40	31	26	24	18	18	18	18	20.6	40	15
Mittel	18	18	18	18	18	18	17	17	16	15	16	17	18	21	25	27	28	27	27	26	25	24	22	21	20.8	32	11

Vertikalkomponente.

Niemegk — $Z = 0.43400 + $ Tafelwert. [Γ] — 1940

Tag	0h	1h	2h	3h	4h	5h	6h	7h	8h	9h	10h	11h	12h	13h	14h	15h	16h	17h	18h	19h	20h	21h	22h	23h	Tagesmittel	Max.	Min.
März																									γ		
1	18	18	18	17	17	20	19	22	23	22	19	16	19	20	23	22	20	19	20	19	19	18	17	17	19.2	23	17
2	17	16	16	15	16	16	17	16	14	12	12	13	17	18	20	19	19	18	18	17	16	16	16	15	16.2	20	12
3	15	15	14	12	12	13	12	14	14	12	09	11	13	14	16	19	19	17	16	16	17	12	14	13	14.1	19	09
4	14	14	14	13	12	12	13	14	11	10	10	14	16	15	15	14	14	14	14	14	14	14	14	06	13.1	16	06
5	08	09	10	10	11	11	13	15	13	12	12	13	15	14	14	14	14	13	13	14	13	13	12	13	12.5	15	08
6*	12	12	12	12	11	11	14	14	10	06	05	05	04	04	06	09	08	08	09	09	09	09	11	12	09.2	14	04
7*	11	10	10	10	10	09	11	13	12	05	−05	−05	−03	00	05	08	08	07	07	07	08	09	09	09	06.9	13	−05
8	09	05	06	06	05	06	10	12	09	03	−01	00	00	03	09	15	14	14	13	15	17	16	13	06	08.5	17	−01
9	07	−04	−07	−09	−10	−17	−11	−06	−02	−02	−02	02	05	12	21	27	27	29	26	26	24	25	24	24	08.7	29	−17
10	21	20	19	16	17	14	14	12	09	06	08	11	13	15	18	19	16	14	15	15	17	16	16	15	14.8	21	06
11*	14	14	14	14	14	14	16	18	16	09	06	06	08	10	16	18	15	15	14	14	13	12	11	11	13.0	18	06
12	09	09	09	09	09	09	12	11	07	00	−04	−04	−04	02	08	13	22	33	39	45	42	23	−06	03	12.3	45	−06
13	12	14	09	09	12	12	14	16	14	13	11	09	10	11	19	24	22	18	16	15	15	14	12	10	13.8	24	09
14	10	11	12	12	12	14	13	13	10	08	04	01	01	05	12	20	22	22	19	16	15	15	14	12	12.2	22	01
15*	12	12	12	12	11	12	13	12	10	06	05	04	04	04	07	10	10	10	10	10	10	10	09	09	09.3	13	04
16	08	08	08	07	07	09	11	11	08	02	00	01	−04	−01	04	08	11	13	16	21	24	20	18	13	09.3	24	−04
17	12	12	12	12	11	12	13	13	14	08	03	04	06	07	10	12	11	10	09	09	09	09	08	08	09.8	14	03
18*	08	07	08	07	07	09	13	12	07	02	00	04	03	01	04	06	04	05	06	06	06	06	06	06	06.0	13	00
19	05	05	03	01	00	02	06	06	07	06	02	−01	−02	04	14	28	39	53	50	46	32	26	20	13	15.2	53	−02
20	06	09	08	−05	02	11	15	13	11	08	05	10	12	18	27	25	24	23	17	20	16	15	14	07	13.0	27	−05
21	−01	01	09	09	11	08	12	12	10	08	04	04	04	08	16	18	15	15	13	15	13	13	11	10	09.9	18	−01
22	04	00	−02	01	04	08	14	15	12	06	01	−05	−07	−05	03	08	09	08	08	10	12	12	09	10	**05.6**	15	−07
23	11	11	11	10	09	09	07	02	00	01	00	02	01	03	13	18	25	30	27	22	18	04	−01	−47	07.8	30	−47
24†	−58	−38	−24	−13	−08	00	05	08	08	06	02	00	05	10	28	166	411	464	163	181	143	−16	−04	01	60.0	**464**	−58
25†	−168	−219	−150	−120	−29	−16	22	27	29	80	82	90	115	107	93	88	76	74	71	66	34	32	−04	−60	13.3	115	**−219**
26	−04	−30	−13	05	24	32	37	44	45	44	41	39	39	40	45	47	49	49	50	38	44	40	40	40	32.7	50	−30
27	31	03	−03	09	16	20	33	43	40	28	19	23	24	30	36	41	47	48	44	41	39	26	25	23	28.6	48	−03
28	20	10	08	22	23	30	34	36	34	31	26	28	31	37	49	49	51	51	44	41	32	33	31	26	32.4	51	08
29†	25	26	29	30	31	36	38	37	29	24	20	22	39	60	72	95	151	172	146	150	101	100	63	−25	61.3	172	−25
30†	−06	−82	−122	−148	−170	−148	−55	10	30	39	31	60	94	129	132	154	184	150	113	75	70	42	38	16	26.5	184	−170
31†	−09	−26	−18	16	27	37	44	46	47	48	63	93	113	134	138	107	151	132	100	77	52	49	54	44	**63.3**	151	−26
Mittel	02	−04	−02	00	04	07	14	17	16	15	13	15	19	24	29	36	49	50	36	35	29	20	17	08	18.7	56	−17
April																									γ		
1†	−08	24	12	−08	09	32	38	39	37	39	39	41	54	62	68	69	68	56	54	49	51	47	43	46	**40.0**	69	−08
2†	45	45	43	44	44	46	48	47	43	38	30	33	36	41	46	49	52	51	50	30	13	06	10	01	37.1	52	01
3†	23	03	−52	−79	−58	−63	−39	−19	−06	08	17	24	26	32	34	43	50	61	62	61	77	65	57	52	15.8	**77**	**−79**
4	49	46	44	43	41	40	40	39	40	37	30	30	31	35	40	44	42	42	40	41	39	32	34	33	38.8	49	30
5	31	30	29	31	32	35	36	34	27	19	12	10	12	19	26	33	35	36	36	35	30	26	25	28	27.8	36	10
6	25	23	28	29	32	33	32	32	28	23	19	17	18	23	29	32	32	32	31	31	32	33	31	32	28.2	33	17
7*	31	32	31	31	31	32	35	36	32	28	20	16	16	18	23	27	29	30	31	31	33	31	31	31	28.6	36	16
8*	31	31	30	30	30	31	31	29	22	19	13	09	14	20	24	29	32	31	31	30	28	28	28	28	26.2	32	09
9*	28	28	27	27	27	28	29	30	26	20	10	08	13	22	30	31	30	28	29	29	28	27	27	28	25.4	31	08
10*	27	26	26	26	26	29	31	29	23	16	10	07	07	13	19	23	23	22	23	24	24	24	25	25	22.0	31	07
11	25	24	24	23	23	24	26	24	20	10	04	02	06	14	16	18	20	20	23	23	23	20	21	21	18.9	26	02
12*	22	22	21	20	21	22	22	19	14	04	−07	−11	−03	07	11	14	18	19	21	21	20	20	21	20	14.9	22	−11
13	21	17	18	18	19	19	17	17	10	00	−04	−06	−03	12	24	19	25	27	26	26	26	27	26	25	16.9	27	−06
14	23	22	21	21	17	17	18	17	13	10	06	04	05	11	20	24	33	35	32	30	30	29	27	26	20.5	35	04
15	22	23	24	24	24	24	24	20	14	06	−02	−05	06	14	28	47	38	34	34	32	29	27	25	20	22.2	47	−05
16	09	07	10	11	14	15	15	17	16	11	05	04	08	16	24	28	34	39	40	35	33	29	26	25	19.6	40	04
17	25	25	26	23	20	21	22	16	13	11	09	10	12	18	26	30	33	32	31	32	30	29	28	27	22.9	33	09
18	24	22	22	21	22	24	22	20	16	12	−01	00	06	13	18	20	23	24	24	23	23	22	22	22	18.5	24	−01
19	22	20	19	18	18	20	21	21	15	10	08	10	15	21	26	28	30	30	28	27	26	24	23	23	21.0	30	08
20	23	22	22	23	25	23	22	18	10	−01	−12	−10	−01	04	11	14	14	16	19	22	23	22	23	20	14.7	25	−12
21	17	17	16	14	16	20	21	20	10	00	−05	−10	−05	04	10	13	18	19	17	20	25	24	19	10	12.9	25	−10
22	14	13	08	10	13	18	24	25	19	13	04	04	10	20	35	38	39	46	36	32	29	28	26	24	22.0	46	04
23	25	25	21	24	25	25	24	20	15	09	−01	−08	00	10	13	19	23	23	23	23	24	22	21	15	17.5	25	−08
24	15	19	22	23	23	24	27	26	20	12	03	−03	00	10	21	25	32	29	28	26	24	24	23	23	19.8	32	−03
25†	23	22	17	−06	−74	−40	−16	−01	06	07	04	−06	−08	00	08	18	28	34	57	58	33	−15	−09	−31	**04.5**	58	−74
26†	−40	−36	−40	−22	−08	03	11	13	14	16	13	14	22	33	38	45	48	51	54	51	42	37	35	29	17.6	54	−40
27	21	19	21	24	22	26	26	23	16	10	05	01	03	15	28	32	39	43	43	40	37	34	30	28	24.4	43	01
28	29	25	22	25	24	22	22	20	14	06	−01	−05	02	10	24	38	42	39	38	33	30	28	26	25	22.4	42	−05
29	19	07	13	20	22	20	22	22	22	18	11	10	11	15	20	27	30	29	29	28	28	28	27	27	21.0	30	07
30	27	27	26	25	24	23	21	18	14	01	−04	−01	04	10	22	32	36	34	31	29	28	28	24	21	20.8	36	−04
Mittel	22	21	18	17	17	20	22	22	19	14	08	06	11	18	25	30	33	34	34	32	31	27	26	23	22.1	38	−04

Weltzeit (0h–24h)

Vertikalkomponente.

Niemegk

$Z = 0.43400\,\Gamma + \text{Tafelwert.}$

1940

Tag	0h–1h	1h–2h	2h–3h	3h–4h	4h–5h	5h–6h	6h–7h	7h–8h	8h–9h	9h–10h	10h–11h	11h–12h	12h–13h	13h–14h	14h–15h	15h–16h	16h–17h	17h–18h	18h–19h	19h–20h	20h–21h	21h–22h	22h–23h	23h–24h	Tagesmittel (γ)	Max.	Min.
Mai																											
1	20	21	23	24	25	25	22	20	12	02	−02	−01	05	14	18	20	26	29	32	28	30	28	27	28	19.8	32	−02
2	26	25	25	22	25	26	25	25	18	08	04	03	06	16	20	26	32	35	32	30	28	28	28	27	22.5	35	03
3*	27	27	27	27	27	30	28	27	25	18	11	08	09	18	21	26	27	27	28	26	27	27	26	26	23.8	30	08
4*	26	26	26	27	27	25	24	19	10	05	00	−02	05	14	19	23	24	27	25	25	25	23	24	23	19.6	27	−02
5	21	22	22	23	23	22	22	21	14	02	−07	−07	−01	07	15	19	21	22	21	22	24	24	24	23	16.6	24	−07
6*	23	24	23	24	26	27	28	27	21	12	04	04	08	17	21	23	24	24	22	21	22	22	22	22	20.5	28	04
7	21	20	20	23	24	25	24	19	15	08	02	00	03	12	18	22	24	26	29	27	25	25	25	24	19.2	29	00
8	23	23	20	18	18	21	21	19	12	03	−07	−07	−02	08	17	21	22	22	21	22	22	22	22	22	16.0	23	−07
9	22	18	17	21	22	15	16	11	03	−09	−15	−12	03	23	33	28	31	27	26	24	23	23	22	23	16.5	31	−15
10	23	22	23	24	22	23	24	22	12	−04	−14	−09	01	08	13	22	28	34	32	32	23	13	14	11	16.6	34	−14
11	11	09	14	06	13	15	19	16	14	06	−02	−04	06	14	24	31	32	36	33	26	21	23	23	22	17.0	36	−04
12	19	19	19	23	24	21	24	20	15	10	09	05	10	20	24	32	36	35	33	32	30	27	26	16	22.0	36	05
13	17	14	18	23	26	25	21	14	08	02	01	02	06	16	23	23	25	30	35	35	31	21	19	18	18.9	35	01
14	13	13	16	21	25	25	23	20	17	15	11	14	21	22	21	30	38	38	37	34	30	29	28	25	23.6	38	11
15	26	26	25	26	13	10	09	12	10	04	02	01	09	16	28	37	38	33	34	34	31	30	29	21	21.0	38	01
16	19	13	18	22	24	23	18	15	08	01	−04	−05	01	08	13	15	18	24	26	27	25	24	24	24	**15.9**	27	−05
17	22	18	18	22	22	15	10	06	01	−04	−04	00	04	09	17	24	24	29	31	31	29	28	26	24	16.8	31	−04
18†	23	10	07	07	08	07	−01	04	−02	−04	−03	06	32	42	37	44	51	46	45	38	35	33	32	32	22.0	51	−04
19	28	22	23	28	29	32	33	31	22	14	07	07	07	14	23	29	30	32	32	29	30	22	18	22	23.5	33	07
20	24	25	26	28	30	29	26	24	21	12	01	−02	03	19	30	40	47	48	37	32	29	27	26	27	25.4	48	−02
21	27	26	28	29	16	18	22	18	16	10	03	02	08	16	26	34	34	31	27	28	26	26	25	20	21.5	34	02
22†	20	21	01	06	15	14	17	14	18	17	16	26	27	30	40	52	55	50	37	33	32	31	29	28	26.2	55	01
23†	28	29	31	32	31	31	31	27	23	18	12	12	16	24	31	32	34	32	29	37	23	22	20	23	26.2	37	12
24†	25	26	26	29	08	−03	04	12	14	11	−06	02	23	47	68	79	81	67	66	62	41	26	23	26	**31.5**	**81**	−06
25	16	23	25	21	31	36	34	34	26	16	09	09	19	26	34	39	42	43	44	39	31	32	30	31	28.8	44	09
26†	31	30	26	22	23	27	22	20	16	10	00	−03	00	04	14	24	34	49	51	52	42	35	17	05	23.0	52	−03
27	−17	−05	02	17	24	27	24	17	14	09	05	08	12	17	26	29	30	35	40	36	30	30	27	20	19.0	40	**−17**
28	16	18	16	17	08	16	20	22	12	10	08	12	16	25	34	38	43	46	41	37	32	28	28	27	23.8	46	08
29	24	18	20	26	28	27	26	21	13	14	08	08	16	22	28	32	31	34	33	34	28	28	28	28	24.0	34	08
30*	28	28	28	31	32	32	30	26	20	19	14	12	13	19	24	24	28	30	28	28	29	27	27	26	25.1	32	12
31*	26	26	24	27	27	25	25	22	19	13	04	−01	03	11	21	27	32	29	27	27	27	27	26	26	21.7	32	−01
Mittel	21	21	21	22	22	22	22	20	14	08	02	03	09	18	25	30	34	35	33	32	28	26	25	23	21.5	37	00
Juni																											
1*	25	25	26	26	23	21	22	22	21	09	05	07	12	17	22	24	25	24	23	24	26	24	23	23	20.8	26	05
2	23	22	23	20	17	12	12	15	09	03	00	07	08	20	33	43	43	37	33	32	30	30	26	24	21.8	43	00
3	24	24	25	26	24	20	19	16	15	10	00	−02	−05	03	10	19	22	26	24	23	22	23	23	23	**17.2**	26	−05
4*	19	21	22	23	24	24	22	16	09	04	01	05	10	18	24	28	27	24	24	24	23	21	21	20	18.9	28	01
5	20	21	22	23	25	26	28	24	12	05	−03	01	11	19	24	25	26	24	21	24	24	25	26	22	19.8	28	−03
6†	12	03	04	10	05	05	05	09	00	03	09	16	34	34	41	44	44	52	59	55	47	43	36	30	25.0	59	00
7†	26	14	−01	−05	01	04	15	20	20	18	16	15	22	29	36	38	38	40	40	35	27	26	25	19	21.6	40	**−05**
8	05	00	12	22	25	34	40	39	30	25	16	11	18	27	35	30	36	39	35	34	32	28	16	18	25.3	40	00
9	22	25	25	27	27	23	21	18	12	15	09	07	10	17	26	34	40	38	34	35	32	26	20	19	23.4	40	07
10	20	17	21	26	29	28	24	20	15	12	05	−02	−01	08	16	22	25	26	26	26	25	26	25	24	19.3	29	−02
11*	21	23	24	25	25	29	30	26	17	11	02	−01	07	19	29	33	30	33	31	27	25	25	23	22	22.3	33	−01
12	22	23	25	25	26	27	28	21	14	08	11	11	11	14	18	24	24	27	27	23	22	22	23	23	20.8	28	08
13	23	23	25	28	30	26	24	26	28	20	10	08	06	04	10	18	24	29	27	24	24	22	21	20	20.8	30	04
14†	20	20	24	24	22	19	20	21	14	06	06	01	06	24	26	33	32	51	57	49	44	29	15	03	23.6	57	01
15†	07	03	08	07	10	05	08	15	14	12	17	25	29	45	59	53	71	63	49	45	38	36	35	33	28.6	71	03
16	33	23	19	22	26	30	28	26	24	19	13	11	14	20	31	30	32	35	30	31	33	26	27	27	25.4	35	11
17	22	24	25	20	16	17	22	19	18	19	17	16	17	23	36	33	40	48	48	40	36	35	33	32	27.3	48	16
18	31	32	31	26	18	19	14	19	19	13	14	19	25	34	42	46	48	45	39	37	34	31	30	30	29.0	48	13
19	30	30	33	33	33	28	26	28	25	23	24	25	30	30	35	47	48	48	41	37	34	33	31	28	32.5	48	23
20*	28	30	32	32	33	30	29	25	24	27	24	21	21	25	28	33	36	36	33	32	32	29	29	29	29.1	36	21
21*	28	29	29	27	27	30	32	30	25	18	06	02	12	19	25	29	33	29	28	28	27	27	26	26	24.7	33	02
22	26	26	28	29	30	32	34	35	31	22	11	−02	−01	06	24	30	34	32	27	26	26	27	27	26	24.4	35	−02
23	20	08	11	16	18	21	25	22	09	00	−03	−01	04	12	17	20	28	30	30	29	28	28	28	25	17.7	30	−03
24	25	25	19	20	21	21	17	12	15	10	00	02	13	25	33	42	57	63	62	52	41	37	26	18	27.3	63	00
25†	24	26	27	12	−04	02	10	12	10	06	03	09	42	92	233	197	193	124	132	101	80	66	63	62	**63.4**	**233**	−04
26	48	41	41	48	49	52	54	50	44	43	44	42	42	44	50	52	49	47	50	51	50	47	44	44	46.9	54	41
27	44	43	42	41	41	47	50	49	44	38	32	29	40	44	49	51	52	50	48	46	45	44	44	44	44.0	52	29
28	44	38	40	42	43	45	45	44	36	29	26	25	26	28	32	37	42	49	53	50	46	43	41	40	39.3	53	25
29	39	39	39	41	42	38	36	32	24	17	14	16	20	28	31	32	35	37	42	41	41	37	37	37	33.1	42	14
30	37	36	20	23	24	27	33	40	38	35	28	27	27	31	39	46	50	52	52	47	43	43	42	40	36.7	52	20
Mittel	26	24	24	25	24	25	26	25	21	16	12	12	17	25	37	40	43	42	41	38	35	32	30	28	27.7	48	07

Weltzeit

Vertikalkomponente.

Niemegk — Γ — Z = 0.43400 + Tafelwert. — 1940

0ʰ 1ʰ 2ʰ 3ʰ 4ʰ 5ʰ 6ʰ 7ʰ 8ʰ 9ʰ 10ʰ 11ʰ 12ʰ 13ʰ 14ʰ 15ʰ 16ʰ 17ʰ 18ʰ 19ʰ 20ʰ 21ʰ 22ʰ 23ʰ 24ʰ Weltzeit

Tag	0ʰ	1ʰ	2ʰ	3ʰ	4ʰ	5ʰ	6ʰ	7ʰ	8ʰ	9ʰ	10ʰ	11ʰ	12ʰ	13ʰ	14ʰ	15ʰ	16ʰ	17ʰ	18ʰ	19ʰ	20ʰ	21ʰ	22ʰ	23ʰ	Tagesmittel	Max.	Min.
Juli																									γ		
1	39	35	32	28	33	31	32	35	36	31	21	18	21	26	36	40	41	43	41	40	38	37	38	38	33.8	43	18
2*	38	38	37	39	40	37	32	28	22	22	21	19	19	26	32	35	38	43	43	41	42	40	39	38	33.7	43	19
3	38	37	38	37	36	37	36	36	33	24	16	15	18	27	31	30	34	40	47	43	42	38	37	24	33.1	47	15
4†	09	14	15	24	28	29	29	31	28	29	24	22	19	29	36	41	44	46	48	47	46	41	31	19	30.4	48	09
5	16	24	32	34	40	42	40	35	29	26	22	16	19	28	34	42	45	42	44	45	41	34	31	30	33.0	45	16
6	28	24	24	27	26	28	33	34	26	25	20	12	12	18	31	38	42	45	44	41	40	38	37	36	30.4	45	12
7	35	34	36	40	37	33	36	39	37	30	21	17	17	27	36	46	54	54	52	47	42	41	40	37	37.0	54	17
8	37	37	37	37	37	35	38	41	36	29	26	26	23	28	35	41	41	41	41	38	36	36	36	33	35.2	41	23
9	32	31	32	36	33	32	31	32	31	28	23	14	10	17	30	38	37	38	39	42	40	38	39	33	31.5	42	10
10†	35	25	24	25	25	31	25	25	22	26	27	21	26	39	50	55	65	63	58	49	45	40	32	33	36.2	65	21
11	32	26	21	29	27	26	25	27	33	26	19	14	20	27	34	39	43	44	44	42	40	40	37	37	31.3	44	14
12	36	36	36	34	35	36	38	36	27	16	12	13	18	24	33	38	38	38	38	38	39	38	37	36	32.1	39	12
13†	35	36	35	34	37	37	38	33	22	11	07	11	50	88	122	104	96	93	84	68	56	53	50	40	**51.7**	**122**	07
14†	42	40	42	43	30	33	38	34	26	26	30	27	38	53	57	65	70	65	58	51	48	46	40	42	43.5	70	26
15	42	41	31	27	32	34	30	31	22	25	27	27	28	39	48	58	65	64	60	53	47	42	41	40	39.8	65	22
16	38	37	36	37	38	40	40	34	26	24	21	22	30	35	41	45	45	47	46	44	42	42	40	39	37.0	47	21
17*	38	39	38	38	42	44	45	39	37	33	30	28	29	32	39	45	50	50	46	42	41	40	39	39	39.3	50	28
18*	39	39	40	41	42	37	34	36	32	26	22	23	27	34	40	41	42	41	40	39	37	37	37	36	35.9	42	22
19	35	36	37	40	38	36	37	36	30	24	16	13	20	28	38	42	40	39	38	37	36	36	35	34	33.4	42	13
20*	35	35	36	38	36	34	36	37	33	28	20	15	17	24	34	40	41	38	38	37	36	35	36	36	33.1	41	15
21	34	34	34	37	37	33	33	32	28	18	09	10	10	16	26	34	39	43	51	45	42	40	36	35	31.5	51	09
22	35	35	35	38	36	30	27	20	21	19	13	12	16	30	44	52	50	56	52	46	40	40	38	39	34.3	56	12
23	35	35	37	39	41	43	45	43	37	32	21	17	21	26	30	37	40	43	41	42	40	38	37	36	35.7	45	17
24	35	36	37	39	41	36	37	34	31	29	26	24	25	32	39	48	48	49	49	45	42	40	38	34	37.2	49	24
25	28	28	30	35	34	36	38	38	40	32	08	01	06	16	23	28	36	44	39	38	36	36	36	36	30.1	44	**01**
26	30	29	32	35	36	34	32	33	30	31	30	25	20	28	38	41	40	39	38	36	35	35	34	34	33.1	41	20
27*	32	32	33	34	37	34	37	36	30	24	18	10	13	21	32	36	32	32	32	33	33	32	33	32	**29.9**	37	10
28	29	28	32	33	35	36	36	31	24	19	15	14	17	22	32	40	42	38	37	37	36	36	36	35	30.8	42	14
29	35	35	35	36	37	37	35	30	25	21	17	15	18	18	24	30	36	35	34	34	36	34	33	33	30.1	37	15
30†	31	32	31	33	34	28	26	31	24	18	16	15	15	18	30	40	45	47	42	38	39	38	39	38	31.2	47	15
31	38	37	24	19	25	26	33	38	32	28	20	10	20	26	32	41	45	42	38	38	36	35	36	35	31.4	45	10
Mittel	34	33	33	34	35	34	35	34	29	25	20	17	21	29	38	44	46	47	45	42	40	39	37	35	34.4	49	16
August																									γ		
1	35	34	11	18	27	31	32	33	30	24	20	26	28	33	36	39	38	42	42	41	41	38	33	27	31.6	42	11
2	31	33	34	36	35	36	40	40	31	26	18	17	22	30	35	39	42	40	39	42	39	35	35	33	33.7	42	17
3†	32	32	30	35	36	39	43	43	46	41	40	41	53	66	92	102	91	87	70	61	56	51	47	45	**53.3**	**102**	30
4	42	43	37	41	40	41	46	44	41	33	30	27	33	39	41	46	46	44	42	41	37	38	38	38	39.5	46	27
5	40	39	40	41	41	39	38	37	36	36	34	30	35	41	46	48	51	43	42	42	43	38	36	36	39.7	51	30
6†	35	29	30	34	37	35	36	37	34	29	25	21	22	33	42	45	50	49	41	43	41	38	35	22	35.1	50	21
7	26	30	34	40	42	40	42	44	43	43	37	37	40	44	53	56	48	60	58	49	44	42	40	40	43.0	60	26
8	40	37	28	32	38	41	44	40	31	25	19	24	28	35	44	45	44	43	41	43	42	42	40	39	36.9	45	19
9†	38	36	37	39	42	42	38	36	34	30	29	38	62	77	88	83	83	86	81	49	44	44	43	43	50.9	88	29
10	43	45	47	48	49	48	48	44	39	32	27	32	42	40	43	52	50	56	56	53	48	46	44	44	44.8	56	27
11†	43	42	41	38	39	35	36	35	32	31	33	32	30	37	46	59	67	62	56	54	48	45	42	30	42.2	67	30
12	28	31	31	29	31	36	34	30	31	29	23	24	29	31	41	49	57	58	56	52	46	44	42	38	37.5	58	23
13	33	34	37	38	41	39	38	34	28	22	19	20	25	39	48	51	51	50	47	44	42	42	40	39	37.5	51	19
14	38	39	38	40	40	37	37	37	34	27	23	23	30	35	44	48	46	46	47	43	42	40	41	39	38.1	48	23
15*	36	36	37	41	44	45	42	41	34	25	19	18	21	27	36	42	40	37	36	36	37	37	37	37	35.0	45	18
16*	37	36	36	37	39	38	35	35	34	28	13	10	19	24	28	36	37	35	34	35	36	35	35	36	32.0	39	10
17*	35	34	35	36	36	34	32	30	29	18	10	12	19	28	34	34	37	33	33	34	34	34	34	34	30.4	37	10
18	34	34	34	34	34	32	33	32	19	10	09	09	15	28	42	59	66	77	76	62	54	50	53	46	39.2	77	09
19	44	44	45	46	46	46	43	38	31	24	18	18	22	25	36	54	62	53	49	47	46	43	42	39	40.0	62	18
20	39	38	39	42	37	33	33	27	22	13	15	18	25	24	32	40	48	50	46	45	42	40	39	38	34.4	50	13
21	37	36	38	39	35	36	36	37	28	18	19	21	22	25	40	45	43	40	42	44	43	44	43	40	35.5	45	18
22	40	37	37	38	40	37	34	32	30	27	22	19	26	37	46	57	61	62	58	47	44	41	41	39	39.7	62	19
23	35	35	36	35	35	36	35	32	32	28	22	22	23	28	35	41	44	43	41	41	40	39	38	38	34.8	44	22
24*	37	38	38	39	41	44	44	45	42	36	28	23	26	35	38	39	40	36	36	37	37	36	36	36	37.0	45	23
25	36	36	36	36	37	37	36	37	35	27	15	15	22	28	32	35	36	34	33	34	34	35	36	37	32.5	37	15
26†	35	32	31	32	32	32	32	31	26	18	13	14	22	32	36	38	33	34	35	42	38	31	17	19	29.4	42	13
27	23	22	24	26	31	31	26	24	24	24	24	20	22	26	28	36	35	33	36	35	36	34	35	33	28.7	36	20
28	28	28	29	31	26	30	34	34	33	29	26	24	26	26	27	31	33	32	32	32	34	33	33	34	30.2	34	24
29	32	32	26	29	31	32	34	34	29	18	05	06	18	29	31	34	35	34	31	32	34	34	32	31	**28.5**	35	**05**
30*	31	32	31	33	34	34	34	33	29	21	19	23	26	28	29	30	31	29	30	32	33	33	32	29	29.8	34	19
31	26	28	29	29	30	30	33	33	31	23	13	14	23	33	33	35	35	34	32	33	32	32	32	26	29.1	35	13
Mittel	35	35	34	36	37	37	37	36	32	26	22	22	28	34	41	47	48	47	45	43	41	39	38	36	36.5	50	19

Vertikalkomponente: Γ

Niemegk — $Z = 0.43400 +$ Tafelwert. — 1940

Weltzeit

September

Tag	0h	1h	2h	3h	4h	5h	6h	7h	8h	9h	10h	11h	12h	13h	14h	15h	16h	17h	18h	19h	20h	21h	22h	23h	Tagesmittel γ	Max.	Min.
1†	26	17	09	18	26	32	36	37	31	27	25	33	50	74	86	85	69	58	52	51	47	43	42	42	42.3	**86**	09
2	42	41	41	41	43	41	39	37	36	27	25	32	39	47	55	57	56	54	55	51	46	42	40	40	42.8	57	25
3	30	24	34	39	42	44	34	37	34	29	26	31	40	42	50	53	55	57	49	47	45	39	31	31	39.3	57	24
4	37	26	25	35	38	41	42	39	33	29	27	35	38	40	45	49	49	44	43	43	40	36	34	33	37.5	49	25
5	29	30	34	34	35	38	42	43	41	36	34	36	39	46	47	49	53	46	45	46	43	41	39	39	40.2	53	29
6	39	39	40	39	40	42	43	43	39	31	25	27	28	33	39	42	40	38	38	38	39	36	34	33	36.9	43	25
7†	30	19	17	15	11	10	16	23	28	27	29	35	37	47	52	58	62	55	50	49	47	38	32	30	34.0	62	10
8	22	31	36	36	39	42	45	45	42	37	34	30	35	48	54	65	69	65	56	50	47	44	43	39	**43.9**	69	22
9	28	25	24	27	31	36	41	41	38	28	22	29	38	44	50	55	59	59	52	48	38	36	36	29	38.1	59	22
10*	32	34	37	39	41	43	45	45	42	34	24	21	26	34	36	37	39	36	37	37	38	38	38	37	36.2	45	21
11	38	38	37	38	39	42	45	44	39	31	27	27	33	41	45	46	48	45	44	42	40	39	38	38	39.3	48	27
12*	38	37	36	36	37	39	42	40	35	30	28	29	30	34	36	36	35	36	37	37	38	37	37	37	35.7	42	28
13	36	36	36	35	36	38	36	32	24	18	14	17	24	27	31	31	30	29	31	32	33	33	33	34	30.2	38	14
14	33	34	32	28	26	29	30	29	25	21	19	18	22	27	31	37	38	43	46	54	48	44	44	43	33.4	54	18
15	42	42	41	40	40	41	40	39	35	27	25	27	34	34	36	39	40	41	42	43	41	40	39	38	37.8	43	25
16	39	38	38	38	39	40	40	34	26	20	16	19	25	31	48	57	52	49	48	46	43	41	40	40	37.8	57	16
17*	40	40	40	39	40	40	40	36	28	20	14	15	21	24	26	29	31	33	34	34	35	34	33	33	31.6	40	14
18	33	34	34	33	34	34	35	32	24	13	07	10	15	20	25	28	27	29	30	31	30	31	31	29	27.0	35	07
19*	30	30	30	30	31	32	31	27	20	13	09	10	13	16	21	25	27	30	31	32	31	31	31	30	**25.5**	32	09
20	30	30	30	30	31	32	32	27	21	13	07	08	14	22	24	42	46	43	42	40	42	39	37	35	29.9	46	07
21	34	33	30	31	32	34	33	26	20	14	11	18	23	31	32	36	39	39	39	37	37	36	35	35	30.6	39	11
22	34	34	34	34	35	36	36	34	32	28	23	20	20	27	36	43	42	39	37	38	38	38	37	37	33.8	43	20
23*	36	36	35	36	35	36	37	34	28	24	22	23	28	31	32	30	29	32	33	33	33	33	33	33	31.8	37	22
24	33	32	33	33	32	34	38	37	30	24	19	20	23	24	30	33	32	30	32	33	34	35	37	38	31.1	38	19
25	38	38	34	29	30	35	30	33	29	25	26	30	30	30	38	43	45	55	50	47	43	39	28	29	35.6	55	25
26†	33	34	34	34	35	37	38	37	33	27	24	22	25	28	33	41	46	38	79	53	51	56	51	41	38.8	79	22
27†	36	−16	−16	−01	15	26	36	40	38	36	36	36	41	46	56	67	67	65	58	54	41	42	23	21	35.3	67	**−16**
28†	20	11	20	19	20	24	29	27	31	30	36	46	46	57	70	73	73	73	65	44	46	48	41	41	41.2	73	11
29	42	37	36	39	41	45	48	48	44	35	32	35	41	48	54	56	51	50	49	47	43	40	40	41	43.4	56	32
30	41	41	40	40	41	44	45	42	39	31	24	25	29	36	43	48	48	47	50	49	39	40	40	40	40.1	50	24
Mittel	34	31	31	32	34	36	37	36	32	26	23	25	30	36	42	46	47	45	45	43	41	39	37	36	36.0	52	18

Oktober

Tag	0h	1h	2h	3h	4h	5h	6h	7h	8h	9h	10h	11h	12h	13h	14h	15h	16h	17h	18h	19h	20h	21h	22h	23h	Tagesmittel γ	Max.	Min.
1†	32	22	25	25	29	30	39	42	44	39	39	49	52	62	63	70	89	90	82	44	46	54	54	54	49.0	90	22
2	53	52	52	52	53	56	56	52	48	41	38	42	47	54	62	63	69	72	67	64	60	49	49	48	**54.1**	72	38
3	48	48	47	43	39	42	48	49	52	48	44	48	55	58	59	65	61	63	49	49	49	49	44	43	50.0	65	39
4	42	34	34	20	26	34	45	49	49	46	39	39	40	44	46	47	49	49	49	48	46	44	44	43	41.9	49	20
5	39	39	38	39	34	36	41	43	39	36	34	31	34	41	53	53	49	47	47	47	45	44	43	43	41.5	53	31
6	42	43	42	41	41	43	47	46	40	34	35	38	40	49	50	57	64	60	57	53	50	37	39	33	45.0	64	33
7†	17	21	25	25	23	26	31	36	39	32	35	40	50	62	83	98	105	120	129	106	76	49	35	30	53.9	**129**	17
8†	16	−05	−18	−23	−04	11	20	21	26	36	46	52	54	62	70	86	87	87	96	96	83	76	68	52	45.6	96	**−23**
9	44	52	53	52	51	53	56	53	50	49	48	48	48	49	52	54	53	53	53	54	53	54	53	52	51.5	56	44
10	50	49	48	48	48	48	50	47	44	42	42	46	49	48	49	50	49	49	51	53	50	50	49	46	48.1	53	42
11	44	44	45	46	43	45	48	46	42	38	35	35	37	38	47	52	52	52	51	50	49	49	47	42	44.9	52	35
12	27	31	32	34	35	40	44	45	40	35	36	40	39	39	41	43	44	45	44	44	45	45	45	43	39.8	45	27
13*	42	41	40	40	41	42	46	45	43	37	35	34	36	37	41	41	40	41	41	42	42	42	42	43	40.6	46	34
14*	42	42	41	41	41	41	44	43	38	33	30	29	31	34	38	40	40	40	40	40	41	41	41	41	38.8	44	29
15	40	40	38	36	36	36	38	33	28	27	23	23	27	34	38	39	40	42	43	44	42	41	40	40	**36.2**	44	23
16	40	40	37	38	38	38	40	40	39	32	24	26	31	41	48	52	55	58	51	55	52	48	46	44	42.2	58	24
17	43	42	41	41	40	40	42	43	41	38	35	30	30	35	40	41	40	39	40	40	40	40	40	36	39.0	43	30
18	34	36	37	38	38	39	40	42	30	25	22	25	28	34	38	38	38	39	44	47	47	47	44	42	37.2	47	22
19	42	42	41	38	38	38	39	40	39	36	38	39	43	45	47	47	50	48	48	48	46	36	37	41	41.9	50	36
20	41	40	37	36	38	38	41	41	37	32	31	33	36	41	44	43	43	45	46	46	45	45	45	44	40.3	46	31
21	46	43	42	42	41	41	42	44	39	39	38	39	34	40	47	48	50	49	49	48	36	25	29	32	41.0	50	25
22	39	40	42	42	40	40	45	44	42	40	42	48	49	48	47	46	46	47	48	49	47	47	47	46	44.6	49	39
23*	46	45	45	45	44	44	47	48	47	41	38	38	38	42	45	44	44	45	44	45	45	45	44	44	43.9	48	38
24*	44	44	44	44	44	44	46	47	44	42	41	42	42	45	46	45	45	45	45	44	44	44	43	43	44.0	47	41
25†	42	42	41	41	40	41	43	43	39	36	35	34	35	38	38	37	35	34	36	39	47	49	56	50	40.5	56	34
26†	48	46	43	43	40	39	38	39	33	28	33	34	39	46	62	56	74	85	73	60	55	29	33	40	46.5	85	28
27	42	36	35	38	40	41	45	47	44	46	51	56	60	63	63	61	60	57	56	51	50	48	43	42	49.0	63	35
28	43	39	36	39	42	42	42	44	44	45	44	44	48	51	52	52	50	52	52	51	44	43	43	44	45.2	52	36
29	44	44	44	43	36	39	40	39	43	43	44	46	48	49	48	46	45	45	46	46	46	45	44	43	44.0	49	36
30*	43	44	42	38	39	39	42	43	44	42	42	44	45	43	42	42	42	42	42	42	42	43	42	41	42.1	45	38
31	41	38	38	38	39	40	44	47	45	44	46	46	46	49	53	52	56	52	49	48	45	45	44	44	45.4	56	38
Mittel	41	39	38	38	38	40	43	43	41	38	38	39	42	46	50	52	54	55	54	51	49	45	44	43	44.1	58	30

Vertikalkomponente.

Niemegk

$Z = 0.43400\ \Gamma + \text{Tafelwert.}$

1940

Tag	0h–1h	1h–2h	2h–3h	3h–4h	4h–5h	5h–6h	6h–7h	7h–8h	8h–9h	9h–10h	10h–11h	11h–12h	12h–13h	13h–14h	14h–15h	15h–16h	16h–17h	17h–18h	18h–19h	19h–20h	20h–21h	21h–22h	22h–23h	23h–24h	Tagesmittel	Max.	Min.
November																									γ		
1	44	42	41	41	39	36	41	44	44	42	41	43	46	52	54	55	53	52	53	49	46	44	43	43	45.3	55	36
2	43	43	43	43	40	40	41	44	40	38	36	38	38	44	47	46	45	44	43	43	42	41	41	40	41.8	47	36
3	39	38	38	36	37	36	35	39	39	38	35	37	43	48	53	54	55	57	60	59	56	52	49	45	44.9	60	35
4	44	38	39	40	40	43	39	41	40	34	28	30	42	56	63	75	87	100	93	74	63	54	45	32	51.7	100	28
5	22	33	40	41	34	34	41	43	43	41	42	47	54	59	59	54	52	54	53	51	43	45	45	45	44.8	59	22
6	44	42	42	40	42	44	46	46	46	44	42	43	46	48	48	49	47	46	47	44	44	41	41	41	44.3	49	40
7	41	40	37	38	37	38	39	43	39	37	40	45	49	49	48	47	47	46	46	46	46	44	44	42	42.8	49	37
8*	43	40	38	39	39	40	42	44	43	40	38	40	45	46	46	47	47	47	46	45	45	44	44	42	42.9	47	38
9	42	42	41	39	37	37	37	38	38	34	37	40	44	54	61	64	69	64	59	56	54	52	49	47	47.3	69	34
10*	46	45	45	44	44	44	45	45	42	37	38	38	39	42	44	44	44	44	44	43	43	43	42	42	42.8	46	37
11*	41	41	41	40	40	40	40	42	39	34	31	32	37	40	41	41	40	40	40	40	40	40	41	40	**39.2**	42	31
12†	39	37	40	40	40	40	41	42	37	39	42	38	40	41	49	52	57	57	63	66	66	36	31	35	44.5	66	31
13†	33	32	23	13	01	00	05	20	30	35	39	42	48	54	62	63	65	64	60	56	54	53	51	51	39.8	65	**00**
14	50	47	42	44	46	46	47	46	42	40	40	41	50	54	53	51	51	55	56	54	53	53	48	45	48.1	56	40
15	47	48	46	42	44	46	45	43	42	40	41	43	46	48	51	52	53	53	51	50	52	51	51	51	47.3	53	40
16	48	50	50	48	46	48	46	46	43	39	39	40	44	46	49	50	63	70	58	60	65	58	57	53	50.7	70	39
17	52	53	53	53	52	50	49	48	46	42	39	39	42	47	49	58	58	61	62	65	63	57	46	45	51.2	65	39
18*	52	52	52	52	53	52	49	48	46	40	36	34	39	45	49	51	51	51	50	50	49	48	49	49	47.8	53	34
19*	48	47	46	46	46	44	42	42	40	35	35	40	41	44	44	45	45	45	44	44	43	42	42	42	43.0	48	35
20	42	42	42	42	41	41	39	37	37	38	37	36	39	42	45	46	45	45	45	46	49	47	44	33	41.7	49	33
21	32	37	38	39	40	40	37	39	38	40	44	47	54	59	59	56	54	52	51	51	52	46	46	32	45.1	59	32
22†	22	25	27	30	31	30	29	38	36	39	52	61	62	61	61	58	55	52	51	54	62	60	56	47	45.8	62	22
23	47	46	39	38	42	46	52	52	50	56	60	62	71	72	68	66	61	60	61	62	60	58	55	54	55.8	72	38
24	53	52	53	52	52	52	51	50	46	44	45	47	51	50	52	53	52	51	51	53	53	50	51	51	50.6	53	44
25†	51	50	47	47	47	47	46	45	40	43	43	50	57	67	101	100	110	90	90	78	70	57	39	38	**60.5**	**110**	38
26	41	46	44	32	42	40	44	47	48	50	52	55	58	60	60	62	64	59	57	55	54	52	53	52	51.1	64	32
27	52	49	46	48	49	49	49	50	49	46	45	49	52	62	62	60	57	57	54	55	52	46	48	49	51.5	62	45
28	50	50	50	49	48	48	46	44	40	41	43	45	48	50	53	54	53	51	50	50	50	49	44	48	48.1	54	40
29†	43	44	44	42	43	45	40	42	45	45	46	52	63	84	90	87	84	82	79	72	62	48	31	32	56.0	90	31
30	43	48	48	49	50	50	49	47	46	48	48	48	51	57	62	63	59	58	59	54	54	53	50	46	51.7	63	43
Mittel	43	43	42	42	41	42	42	43	42	41	41	43	48	53	56	57	57	57	56	54	53	49	46	44	47.3	61	34
Dezember																									γ		
1	48	50	48	48	48	47	48	47	48	47	47	49	53	54	57	57	56	57	58	56	54	51	45	47	50.8	58	45
2	43	36	34	39	41	46	47	51	49	47	53	50	56	56	61	71	67	66	62	58	57	52	40	44	51.1	71	34
3	48	48	45	47	48	50	49	48	48	45	48	53	58	59	65	66	62	58	58	56	50	41	46	46	51.8	66	41
4	47	48	48	46	44	45	47	46	44	44	46	47	51	51	57	60	62	60	56	53	51	50	49	48	50.0	62	44
5	45	47	46	46	46	45	42	43	45	46	46	46	49	50	51	53	54	55	59	58	55	53	50	49	49.1	59	42
6*	48	48	48	49	47	46	45	43	42	43	43	43	43	47	48	49	49	49	50	49	48	48	47	47	46.6	50	42
7*	47	46	47	46	46	47	47	46	45	46	46	46	48	48	49	49	49	49	49	49	49	48	48	47	47.4	49	45
8*	47	47	47	47	47	46	45	43	43	43	44	43	44	44	46	48	47	47	47	47	47	46	46	46	**45.7**	48	43
9	46	44	43	43	42	40	38	37	41	42	44	44	50	54	52	52	51	52	53	53	53	53	51	53	47.1	54	37
10	50	50	50	50	48	47	48	46	44	43	44	45	44	48	48	49	56	63	60	63	62	59	58	57	51.3	63	43
11	54	54	53	52	52	52	50	48	46	45	49	53	53	52	52	53	53	54	55	54	55	57	56	54	52.3	57	45
12	52	49	52	52	51	50	50	45	43	43	43	45	48	50	52	57	59	58	57	59	58	57	56	55	51.7	59	43
13	55	50	49	49	49	50	50	48	46	45	44	44	46	49	52	54	54	53	54	54	52	53	53	54	50.3	55	44
14	51	51	51	50	50	49	48	43	43	46	48	49	54	53	53	55	58	68	72	71	66	65	62	54	54.6	72	43
15	52	53	53	54	53	52	50	46	43	43	45	48	47	48	52	53	54	55	56	60	57	57	53	42	51.1	60	42
16	46	47	48	48	47	48	48	45	42	44	47	46	46	52	51	51	51	54	55	55	55	53	53	54	49.4	55	42
17	53	52	52	52	52	51	50	48	47	46	47	48	54	61	62	61	60	60	60	57	54	54	45	49	53.1	62	48
18*	47	47	50	51	51	52	51	48	45	44	45	47	44	49	51	52	52	54	53	52	51	50	49	49	49.3	54	44
19*	49	47	48	49	48	48	47	44	44	45	46	45	47	49	48	49	47	48	48	48	48	49	50	50	47.5	50	44
20†	42	39	41	43	43	44	40	41	40	40	48	50	60	74	65	77	89	79	75	69	58	45	40	44	53.6	89	39
21†	44	42	42	40	35	28	41	51	57	59	62	60	60	61	68	69	69	68	66	65	54	52	51	51	54.0	69	**28**
22†	50	45	38	40	43	45	48	49	46	48	47	46	52	63	64	71	70	66	64	61	60	58	57	55	53.6	71	38
23	52	48	48	50	50	50	49	47	45	45	48	49	55	61	66	69	72	67	64	54	56	54	51	40	53.8	72	40
24	44	46	47	48	49	50	50	51	52	51	50	50	52	57	59	56	55	55	55	54	54	55	52	52	51.8	59	44
25	51	50	50	50	47	49	48	51	48	45	49	53	58	61	61	64	65	68	64	62	59	56	49	53	54.6	68	45
26	53	53	53	50	47	50	50	50	48	49	50	52	56	55	58	57	56	56	58	59	57	56	56	54	53.5	59	47
27	51	52	52	51	47	48	48	47	48	46	45	44	52	58	61	63	62	59	57	56	55	54	52	52	52.5	63	44
28	52	52	51	51	52	51	51	50	49	46	47	48	49	54	60	58	56	55	55	55	55	52	61	60	52.9	61	46
29	52	47	51	52	51	48	48	50	52	54	56	57	56	61	63	65	70	71	64	64	63	61	58	52	56.9	71	47
30†	55	55	55	55	54	46	48	50	53	56	60	58	60	67	69	70	69	72	67	66	60	58	55	55	**58.9**	72	46
31†	53	47	37	40	44	50	52	53	52	55	53	51	52	57	62	65	69	80	89	80	72	66	62	60	58.4	**89**	37
Mittel	49	48	48	48	47	47	48	47	46	46	48	49	52	55	57	59	59	60	59	58	56	54	52	51	51.8	63	42

Weltzeit

Nordkomponente.

Niemegk — X = 0.18300 Γ + Tafelwert. — 1941

Tag	0h–1h	1h–2h	2h–3h	3h–4h	4h–5h	5h–6h	6h–7h	7h–8h	8h–9h	9h–10h	10h–11h	11h–12h	12h–13h	13h–14h	14h–15h	15h–16h	16h–17h	17h–18h	18h–19h	19h–20h	20h–21h	21h–22h	22h–23h	23h–24h Weltzeit	Tagesmittel	Max.	Min.
Januar																									γ		
1	83	80	84	88	92	85	89	96	96	92	93	92	87	83	69	45	31	64	82	89	105	74	73	78	81.2	105	**31**
2	77	77	86	84	88	93	94	96	92	85	82	78	72	68	80	82	87	89	89	92	95	95	97	89	86.1	97	68
3	88	90	92	93	94	96	97	100	102	102	103	98	93	90	94	98	99	98	99	108	109	101	93	106	97.6	109	88
4	104	84	88	87	95	105	105	104	95	80	72	77	80	79	77	76	81	90	95	97	96	97	94	96	89.8	105	72
5*	96	96	98	100	102	104	106	106	105	104	99	97	97	99	95	90	105	109	117	118	117	116	110	108	**103.9**	118	90
6	102	111	97	105	98	84	73	100	95	86	74	67	70	85	87	89	93	90	91	89	88	88	85	85	88.8	111	67
7	84	85	80	87	92	93	93	96	89	87	85	87	89	93	93	87	63	56	44	61	81	83	82	78	82.0	96	44
8	74	75	78	82	89	89	85	85	77	70	73	79	89	96	96	95	94	93	90	92	93	107	100	86	87.0	107	70
9	81	80	88	90	96	98	106	88	80	81	77	70	63	60	46	78	92	96	86	87	90	85	83	84	82.7	106	46
10	103	98	88	88	89	94	94	89	86	82	77	80	89	82	83	86	89	97	96	95	86	94	94	89	89.5	103	77
11	94	101	93	88	92	96	95	93	90	82	72	74	82	68	77	82	91	93	86	80	80	82	93	82	86.1	101	68
12	89	88	89	87	95	95	96	94	85	81	80	81	81	74	75	87	92	95	96	96	96	103	101	90	89.4	103	74
13	85	100	94	93	92	90	92	94	99	96	92	95	93	94	95	98	100	100	96	92	89	90	88	93	93.8	100	85
14*	92	93	93	92	97	100	98	99	100	100	93	96	100	100	100	98	99	100	101	96	97	98	92	81	96.5	101	81
15*	84	95	100	96	97	96	99	104	107	107	102	100	101	100	104	100	97	100	100	103	101	100	101	100	99.8	107	84
16	98	102	101	107	108	112	113	110	112	106	98	89	85	80	68	48	74	89	89	89	93	98	103	102	94.8	113	48
17†	94	109	115	85	88	100	104	95	82	85	97	97	97	69	63	52	41	77	39	59	44	56	66	64	78.2	115	39
18†	73	77	73	62	78	88	81	77	85	80	66	80	80	77	81	76	68	70	49	105	65	80	90	112	78.0	112	49
19	94	81	81	80	76	80	91	87	71	70	69	71	83	72	71	76	75	85	74	88	93	116	99	93	82.3	116	69
20	92	85	79	86	88	93	91	87	87	83	85	81	85	88	90	93	96	97	99	103	97	124	102	97	92.0	124	79
21*	97	101	103	97	110	111	109	105	97	88	82	85	90	94	100	101	99	97	97	96	98	102	97	96	98.0	111	82
22	95	98	101	106	108	108	106	105	100	93	91	96	101	107	110	109	103	102	93	98	91	125	104	91	101.7	125	91
23†	93	102	99	104	102	103	103	100	80	69	74	70	64	54	67	37	39	46	73	74	78	77	77	85	77.9	104	37
24†	90	87	85	90	89	84	92	88	89	74	68	57	34	46	54	61	40	63	50	56	84	100	74	69	**71.8**	100	34
25†	74	74	85	84	78	101	88	81	82	77	49	72	72	63	71	63	80	80	88	100	84	84	87	114	80.5	114	49
26	82	84	74	82	90	93	85	94	89	85	67	69	63	68	77	79	73	91	91	91	84	134	95	91	84.6	**134**	63
27	89	93	96	96	101	107	106	96	91	88	66	72	79	78	90	74	79	84	78	110	96	88	102	110	90.4	110	66
28	83	82	90	93	100	101	104	100	94	77	74	78	79	79	86	90	93	88	98	126	102	98	97	91	91.8	126	74
29	93	91	91	94	99	101	102	97	86	83	81	81	91	94	93	94	94	91	98	99	98	100	98	111	94.2	111	81
30	107	94	100	98	94	102	104	101	91	89	87	83	79	77	74	65	62	69	93	90	87	90	105	91	88.8	107	62
31*	92	94	93	94	97	99	102	94	90	91	93	94	98	97	96	93	95	98	98	100	99	100	99	100	96.1	102	90
Mittel	90	90	91	91	94	97	97	96	91	86	81	82	83	81	83	81	81	87	86	93	91	96	93	92	88.9	109	66
Februar																									γ		
1*	98	98	101	102	103	103	102	102	97	94	94	92	85	95	99	98	86	74	82	82	86	92	96	98	94.1	103	74
2	94	97	98	98	98	100	98	99	95	86	85	84	87	96	98	96	97	103	103	78	64	78	90	89	92.1	103	64
3	87	93	96	120	122	103	104	91	57	37	54	66	59	58	65	83	86	81	60	43	53	86	95	86	78.5	122	**37**
4	80	96	90	82	84	89	94	83	83	75	74	77	76	71	73	76	75	72	78	90	91	90	90	90	82.5	96	71
5	92	101	98	90	101	98	98	106	95	84	81	79	79	84	80	79	93	98	72	79	88	110	88	86	90.0	110	72
6	79	82	99	83	86	93	86	88	78	68	50	57	64	64	61	63	57	74	90	95	90	83	89	102	78.4	102	50
7†	110	106	87	90	98	102	102	99	82	73	65	74	75	68	66	83	90	118	99	82	116	97	99	111	91.3	118	65
8	117	93	93	93	99	100	94	94	86	74	71	63	78	82	82	91	90	89	105	96	96	109	87	96	90.8	117	63
9	93	88	91	87	94	105	90	92	97	98	95	96	96	95	89	84	94	96	100	105	113	78	78	87	93.4	113	78
10	84	80	95	103	100	95	89	95	88	88	94	92	86	86	88	86	84	91	92	84	84	88	78	90	89.2	103	78
11*	97	96	90	92	94	95	94	89	89	88	85	84	83	79	80	86	90	90	83	90	78	83	81	88	87.7	97	78
12*	92	95	94	94	98	96	98	100	98	94	93	96	93	93	92	91	98	102	101	105	98	90	89	89	95.4	105	89
13†	94	109	101	110	112	122	129	124	103	86	78	103	92	52	60	74	66	56	81	82	91	92	105	82	91.8	**129**	52
14	82	86	118	98	94	93	88	96	86	80	51	77	86	82	84	82	98	98	99	104	99	101	98	116	91.5	118	51
15	96	114	104	86	78	97	101	103	96	82	63	85	80	79	79	85	97	99	100	94	85	90	94	95	90.9	114	63
16	94	95	90	96	104	101	99	100	99	91	82	80	82	89	92	94	96	96	89	90	92	122	120	93	95.2	122	80
17	98	98	102	106	96	96	93	103	95	84	53	58	68	78	82	91	95	93	89	113	120	91	91	100	91.4	120	53
18*	99	97	98	95	96	102	99	98	95	80	82	79	82	85	88	88	97	96	91	103	97	99	102	104	93.8	104	79
19	103	100	100	102	103	100	99	98	97	95	92	89	94	94	93	92	89	82	78	95	101	103	102	101	95.9	103	78
20	102	98	101	102	109	110	106	111	104	101	99	93	82	73	83	86	89	101	102	102	85	95	92	92	**96.6**	111	73
21†	93	92	91	90	93	90	92	95	92	87	77	81	83	69	53	55	76	56	85	87	79	73	63	79	80.5	95	53
22†	73	82	78	58	88	98	93	89	94	74	62	71	64	86	68	81	112	71	70	98	96	110	92	95	83.5	112	58
23†	66	77	73	85	83	93	80	74	82	86	77	78	72	49	51	76	84	78	83	63	93	91	84	83	**77.5**	93	49
24	85	80	75	75	82	84	79	81	79	77	75	62	67	70	78	82	93	81	101	115	82	89	93	105	82.9	115	62
25	91	94	92	89	86	92	93	86	84	84	78	72	67	69	83	76	85	78	96	86	97	108	109	113	87.8	113	67
26	94	85	83	82	93	94	83	85	86	74	66	70	78	79	84	92	86	90	95	102	99	99	98	98	87.3	102	66
27*	96	94	92	94	95	96	94	91	82	74	80	85	87	89	95	96	101	98	95	99	102	101	101	98	93.1	102	74
28	102	92	102	99	102	106	102	101	94	83	78	66	82	90	95	94	94	101	98	99	102	106	106	113	96.1	113	66
Mittel	93	94	94	93	96	98	96	95	90	82	76	79	80	79	80	84	89	88	90	91	92	95	93	96	89.3	109	66

Nordkomponente.

Niemegk — Γ X = 0.18300 + Tafelwert. — 1941

0h 1h 2h 3h 4h 5h 6h 7h 8h 9h 10h 11h 12h 13h 14h 15h 16h 17h 18h 19h 20h 21h 22h 23h 24h Weltzeit

März

Tag																									Tagesmittel	Max.	Min.
																									γ		
1†	108	104	94	92	110	150	35	85	20	-18	36	26	67	1·93	870	1036	1081	346	-06	-141	-136	-123	-120	-46	**161.0**	**1081**	**-141**
2	-67	-65	-56	-41	-36	-32	-24	-20	-25	07	-12	17	18	30	30	30	32	52	38	50	58	38	37	37	**04.0**	58	-67
3	43	42	42	42	31	34	33	27	31	45	50	40	44	56	50	34	52	71	39	61	42	51	55	56	44.6	71	27
4	74	77	58	48	50	54	62	47	42	26	24	43	58	61	61	16	46	67	60	56	60	113	62	51	54.8	113	16
5	81	56	61	58	50	67	55	59	59	58	56	56	42	52	47	61	45	48	98	61	46	68	64	53	58.4	98	42
6	46	64	62	59	69	54	60	48	57	51	32	49	61	65	62	63	78	55	63	60	68	68	70	71	59.8	78	32
7	68	65	74	75	75	80	79	74	67	57	59	65	64	67	68	70	61	68	77	103	99	77	113	75	74.2	113	57
8	91	71	104	80	85	90	82	76	75	67	67	65	59	59	63	70	68	70	67	71	90	109	97	83	77.5	109	59
9	78	70	86	75	76	78	74	70	70	66	61	58	59	63	68	72	78	86	87	100	120	80	88	112	78.1	120	58
10*	93	76	86	82	93	81	82	83	78	75	74	75	76	79	85	81	83	81	84	86	84	87	95	84	82.6	95	74
11	90	90	81	75	79	79	87	88	88	89	80	78	68	71	73	79	86	91	85	84	72	76	67	67	80.1	91	67
12	71	73	76	84	85	87	91	88	87	85	86	90	87	76	58	66	80	82	86	89	95	94	95	98	83.7	98	58
13	92	82	79	78	84	91	94	94	91	91	92	96	97	97	92	89	79	83	73	60	82	90	85	87	86.6	97	60
14†	95	50	61	74	63	67	50	33	44	29	-34	-17	12	39	41	36	39	53	74	100	108	74	59	92	51.8	108	-34
15	63	62	66	58	68	60	59	48	22	43	53	53	56	58	67	62	68	75	84	84	78	104	98	93	65.9	104	22
16*	88	74	68	75	79	81	80	74	63	57	58	62	69	75	82	82	80	84	85	86	87	87	86	84	76.9	88	57
17*	84	84	85	83	91	87	86	75	66	65	67	64	72	72	77	81	81	83	88	90	91	90	97	90	81.2	97	64
18	91	97	89	91	90	89	86	82	78	74	76	77	82	83	85	86	84	89	94	98	103	112	95	114	89.4	114	74
19	95	96	99	102	106	109	106	90	83	81	76	78	40	38	35	56	68	67	84	91	94	97	98	104	83.0	109	35
20	75	79	81	73	76	91	91	60	66	62	54	52	50	62	66	64	80	76	76	89	99	126	100	82	76.2	126	50
21	80	83	75	69	85	91	82	59	64	56	55	51	64	62	73	75	79	80	121	125	79	74	75	90	77.0	125	51
22	80	81	60	81	70	70	78	63	65	47	51	62	54	69	64	69	88	87	94	99	85	75	81	82	73.1	99	47
23	87	82	83	88	84	84	87	80	74	65	59	60	67	66	75	79	87	85	74	79	83	136	103	86	81.4	136	59
24	74	78	79	78	84	84	84	78	68	63	60	70	71	74	77	72	77	92	99	101	87	100	98	85	80.5	101	60
25	89	90	85	85	86	88	90	87	80	62	67	78	79	77	81	88	90	87	89	100	89	92	97	91	85.3	100	62
26*	92	89	93	91	90	90	84	86	82	72	74	76	79	86	85	90	92	91	92	96	95	96	95	92	87.8	96	72
27*	92	92	92	95	97	99	98	91	82	72	71	76	84	87	88	96	94	95	98	102	107	105	111	112	93.2	112	71
28†	116	131	110	91	102	126	122	105	96	41	07	37	75	33	50	28	64	56	67	54	102	72	70	71	76.1	131	07
29	72	78	87	87	76	79	60	62	56	47	51	60	60	60	51	64	84	88	69	96	89	64	70	71	70.0	96	47
30†	66	67	70	64	67	71	81	62	34	52	48	51	52	41	53	72	115	91	60	58	58	-02	38	34	58.5	115	-02
31†	c9	64	68	48	88	43	36	42	21	14	12	-28	41	61	57	54	57	72	75	83	101	68	74	77	51.5	101	-28
Mittel	75	74	74	72	76	78	73	68	61	55	52	55	62	68	91	97	106	86	77	76	78	77	76	77	74.3	135	34

April

Tag																									Tagesmittel	Max.	Min.
																									γ		
1	80	67	64	67	70	72	72	68	61	56	54	51	60	67	69	76	72	75	77	79	85	99	102	92	**72.3**	102	51
2	76	89	86	88	91	92	89	75	63	56	58	62	70	64	73	76	73	79	84	89	84	113	86	83	79.1	113	56
3	88	85	82	78	96	86	82	80	74	62	62	69	69	77	75	78	66	77	86	93	94	83	81	109	80.5	109	62
4	87	86	84	87	92	88	81	74	70	63	63	69	74	82	87	88	85	86	90	91	91	92	92	90	83.0	92	63
5	91	89	89	90	88	87	93	91	80	77	76	72	74	80	85	92	89	87	93	95	93	93	92	91	87.0	95	72
6	90	85	104	96	96	85	98	92	88	77	70	66	70	74	80	91	92	97	98	100	98	97	102	97	89.3	104	66
7†	95	95	97	97	99	101	101	103	105	100	83	72	70	80	96	90	104	100	106	106	115	114	97	123	97.9	123	70
8	106	96	91	91	93	96	98	96	92	82	79	77	74	80	82	92	92	92	106	103	104	103	105	124	93.9	124	74
9	114	98	97	91	77	96	97	92	81	76	76	72	77	77	60	70	88	98	103	102	100	98	99	101	89.2	114	60
10†	94	93	90	90	96	99	89	52	67	65	63	56	68	75	81	92	105	79	94	109	89	98	115	85	85.2	115	52
11	84	74	85	97	88	96	93	55	55	44	63	67	69	60	78	81	88	96	103	111	118	94	104	94	83.2	118	44
12	92	92	85	84	92	83	88	87	73	64	61	69	66	84	88	92	102	104	102	98	98	101	101	111	88.2	111	61
13	100	92	94	96	97	99	96	89	80	72	68	71	78	82	83	84	92	97	98	95	100	100	97	100	90.0	100	68
14*	94	94	96	96	92	92	89	91	90	81	78	77	79	88	92	98	100	96	96	99	97	99	98	98	92.1	100	77
15	97	97	98	101	106	108	110	109	102	97	89	85	90	92	89	104	100	106	110	115	114	117	108	103	**102.0**	117	85
16	109	115	100	101	106	106	104	100	94	95	77	57	68	74	82	93	90	94	98	101	104	104	104	104	95.0	115	57
17	102	102	99	97	98	104	105	106	100	87	82	68	80	92	89	94	100	104	97	101	101	98	97	100	96.0	106	68
18	108	105	97	89	94	99	97	90	86	81	76	84	77	65	75	87	84	88	95	103	102	110	134	85	92.1	**134**	65
19†	98	89	98	106	102	61	75	51	35	54	49	52	44	56	43	78	80	99	103	100	89	95	109	96	77.6	109	35
20	96	84	92	90	92	97	91	73	76	81	74	69	68	78	76	83	90	99	102	101	112	117	106	107	89.8	117	68
21	87	83	89	88	99	93	91	89	82	73	66	69	76	69	84	89	92	101	106	102	112	103	102	101	89.4	112	66
22*	101	99	98	96	97	93	92	101	97	86	81	84	80	84	88	85	93	97	105	104	104	102	106	101	94.8	106	80
23*	102	101	102	101	102	103	98	91	82	76	72	63	65	78	89	95	100	104	108	109	108	105	106	106	94.4	109	63
24†	108	110	109	108	112	112	108	111	94	13	22	53	80	81	61	49	55	66	116	68	58	66	77	66	79.3	116	**13**
25†	73	62	103	77	63	42	41	52	60	48	38	60	61	63	67	101	114	87	94	106	84	82	85	89	73.0	114	38
26	75	73	78	85	68	71	77	73	64	40	68	77	71	68	69	78	88	89	86	90	91	90	98	86	77.2	98	40
27*	78	77	80	83	81	80	80	74	76	72	67	69	76	78	79	76	87	91	90	90	90	91	90	88	81.0	91	67
28	97	89	96	85	94	92	84	82	75	65	58	52	55	68	69	97	103	92	90	112	92	87	74	87	83.1	112	52
29	100	98	74	96	75	68	66	51	56	65	69	72	76	79	76	78	80	83	85	88	92	89	86	87	78.7	100	51
30*	88	92	88	88	84	87	82	79	75	68	62	66	73	79	84	90	93	91	92	91	92	93	91	90	84.1	93	62
Mittel	94	90	92	91	91	90	89	83	78	69	67	68	71	76	78	86	90	92	97	98	97	98	98	96	86.6	109	60

Nordkomponente.

Niemegk — $X = 0.18300\,\Gamma + \text{Tafelwert.}$ — 1941

Mai

Tag	0h–1h	1h–2h	2h–3h	3h–4h	4h–5h	5h–6h	6h–7h	7h–8h	8h–9h	9h–10h	10h–11h	11h–12h	12h–13h	13h–14h	14h–15h	15h–16h	16h–17h	17h–18h	18h–19h	19h–20h	20h–21h	21h–22h	22h–23h	23h–24h Weltzeit	Tagesmittel γ	Max.	Min.
1	89	89	89	91	92	92	89	88	85	77	70	73	84	87	96	89	100	93	86	88	92	93	89	92	88.0	100	70
2*	92	92	95	99	109	100	97	96	92	83	76	68	64	72	75	87	99	96	99	101	99	92	93	109	91.0	109	64
3*	106	100	103	103	99	103	101	99	90	78	73	68	71	76	88	101	108	104	104	100	112	108	101	100	95.7	112	68
4	98	97	95	105	115	116	92	120	104	105	83	81	82	79	81	89	99	89	91	97	100	96	102	96	96.3	120	79
5*	97	93	93	97	99	99	96	96	87	86	87	84	85	95	94	103	98	105	111	107	105	104	104	104	97.0	111	84
6	101	102	106	107	109	105	100	91	83	80	87	77	66	77	84	85	96	103	100	107	111	105	104	104	95.4	111	66
7	104	104	107	101	94	104	95	90	89	88	84	83	80	81	88	92	98	104	104	103	101	112	104	104	96.4	112	80
8	105	104	104	103	101	104	104	98	92	91	86	77	90	89	101	110	110	112	114	110	96	84	95	99	99.1	114	77
9	103	102	97	94	99	100	90	98	97	89	84	83	89	92	99	95	100	105	112	116	112	111	112	116	99.8	116	83
10	123	119	123	117	109	104	96	93	89	84	75	73	77	74	81	93	98	111	112	118	117	117	114	110	101.1	123	73
11	112	109	104	108	106	99	92	87	79	70	61	71	76	89	97	99	100	100	104	108	110	108	107	105	95.9	112	61
12	103	102	101	105	102	98	91	87	81	79	83	84	85	97	102	107	108	108	119	122	125	122	116	112	101.6	125	79
13	108	96	107	108	100	102	94	82	70	67	72	76	87	92	92	103	106	117	106	111	107	106	105	107	96.7	117	67
14	106	107	107	111	109	103	95	86	78	75	79	74	76	98	103	114	112	112	112	115	113	111	112	125	101.4	125	74
15	126	111	110	108	115	113	109	103	95	84	76	80	85	91	96	105	109	117	123	116	119	117	115	108	**105.5**	126	76
16	115	127	112	113	112	116	108	88	102	95	85	59	64	85	101	84	88	112	112	116	114	116	116	113	102.2	127	59
17†	111	110	112	110	90	74	78	54	47	46	57	58	52	48	49	82	96	99	99	97	96	104	110	99	**82.4**	112	46
18	96	92	90	90	88	95	96	89	78	76	81	78	74	80	85	92	94	101	108	107	108	94	116	97	91.9	116	74
19*	96	94	86	91	99	97	90	85	80	77	78	77	78	78	81	86	92	101	108	103	104	101	99	100	90.9	108	77
20*	98	98	100	102	103	103	96	90	86	87	92	94	97	93	94	102	111	116	113	114	113	115	120	122	102.5	122	86
21†	118	115	109	105	108	100	84	86	86	81	87	98	97	101	100	96	111	123	116	132	124	101	121	106	104.4	132	81
22†	92	92	104	110	105	92	79	76	67	55	80	78	79	92	75	94	85	96	107	107	145	105	93	98	91.9	**145**	55
23†	97	101	96	100	89	89	84	87	80	67	71	80	81	81	100	95	99	110	128	114	106	100	106	114	94.8	128	67
24†	93	115	94	89	80	70	57	38	50	66	77	65	62	60	77	83	93	104	108	105	105	112	98	94	83.1	115	**38**
25	105	77	92	90	86	82	82	77	70	64	74	69	79	81	82	92	98	100	102	92	93	113	104	84	87.0	113	64
26	84	89	94	93	89	85	79	68	74	80	79	63	70	81	84	87	102	102	108	101	98	99	121	107	89.0	121	63
27	95	92	94	97	90	88	83	73	72	73	74	79	82	87	98	96	112	106	107	116	105	102	97	99	92.4	116	72
28	106	98	101	109	107	100	82	72	69	76	84	84	82	84	98	104	101	100	106	113	110	109	119	114	97.0	119	69
29	108	96	101	101	85	93	94	79	68	78	77	80	74	74	85	101	99	101	107	109	106	108	108	97	92.9	109	68
30	103	112	112	106	103	102	101	98	96	91	88	83	81	89	92	96	109	108	109	116	112	111	114	110	101.8	116	81
31	110	109	122	113	107	104	98	101	93	91	93	89	89	86	84	86	87	114	110	118	102	104	106	104	100.8	122	84
Mittel	103	101	102	102	100	98	91	86	82	79	79	77	79	84	89	95	101	105	108	109	108	106	107	105	95.7	118	70

Juni

Tag	0h–1h	1h–2h	2h–3h	3h–4h	4h–5h	5h–6h	6h–7h	7h–8h	8h–9h	9h–10h	10h–11h	11h–12h	12h–13h	13h–14h	14h–15h	15h–16h	16h–17h	17h–18h	18h–19h	19h–20h	20h–21h	21h–22h	22h–23h	23h–24h	Tagesmittel γ	Max.	Min.
1	102	110	106	97	96	94	89	79	72	83	80	74	73	72	95	99	102	104	111	104	105	103	107	99	94.0	111	72
2*	99	103	104	107	109	102	98	94	90	83	83	83	82	82	86	92	100	107	112	112	110	110	108	109	98.5	112	82
3*	110	115	115	118	118	110	102	94	84	81	79	72	85	84	92	97	106	110	110	108	107	110	109	108	101.0	118	72
4*	106	104	106	110	112	110	104	97	88	86	88	88	92	100	105	109	120	124	120	118	118	117	114	115	106.3	124	86
5*	108	109	114	112	110	100	98	98	93	94	95	89	92	91	93	100	111	122	116	116	111	109	105	106	103.8	122	89
6	107	107	112	116	115	112	106	102	100	98	97	89	102	97	91	96	103	114	114	117	115	115	114	111	106.2	117	89
7	114	112	111	114	114	108	103	97	91	89	93	98	102	104	109	95	98	96	103	109	111	111	107	107	104.0	114	89
8	108	108	109	114	114	110	102	95	89	66	76	92	86	86	92	106	101	110	113	115	116	113	112	110	101.8	116	66
9	110	111	114	120	126	123	121	107	95	110	92	87	86	106	86	99	108	117	124	126	131	132	127	128	**111.9**	132	86
10†	120	114	117	119	119	109	78	72	85	87	79	90	72	97	106	98	126	109	122	122	122	120	122	115	105.0	126	72
11†	125	113	116	109	106	94	86	80	76	76	81	86	91	96	101	94	117	116	122	134	99	98	100	102	100.8	134	76
12	104	102	101	106	100	95	96	88	83	78	75	73	74	69	72	101	100	122	122	117	111	112	112	112	96.9	122	69
13†	108	106	108	114	132	119	94	48	32	19	23	61	74	46	70	82	99	107	96	87	83	84	80	86	81.6	132	19
14†	104	118	136	98	68	69	66	59	52	46	50	56	58	78	85	85	87	92	99	103	100	103	117	97	84.4	**136**	46
15†	98	98	112	110	94	68	65	56	32	07	23	32	43	53	76	69	80	79	95	116	116	116	108	105	**77.1**	116	**07**
16*	99	99	96	94	93	89	78	74	72	71	70	60	61	65	73	83	95	105	107	103	101	103	99	100	87.1	107	60
17	99	100	106	110	112	102	95	90	78	79	83	72	78	92	88	102	122	115	119	114	102	98	91	90	97.4	122	72
18	92	96	94	106	111	93	85	85	72	67	63	60	69	82	94	102	106	100	113	112	102	102	103	103	92.2	113	60
19	103	103	103	106	107	104	98	93	83	71	66	61	66	72	83	84	103	107	109	122	119	113	107	103	95.2	122	61
20	108	101	100	103	109	92	36	55	75	82	73	64	62	68	83	100	98	95	100	106	115	107	104	120	89.8	120	36
21	107	92	83	96	96	88	84	79	81	80	81	84	78	74	82	87	96	100	115	110	104	99	99	100	91.5	115	74
22	114	105	99	101	102	99	94	84	64	65	66	68	76	76	83	88	97	105	102	117	110	107	119	100	93.4	119	64
23	95	95	99	100	100	95	94	84	74	76	83	85	88	86	96	100	102	105	115	115	110	112	104	104	96.5	115	74
24	103	103	107	111	110	104	96	89	88	85	75	84	90	105	104	106	115	112	108	116	114	105	102	118	102.1	118	75
25	100	103	104	104	104	100	92	84	79	76	81	80	78	84	96	100	104	114	128	125	123	109	111	112	99.6	128	76
26	124	113	109	110	111	105	96	83	74	76	78	82	86	91	100	109	114	121	132	135	124	135	124	115	106.1	135	74
27	112	123	126	126	116	97	87	68	64	70	72	72	87	90	88	99	102	108	119	116	117	110	112	108	99.5	126	64
28	105	98	97	104	108	107	100	91	82	66	66	65	69	83	98	95	103	111	119	119	112	107	104	101	96.2	119	65
29	100	111	110	114	120	123	116	101	87	86	86	96	99	111	116	114	110	116	115	116	110	107	102	102	107.0	123	86
30	107	107	104	109	111	107	103	95	94	101	85	84	87	91	96	102	110	115	114	116	118	112	114	118	104.2	118	84
Mittel	106	106	107	109	108	101	92	84	78	75	75	76	80	84	91	96	104	109	113	115	111	109	108	107	97.7	121	68

Nordkomponente.

Niemegk

$X = 0.18300 + \text{Tafelwert}$ [Γ]

1941

Juli

Tag	0h–1h	1h–2h	2h–3h	3h–4h	4h–5h	5h–6h	6h–7h	7h–8h	8h–9h	9h–10h	10h–11h	11h–12h	12h–13h	13h–14h	14h–15h	15h–16h	16h–17h	17h–18h	18h–19h	19h–20h	20h–21h	21h–22h	22h–23h	23h–24h	Tagesmittel γ	Max.	Min.
1	127	121	118	107	114	129	118	102	85	89	87	86	88	90	95	106	108	108	110	108	106	112	107	100	105.0	129	85
2	99	98	92	106	113	107	95	78	75	89	94	91	87	89	98	100	102	103	103	102	105	103	102	99	97.1	113	75
3	103	100	100	108	111	114	110	103	98	93	94	100	108	101	122	122	132	106	105	111	112	114	102	99	**107.0**	132	93
4†	99	102	104	115	121	90	108	94	83	90	91	76	75	85	87	105	114	105	122	89	75	96	79	94	95.8	122	75
5†	107	101	93	103	78	83	-55	-119	-186	-104	-78	-147	240	165	188	113	-142	-90	-69	-36	-15	-35	-25	-25	**06.0**	**240**	**-186**
6†	-24	-24	-23	-20	-19	-31	-32	-30	-14	-25	-25	-14	18	87	83	88	81	64	51	43	43	22	42	38	15.8	88	-32
7†	65	72	06	-05	23	69	50	-06	-04	-07	05	16	30	35	42	52	42	66	76	77	74	62	63	62	40.2	77	-07
8	64	60	60	63	65	54	33	17	08	29	29	33	37	55	45	70	68	77	78	95	71	66	66	65	54.5	95	08
9	65	64	65	68	68	63	53	49	44	44	48	59	65	57	68	69	86	94	94	93	91	114	111	106	72.4	114	44
10	107	106	87	83	88	80	68	52	35	42	45	46	51	64	80	85	108	104	100	88	84	109	70	71	77.2	109	35
11	75	81	85	78	73	71	66	44	44	47	48	53	53	54	61	62	67	69	76	80	83	84	83	82	67.5	85	44
12	83	84	85	85	92	86	70	49	45	47	48	44	51	51	69	73	75	80	85	90	90	92	90	93	73.3	93	44
13*	90	88	89	93	93	85	73	62	57	38	30	44	55	66	74	82	86	86	89	89	89	90	94	93	76.5	94	30
14*	89	86	86	88	89	83	72	68	63	56	50	46	46	50	67	78	86	87	91	96	96	99	90	88	77.1	99	46
15	87	89	87	88	89	85	74	72	70	69	61	63	65	74	90	94	98	98	105	105	104	103	105	105	86.7	105	61
16	103	106	102	105	120	126	104	96	82	84	71	72	84	84	100	85	105	104	88	98	99	101	94	98	96.3	126	71
17	83	85	90	88	80	83	79	68	59	74	77	75	74	72	82	85	86	108	111	95	95	97	93	90	84.5	111	59
18	93	96	94	89	90	93	91	78	61	53	59	62	61	70	79	84	90	92	104	101	95	93	92	88	83.7	104	53
19	88	86	85	98	97	93	89	83	76	72	70	64	65	69	82	85	89	92	93	101	97	100	99	108	86.7	108	64
20	89	88	87	90	91	92	89	82	61	58	62	58	59	70	90	98	101	90	102	100	110	107	97	102	86.4	110	58
21†	99	104	120	137	120	88	74	60	22	-02	26	31	61	58	56	54	64	77	89	91	96	74	75	78	73.0	137	-02
22	86	74	66	76	77	67	65	61	65	60	40	40	49	60	73	78	65	88	92	93	95	97	96	105	73.7	105	40
23	99	83	84	77	83	77	65	66	54	46	38	34	64	80	63	72	82	80	86	86	94	93	95	107	75.3	107	34
24	105	107	105	96	88	78	79	73	71	66	66	62	66	75	81	90	83	88	99	102	99	96	94	93	85.9	107	62
25	97	94	101	105	113	111	69	44	49	50	59	62	59	73	96	90	92	93	95	95	91	92	89	85	83.5	113	44
26*	84	83	85	87	86	86	80	74	68	65	62	57	56	61	78	89	97	98	98	100	100	98	101	96	82.9	101	56
27*	93	94	94	94	98	97	91	86	77	68	61	60	64	74	88	98	98	102	100	102	106	104	105	102	89.8	106	60
28	98	97	98	102	104	99	93	86	74	61	54	60	69	80	85	95	103	110	108	110	107	106	105	102	91.9	110	54
29*	102	101	102	106	110	111	110	103	93	89	91	86	75	71	82	96	102	109	110	110	111	107	108	107	99.7	111	71
30	108	108	107	110	110	105	100	88	81	81	80	75	71	74	84	98	102	101	104	108	107	101	98	102	96.0	110	71
31	107	110	110	111	110	102	94	87	87	90	91	86	86	89	95	99	105	102	106	111	106	115	112	99	100.4	115	86
Mittel	89	89	86	88	90	86	73	60	51	52	53	51	69	74	83	87	83	87	90	91	91	91	88	88	78.8	112	42

August

Tag	0h–1h	1h–2h	2h–3h	3h–4h	4h–5h	5h–6h	6h–7h	7h–8h	8h–9h	9h–10h	10h–11h	11h–12h	12h–13h	13h–14h	14h–15h	15h–16h	16h–17h	17h–18h	18h–19h	19h–20h	20h–21h	21h–22h	22h–23h	23h–24h	Tagesmittel γ	Max.	Min.
1	104	103	102	102	104	103	101	94	76	70	84	92	90	86	83	89	98	98	103	125	113	102	92	90	96.0	125	70
2†	100	104	91	128	115	97	60	46	44	49	60	67	60	73	51	92	88	96	90	80	70	75	69	74	78.3	128	44
3	75	77	84	86	78	65	54	56	53	53	59	66	61	59	70	92	97	124	92	86	86	98	82	82	76.5	124	53
4†	90	118	130	122	79	123	93	61	26	28	13	27	59	65	133	103	68	76	31	43	39	55	42	36	69.2	**133**	13
5	15	88	56	48	46	43	37	20	10	23	38	57	63	69	80	82	88	83	76	78	91	72	79	83	59.4	91	10
6	75	73	77	74	72	62	31	54	44	48	55	56	63	76	84	103	73	83	99	93	92	80	84	88	72.5	103	31
7	102	95	83	76	63	70	58	44	34	34	46	49	57	65	73	79	78	86	88	88	89	93	100	98	72.8	102	34
8	82	82	86	84	80	73	66	62	59	63	55	51	57	69	81	87	86	85	90	97	94	91	88	90	77.4	97	51
9*	90	90	89	90	86	83	80	70	59	55	62	66	68	73	82	89	93	93	95	98	98	101	102	96	83.7	102	55
10*	94	93	93	94	96	95	92	89	84	79	73	67	66	78	91	98	100	100	106	109	109	110	114	104	93.1	114	66
11	106	102	107	104	106	102	95	82	70	74	82	86	94	90	97	104	101	104	115	106	96	98	96	100	96.5	115	70
12	94	98	101	102	99	93	86	82	70	61	59	60	71	76	83	92	97	99	103	106	108	108	102	115	90.2	115	59
13	105	95	96	98	102	99	95	88	81	76	72	70	74	79	86	102	102	98	107	107	105	106	104	122	94.5	122	70
14	110	102	98	97	88	101	101	88	74	67	70	75	80	87	92	98	103	98	98	101	101	101	99	97	92.8	110	70
15	100	106	102	99	100	94	90	83	74	71	70	78	88	86	90	90	92	92	95	97	95	95	94	94	90.6	106	70
16*	94	93	94	95	98	95	91	82	77	72	72	72	76	92	85	84	88	97	104	103	100	102	99	99	90.2	104	72
17*	100	102	105	95	99	99	97	88	80	80	82	79	86	88	90	92	95	98	101	106	106	106	106	107	95.3	107	79
18	100	100	101	103	103	100	95	89	84	89	101	102	103	103	99	109	99	98	110	113	118	111	103	113	**101.9**	118	84
19	112	119	112	118	110	103	104	91	83	72	69	75	41	61	68	87	94	83	96	93	95	98	96	106	91.1	119	41
20	92	88	96	99	99	96	84	73	64	67	72	76	80	84	91	95	96	103	102	103	101	102	101	102	90.2	103	64
21	105	111	102	96	96	92	90	84	87	84	82	85	86	83	88	84	95	96	113	106	97	101	100	108	94.6	113	82
22	99	96	100	99	98	94	88	83	79	74	77	86	90	92	94	95	98	101	107	107	111	102	100	97	94.5	111	74
23*	98	99	103	103	103	95	88	75	74	71	69	72	76	84	88	93	100	105	109	112	112	107	113	107	94.0	113	69
24	105	99	104	108	110	93	82	70	56	59	78	88	93	95	95	93	101	105	107	110	108	106	100	97	94.2	110	56
25	95	99	101	101	102	95	81	62	52	54	72	84	99	103	106	105	102	116	111	118	91	92	96	101	93.2	118	52
26†	103	114	105	99	100	90	86	76	62	55	59	54	44	55	83	78	72	64	80	76	83	94	105	80	79.9	114	44
27†	62	72	85	90	98	72	67	38	02	09	-26	07	25	51	32	48	49	59	88	100	74	65	118	83	**57.0**	118	**-26**
28	74	72	78	72	70	69	67	29	18	20	10	42	50	63	73	72	74	79	89	88	90	89	95	90	65.5	95	10
29†	91	78	84	82	78	85	86	68	56	20	50	64	76	58	56	69	84	112	79	78	103	80	77	98	75.5	112	20
30	74	96	88	95	92	95	87	65	52	48	49	54	50	61	85	84	84	85	91	106	96	85	90	92	79.3	106	48
31	92	96	96	83	80	71	69	80	78	72	68	73	68	82	86	88	92	86	99	99	110	101	106	99	86.4	110	68
Mittel	92	95	95	95	92	89	81	70	60	58	61	67	71	77	84	90	90	94	96	98	96	94	95	95	84.7	112	52

Nordkomponente.

Niemegk — $X = 0.18300\,\Gamma + \text{Tafelwert}$. — 1941

Weltzeit: 0h 1h 2h 3h 4h 5h 6h 7h 8h 9h 10h 11h 12h 13h 14h 15h 16h 17h 18h 19h 20h 21h 22h 23h 24h

September

Tag	0h–1h	1h–2h	2h–3h	3h–4h	4h–5h	5h–6h	6h–7h	7h–8h	8h–9h	9h–10h	10h–11h	11h–12h	12h–13h	13h–14h	14h–15h	15h–16h	16h–17h	17h–18h	18h–19h	19h–20h	20h–21h	21h–22h	22h–23h	23h–24h	Tagesmittel γ	Max.	Min.
1	90	94	93	95	95	98	75	75	62	52	61	59	60	73	83	70	97	106	93	91	95	96	98	110	84.2	110	52
2	104	92	88	89	91	85	63	48	59	68	60	63	72	72	72	77	95	97	96	101	115	100	97	92	83.2	115	48
3	91	92	91	92	92	88	79	66	60	57	63	70	79	85	87	88	90	95	100	102	101	96	96	99	85.8	102	57
4*	92	96	96	95	92	86	79	72	65	63	61	68	80	88	92	96	94	98	102	101	100	107	101	98	88.4	107	61
5*	98	96	95	95	94	87	81	76	72	68	68	77	84	92	92	93	93	96	99	101	101	101	101	100	90.0	101	68
6*	100	100	100	100	98	96	92	85	79	69	64	74	90	96	96	96	95	100	103	106	105	112	111	108	94.8	112	64
7	108	108	108	108	114	116	105	100	86	83	72	77	93	83	57	82	95	91	99	101	123	110	88	92	**95.8**	123	57
8	92	102	102	96	97	92	87	80	73	68	63	71	79	81	82	86	88	98	102	103	107	100	99	94	89.2	107	63
9	91	100	95	96	96	92	88	83	76	68	72	77	84	87	91	94	96	101	100	99	104	103	107	127	92.8	127	68
10	123	107	90	90	97	88	85	79	75	71	67	72	78	91	96	103	100	103	109	108	104	103	101	100	93.3	123	67
11	100	107	104	108	101	103	92	88	77	67	60	61	61	68	74	80	94	96	93	93	95	108	117	96	89.3	117	60
12*	102	100	92	96	98	96	92	87	75	69	61	62	79	96	100	96	96	96	100	100	100	101	101	101	91.5	102	61
13†	101	100	101	100	98	96	95	93	93	88	96	105	93	84	62	34	66	86	88	94	98	104	96	92	90.1	105	34
14	93	89	81	84	81	83	51	46	52	56	57	63	61	75	75	73	89	92	93	94	92	120	129	94	80.1	129	46
15†	77	97	97	93	84	74	67	68	58	54	50	61	61	71	79	102	98	102	93	80	65	98	88	89	79.4	102	50
16	90	117	103	104	88	74	88	82	73	65	65	65	68	71	80	85	89	97	92	90	81	89	104	98	85.8	117	65
17	92	84	92	94	92	87	86	79	65	65	58	59	70	65	72	73	77	88	92	92	100	103	103	103	83.0	103	58
18†	99	96	92	92	108	165	130	84	−06	−10	−19	−104	−66	121	−24	98	34	−82	−147	−298	−271	−222	−219	−10	−15.0	**165**	**−298**
19†	−143	−189	−10	−151	−191	−218	−237	−210	−126	−35	16	17	18	12	24	37	40	45	48	27	17	32	28	30	**−46.6**	48	−237
20†	29	22	30	18	28	36	20	−02	−26	−50	−49	08	09	24	21	33	32	36	47	51	52	53	52	51	21.9	53	−50
21	51	53	62	51	60	52	39	16	02	−03	05	16	30	49	47	67	47	48	56	59	58	56	57	58	43.2	67	−03
22*	61	62	64	64	60	52	45	45	40	34	29	38	48	55	59	61	63	72	75	71	70	72	72	72	57.7	75	29
23	73	74	72	74	71	70	66	56	30	34	36	43	56	52	57	43	53	54	70	78	89	81	79	78	62.0	89	30
24	88	91	88	74	59	64	75	64	60	50	45	51	55	52	72	80	80	83	74	72	70	73	92	58	69.6	92	45
25	102	73	67	64	66	74	76	61	33	21	23	31	31	52	57	44	45	47	56	80	100	60	70	74	58.6	102	21
26	72	72	72	73	76	76	74	70	58	49	42	45	54	59	64	68	73	78	83	84	84	86	89	81	70.1	89	42
27	76	84	85	88	78	81	64	57	47	32	38	48	55	60	59	63	70	73	70	77	82	84	84	92	68.6	92	32
28	90	86	84	81	81	81	76	70	60	49	56	63	75	84	84	79	76	81	79	77	89	88	99	89	78.2	99	49
29	88	87	90	86	98	81	89	81	64	50	41	56	65	77	80	84	84	73	78	87	84	100	106	89	79.9	106	41
30	85	80	88	81	80	81	82	73	62	65	59	44	60	69	75	75	73	81	85	87	114	88	81	85	77.2	114	44
Mittel	80	79	84	78	76	75	67	59	50	47	47	51	59	71	69	75	77	78	78	74	77	80	81	85	70.7	103	24

Oktober

Tag	0h–1h	1h–2h	2h–3h	3h–4h	4h–5h	5h–6h	6h–7h	7h–8h	8h–9h	9h–10h	10h–11h	11h–12h	12h–13h	13h–14h	14h–15h	15h–16h	16h–17h	17h–18h	18h–19h	19h–20h	20h–21h	21h–22h	22h–23h	23h–24h	Tagesmittel γ	Max.	Min.
1	87	85	89	89	88	85	84	77	66	61	61	61	59	66	71	77	84	89	87	86	86	86	85	84	78.9	89	59
2	88	88	89	89	89	86	82	76	66	59	63	69	74	78	80	83	82	87	97	94	87	81	112	95	83.1	112	59
3	93	81	79	82	85	86	80	70	63	64	65	66	68	66	65	73	82	89	95	93	90	88	88	85	79.0	95	63
4*	88	93	91	92	92	93	89	81	74	64	62	69	77	82	87	89	94	99	101	102	105	103	98	102	88.6	105	62
5	95	90	86	89	93	95	88	74	54	49	60	61	73	81	84	87	89	90	96	95	95	94	93	96	83.6	96	49
6*	96	90	90	92	96	94	95	90	78	66	69	73	81	80	82	84	84	89	94	97	94	94	94	90	87.2	97	66
7*	88	90	93	93	90	89	86	80	74	70	69	77	88	92	96	96	96	97	96	97	95	97	100	98	89.5	100	69
8	97	104	118	103	99	85	93	81	77	68	62	62	66	77	84	86	80	61	71	87	92	107	94	89	85.1	118	61
9	88	86	90	89	92	94	88	75	60	50	51	54	61	60	77	88	92	94	92	91	96	102	94	94	81.6	102	50
10	93	94	94	94	97	98	100	94	89	81	77	77	83	89	96	101	101	96	97	106	107	100	92	89	93.5	107	77
11†	93	112	112	93	96	104	76	86	71	46	22	22	34	27	33	56	65	45	61	112	94	72	77	114	71.8	114	22
12†	88	77	69	63	82	72	64	34	33	54	54	49	57	63	61	59	81	87	77	77	77	82	80	85	67.7	88	33
13	88	79	84	82	82	82	74	75	69	63	52	56	63	65	72	77	80	79	93	88	85	85	85	90	77.0	93	52
14	88	89	91	87	85	86	91	85	72	65	59	58	66	64	70	47	61	78	81	80	80	84	84	98	77.0	98	47
15	102	85	80	86	86	93	76	56	45	38	27	39	53	50	52	52	52	57	59	73	64	63	74	74	**64.0**	102	27
16†	75	75	79	99	100	89	84	73	61	59	60	63	68	58	68	71	81	60	64	80	86	87	75	77	74.7	100	58
17*	81	84	85	88	89	93	90	71	57	52	55	56	61	69	71	73	81	83	86	85	88	92	92	85	77.8	93	52
18	81	84	85	88	92	93	90	82	67	64	60	60	66	65	69	74	78	77	66	74	82	85	87	87	77.3	93	60
19	88	84	85	104	101	100	81	66	65	59	57	62	66	61	55	61	59	72	80	85	85	84	86	85	76.3	104	55
20	85	85	86	91	99	96	86	64	53	52	56	59	60	61	62	66	77	90	94	93	93	92	89	86	78.1	99	52
21*	87	84	88	96	93	92	96	86	68	58	55	60	66	76	82	88	92	96	98	98	99	97	96	97	85.3	99	55
22†	93	88	94	104	105	105	96	89	76	69	62	61	66	76	84	92	66	32	47	57	55	65	88	78	77.0	105	32
23	66	65	69	68	64	71	72	67	53	42	37	49	60	62	60	61	69	78	108	72	73	78	82	70	66.5	108	37
24	86	76	76	85	80	87	86	84	75	53	53	57	62	65	66	54	72	70	64	93	103	79	82	88	74.8	103	53
25	94	86	83	86	103	104	94	87	78	70	62	62	69	77	80	86	87	90	87	82	87	89	90	90	84.3	104	62
26	89	86	88	90	91	90	91	87	84	69	52	65	69	78	77	82	88	90	74	69	84	74	74	91	80.5	91	52
27	87	81	82	86	85	85	86	84	74	66	62	63	66	70	74	81	86	89	90	91	91	88	86	85	80.8	91	62
28	83	85	85	90	94	94	93	90	87	81	77	74	78	78	71	75	86	84	98	82	84	91	94	92	85.2	98	71
29	81	97	90	90	94	97	98	98	95	86	85	87	90	91	91	96	95	96	98	94	102	99	102	94	**93.6**	102	81
30	95	97	96	90	97	105	102	99	90	80	78	73	77	78	71	83	90	87	89	89	89	92	95	93	89.0	105	71
31†	103	93	106	114	134	111	86	78	76	72	68	68	75	79	84	83	70	54	31	11	58	86	42	52	76.4	**134**	**11**
Mittel	87	87	88	90	93	92	87	79	69	62	59	62	68	70	73	77	81	80	83	85	87	88	87	88	80.2	101	54

Nordkomponente.

Niemegk

$X = 0.18300\,\Gamma + \text{Tafelwert.}$

1941

Weltzeit

Tag	0h–1h	1h–2h	2h–3h	3h–4h	4h–5h	5h–6h	6h–7h	7h–8h	8h–9h	9h–10h	10h–11h	11h–12h	12h–13h	13h–14h	14h–15h	15h–16h	16h–17h	17h–18h	18h–19h	19h–20h	20h–21h	21h–22h	22h–23h	23h–24h	Tagesmittel γ	Max.	Min.
November																											
1†	54	30	78	93	48	-06	-01	08	15	15	07	08	03	07	43	05	-23	15	42	53	55	53	54	54	**29.6**	93	**-23**
2	55	56	61	66	68	74	78	75	67	63	61	59	60	62	63	65	67	72	75	74	75	76	69	74	67.3	78	55
3	66	68	69	73	78	78	78	77	72	66	63	63	66	73	76	68	72	78	82	84	84	87	84	82	74.5	87	63
4*	79	78	83	85	84	79	80	77	66	64	62	65	68	71	74	82	87	90	90	92	90	77	78	85	78.6	92	62
5	83	82	80	82	86	86	93	92	88	82	83	84	84	83	81	68	78	91	56	78	106	87	70	75	82.4	106	56
6†	74	74	82	77	88	83	61	39	30	19	18	13	06	16	59	41	81	51	73	84	70	62	79	82	56.8	88	06
7	70	68	71	73	74	75	74	63	58	48	39	48	51	66	74	78	83	110	96	86	76	78	76	73	71.2	110	39
8	72	76	86	78	93	96	80	68	63	48	53	57	66	64	67	74	78	81	98	72	80	83	83	87	75.1	98	48
9	85	87	85	88	89	87	90	86	83	73	54	44	42	47	56	44	66	83	83	84	93	87	89	89	75.6	93	42
10†	88	98	100	100	96	97	89	87	79	54	62	68	72	36	25	53	68	40	51	65	75	82	81	102	73.7	102	25
11	118	98	89	86	70	74	77	75	70	45	39	61	56	65	69	74	81	80	77	71	87	74	77	79	74.7	118	39
12	75	77	77	81	85	84	81	80	75	69	62	62	67	73	74	79	79	74	73	74	84	117	86	82	77.9	117	62
13	79	81	82	82	89	91	90	85	69	58	61	56	69	72	70	76	73	80	74	75	84	90	92	92	77.9	92	56
14	86	86	88	90	93	92	92	90	82	74	70	69	72	76	81	85	82	85	92	87	89	88	87	95	84.6	95	69
15*	85	86	90	93	95	97	97	93	85	78	76	77	84	86	86	88	92	99	101	102	102	99	101	104	91.5	104	76
16*	100	97	100	106	102	103	107	101	92	85	84	86	91	93	95	97	96	98	102	106	107	104	102	96	97.9	107	84
17†	91	101	107	109	105	105	106	89	72	58	66	58	46	25	28	49	17	40	54	62	78	79	64	72	70.0	109	17
18	78	76	80	80	84	89	92	68	50	41	39	40	52	53	52	51	80	55	55	62	70	81	94	97	67.5	97	39
19	75	67	101	90	95	93	95	84	79	69	65	74	72	85	89	92	91	91	91	90	86	70	75	71	82.9	101	65
20	72	79	82	85	89	93	90	87	85	83	83	86	89	90	91	93	97	98	98	92	100	93	92	95	89.2	100	72
21	82	86	78	80	92	92	96	92	89	84	85	84	86	86	78	80	90	90	92	100	106	100	94	85	88.6	106	78
22	82	86	86	90	93	97	98	102	98	97	96	94	90	85	78	72	86	81	78	90	110	103	81	85	89.9	110	72
23	92	94	93	84	89	90	85	88	79	87	90	78	70	68	71	78	89	92	93	92	89	90	94	86	85.9	94	68
24*	78	85	88	90	94	96	95	99	99	93	89	85	87	89	89	89	93	92	92	92	96	100	87	89	91.1	100	78
25	92	94	92	95	101	83	105	101	89	92	91	89	90	92	93	99	98	96	92	98	103	93	97	94	94.5	105	83
26*	93	93	96	98	99	100	97	96	96	96	96	93	84	88	88	86	89	92	95	97	100	100	98	96	94.4	100	84
27	96	97	96	101	114	104	101	112	107	105	102	100	95	89	98	103	104	107	106	105	102	101	102	96	**101.8**	114	89
28†	84	76	69	90	119	105	61	32	32	35	37	62	60	60	61	66	71	55	69	15	23	65	52	56	60.6	**119**	15
29	50	53	55	59	64	60	66	64	55	63	60	61	64	69	71	78	80	84	83	82	82	80	76	79	68.2	84	50
30	75	80	80	81	80	80	79	76	73	75	80	84	86	83	84	79	78	83	84	85	85	78	83	78	80.4	86	73
Mittel	80	80	84	86	89	86	84	80	73	67	66	67	68	68	72	73	77	79	82	82	86	86	83	84	78.5	100	55
Dezember																											
1†	74	72	90	85	84	81	92	97	80	107	92	55	57	39	18	-34	-21	-18	-18	04	04	14	29	27	**46.2**	107	**-34**
2†	56	47	54	30	53	43	40	41	47	47	53	55	50	60	49	60	62	72	65	63	64	70	68	69	54.9	72	30
3	68	70	71	68	73	75	76	76	69	66	63	62	64	66	72	83	88	77	71	82	90	110	80	73	74.7	110	62
4	73	69	76	97	98	93	91	87	86	86	70	60	58	59	68	68	72	63	51	60	71	79	71	72	74.1	98	51
5	71	72	73	77	75	82	86	84	83	88	85	86	82	75	73	83	74	70	63	68	74	70	89	78	77.5	89	63
6	74	83	86	86	80	85	85	87	77	74	72	79	83	84	82	72	74	75	78	83	86	92	87	84	81.2	92	72
7	82	81	80	81	87	96	99	100	91	74	72	72	80	79	79	77	80	81	80	82	81	91	95	92	83.8	100	72
8	81	82	84	84	86	91	93	94	94	88	84	83	85	85	81	79	80	70	79	86	83	75	97	91	84.8	97	70
9	87	88	90	94	93	98	102	100	100	92	84	76	56	59	75	78	86	87	90	89	82	81	84	111	86.8	111	56
10	90	89	88	92	89	93	98	95	92	87	86	86	83	80	80	69	74	85	91	92	91	90	92	92	87.7	98	69
11*	91	92	93	96	99	100	99	96	93	86	83	86	92	91	90	91	92	96	96	96	94	94	95	95	93.2	100	83
12*	95	96	98	100	103	104	101	97	93	93	92	93	92	90	84	77	80	86	92	90	92	92	93	94	92.8	104	77
13	104	99	99	103	104	106	103	104	109	108	111	105	96	84	76	70	54	33	46	59	69	84	83	86	87.3	111	33
14†	111	93	76	88	95	90	84	75	73	62	48	75	67	72	40	63	62	72	73	86	95	89	73	74	76.5	111	40
15	74	75	83	88	99	84	82	79	78	76	78	82	83	76	75	84	88	88	87	87	85	101	97	82	83.8	101	74
16†	84	83	95	108	87	100	93	88	84	81	84	87	88	87	89	84	87	87	88	89	88	89	88	94	88.8	108	81
17	98	92	89	91	88	99	100	95	86	84	84	89	90	91	90	87	80	82	68	77	83	98	109	90	89.2	109	68
18	84	86	87	80	90	90	98	114	87	76	81	81	87	89	95	95	93	92	92	93	91	90	79	83	88.9	114	76
19	92	85	86	88	91	91	97	102	86	78	69	71	78	82	80	83	87	84	84	83	80	85	85	85	84.7	102	69
20*	84	84	90	90	92	96	98	101	100	95	89	89	87	86	84	78	89	90	90	93	92	92	91	93	90.5	101	78
21*	90	90	91	92	95	96	94	97	97	96	98	98	98	98	98	97	96	97	94	93	95	94	105	103	**95.9**	105	90
22	97	94	96	95	96	98	102	104	102	100	98	102	98	94	96	93	83	82	80	86	91	90	90	93	94.2	104	80
23	101	92	93	94	110	107	104	104	104	104	107	113	108	99	91	81	61	68	86	92	89	89	78	110	95.2	113	61
24	89	86	89	93	94	97	97	94	91	79	79	80	75	81	74	73	77	79	85	84	96	94	95	89	86.2	97	73
25*	86	87	91	94	95	95	98	101	102	98	98	99	98	98	96	92	90	91	94	97	94	90	90	89	94.3	102	86
26	89	90	93	94	93	96	101	94	89	92	97	98	94	93	86	93	88	86	90	94	91	88	110	83	92.6	110	83
27†	88	102	98	81	90	100	93	89	86	86	86	85	78	86	90	85	82	86	77	81	90	86	83	115	88.5	**115**	77
28	82	78	81	97	97	92	93	93	94	94	95	94	91	92	86	82	90	90	93	98	96	86	90	86	90.4	98	78
29	108	83	85	86	89	90	91	94	88	96	98	93	87	87	90	87	76	80	87	95	93	105	93	87	90.3	108	76
30	83	84	87	88	91	96	96	99	95	93	88	85	83	87	93	90	87	72	75	87	90	86	80	83	87.4	99	72
31	89	87	83	88	93	93	96	95	94	90	88	86	86	90	91	89	77	75	92	91	101	92	91	91	89.5	101	75
Mittel	86	84	86	88	91	92	93	93	89	86	84	84	82	82	80	78	77	77	78	83	85	87	87	87	84.9	103	66

Ostkomponente.

Γ

Niemegk — Y = — 0.01 300 + Tafelwert. — 1941

Tag	0h–1h	1h–2h	2h–3h	3h–4h	4h–5h	5h–6h	6h–7h	7h–8h	8h–9h	9h–10h	10h–11h	11h–12h	12h–13h	13h–14h	14h–15h	15h–16h	16h–17h	17h–18h	18h–19h	19h–20h	20h–21h	21h–22h	22h–23h	23h–24h	Tagesmittel	Max.	Min.
Januar																									γ		
1	-11	-12	-17	-21	-19	-19	-16	-15	-19	-17	-16	-20	-29	-26	-15	12	-30	-10	-08	14	20	16	00	-03	-10.9	20	-30
2	02	01	-16	-11	-13	-15	-15	-14	-16	-18	-18	-25	-30	-28	-15	-16	-09	-16	-18	-17	-16	-10	-04	-05	-14.2	02	-30
3	-10	-15	-18	-20	-19	-18	-16	-15	-17	-20	-19	-23	-30	-30	-26	-26	-27	-26	-22	-09	-14	-10	-05	16	-17.5	16	-30
4	22	05	-03	-10	-12	-16	-17	-17	-13	-11	-13	-24	-32	-28	-25	-25	-18	-16	-15	-16	-14	-13	-12	-14	-14.0	22	-32
5*	-17	-18	-18	-19	-20	-20	-19	-18	-19	-17	-21	-32	-28	-27	-28	-27	-27	-26	-26	-24	-25	-20	-18	-14	-22.0	-14	-32
6	-06	-16	-09	17	12	05	-05	-24	-24	-15	-22	-30	-26	-23	-20	-20	-25	-24	-22	-20	-10	-10	-09	-08	-13.9	17	-30
7	-10	-04	-07	-05	-08	-09	-12	-15	-15	-21	-17	-26	-26	-23	-20	-30	01	05	-03	-03	-09	-11	-09	06	-11.3	06	-30
8	-01	-08	-06	-08	-09	-08	-10	-13	-13	-21	-23	-30	-35	-23	-19	-22	-21	-22	-23	-21	-16	04	06	02	-14.2	06	-35
9	-01	-08	-01	-04	-12	-14	-15	-15	-19	-23	-29	-43	-53	-35	-36	-19	-16	-18	-13	13	-08	-05	-10	-12	-16.5	13	**-53**
10	-13	01	-10	-12	-15	-17	-14	-11	-11	-21	-28	-35	-36	-26	-26	-24	-21	-12	-18	-02	-04	-17	-08	02	-15.8	02	-36
11	02	15	04	-09	-12	-13	-12	-10	-13	-17	-28	-40	-44	-37	-26	-23	-17	-20	-12	-06	-11	-10	10	00	-13.7	15	-44
12	01	-02	-06	-13	-13	-14	-14	-13	-11	-17	-22	-25	-24	-24	-20	-28	-25	-15	-14	-16	-11	-01	-03	10	-13.3	10	-28
13	-07	01	-09	-12	-16	-16	-11	-09	-10	-15	-14	-28	-28	-24	-21	-21	-20	-23	-21	-21	-13	-03	-06	-04	-14.6	01	-28
14*	-08	-12	-09	-17	-13	-12	-09	-13	-16	-19	-22	-27	-29	-22	-18	-19	-17	-17	-18	-16	-17	-12	03	08	-14.6	08	-29
15*	-01	-02	-02	-08	-11	-13	-13	-15	-16	-21	-28	-29	-27	-23	-21	-24	-24	-21	-18	-16	-16	-16	-16	-18	-16.6	-01	-29
16	-20	-19	-24	-25	-26	-23	-18	-20	-25	-26	-26	-32	-34	-39	-46	-51	-23	-21	-17	-14	-13	-13	-12	-13	**-24.2**	-12	-51
17†	-02	02	28	-22	-22	-20	-20	-27	-38	-40	-32	-37	-36	-44	-23	-36	34	47	-02	11	31	28	41	-24	**-08.5**	47	-44
18†	-36	-11	-15	-33	-30	-29	-25	-16	-16	-22	-08	-22	-21	-17	-15	-13	13	42	34	72	-01	-04	-13	-31	-09.0	**72**	-36
19	-29	-06	-06	-09	-19	-22	-20	-16	-11	-12	-21	-18	-29	-36	07	-14	-08	28	-11	-13	-08	10	-02	-32	-12.4	28	-36
20	03	-05	-24	-23	-20	-15	-10	-05	-11	-14	-24	-26	-22	-20	-17	-16	-16	-16	-14	-16	-12	-04	-14	-12	-14.7	03	-26
21*	-12	-13	-14	-22	-13	-13	-13	-12	-14	-17	-23	-28	-28	-24	-21	-20	-18	-18	-17	-14	-08	-10	-14	-14	-16.7	-08	-28
22	-16	-19	-16	-20	-17	-14	-14	-16	-22	-26	-34	-35	-36	-31	-23	-26	-27	-25	-19	18	12	-11	-14	-14	-18.5	18	-36
23†	-22	-33	-14	-13	-13	-15	-12	-11	-16	-25	-26	-30	-37	-28	-25	-10	19	16	26	-18	-06	26	12	-08	-11.0	26	-37
24†	-14	-08	-17	-16	-14	-08	-22	-28	-15	-15	-17	-33	-42	-06	-39	-14	30	37	02	19	11	-14	07	-03	-09.1	37	-42
25†	-23	-33	-18	-18	-46	-29	-04	-10	02	-10	-09	-15	-26	-18	-02	-16	17	-15	09	13	09	-07	-03	19	-09.7	19	-46
26	00	14	-10	-11	-16	-14	-26	-20	-22	-15	-20	-22	-27	-23	-14	-27	-22	-17	-18	-11	09	13	-05	-06	-12.9	14	-27
27	-16	-21	-21	-17	-10	-11	-13	-08	-07	-07	-10	-20	-31	-25	05	-18	09	03	10	19	-01	-02	00	-14	-08.6	19	-31
28	-04	-17	-22	-24	-22	-18	-15	-12	-09	-13	-19	-27	-36	-24	-24	-14	-10	-16	-04	09	01	-19	-05	-15	-15.0	09	-36
29	-19	-21	-19	-16	-14	-12	-07	-02	00	-06	-18	-30	-34	-28	-18	-14	-14	-09	-14	-15	-12	-11	-11	-06	-14.6	00	-34
30	04	-11	-13	-14	-28	-10	-10	-12	-13	-17	-22	-32	-30	-23	-22	-24	-18	-08	16	07	-11	-09	-02	-12	-13.1	16	-32
31*	-19	-15	-14	-16	-16	-13	-09	-06	-13	-18	-23	-24	-25	-20	-19	-15	-18	-19	-19	-15	-13	-12	-13	-11	-16.0	-06	-25
Mittel	-09	-09	-11	-15	-16	-15	-14	-14	-15	-18	-21	-28	-31	-26	-20	-21	-11	-08	-09	-03	-06	-05	-04	-07	-14.1	13	-34
Februar																									γ		
1*	-12	-12	-14	-14	-14	-11	-10	-09	-12	-18	-24	-30	-34	-27	-24	-30	-34	-42	-26	-12	-09	-03	-06	-06	**-18.0**	-03	-42
2	-09	-13	-12	-11	-12	-12	-08	-07	-10	-18	-27	-33	-27	-27	-19	-17	-19	-19	-20	-09	01	11	-01	-07	-13.5	11	-33
3	-10	-08	02	-15	08	02	00	-03	-03	-07	-12	-22	-39	-47	-31	-24	-17	-18	15	24	18	10	02	-04	-07.5	24	-47
4	03	05	16	-04	-04	-01	00	00	-04	-12	-23	-34	-48	-36	-30	-19	-27	-24	-14	-10	-07	-06	-04	-05	-12.0	16	**-48**
5	-07	-16	-07	-20	-07	-03	-06	-02	-06	-14	-27	-34	-39	-38	-43	-30	-28	-25	-27	-18	14	52	27	24	-11.7	52	-43
6	18	-04	11	00	00	-14	-43	-17	-09	-15	-22	-40	-31	-40	-26	-36	-43	-28	-19	12	23	19	20	13	-11.3	23	-43
7†	10	38	11	00	04	-19	-23	-26	-22	-15	-17	-23	-33	-42	-26	-09	-16	24	00	-10	01	-03	05	22	-07.0	38	-42
8	05	04	01	-16	-22	-08	-11	-13	-14	-17	-24	-26	-27	-26	-17	07	-11	-18	16	04	-04	00	06	06	-08.5	16	-27
9	06	00	-11	-15	-13	-11	-23	-30	-18	-22	-19	-20	-22	-24	-21	-15	-11	-16	-09	18	37	10	03	-08	-09.8	37	-30
10	00	-29	-13	-02	-08	-13	-11	-10	-14	-17	-26	-30	-30	-25	-17	-21	-20	-14	-19	-15	-10	06	-03	00	-14.2	06	-30
11*	-02	01	-03	-07	-06	-07	-13	-09	-15	-18	-19	-20	-21	-18	-18	-22	-25	-24	-07	08	02	01	-01	09	-09.8	09	-25
12*	06	06	05	-02	-03	-05	-05	-09	-13	-20	-25	-22	-24	-22	-20	-15	-15	-18	-16	-05	-05	-03	06	01	-09.3	06	-25
13†	-14	-02	-06	-08	-12	-18	-22	-20	-20	-34	-42	-43	-46	-43	-19	-15	-06	31	09	-13	20	45	33	10	-09.8	45	-46
14	-28	-47	-05	10	-04	-08	-02	-11	-17	-23	-07	-09	-22	-26	-21	13	-07	-20	-15	-07	-10	-09	-05	-06	-11.9	13	-47
15	-25	-12	13	-07	-33	-30	-24	-23	-21	-27	-30	-24	-34	-27	-26	01	-04	12	12	28	06	-06	-11	-06	-12.4	28	-34
16	-10	-11	-14	-30	-07	-14	-14	-11	-11	-11	-14	-19	-22	-27	-29	-28	-23	-18	-07	-11	-04	-10	-18	-01	-15.2	-01	-30
17	-13	-23	-08	01	-08	-11	-10	-12	-14	-20	-17	-14	-18	-26	-11	-15	-13	-12	01	39	04	04	-07	-10	-08.9	39	-26
18*	-09	-11	-06	-07	-12	-14	-15	-12	-12	-16	-24	-24	-24	-24	-21	-19	-19	-17	-10	-02	-08	-11	-11	-12	-14.2	-02	-24
19	-12	-12	-12	-12	-14	-11	-11	-11	-16	-19	-23	-19	-24	-26	-23	-20	-11	11	-15	-14	-15	-14	-12	-11	-14.4	11	-26
20	-10	-10	-11	-13	-13	-13	-14	-15	-15	-24	-29	-27	-24	-11	-18	-23	-22	-22	-20	-18	12	56	38	13	-09.7	56	-29
21†	-15	-11	-15	-16	-06	-10	-05	-06	-10	-18	-20	-22	-34	-36	03	18	07	-08	08	-04	17	-17	16	-07	-08.0	18	-36
22†	-11	-07	02	-28	-22	-07	-13	-05	-07	-15	-15	-28	-22	-13	-26	-02	84	05	-03	42	01	03	17	14	-02.3	**84**	-28
23†	-12	-11	-30	-05	-07	-15	-14	-12	-06	-11	-10	-16	-28	-18	-04	-06	29	50	78	26	08	27	29	-14	**01.2**	78	-30
24	-03	-04	-10	-16	-16	-10	-06	-10	-10	-19	-28	-23	-19	-26	-04	02	67	-09	08	09	04	-04	-10	-24	-06.7	67	-28
25	-15	-24	-05	-06	-04	-05	-02	-03	-06	-16	-22	-28	-21	-11	-04	-10	-10	-03	40	04	10	07	-19	-13	-06.9	40	-28
26	-04	-01	-20	-22	-11	02	-01	01	-10	-17	-14	-33	-22	-26	-05	-07	-12	-06	01	-03	-08	-06	-06	-06	-09.8	02	-33
27*	-06	-07	-08	-09	-07	-07	-04	04	02	-04	-18	-26	-29	-26	-20	-11	-04	12	-07	-14	-12	-10	-07	-09	-09.5	12	-29
28	-12	-17	-06	-06	-07	-06	-03	00	-04	-13	-30	-30	-37	-38	-35	-26	-11	-16	-14	-09	-04	-02	-03	-10	-14.1	00	-38
Mittel	-09	-08	-06	-10	-09	-10	-11	-10	-11	-17	-22	-25	-29	-28	-20	-14	-08	-08	-02	01	03	05	03	-02	-10.2	26	-34

Weltzeit

Ostkomponente.

Niemegk

$Y = -0.01\,300 + \text{Tafelwert}$. (γ)

1941

Weltzeit

Tag	0h–1h	1h–2h	2h–3h	3h–4h	4h–5h	5h–6h	6h–7h	7h–8h	8h–9h	9h–10h	10h–11h	11h–12h	12h–13h	13h–14h	14h–15h	15h–16h	16h–17h	17h–18h	18h–19h	19h–20h	20h–21h	21h–22h	22h–23h	23h–24h	Tages-mittel	Max.	Min.
März																									γ		
1†	04	17	03	04	-74	-42	04	30	63	40	03	15	-09	-07	-145	-151	-153	-141	83	102	126	175	104	118	07.0	**175**	**-153**
2	48	28	38	45	40	32	20	12	10	04	01	09	-02	01	02	12	34	41	27	42	40	29	32	37	**24.2**	48	-02
3	25	09	27	27	06	16	12	07	04	-02	-15	-17	-11	-12	-14	24	41	39	27	41	00	03	01	05	10.1	41	-17
4	-01	13	26	16	11	-14	00	13	07	-12	-17	-10	-12	-19	-29	01	-04	16	09	-01	17	49	34	46	05.8	49	-29
5	-04	15	23	22	18	14	04	00	-02	-09	-16	-24	-30	-18	01	03	-10	13	32	32	39	71	16	30	09.2	71	-30
6	11	02	09	09	12	05	05	05	-01	-14	-20	-18	-20	-18	-19	-09	24	19	02	00	00	-02	00	-01	-00.8	24	-20
7	03	-08	-05	-03	01	-01	01	03	-02	-14	-16	-19	-25	-20	-19	-15	-06	-15	-14	18	01	08	32	-01	-04.8	32	-25
8	01	12	08	08	05	05	05	06	01	-08	-21	-32	-31	-22	-19	-08	-02	01	-02	04	24	21	09	10	-01.0	24	-32
9	-02	-22	03	09	09	09	03	01	00	-10	-18	-29	-30	-29	-17	-03	-04	-02	-02	16	10	09	17	02	-03.3	17	-30
10*	17	07	09	17	18	13	10	10	05	-05	-17	-26	-28	-22	-14	-07	-05	-06	04	-07	-06	-03	-03	-06	-01.9	18	-28
11	-05	-03	15	09	06	04	06	07	-02	-14	-21	-34	-30	-31	-24	-16	-18	-14	-10	-05	26	29	38	08	-03.3	38	-34
12	-02	02	-01	02	01	01	-02	-03	-06	-13	-18	-25	-34	-32	-28	-18	-24	-26	-24	-10	-09	-07	25	26	**-09.4**	26	-34
13	08	00	17	16	12	07	01	-03	-04	-09	-14	-20	-22	-18	-11	-08	-12	-12	01	00	00	14	33	24	00.0	33	-22
14†	56	23	32	36	03	-14	-32	-34	-23	-16	-26	-40	-46	-10	-12	01	16	26	45	33	37	19	-04	-10	02.5	56	-46
15	12	09	06	-03	-03	-01	-04	-07	-16	-13	-31	-27	-26	-22	-10	-03	03	05	25	10	-01	-11	-11	-14	-05.5	25	-31
16*	00	09	-04	00	-04	-05	05	09	07	-02	-16	-25	-25	-20	-14	-06	-06	-10	-08	-07	-03	-04	-02	-03	-05.6	09	-25
17*	-03	-04	-05	-09	01	05	10	12	03	-02	-17	-25	-28	-28	-18	-14	-08	-10	-09	-05	01	-02	00	-03	-06.6	12	-28
18	-08	-20	-06	00	02	02	09	11	08	-01	-18	-30	-32	-28	-20	-13	-12	-14	-14	-15	-13	-04	-01	-01	-09.1	11	-32
19	-02	-06	-05	-01	-02	01	10	10	04	-08	-27	-48	-57	-53	-41	-15	-15	09	19	-02	15	13	-14	03	-08.8	19	-57
20	-23	-28	01	-10	-12	-02	00	01	-03	-10	-20	-28	-27	-20	-25	-04	52	09	-02	-08	-02	-13	-04	07	-07.1	52	-28
21	-27	-02	-13	-20	-02	07	17	06	00	-12	-12	-26	-22	-12	00	-06	25	09	33	17	37	14	00	-14	-00.1	37	-27
22	-04	-01	-33	-14	-11	-03	14	15	06	06	-18	-17	-24	-15	-15	10	58	62	40	14	21	04	-17	-18	02.5	62	-33
23	-09	00	03	00	-02	-03	06	08	-02	-06	-18	-24	-33	-25	-14	05	43	25	29	05	-06	07	-19	10	-00.8	43	-33
24	10	06	-04	-03	05	07	15	18	14	-01	-09	-21	-28	-25	-20	-05	04	17	12	08	01	22	05	-01	01.1	22	-28
25	-06	-05	-04	-05	-04	01	14	19	16	09	-07	-21	-33	-31	-22	-14	-06	-04	09	16	-04	-04	-01	-06	-03.9	19	-33
26*	-06	-07	-05	-02	-04	-01	12	22	17	05	-10	-26	-31	-27	-17	-10	-03	-04	-06	-06	-06	01	-05	-06	-05.2	22	-31
27*	-05	-04	-03	-03	-02	03	14	25	23	07	-16	-32	-37	-30	-19	-10	-06	-07	-08	-10	-12	-11	-12	-12	-07.0	25	-37
28†	-13	05	44	14	05	17	15	30	26	11	-43	-42	-73	-75	-64	-33	-07	08	31	44	53	23	41	02	00.8	53	-75
29	14	20	11	15	15	15	10	19	19	08	-06	-25	-38	-42	-30	-24	29	36	36	28	35	36	49	18	10.3	49	-42
30†	04	-02	-17	12	04	-08	05	04	15	09	-01	-13	-30	-42	-26	-19	27	67	11	24	60	51	119	149	16.8	149	-42
31†	22	86	54	26	02	12	17	21	20	15	-14	-15	-05	-12	-10	02	04	-03	-03	06	22	14	11	17	12.0	86	-15
Mittel	04	05	07	07	02	03	07	09	07	-02	-16	-23	-28	-25	-23	-11	02	04	12	12	16	18	15	13	00.6	43	-35
April																									γ		
1	08	17	11	04	10	14	20	22	17	05	-10	-27	-24	-24	-15	00	-01	-01	00	01	01	-09	01	09	01.2	22	-27
2	08	-04	18	11	10	10	15	21	12	01	-16	-36	-45	-47	-23	-18	-12	-09	-06	-06	05	30	18	14	-02.0	30	-47
3	05	11	15	-03	14	19	16	17	13	02	-12	-31	-38	-36	-32	-02	-10	-09	-12	18	14	05	06	11	-00.8	19	-38
4	09	13	02	02	05	03	08	13	10	-06	-22	-34	-35	-27	-17	-06	00	00	-02	-02	01	02	05	-02	-03.3	13	-35
5	-01	02	03	04	05	05	13	21	16	02	-17	-33	-41	-38	-24	-14	-07	-03	-02	00	-03	09	17	07	-03.3	21	-41
6	09	09	04	18	19	09	02	12	10	07	-08	-25	-36	-34	-30	-19	-12	-09	-08	-07	-05	08	20	02	-02.7	20	-36
7†	-03	-03	-02	-03	-03	01	10	19	16	-01	-19	-42	-43	-45	-42	-22	-14	-18	-16	-09	28	59	38	34	-03.3	59	-45
8	07	09	01	-01	00	06	16	25	22	11	-06	-26	-36	-33	-25	-17	-12	-06	08	-06	-07	-07	01	08	-02.8	25	-36
9	10	07	01	08	-11	-16	-04	12	18	09	-12	-25	-46	-49	-38	-24	-05	-07	-07	-10	-07	-03	01	-01	-08.3	18	-49
10†	-01	00	-01	-09	-03	03	07	11	13	11	-08	-23	-37	-34	-30	-14	25	-02	29	19	02	05	69	16	02.0	69	-37
11	-02	-11	-10	06	04	09	16	15	10	18	04	-20	-35	-28	-16	-15	-11	-03	23	11	16	12	-03	01	-00.4	23	-35
12	-07	-04	-15	-20	-24	-19	13	16	29	17	-02	-35	-31	-33	-23	-06	10	-02	-06	-03	-03	-04	-05	-03	-06.7	29	-35
13	00	-21	-03	00	01	09	20	29	28	18	-03	-24	-30	-27	-19	-10	-03	-01	01	00	03	01	-02	-08	-01.7	29	-30
14*	-08	-02	01	03	02	00	10	14	13	04	-06	-24	-32	-30	-19	-08	-03	-03	00	-02	-04	-04	-04	-02	-04.3	14	-32
15	00	00	01	01	01	03	10	17	20	08	-12	-28	-39	-37	-20	-16	-15	-11	-11	-12	-12	-13	-09	-05	-07.5	20	-39
16	-12	10	12	06	04	03	06	10	07	-11	-31	-48	-41	-35	-19	-18	-12	-05	-05	-05	-08	-05	-05	-06	**-08.7**	12	-48
17	-05	-03	-02	-03	-04	08	12	14	14	05	-14	-22	-32	-38	-34	-27	-23	-17	-09	-07	-04	-04	-04	-05	-08.5	14	-38
18	-14	-05	08	04	06	06	11	13	14	06	-12	-32	-42	-23	-15	-08	07	-03	-04	-08	-07	16	27	04	-02.1	27	-42
19†	08	00	-13	00	-15	-58	-69	-06	-02	-03	-02	-19	-29	-25	-15	-10	-08	04	38	12	14	06	-12	-03	-08.6	38	-69
20	-04	-11	-09	01	06	11	12	10	14	14	-06	-26	-31	-30	-25	-16	-11	-07	-05	02	13	10	-02	10	-03.3	14	-31
21	06	-10	-08	-06	02	00	07	16	14	05	-05	-23	-36	-29	-20	-16	-11	-01	03	06	-06	-02	-03	-03	-05.0	16	-36
22*	-04	-01	-01	03	04	08	09	20	20	04	-11	-24	-30	-29	-24	-16	-10	-04	07	-04	-05	-06	-01	-02	-04.0	20	-30
23*	-02	00	01	04	06	08	14	18	16	09	-07	-19	-28	-29	-27	-22	-15	-09	-08	-07	-07	-06	-08	-07	-05.2	18	-29
24†	-03	00	03	08	11	16	17	19	07	-14	-29	-39	-74	-81	-30	-44	-34	18	76	28	63	33	26	37	00.6	**76**	**-81**
25†	43	27	30	21	16	-01	-08	04	08	-08	-11	-19	-35	-35	-25	-10	00	-07	25	12	10	02	-05	12	01.9	43	-35
26	04	-05	-03	05	02	04	11	20	18	15	09	-04	-19	-20	-14	-08	-04	05	07	04	03	05	18	25	03.2	25	-20
27*	17	11	05	10	12	13	19	21	20	10	-06	-18	-23	-20	-15	-11	-06	02	06	07	04	07	12	09	03.6	21	-23
28	01	01	00	-02	-10	10	13	14	08	-04	-24	-36	-30	-33	-26	00	04	03	08	16	37	48	53	33	03.5	53	-36
29	60	75	30	28	24	21	27	18	00	-03	-08	-19	-20	-14	-09	-07	-04	-02	00	01	01	04	11	07	**09.2**	75	-20
30*	14	07	14	20	17	14	16	15	12	07	-05	-15	-21	-22	-16	-12	-07	-01	01	01	02	02	02	03	02.0	20	-22
Mittel	05	04	03	04	04	04	09	16	14	05	-10	-27	-35	-33	-23	-14	-07	-04	04	02	05	07	09	06	-02.2	29	-37

Ostkomponente.

Niemegk — $Y = -0.01300 + \text{Tafelwert}$ (Γ) — 1941

Tag	0h	1h	2h	3h	4h	5h	6h	7h	8h	9h	10h	11h	12h	13h	14h	15h	16h	17h	18h	19h	20h	21h	22h	23h	Tagesmittel	Max.	Min.
Mai																									γ		
1	03	03	03	04	06	08	13	17	11	00	-13	-28	-41	-40	-32	-26	-19	-09	05	09	23	39	20	13	-01.3	39	-41
2*	08	13	20	27	30	27	31	24	16	08	07	-21	-28	-32	-29	-21	-12	00	00	-01	06	16	15	23	**04.7**	31	-32
3*	13	15	19	28	27	31	28	21	16	05	-14	-26	-31	-28	-21	-19	-15	-09	-05	-05	04	04	-01	00	01.5	31	-31
4	01	04	08	-07	10	16	16	04	-01	-16	-24	-28	-43	-34	-23	-13	-07	01	07	-01	-01	-05	-08	00	-06.0	16	-43
5*	-03	-04	06	12	16	17	19	12	05	-05	-16	-23	-28	-32	-21	-14	-11	-09	-03	-07	-08	-07	-05	-04	-04.7	19	-32
6	-02	-02	04	10	17	20	20	17	09	02	-08	-24	-28	-15	-15	-13	-09	-05	01	05	-08	-07	-08	-05	-01.8	20	-28
7	-05	-08	-04	00	00	06	13	16	15	04	-07	-19	-22	-19	-15	-12	-08	-07	-07	-04	-06	-09	-04	-04	-04.4	16	-22
8	-03	-02	03	04	08	10	13	13	07	-12	-34	-43	-45	-46	-27	-24	-22	-19	-16	-05	13	13	06	01	-08.6	13	-46
9	00	05	10	03	-04	01	-16	-03	02	-08	-24	-43	-44	-30	-14	-07	-05	-08	-09	-07	04	-07	-07	-11	-09.2	10	-44
10	-22	-03	13	19	22	24	29	22	14	00	-18	-27	-32	-28	-24	-19	-14	-05	-08	-08	-08	-06	-04	-03	-03.6	29	-32
11	-03	-10	02	10	16	22	28	28	23	06	-11	-20	-29	-30	-24	-14	-03	00	-04	-04	-04	-04	-05	-06	-01.5	28	-30
12	-08	-11	-03	04	12	19	26	28	21	05	-16	-31	-36	-38	-31	-28	-25	-17	-15	-13	-09	06	07	06	-06.1	28	-38
13	15	-06	04	10	08	08	11	17	11	01	-17	-38	-51	-45	-40	-24	-15	-09	-01	-04	-05	-05	-03	-04	-07.6	17	-51
14	-02	01	04	08	16	19	22	22	11	-05	-20	-32	-32	-30	-25	-17	-09	-08	-07	-08	-09	-09	-08	-01	-05.0	22	-32
15	04	20	16	15	19	24	30	26	19	08	-09	-28	-35	-37	-30	-21	-15	-13	-09	-10	-10	-09	-08	00	-02.2	30	-37
16	15	08	11	05	-05	07	17	06	12	02	-15	-29	-36	-40	-23	-31	-26	-18	-17	-16	-12	-11	-06	-01	-08.5	17	-40
17†	00	02	04	02	-38	-47	-31	-08	02	01	-21	-24	-36	-36	-12	-12	-16	-13	-05	03	09	-03	-04	05	**-11.6**	09	-47
18	08	02	01	-04	00	15	17	24	18	04	-12	-27	-29	-29	-24	-18	-12	-05	-04	15	22	05	-02	01	-01.4	24	-29
19*	04	00	-08	-02	10	15	15	21	19	08	-09	-19	-21	-21	-23	-20	-13	-06	-06	-04	-04	-04	-04	-03	-03.1	21	-23
20*	-01	-01	00	04	15	22	25	22	12	03	-12	-27	-33	-30	-21	-15	-10	-12	-09	-09	-09	-04	03	05	-03.4	25	-33
21†	01	14	13	07	15	26	30	19	09	-11	-24	-32	-33	-35	-33	-35	-36	-38	-38	-27	-12	02	58	42	-04.9	**58**	-38
22†	21	10	20	11	12	12	23	21	12	04	-13	-34	-34	-47	-31	-32	-14	-12	-08	02	33	21	04	03	-00.7	33	-47
23†	-01	-14	-01	08	23	25	30	21	12	-11	-16	-34	-51	-21	-29	-19	-10	-06	02	05	11	-01	22	05	-02.1	30	**-51**
24†	17	24	36	33	05	-24	-28	-18	-13	-08	-21	-31	-32	-25	-25	-23	-11	-05	01	07	14	27	26	11	-02.6	36	-32
25	32	00	08	23	24	20	24	24	17	00	-20	-33	-40	-42	-34	-30	-19	-08	01	03	00	10	04	06	-01.2	32	-42
26	04	-10	05	13	12	20	24	21	17	05	-12	-26	-28	-32	-25	-12	-12	00	06	09	04	00	-01	11	-00.3	24	-32
27	12	08	09	17	19	22	28	21	15	06	-07	-25	-37	-36	-32	-20	-14	-09	-04	06	02	04	05	02	-00.3	28	-37
28	12	16	13	25	28	24	17	-02	-03	-07	-18	-39	-42	-37	-37	-32	-18	-12	-08	-07	-02	02	-13	13	-05.3	28	-42
29	21	20	15	17	17	05	13	13	11	-02	-15	-33	-41	-36	-27	-26	-16	-04	-03	-06	-04	00	01	05	-03.1	21	-41
30	02	14	14	18	16	17	18	19	13	-02	-16	-31	-41	-50	-45	-33	-28	-19	-15	-10	-04	-10	-09	-07	-07.9	19	-50
31	-08	-04	27	36	30	27	22	23	24	13	-04	-14	-26	-34	-30	-24	-25	-20	-02	23	-05	-07	-04	02	00.8	36	-34
Mittel	04	03	09	12	12	14	17	16	11	00	-15	-29	-35	-33	-27	-21	-15	-10	-06	-02	01	01	02	03	-03.6	25	-37
Juni																									γ		
1	-03	00	13	13	-04	02	10	20	15	09	-07	-20	-32	-24	-22	-23	-22	-15	-14	-12	-10	-07	-05	07	-05.5	20	-32
2*	05	09	11	11	15	17	21	21	17	10	-02	-15	-23	-26	-24	-21	-17	-14	-10	-10	-10	-08	-06	-03	-02.2	21	-26
3*	-02	-02	01	06	12	14	17	17	12	00	-13	-25	-33	-31	-30	-26	-19	-15	-10	-10	-10	-11	-10	-06	-07.2	17	-33
4*	-06	-03	06	18	20	22	18	15	06	-01	-12	-24	-26	-30	-31	-26	-18	-14	-14	-14	-12	-06	-06	00	-05.8	22	-31
5*	02	04	06	14	23	27	23	22	13	02	-13	-20	-27	-26	-24	-17	-10	-12	-10	-06	-07	-06	-02	03	-01.7	27	-27
6	06	10	11	15	16	21	17	15	12	00	-15	-21	-35	-34	-28	-16	-09	-05	-05	-05	-04	-04	-03	-01	-02.6	21	-35
7	-01	01	02	03	08	18	22	20	13	02	-17	-34	-44	-47	-42	-29	-18	-09	-06	-07	-07	-06	-07	-06	-08.0	22	-47
8	-02	01	03	07	11	18	24	30	25	18	-07	-25	-32	-30	-25	-20	-14	-12	-09	-08	-06	-05	-04	-02	-02.7	30	-32
9	-01	01	04	10	15	20	26	28	26	13	-11	-28	-32	-39	-38	-32	-21	-11	-04	-06	-09	-13	-06	-01	-04.5	28	-39
10†	-09	06	08	18	31	31	12	12	06	-06	-23	-35	-38	-54	-64	-70	-51	-36	-21	-21	-10	-08	01	03	**-13.2**	31	**-70**
11†	-05	15	18	23	30	36	39	36	25	07	-17	-34	-44	-42	-35	-20	-20	-17	-12	03	08	07	10	04	00.6	39	-44
12	03	-02	-08	-06	10	14	26	21	16	-03	-23	-36	-38	-35	-30	-23	-16	-10	-05	00	02	-04	00	00	-06.1	26	-38
13†	03	05	08	12	30	34	38	31	00	-08	-26	-16	-40	-37	-22	-19	-18	02	11	20	39	42	34	36	06.6	42	-40
14†	50	42	44	41	25	28	34	42	27	14	02	-16	-20	-19	-19	-16	-08	-03	-03	-03	01	01	01	30	**11.5**	50	-20
15†	29	32	32	31	20	17	10	10	10	-14	-08	-23	-34	-38	-30	-34	-26	-11	-08	-12	-10	-04	03	05	-02.2	32	-38
16*	10	08	20	23	28	30	27	22	16	10	03	-05	-08	-13	-16	-12	-11	-08	-03	00	00	04	05	09	05.8	30	-16
17	11	11	11	16	22	28	30	33	20	08	-05	-13	-20	-25	-27	-25	-26	-22	-14	08	22	37	47	61	07.8	61	-27
18	63	68	50	29	25	31	37	36	31	24	07	-06	-22	-34	-40	-36	-22	-08	01	09	05	03	06	08	11.0	**68**	-40
19	08	09	10	12	21	24	29	28	22	08	-08	-19	-33	-38	-36	-34	-25	-21	-16	-10	-06	20	28	17	-00.4	29	-38
20	32	30	29	06	33	28	04	-07	13	14	-05	-21	-30	-37	-33	-28	-22	-14	-08	-03	10	08	06	-06	00.0	33	-37
21	15	14	01	15	24	22	23	10	15	04	-10	-17	-26	-21	-18	-10	-05	02	04	17	08	05	03	02	03.2	24	-26
22	00	14	13	19	27	29	30	29	25	07	-10	-22	-33	-36	-26	-17	-10	-02	01	01	10	06	06	06	02.8	30	-36
23	15	14	21	26	30	28	26	21	13	04	-10	-21	-24	-25	-21	-15	-09	-02	02	01	-01	07	03	03	03.6	30	-25
24	10	12	13	22	27	32	31	24	21	07	-11	-27	-34	-46	-42	-29	-21	-16	-10	-08	15	06	06	26	00.3	32	-46
25	21	21	23	24	26	27	25	21	16	05	-09	-22	-28	-24	-24	-19	-12	-06	-05	-05	09	05	15	25	04.5	27	-28
26	32	19	20	29	38	49	51	36	17	00	-18	-32	-45	-43	-38	-28	-24	-19	-16	-21	-06	23	15	20	02.5	51	-45
27	22	20	31	30	30	19	06	12	-01	-13	-36	-42	-44	-48	-26	-16	-09	-06	-11	-12	-08	-01	-01	06	-04.1	31	-48
28	02	-05	07	21	29	35	37	38	29	12	-08	-26	-36	-39	-35	-21	-12	-05	-07	-05	05	00	01	01	00.8	38	-39
29	-01	09	24	37	39	43	36	26	16	-02	-23	-46	-56	-55	-42	-24	-15	-11	-05	01	04	04	07	09	-01.0	43	-56
30	09	10	16	25	34	33	31	24	20	07	-05	-16	-23	-26	-23	-16	-08	-05	-04	-03	-02	02	02	-02	03.3	34	-26
Mittel	11	12	15	18	23	26	25	23	17	05	-11	-24	-32	-34	-30	-24	-17	-11	-07	-04	01	03	05	08	-00.1	33	-36

Weltzeit

Ostkomponente.

Niemegk γ
Y = — 0.01 300 + Tafelwert. **1941**

0h 1h 2h 3h 4h 5h 6h 7h 8h 9h 10h 11h 12h 13h 14h 15h 16h 17h 18h 19h 20h 21h 22h 23h 24h Weltzeit

Tag	0h	1h	2h	3h	4h	5h	6h	7h	8h	9h	10h	11h	12h	13h	14h	15h	16h	17h	18h	19h	20h	21h	22h	23h	Tagesmittel γ	Max.	Min.
Juli																											
1	05	17	12	13	-03	02	26	22	17	04	-06	-15	-22	-26	-27	-24	-19	-12	-07	-03	-01	-02	13	16	-00.8	26	-27
2	14	13	-05	09	26	29	31	33	20	17	07	-05	-08	-12	-17	-14	-06	-02	01	02	03	03	05	03	06.1	33	-17
3	-02	08	11	14	22	29	29	26	14	03	-10	-22	-37	-37	-41	-40	-27	-09	-09	-10	-08	05	09	06	**-03.2**	29	-41
4†	08	10	10	13	24	04	09	12	13	15	02	-10	-15	-21	-23	-20	-15	-03	-02	13	18	43	03	-03	03.5	43	-23
5†	04	07	-47	63	53	60	07	60	72	45	86	93	-63	-53	-76	-76	10	10	14	14	26	-01	24	41	15.5	**93**	**-76**
6†	44	31	34	41	42	46	47	44	38	18	08	02	-08	-06	-03	10	16	31	27	26	36	15	46	45	**26.2**	47	-08
7†	26	33	-22	00	-24	17	30	52	46	28	15	09	01	00	06	15	18	18	07	09	12	20	20	17	14.7	52	-24
8	26	27	30	34	37	36	31	24	26	19	06	-10	-07	-16	00	03	17	16	15	31	12	10	12	17	16.5	37	-16
9	19	24	29	39	41	45	41	35	24	12	-01	-16	-20	-25	-12	-06	-01	-01	-01	02	05	00	12	22	11.1	45	-25
10	16	35	47	25	30	38	38	45	39	30	10	-13	-24	-33	-29	-22	-11	02	17	30	36	55	49	52	19.2	55	-33
11	26	18	15	22	29	38	32	22	10	14	05	-12	-20	-17	-14	-09	-02	-01	03	10	10	11	12	11	08.9	38	-20
12	11	11	04	16	27	31	30	16	14	15	00	-15	-28	-17	-09	-02	06	08	06	07	08	09	11	17	07.3	31	-28
13*	19	22	22	25	32	38	37	33	26	15	02	-16	-18	-22	-18	-12	-04	02	04	06	10	10	14	15	10.1	38	-22
14*	18	19	20	25	33	37	34	33	30	22	12	00	-13	-18	-15	-07	-02	04	08	07	09	20	09	10	12.3	37	-18
15	14	17	22	26	33	38	39	39	33	16	-08	-26	-30	-28	-22	-18	-13	-10	-09	-03	-01	02	04	06	05.0	39	-30
16	07	15	17	33	44	47	30	30	30	19	12	-06	-29	-34	-41	-23	-20	-12	00	00	08	23	28	30	08.7	47	-41
17	22	11	19	28	27	31	35	31	15	09	-04	-14	-21	-23	-20	-17	-07	06	17	08	07	08	12	13	08.0	35	-23
18	-06	14	27	28	33	39	43	43	37	27	10	-04	-17	-26	-17	-06	00	06	10	08	10	10	13	13	12.3	43	-26
19	15	16	02	16	38	38	39	35	26	12	00	-12	-22	-20	-12	-04	-02	02	00	07	11	07	10	20	09.2	39	-22
20	19	20	27	32	42	39	34	39	31	22	08	-14	-31	-35	-25	-09	-01	09	05	04	23	20	09	07	11.5	42	-35
21†	10	13	03	19	32	02	-12	04	18	03	-13	-20	-21	-17	-04	01	05	08	12	53	51	18	14	09	07.8	53	-21
22	17	14	22	24	40	38	32	36	34	25	10	-03	-25	-21	-23	-11	08	10	-01	-01	00	04	05	14	10.3	40	-25
23	12	02	21	24	28	31	20	21	16	16	05	-12	-25	-30	-16	-02	02	12	11	08	05	11	07	16	07.6	31	-30
24	35	33	30	41	48	49	42	36	32	15	-02	-16	-32	-38	-14	-01	01	07	-01	04	13	19	21	13	14.0	49	-38
25	09	10	14	27	38	45	51	38	29	20	12	-08	-19	-09	-10	-07	00	07	08	15	11	12	16	16	13.5	51	-19
26*	16	16	16	22	32	40	41	37	28	17	-02	-22	-36	-31	-26	-18	-10	-03	01	04	10	14	12	19	07.4	41	-36
27*	18	21	21	26	33	35	35	34	31	24	09	-13	-32	-40	-36	-20	-04	06	06	05	05	06	14	10	08.1	35	-40
28	16	20	20	24	28	29	30	30	24	10	-12	-28	-41	-36	-29	-16	-04	-01	-01	00	03	05	08	10	03.7	30	-41
29*	12	13	18	16	24	30	34	34	32	21	04	-16	-32	-43	-38	-21	-08	00	02	-01	03	04	08	03	04.1	34	-43
30	12	16	17	24	35	37	38	36	21	09	01	-23	-36	-38	-32	-20	-11	-03	-01	-01	04	12	12	13	05.1	38	-38
31	12	09	12	17	29	36	33	26	17	02	-17	-30	-36	-32	-21	-05	-03	01	-01	00	01	15	23	15	04.3	36	-36
Mittel	15	17	15	25	31	34	32	32	27	17	05	-10	-25	-26	-21	-13	-03	03	05	08	11	13	15	16	09.3	42	-30
August																											
1	12	16	16	18	28	31	28	26	16	02	-08	-22	-35	-35	-26	-20	-08	-07	-01	12	10	22	20	29	05.2	31	-35
2†	10	27	-10	16	18	25	25	03	14	02	-14	-20	-36	-27	-14	22	18	19	20	15	04	-01	-02	00	**04.8**	27	-36
3	10	19	29	31	36	27	21	23	20	12	02	-14	-23	-18	-11	-02	22	28	15	19	14	26	12	12	12.9	36	-23
4†	14	11	39	33	00	14	24	53	18	-17	-21	-12	-33	-56	-25	-12	11	55	17	25	34	53	57	76	14.9	**76**	**-56**
5	09	48	43	66	65	72	63	48	34	20	02	-16	-21	-20	-19	-09	11	13	15	15	36	20	20	11	**21.9**	72	-21
6	22	23	36	39	47	54	31	32	20	08	-14	-28	-28	-24	-18	03	06	09	24	16	16	34	25	13	14.4	54	-28
7	71	66	56	57	44	42	40	32	17	01	-12	-27	-30	-31	-20	-03	13	20	12	04	04	12	29	12	17.0	71	-31
8	26	24	24	29	32	34	33	32	24	08	-02	-11	-19	-17	-09	03	12	14	15	15	15	20	17	20	14.1	34	-19
9*	17	18	19	23	28	35	39	42	37	26	03	-19	-30	-30	-18	-04	02	05	08	09	10	12	17	16	11.0	42	-30
10*	20	21	13	20	30	35	36	33	28	19	01	-14	-25	-23	-15	-03	06	09	09	08	06	08	12	15	10.4	36	-25
11	24	34	24	29	38	48	53	51	35	17	02	-15	-30	-29	-23	-15	-02	04	08	23	14	14	20	29	14.7	53	-30
12	22	26	20	23	35	44	34	33	25	10	-05	-20	-30	-32	-21	-11	-01	08	09	07	04	14	18	22	09.8	44	-32
13	33	32	21	19	33	40	33	31	28	15	-05	-17	-26	-24	-23	-18	-08	06	11	04	06	08	07	00	08.6	40	-26
14	24	27	24	30	19	24	29	32	23	12	-04	-21	-28	-26	-16	-04	05	10	07	06	11	13	12	12	09.2	32	-28
15	12	21	30	31	36	33	29	28	23	12	-03	-12	-23	-22	-12	-01	04	10	10	12	12	12	13	14	11.2	36	-23
16*	16	16	17	19	24	25	30	28	23	14	00	-17	-28	-36	-24	-11	00	08	18	18	14	13	13	16	08.2	30	-36
17*	16	18	27	28	24	30	33	32	27	15	-02	-14	-21	-19	-13	-03	05	09	08	07	07	08	10	18	10.4	33	-21
18	19	17	18	20	24	28	29	27	16	01	-15	-25	-26	-24	-16	-14	-07	-07	-03	-03	11	28	19	12	05.4	29	-26
19	20	20	12	31	28	29	32	30	08	02	-12	-30	-41	-32	-19	04	12	23	07	09	13	15	08	16	07.7	32	-41
20	15	07	11	23	33	34	40	32	20	09	-06	-13	-16	-14	-04	09	16	12	04	03	04	05	07	10	10.0	40	-16
21	02	15	20	21	28	31	36	28	16	-02	-05	-16	-26	-25	-21	-08	01	04	04	31	11	08	12	11	07.3	36	-26
22	21	20	19	21	23	28	33	33	27	17	04	-15	-24	-24	-20	-11	-04	00	03	07	16	20	19	19	09.7	33	-24
23*	16	17	17	17	26	32	34	31	24	07	-08	-22	-33	-33	-28	-16	-02	05	06	07	12	08	13	20	06.2	34	-33
24	23	24	25	30	33	45	41	31	13	-06	-24	-36	-39	-28	-14	00	04	07	10	18	24	16	18	22	09.9	45	-39
25	20	16	19	24	33	40	40	33	16	-03	-24	-28	-26	-13	-08	01	08	04	06	40	41	24	19	08	12.1	41	-28
26†	-06	02	27	27	34	35	34	31	10	-17	-32	-42	-51	-33	-25	-09	-02	11	43	35	54	39	68	72	12.7	72	-51
27†	39	-15	13	25	39	28	31	31	23	03	-09	-16	-28	-29	-30	03	16	18	56	76	56	40	68	32	19.6	76	-30
28	10	10	27	33	29	43	50	31	11	02	03	-19	-28	-25	-07	01	12	22	19	15	08	10	10	15	11.8	50	-28
29†	20	26	26	21	15	23	40	34	20	06	-12	-09	-16	-14	07	08	29	67	34	28	24	29	32	02	18.3	67	-16
30	22	52	32	17	20	37	38	39	32	17	-06	-12	-12	-06	19	06	12	12	15	31	17	13	11	-05	16.7	52	-12
31	11	10	28	31	29	31	28	35	27	11	-04	-21	-27	-19	-11	-03	04	08	06	10	34	06	14	18	10.7	35	-27
Mittel	19	22	23	27	30	35	35	32	22	07	-07	-19	-28	-25	-16	-04	06	13	13	17	17	18	20	18	11.5	45	-29

Ostkomponente.

Niemegk — Y = — 0.01 300 Γ + Tafelwert. — 1941

September

Tag	0h	1h	2h	3h	4h	5h	6h	7h	8h	9h	10h	11h	12h	13h	14h	15h	16h	17h	18h	19h	20h	21h	22h	23h	Tagesmittel γ	Max.	Min.
1	17	18	15	25	31	44	42	37	24	16	00	-20	-28	-30	-26	-08	23	31	31	17	10	10	12	08	12.5	44	-30
2	04	06	22	27	32	42	51	35	22	06	-13	-24	-23	-13	-02	09	19	15	13	10	16	11	15	05	11.9	51	-24
3	-08	18	27	30	34	39	40	36	20	00	-14	-20	-20	-13	-04	04	08	09	08	09	13	14	11	18	10.8	40	-20
4*	16	18	25	29	32	37	41	38	25	04	-14	-22	-24	-16	-03	07	12	10	05	04	08	13	19	16	11.7	41	-24
5*	19	22	20	23	27	28	31	30	22	04	-07	-16	-16	-12	-04	04	09	08	08	08	09	10	12	13	10.5	31	-16
6*	16	18	18	19	20	22	27	28	20	08	-13	-24	-25	-19	-11	-02	02	00	01	05	06	12	12	13	**06.4**	28	-25
7	13	15	16	15	21	33	34	38	31	07	00	-16	-33	-43	-33	-08	-09	00	17	06	23	46	23	23	09.1	46	-43
8	20	20	24	37	34	33	33	25	22	13	03	-12	-20	-15	-06	-04	00	06	08	10	20	24	34	46	14.8	46	-20
9	27	25	13	27	27	29	31	28	21	18	02	-12	-20	-16	-09	-01	06	08	10	15	19	18	22	-14	11.4	31	-20
10	12	24	22	20	20	24	32	34	24	10	-05	-18	-25	-20	-09	03	08	08	15	19	10	10	12	13	10.1	34	-25
11	14	12	22	23	26	37	39	37	32	12	-12	-35	-40	-36	-22	-05	08	12	15	18	19	23	16	08	09.3	39	-40
12*	08	15	12	12	20	25	30	31	27	14	-08	-21	-27	-22	-09	04	08	10	08	09	10	11	12	12	08.0	31	-27
13†	12	14	15	17	20	23	28	30	20	04	-10	-25	-32	-23	-25	-21	-10	11	29	11	10	44	40	-01	07.5	44	-32
14	23	14	19	13	06	02	10	05	04	00	-05	-11	-14	-06	00	25	16	11	26	33	27	52	50	47	14.5	52	-14
15†	-05	28	37	41	35	25	31	28	28	16	-06	-14	-13	-06	07	-04	-03	01	58	67	53	63	27	23	21.5	67	-14
16	27	02	41	38	29	19	31	42	36	27	12	-04	-10	-08	-05	-01	06	10	15	40	14	17	19	32	17.9	42	-10
17	35	33	33	38	36	35	32	36	37	21	01	-12	-24	-23	-05	-04	10	40	16	07	10	11	12	12	16.1	40	-24
18†	12	14	19	21	10	-03	31	48	27	-01	55	85	03	-60	-60	29	123	62	187	128	247	210	130	288	**66.9**	**288**	**-60**
19†	281	243	195	102	02	27	52	-14	07	41	36	30	23	38	31	22	24	22	27	74	13	45	51	56	59.5	281	-14
20†	33	37	53	64	61	57	48	41	38	27	08	02	-16	03	04	15	26	34	35	30	31	36	32	33	30.5	64	-16
21	34	34	36	04	44	44	35	41	33	23	12	-07	14	-06	11	54	32	18	20	20	24	26	28	31	25.2	54	-07
22*	31	32	31	31	33	35	35	40	36	25	09	-04	-10	-09	03	12	19	19	19	20	24	25	23	23	20.9	40	-10
23	26	26	28	29	28	33	40	47	40	27	07	-09	-24	-26	-20	-06	16	20	13	13	30	26	27	27	17.4	47	-26
24	04	23	40	40	31	28	34	35	30	20	04	-20	-34	-33	-18	-11	-03	06	54	66	70	78	60	32	22.3	78	-34
25	86	45	40	35	25	38	44	42	36	18	04	-16	-16	08	05	10	30	31	31	41	73	37	35	27	29.5	86	-16
26	28	27	25	23	25	30	38	47	46	31	05	-06	-13	-09	-01	09	14	12	15	16	18	19	26	25	18.8	47	-13
27	19	26	22	30	29	30	32	24	18	10	-11	-21	-20	-17	-01	09	45	29	28	25	20	18	19	18	15.9	45	-21
28	20	20	27	30	30	35	42	45	39	31	14	00	-07	-09	-01	04	07	04	06	18	22	38	49	19	20.1	49	-09
29	19	21	24	28	20	27	29	40	34	18	08	-08	-13	-08	-02	-04	02	15	20	15	25	23	26	32	16.3	40	-13
30	30	14	22	34	30	30	35	36	34	24	-01	-06	-08	-04	03	08	14	15	20	32	55	31	26	26	20.8	55	-08
Mittel	29	29	31	30	27	30	35	34	28	16	02	-10	-17	-15	-07	05	15	16	25	26	31	33	29	30	18.9	63	-22

Oktober

Tag	0h	1h	2h	3h	4h	5h	6h	7h	8h	9h	10h	11h	12h	13h	14h	15h	16h	17h	18h	19h	20h	21h	22h	23h	Tagesmittel γ	Max.	Min.
1	23	26	24	23	28	32	34	40	41	33	14	-03	-11	-08	00	10	13	15	20	22	21	22	19	18	19.0	41	-11
2	18	21	22	22	25	29	34	37	31	20	07	-01	-01	00	02	06	06	09	10	14	40	24	30	34	18.3	40	-01
3	38	30	23	25	27	28	32	34	30	21	07	-04	-07	-06	-02	06	10	12	14	14	18	23	28	24	17.7	34	-07
4*	17	21	22	22	23	28	34	37	31	22	08	-04	-10	-09	-04	01	00	03	06	09	11	18	22	32	**14.2**	37	-10
5	48	41	37	26	22	23	32	41	36	26	02	-12	-12	-09	-02	06	08	15	12	15	17	17	20	25	18.1	48	-12
6*	27	27	22	20	19	22	28	31	26	16	04	-08	-12	-05	04	09	11	13	14	11	15	22	20	21	14.9	31	-12
7*	19	22	25	25	26	28	32	34	31	22	05	-10	-15	-08	03	09	08	08	08	11	14	16	18	20	14.6	34	-15
8	27	21	36	19	30	29	36	41	45	40	24	08	-02	-06	-01	08	14	26	19	19	22	28	23	20	21.9	45	-06
9	21	20	22	20	17	28	34	41	37	26	04	-09	-15	-11	03	06	08	08	09	11	20	22	18	20	15.0	41	-15
10	19	19	20	19	19	21	25	30	28	18	04	-08	-15	-13	-05	-06	-13	-10	05	27	48	42	36	32	14.2	48	-15
11†	14	18	35	30	26	24	10	08	18	24	04	-02	-11	-13	-04	15	19	77	57	52	37	52	10	81	24.2	77	-13
12†	61	43	20	-07	33	27	30	17	19	26	12	05	08	07	14	20	52	41	31	24	28	34	30	20	24.8	61	-07
13	15	28	29	26	23	23	29	31	38	26	15	06	03	04	06	12	13	25	34	20	25	23	24	15	20.5	38	03
14	17	18	25	26	22	16	22	30	31	16	00	-08	-20	-05	16	18	25	15	18	26	25	23	26	14	16.5	31	-20
15	28	24	24	27	14	12	10	33	26	22	08	-02	-01	-01	10	21	34	47	35	59	61	52	42	29	25.6	61	-02
16†	23	23	25	01	18	23	26	34	37	32	16	03	-10	-01	12	20	42	21	22	20	30	60	29	27	22.2	60	-10
17*	21	22	22	23	23	25	30	28	21	16	05	-08	02	02	12	26	18	16	19	21	24	22	21	19	17.9	30	-08
18	18	19	20	20	21	23	26	27	25	05	-03	-08	-07	-02	05	13	14	13	19	24	26	26	26	26	15.7	27	-08
19	26	23	05	25	26	24	29	25	23	04	-08	-09	-06	-03	08	23	36	19	22	23	27	28	25	22	17.4	36	-09
20	22	22	24	22	24	26	30	29	19	11	-03	-06	-08	-05	-03	04	07	14	17	18	30	40	29	21	16.0	40	-08
21*	15	07	19	27	21	23	34	44	40	23	08	-03	-05	-01	05	10	12	14	15	18	19	18	18	21	16.8	44	-05
22†	25	22	14	14	18	24	29	36	40	22	02	-16	-18	-26	-29	-22	-30	02	82	57	66	27	50	36	17.7	82	-30
23	27	28	29	28	18	21	34	40	40	28	06	-04	-10	-09	04	08	05	21	71	57	47	48	54	29	**25.8**	71	-10
24	14	31	25	26	19	21	23	32	29	26	10	-01	-06	01	02	21	14	10	24	45	61	33	29	13	20.9	61	-06
25	17	26	21	02	10	17	25	32	32	25	13	02	-03	-05	06	09	09	13	16	20	20	22	22	25	15.7	32	-05
26	25	25	25	28	26	25	28	32	21	10	-03	-10	-10	00	02	08	10	09	26	21	25	52	68	42	20.2	68	-10
27	39	34	33	28	24	24	28	33	31	24	13	04	-05	-02	06	10	13	16	18	19	23	41	38	29	21.7	41	-05
28	28	23	18	18	17	21	21	25	26	18	07	04	01	-02	01	04	14	16	39	35	25	33	38	41	19.6	41	-02
29	25	15	25	21	21	22	23	25	26	19	10	-02	00	04	09	09	08	09	13	18	39	24	23	19	16.9	39	-02
30	13	14	20	17	17	20	24	28	25	18	05	-04	-10	-03	14	17	13	12	21	29	29	28	32	24	16.8	32	-10
31†	24	24	24	24	-03	23	21	40	39	25	16	09	01	-15	-12	-22	-44	-28	27	30	94	109	122	84	25.5	**122**	**-44**
Mittel	24	24	24	21	21	24	28	32	30	21	07	-03	-07	-05	03	09	11	16	24	25	32	33	32	28	18.9	48	-10

Weltzeit

Ostkomponente.

Niemegk — $Y = -0.01300 + \text{Tafelwert.}$ (Γ) — 1941

November

Tag	0h–1h	1h–2h	2h–3h	3h–4h	4h–5h	5h–6h	6h–7h	7h–8h	8h–9h	9h–10h	10h–11h	11h–12h	12h–13h	13h–14h	14h–15h	15h–16h	16h–17h	17h–18h	18h–19h	19h–20h	20h–21h	21h–22h	22h–23h	23h–24h	Tagesmittel γ	Max.	Min.
1†	149	88	94	03	−54	05	−11	10	46	39	26	26	14	11	73	25	02	31	22	33	38	36	35	35	32.3	**149**	**−54**
2	34	33	31	30	29	28	31	40	45	41	34	28	25	25	28	28	26	25	26	28	50	48	49	48	33.8	50	25
3	35	27	25	23	25	28	30	33	34	27	20	09	−02	02	05	−02	15	22	25	29	29	33	44	33	22.9	44	−02
4*	28	35	36	36	34	32	30	35	36	28	19	13	10	14	17	16	18	19	20	22	21	25	27	27	24.9	36	10
5	33	32	29	23	24	25	25	28	28	20	09	10	08	09	09	24	17	48	28	24	60	67	56	25	27.5	67	08
6†	14	09	21	13	08	−07	03	11	21	−02	01	09	02	16	30	03	68	72	57	72	55	58	40	44	25.8	72	−07
7	02	11	26	20	20	22	24	36	33	29	26	07	01	11	11	17	62	62	53	48	48	42	50	40	29.2	62	01
8	27	32	25	03	07	11	18	29	29	25	24	16	09	25	52	21	18	28	94	39	30	31	31	30	27.2	94	03
9	20	28	23	21	20	24	28	37	35	20	09	12	03	22	26	47	06	17	21	26	40	33	27	27	23.8	47	03
10†	22	24	21	35	26	24	24	27	29	24	16	12	03	03	13	05	13	64	47	51	36	38	35	37	26.2	64	03
11	90	68	20	22	25	29	32	34	32	20	20	09	02	08	16	24	20	60	51	29	49	40	52	48	33.3	90	02
12	35	27	23	20	20	17	20	30	37	26	18	10	09	14	17	17	22	22	36	37	30	43	38	34	25.1	43	09
13	28	22	20	20	19	20	24	31	35	24	13	11	08	07	10	15	16	31	28	31	30	27	26	36	22.2	36	07
14	31	29	20	20	20	20	22	27	33	20	16	10	08	09	13	17	18	20	28	24	26	32	33	28	21.8	33	08
15*	26	24	22	22	22	24	28	32	32	24	11	05	08	11	16	18	16	18	20	26	24	26	24	19	20.8	32	05
16*	21	20	20	24	24	21	24	28	26	16	07	06	08	13	16	16	16	18	20	20	20	41	48	37	21.2	48	06
17†	33	29	37	24	20	17	04	17	23	22	16	07	10	03	25	84	19	64	113	51	106	86	42	33	36.9	113	03
18	18	22	21	24	22	28	30	34	38	35	19	11	08	08	11	39	55	28	47	76	48	25	20	31	29.1	76	08
19	56	−07	25	32	26	25	27	35	31	22	10	01	06	15	14	16	18	19	20	29	38	46	58	46	25.3	58	−07
20	26	19	21	20	22	22	23	27	24	20	12	06	07	10	15	14	14	14	14	27	39	27	33	34	20.4	39	06
21	44	50	39	22	28	29	27	27	25	19	15	09	11	10	06	17	15	19	19	30	26	45	49	50	26.3	50	06
22	22	30	29	23	19	19	20	20	19	15	13	14	09	07	09	35	30	07	15	26	62	47	62	42	24.8	62	07
23	47	51	41	34	14	15	22	24	27	28	19	10	08	14	14	26	15	17	21	23	30	50	55	52	27.4	55	08
24*	43	27	26	23	22	21	20	19	18	21	19	14	13	15	15	14	16	18	18	19	27	41	34	29	22.2	43	13
25	27	26	23	20	20	21	19	22	26	23	19	14	15	16	19	15	14	18	21	36	44	31	30	27	22.8	44	14
26*	27	24	23	23	20	23	23	22	22	19	15	13	14	19	17	18	19	19	22	23	23	23	24	24	20.8	27	13
27	23	22	23	21	21	21	07	11	11	05	06	00	−01	06	11	10	15	12	16	22	25	30	31	35	**16.0**	35	−01
28†	37	40	77	71	62	10	00	13	27	16	23	34	28	30	27	31	23	15	77	68	58	63	49	39	**38.2**	77	00
29	46	48	44	42	41	38	34	26	20	18	15	12	11	19	18	22	21	26	25	30	37	36	37	35	29.2	48	11
30	39	37	34	33	31	31	31	32	30	23	15	13	15	22	22	14	15	19	17	25	45	36	38	38	27.3	45	13
Mittel	36	31	31	25	21	21	21	26	29	22	16	12	09	13	19	22	21	28	34	34	40	40	39	35	26.2	58	04

Dezember

Tag	0h–1h	1h–2h	2h–3h	3h–4h	4h–5h	5h–6h	6h–7h	7h–8h	8h–9h	9h–10h	10h–11h	11h–12h	12h–13h	13h–14h	14h–15h	15h–16h	16h–17h	17h–18h	18h–19h	19h–20h	20h–21h	21h–22h	22h–23h	23h–24h	Tagesmittel γ	Max.	Min.
1†	36	39	42	36	34	27	21	28	06	08	17	16	07	−04	54	66	101	117	82	127	92	91	83	34	**48.3**	**127**	−04
2†	32	51	50	39	−14	26	57	46	38	29	26	16	20	25	14	17	22	56	40	36	34	34	32	30	31.5	57	**−14**
3	31	30	28	28	34	35	34	36	34	29	26	22	20	19	20	19	17	07	20	28	56	60	49	53	30.6	60	07
4	41	44	29	18	18	22	22	23	21	13	17	13	14	20	12	14	20	21	30	46	38	49	37	34	25.7	49	12
5	33	29	30	29	23	26	30	31	27	22	18	19	18	15	18	18	08	02	16	36	36	42	65	51	26.8	65	02
6	27	29	29	26	17	18	27	27	29	26	26	20	13	14	14	22	47	33	29	33	36	26	35	31	26.4	47	13
7	30	25	22	18	24	26	26	26	27	22	19	10	14	17	21	23	29	30	34	44	37	38	37	44	26.8	44	10
8	33	26	28	24	22	26	27	27	27	24	17	14	14	14	18	26	26	19	28	29	31	41	30	40	25.5	41	14
9	26	25	22	20	21	21	23	23	26	23	17	15	09	13	13	17	23	23	24	27	31	40	35	14	22.1	40	09
10	28	30	23	22	24	25	24	26	26	24	17	15	14	17	19	19	17	26	25	27	28	29	34	27	23.6	34	14
11*	24	22	20	17	22	24	24	25	25	19	13	10	10	15	17	19	21	23	24	23	24	24	24	23	20.5	25	10
12*	22	22	20	17	17	22	23	25	24	10	07	07	09	18	10	16	18	26	29	27	29	28	27	23	19.8	29	07
13	18	24	21	18	16	17	17	18	15	09	05	05	03	01	03	−03	01	18	78	63	44	47	34	32	21.0	78	−03
14†	33	43	18	−08	23	24	22	20	16	12	09	07	08	22	42	38	28	38	46	68	60	85	53	35	30.9	85	−08
15	30	19	19	21	24	25	22	30	29	23	18	15	18	19	22	22	23	24	25	28	31	42	37	28	24.8	42	15
16†	25	28	18	20	29	30	36	27	23	18	12	10	08	08	13	08	14	18	23	26	30	30	30	24	21.2	36	08
17	19	22	26	29	22	25	23	21	13	12	16	20	11	10	10	12	11	20	29	34	45	46	38	33	22.8	46	10
18	29	26	22	21	24	18	16	22	10	21	22	11	13	06	05	02	10	13	24	25	30	37	36	30	**19.7**	37	02
19	26	25	22	22	22	24	26	22	22	22	17	11	10	12	14	23	20	20	32	29	33	39	42	35	23.8	42	10
20*	33	28	26	22	22	24	23	23	25	22	20	18	13	09	11	22	18	23	27	29	32	32	32	29	23.5	33	09
21*	28	25	23	20	21	23	26	26	26	22	17	14	14	14	16	19	18	20	26	27	28	32	34	21	22.5	34	14
22	23	25	25	22	19	19	22	22	23	18	18	14	11	15	18	18	26	27	26	27	31	31	30	26	22.3	31	11
23	29	24	21	15	23	23	22	22	21	16	15	12	07	11	13	10	21	24	25	30	40	51	46	34	23.1	51	07
24	36	30	28	24	21	24	22	24	19	13	03	06	06	05	11	17	23	37	28	30	46	29	34	35	23.0	46	03
25*	29	30	28	26	24	24	23	26	22	18	17	14	08	17	19	19	18	20	26	25	27	30	30	31	23.0	31	08
26	31	27	26	28	29	23	27	25	19	13	18	15	12	11	19	19	10	23	20	26	27	34	37	48	23.6	48	10
27†	57	63	66	49	37	28	26	30	23	21	18	06	11	13	15	18	15	18	22	26	32	38	41	60	30.5	66	06
28	52	42	30	39	39	31	28	27	26	21	19	16	14	14	11	15	21	20	24	27	34	33	44	39	27.8	52	11
29	60	43	33	28	28	28	28	29	23	24	22	14	10	17	17	14	19	33	27	31	32	66	40	38	29.3	66	10
30	32	28	22	26	25	26	28	30	29	26	25	18	14	16	14	13	10	17	30	28	34	44	46	37	25.8	46	10
31	42	34	24	22	26	29	30	31	30	24	20	16	14	17	18	19	27	19	28	29	36	30	31	30	26.1	42	14
Mittel	32	31	27	24	23	25	26	26	23	19	17	14	12	14	17	19	22	26	31	35	37	41	39	34	25.6	49	07

Vertikalkomponente.

Niemegk $Z = 0.43400 + \text{Tafelwert.}$ (Γ) 1941

0h 1h 2h 3h 4h 5h 6h 7h 8h 9h 10h 11h 12h 13h 14h 15h 16h 17h 18h 19h 20h 21h 22h 23h 24h Weltzeit

Tag	0h	1h	2h	3h	4h	5h	6h	7h	8h	9h	10h	11h	12h	13h	14h	15h	16h	17h	18h	19h	20h	21h	22h	23h	Tages-mittel	Max.	Min.
Januar																											
																									γ		
1	58	58	57	55	54	55	54	54	51	53	53	47	49	59	67	74	82	76	69	64	59	59	59	58	59.3	82	47
2	57	57	56	55	56	55	55	52	51	55	56	53	57	62	62	62	61	59	58	57	56	55	54	54	56.5	62	51
3	55	54	53	53	53	53	52	49	47	49	49	46	48	54	56	54	54	54	55	53	51	51	53	50	51.9	56	46
4	51	53	52	52	52	52	52	52	52	55	52	47	50	52	55	57	58	58	57	56	56	55	54	53	53.5	58	47
5*	53	52	52	51	51	52	51	52	55	54	52	52	52	52	52	52	50	50	49	48	48	47	48	47	**50.9**	55	47
6	48	43	38	35	35	39	44	46	49	52	55	57	58	58	58	56	56	56	57	58	57	58	57	57	51.1	58	35
7	57	56	55	55	54	54	55	55	58	60	59	55	57	58	56	60	67	80	82	78	71	66	65	65	61.6	82	54
8	65	63	61	59	57	57	58	59	63	62	57	55	57	57	56	56	56	58	61	61	61	58	56	56	58.7	65	55
9	59	59	57	56	56	56	55	57	57	56	54	57	62	68	77	68	64	63	64	64	62	62	62	62	60.7	77	54
10	57	54	55	56	56	55	56	57	56	54	51	52	57	57	59	58	59	58	58	58	60	58	56	58	56.5	60	51
11	58	54	54	56	54	54	55	55	55	55	54	55	58	62	61	62	61	61	64	66	66	65	62	61	58.7	66	54
12	61	61	59	58	56	56	56	56	58	54	54	56	59	64	67	64	63	63	62	62	61	59	59	61	59.5	67	54
13	61	57	57	57	57	57	58	57	53	53	51	52	57	61	62	61	61	62	62	63	64	65	64	63	59.0	65	51
14*	62	60	60	60	59	58	57	53	52	52	54	54	59	60	59	60	61	60	60	60	60	60	62	65	58.6	65	52
15*	65	61	60	59	58	58	57	56	55	53	53	52	57	61	60	58	59	59	59	58	60	58	57	56	57.9	65	52
16	56	55	55	55	54	55	54	52	51	55	56	55	60	65	66	70	67	65	62	60	58	57	55	54	58.0	70	51
17†	53	39	31	44	47	49	51	54	54	52	46	45	51	62	60	73	93	98	87	81	84	69	62	57	60.1	98	**31**
18†	51	53	58	58	57	60	61	59	60	60	57	57	62	67	67	69	72	77	82	66	67	63	58	46	62.0	82	46
19	43	48	53	56	59	59	60	59	62	63	62	59	61	66	69	71	74	72	71	66	63	56	56	49	60.7	74	43
20	49	54	56	54	57	58	61	61	60	59	59	60	63	67	64	61	60	61	60	60	61	52	53	54	58.5	67	49
21*	55	56	56	56	53	54	55	56	58	59	59	58	60	59	56	56	57	58	60	62	58	58	57	57	57.2	62	53
22	57	56	55	53	53	54	56	56	57	60	58	57	58	58	56	52	54	56	59	61	62	50	50	54	55.9	62	50
23†	54	50	50	50	52	53	55	56	60	60	61	63	66	75	80	90	98	97	85	74	70	68	65	54	66.1	**98**	50
24†	49	50	58	57	56	56	58	57	59	61	61	68	84	92	87	80	96	91	88	85	74	60	61	63	**68.8**	96	49
25†	61	59	57	59	55	49	57	60	61	64	69	67	70	75	70	77	77	74	71	68	69	68	65	52	64.8	77	49
26	47	47	56	57	59	60	61	57	58	60	64	66	67	71	72	74	71	68	66	65	67	53	57	56	61.6	74	47
27	57	56	54	54	54	54	55	55	55	58	62	62	64	72	74	73	74	73	73	65	63	62	57	51	61.5	74	51
28	54	56	56	57	57	58	58	60	61	63	61	55	60	65	67	64	64	65	62	56	56	55	54	56	59.2	67	54
29	54	54	55	56	56	57	59	61	60	56	54	54	55	61	63	62	61	62	61	60	59	58	58	53	57.9	63	53
30	53	56	55	55	52	51	52	51	51	50	51	53	56	62	68	70	74	75	69	66	63	62	57	58	58.8	75	50
31*	57	56	57	57	57	58	57	56	54	51	51	52	55	59	58	58	59	60	61	60	60	59	58	57	57.0	61	51
Mittel	55	54	54	55	54	55	56	55	56	56	56	56	59	63	64	65	67	67	66	63	62	59	58	56	58.8	70	49
Februar																											
																									γ		
1*	57	57	57	56	56	56	56	55	54	54	53	55	57	56	57	58	62	65	66	68	68	66	63	61	58.9	68	53
2	61	59	58	57	57	57	57	53	53	56	58	60	60	57	56	57	58	58	60	68	74	71	66	64	59.8	74	53
3	63	61	59	48	44	49	53	58	61	66	63	62	61	65	68	68	67	72	81	85	80	71	69	67	64.2	85	44
4	67	60	58	60	61	62	63	66	66	68	67	68	70	74	75	72	74	77	77	74	71	70	68	67	68.1	77	58
5	65	62	59	60	58	59	60	58	59	59	61	65	69	70	70	69	66	67	76	76	77	68	66	63	65.1	77	58
6	62	62	55	56	58	60	58	56	57	56	61	63	62	71	78	82	80	78	76	75	75	74	71	65	66.3	82	55
7†	52	50	56	57	57	55	51	53	54	54	56	58	60	65	70	70	69	64	66	68	60	59	59	58	59.2	70	50
8	56	56	56	56	51	52	54	53	55	55	56	55	55	59	62	66	69	67	66	68	66	60	64	64	59.2	69	51
9	64	64	63	63	58	59	60	58	57	57	58	58	62	64	67	67	66	66	66	65	64	68	68	66	62.8	68	57
10	67	65	60	60	60	61	61	61	63	64	64	64	68	70	70	69	70	69	70	74	75	74	76	73	67.0	76	60
11*	70	68	67	66	65	64	64	62	60	64	67	68	67	67	67	68	69	69	74	75	75	74	73	72	68.1	75	60
12*	69	67	66	64	63	63	62	60	60	61	63	64	65	66	68	66	64	64	64	65	66	67	68	67	64.7	69	60
13†	65	55	58	56	56	53	50	52	53	54	54	51	59	73	73	72	82	88	82	76	69	66	55	57	62.9	88	50
14	50	44	35	48	52	55	56	55	55	55	62	65	64	67	67	70	70	66	65	64	64	62	62	54	58.6	70	**35**
15	51	41	46	54	54	49	52	54	54	58	62	60	65	65	70	70	69	68	67	68	68	64	62	61	59.7	70	41
16	61	60	59	51	53	56	56	57	58	59	60	59	58	58	59	57	59	61	65	65	65	54	42	46	**57.4**	65	42
17	51	50	50	52	53	55	55	56	58	59	66	72	69	68	71	72	67	67	68	65	58	61	61	59	61.0	72	50
18*	58	58	57	58	59	59	61	62	61	60	59	59	60	61	62	61	60	62	63	61	63	61	60	59	60.2	63	57
19	58	58	58	58	58	59	60	59	58	58	60	56	52	51	51	56	64	70	69	64	63	62	60	60	59.2	70	51
20	59	59	59	59	57	57	56	58	59	58	58	62	63	68	64	64	64	62	62	64	71	72	70	64	62.0	72	56
21†	57	55	50	51	56	59	58	56	58	60	62	61	62	71	92	105	95	90	79	75	72	69	60	52	66.9	**105**	50
22†	60	58	62	62	54	58	60	61	59	62	66	70	74	72	83	85	91	86	80	73	65	48	49	46	66.0	91	46
23†	56	58	59	60	64	65	69	72	72	71	70	70	76	85	85	84	84	88	81	80	67	65	58	48	**70.3**	88	48
24	52	62	65	63	61	63	66	69	68	63	62	69	75	77	81	85	85	80	70	65	66	65	64	56	68.0	85	52
25	57	56	59	61	62	62	61	61	59	55	54	58	66	73	76	70	70	74	73	71	67	60	54	48	62.8	76	48
26	53	59	57	50	48	52	55	54	52	52	54	60	60	62	68	72	70	67	66	63	64	62	62	62	59.3	72	48
27*	62	62	62	62	62	63	66	67	64	60	56	57	59	60	62	62	61	65	66	63	62	62	62	62	62.0	67	56
28	60	60	57	59	60	60	62	62	60	60	59	57	55	54	55	61	63	62	63	63	62	60	59	56	59.5	63	54
Mittel	59	58	57	57	57	58	59	59	59	59	60	62	63	66	69	70	70	70	70	69	68	65	63	60	62.8	75	52

Vertikalkomponente.

Niemegk — Γ — $Z = 0.43\,400 + \text{Tafelwert}$. — 1941

0^h 1^h 2^h 3^h 4^h 5^h 6^h 7^h 8^h 9^h 10^h 11^h 12^h 13^h 14^h 15^h 16^h 17^h 18^h 19^h 20^h 21^h 22^h 23^h 24^h Weltzeit

Tag	März																								Tagesmittel	Max.	Min.
																									γ		
1†	54	54	56	56	42	15	34	23	37	66	96	105	82	131	496	595	126	481	470	241	228	199	184	141	**167.2**	**595**	15
2	157	145	126	128	125	121	121	116	112	118	119	120	118	118	120	127	134	126	119	113	102	98	88	93	119.3	157	88
3	92	85	84	88	92	90	93	94	89	84	88	97	100	99	107	113	122	110	108	98	99	96	95	94	96.5	122	84
4	87	76	79	85	85	77	76	85	87	88	89	85	86	91	109	122	111	102	103	99	97	78	73	72	89.2	122	72
5	58	69	76	72	74	75	81	83	84	82	79	86	96	94	121	112	112	110	96	97	99	89	76	76	87.4	121	58
6	81	76	78	84	84	85	85	88	83	81	78	76	83	89	95	100	105	108	102	97	94	92	89	88	88.4	108	76
7	88	88	83	83	84	84	85	85	83	82	82	83	84	84	88	91	93	91	90	86	84	84	70	75	84.6	93	70
8	70	76	70	75	76	76	78	80	76	70	65	64	68	73	82	86	88	87	91	94	88	78	74	76	77.5	94	64
9	75	71	68	75	77	78	79	77	75	73	70	72	74	78	81	84	82	81	83	80	74	76	74	60	75.7	84	60
10*	61	65	64	67	67	74	76	76	75	73	71	72	75	78	80	82	80	81	80	80	80	79	76	76	74.5	82	61
11	74	71	72	74	75	77	78	76	74	73	74	75	75	77	79	77	75	76	79	82	90	88	84	79	77.2	90	71
12	81	81	81	79	78	76	76	76	74	71	70	70	73	78	84	80	80	82	84	85	83	81	79	75	78.2	85	70
13	73	72	73	74	74	74	74	73	73	72	69	64	64	68	70	74	77	78	85	93	86	71	72	75	74.1	93	64
14†	62	41	31	58	67	69	74	77	78	80	91	93	112	128	117	111	103	104	96	86	75	76	67	46	80.9	128	31
15	68	77	80	82	79	82	83	83	78	73	75	78	85	84	83	90	88	88	89	87	86	76	67	66	80.3	90	66
16*	67	72	76	78	80	80	83	85	81	72	65	65	71	75	79	81	80	79	81	81	81	81	80	80	77.2	85	65
17*	79	79	79	79	78	79	81	80	77	72	68	69	71	73	73	77	77	78	78	80	80	79	77	77	76.7	81	68
18	76	73	73	74	76	77	80	79	74	68	62	61	66	71	76	78	80	78	78	77	77	75	76	64	73.7	80	61
19	72	73	73	73	72	72	74	76	72	65	61	67	83	89	109	96	91	94	91	86	82	77	74	69	78.8	109	61
20	72	60	67	73	72	74	77	78	73	71	72	78	85	90	96	106	114	106	96	88	82	71	68	70	80.8	114	60
21	64	69	74	69	69	74	78	80	74	74	76	83	85	92	93	93	98	93	82	74	74	76	77	70	78.8	98	64
22	75	78	75	60	68	70	76	78	74	69	72	73	83	86	90	94	103	106	95	82	83	85	83	74	80.5	106	60
23	74	78	79	79	81	83	86	86	81	77	76	76	82	82	85	91	96	101	95	93	89	72	67	66	82.3	101	66
24	75	78	80	79	79	83	85	83	77	72	70	70	72	75	81	87	87	86	83	80	81	75	76	76	78.8	87	70
25	75	75	76	77	77	79	81	79	74	69	64	62	66	71	75	77	77	80	81	80	80	78	76	77	75.2	81	62
26*	77	78	75	75	76	79	82	83	76	71	66	66	69	74	78	82	82	80	78	77	77	77	77	77	76.3	83	66
27*	77	77	77	76	77	79	81	76	67	62	56	58	65	69	74	76	75	75	75	75	74	74	74	73	**72.6**	81	56
28†	72	56	55	63	65	65	71	76	68	66	64	62	71	93	112	135	128	126	115	105	84	69	74	72	82.0	135	55
29	66	68	70	68	75	79	85	81	78	72	67	68	72	80	84	90	101	108	110	91	77	56	53	59	77.4	110	53
30†	67	63	55	54	62	71	76	81	78	72	68	68	74	83	93	92	98	129	125	117	87	75	66	29	78.5	129	29
31†	39	12	32	36	40	61	72	75	77	76	78	94	88	91	95	95	91	90	90	92	86	88	86	87	73.8	95	**12**
Mittel	74	72	72	74	75	76	79	80	77	75	74	76	80	86	103	109	95	107	104	93	89	83	79	75	83.7	117	60
	April																										
																									γ		
1	86	85	87	86	85	87	87	83	78	75	73	76	78	81	85	89	90	89	89	88	86	80	73	73	82.9	90	73
2	76	70	72	74	74	78	81	82	80	72	63	64	73	84	92	96	90	86	85	85	86	79	80	80	79.2	96	63
3	79	80	81	76	72	75	78	74	71	70	68	68	74	80	90	100	102	94	90	89	86	85	86	78	81.1	102	68
4	81	81	81	80	80	82	81	80	76	72	68	70	76	78	81	82	82	82	82	83	83	82	82	81	79.4	83	68
5	79	80	80	80	80	81	79	76	70	66	62	64	68	73	77	80	82	82	82	82	82	83	82	77	77.0	83	62
6	78	79	71	72	73	77	75	74	71	70	68	66	68	74	79	84	85	81	82	82	82	82	80	79	76.3	85	66
7†	78	78	77	77	76	78	80	79	74	68	62	61	62	64	69	74	78	79	77	78	78	77	72	52	72.8	80	52
8	54	63	70	72	74	76	79	78	71	65	60	59	62	67	71	75	80	81	79	80	78	78	76	70	71.6	81	54
9	66	70	72	72	74	74	77	74	71	64	58	59	64	80	91	87	88	86	81	80	79	79	79	78	75.1	91	58
10†	78	78	78	78	78	80	83	82	78	74	68	60	60	65	73	93	106	104	96	88	86	82	70	74	79.7	106	60
11	74	78	75	75	78	80	82	83	76	72	68	62	66	77	82	89	89	90	88	84	77	79	76	77	78.2	90	62
12	78	78	76	71	72	75	78	78	74	69	61	61	65	73	79	83	85	86	83	82	81	80	79	75	75.9	86	61
13	77	76	75	76	78	79	79	75	66	60	52	49	57	70	80	81	82	82	81	80	79	78	78	76	73.6	82	49
14*	76	76	77	77	77	78	80	75	67	65	61	56	61	69	72	72	76	79	78	77	77	77	77	77	73.2	80	56
15	77	78	78	77	77	78	78	78	71	62	55	48	50	61	70	73	74	74	76	75	75	73	76	76	71.2	78	48
16	74	66	71	73	74	78	82	80	71	58	55	60	66	80	84	81	82	81	80	80	80	79	78	78	74.6	84	55
17	78	78	78	78	78	78	76	73	68	63	55	53	58	70	77	76	78	83	83	81	80	80	80	78	74.2	83	53
18	74	66	68	73	74	77	81	83	76	66	60	58	68	76	82	85	94	88	84	83	83	80	60	71	75.4	94	58
19†	73	77	71	71	72	71	64	69	71	67	63	59	61	75	84	88	95	100	102	98	92	86	75	78	77.6	102	59
20	78	80	76	78	81	83	84	83	76	67	57	56	61	67	78	80	85	84	85	86	82	77	73	65	75.9	86	56
21	72	74	73	77	75	79	81	80	76	68	66	62	67	77	79	79	81	82	85	85	79	79	80	80	76.5	85	62
22*	79	79	78	79	79	82	81	74	71	70	66	63	66	70	73	76	77	80	79	78	77	77	75	76	75.2	82	63
23*	76	75	75	76	76	76	77	75	71	66	61	58	58	61	65	68	73	74	73	74	74	74	75	74	**71.0**	77	58
24†	73	73	73	73	72	70	67	61	57	59	50	46	58	82	140	129	141	145	115	104	93	88	72	71	**83.8**	**145**	**46**
25†	67	57	50	53	61	66	66	67	68	69	69	70	76	81	81	91	96	98	96	88	84	81	72	73	74.2	98	50
26	76	74	68	72	74	76	78	82	82	78	65	59	65	71	75	76	81	86	86	83	83	80	75	74	75.8	86	59
27*	73	76	78	80	82	81	79	77	71	61	59	61	65	71	76	78	83	86	87	85	82	81	80	79	76.3	87	59
28	76	77	74	73	67	70	72	69	69	71	68	68	72	79	86	88	99	99	96	87	85	82	84	82	78.9	99	67
29	76	60	58	57	70	75	76	77	75	70	65	65	70	76	80	80	82	83	83	82	81	82	82	82	74.5	83	57
30*	81	79	78	77	81	81	81	80	76	74	67	64	67	72	77	78	81	82	81	81	80	79	80	79	77.3	82	64
Mittel	75	75	74	74	75	77	78	77	72	68	62	61	65	73	81	84	87	88	85	84	82	80	77	75	76.3	90	59

Vertikalkomponente.

Niemegk $Z = 0.43400\ \Gamma + \text{Tafelwert.}$ 1941

Tag	0h–1h	1h–2h	2h–3h	3h–4h	4h–5h	5h–6h	6h–7h	7h–8h	8h–9h	9h–10h	10h–11h	11h–12h	12h–13h	13h–14h	14h–15h	15h–16h	16h–17h	17h–18h	18h–19h	19h–20h	20h–21h	21h–22h	22h–23h	23h–24h Weltzeit	Tages-mittel	Max.	Min.
Mai																									γ		
1	79	79	79	79	79	78	77	73	72	69	62	58	60	69	76	83	87	96	98	94	91	87	82	80	**78.6**	98	58
2*	79	79	78	75	72	72	71	69	66	60	55	56	61	69	79	83	84	87	84	83	83	83	80	74	74.2	87	55
3*	74	74	74	74	76	72	73	71	67	62	60	62	64	69	73	78	80	85	86	85	79	78	77	76	73.7	86	60
4	76	76	76	72	68	64	62	51	54	48	49	50	56	61	70	74	78	84	85	82	80	78	73	75	68.4	85	48
5*	75	72	74	76	77	76	74	71	67	64	60	59	60	64	64	69	71	75	76	76	75	74	74	74	70.7	77	59
6	75	74	72	74	72	72	70	69	64	58	54	60	64	68	75	76	78	81	84	82	76	76	77	76	72.0	84	54
7	76	76	72	72	70	64	64	66	63	54	49	52	53	59	66	70	73	76	76	77	77	72	73	73	67.6	77	49
8	73	73	73	72	73	73	71	69	62	56	57	63	66	66	66	66	69	73	75	79	82	82	80	78	70.7	82	56
9	76	76	76	75	69	65	64	62	61	60	56	56	63	72	77	75	75	75	75	76	76	75	75	72	70.1	77	56
10	60	54	56	61	65	68	69	71	66	61	55	54	64	70	75	78	80	81	79	76	74	74	74	74	68.3	81	54
11	70	67	69	71	72	74	75	71	65	61	59	63	68	74	77	80	77	74	72	72	72	73	73	73	70.9	80	59
12	73	72	71	72	74	75	75	67	53	48	45	47	53	60	64	67	69	71	72	72	71	71	71	68	65.9	75	45
13	67	66	67	70	74	73	73	70	65	56	48	45	51	61	71	73	78	82	84	80	78	77	76	74	69.1	84	45
14	74	74	75	77	78	78	77	73	64	57	54	56	59	66	71	74	77	77	74	73	73	72	71	66	70.4	78	54
15	58	59	64	70	70	70	70	65	60	53	47	47	51	58	63	67	70	71	73	73	70	70	70	69	64.1	73	47
16	64	60	64	66	66	66	68	65	59	61	59	60	58	63	84	85	84	76	75	74	73	73	72	72	68.6	85	58
17†	72	72	73	73	73	59	53	57	53	47	50	60	63	80	91	89	83	79	80	82	81	78	68	69	70.2	91	47
18	71	72	73	74	71	70	68	70	71	64	54	54	57	66	75	80	80	78	80	80	79	78	68	69	70.9	80	54
19*	71	72	74	70	70	72	75	74	70	59	51	54	56	65	75	78	78	78	80	80	77	77	76	76	71.2	80	51
20*	76	76	75	75	75	74	73	66	57	52	47	46	51	61	68	71	72	73	73	73	73	72	70	69	67.4	76	46
21†	67	65	68	72	72	73	74	68	66	62	55	54	57	65	72	71	73	80	86	80	81	83	65	60	69.5	86	54
22†	61	46	44	28	34	44	53	54	54	58	58	61	68	78	79	78	80	77	76	81	72	72	72	72	**62.5**	81	**28**
23†	72	67	65	63	65	67	69	63	59	55	55	58	67	72	80	87	88	91	86	79	76	71	60	50	69.4	91	50
24†	54	50	52	57	58	53	56	60	51	49	50	60	72	82	90	91	93	99	98	88	80	71	70	69	68.9	99	49
25	62	65	63	68	72	74	73	67	62	62	54	53	62	73	82	90	97	101	97	95	87	77	70	72	74.1	**101**	54
26	75	72	71	75	77	77	78	77	74	71	66	67	70	72	77	79	81	87	90	87	84	82	70	70	76.2	90	66
27	72	74	76	76	77	80	81	79	76	71	62	60	64	71	76	78	80	83	83	80	80	78	78	77	75.5	83	60
28	72	74	75	73	72	73	77	77	72	66	59	61	66	67	70	78	87	90	87	83	82	80	72	67	74.2	90	59
29	67	70	73	76	75	74	75	73	70	61	54	52	62	72	78	81	86	88	86	82	80	79	75	76	73.5	88	52
30	71	66	70	74	74	77	78	79	74	70	63	61	59	61	65	68	75	80	80	80	79	78	77	77	72.3	80	59
31	74	68	57	59	64	69	73	68	69	67	60	58	59	64	75	78	77	81	90	90	85	82	80	78	71.9	90	57
Mittel	71	69	69	70	70	70	71	68	64	59	55	56	61	68	74	77	79	82	82	80	78	77	73	72	70.7	84	53
Juni																									γ		
1	78	73	75	77	75	75	77	78	75	69	64	67	72	74	75	76	82	84	85	83	81	79	78	77	76.2	85	64
2*	77	77	79	81	81	80	79	76	70	68	63	59	64	69	71	73	75	78	78	78	78	77	77	76	74.3	81	59
3*	75	75	76	77	77	77	79	76	72	68	65	63	59	63	69	73	73	76	78	79	78	77	77	76	73.2	79	59
4*	76	76	76	78	78	75	74	71	66	59	55	55	53	60	68	72	74	77	78	76	76	76	73	72	70.6	78	53
5*	74	74	74	76	76	74	70	69	69	60	52	52	58	68	70	74	75	75	76	77	77	77	78	77	70.9	78	52
6	76	76	76	76	75	71	70	66	60	55	51	53	57	67	74	75	75	75	74	74	75	74	74	75	69.8	76	51
7	74	74	74	75	74	75	76	78	70	61	55	53	60	70	79	84	88	88	83	79	76	75	75	75	73.8	88	53
8	75	75	76	77	78	77	76	72	64	48	34	43	55	61	64	69	75	77	76	73	73	73	73	73	68.2	78	34
9	72	72	74	75	74	72	71	66	54	37	36	39	45	53	63	68	74	76	75	75	71	71	72	71	**64.8**	76	36
10†	71	71	72	71	70	70	75	66	65	64	60	54	63	66	89	96	108	111	103	93	87	82	80	80	77.8	**111**	54
11†	77	78	80	82	82	81	76	69	60	51	45	52	60	64	68	74	78	80	80	81	84	80	78	78	72.4	84	45
12	77	77	76	74	75	76	74	75	69	59	58	59	63	63	66	73	80	83	90	91	87	81	77	75	74.1	91	58
13†	75	76	77	77	76	75	76	82	77	73	70	68	80	82	87	91	92	101	108	103	96	86	76	67	**82.1**	108	67
14†	46	36	24	38	53	60	66	74	72	63	59	63	65	68	76	78	80	83	83	82	80	79	74	72	65.6	83	**24**
15†	71	70	63	56	57	57	58	63	68	68	66	74	78	84	88	95	94	92	88	84	82	81	80	79	74.8	95	56
16*	78	78	78	80	80	80	82	78	75	68	64	66	67	70	71	74	77	80	83	83	80	78	77	77	76.0	83	64
17	76	74	75	74	73	72	73	73	70	56	51	61	61	63	70	70	76	82	80	85	83	72	69	62	70.9	85	51
18	58	53	57	49	52	61	66	70	72	72	74	75	75	76	76	74	75	79	82	85	83	79	78	77	70.8	85	49
19	76	76	76	77	77	76	78	78	73	66	58	58	63	68	75	79	79	84	83	81	82	80	77	75	74.8	84	58
20	69	72	73	67	65	70	76	72	70	68	59	61	70	74	80	82	89	86	84	82	78	78	76	63	73.5	89	59
21	60	66	71	70	71	74	71	72	67	61	55	60	64	62	67	72	78	78	79	82	82	79	77	76	70.6	82	55
22	67	67	72	74	74	76	74	66	59	56	53	50	54	61	66	76	78	77	78	79	81	79	71	71	69.1	81	50
23	72	74	76	77	77	73	74	78	73	66	66	67	66	62	69	77	78	80	80	78	76	74	76	77	73.6	80	62
24	76	77	77	77	78	76	75	77	66	56	55	52	52	63	74	74	77	82	79	78	77	77	75	70	71.7	82	52
25	71	72	74	76	77	75	78	76	70	68	59	58	61	66	72	74	75	75	76	77	77	77	76	73	72.2	78	58
26	65	63	65	66	68	68	68	70	62	56	52	52	56	60	66	72	76	78	78	78	78	72	72	70	67.1	78	52
27	69	67	68	72	74	70	66	68	67	56	53	54	57	66	70	76	78	76	75	74	75	76	73	75	69.0	78	53
28	75	74	73	76	77	77	77	76	72	71	68	72	68	68	79	81	82	81	78	79	79	79	77	76	75.6	82	68
29	74	65	67	67	64	61	65	65	64	62	57	54	57	56	62	68	72	77	78	78	78	76	76	74	67.4	78	54
30	72	71	73	75	77	75	74	71	67	64	61	65	67	68	73	72	76	78	77	76	75	75	74	71	72.0	78	61
Mittel	72	71	72	72	73	73	73	72	68	62	57	59	62	66	73	76	80	82	82	81	80	77	76	74	72.1	84	54

Vertikalkomponente.

Niemegk

$Z = 0.43400 + \text{Tafelwert}$ (Γ)

1941

Tag	0–1h	1–2h	2–3h	3–4h	4–5h	5–6h	6–7h	7–8h	8–9h	9–10h	10–11h	11–12h	12–13h	13–14h	14–15h	15–16h	16–17h	17–18h	18–19h	19–20h	20–21h	21–22h	22–23h	23–24h	Tagesmittel (γ)	Max.	Min.
Juli																											
1	65	63	65	72	66	56	61	63	60	60	58	60	65	69	69	71	77	81	80	78	77	75	75	74	68.3	81	56
2	73	74	75	72	72	74	74	73	69	65	63	65	64	64	67	73	73	76	77	76	76	76	76	75	71.8	77	63
3	74	72	74	74	74	73	74	73	68	56	47	45	45	48	55	59	76	90	80	75	74	74	76	74	**67.9**	90	45
4†	74	74	74	73	73	70	67	66	62	60	62	64	67	74	74	81	93	101	108	114	107	84	85	82	78.7	114	60
5†	67	58	30	14	47	60	78	50	46	50	139	415	442	438	507	537	235	168	145	138	128	124	117	129	**173.4**	**537**	**14**
6†	130	128	124	125	123	121	118	112	115	123	126	138	149	167	193	175	154	149	139	123	112	109	99	98	131.2	193	98
7†	78	59	34	24	14	34	55	69	75	75	70	74	82	93	101	107	108	106	106	102	101	102	101	99	77.9	108	14
8	98	100	100	100	97	102	107	108	107	103	93	93	95	106	113	114	121	114	110	105	103	100	100	99	103.7	121	93
9	99	99	99	99	98	93	93	93	92	88	83	80	85	88	91	91	92	97	100	97	94	89	88	84	92.2	100	80
10	76	78	82	90	88	92	98	96	95	92	85	83	80	88	99	110	118	121	118	113	100	79	79	82	93.4	121	76
11	87	89	89	93	96	96	97	100	90	80	76	71	78	84	93	98	102	102	99	99	97	96	95	93	91.7	102	71
12	92	92	93	94	94	95	98	99	92	89	84	82	86	92	89	92	93	92	89	88	89	88	88	87	90.7	99	82
13*	87	87	88	91	92	86	82	83	86	89	86	81	81	88	92	92	89	89	91	92	90	89	88	86	87.7	92	81
14*	86	86	87	88	88	90	89	87	86	85	82	78	76	77	82	84	87	88	88	88	88	87	86	85	85.3	90	76
15	85	85	85	87	88	84	80	76	76	73	70	68	71	73	77	84	85	85	84	86	87	86	84	83	80.9	88	68
16	82	80	81	78	79	74	81	81	82	81	70	67	67	74	82	83	86	91	96	92	90	86	83	79	81.0	96	67
17	80	78	79	82	85	81	82	84	79	71	71	76	80	83	86	89	88	88	91	92	88	86	85	84	82.8	92	71
18	80	74	76	81	81	80	80	73	67	66	63	64	67	68	74	81	83	85	86	88	85	84	83	83	77.2	88	63
19	82	82	79	72	74	74	78	84	78	66	62	67	71	78	82	87	87	87	86	85	84	83	82	77	78.6	87	62
20	78	78	79	81	82	82	84	76	68	61	61	60	61	63	66	72	80	79	79	81	81	81	81	80	74.8	84	60
21†	79	74	68	60	64	72	67	65	66	70	70	74	75	86	98	102	96	97	99	102	95	95	91	89	81.4	102	60
22	86	84	80	78	76	81	81	81	78	70	64	67	74	81	98	104	100	96	91	89	87	86	86	82	83.3	104	64
23	81	80	76	80	79	80	85	85	88	86	83	79	79	93	104	99	98	95	89	89	89	90	88	81	86.5	104	76
24	72	71	74	79	83	85	85	85	81	82	74	67	69	78	84	91	93	92	87	86	86	86	85	84	81.6	93	67
25	81	82	84	85	81	77	84	88	82	75	74	70	69	70	86	92	90	87	86	86	86	85	85	86	82.1	92	69
26*	85	85	85	85	86	86	86	83	76	74	70	69	70	71	76	80	84	88	86	84	82	84	82	82	80.8	88	69
27*	82	81	82	84	83	81	80	77	75	73	65	57	56	64	77	83	82	83	82	81	80	80	79	78	76.9	84	56
28	78	78	79	80	80	83	85	85	80	79	73	63	69	78	81	82	82	81	81	81	81	81	80	80	79.2	85	63
29*	79	79	80	81	81	78	77	79	77	68	56	52	53	58	66	68	72	74	77	77	78	79	78	77	72.7	81	52
30	74	74	75	76	78	79	78	76	72	58	55	56	57	62	70	75	80	82	78	78	79	79	78	77	72.8	82	55
31	77	77	78	79	79	79	79	78	70	58	60	63	65	70	76	76	75	73	74	75	77	76	75	75	73.5	79	58
Mittel	82	81	79	79	80	81	83	82	79	75	74	82	85	91	100	104	96	95	93	92	89	87	86	85	85.8	111	64
August																											
1	71	72	75	77	77	76	79	79	79	70	58	59	67	71	76	80	82	84	84	84	83	80	80	80	76.0	84	58
2†	80	73	78	62	68	72	77	76	68	64	56	60	76	82	109	132	138	132	124	113	104	96	93	87	88.3	138	56
3	86	84	85	88	88	88	87	86	83	76	69	71	74	83	92	98	101	103	99	95	91	84	84	83	86.6	103	69
4†	82	69	57	65	65	29	39	43	48	52	56	66	109	159	240	228	212	185	150	133	116	93	75	61	**101.3**	**240**	**29**
5	47	34	41	57	78	88	95	90	83	75	63	67	81	97	110	120	125	122	113	106	100	99	95	91	86.5	125	34
6	89	90	89	90	90	89	86	78	78	78	78	81	90	94	100	111	110	104	106	104	98	95	92	76	91.5	111	76
7	54	56	66	76	82	82	87	85	85	77	70	72	75	79	84	91	100	102	97	93	91	88	87	82	81.7	102	54
8	83	86	87	88	90	93	96	92	86	82	81	82	81	86	90	94	93	88	87	86	87	87	86	86	87.4	96	81
9*	86	86	86	86	87	85	83	85	79	68	61	60	62	70	77	85	85	81	82	83	83	82	81	81	79.3	87	60
10*	82	82	82	83	84	85	86	85	83	80	74	68	67	74	82	84	82	80	79	79	79	79	79	79	79.9	86	67
11	78	79	79	81	85	82	80	79	77	73	68	64	63	68	72	79	83	83	84	85	84	82	82	80	77.9	85	63
12	80	79	79	79	80	80	80	73	69	68	64	63	69	73	77	80	78	80	79	80	80	80	80	75	76.0	80	63
13	75	77	77	80	78	77	78	76	75	70	68	67	72	76	81	82	87	85	81	80	80	80	79	70	77.1	87	67
14	71	73	76	78	80	76	78	83	79	70	59	50	55	67	77	83	82	83	81	81	81	80	80	79	75.1	83	50
15	78	76	75	77	78	80	79	78	76	74	70	68	72	74	78	82	82	81	79	80	80	80	79	79	77.3	82	68
16*	79	79	79	81	82	82	83	83	80	74	67	61	64	67	73	75	77	79	81	83	81	80	80	80	77.1	83	61
17*	80	79	77	79	78	79	80	81	80	75	64	62	65	69	74	80	81	80	79	79	78	79	79	78	76.5	81	62
18	79	79	78	79	78	75	74	73	71	70	65	64	64	69	71	76	79	76	76	79	78	79	79	77	**74.5**	79	64
19	76	75	75	73	75	75	72	70	69	70	70	71	76	76	84	88	100	94	88	87	86	86	85	79	79.2	100	69
20	81	81	80	82	85	85	84	80	80	77	75	76	79	82	87	91	90	86	84	82	83	83	83	82	82.4	91	75
21	81	78	80	83	84	82	80	76	69	64	60	58	62	68	70	74	80	80	80	85	85	84	82	79	76.0	85	58
22	80	80	80	81	82	83	84	84	84	77	63	57	63	72	75	79	79	78	78	79	80	82	81	81	77.6	84	57
23*	81	81	80	82	84	84	85	85	83	78	73	69	65	67	72	77	79	79	78	78	79	80	78	79	78.2	85	65
24	78	80	79	79	81	84	84	82	75	66	64	64	69	74	79	82	84	82	84	83	83	81	82	81	78.3	84	64
25	81	81	81	83	85	86	89	86	82	75	71	69	73	73	77	82	82	80	89	88	91	88	86	81	81.6	91	69
26†	77	66	75	82	86	90	89	89	83	74	70	76	82	85	96	108	116	122	118	111	94	86	73	65	88.0	122	65
27†	49	41	43	65	77	87	87	88	92	88	89	95	112	115	143	144	131	124	112	103	99	93	64	77	92.4	144	41
28	72	77	82	89	94	95	94	96	92	91	94	94	89	96	100	103	102	101	98	98	96	94	92	91	92.9	103	72
29†	88	88	87	92	88	89	93	95	92	90	88	88	94	102	115	111	116	125	116	107	93	89	91	84	96.7	125	84
30	68	71	80	79	76	82	88	94	96	91	90	92	95	99	103	107	104	101	100	94	92	91	90	87	90.4	107	68
31	87	88	87	90	90	93	93	91	93	88	85	85	90	86	87	89	90	96	95	93	91	90	87	89	89.7	96	85
Mittel	77	75	77	80	82	82	83	82	80	75	70	70	76	82	92	97	98	96	93	91	88	85	83	80	83.0	102	63

Vertikalkomponente.

Niemegk — Γ — Z = 0.43 400 + Tafelwert. — 1941

0h 1h 2h 3h 4h 5h 6h 7h 8h 9h 10h 11h 12h 13h 14h 15h 16h 17h 18h 19h 20h 21h 22h 23h 24h Weltzeit

September

Tag	0h	1h	2h	3h	4h	5h	6h	7h	8h	9h	10h	11h	12h	13h	14h	15h	16h	17h	18h	19h	20h	21h	22h	23h	Tagesmittel γ	Max.	Min.
1	90	89	89	88	90	93	95	90	87	83	79	82	83	88	97	98	103	109	105	100	95	93	91	85	91.8	109	79
2	80	81	85	89	91	95	98	94	88	79	72	74	81	88	92	94	96	97	95	93	87	88	87	86	87.9	98	72
3	82	84	87	88	91	93	93	93	88	79	72	71	76	82	85	88	88	87	88	89	89	89	89	88	85.8	93	71
4*	90	89	89	90	90	90	92	90	86	80	78	78	82	87	90	90	88	85	87	88	89	88	89	89	87.2	92	78
5*	89	89	90	90	89	90	90	89	81	75	71	73	77	82	84	84	85	85	86	86	87	88	88	88	84.8	90	71
6*	87	87	87	87	87	87	87	86	85	81	76	74	77	83	87	88	87	86	86	87	88	85	86	85	84.8	88	74
7	86	86	85	85	84	82	82	80	79	75	73	74	78	89	105	95	99	98	96	95	86	84	88	90	86.4	105	73
8	90	86	81	83	85	87	86	85	85	78	74	74	80	83	85	88	88	89	89	90	89	90	86	86	84.9	90	74
9	88	85	86	85	86	89	90	90	86	81	76	75	80	83	84	87	88	88	90	91	90	90	89	79	85.7	91	75
10	71	76	82	85	88	91	90	89	85	81	79	80	80	82	86	89	90	89	88	90	89	88	88	88	85.2	91	71
11	88	85	84	83	86	87	89	87	85	82	74	77	83	93	100	98	95	95	96	95	94	89	84	86	88.1	100	74
12*	82	84	87	86	88	89	89	89	87	79	77	77	77	80	85	88	88	88	88	88	88	88	87	87	85.2	89	77
13†	87	87	87	87	88	88	88	83	75	72	67	65	78	99	123	113	114	110	110	104	99	92	92	85	91.4	123	65
14	79	81	83	80	81	84	90	88	83	78	83	85	92	95	99	99	100	97	98	99	95	82	72	73	87.3	100	72
15†	74	68	76	82	85	89	93	90	84	80	78	83	88	96	96	93	92	91	100	102	97	84	88	89	87.4	102	68
16	90	65	71	77	85	89	88	88	84	78	72	72	78	83	87	91	91	91	96	99	98	96	88	84	85.0	99	65
17	85	88	87	87	88	90	90	91	82	70	68	73	80	88	90	95	98	100	100	96	94	93	92	91	88.2	100	68
18†	92	91	91	90	89	75	81	86	87	89	108	168	215	382	311	351	309	251	185	−21	−104	−36	−115	−113	115.1	**382**	−115
19†	−117	−186	−166	−162	−200	−149	−46	31	50	81	105	119	130	127	131	132	128	127	136	146	106	108	123	122	**36.5**	146	**−200**
20†	116	100	102	110	110	114	117	120	120	123	128	143	156	155	143	134	128	126	125	123	122	121	120	120	**124.0**	156	100
21	120	119	115	108	90	108	114	116	117	118	117	124	127	133	132	152	148	128	122	119	118	117	117	118	120.7	152	90
22*	116	116	115	114	114	114	116	115	116	111	103	97	97	99	103	107	110	110	112	113	112	112	111	110	110.1	116	97
23	110	110	110	110	111	112	115	113	113	103	94	96	101	113	126	144	144	145	132	121	116	115	112	112	115.8	145	94
24	104	100	100	105	107	106	105	105	103	100	94	95	98	102	102	108	111	113	119	118	111	100	77	70	102.2	119	70
25	53	76	88	97	101	106	110	110	105	103	99	102	106	114	128	131	130	131	128	116	108	112	110	109	107.2	131	53
26	109	109	109	109	109	111	113	111	108	100	93	91	95	99	103	104	105	104	105	105	106	106	105	105	104.8	113	91
27	106	103	101	100	103	106	112	112	106	100	96	99	101	105	106	114	119	120	117	115	112	110	107	104	107.2	120	96
28	101	100	101	102	103	106	110	110	105	99	95	93	90	90	97	104	104	108	111	112	109	105	102	104	102.5	112	90
29	103	103	102	102	96	101	102	104	100	94	89	88	92	96	99	104	104	110	110	109	109	101	94	96	100.3	110	88
30	100	97	89	94	99	101	103	104	99	92	90	90	91	93	98	104	108	106	106	108	99	101	102	102	99.0	108	89
Mittel	85	82	83	84	84	87	93	95	92	88	86	90	96	106	108	112	111	109	107	99	93	93	88	87	94.1	119	62

Oktober

Tag	0h	1h	2h	3h	4h	5h	6h	7h	8h	9h	10h	11h	12h	13h	14h	15h	16h	17h	18h	19h	20h	21h	22h	23h	Tagesmittel γ	Max.	Min.
1	102	102	101	99	99	100	104	103	100	94	89	89	93	95	100	103	102	102	103	104	102	103	103	102	99.8	104	89
2	102	102	101	101	101	102	104	102	98	92	90	90	93	96	100	101	101	101	100	102	106	106	95	94	99.2	106	90
3	92	96	99	100	100	102	105	104	98	90	88	89	94	98	100	102	102	101	101	101	102	102	102	103	98.8	105	88
4*	100	99	100	99	100	100	101	99	94	89	84	83	89	93	95	95	95	96	96	97	96	98	99	96	95.5	101	83
5	96	96	98	98	98	101	104	105	100	94	89	91	93	96	100	100	101	100	100	100	100	100	100	99	98.3	105	89
6*	98	99	99	99	98	100	100	100	97	94	89	91	94	96	98	100	101	100	100	100	101	100	100	100	98.1	101	89
7*	100	100	100	99	100	100	101	99	92	86	82	82	84	89	94	95	95	97	98	98	98	97	98	97	**95.0**	101	82
8	98	95	87	88	85	92	95	96	89	86	87	87	90	94	99	100	104	110	110	105	102	97	98	99	95.5	110	86
9	99	100	99	100	96	99	103	102	98	93	87	88	93	101	101	101	100	99	100	100	100	99	99	98	98.1	103	87
10	98	98	98	98	97	98	99	99	95	91	89	90	92	94	96	95	97	99	99	100	100	101	101	100	96.8	101	89
11†	98	90	86	91	93	94	102	96	93	92	96	105	113	120	120	118	118	132	129	101	97	98	84	40	100.2	132	**40**
12†	63	74	80	75	81	95	103	107	101	97	95	95	98	103	110	112	109	108	107	107	107	104	101	94	96.9	112	63
13	93	96	98	100	102	103	107	107	102	96	97	98	100	104	106	106	105	106	105	104	105	105	104	101	102.1	107	93
14	100	99	98	99	100	100	102	102	98	91	93	100	106	111	118	127	123	115	111	111	110	108	105	100	105.3	127	91
15	92	93	96	98	100	99	106	109	110	109	113	112	116	123	123	123	125	123	122	114	112	108	106	109	110.0	125	92
16†	110	109	107	98	94	100	106	108	108	105	102	101	104	109	112	116	120	120	120	115	111	106	104	106	108.0	120	94
17*	106	106	105	105	104	105	108	110	104	99	101	108	108	110	114	113	110	109	108	108	106	106	104	104	106.7	114	99
18	105	105	105	104	104	105	108	110	104	100	102	106	108	110	111	110	111	113	116	114	112	111	110	108	108.0	116	100
19	106	106	103	98	99	103	110	109	102	102	105	108	108	114	118	120	124	118	115	111	110	109	108	107	108.9	124	98
20	107	106	105	105	104	105	108	110	110	105	103	104	105	108	111	111	109	107	106	108	106	106	104	104	106.5	111	103
21*	104	104	101	102	104	105	108	108	104	99	100	101	102	105	106	105	103	102	102	102	102	101	101	100	103.0	108	99
22†	101	102	100	99	99	101	106	107	104	99	97	99	102	107	106	108	127	152	159	138	128	117	94	96	**110.3**	159	94
23	105	110	111	112	112	111	110	108	105	102	99	102	110	115	118	119	116	115	112	115	114	110	104	102	109.9	119	99
24	91	99	104	105	107	107	108	108	106	103	103	107	110	113	118	119	120	121	126	120	110	109	107	103	109.3	126	91
25	97	101	103	103	99	100	101	101	98	95	92	94	96	100	102	104	105	106	107	108	107	107	106	105	101.5	108	92
26	103	103	102	101	102	103	106	105	100	98	102	101	103	102	104	105	105	106	114	117	115	112	112	103	105.2	117	98
27	102	103	104	105	106	106	106	105	101	100	99	100	102	106	108	108	107	106	107	107	108	108	108	108	105.0	108	99
28	107	106	105	104	104	104	106	106	101	98	98	99	100	105	110	108	108	109	108	110	110	107	104	101	104.9	110	98
29	100	94	97	100	100	100	101	102	100	96	98	100	101	103	102	101	101	101	101	103	103	103	100	101	100.3	103	94
30	100	99	98	99	98	97	99	99	97	94	95	98	102	106	107	106	104	105	105	105	104	103	101	100	100.9	107	94
31†	95	97	94	92	82	80	83	84	84	85	90	95	109	104	102	106	116	137	154	167	145	101	88	80	102.5	**167**	80
Mittel	99	100	99	99	99	101	104	104	100	96	95	97	100	104	107	108	109	110	111	109	107	105	102	99	102.6	115	90

Vertikalkomponente.

Niemegk — $Z = 0.43400\,\Gamma + \text{Tafelwert}.$ — 1941

Tag	0h–1h	1h–2h	2h–3h	3h–4h	4h–5h	5h–6h	6h–7h	7h–8h	8h–9h	9h–10h	10h–11h	11h–12h	12h–13h	13h–14h	14h–15h	15h–16h	16h–17h	17h–18h	18h–19h	19h–20h	20h–21h	21h–22h	22h–23h	23h–24h Weltzeit	Tagesmittel	Max.	Min.
November																									γ		
1†	50	41	26	30	40	63	78	89	103	108	115	129	140	154	169	176	186	165	142	131	126	124	122	121	109.5	**186**	**26**
2	120	119	118	117	117	116	117	120	122	119	118	118	119	118	116	116	114	113	114	114	113	109	109	106	115.9	122	106
3	110	110	111	110	110	110	112	112	110	109	109	108	110	114	115	115	113	113	113	112	112	112	111	112	111.4	115	108
4*	111	110	108	108	108	108	109	111	111	108	107	106	106	109	111	111	110	110	109	109	110	113	113	112	109.5	113	106
5	111	110	110	109	108	106	105	107	105	99	98	101	104	107	110	115	115	115	122	116	111	109	109	109	108.8	122	98
6†	107	106	105	106	104	104	106	110	110	110	117	129	139	147	135	139	132	136	127	115	113	104	90	92	116.0	147	90
7	95	93	101	106	108	109	111	111	113	113	112	113	114	114	115	115	115	110	110	110	110	110	110	106	109.3	115	93
8	105	105	103	102	97	101	106	106	107	108	109	109	110	117	123	118	116	115	113	117	112	111	110	108	109.5	123	97
9	107	105	106	107	108	108	109	109	105	101	103	107	113	123	127	132	124	116	115	114	111	111	110	110	111.7	132	101
10†	109	102	100	100	101	102	105	106	108	111	110	107	113	126	134	127	122	133	132	128	122	117	114	102	113.8	134	100
11	86	86	85	84	92	101	106	107	107	110	110	112	112	112	114	114	114	115	119	117	113	114	109	109	106.2	119	84
12	111	110	110	110	110	110	110	108	108	106	108	109	111	113	114	112	112	113	116	116	111	97	101	102	109.5	116	97
13	104	105	105	106	106	107	109	112	112	109	111	113	113	114	115	113	114	113	116	116	113	111	108	105	110.4	116	104
14	105	105	106	105	104	105	105	106	105	105	108	112	112	112	112	111	111	110	110	110	110	109	106	102	107.8	112	102
15*	104	105	106	105	105	105	106	106	102	99	100	103	105	107	107	107	108	106	106	104	104	105	104	101	104.6	108	99
16*	101	102	101	100	102	101	100	102	101	101	103	106	108	108	106	105	105	104	104	103	104	105	105	105	103.4	108	100
17†	106	104	104	103	103	99	98	100	103	107	110	114	120	133	139	144	155	151	141	130	117	116	113	111	**117.5**	155	98
18	106	106	106	107	108	108	109	110	106	106	106	113	118	123	128	132	130	136	139	137	129	117	107	102	116.2	139	102
19	103	94	87	98	101	103	106	105	103	101	102	104	109	109	110	110	110	110	110	110	114	118	116	116	106.2	118	87
20	114	111	111	110	109	107	108	106	105	105	107	107	108	111	110	110	108	107	108	111	109	108	108	106	108.5	114	105
21	108	107	109	108	107	107	106	107	107	106	104	105	107	109	112	112	110	109	109	108	107	106	105	105	107.5	112	104
22	105	105	105	105	104	103	101	98	97	96	97	100	101	104	107	111	112	112	113	112	107	102	103	105	104.4	113	96
23	101	99	99	94	95	96	99	100	102	98	97	100	103	104	106	109	110	108	107	108	109	108	107	106	102.7	110	94
24*	106	105	105	105	104	104	102	100	100	100	98	98	99	103	104	105	104	104	105	106	106	106	106	104	103.3	106	98
25	103	102	102	102	101	101	100	99	98	97	95	93	96	99	100	101	102	102	103	102	102	102	101	101	100.2	103	93
26*	100	100	99	99	100	100	100	99	98	97	97	98	100	101	102	103	103	103	103	103	102	102	101	101	100.5	103	97
27	101	100	100	99	97	99	98	93	92	92	95	97	98	100	98	98	98	98	98	100	101	101	100	101	**98.1**	101	92
28†	102	106	106	98	83	79	85	90	96	101	103	109	116	117	113	111	112	122	132	136	136	125	125	121	109.3	136	79
29	121	118	117	114	112	113	111	112	114	114	116	114	115	117	116	115	114	113	113	113	113	113	113	111	114.2	121	111
30	111	110	110	109	108	108	107	104	103	102	103	104	107	109	110	111	111	110	112	113	114	115	112	113	109.0	115	102
Mittel	104	103	102	102	102	103	104	105	105	105	106	108	111	114	116	117	116	116	115	114	112	110	108	107	108.5	121	96
Dezember																									γ		
1†	112	111	107	105	105	106	101	96	98	91	103	123	121	143	214	269	236	190	176	148	140	109	99	93	**133.2**	**269**	91
2†	78	91	97	102	94	90	104	108	107	110	111	114	120	125	126	125	126	126	128	127	126	122	120	119	112.3	128	**78**
3	119	117	117	117	116	116	114	115	116	114	113	112	115	116	116	116	114	118	120	118	117	114	115	114	115.8	120	112
4	109	110	110	103	102	105	104	103	100	98	103	106	110	114	117	118	120	122	127	127	123	117	117	116	111.7	127	98
5	115	115	113	111	111	108	106	104	101	101	104	103	105	108	110	111	115	118	125	125	120	121	116	119	111.9	125	101
6	116	113	110	110	111	109	108	105	106	105	105	105	106	108	110	114	115	115	114	113	111	108	106	107	109.6	116	105
7	108	108	109	108	109	108	107	106	106	106	104	105	106	110	110	112	111	112	113	112	113	108	106	103	108.3	113	103
8	104	105	105	106	107	106	104	102	102	99	96	97	100	103	107	110	112	115	114	113	112	112	105	103	105.8	115	96
9	105	105	105	105	105	105	102	102	98	97	97	101	109	111	114	113	111	110	109	109	110	109	108	97	105.7	114	97
10	100	102	103	102	104	104	103	103	100	100	100	102	105	109	112	114	114	111	110	108	108	107	105	105	105.5	114	100
11*	104	104	104	103	103	103	103	102	99	99	100	102	102	105	106	106	105	105	104	104	104	103	102	101	103.0	106	99
12*	101	101	100	100	100	100	100	100	99	99	100	100	104	106	107	108	108	107	107	106	105	104	103	102	102.8	108	99
13	98	98	98	98	98	98	99	98	97	97	96	97	101	104	107	110	118	132	138	129	119	112	109	106	106.5	138	96
14†	94	94	98	90	92	98	102	104	102	105	110	110	114	117	126	121	120	117	118	113	103	100	103	104	106.5	126	90
15	105	106	103	103	102	105	105	103	101	102	102	104	104	109	108	107	107	106	106	106	107	103	100	104	104.5	109	100
16†	103	103	94	88	88	88	94	95	96	100	102	106	106	107	107	106	105	104	105	105	105	105	104	102	100.8	107	88
17	99	99	99	100	101	99	98	95	93	96	101	100	101	101	105	106	107	111	114	113	112	106	101	97	102.2	114	93
18	101	101	101	102	100	102	99	92	92	94	95	96	98	101	103	103	103	104	104	105	105	104	105	104	100.6	105	92
19	100	102	102	102	101	100	98	98	101	103	106	106	107	108	109	108	107	107	108	108	109	108	107	106	104.6	109	98
20*	105	105	103	103	102	101	99	96	95	95	96	96	96	100	104	106	105	104	105	103	103	102	101	100	101.0	106	95
21*	100	100	100	100	100	100	98	96	94	93	94	93	93	95	99	100	101	101	102	103	102	102	99	97	98.4	103	93
22	96	96	97	98	99	99	98	97	96	96	98	96	98	101	101	102	104	104	106	104	103	103	102	99	99.7	106	96
23	96	98	98	97	94	95	96	94	93	93	92	93	92	96	99	104	110	112	108	106	106	106	107	94	99.1	112	92
24	97	99	99	100	100	100	100	98	97	98	98	99	100	102	106	107	107	107	106	106	103	102	100	100	101.3	107	97
25*	100	100	100	99	100	100	99	97	95	95	96	95	99	100	99	98	100	100	101	101	102	102	102	102	99.2	102	95
26	101	99	98	98	98	97	97	93	92	94	94	94	95	99	99	99	100	101	103	101	102	103	98	97	**98.0**	103	92
27†	95	93	90	96	97	98	98	96	93	94	95	97	101	101	102	103	103	102	107	107	105	106	106	98	99.3	107	90
28	101	102	101	96	96	97	97	97	94	95	97	98	101	101	102	102	102	102	103	103	104	106	104	105	100.2	106	94
29	98	100	100	99	99	98	98	96	95	95	96	96	100	100	101	102	104	104	104	102	102	99	99	98	99.4	104	95
30	99	98	98	97	97	97	96	95	94	95	97	97	100	101	101	100	101	105	107	104	104	104	105	101	99.7	107	94
31	99	99	98	98	98	98	97	97	96	95	96	96	98	100	100	100	104	105	102	102	100	100	98	98	98.9	105	95
Mittel	102	102	102	101	101	101	101	99	98	99	100	101	103	106	111	113	113	112	113	111	109	107	105	103	104.7	117	96

Nordkomponente.

Niemegk — X = 0.18300 Γ + Tafelwert. — 1942

0h 1h 2h 3h 4h 5h 6h 7h 8h 9h 10h 11h 12h 13h 14h 15h 16h 17h 18h 19h 20h 21h 22h 23h 24h Weltzeit

Tag	Januar																								Tagesmittel	Max.	Min.
																									γ		
1*	90	92	94	95	99	103	104	102	99	98	96	94	95	99	102	102	103	107	104	103	102	96	98	95	98.8	107	90
2†	96	100	102	106	111	119	124	117	110	98	100	99	95	90	84	75	51	57	82	84	76	69	69	74	91.2	124	51
3	78	87	87	85	92	91	92	88	78	74	71	68	79	80	71	61	83	83	80	72	68	66	72	78	**78.5**	92	61
4†	78	79	80	98	133	108	106	107	98	89	85	82	76	79	67	69	62	75	78	60	70	65	64	80	82.8	**133**	60
5†	76	75	85	70	90	88	88	80	73	61	57	79	86	83	83	72	71	63	82	91	82	82	85	100	79.2	100	57
6	84	83	84	86	91	93	88	88	81	79	76	88	88	88	85	80	73	80	123	86	86	100	116	100	88.6	123	73
7	97	84	90	85	97	87	98	99	96	92	87	76	74	88	91	92	92	88	91	101	100	91	90	90	90.7	101	74
8*	93	93	96	96	98	98	96	97	92	84	80	80	86	93	91	88	88	92	96	98	98	98	97	106	93.1	106	80
9	107	104	99	106	110	108	106	101	96	88	87	88	92	96	98	96	90	92	93	98	100	99	97	103	98.1	110	87
10	116	100	98	101	103	101	98	99	96	90	88	89	96	94	87	88	80	83	88	94	95	103	109	90	95.2	116	80
11	90	96	99	102	101	104	98	96	81	81	84	91	83	91	95	93	89	83	81	96	102	99	94	93	92.6	104	81
12	95	95	100	98	102	104	102	100	89	80	83	87	94	96	97	89	87	85	92	89	109	93	94	91	93.8	109	80
13	92	94	94	95	98	104	106	101	90	83	79	79	79	89	92	98	95	95	96	92	99	98	98	97	93.5	106	79
14	99	101	105	107	107	111	114	114	103	93	87	91	99	103	103	104	105	106	106	103	106	98	117	106	**103.7**	117	87
15	96	94	96	98	97	98	110	107	99	90	92	91	89	86	76	64	86	96	96	96	93	92	88	85	92.3	110	64
16	88	92	98	97	101	105	108	104	100	93	85	79	74	72	71	63	62	56	69	70	74	83	87	85	84.0	108	56
17	80	108	91	99	100	112	100	82	63	59	38	59	74	79	79	77	84	92	96	98	98	96	97	97	85.8	112	**38**
18†	94	93	70	102	85	89	95	93	82	85	86	89	86	88	84	92	95	100	98	99	86	92	105	73	90.0	105	70
19†	71	78	86	95	97	102	98	96	90	82	78	76	83	86	87	87	90	92	94	92	92	88	91	103	88.9	103	71
20	83	91	89	91	96	96	94	88	83	80	77	76	86	92	94	92	89	90	90	93	93	93	96	93	89.4	96	76
21*	93	94	95	96	98	100	99	96	95	95	97	95	96	102	99	96	97	99	89	92	92	93	92	94	95.6	102	89
22	95	96	96	96	107	109	106	104	99	91	87	81	79	64	63	58	68	70	68	72	78	86	85	90	85.3	109	58
23	92	88	88	96	96	98	103	99	95	89	84	80	82	82	76	75	84	90	97	98	96	94	92	96	90.4	103	75
24	94	92	92	96	98	99	101	102	99	97	87	83	88	97	103	103	103	103	103	105	106	103	110	95	98.3	110	83
25	92	93	96	99	102	103	104	102	100	95	91	89	90	100	106	107	105	100	101	92	92	95	92	94	97.5	107	89
26*	92	94	91	90	95	98	98	96	91	80	77	77	87	96	100	100	99	98	99	97	94	91	93	94	92.7	100	77
27	95	96	97	99	101	103	102	99	91	81	86	91	95	98	101	97	91	87	93	97	91	94	91	91	94.5	103	81
28	91	94	99	105	107	106	94	102	94	82	70	77	81	73	80	82	89	96	98	97	97	88	89	92	91.0	107	70
29	91	90	91	94	97	98	101	100	93	86	83	83	86	92	100	102	99	92	89	78	77	79	88	91	90.8	102	77
30	86	93	95	97	100	106	108	104	98	90	86	88	86	94	97	101	98	95	103	106	100	96	99	98	96.8	108	86
31*	97	96	97	100	102	105	108	111	110	102	98	96	97	99	99	103	104	105	106	106	107	105	103	102	102.4	111	96
Mittel	91	92	93	96	100	101	102	99	92	86	83	84	86	89	89	87	87	89	93	92	92	91	93	93	91.8	108	74
	Februar																										
																									γ		
1	104	106	107	106	109	112	114	116	117	111	105	106	113	110	107	105	108	113	111	107	102	100	106	101	**108.2**	117	100
2	99	100	102	109	116	117	108	103	87	78	78	84	81	75	64	80	81	81	93	99	98	94	94	98	92.5	117	64
3	92	94	90	96	102	101	93	99	93	85	82	80	83	89	89	92	95	101	100	99	99	99	99	98	93.8	102	80
4*	98	98	100	101	102	104	106	104	98	90	87	85	89	95	96	93	99	99	100	100	106	107	111	108	99.0	111	85
5†	107	103	105	106	96	97	114	103	101	99	81	61	69	66	58	61	58	68	116	65	83	80	85	90	86.3	116	58
6†	89	94	121	96	100	91	92	80	73	73	62	31	50	53	63	64	62	47	45	61	105	76	60	65	73.0	121	31
7	73	81	90	82	82	86	84	86	85	84	70	86	96	93	90	85	84	88	92	93	91	91	89	89	86.2	96	70
8*	90	90	89	95	98	100	101	103	103	98	93	88	89	94	93	94	92	95	97	98	97	95	98	98	95.3	103	88
9	88	89	92	94	97	98	99	100	96	86	85	89	92	96	95	87	89	96	98	99	100	100	101	100	94.4	101	85
10	100	99	100	99	98	98	100	102	104	107	104	98	88	79	97	97	92	98	87	76	87	87	87	104	95.3	107	76
11	88	87	92	92	96	94	88	97	98	95	92	91	92	95	96	88	77	72	71	58	76	76	71	82	86.0	98	58
12*	83	84	87	89	94	96	95	91	85	81	80	84	86	93	96	98	99	100	100	103	101	102	100	98	92.7	103	80
13	98	93	84	107	112	112	114	106	100	94	88	87	90	92	96	102	104	107	107	105	101	99	100	98	99.8	114	84
14	100	100	103	106	110	111	112	112	102	99	94	96	97	100	96	81	94	99	102	104	97	104	98	104	100.9	112	81
15	88	84	89	93	96	96	96	120	109	100	92	87	65	78	88	94	95	88	64	80	92	94	95	101	91.0	120	64
16	95	101	99	105	104	100	104	97	88	91	95	95	98	90	79	80	91	98	98	96	95	100	102	87	95.3	105	79
17	93	93	104	108	98	100	95	99	97	95	93	98	102	103	101	96	92	92	96	99	94	99	96	96	97.5	108	92
18*	95	92	92	98	97	96	101	98	86	85	87	89	93	97	99	98	97	98	100	101	101	100	101	99	95.8	101	85
19*	100	100	100	101	102	102	100	96	92	89	90	96	104	110	108	104	103	102	105	111	111	106	108	102	101.8	111	89
20	101	100	102	105	106	109	101	94	82	74	81	86	90	95	95	86	82	96	88	99	93	96	94	99	93.9	109	74
21	107	94	99	99	97	94	97	94	87	79	77	83	85	75	84	88	89	93	94	96	95	92	95	91	91.0	107	75
22	89	97	99	99	102	98	100	100	97	94	94	95	94	95	96	95	95	87	80	84	79	80	86	90	92.7	102	79
23†	114	94	85	91	100	99	94	94	91	90	84	80	84	85	68	25	30	49	49	19	35	60	64	37	71.7	114	**19**
24†	43	39	60	62	62	72	74	70	41	57	87	83	81	82	82	75	70	76	78	80	88	80	88	80	**71.2**	88	39
25	84	83	81	75	78	80	80	80	80	80	75	79	83	91	89	80	85	78	87	82	136	85	85	120	85.7	**136**	75
26	79	78	84	87	91	95	92	88	86	80	76	78	79	84	84	86	90	90	91	82	82	86	104	96	86.2	104	76
27	89	85	85	87	95	96	94	92	88	87	83	82	83	84	87	98	94	88	76	85	85	79	80	105	87.8	105	76
28†	94	81	78	89	101	94	91	84	75	90	83	80	49	80	84	53	38	57	80	85	85	79	73	72	78.1	101	38
Mittel	92	91	94	96	98	98	98	97	91	88	86	85	86	89	89	85	85	88	89	88	93	91	92	93	90.8	108	71

Nordkomponente.

Niemegk — $X = 0.18300\,\Gamma + \text{Tafelwert.}$ — 1942

Tag	0h–1h	1h–2h	2h–3h	3h–4h	4h–5h	5h–6h	6h–7h	7h–8h	8h–9h	9h–10h	10h–11h	11h–12h	12h–13h	13h–14h	14h–15h	15h–16h	16h–17h	17h–18h	18h–19h	19h–20h	20h–21h	21h–22h	22h–23h	23h–24h Weltzeit	Tages-mittel	Max.	Min.
März																											
1†	75	72	77	80	83	83	83	−15	−123	86	118	110	115	88	86	58	60	64	76	77	96	64	72	20	γ 66.9	118	**−123**
2†	19	66	87	32	24	29	32	41	39	47	55	61	59	82	83	78	102	77	88	75	66	70	71	71	60.6	102	19
3†	67	59	49	51	53	74	65	27	11	24	34	52	54	59	71	56	67	64	49	64	74	67	76	70	**55.7**	76	11
4	62	68	62	60	62	64	57	42	44	43	57	57	63	65	75	73	72	103	83	79	102	97	87	92	69.5	103	42
5†	82	76	79	81	87	63	76	78	74	71	68	67	55	68	77	98	78	41	21	21	46	35	71	55	65.3	98	21
6	51	51	60	45	62	63	61	55	55	34	40	55	61	58	56	83	76	77	80	83	82	86	94	91	65.0	94	34
7	88	83	89	96	94	93	97	92	84	83	79	62	75	80	76	93	103	106	109	105	111	91	96	96	90.9	111	62
8	94	111	72	75	69	75	67	80	80	80	70	70	70	71	69	63	77	66	72	78	115	86	62	77	77.0	115	62
9†	77	96	105	66	62	55	66	70	69	74	69	64	70	77	79	80	69	57	69	72	73	76	111	88	74.8	111	55
10	69	74	77	81	84	72	82	86	81	75	69	65	77	86	86	79	90	72	83	105	100	102	96	97	82.8	105	65
11	91	97	89	99	82	89	105	98	87	81	77	73	77	82	85	85	84	87	90	91	91	91	95	96	88.4	105	73
12*	96	92	94	95	98	101	103	98	89	82	83	84	87	89	94	96	97	99	101	100	100	102	97	111	95.3	111	82
13	117	120	99	97	103	100	98	94	83	53	60	55	55	31	64	66	74	81	67	84	88	102	130	89	83.8	130	31
14	89	91	98	89	91	100	94	43	45	76	78	56	43	61	59	71	81	85	91	94	93	93	95	104	80.0	104	43
15	97	86	92	94	98	96	93	86	78	70	68	77	85	70	80	94	95	90	82	91	94	94	97	96	87.6	98	68
16*	95	96	96	95	98	100	100	92	88	83	78	77	82	86	91	90	92	92	94	103	95	96	93	91	91.8	103	77
17	92	89	99	91	98	107	98	86	81	78	79	84	91	91	91	89	94	96	98	95	102	101	93	94	92.4	107	78
18	91	91	93	94	95	99	103	102	95	83	92	85	86	82	74	78	48	64	80	105	110	106	117	102	90.6	117	48
19	92	93	97	100	98	98	94	99	97	98	93	96	92	84	89	86	75	44	71	67	72	81	92	99	87.8	100	44
20	72	90	69	88	106	81	84	68	59	60	61	68	79	83	88	86	85	87	91	95	93	96	97	97	82.6	106	59
21	101	101	98	119	118	111	89	66	48	54	61	62	67	65	69	67	70	100	67	83	105	84	80	94	82.5	119	48
22	80	73	65	86	84	73	74	65	64	58	41	47	58	69	78	84	82	89	112	103	97	92	88	86	77.0	112	41
23	97	84	84	85	89	94	94	90	80	70	68	73	79	84	90	81	72	79	79	90	131	94	95	89	86.3	**131**	68
24*	88	87	90	92	91	99	100	98	91	76	73	73	77	74	75	76	88	97	101	100	100	99	99	98	89.2	101	73
25*	95	100	96	97	100	102	105	101	91	81	74	74	77	78	86	92	87	98	101	101	100	99	99	99	93.0	105	74
26	100	100	102	106	106	106	112	119	113	83	47	64	89	71	36	68	82	86	100	104	99	99	96	101	91.2	119	36
27	98	100	97	99	107	98	98	90	78	65	58	62	70	79	84	91	92	94	97	99	110	103	93	89	89.6	110	58
28*	94	96	98	99	96	96	95	89	82	76	73	72	73	75	85	92	97	102	104	108	109	108	107	105	93.0	109	72
29	108	115	116	112	102	124	120	110	107	85	78	82	73	74	48	67	88	101	101	101	108	100	101	105	**96.9**	124	48
30	102	100	100	97	98	104	105	102	96	79	74	76	78	84	68	72	82	96	84	86	90	98	100	94	90.2	105	68
31	95	95	95	99	102	101	106	104	92	75	76	72	72	77	88	97	100	102	106	106	108	90	93	102	93.9	108	72
Mittel	86	89	88	87	88	89	89	79	70	70	69	70	74	75	77	80	83	84	85	89	95	90	93	90	83.0	108	49
April																											
1	110	112	110	112	106	123	133	124	109	96	93	96	97	102	88	96	95	97	101	98	109	103	107	104	γ **105.0**	133	88
2	104	104	105	106	111	121	116	107	89	74	78	59	57	44	34	41	55	44	56	80	80	104	93	100	81.8	121	34
3†	104	92	88	94	70	110	81	70	60	65	64	60	64	65	54	77	86	90	92	108	102	95	142	100	84.7	142	54
4†	101	105	99	89	91	113	61	44	95	74	42	07	26	48	65	62	56	35	36	57	67	86	72	68	66.6	113	**07**
5	76	67	69	65	71	84	80	77	68	48	45	43	41	46	63	63	71	84	82	84	85	88	96	90	70.2	96	41
6	86	88	82	80	88	95	93	90	81	69	61	62	73	81	89	92	94	93	94	93	93	103	97	98	86.5	103	61
7*	94	89	91	93	95	94	97	96	85	73	65	61	63	76	83	93	98	97	96	98	98	101	104	106	89.4	106	61
8	103	115	147	114	115	106	118	95	67	70	73	74	73	77	82	74	98	79	104	95	91	92	93	97	93.8	**147**	67
9	97	93	86	89	89	91	96	91	88	84	79	68	83	74	90	94	100	106	105	102	103	117	109	101	93.1	117	68
10	100	98	100	98	99	101	100	93	88	80	71	71	76	80	88	98	103	110	113	114	114	113	110	113	97.1	114	71
11†	88	112	91	137	94	81	88	69	24	19	26	25	14	33	36	31	57	65	74	77	84	91	82	86	**66.0**	137	14
12	85	86	88	88	90	94	91	86	76	65	61	58	63	70	80	81	83	87	93	98	94	95	92	94	83.2	98	58
13	102	93	95	95	98	97	89	85	76	69	63	59	76	102	77	85	74	72	103	90	117	105	101	124	89.5	124	59
14	71	100	77	80	78	77	80	73	64	58	53	55	64	73	85	98	96	99	98	98	98	97	93	92	81.5	100	53
15*	90	90	90	90	90	89	85	76	67	64	65	69	70	79	88	93	97	99	105	105	100	93	98	98	87.1	105	64
16	98	96	94	97	110	95	89	78	57	50	53	51	59	62	80	90	95	102	101	100	92	121	91	81	85.1	121	50
17†	98	109	63	85	94	78	37	40	44	27	15	46	49	59	55	71	81	74	78	91	97	96	103	107	70.7	109	15
18†	90	87	83	84	93	89	73	59	63	53	39	46	41	67	72	68	68	87	133	87	86	98	103	99	77.8	133	39
19	104	90	78	93	82	92	86	74	63	53	46	65	62	66	80	80	93	101	91	102	102	90	94	94	82.5	104	46
20	91	90	84	90	86	92	89	82	73	64	70	70	60	69	76	94	92	95	99	98	99	98	99	98	85.8	99	60
21	93	90	88	92	95	94	93	86	78	71	67	72	82	93	97	93	91	101	107	103	100	97	98	98	90.8	107	67
22*	97	98	98	102	102	103	100	93	87	86	85	87	89	94	100	103	105	102	106	108	109	108	107	105	98.9	109	85
23	105	108	109	110	119	126	122	124	126	108	76	72	77	34	81	75	77	114	118	104	96	94	92	114	99.2	126	34
24	80	91	89	96	100	101	99	90	77	66	62	61	74	76	72	87	94	101	101	98	98	97	98	94	87.6	101	61
25*	91	90	90	90	91	91	88	83	79	74	68	67	74	85	94	96	98	101	103	105	104	101	101	101	90.2	105	67
26*	99	97	94	92	99	99	98	96	90	82	77	75	82	88	93	94	97	103	104	106	107	106	105	105	95.3	107	75
27	105	105	103	103	101	98	93	93	94	86	92	92	87	91	98	99	101	101	92	76	84	103	100	104	95.9	105	76
28	114	95	83	89	77	84	77	66	58	57	60	72	81	84	81	93	94	100	100	97	99	97	108	96	85.9	114	57
29	84	86	86	89	90	90	88	78	76	74	76	78	84	91	96	97	97	97	99	99	100	102	111	101	90.4	111	74
30	103	98	100	100	105	107	106	105	99	99	100	97	92	74	92	84	81	91	95	92	102	101	109	112	97.7	112	74
Mittel	95	96	92	95	94	97	92	84	77	69	64	64	68	73	79	83	88	91	96	95	97	100	100	99	87.0	114	56

Nordkomponente.

Niemegk — $X = 0.18300 + \text{Tafelwert}$ (Γ) — **1942**

Weltzeit

Tag	0h–1h	1h–2h	2h–3h	3h–4h	4h–5h	5h–6h	6h–7h	7h–8h	8h–9h	9h–10h	10h–11h	11h–12h	12h–13h	13h–14h	14h–15h	15h–16h	16h–17h	17h–18h	18h–19h	19h–20h	20h–21h	21h–22h	22h–23h	23h–24h	Tagesmittel	Max.	Min.
Mai																									γ		
1	104	100	118	109	115	118	97	71	70	69	64	61	65	76	84	86	95	101	100	101	102	99	98	97	91.7	118	61
2	97	96	95	94	97	89	73	64	66	67	51	50	60	70	72	83	84	88	91	97	99	96	97	99	**82.3**	99	**50**
3	92	100	92	95	93	82	72	73	73	69	72	70	80	85	87	90	96	100	104	109	106	106	118	118	90.9	118	69
4†	104	98	96	102	103	106	104	95	93	96	94	91	94	102	111	118	101	99	126	106	101	93	77	82	99.7	126	77
5†	98	140	119	101	97	92	76	65	59	54	51	61	68	68	69	82	94	97	101	102	101	112	113	101	88.4	140	51
6	108	102	102	100	98	99	99	91	87	80	76	74	71	80	85	89	96	95	102	109	106	105	105	103	94.2	109	71
7*	101	98	97	101	99	100	102	105	98	91	92	89	90	91	96	102	107	110	112	109	114	113	111	114	101.8	114	89
8	108	109	105	102	108	114	112	110	103	98	93	90	90	92	104	105	109	114	120	119	125	126	124	117	108.2	126	90
9*	113	113	114	114	116	115	112	112	107	98	91	89	85	85	92	100	106	110	111	110	109	110	114	111	105.7	116	85
10	113	107	108	109	112	111	109	107	108	109	109	112	107	101	100	107	111	115	117	118	124	134	138	130	**113.2**	138	100
11	129	126	120	122	124	121	108	101	98	102	103	105	103	101	106	107	106	110	108	109	109	110	110	108	110.2	129	98
12*	107	107	107	110	110	111	110	106	102	96	95	98	98	100	104	108	119	114	106	105	108	106	105	103	105.6	119	95
13*	103	100	101	104	106	105	102	97	92	87	85	87	87	88	92	95	103	110	114	114	114	116	119	124	101.9	124	85
14†	127	132	137	147	145	112	74	98	80	66	78	82	64	66	68	79	91	108	106	108	103	101	102	102	99.0	**147**	64
15	102	103	107	107	106	102	101	92	87	84	84	85	79	83	95	107	107	112	116	107	112	98	99	97	98.8	116	79
16	94	95	98	99	100	100	98	96	95	95	90	88	84	94	95	107	112	122	118	123	109	107	102	103	101.0	123	84
17	99	104	106	103	103	98	92	86	81	80	82	87	92	93	101	111	111	109	111	115	108	103	103	104	99.2	115	80
18	104	111	111	111	108	100	93	88	88	87	78	82	91	90	97	108	108	116	115	114	114	112	111	106	101.8	116	78
19	102	102	103	102	104	103	98	88	82	82	89	90	82	85	92	104	112	118	113	116	115	111	107	108	100.3	118	82
20	110	109	109	110	108	103	100	99	102	100	96	96	90	94	102	112	127	116	110	125	124	125	123	116	108.6	127	90
21	110	101	100	112	116	112	110	104	95	85	77	71	80	94	96	91	107	113	117	115	109	110	109	106	101.7	117	71
22†	103	104	109	110	112	108	95	58	60	84	90	87	83	84	86	96	106	108	106	99	94	82	90	98	93.8	112	58
23	97	103	100	102	100	103	98	95	89	81	82	87	81	86	88	93	103	121	119	113	117	111	108	107	99.3	121	81
24	108	108	106	109	112	108	104	94	88	77	69	72	73	84	92	101	99	112	113	108	112	106	104	106	98.5	113	69
25	117	103	106	104	105	99	93	93	96	98	96	99	96	96	95	98	107	110	113	112	111	110	108	104	102.9	117	93
26*	104	104	107	109	108	104	94	85	82	85	91	97	97	94	100	104	104	108	113	114	114	110	111	112	102.1	114	82
27†	112	112	114	119	120	118	111	108	114	117	112	86	90	114	105	122	123	107	119	145	112	109	115	108	113.0	145	86
28	104	101	101	103	92	61	53	53	60	68	74	80	84	74	93	101	103	100	102	100	113	100	106	112	89.1	113	53
29	97	96	93	98	96	84	86	83	77	77	86	86	78	83	93	98	113	114	116	107	105	102	102	103	94.7	116	77
30	104	106	116	112	107	97	88	77	74	74	85	86	86	93	97	96	98	105	109	106	117	108	105	101	97.8	117	74
31	102	99	102	106	105	98	90	82	74	78	80	86	91	101	103	102	110	114	110	111	114	114	110	109	99.6	114	74
Mittel	106	106	106	107	107	102	95	90	86	85	84	85	84	89	94	100	105	109	111	111	110	108	108	107	99.8	121	77
Juni																									γ		
1	109	109	109	112	117	114	103	97	95	94	94	98	102	105	114	114	115	112	118	122	129	122	120	119	110.1	129	94
2*	117	117	117	119	120	113	104	98	95	92	91	98	104	102	103	108	114	121	121	119	118	115	115	114	109.8	121	91
3	115	115	118	123	124	122	116	106	88	86	100	106	99	101	91	107	102	122	118	118	112	118	114	101	109.2	124	86
4	100	106	103	106	106	101	91	86	82	84	86	92	102	107	107	112	120	117	118	118	114	115	112	114	104.1	120	82
5	118	113	112	124	124	120	113	95	77	75	78	79	84	96	107	114	116	114	122	126	126	123	120	119	108.1	126	75
6	115	116	111	106	109	100	92	93	96	94	82	78	77	84	92	102	106	113	113	116	113	114	116	118	102.3	118	77
7*	120	120	116	112	107	108	107	103	102	105	104	99	91	92	96	109	109	109	113	115	116	115	114	113	108.1	120	91
8	113	112	113	121	118	111	106	97	88	89	93	96	96	90	102	114	121	119	117	116	113	112	111	111	107.5	121	88
9*	112	113	114	118	119	113	105	101	96	93	96	100	103	107	112	114	116	116	118	117	117	116	117	116	110.4	119	93
10*	117	116	118	121	118	108	100	93	96	103	108	104	104	106	115	123	119	118	123	126	128	127	124	127	114.2	128	93
11†	140	134	135	140	138	130	118	114	123	112	103	86	93	94	98	97	127	112	122	111	112	96	109	116	**115.0**	140	86
12†	101	98	99	95	84	80	82	78	70	74	65	88	85	90	88	96	106	107	108	106	116	109	110	111	**93.6**	116	65
13†	101	97	114	115	108	100	90	74	68	74	86	105	112	112	109	113	122	108	121	120	112	98	112	116	103.6	122	68
14	116	104	113	103	92	84	77	86	76	69	72	85	86	88	101	100	116	114	103	121	104	107	104	104	96.9	121	69
15	105	105	106	105	108	100	84	76	72	79	82	78	77	84	92	99	106	110	114	112	112	110	107	105	97.0	114	72
16	106	106	105	112	108	103	100	93	86	80	76	74	79	91	96	113	112	119	124	115	112	110	115	114	102.0	124	74
17	117	118	118	116	110	110	103	97	78	74	66	82	76	93	89	108	103	107	116	123	122	117	119	116	103.2	123	66
18	114	128	121	129	122	111	95	86	79	68	74	84	92	106	104	109	111	114	113	115	115	114	114	115	105.5	129	68
19†	111	116	114	118	119	115	104	97	92	91	90	95	106	103	82	123	155	145	97	87	95	102	107	102	106.9	**155**	82
20	107	107	108	107	110	105	94	83	67	71	75	71	66	68	90	90	96	110	103	102	110	104	103	103	93.8	110	66
21	107	107	116	115	103	92	100	95	86	81	77	80	86	91	98	106	104	108	110	110	109	107	105	107	100.0	116	77
22*	108	109	110	114	118	116	109	95	88	84	81	82	87	95	101	105	109	110	114	113	116	119	120	120	105.1	120	81
23	119	120	122	125	127	123	118	110	116	107	104	100	97	98	105	114	117	120	107	103	111	112	113	106	112.2	127	97
24	110	124	124	117	104	102	106	110	101	96	91	87	88	87	93	93	106	107	113	114	117	117	117	130	106.4	130	87
25	130	129	123	122	119	111	99	98	95	88	84	80	80	89	99	106	104	111	113	116	114	105	103	102	105.0	130	80
26	104	108	110	111	107	108	102	97	90	89	96	99	101	103	102	102	106	110	114	111	118	118	108	105	105.0	118	89
27	102	103	104	109	103	101	99	96	92	93	92	90	97	97	103	104	108	118	122	120	117	114	112	114	104.6	122	90
28	114	116	115	114	114	108	101	86	75	86	92	94	95	102	113	93	97	119	115	112	114	116	111	108	104.6	119	75
29	109	125	117	111	105	97	93	89	88	78	79	76	79	96	108	117	126	127	120	104	117	120	116	109	104.4	127	76
30†	116	116	114	108	83	101	104	94	74	64	67	71	78	97	96	98	105	102	106	112	104	107	117	119	98.0	119	**64**
Mittel	112	114	114	115	111	107	100	94	88	86	86	89	91	96	100	107	112	115	115	114	114	113	113	112	104.9	124	80

Nordkomponente.

Niemegk

$X = 0.18300 + \text{Tafelwert.}$ Γ

1942

0h 1h 2h 3h 4h 5h 6h 7h 8h 9h 10h 11h 12h 13h 14h 15h 16h 17h 18h 19h 20h 21h 22h 23h 24h Weltzeit

Tag	0h	1h	2h	3h	4h	5h	6h	7h	8h	9h	10h	11h	12h	13h	14h	15h	16h	17h	18h	19h	20h	21h	22h	23h	Tagesmittel	Max.	Min.
Juli																											
																									γ		
1	113	102	106	107	110	91	67	69	66	63	46	48	70	82	88	101	107	112	111	108	110	106	97	98	90.8	113	46
2	100	102	102	102	102	99	98	95	85	79	78	82	82	86	99	102	99	103	110	112	116	114	107	104	98.2	116	78
3*	105	104	106	111	112	106	93	85	82	78	74	78	83	90	105	105	107	109	112	111	112	110	109	108	99.8	112	74
4*	107	105	105	108	109	106	101	93	91	86	87	82	84	91	102	106	106	109	112	114	112	109	110	110	101.9	114	82
5*	110	113	116	121	122	121	118	110	96	93	98	100	91	90	86	106	114	116	125	128	126	123	115	112	**110.4**	128	86
6	110	112	116	119	117	111	108	95	91	88	91	95	93	100	107	122	124	112	114	118	118	115	106	118	108.3	124	88
7	114	109	107	108	107	101	91	82	87	87	86	86	88	86	98	98	99	111	118	126	120	122	116	114	102.5	126	82
8†	101	129	130	119	123	104	95	95	65	65	53	62	85	55	71	89	94	100	105	98	114	102	100	105	94.1	130	53
9	99	103	87	95	95	92	87	82	72	70	73	80	84	94	95	104	111	125	101	98	106	102	100	102	94.0	125	70
10	103	92	96	89	86	83	78	80	78	79	92	99	94	87	92	101	99	105	109	109	114	102	107	122	95.7	122	78
11†	124	131	101	106	117	81	40	69	49	57	66	58	57	60	82	62	54	65	86	100	109	101	91	98	**81.8**	131	**40**
12	98	96	97	92	90	83	75	76	75	76	51	65	77	89	83	81	83	88	95	109	101	100	97	101	86.6	109	51
13	108	108	100	101	105	90	73	65	64	71	74	76	79	87	85	93	87	101	99	102	99	101	98	95	90.0	108	64
14	93	96	96	101	104	91	90	90	82	71	80	80	86	82	94	84	93	108	111	114	117	112	104	107	95.2	117	71
15†	110	107	105	101	94	94	94	84	58	56	80	82	83	68	78	100	113	144	118	118	104	115	94	101	95.9	**144**	56
16	107	116	95	94	86	86	82	80	62	57	66	77	76	74	86	94	93	99	99	107	106	117	112	101	90.5	117	57
17	97	98	105	109	97	78	89	78	71	78	81	70	81	74	83	89	94	102	111	103	103	101	102	102	91.5	111	70
18*	101	95	96	99	100	98	92	78	71	75	75	73	82	84	92	98	96	101	105	107	106	105	104	106	93.3	107	71
19*	104	104	99	103	104	101	94	86	81	73	71	69	76	83	83	95	104	112	111	111	110	111	114	116	96.5	116	69
20	112	107	110	113	114	121	113	115	111	94	75	72	64	86	80	90	101	106	110	115	111	109	89	98	100.7	121	64
21	92	100	112	100	100	89	90	76	61	61	66	72	84	89	90	91	90	100	105	110	109	102	105	101	91.5	112	61
22	98	97	100	103	103	99	95	86	82	79	71	80	76	98	100	101	104	105	105	106	108	108	112	113	97.0	113	71
23	106	109	103	103	102	100	91	84	88	86	86	90	95	98	95	108	107	124	131	107	98	97	107	111	101.1	131	84
24	104	111	108	98	107	111	103	102	94	92	95	96	91	90	93	100	96	107	116	130	102	104	98	98	101.9	130	90
25†	92	99	92	98	110	109	88	84	76	75	76	59	70	61	70	71	79	99	106	105	101	99	104	121	89.3	121	59
26	104	94	93	91	88	84	87	92	92	91	88	92	84	80	91	99	102	112	120	127	127	112	117	114	99.2	127	80
27†	109	125	92	88	83	90	87	76	69	57	60	88	63	84	95	101	92	96	125	103	112	100	103	108	91.9	125	57
28	105	91	87	92	86	63	76	80	84	88	82	86	80	88	92	93	100	89	102	116	128	107	105	99	92.5	128	63
29	89	97	99	94	99	86	77	71	57	55	64	74	78	80	84	88	95	92	98	104	103	99	100	103	86.9	104	55
30	112	100	94	90	101	97	84	65	48	56	72	84	92	80	103	104	102	102	112	102	112	108	113	114	93.6	114	48
31	100	92	102	107	104	96	95	91	76	64	59	64	64	76	88	96	106	108	103	104	106	108	105	106	92.5	108	59
Mittel	104	105	102	102	102	96	89	84	76	74	75	78	80	83	90	96	98	105	109	110	110	107	105	107	95.3	119	67
August																											
																									γ		
1	107	101	101	105	104	108	100	89	74	71	75	78	78	84	89	96	100	100	103	106	109	116	110	104	96.2	116	71
2	104	103	104	104	102	98	94	93	88	85	85	88	89	92	91	81	96	104	107	112	120	111	113	109	98.9	120	81
3	112	117	108	101	101	95	93	92	90	85	81	81	83	83	89	90	97	103	106	113	113	118	112	111	98.9	118	81
4*	106	103	101	99	104	101	99	96	98	96	90	85	89	89	87	90	99	104	109	109	108	105	103	103	98.9	109	85
5	104	106	105	102	102	98	98	96	91	81	78	78	86	90	97	100	104	104	106	114	114	115	120	117	100.2	120	78
6	106	111	110	109	109	107	97	91	100	100	97	103	108	98	102	99	65	101	112	105	112	110	101	111	**102.7**	112	65
7	101	106	111	99	98	100	82	61	80	73	65	81	86	86	85	83	82	92	106	105	112	139	103	96	93.0	139	61
8*	94	94	92	97	94	91	85	84	82	81	89	96	96	94	87	85	92	98	100	103	102	100	104	100	93.3	104	81
9	99	100	101	100	102	101	102	102	101	99	93	83	74	68	78	83	80	89	101	109	109	108	112	121	96.5	121	68
10†	121	112	113	113	113	97	86	75	81	82	78	76	86	73	100	115	60	107	102	115	95	107	116	112	97.3	121	60
11	111	102	101	98	97	97	85	75	61	66	65	59	78	69	82	89	94	97	98	105	102	102	101	100	88.9	105	59
12	99	100	92	98	101	95	87	62	60	72	73	84	80	81	88	90	97	105	105	109	107	105	105	101	91.5	109	60
13	95	91	97	104	105	97	90	85	82	82	83	89	90	89	90	97	101	103	104	106	105	104	108	113	96.2	113	82
14*	110	104	99	98	98	96	90	85	72	64	70	79	95	99	99	99	101	101	104	105	105	106	104	100	95.1	110	64
15	101	100	100	101	100	97	90	81	74	74	87	91	97	94	98	100	104	115	127	118	102	109	116	110	99.4	127	74
16†	134	132	125	87	87	100	93	82	78	76	66	65	68	82	90	106	104	117	102	107	172	89	90	115	98.6	**172**	65
17†	97	93	88	80	86	84	85	73	58	63	71	59	84	89	88	94	95	100	94	102	101	111	103	94	87.2	111	58
18	94	93	93	96	98	95	75	61	66	34	42	50	59	67	58	86	89	93	94	92	97	95	95	101	**80.1**	101	**34**
19†	97	100	90	81	90	94	82	65	49	65	69	78	73	90	88	89	85	95	113	98	105	128	142	98	90.2	142	49
20	112	91	100	85	93	87	83	73	67	79	61	77	79	78	88	94	97	98	100	98	98	102	103	94	89.0	112	61
21	95	96	90	92	95	91	79	78	73	77	79	73	80	81	101	91	94	97	96	101	105	98	98	94	89.8	105	73
22	102	98	94	96	87	79	88	83	74	76	77	86	90	91	90	96	91	100	103	106	107	121	127	100	94.2	127	74
23†	81	88	91	79	84	82	78	68	66	59	70	80	99	56	79	110	102	69	87	113	72	82	116	81	83.0	116	56
24	72	77	64	82	73	76	73	65	64	68	68	77	82	79	83	89	90	96	105	114	105	104	97	97	83.3	114	64
25	89	88	88	91	79	62	59	58	61	64	74	79	77	82	80	86	92	102	106	107	106	102	92	93	84.0	107	58
26	90	90	90	94	98	87	86	79	69	75	81	82	86	80	83	88	89	98	106	129	112	104	103	106	91.9	129	69
27	88	91	94	91	94	90	70	54	58	48	55	48	71	76	89	86	90	103	109	97	98	98	96	95	82.9	109	48
28*	96	94	92	92	94	91	87	83	69	62	69	78	85	86	84	88	90	95	98	99	102	101	99	94	88.7	102	62
29*	95	96	95	96	98	97	91	85	83	81	81	83	87	90	94	99	103	106	104	100	102	106	102	101	94.8	106	81
30	100	99	99	96	96	96	92	88	82	82	86	89	95	105	101	108	121	128	111	112	111	114	116	115	101.8	128	82
31	115	117	113	115	112	114	105	99	98	92	82	72	69	82	76	74	76	79	83	94	96	97	103	102	94.4	117	69
Mittel	101	100	98	96	97	94	87	79	76	75	75	78	84	84	88	93	93	100	103	107	107	107	107	103	92.9	117	67

Nordkomponente.

Niemegk — X = 0.18300 + Tafelwert. — 1942

Tag	0h–1h	1h–2h	2h–3h	3h–4h	4h–5h	5h–6h	6h–7h	7h–8h	8h–9h	9h–10h	10h–11h	11h–12h	12h–13h	13h–14h	14h–15h	15h–16h	16h–17h	17h–18h	18h–19h	19h–20h	20h–21h	21h–22h	22h–23h	23h–24h	Tages-mittel	Max.	Min.
September																									γ		
1	99	93	95	95	97	97	94	84	77	71	72	86	86	79	78	72	68	67	80	88	92	94	95	96	85.6	99	67
2	97	95	96	100	105	100	55	66	74	83	72	73	73	78	83	92	103	102	108	108	102	100	99	104	90.3	108	55
3	94	95	99	103	102	95	92	77	71	68	65	77	80	83	90	92	95	98	102	102	102	102	101	99	91.0	103	65
4	100	100	99	103	104	106	103	93	86	70	66	68	74	87	100	100	94	99	102	103	96	99	101	100	93.9	106	66
5	99	100	102	95	112	112	103	91	79	60	58	60	67	72	82	87	78	96	102	103	106	93	94	99	89.6	112	58
6	99	104	112	107	106	95	88	86	67	74	90	80	84	61	43	60	88	104	98	84	91	94	129	101	89.4	129	43
7	90	92	94	95	84	85	79	76	78	78	75	86	93	94	96	95	93	93	92	94	95	102	118	102	90.8	118	75
8	99	93	94	87	91	93	91	88	86	85	89	84	89	93	96	95	85	84	92	94	96	96	98	100	91.6	100	84
9*	98	98	101	100	99	96	88	86	76	69	72	74	91	93	96	93	93	90	99	98	98	101	103	101	92.2	103	69
10	98	104	98	100	103	106	102	82	74	68	68	77	87	81	79	85	85	91	92	96	101	101	106	104	91.2	106	68
11	105	112	109	108	106	102	103	96	88	78	77	84	90	90	89	108	112	112	109	119	94	84	119	111	**100.2**	119	77
12†	106	74	71	87	72	80	47	19	−04	−04	01	28	45	65	77	77	99	91	88	86	118	125	96	80	**67.7**	125	**−04**
13	86	85	88	84	76	77	77	70	63	46	65	73	79	84	91	83	81	94	105	118	104	71	109	101	83.8	118	46
14†	89	82	75	74	72	78	72	66	60	74	70	72	77	73	76	80	100	111	85	113	108	80	95	78	81.7	113	60
15	83	103	88	81	62	68	77	86	76	74	53	65	79	74	83	87	72	89	107	84	99	96	100	98	82.7	107	53
16	91	88	100	93	101	80	83	80	74	59	56	70	69	84	92	92	98	82	92	97	106	139	111	96	88.9	**139**	56
17†	94	79	84	97	94	89	80	68	66	53	12	22	47	51	61	71	72	109	119	90	86	120	112	95	78.0	120	12
18†	74	72	79	80	74	76	74	69	71	72	70	79	86	91	74	67	84	80	138	83	95	107	98	104	83.2	138	67
19	100	76	80	83	91	90	79	79	75	61	63	85	88	69	79	77	77	117	98	88	88	117	103	88	85.5	117	61
20	94	86	93	89	85	91	94	90	84	72	67	70	52	89	81	85	80	80	99	118	114	103	92	111	88.3	118	52
21†	100	99	75	91	73	61	80	73	46	18	52	67	68	90	84	82	74	101	113	100	92	100	96	97	80.5	113	18
22	92	93	88	80	71	56	74	77	73	61	61	61	64	75	90	91	95	80	92	85	96	114	106	105	82.5	114	56
23	92	99	93	85	89	86	78	69	68	76	84	86	93	97	95	93	91	94	98	98	97	94	96	103	89.8	103	68
24	115	100	84	88	87	87	85	81	77	74	73	76	85	88	86	84	87	92	98	97	94	94	102	93	88.6	115	73
25*	90	88	88	92	93	93	98	93	86	77	73	73	77	86	87	89	91	92	93	97	98	104	111	109	90.8	111	73
26	97	96	95	97	98	103	102	97	89	76	71	72	74	79	74	69	73	77	97	101	101	105	107	103	89.7	107	69
27	97	99	103	104	101	105	103	96	87	78	74	70	71	74	73	77	91	100	104	105	100	100	122	104	93.2	122	70
28*	95	95	96	97	97	100	100	92	82	75	70	69	65	78	90	96	95	96	101	103	105	106	105	108	92.3	108	65
29*	105	97	97	97	101	105	105	100	88	74	65	69	75	78	82	90	98	97	98	101	104	104	104	101	93.1	105	65
30*	99	101	101	101	101	105	103	96	88	74	69	80	85	89	93	97	99	102	94	93	96	97	98	102	94.3	105	69
Mittel	96	93	93	93	92	91	87	81	74	66	65	71	76	81	83	86	88	94	100	98	99	101	104	100	88.0	113	59
Oktober																									γ		
1*	98	98	97	99	100	101	97	88	81	77	78	81	86	90	95	94	100	100	101	103	107	111	104	115	95.9	115	77
2†	109	99	99	113	117	129	127	118	96	59	72	80	54	25	38	69	50	78	41	71	108	79	71	80	82.6	129	25
3†	70	78	74	80	87	77	59	41	53	59	51	47	54	35	58	82	57	81	105	81	66	75	94	96	69.2	105	35
4	94	73	81	87	74	72	79	62	65	65	61	66	58	68	66	60	78	90	68	79	73	80	94	108	75.0	108	58
5	75	74	82	74	85	77	77	72	60	57	48	43	58	56	77	57	73	89	86	89	99	89	88	88	73.9	99	43
6	89	87	86	86	86	85	82	76	65	68	66	71	80	85	86	86	88	91	94	94	90	99	94	94	84.5	99	65
7	99	102	83	90	99	97	77	86	81	66	65	63	65	51	58	77	79	80	77	86	85	86	109	102	81.8	109	51
8	85	89	86	85	94	97	96	90	78	69	66	66	66	69	81	82	87	83	79	69	83	94	92	94	82.5	97	66
9*	91	89	98	94	94	90	99	92	82	76	77	81	86	88	86	90	94	102	101	102	105	104	101	101	92.6	105	76
10	102	101	102	106	110	112	110	114	105	99	90	95	98	103	104	107	108	110	108	106	105	103	101	97	**104.0**	114	90
11	94	93	91	94	96	97	97	90	85	76	80	78	83	93	93	89	94	108	113	117	94	100	93	95	93.5	117	76
12	92	98	78	91	93	95	97	90	84	73	26	55	53	74	76	61	68	104	97	83	88	90	117	127	83.8	127	26
13†	94	80	84	77	81	78	78	79	72	60	66	70	74	69	65	73	79	132	61	75	93	121	118	93	82.2	132	60
14	85	70	77	86	83	85	86	84	73	71	72	69	51	65	72	94	75	83	100	138	121	83	70	67	81.7	**138**	51
15	75	77	71	86	62	78	92	85	70	68	75	75	73	70	62	70	81	89	130	100	77	102	102	100	82.1	130	62
16	94	71	90	84	84	85	84	83	77	73	66	72	61	73	76	80	70	79	125	89	110	97	90	92	83.5	125	61
17	83	86	88	91	86	86	92	85	73	69	73	79	82	86	85	81	89	94	91	95	105	108	89	85	86.7	108	69
18	84	87	87	89	86	89	86	73	68	68	73	69	78	78	76	76	83	96	82	77	85	97	94	93	82.2	97	68
19	86	65	106	86	78	82	59	74	74	71	53	56	46	51	55	79	57	113	98	79	93	88	86	86	75.9	113	46
20	84	86	88	89	92	91	93	86	77	70	68	71	70	71	66	83	43	72	94	91	84	86	86	86	80.3	94	43
21	88	87	89	90	90	94	95	90	78	75	73	74	73	69	85	74	80	77	86	90	92	86	86	85	83.6	95	69
22*	86	90	86	87	90	94	90	81	70	66	66	70	70	84	88	89	92	94	98	93	94	94	96	92	85.8	98	66
23*	94	92	90	94	98	101	92	80	70	60	69	70	76	82	90	93	94	90	94	97	98	98	98	100	88.3	101	60
24*	96	96	96	99	100	98	97	93	83	79	83	86	93	96	97	96	102	105	104	106	104	104	99	101	96.4	106	79
25	100	98	97	107	118	114	110	100	112	101	95	88	81	84	80	79	90	91	92	93	91	93	93	94	95.9	118	79
26	92	90	95	96	95	101	104	102	96	82	78	78	80	83	83	87	91	95	97	98	121	122	95	94	94.0	122	78
27	102	104	101	95	100	99	102	106	92	78	77	82	86	91	94	88	92	94	99	102	98	111	105	99	95.7	111	77
28†	98	99	101	101	104	106	108	103	93	74	63	76	73	59	36	48	16	−10	−35	11	17	51	40	58	62.1	108	−35
29†	79	52	57	58	52	49	22	−30	27	32	−04	−38	−06	20	34	55	66	45	80	122	81	70	90	70	**45.1**	122	**−38**
30	66	54	48	70	80	62	60	70	42	23	23	34	34	50	34	41	54	58	77	84	88	109	100	98	60.8	109	23
31	83	66	68	80	75	78	74	62	58	51	37	17	35	33	83	65	54	66	114	76	82	77	86	81	66.7	114	17
Mittel	89	85	86	89	90	90	88	81	75	68	64	65	67	69	74	78	77	86	89	90	92	94	93	93	82.2	112	52

Weltzeit

Nordkomponente.

Niemegk

$X = 0.18300 + \text{Tafelwert}$ (Tafelwert in γ)

1942

Weltzeit

November

Tag	0h–1h	1h–2h	2h–3h	3h–4h	4h–5h	5h–6h	6h–7h	7h–8h	8h–9h	9h–10h	10h–11h	11h–12h	12h–13h	13h–14h	14h–15h	15h–16h	16h–17h	17h–18h	18h–19h	19h–20h	20h–21h	21h–22h	22h–23h	23h–24h	Tagesmittel γ	Max.	Min.
1	78	84	82	85	82	89	86	75	60	67	59	61	68	60	70	72	84	85	83	86	85	91	89	89	77.9	91	59
2	87	95	78	84	85	92	93	88	79	60	48	49	50	47	47	69	64	49	62	82	94	86	84	90	73.4	95	47
3	82	78	78	85	93	94	90	86	82	74	66	62	58	48	60	60	62	66	69	78	104	86	87	83	76.3	104	48
4	80	81	85	86	89	101	102	73	70	70	64	43	65	69	76	82	86	89	89	96	100	89	89	101	82.3	102	43
5	89	92	90	96	99	98	97	89	79	73	69	73	77	77	77	84	90	94	107	105	105	98	93	92	89.3	107	69
6*	73	77	84	93	89	95	93	86	77	67	69	73	78	81	84	82	83	90	95	96	96	95	97	92	85.2	97	67
7	93	87	93	96	100	94	99	100	88	75	69	68	63	64	68	80	90	96	97	97	92	92	93	96	87.1	100	63
8	97	96	97	99	109	109	105	104	92	72	76	77	72	66	89	94	93	94	96	95	104	82	84	86	91.2	109	66
9	96	84	80	84	85	89	88	84	74	71	72	77	81	86	84	87	88	96	91	91	98	95	93	89	86.0	98	71
10	95	96	95	93	93	96	101	102	99	100	100	100	100	85	55	82	80	79	88	90	88	104	96	96	92.2	104	55
11	96	94	96	97	100	93	94	91	90	89	89	88	72	96	91	87	91	91	88	118	89	92	98	97	92.8	118	72
12	91	95	88	78	90	94	88	90	88	84	79	81	84	87	86	92	88	92	98	98	91	89	97	108	89.8	108	78
13	100	93	87	90	97	103	106	104	95	91	84	83	92	84	57	59	79	80	80	86	88	88	87	92	87.7	106	57
14	91	83	84	83	87	88	92	90	76	75	70	75	76	82	82	86	92	91	114	86	97	90	90	100	86.7	114	70
15	85	96	84	88	94	95	97	98	92	84	83	84	88	92	85	81	83	84	96	112	97	93	96	108	91.5	112	81
16	107	89	88	93	96	96	99	98	92	84	84	88	89	91	92	94	96	97	93	95	96	97	96	96	93.6	107	84
17*	98	93	94	96	100	100	99	93	88	84	83	84	71	78	69	68	68	78	80	80	83	87	88	88	85.4	100	68
18	97	85	89	94	97	98	98	93	78	79	90	90	91	92	88	81	96	98	97	89	91	90	93	92	91.1	98	78
19*	92	93	96	99	102	102	101	108	108	105	96	86	96	97	99	97	96	102	98	103	104	100	104	100	**99.3**	108	86
20	98	96	95	108	100	115	117	121	115	116	103	87	85	82	76	79	78	68	76	69	81	85	86	89	92.7	**121**	68
21	80	81	83	88	93	86	79	93	93	88	84	75	89	87	87	85	91	87	91	88	100	96	88	89	87.5	100	75
22*	86	86	87	90	92	90	91	94	91	87	86	85	88	88	88	91	92	98	100	92	99	104	94	96	91.5	104	85
23†	97	97	101	108	110	109	110	109	108	103	99	91	76	62	60	50	45	74	87	86	80	97	89	85	88.9	110	45
24†	69	107	91	75	81	65	47	18	04	08	24	49	27	33	47	59	63	64	65	64	70	62	69	68	**55.4**	107	**04**
25†	83	74	96	73	67	78	75	72	55	56	34	41	52	45	54	56	64	62	75	106	79	95	86	75	68.9	106	34
26†	75	71	76	75	97	80	76	72	60	47	45	58	53	67	53	55	67	86	70	84	101	66	95	96	71.9	101	45
27	70	74	71	77	82	80	84	82	72	44	60	56	65	73	73	77	78	80	83	78	78	87	82	88	74.8	88	44
28†	75	76	71	77	83	91	92	78	70	68	54	47	50	59	61	58	72	74	57	58	67	70	104	84	70.7	104	47
29	83	73	68	68	76	76	80	79	80	65	63	69	54	65	66	70	80	69	66	73	82	80	79	93	73.2	93	54
30*	80	76	80	85	91	96	91	87	80	77	77	80	77	67	65	71	71	71	72	71	79	80	84	83	78.8	96	65
Mittel	87	87	86	88	92	93	92	89	81	75	73	73	73	74	73	76	80	83	85	88	91	89	90	91	83.8	104	61

Dezember

Tag	0h–1h	1h–2h	2h–3h	3h–4h	4h–5h	5h–6h	6h–7h	7h–8h	8h–9h	9h–10h	10h–11h	11h–12h	12h–13h	13h–14h	14h–15h	15h–16h	16h–17h	17h–18h	18h–19h	19h–20h	20h–21h	21h–22h	22h–23h	23h–24h	Tagesmittel γ	Max.	Min.
1	87	86	85	88	90	91	91	89	81	78	79	76	77	76	79	90	92	91	83	90	82	91	106	86	86.0	106	76
2	102	79	86	90	91	91	88	90	88	86	84	83	84	87	89	89	90	92	91	93	92	92	91	87	89.0	102	79
3	96	84	83	87	90	91	93	91	89	89	87	89	87	89	90	90	88	80	86	87	89	90	101	112	89.9	112	80
4	94	88	88	93	91	91	86	94	94	93	92	91	91	83	56	56	79	90	88	89	87	88	89	94	86.9	94	56
5	82	86	93	91	88	89	90	92	90	84	82	86	90	91	91	86	88	94	92	94	93	91	90	90	89.3	94	82
6	89	90	93	95	98	98	98	94	90	86	86	87	88	89	87	94	96	94	90	81	82	85	101	102	91.4	102	81
7	90	90	93	98	101	105	102	100	96	90	83	84	77	68	74	70	46	54	58	62	71	75	81	95	81.8	105	46
8†	81	75	79	86	91	94	99	96	83	82	80	78	78	70	60	44	38	39	64	66	94	76	78	74	75.2	99	38
9†	78	79	73	85	94	91	99	97	93	87	87	90	99	90	55	83	83	82	61	47	59	63	77	84	80.7	99	47
10	99	90	85	81	65	76	82	72	58	66	66	71	69	72	81	82	78	79	78	72	90	101	84	77	78.1	101	58
11	75	77	82	83	85	98	90	86	81	66	65	69	69	55	84	87	84	85	84	94	89	88	88	125	82.9	125	55
12	99	76	77	81	87	94	99	97	83	76	69	68	56	59	77	84	90	88	90	90	87	87	83	96	83.0	99	56
13	81	86	82	83	86	87	90	90	89	86	83	87	90	90	87	82	75	81	84	83	83	85	87	91	85.3	91	75
14	90	88	87	87	92	97	101	103	96	84	78	79	83	81	80	79	71	82	66	80	83	84	87	87	85.2	103	66
15	84	88	86	88	92	96	99	99	92	86	85	88	92	98	102	102	100	95	102	103	105	94	90	101	94.5	105	84
16	94	86	88	92	93	94	94	97	93	89	88	86	87	88	92	91	89	87	80	84	85	99	93	89	89.9	99	80
17*	87	88	89	92	93	96	102	102	99	98	97	94	93	92	93	96	90	88	90	89	90	92	92	87	92.9	102	87
18*	88	88	90	95	96	97	98	99	101	97	92	94	96	97	99	99	101	101	103	100	99	98	96	93	96.5	103	88
19	92	93	96	98	100	104	104	101	102	96	91	89	94	99	103	104	104	104	104	102	101	99	100	96	**99.0**	104	89
20	97	96	95	114	109	111	110	106	100	93	89	90	92	96	96	96	94	92	95	88	100	97	92	127	**99.0**	**127**	88
21†	99	90	93	95	104	111	114	112	103	80	47	72	26	22	45	60	35	51	69	84	90	94	106	89	78.8	114	22
22	81	76	81	100	81	86	84	83	75	76	71	59	79	76	76	80	84	86	80	88	89	88	87	86	81.3	100	59
23†	85	85	84	86	88	101	95	68	55	46	27	23	−04	06	09	73	47	60	44	50	69	78	67	69	**58.8**	101	**−04**
24	73	71	70	73	75	76	77	77	71	54	77	69	71	66	42	44	60	82	82	76	86	96	106	79	73.0	106	42
25	74	76	85	83	82	82	84	85	75	62	63	68	72	66	64	64	59	58	69	81	82	87	84	80	74.4	87	58
26†	80	78	80	88	99	100	100	80	75	70	68	63	60	64	51	65	62	69	85	72	82	91	76	105	77.6	105	51
27	78	78	82	84	91	90	95	89	83	79	76	77	80	80	76	83	87	86	87	84	84	94	87	82	83.8	95	76
28*	83	83	84	86	95	96	90	86	82	82	85	86	84	78	82	86	86	84	85	91	87	88	88	89	86.1	96	78
29	88	89	89	91	93	94	97	96	91	86	86	80	80	82	87	89	85	83	88	88	88	85	84	86	87.7	97	80
30*	85	86	87	90	92	92	93	93	87	81	82	88	90	94	95	93	93	93	94	94	92	89	89	89	90.0	95	81
31*	89	98	93	91	94	96	98	100	91	83	82	85	92	96	97	97	96	96	98	98	100	99	96	94	94.1	100	82
Mittel	87	85	86	89	91	94	95	92	87	81	78	79	78	77	77	82	80	82	83	84	87	89	90	92	85.2	102	66

Ostkomponente.

Niemegk $Y = -0.01200 + \text{Tafelwert.}$ 1942

Tag	0h–1h	1h–2h	2h–3h	3h–4h	4h–5h	5h–6h	6h–7h	7h–8h	8h–9h	9h–10h	10h–11h	11h–12h	12h–13h	13h–14h	14h–15h	15h–16h	16h–17h	17h–18h	18h–19h	19h–20h	20h–21h	21h–22h	22h–23h	23h–24h Weltzeit	Tages-mittel	Max.	Min.
Januar																									γ		
1*	-73	-74	-73	-74	-74	-75	-72	-70	-70	-73	-80	-84	-86	-79	-78	-76	-74	-76	-74	-73	-68	-69	-73	-74	-74.7	-68	-86
2†	-77	-78	-78	-80	-84	-80	-79	-77	-77	-81	-87	-87	-90	-103	-102	-106	-123	-98	-73	-34	-35	-39	-39	-52	**-77.5**	-34	**-123**
3	-67	-82	-77	-73	-71	-73	-82	-82	-81	-78	-83	-84	-83	-83	-84	-76	-80	-79	-71	-61	-55	-51	-51	-48	-73.1	-48	-84
4†	-60	-64	-67	-66	-72	-73	-78	-79	-70	-76	-80	-81	-91	-86	-54	-67	-88	-70	-59	-39	-38	-03	-01	-45	**-62.8**	**-01**	-91
5†	-69	-62	-77	-85	-80	-78	-77	-79	-84	-87	-83	-78	-82	-81	-74	-64	-65	-64	-54	-38	-64	-66	-60	-82	-72.2	-38	-87
6	-68	-66	-70	-74	-78	-76	-70	-70	-72	-74	-75	-78	-82	-80	-75	-68	-80	-65	-23	-66	-65	-50	-60	-66	-68.8	-23	-82
7	-64	-58	-54	-74	-67	-68	-68	-70	-74	-78	-78	-80	-78	-78	-72	-64	-69	-70	-66	-62	-64	-69	-67	-68	-69.2	-54	-80
8*	-73	-73	-70	-70	-71	-72	-70	-66	-67	-73	-76	-83	-85	-79	-74	-69	-76	-73	-73	-71	-69	-69	-69	-72	-72.6	-66	-85
9	-69	-69	-72	-78	-73	-69	-70	-68	-67	-74	-79	-83	-84	-78	-73	-73	-76	-76	-77	-74	-73	-69	-67	-58	-72.9	-58	-84
10	-52	-61	-66	-71	-73	-74	-70	-69	-70	-72	-76	-83	-88	-81	-70	-73	-56	-58	-73	-70	-64	-54	-59	-72	-69.0	-52	-88
11	-76	-87	-70	-68	-71	-72	-70	-69	-74	-83	-89	-94	-85	-81	-72	-71	-70	-71	-66	-54	-54	-58	-66	-72	-72.6	-54	-94
12	-73	-74	-70	-71	-69	-67	-66	-62	-64	-69	-80	-84	-84	-80	-74	-76	-73	-66	-66	-66	-31	-58	-70	-70	-69.3	-31	-84
13	-74	-73	-71	-71	-71	-70	-67	-63	-61	-65	-74	-84	-88	-85	-78	-73	-71	-70	-63	-66	-65	-70	-71	-73	-71.5	-61	-88
14	-74	-77	-77	-76	-76	-74	-72	-67	-64	-67	-74	-88	-90	-84	-80	-78	-78	-79	-77	-75	-74	-67	-58	-64	-74.6	-58	-90
15	-66	-65	-66	-66	-68	-67	-66	-65	-72	-76	-85	-97	-98	-93	-98	-101	-76	-73	-73	-72	-66	-62	-65	-70	-75.2	-62	-101
16	-61	-62	-58	-62	-66	-69	-69	-72	-76	-77	-81	-89	-97	-94	-90	-99	-93	-81	-60	-39	-26	-59	-68	-63	-71.3	-26	-99
17	-67	-62	-64	-71	-76	-77	-84	-81	-92	-79	-93	-89	-89	-85	-81	-74	-77	-75	-70	-69	-68	-67	-69	-70	-76.2	-62	-93
18†	-72	-68	-65	-44	-56	-62	-70	-73	-72	-75	-67	-79	-83	-76	-70	-71	-75	-76	-76	-76	-60	-44	-20	-41	-65.5	-20	-83
19†	-70	-83	-80	-64	-90	-108	-86	-73	-73	-75	-72	-78	-82	-76	-68	-67	-71	-72	-70	-67	-63	-64	-62	-66	-74.2	-62	-108
20	-75	-80	-68	-71	-70	-69	-67	-66	-68	-71	-78	-85	-86	-81	-74	-72	-71	-67	-70	-68	-67	-63	-74	-71	-72.2	-63	-86
21*	-73	-73	-73	-72	-71	-70	-67	-68	-73	-76	-79	-80	-78	-78	-74	-74	-75	-74	-70	-69	-61	-58	-66	-71	-71.8	-58	-80
22	-73	-74	-73	-78	-73	-70	-66	-67	-72	-74	-79	-86	-93	-86	-82	-78	-71	-65	-58	-48	-43	-39	-44	-57	-68.7	-39	-93
23	-54	-60	-70	-71	-74	-74	-72	-70	-75	-75	-82	-86	-86	-86	-80	-86	-79	-77	-74	-70	-67	-67	-66	-63	-73.5	-54	-86
24	-64	-67	-71	-71	-71	-70	-68	-67	-70	-74	-77	-79	-83	-87	-83	-80	-78	-78	-78	-76	-74	-68	-51	-59	-72.7	-51	-83
25	-64	-69	-70	-71	-71	-72	-70	-66	-66	-74	-86	-86	-88	-88	-83	-76	-77	-74	-73	-67	-58	-67	-68	-65	-72.9	-58	-88
26*	-63	-66	-64	-62	-62	-66	-66	-62	-57	-65	-78	-86	-90	-84	-83	-78	-78	-76	-74	-73	-71	-65	-65	-66	-70.8	-57	-90
27	-69	-71	-71	-71	-71	-70	-67	-62	-62	-71	-80	-84	-93	-90	-83	-79	-82	-79	-72	-68	-63	-62	-56	-48	-71.8	-48	-93
28	-52	-62	-54	-68	-62	-62	-69	-71	-63	-75	-82	-98	-104	-95	-86	-76	-67	-68	-67	-67	-48	-53	-62	-63	-69.8	-48	-104
29	-62	-66	-66	-66	-64	-66	-64	-62	-62	-66	-74	-82	-90	-86	-80	-73	-74	-75	-77	-68	-52	-48	-50	-47	-67.5	-47	-90
30	-55	-51	-52	-57	-59	-63	-66	-66	-70	-73	-80	-93	-102	-94	-94	-87	-98	-93	-75	-69	-70	-62	-59	-61	-72.9	-51	-102
31*	-67	-71	-71	-73	-74	-76	-72	-68	-67	-71	-75	-83	-86	-83	-78	-79	-81	-80	-76	-72	-71	-70	-70	-72	-74.4	-67	-86
Mittel	-67	-69	-69	-70	-71	-72	-71	-69	-70	-74	-79	-85	-88	-85	-79	-77	-77	-74	-69	-64	-60	-58	-59	-64	-71.7	-49	-91
Februar																									γ		
1	-74	-75	-76	-77	-78	-75	-72	-70	-67	-68	-74	-85	-90	-87	-81	-83	-83	-83	-78	-74	-71	-66	-68	-66	**-75.9**	-66	-90
2	-71	-74	-77	-76	-75	-75	-75	-77	-71	-78	-80	-75	-88	-87	-79	-56	-51	-70	-67	-65	-64	-66	-67	-66	-72.1	-51	-88
3	-68	-73	-74	-74	-70	-67	-66	-64	-64	-67	-69	-77	-80	-76	-72	-74	-71	-66	-67	-69	-66	-66	-66	-70	-69.8	-64	-80
4*	-71	-74	-74	-72	-70	-69	-65	-62	-61	-69	-79	-82	-86	-84	-81	-80	-82	-79	-77	-73	-74	-74	-74	-71	-74.3	-61	-86
5†	-62	-68	-71	-68	-65	-77	-79	-87	-89	-83	-81	-87	-108	-100	-79	-65	-65	-46	03	-65	-66	-64	-67	-67	-71.1	**03**	-108
6†	-69	-64	-28	-59	-54	-62	-63	-67	-70	-84	-87	-85	-86	-86	-74	-29	-01	-56	-27	-23	-17	-08	-22	-79	**-54.2**	-01	-87
7	-76	-86	-75	-58	-61	-62	-63	-59	-59	-62	-70	-65	-70	-67	-57	-58	-66	-68	-67	-67	-66	-64	-61	-67	-65.6	-57	-86
8*	-68	-67	-71	-71	-69	-65	-64	-67	-69	-74	-78	-82	-82	-77	-67	-67	-69	-70	-70	-69	-67	-66	-64	-56	-69.5	-56	-82
9	-62	-64	-65	-66	-66	-64	-63	-64	-64	-67	-74	-86	-85	-78	-70	-68	-70	-70	-69	-68	-66	-67	-68	-68	-68.8	-62	-86
10	-69	-70	-70	-70	-67	-66	-65	-71	-74	-79	-85	-85	-87	-78	-82	-79	-67	-44	-71	-66	-59	-62	-63	-61	-70.4	-44	-87
11	-50	-54	-54	-61	-60	-60	-64	-69	-77	-82	-85	-87	-92	-85	-77	-74	-78	-68	-65	-52	-48	-32	-47	-63	-66.0	-32	-92
12*	-68	-63	-69	-70	-66	-62	-59	-59	-65	-73	-76	-79	-78	-76	-73	-72	-74	-73	-70	-70	-66	-67	-68	-70	-69.4	-59	-79
13	-69	-67	-86	-78	-67	-67	-63	-60	-65	-72	-81	-84	-89	-83	-79	-74	-72	-70	-70	-70	-68	-67	-67	-70	-72.4	-60	-89
14	-72	-72	-73	-72	-70	-69	-66	-64	-67	-78	-82	-85	-76	-78	-74	-68	-71	-70	-68	-66	-63	-53	-42	-52	-68.8	-42	-85
15	-38	-55	-62	-59	-56	-63	-74	-63	-73	-72	-79	-88	-88	-80	-74	-72	-70	-67	-36	-46	-62	-62	-61	-66	-65.2	-36	-88
16	-62	-80	-70	-67	-68	-68	-68	-67	-66	-80	-90	-79	-77	-74	-71	-64	-74	-74	-71	-71	-65	-49	-41	-66	-69.2	-41	-90
17	-67	-68	-71	-50	-53	-59	-67	-67	-73	-81	-82	-84	-84	-79	-69	-64	-66	-70	-70	-69	-64	-63	-68	-70	-69.1	-50	-84
18*	-70	-70	-78	-67	-66	-64	-60	-66	-71	-74	-79	-84	-82	-78	-71	-69	-72	-73	-72	-70	-68	-68	-68	-68	-71.2	-60	-84
19*	-68	-69	-70	-70	-70	-68	-65	-62	-62	-69	-78	-85	-85	-85	-76	-72	-76	-77	-78	-76	-74	-71	-64	-62	-72.2	-62	-85
20	-66	-69	-68	-66	-66	-63	-62	-59	-64	-76	-92	-102	-101	-88	-88	-81	-80	-64	-71	-67	-62	-61	-60	-63	-72.5	-59	-102
21	-48	-58	-45	-40	-32	-46	-60	-62	-68	-69	-74	-82	-85	-99	-85	-71	-70	-68	-62	-67	-67	-63	-55	-55	-63.8	-32	-99
22	-66	-64	-58	-58	-52	-56	-59	-62	-67	-71	-81	-86	-92	-86	-86	-80	-82	-85	-87	-73	-59	-51	-54	-52	-69.5	-51	-92
23†	-38	-42	-43	-49	-53	-53	-58	-62	-64	-70	-74	-77	-86	-107	-124	-115	-101	-70	-82	-57	-13	-03	-15	-36	-62.2	-03	-124
24†	-35	-82	-37	-30	-42	-49	-57	-59	-70	-74	-80	-93	-87	-79	-75	-69	-67	-57	-70	-66	-65	-59	-58	-64	-63.5	-30	-93
25	-81	-74	-38	-37	-46	-46	-51	-53	-53	-58	-64	-69	-71	-71	-68	-66	-66	-61	-69	-66	-20	-58	-47	-23	-56.5	-20	-81
26	-52	-58	-57	-58	-62	-63	-62	-59	-56	-59	-62	-68	-74	-79	-75	-72	-70	-70	-67	-62	-60	-58	-52	-55	-62.9	-52	-79
27	-55	-57	-56	-58	-53	-52	-55	-54	-59	-66	-74	-82	-86	-84	-81	-83	-88	-93	-74	-70	-45	-32	-39	-47	-64.3	-32	-93
28†	-49	-45	-50	-53	-33	-41	-48	-49	-55	-71	-83	-92	-133	-118	-94	-84	-80	-43	-55	-55	-58	-63	-50	-62	-65.2	-33	**-133**
Mittel	-62	-66	-63	-62	-60	-62	-63	-64	-67	-72	-78	-83	-87	-84	-78	-72	-71	-68	-65	-65	-59	-57	-56	-61	-67.7	-43	-91

Ostkomponente.

Niemegk $Y = -0.01200 + \text{Tafelwert.}$ (Einheit: γ) 1942

0h 1h 2h 3h 4h 5h 6h 7h 8h 9h 10h 11h 12h 13h 14h 15h 16h 17h 18h 19h 20h 21h 22h 23h 24h Weltzeit

März

Tag	0h–1h	1h–2h	2h–3h	3h–4h	4h–5h	5h–6h	6h–7h	7h–8h	8h–9h	9h–10h	10h–11h	11h–12h	12h–13h	13h–14h	14h–15h	15h–16h	16h–17h	17h–18h	18h–19h	19h–20h	20h–21h	21h–22h	22h–23h	23h–24h	Tagesmittel γ	Max.	Min.
1†	-73	-68	-60	-60	-57	-57	-54	-124	37	122	-86	06	-55	-64	-92	-56	-84	-94	-56	26	-40	-90	-69	-89	-51.5	**122**	-124
2†	-94	-22	-20	-50	-41	-57	-53	-43	-35	-39	-50	-52	-47	-46	-52	-42	-35	-49	-48	-55	-62	-66	-74	-77	-50.4	-20	-94
3†	-73	-91	-95	-81	-92	-63	-64	-65	-70	-36	-52	-71	-58	-46	-13	10	13	-10	-52	-58	-55	-53	-60	-46	-53.4	13	-95
4	-56	-59	-51	-51	-59	-51	-56	-60	-75	-74	-83	-86	-86	-82	-76	-75	-69	-13	-57	-62	-62	-63	-57	-60	-63.5	-13	-86
5†	-60	-57	-56	-56	-66	-91	-101	-90	-78	-74	-83	-86	-89	-83	-82	-82	-68	43	05	-39	-31	02	-22	-55	-58.3	43	-101
6	-54	-78	-66	-86	-89	-57	-65	-67	-65	-63	-71	-69	-76	-72	-59	-38	-58	-58	-61	-59	-59	-59	-59	-55	-64.3	-38	-89
7	-56	-54	-54	-47	-49	-47	-53	-57	-60	-69	-76	-81	-84	-90	-92	-60	-40	-47	-59	-63	-66	-63	-54	-55	-61.5	-40	-92
8	-50	-28	-54	-81	-36	-42	-54	-58	-47	-48	-62	-67	-73	-74	-74	-66	-54	-43	-45	-57	-54	-22	-32	-38	-52.5	-22	-81
9†	-57	-77	05	-19	-15	-38	-42	-43	-49	-61	-76	-83	-88	-86	-78	-75	-64	-27	-42	-25	-29	-39	-68	-30	**-50.2**	05	-88
10	-47	-52	-51	-47	-50	-54	-52	-50	-53	-59	-70	-87	-80	-87	-84	-71	-73	-68	-65	-75	-70	-67	-62	-58	-63.8	-47	-87
11	-51	-77	-50	-46	-42	-72	-59	-59	-57	-63	-68	-75	-78	-78	-73	-64	-61	-61	-59	-59	-62	-62	-64	-68	-62.8	-42	-78
12*	-63	-65	-60	-56	-58	-60	-59	-55	-57	-64	-74	-82	-87	-86	-79	-72	-70	-71	-68	-68	-68	-69	-66	-56	-67.2	-55	-87
13	-58	-55	-38	-64	-76	-55	-52	-47	-54	-69	-90	-99	-106	-108	-90	-93	-79	-66	-58	-52	-59	-48	-60	-54	-67.9	-38	-108
14	-57	-71	-66	-54	-60	-61	-59	-75	-105	-78	-81	-97	-78	-72	-83	-46	-58	-59	-55	-57	-58	-57	-64	-84	-68.1	-46	-105
15	-49	-59	-54	-55	-57	-56	-49	-44	-45	-58	-76	-90	-100	-88	-62	-71	-67	-58	-41	-64	-65	-64	-62	-64	-62.4	-41	-100
16*	-73	-64	-60	-61	-62	-61	-55	-50	-48	-56	-74	-85	-88	-83	-75	-66	-63	-64	-63	-49	-52	-62	-60	-62	-64.0	-48	-88
17	-62	-75	-63	-56	-61	-59	-56	-48	-55	-73	-81	-92	-90	-80	-72	-67	-67	-69	-64	-68	-71	-57	-58	-60	-66.8	-48	-92
18	-60	-61	-60	-60	-59	-56	-52	-49	-58	-77	-95	-94	-97	-102	-85	-91	-70	-60	-58	-50	-37	-30	-62	-60	-66.0	-30	-102
19	-52	-54	-49	-51	-49	-52	-53	-46	-48	-66	-76	-97	-108	-100	-96	-92	-86	-78	-60	-36	-44	-45	-49	02	-61.9	02	-108
20	-15	-44	-46	-55	-37	-49	-46	-38	-46	-59	-69	-86	-94	-92	-83	-73	-67	-66	-57	-54	-56	-63	-63	-62	-59.2	-15	-94
21	-62	-59	-71	-70	-54	-64	-62	-51	-68	-70	-86	-102	-106	-94	-79	-71	-49	-10	-54	-46	-48	-41	-35	-32	-61.8	-10	-106
22	-29	-59	-55	-50	-48	-64	-40	-32	-34	-50	-74	-87	-104	-102	-87	-80	-72	-65	-42	-52	-61	-54	-49	-59	-60.4	-29	-104
23	-57	-51	-59	-62	-58	-55	-47	-42	-46	-57	-74	-93	-102	-95	-86	-82	-66	-72	-74	-71	-46	-62	-44	-54	-64.8	-42	-102
24*	-55	-53	-51	-49	-63	-63	-55	-47	-47	-58	-72	-90	-95	-89	-86	-65	-64	-66	-64	-65	-66	-68	-63	-60	-64.8	-47	-95
25*	-66	-60	-53	-55	-54	-54	-47	-38	-40	-49	-74	-91	-99	-91	-80	-69	-61	-62	-64	-64	-64	-67	-66	-64	-63.8	-38	-99
26	-64	-63	-62	-61	-60	-57	-45	-40	-40	-56	-85	-83	-123	-132	-124	-103	-95	-76	-79	-76	-71	-67	-64	-63	**-74.5**	-40	**-132**
27	-59	-60	-62	-83	-67	-55	-40	-33	-36	-52	-76	-91	-97	-96	-82	-69	-67	-70	-67	-56	-48	-50	-56	-67	-64.1	-33	-97
28*	-67	-66	-58	-58	-61	-62	-53	-43	-40	-48	-68	-88	-99	-92	-84	-77	-75	-75	-69	-69	-70	-68	-68	-65	-67.6	-40	-99
29	-65	-64	-61	-64	-75	-63	-50	-46	-45	-57	-72	-93	-104	-102	-96	-72	-72	-69	-68	-68	-51	-57	-62	-63	-68.3	-45	-104
30	-59	-62	-64	-61	-59	-58	-53	-42	-38	-41	-56	-79	-97	-108	-91	-77	-74	-27	-40	-50	-60	-57	-53	-62	-61.2	-27	-108
31	-61	-59	-58	-59	-63	-64	-48	-44	-44	-46	-63	-84	-115	-108	-85	-70	-64	-64	-64	-60	-48	-52	-60	-63	-64.4	-44	-115
Mittel	-58	-60	-55	-58	-57	-58	-54	-52	-50	-53	-74	-82	-90	-88	-80	-69	-64	-54	-56	-55	-56	-55	-58	-58	-62.3	-24	-99

April

Tag	0h–1h	1h–2h	2h–3h	3h–4h	4h–5h	5h–6h	6h–7h	7h–8h	8h–9h	9h–10h	10h–11h	11h–12h	12h–13h	13h–14h	14h–15h	15h–16h	16h–17h	17h–18h	18h–19h	19h–20h	20h–21h	21h–22h	22h–23h	23h–24h	Tagesmittel γ	Max.	Min.
1	-56	-59	-57	-57	-63	-65	-50	-42	-39	-55	-73	-91	-105	-110	-80	-72	-66	-63	-64	-65	-54	-65	-66	-67	-66.0	-39	-110
2	-67	-70	-66	-66	-66	-61	-52	-51	-64	-83	-100	-103	-101	-124	-92	-84	-45	-56	-40	-26	-44	-30	-45	-64	-66.7	-26	-124
3†	-68	-55	-62	-64	-112	-117	-88	-76	-63	-71	-78	-89	-94	-104	-74	-66	-67	-61	-59	-67	-61	-36	-28	-50	**-71.2**	-28	-117
4†	-52	-54	-40	-37	-48	-40	-61	-87	-59	-73	-92	-100	-128	-127	-120	-104	-56	-12	45	11	-58	-35	-32	-58	-59.0	**45**	-128
5	-58	-57	-53	-57	-64	-51	-42	-40	-40	-46	-56	-76	-89	-83	-78	-72	-62	-45	-55	-53	-56	-59	-67	-59	-59.1	-40	-89
6	-52	-54	-47	-58	-65	-56	-49	-39	-38	-48	-65	-82	-90	-90	-82	-72	-64	-60	-59	-58	-56	-58	-53	-54	-60.4	-38	-90
7*	-54	-53	-52	-53	-53	-53	-52	-44	-41	-45	-60	-78	-89	-91	-82	-73	-69	-67	-66	-65	-64	-60	-49	-47	-60.8	-41	-91
8	-48	-64	-56	-01	-30	-50	-50	-58	-70	-62	-64	-85	-104	-113	-106	-93	-77	-32	-06	-30	-50	-54	-61	-61	-59.4	-01	-113
9	-61	-54	-53	-52	-53	-53	-50	-51	-55	-58	-72	-78	-93	-93	-77	-59	-61	-68	-70	-66	-57	-51	-60	-62	-62.8	-50	-93
10	-60	-58	-57	-56	-53	-48	-41	-39	-44	-56	-70	-87	-99	-96	-86	-77	-73	-73	-73	-72	-71	-67	-46	-19	-63.4	-19	-99
11†	-15	-12	-20	-25	-34	-52	-32	-35	-57	-75	-73	-93	-114	-88	-86	-68	-60	-57	-49	-60	-57	-48	-59	-56	-55.2	-12	-114
12	-56	-58	-56	-54	-52	-45	-35	-29	-33	-46	-69	-88	-99	-95	-86	-79	-68	-60	-59	-53	-51	-60	-64	-66	-60.9	-29	-99
13	-75	-60	-54	-54	-55	-50	-41	-29	-28	-46	-71	-92	-100	-115	-103	-79	-66	-54	-35	-50	-29	-40	-42	-33	-58.4	-28	-115
14	-08	-70	-75	-43	-36	-51	-39	-20	-30	-44	-63	-90	-103	-94	-82	-76	-71	-66	-61	-61	-60	-60	-58	-58	-59.1	-08	-103
15*	-56	-56	-54	-52	-49	-45	-37	-35	-38	-42	-59	-83	-94	-96	-88	-76	-68	-62	-59	-56	-56	-56	-60	-61	-59.9	-35	-96
16	-60	-56	-56	-58	-41	-38	-37	-33	-55	-68	-70	-94	-106	-98	-84	-76	-70	-57	-48	-50	-46	-21	-16	-01	-55.8	-01	-106
17†	13	42	-22	-39	-21	-19	-30	-43	-42	-58	-79	-90	-93	-108	-106	-75	-76	-68	-68	-66	-56	-55	-45	-43	**-52.0**	42	-108
18†	-52	-39	-53	-58	-53	-57	-54	-58	-55	-60	-80	-102	-105	-92	-94	-81	-69	-64	-34	-68	-50	-58	-84	-61	-65.9	-34	-105
19	-52	-37	-48	-50	-52	-46	-48	-37	-37	-50	-70	-92	-106	-98	-84	-76	-70	-63	-54	-37	-48	-54	-59	-60	-59.5	-37	-106
20	-60	-51	-71	-56	-56	-48	-36	-33	-37	-45	-68	-96	-109	-104	-85	-82	-59	-53	-62	-54	-57	-60	-58	-61	-62.5	-33	-109
21	-60	-60	-61	-56	-50	-44	-38	-38	-41	-55	-70	-87	-94	-91	-83	-73	-65	-64	-64	-59	-57	-57	-60	-60	-62.0	-38	-94
22*	-59	-60	-64	-56	-52	-49	-44	-38	-40	-48	-69	-92	-109	-111	-99	-84	-75	-69	-69	-68	-67	-65	-63	-62	-67.2	-38	-111
23	-61	-60	-58	-55	-51	-46	-40	-34	-41	-63	-90	-110	-134	-102	-102	-92	-62	-26	-24	-34	-55	-62	-71	-66	-64.1	-24	**-134**
24	-85	-87	-79	-56	-51	-49	-42	-36	-45	-59	-75	-87	-91	-90	-77	-66	-60	-56	-58	-57	-64	-63	-61	-60	-64.8	-36	-91
25*	-59	-55	-52	-48	-40	-32	-28	-26	-33	-44	-62	-82	-91	-87	-76	-68	-61	-58	-60	-65	-67	-65	-62	-60	-57.5	-26	-91
26*	-58	-56	-50	-47	-42	-34	-33	-36	-43	-49	-67	-79	-89	-86	-75	-67	-65	-63	-64	-66	-66	-65	-65	-59	-59.3	-33	-89
27	-60	-58	-53	-50	-44	-37	-38	-38	-42	-59	-74	-89	-88	-82	-81	-74	-73	-72	-54	-31	-48	-51	-64	-76	-59.8	-31	-89
28	-07	-49	-46	-38	-31	-18	-23	-28	-45	-64	-80	-90	-87	-81	-63	-57	-60	-62	-62	-62	-62	-60	-58	-54	-53.6	-07	-90
29	-53	-57	-55	-51	-41	-38	-35	-38	-43	-57	-73	-86	-89	-83	-74	-66	-62	-61	-63	-62	-62	-62	-53	-47	-58.8	-35	-89
30	-46	-48	-46	-45	-43	-43	-46	-46	-52	-63	-82	-98	-114	-102	-98	-79	-69	-63	-38	-54	-59	-62	-62	-56	-63.1	-38	-114
Mittel	-52	-52	-54	-50	-50	-48	-43	-41	-45	-56	-72	-90	-100	-98	-87	-76	-66	-58	-51	-53	-56	-55	-56	-55	-60.9	-24	-104

Ostkomponente.

Niemegk $\qquad$ $Y = -0.01200 + \text{Tafelwert}$ (Γ) $\qquad$ 1942

0h 1h 2h 3h 4h 5h 6h 7h 8h 9h 10h 11h 12h 13h 14h 15h 16h 17h 18h 19h 20h 21h 22h 23h 24h Weltzeit

Mai

Tag	0h	1h	2h	3h	4h	5h	6h	7h	8h	9h	10h	11h	12h	13h	14h	15h	16h	17h	18h	19h	20h	21h	22h	23h	Tages-mittel (γ)	Max.	Min.
1	-51	-42	-44	-33	-32	-41	-39	-40	-51	-53	-73	-94	-99	-90	-82	-71	-65	-64	-62	-62	-57	-56	-54	-54	-58.7	-32	-99
2	-53	-50	-49	-49	-42	-36	-45	-46	-50	-69	-83	-99	-99	-98	-90	-76	-84	-70	-64	-60	-45	-46	-44	-39	-61.9	-36	-99
3	-45	-38	-42	-45	-44	-40	-35	-34	-42	-54	-71	-81	-82	-81	-78	-74	-73	-66	-64	-62	-58	-54	-56	-48	-57.0	-34	-82
4†	-47	-47	-48	-46	-47	-46	-39	-38	-44	-52	-70	-89	-94	-94	-98	-104	-93	-81	-51	-53	-11	06	24	12	-52.1	**24**	-104
5†	12	-28	-01	-06	-12	-31	-40	-47	-54	-66	-77	-85	-84	-82	-72	-69	-67	-60	-57	-50	-54	-54	-44	-39	**-48.6**	-12	-85
6	-27	-28	-30	-30	-38	-42	-40	-38	-45	-56	-70	-82	-89	-86	-82	-79	-71	-60	-60	-62	-63	-62	-61	-58	-56.6	-27	-89
7*	-56	-54	-52	-50	-46	-46	-43	-42	-44	-53	-64	-77	-83	-77	-72	-69	-66	-66	-66	-65	-63	-63	-62	-58	-59.9	-42	-83
8	-53	-52	-49	-54	-54	-47	-41	-38	-42	-54	-69	-85	-97	-94	-90	-84	-76	-70	-69	-69	-68	-68	-61	-58	-64.2	-38	-97
9*	-55	-54	-54	-50	-45	-42	-42	-37	-38	-44	-58	-74	-82	-81	-76	-72	-70	-66	-64	-62	-58	-59	-58	-58	-58.3	-37	-82
10	-58	-53	-57	-53	-48	-45	-48	-55	-61	-69	-79	-94	-101	-98	-86	-76	-69	-65	-66	-64	-65	-68	-66	-67	**-67.1**	-45	-101
11	-51	-55	-54	-51	-48	-42	-42	-42	-48	-61	-77	-88	-88	-86	-82	-75	-66	-62	-61	-61	-61	-60	-60	-60	-61.7	-42	-88
12*	-58	-58	-55	-51	-44	-40	-38	-41	-50	-65	-79	-91	-94	-87	-77	-66	-61	-54	-56	-60	-61	-62	-58	-59	-61.0	-38	-94
13*	-53	-52	-53	-47	-40	-32	-32	-35	-43	-59	-78	-89	-92	-88	-79	-71	-65	-59	-61	-62	-63	-65	-65	-67	-60.4	-32	-92
14†	-58	-54	-52	-44	-31	-37	-51	-61	-54	-61	-67	-81	-90	-90	-86	-79	-73	-66	-65	-63	-58	-51	-52	-51	-61.5	-31	-90
15	-49	-49	-48	-49	-59	-51	-43	-36	-44	-54	-74	-92	-100	-96	-88	-81	-73	-66	-66	-57	-36	-43	-50	-45	-60.4	-36	-100
16	-49	-49	-48	-44	-42	-38	-34	-31	-42	-62	-80	-93	-94	-88	-83	-81	-78	-72	-67	-38	-44	-54	-52	-53	-59.0	-31	-94
17	-51	-63	-54	-54	-45	-38	-36	-34	-41	-50	-64	-81	-92	-96	-93	-90	-81	-72	-56	-50	-54	-56	-57	-50	-60.8	-34	-96
18	-54	-60	-50	-46	-40	-40	-42	-45	-52	-63	-81	-91	-101	-99	-90	-80	-77	-72	-69	-68	-61	-50	-61	-53	-64.4	-40	-101
19	-54	-52	-53	-47	-49	-40	-37	-44	-44	-55	-68	-92	-96	-94	-84	-76	-71	-65	-62	-54	-57	-58	-56	-55	-61.0	-37	-96
20	-55	-54	-52	-46	-38	-26	-24	-27	-38	-53	-72	-82	-84	-89	-98	-104	-96	-86	-72	-66	-66	-58	-52	-44	-61.8	-24	-104
21	-51	-60	-80	-54	-43	-41	-41	-38	-42	-53	-74	-89	-89	-92	-88	-75	-72	-70	-69	-69	-62	-65	-52	-53	-63.4	-38	-92
22†	-55	-57	-57	-46	-44	-39	-26	-38	-52	-49	-61	-74	-81	-83	-82	-79	-70	-69	-46	-28	-14	-41	-53	-55	-54.1	-14	-83
23	-67	-57	-50	-44	-43	-40	-41	-43	-46	-55	-64	-74	-79	-81	-80	-76	-70	-67	-66	-62	-61	-45	-41	-49	-58.4	-40	-81
24	-53	-52	-51	-44	-45	-32	-30	-29	-36	-46	-58	-72	-84	-86	-81	-72	-64	-59	-59	-57	-52	-56	-56	-60	-55.6	-29	-86
25	-54	-53	-50	-47	-41	-39	-41	-43	-51	-64	-75	-88	-92	-85	-76	-69	-65	-63	-62	-62	-64	-64	-61	-60	-61.2	-39	-92
26*	-56	-52	-49	-46	-39	-36	-37	-36	-47	-60	-76	-92	-96	-91	-76	-66	-62	-62	-64	-66	-66	-65	-62	-59	-60.9	-36	-96
27†	-60	-57	-53	-47	-37	-28	-31	-35	-45	-66	-95	-106	-108	-112	-101	-97	-92	-61	-46	-41	-44	-45	-35	-55	-62.4	-28	**-112**
28	-45	-46	-37	-33	-32	-50	-55	-57	-50	-59	-80	-95	-99	-88	-77	-57	-64	-62	-62	-59	-52	-61	-57	-57	-59.8	-32	-99
29	-52	-44	-44	-38	-35	-35	-34	-37	-49	-64	-75	-88	-90	-80	-70	-61	-59	-58	-55	-57	-61	-60	-58	-56	-56.7	-34	-90
30	-56	-56	-61	-36	-28	-25	-26	-34	-44	-60	-76	-84	-87	-87	-78	-65	-57	-56	-57	-57	-39	-51	-53	-50	-55.1	-25	-87
31	-49	-47	-48	-44	-40	-36	-32	-34	-38	-50	-65	-81	-88	-88	-86	-76	-65	-64	-62	-62	-59	-54	-57	-56	-57.5	-32	-88
Mittel	-50	-51	-49	-44	-41	-39	-38	-40	-46	-57	-73	-87	-91	-89	-83	-76	-71	-66	-61	-58	-54	-54	-53	-52	-59.4	-31	-93

Juni

Tag	0h	1h	2h	3h	4h	5h	6h	7h	8h	9h	10h	11h	12h	13h	14h	15h	16h	17h	18h	19h	20h	21h	22h	23h	Tages-mittel (γ)	Max.	Min.
1	-64	-54	-48	-37	-26	-20	-25	-35	-42	-61	-80	-95	-103	-97	-91	-85	-78	-73	-68	-67	-57	-57	-58	-56	-61.5	-20	-103
2*	-54	-55	-50	-45	-38	-31	-28	-27	-39	-56	-74	-85	-88	-93	-90	-85	-81	-71	-65	-64	-64	-63	-60	-58	-61.0	-27	-93
3	-57	-56	-48	-42	-35	-32	-34	-38	-53	-72	-90	-97	-104	-106	-101	-95	-81	-57	-63	-65	-59	-53	-44	-51	-63.9	-32	-106
4	-52	-55	-46	-45	-40	-37	-38	-40	-44	-52	-68	-83	-86	-88	-82	-72	-68	-68	-68	-56	-65	-64	-59	-52	-59.5	-37	-88
5	-55	-46	-38	-38	-29	-27	-31	-36	-49	-60	-69	-80	-83	-89	-84	-82	-78	-74	-73	-73	-72	-69	-67	-62	-61.0	-27	-89
6	-61	-56	-46	-45	-36	-34	-37	-38	-46	-70	-83	-95	-90	-86	-84	-78	-67	-66	-66	-65	-62	-62	-60	-58	-62.1	-34	-95
7*	-56	-50	-45	-43	-39	-40	-44	-40	-39	-48	-59	-68	-74	-80	-76	-70	-65	-64	-65	-62	-64	-64	-62	-58	-57.3	-39	-80
8	-55	-56	-64	-46	-36	-33	-35	-40	-51	-63	-78	-92	-94	-87	-78	-71	-67	-65	-64	-64	-63	-64	-61	-58	-61.9	-33	-94
9*	-58	-56	-52	-43	-35	-33	-38	-46	-59	-69	-79	-88	-95	-88	-80	-77	-74	-73	-72	-70	-68	-64	-61	-60	-64.1	-33	-95
10*	-57	-56	-54	-50	-38	-35	-37	-39	-47	-57	-75	-91	-98	-95	-85	-74	-65	-63	-66	-69	-69	-69	-68	-65	-63.4	-35	-98
11†	-58	-56	-55	-47	-37	-26	-21	-30	-34	-54	-88	-107	-120	-120	-121	-100	-89	-74	-56	-33	-20	-47	-42	-33	-61.2	-20	**-121**
12†	-39	-45	-23	-29	-30	-32	-32	-47	-44	-62	-78	-88	-90	-96	-91	-84	-56	-55	-60	-64	-61	-58	-61	-53	-57.4	-23	-96
13†	-52	-66	-60	-31	-31	-28	-30	-35	-49	-63	-79	-91	-98	-98	-87	-76	-56	-63	-68	-56	-29	-53	-65	-48	-58.8	-28	-98
14	-30	-42	-36	-32	-24	-30	-33	-36	-40	-58	-73	-91	-102	-87	-82	-77	-56	-59	-58	-46	-55	-55	-48	-55	-54.4	-24	-102
15	-54	-58	-56	-52	-35	-23	-13	-20	-34	-46	-67	-80	-83	-83	-82	-79	-74	-65	-56	-52	-55	-56	-54	-53	-55.4	**-13**	-83
16	-59	-56	-47	-41	-36	-30	-24	-21	-28	-45	-68	-82	-90	-91	-84	-77	-71	-68	-69	-48	-54	-61	-63	-56	-57.0	-21	-91
17	-59	-55	-52	-51	-35	-34	-31	-36	-53	-72	-83	-83	-90	-86	-79	-69	-65	-62	-64	-64	-61	-64	-62	-63	-61.4	-31	-90
18	-69	-65	-32	-31	-28	-28	-32	-36	-42	-54	-60	-74	-83	-90	-86	-79	-72	-69	-66	-65	-64	-62	-59	-56	-58.4	-28	-90
19†	-60	-54	-41	-37	-28	-20	-23	-29	-37	-48	-64	-87	-102	-94	-96	-88	-70	-50	-53	-58	-57	-36	-42	-47	-55.0	-20	-102
20	-48	-43	-53	-51	-52	-40	-30	-28	-45	-52	-60	-68	-79	-77	-72	-69	-63	-64	-64	-60	-55	-53	-54	-54	-55.6	-28	-79
21	-52	-57	-44	-44	-46	-50	-39	-33	-40	-50	-54	-64	-74	-82	-74	-70	-70	-67	-63	-62	-62	-62	-60	-54	-57.2	-33	-82
22*	-50	-46	-44	-41	-34	-32	-33	-32	-34	-40	-52	-66	-75	-81	-81	-80	-76	-73	-70	-68	-61	-60	-61	-53	-56.0	-32	-81
23	-50	-45	-42	-36	-31	-25	-26	-31	-36	-44	-56	-68	-81	-86	-85	-88	-89	-88	-72	-67	-62	-57	-55	-52	-57.2	-25	-89
24	-56	-45	-40	-29	-35	-28	-29	-35	-48	-54	-65	-82	-84	-87	-90	-73	-71	-69	-65	-65	-64	-62	-58	-56	-57.9	-28	-90
25	-39	-28	-32	-36	-26	-27	-30	-29	-40	-49	-63	-74	-77	-81	-81	-76	-67	-63	-62	-58	-54	-57	-54	-50	**-52.2**	-26	-81
26	-50	-52	-49	-43	-40	-35	-31	-32	-37	-48	-67	-83	-92	-91	-86	-74	-65	-58	-55	-60	-55	-44	-54	-52	-56.4	-31	-92
27	-47	-40	-35	-32	-31	-30	-31	-35	-43	-54	-65	-72	-82	-83	-75	-64	-63	-66	-66	-67	-63	-60	-56	-53	-54.7	-30	-83
28	-53	-53	-54	-52	-45	-38	-33	-39	-57	-67	-80	-94	-98	-100	-102	-91	-78	-74	-67	-63	-64	-58	-54	-38	**-64.7**	-33	-102
29	-54	-31	-20	-24	-18	-25	-25	-36	-47	-56	-76	-96	-103	-100	-94	-89	-87	-80	-55	-65	-61	-59	-53	-43	-58.2	-18	-103
30†	-57	-44	-32	-24	-50	-63	-46	-34	-33	-49	-70	-83	-92	-95	-94	-76	-65	-68	-61	-54	-62	-57	-48	-48	-58.5	-24	-95
Mittel	-54	-51	-45	-40	-35	-32	-31	-34	-43	-56	-71	-84	-90	-91	-86	-79	-71	-67	-64	-61	-59	-58	-57	-53	-58.8	-28	-93

Ostkomponente.

Niemegk | $Y = -0.01\,200 + \text{Tafelwert}$ (Γ) | 1942

0h 1h 2h 3h 4h 5h 6h 7h 8h 9h 10h 11h 12h 13h 14h 15h 16h 17h 18h 19h 20h 21h 22h 23h 24h Weltzeit

Juli

Tag	0h	1h	2h	3h	4h	5h	6h	7h	8h	9h	10h	11h	12h	13h	14h	15h	16h	17h	18h	19h	20h	21h	22h	23h	Tagesmittel γ	Max.	Min.
1	-44	-36	-39	-43	-48	-48	-54	-59	-46	-48	-57	-75	-78	-84	-82	-71	-67	-68	-58	-54	-58	-51	-53	-49	-57.1	-36	-84
2	-45	-46	-44	-40	-42	-35	-35	-31	-40	-54	-69	-77	-82	-88	-84	-76	-67	-67	-64	-56	-47	-54	-48	-50	-55.9	-31	-88
3*	-47	-47	-53	-44	-41	-33	-32	-36	-40	-50	-61	-73	-82	-86	-85	-77	-67	-58	-57	-57	-58	-55	-54	-55	-56.2	-32	-86
4*	-54	-52	-50	-43	-38	-36	-39	-38	-40	-48	-64	-78	-82	-83	-81	-70	-62	-58	-56	-56	-57	-55	-54	-51	-56.0	-36	-83
5*	-50	-49	-48	-45	-36	-35	-36	-38	-43	-54	-69	-87	-93	-96	-88	-76	-75	-71	-68	-69	-64	-53	-60	-58	-60.9	-35	-96
6	-55	-42	-39	-35	-31	-30	-33	-36	-46	-52	-63	-81	-89	-92	-86	-78	-70	-63	-68	-69	-66	-61	-59	-45	-57.9	-30	-92
7	-32	-39	-40	-36	-32	-29	-26	-34	-42	-57	-71	-82	-87	-88	-81	-75	-68	-71	-76	-72	-69	-62	-51	-42	-56.8	-26	-88
8†	-44	-40	-35	-24	-19	-15	-35	-47	-57	-68	-96	-92	-113	-105	-94	-79	-73	-63	-59	-48	-48	-41	-47	-59	-58.4	-15	-113
9	-55	-51	-42	-37	-23	-24	-30	-39	-46	-50	-56	-67	-75	-86	-82	-67	-61	-48	-58	-65	-62	-51	-46	-38	-52.5	-24	-86
10	-35	-43	-43	-38	-45	-37	-34	-33	-44	-58	-74	-86	-87	-87	-84	-74	-64	-63	-60	-55	-57	-47	-52	-61	-56.7	-33	-87
11†	-53	-32	-18	-45	-35	-53	-71	-88	-63	-84	-84	-88	-103	-114	-85	-74	-73	-72	-72	-46	-44	-36	-52	-50	**-64.0**	-18	**-114**
12	-47	-39	-36	-30	-33	-32	-32	-35	-43	-61	-81	-92	-86	-90	-81	-70	-64	-59	-58	-61	-54	-58	-51	-44	-55.7	-30	-92
13	-57	-33	-29	-34	-30	-28	-37	-41	-49	-62	-72	-81	-81	-78	-70	-64	-54	-49	-52	-53	-53	-46	-47	-44	-51.8	-28	-81
14	-49	-51	-56	-50	-38	-36	-30	-28	-46	-60	-65	-79	-88	-81	-82	-67	-54	-58	-61	-60	-37	-52	-54	-51	-55.5	-28	-88
15†	-34	-40	-39	-50	-39	-44	-34	-38	-50	-57	-60	-79	-88	-84	-70	-65	-69	-20	-55	-52	-26	-14	-42	-59	-50.3	-14	-88
16	-53	-24	-41	-38	-29	-31	-24	-27	-39	-48	-72	-82	-95	-95	-86	-74	-67	-58	-51	-50	-49	-35	-41	-36	-51.9	-24	-95
17	-45	-49	-36	-30	-36	-46	-35	-39	-43	-54	-65	-64	-68	-68	-68	-66	-61	-48	-54	-55	-56	-55	-53	-52	-51.9	-30	-68
18*	-47	-50	-45	-36	-26	-22	-23	-29	-40	-51	-68	-72	-77	-81	-75	-68	-61	-57	-58	-61	-61	-60	-55	-52	-53.1	-22	-81
19*	-50	-48	-45	-41	-31	-26	-24	-27	-34	-46	-60	-74	-83	-82	-84	-75	-72	-69	-66	-63	-61	-60	-55	-50	-55.2	-24	-84
20	-40	-44	-41	-35	-25	-09	00	-26	-39	-55	-78	-102	-98	-96	-90	-68	-59	-63	-64	-61	-40	-41	-29	-43	-51.9	**00**	-102
21	-72	-56	-24	-27	-18	-30	-21	-26	-35	-48	-55	-63	-74	-77	-77	-73	-67	-64	-64	-50	-41	-46	-37	-49	-49.8	-18	-77
22	-40	-45	-39	-31	-27	-25	-27	-29	-31	-39	-57	-73	-75	-67	-65	-64	-60	-62	-62	-60	-57	-52	-53	-44	-49.3	-25	-75
23	-56	-37	-37	-37	-28	-27	-31	-36	-41	-48	-61	-70	-75	-80	-78	-82	-77	-68	-46	-59	-49	-49	-48	-48	-52.8	-27	-82
24	-42	-47	-38	-48	-60	-48	-38	-33	-38	-42	-48	-60	-73	-81	-79	-75	-62	-62	-60	-29	-36	-29	-23	-21	**-48.8**	-21	-81
25†	-24	-37	-48	-64	-67	-50	-42	-48	-39	-40	-62	-82	-78	-91	-68	-77	-66	-64	-57	-22	-29	-41	-49	-55	-54.2	-22	-91
26	-28	-38	-40	-39	-36	-36	-34	-35	-41	-48	-63	-80	-90	-86	-82	-75	-70	-69	-72	-69	-64	-29	-08	-09	-51.7	-08	-90
27†	-05	-08	-32	-45	-51	-50	-34	-36	-39	-55	-73	-98	-88	-84	-80	-72	-65	-53	-36	-57	-47	-48	-65	-56	-53.2	-05	-98
28	-40	-33	-37	-35	-33	-47	-40	-32	-40	-62	-75	-78	-82	-76	-71	-65	-64	-62	-55	-51	-39	-45	-47	-40	-52.0	-32	-82
29	-72	-54	-48	-40	-31	-33	-31	-31	-35	-44	-56	-70	-81	-79	-72	-63	-52	-51	-52	-52	-52	-50	-49	-50	-52.0	-31	-81
30	-61	-38	-40	-52	-34	-28	-26	-30	-38	-49	-62	-71	-88	-86	-80	-71	-63	-54	-41	-52	-52	-48	-47	-34	-51.9	-26	-88
31	-36	-63	-37	-31	-27	-33	-29	-31	-36	-47	-60	-68	-79	-79	-73	-61	-59	-62	-59	-54	-52	-56	-54	-56	-51.8	-27	-79
Mittel	-46	-42	-40	-39	-35	-34	-33	-37	-42	-53	-66	-78	-84	-85	-79	-71	-65	-60	-59	-55	-51	-48	-48	-47	-54.1	-24	-88

August

Tag	0h	1h	2h	3h	4h	5h	6h	7h	8h	9h	10h	11h	12h	13h	14h	15h	16h	17h	18h	19h	20h	21h	22h	23h	Tagesmittel γ	Max.	Min.
1	-46	-39	-31	-28	-35	-36	-34	-32	-35	-41	-55	-70	-75	-76	-72	-62	-58	-54	-52	-53	-47	-49	-47	-45	-48.8	-28	-76
2	-48	-45	-42	-38	-29	-28	-24	-20	-33	-48	-60	-75	-82	-85	-91	-80	-75	-69	-59	-56	-51	-52	-46	-54	-53.8	-20	-91
3	-44	-34	-26	-32	-30	-31	-32	-27	-30	-44	-56	-70	-82	-86	-79	-68	-51	-56	-57	-51	-53	-52	-54	-51	-49.8	-26	-86
4*	-41	-38	-40	-45	-43	-36	-38	-40	-47	-54	-66	-75	-75	-73	-68	-66	-63	-60	-56	-47	-51	-51	-47	-41	-52.5	-36	-75
5	-39	-51	-43	-39	-33	-34	-32	-31	-34	-42	-58	-77	-87	-86	-77	-66	-57	-55	-54	-50	-53	-40	-39	-42	-50.8	-31	-87
6	-40	-39	-38	-37	-35	-33	-32	-33	-38	-50	-64	-81	-97	-93	-86	-84	-70	-60	-59	-50	-31	-46	-42	-25	-52.6	-25	-97
7	-32	-51	-35	-33	-28	-22	-28	-36	-50	-62	-67	-85	-87	-86	-80	-70	-61	-45	-38	-52	-40	-31	-44	-42	-50.2	-22	-87
8*	-42	-39	-46	-39	-35	-35	-36	-37	-46	-59	-65	-78	-80	-80	-73	-62	-53	-48	-49	-46	-48	-47	-44	-44	-51.3	-35	-80
9	-44	-43	-42	-41	-34	-29	-26	-26	-35	-52	-73	-90	-90	-87	-75	-66	-58	-42	-34	-48	-54	-56	-54	-54	-52.2	-26	-90
10†	-50	-47	-46	-35	-27	-21	-25	-43	-42	-52	-72	-83	-97	-93	-89	-95	-64	-53	-10	15	-32	-26	-33	-57	-49.0	15	-97
11	-46	-37	-34	-40	-41	-33	-23	-26	-37	-51	-74	-82	-81	-73	-62	-53	-43	-45	-48	-50	-51	-51	-48	-47	-49.0	-23	-82
12	-42	-49	-46	-49	-46	-35	-40	-37	-52	-71	-77	-85	-83	-73	-59	-50	-43	-48	-54	-51	-53	-50	-37	-29	-52.5	-29	-85
13	-29	-50	-41	-32	-26	-26	-24	-28	-34	-44	-57	-69	-73	-68	-61	-52	-46	-45	-50	-51	-50	-49	-51	-47	-46.0	-24	-73
14*	-49	-48	-37	-33	-31	-30	-25	-29	-42	-58	-73	-79	-79	-73	-62	-53	-46	-44	-48	-49	-50	-49	-47	-49	-49.3	-25	-79
15	-47	-47	-45	-40	-30	-24	-25	-30	-40	-52	-78	-91	-89	-74	-67	-64	-60	-60	-63	-61	-56	-45	-36	-32	-52.3	-24	-91
16†	-43	-33	-07	-28	-31	-35	-34	-21	-22	-33	-56	-69	-81	-89	-86	-78	-72	-65	-69	-64	25	-21	-17	-18	-43.6	**25**	-89
17†	-20	-23	-23	-29	-25	-18	-19	-26	-37	-44	-62	-73	-65	-74	-75	-72	-36	-38	-38	-37	-29	-47	-22	-37	**-40.4**	-18	-75
18	-39	-34	-38	-40	-30	-24	-26	-41	-37	-44	-63	-69	-74	-80	-76	-65	-64	-56	-53	-37	-17	-43	-53	-57	-48.3	-17	-80
19†	-52	-42	-48	-46	-34	-23	-18	-26	-27	-30	-58	-77	-77	-84	-81	-68	-32	-42	-12	-43	-47	-41	-50	-50	-46.2	-12	-84
20	-42	-49	-47	-25	-29	-25	-19	-22	-28	-54	-76	-87	-96	-82	-73	-62	-58	-57	-42	-31	-43	-52	-42	-49	-49.6	-19	-96
21	-41	-38	-43	-44	-31	-28	-20	-29	-33	-43	-63	-72	-76	-69	-53	-56	-59	-41	-48	-41	-41	-46	-50	-56	-46.3	-20	-76
22	-61	-38	-31	-33	-39	-49	-29	-23	-36	-48	-61	-74	-74	-73	-67	-60	-52	-50	-52	-52	-50	-39	-29	-33	-48.0	-23	-74
23†	-46	-76	-38	-58	-45	-28	-17	-20	-34	-46	-67	-73	-99	-81	-88	-20	-36	-34	-23	02	-41	-42	09	-31	-43.0	09	**-99**
24	-36	-38	-50	-30	-30	-26	-21	-24	-29	-45	-64	-76	-82	-73	-60	-54	-22	-33	-28	-18	-09	-37	-48	-50	-41.0	-09	-82
25	-38	-40	-37	-49	-44	-48	-28	-24	-32	-50	-71	-80	-83	-70	-57	-56	-50	-39	-40	-36	-34	-40	-45	-36	-47.0	-24	-83
26	-40	-40	-44	-33	-29	-24	-26	-22	-33	-43	-59	-72	-79	-73	-62	-53	-42	-44	-47	-25	-49	-36	-34	-33	-43.4	-22	-79
27	-48	-48	-30	-29	-32	-26	-23	-21	-25	-37	-56	-70	-79	-82	-58	-53	-48	-37	-40	-45	-47	-45	-42	-42	-44.3	-21	-82
28*	-41	-38	-37	-36	-32	-29	-24	-25	-29	-43	-54	-71	-76	-72	-64	-56	-53	-51	-50	-48	-44	-42	-42	-41	-45.8	-24	-76
29*	-41	-40	-39	-38	-36	-32	-30	-33	-40	-45	-50	-63	-75	-76	-72	-64	-57	-51	-49	-51	-42	-46	-42	-42	-48.1	-30	-76
30	-44	-42	-42	-42	-37	-31	-28	-29	-38	-51	-72	-86	-94	-97	-92	-87	-80	-82	-69	-53	-53	-42	-44	-44	**-57.5**	-28	-97
31	-59	-40	-34	-36	-37	-33	-33	-34	-34	-45	-70	-84	-86	-89	-75	-72	-63	-50	-53	-54	-48	-44	-42	-39	-52.2	-33	-89
Mittel	-43	-42	-38	-37	-34	-30	-27	-29	-36	-48	-64	-77	-82	-80	-72	-63	-54	-50	-47	-43	-42	-44	-41	-42	-48.5	-20	-84

Ostkomponente.

Niemegk $\quad Y = -0.01200 + \text{Tafelwert.}$ [Γ] $\quad$ 1942

0h 1h 2h 3h 4h 5h 6h 7h 8h 9h 10h 11h 12h 13h 14h 15h 16h 17h 18h 19h 20h 21h 22h 23h 24h Weltzeit

September

Tag	0h–1h	1h–2h	2h–3h	3h–4h	4h–5h	5h–6h	6h–7h	7h–8h	8h–9h	9h–10h	10h–11h	11h–12h	12h–13h	13h–14h	14h–15h	15h–16h	16h–17h	17h–18h	18h–19h	19h–20h	20h–21h	21h–22h	22h–23h	23h–24h	Tagesmittel γ	Max.	Min.
1	-44	-42	-42	-40	-38	-29	-24	-21	-28	-49	-70	-88	-100	-97	-104	-98	-76	-50	-25	-32	-36	-41	-44	-45	-52.6	-21	**-104**
2	-45	-49	-64	-42	-29	-25	-36	-63	-45	-47	-67	-77	-75	-72	-68	-61	-57	-57	-56	-55	-48	-52	-44	-17	-52.1	-25	-77
3	-24	-31	-37	-39	-30	-29	-21	-20	-29	-49	-72	-81	-88	-78	-68	-54	-46	-45	-47	-45	-45	-45	-43	-41	-46.1	-20	-88
4	-41	-40	-36	-37	-33	-26	-21	-21	-29	-42	-60	-74	-82	-85	-84	-78	-60	-40	-28	-17	-37	-42	-46	-48	-46.1	-17	-85
5	-48	-48	-42	-49	-53	-38	-33	-28	-37	-51	-68	-74	-77	-76	-72	-64	-64	-51	-50	-37	-18	-36	-41	-46	-50.0	-18	-77
6	-45	-61	-37	-36	-37	-36	-47	-56	-58	-74	-71	-69	-79	-88	-83	-56	-47	-33	-31	-50	-49	-46	-51	-26	**-52.8**	-26	-88
7	-32	-36	-36	-36	-39	-31	-32	-33	-40	-58	-64	-66	-64	-63	-62	-57	-25	-40	-56	-55	-50	-40	-29	-32	-44.8	-25	-66
8	-26	-41	-44	-52	-44	-46	-45	-48	-41	-43	-53	-62	-60	-63	-58	-50	-48	-45	-52	-48	-45	-42	-43	-43	-47.6	-26	-63
9*	-41	-42	-44	-43	-42	-31	-27	-28	-34	-39	-52	-60	-61	-63	-62	-53	-48	-49	-37	-40	-42	-44	-43	-42	-44.5	-27	-63
10	-42	-47	-46	-61	-41	-35	-28	-32	-39	-51	-64	-68	-73	-75	-69	-56	-53	-48	-46	-44	-43	-36	-36	-32	-48.5	-28	-75
11	-36	-38	-33	-33	-35	-37	-36	-32	-40	-55	-71	-84	-92	-94	-99	-87	-75	-72	-44	-23	-15	-26	-36	-56	-52.0	-15	-99
12†	-08	-02	-17	-26	-34	-30	-40	-64	-49	-38	-44	-57	-62	-49	-57	-55	01	-38	-52	-37	-21	-28	-19	-23	-35.4	01	-64
13	-50	-45	-31	-22	-26	-24	-26	-21	-28	-32	-36	-52	-65	-71	-72	-69	-43	-45	-14	05	02	-24	-28	-32	-35.4	05	-72
14†	-06	-31	-39	-33	-35	-32	-31	-29	-32	-32	-55	-58	-64	-66	-71	-49	-15	01	-41	-40	-25	-05	-42	-39	-36.2	01	-71
15	-46	-45	-28	-43	-50	-38	-28	-23	-28	-34	-42	-46	-57	-70	-35	-42	-42	-28	-19	-48	-44	-40	-41	-39	-39.8	-19	-70
16	-26	-53	-55	-40	-35	-42	-33	-20	-25	-36	-45	-64	-72	-64	-60	-51	-47	-35	-38	-40	-37	-31	-12	-26	-41.1	-12	-72
17†	-20	-40	-38	-35	-30	-24	-12	-10	-19	-37	-38	-42	-72	-72	-66	-37	-44	07	05	-20	-22	-38	-41	-34	**-32.5**	07	-72
18†	-32	-46	-48	-38	-31	-24	-29	-24	-26	-39	-52	-64	-68	-71	-72	-48	-37	-32	25	-21	-47	-37	-63	-40	-40.2	**25**	-72
19	-34	-47	-38	-49	-36	-32	-35	-28	-36	-48	-54	-71	-79	-75	-61	-56	-49	-07	-25	-38	-36	-39	-39	-35	-43.6	-07	-79
20	-42	-49	-28	-31	-41	-38	-30	-31	-31	-36	-56	-76	-60	-60	-70	-48	-39	-37	-24	-26	-18	-21	-35	-51	-40.8	-18	-76
21†	-36	-32	-58	-52	-44	-59	-29	-22	-40	-46	-64	-75	-74	-40	-62	-55	-21	-21	-21	-34	-35	-47	-55	-44	-44.4	-21	-75
22	-40	-38	-38	-40	-47	-41	-24	-25	-41	-58	-59	-69	-59	-60	-58	-50	-44	-20	-36	-42	-37	-37	-22	-46	-43.0	-20	-69
23	-35	-23	-24	-36	-35	-31	-29	-33	-41	-54	-69	-71	-68	-62	-53	-52	-52	-52	-48	-45	-42	-39	-38	-44	-44.8	-23	-71
24	-32	-10	-24	-37	-36	-31	-28	-26	-32	-43	-63	-69	-70	-64	-59	-48	-39	-46	-44	-40	-34	-40	-32	-33	-40.8	-10	-70
25*	-34	-36	-44	-42	-35	-35	-25	-21	-29	-39	-54	-63	-65	-68	-63	-58	-52	-44	-48	-43	-40	-38	-32	-37	-43.5	-21	-68
26	-39	-39	-39	-39	-39	-37	-30	-23	-29	-36	-56	-77	-84	-88	-86	-70	-56	-37	-44	-45	-40	-36	-44	-31	-47.7	-23	-88
27	-36	-39	-36	-33	-34	-30	-24	-28	-32	-40	-58	-70	-80	-72	-67	-64	-54	-52	-48	-44	-39	-25	-31	-18	-43.9	-18	-80
28*	-31	-38	-42	-37	-38	-35	-30	-29	-32	-40	-52	-67	-74	-68	-60	-53	-52	-48	-47	-44	-40	-25	-25	-30	-43.2	-25	-74
29*	-36	-38	-39	-40	-40	-37	-27	-22	-25	-32	-50	-71	-80	-84	-78	-69	-61	-57	-41	-44	-41	-40	-40	-40	-47.2	-22	-84
30*	-40	-40	-41	-41	-42	-40	-34	-24	-26	-40	-49	-71	-80	-79	-68	-58	-53	-49	-42	-30	-39	-40	-40	-42	-46.2	-24	-80
Mittel	-35	-39	-39	-39	-38	-34	-30	-30	-34	-44	-57	-68	-73	-71	-68	-58	-47	-39	-36	-37	-35	-36	-38	-37	-44.2	-16	-76

Oktober

Tag	0h–1h	1h–2h	2h–3h	3h–4h	4h–5h	5h–6h	6h–7h	7h–8h	8h–9h	9h–10h	10h–11h	11h–12h	12h–13h	13h–14h	14h–15h	15h–16h	16h–17h	17h–18h	18h–19h	19h–20h	20h–21h	21h–22h	22h–23h	23h–24h	Tagesmittel γ	Max.	Min.
1*	-40	-40	-39	-40	-41	-36	-27	-21	-25	-37	-51	-58	-62	-61	-57	-52	-49	-50	-48	-45	-41	-37	-37	-33	-42.8	-21	-62
2†	-27	-28	-31	-35	-41	-40	-36	-35	-40	-46	-61	-82	-108	-106	-91	-26	-21	18	-12	-10	-43	-10	-21	-37	-40.4	18	**-108**
3†	-74	-48	-51	-37	-83	-46	-60	-55	-49	-45	-50	-45	-47	-48	-42	25	-11	06	00	-17	00	-21	-53	-57	-37.8	25	-74
4	-30	-41	-40	-28	-37	-52	-50	-31	-26	-44	-47	-51	-45	-32	-38	-20	11	-21	-28	-14	-21	-29	-42	-30	-32.8	11	-52
5	-26	-40	-39	-56	-40	-39	-23	-34	-29	-36	-53	-57	-63	-45	-10	-44	-29	-25	-41	-40	-17	-26	-34	-39	-36.9	-10	-63
6	-44	-37	-35	-35	-37	-36	-32	-32	-33	-42	-52	-58	-59	-54	-46	-41	-41	-44	-41	-40	-26	-30	-33	-31	-40.0	-26	-59
7	-35	-40	-42	-30	-31	-33	-38	-37	-34	-42	-53	-60	-64	-65	-51	-18	-43	-42	-37	-24	-20	-23	-21	-20	-37.6	-18	-65
8	-36	-37	-41	-48	-41	-38	-31	-26	-29	-37	-53	-68	-68	-57	-53	-50	-45	-44	-07	-14	-26	-27	-35	-35	-39.4	-07	-68
9*	-36	-51	-35	-37	-37	-37	-34	-28	-29	-39	-54	-65	-66	-70	-68	-63	-61	-57	-48	-40	-40	-38	-38	-40	**-46.3**	-28	-70
10	-40	-40	-38	-40	-42	-41	-33	-30	-29	-37	-44	-58	-64	-66	-62	-56	-57	-53	-49	-43	-40	-18	-18	-30	-42.8	-18	-66
11	-35	-34	-38	-39	-40	-37	-32	-25	-26	-36	-52	-71	-77	-75	-67	-69	-57	-63	-52	-55	-11	02	-28	-41	-44.1	02	-77
12	-40	-43	-50	-48	-51	-37	-26	-25	-24	-45	-44	-56	-64	-66	-72	-56	-46	-17	-25	-40	-35	-30	-33	-29	-41.8	-17	-72
13†	-11	-32	-42	-32	-33	-31	-30	-25	-31	-30	-43	-64	-70	-68	-64	-35	-24	51	-40	-43	-33	-30	-44	-25	-34.5	51	-70
14	-23	-37	-49	-39	-40	-40	-40	-30	-31	-42	-53	-60	-58	-43	-36	14	-50	-52	-09	02	03	22	-05	-38	-30.6	22	-60
15	-45	-38	-50	-33	-54	-53	-52	-26	-29	-31	-50	-64	-65	-67	-55	-40	-37	-18	42	-12	-16	-33	-51	-14	-37.1	42	-67
16	-09	-44	-29	-24	-32	-32	-31	-32	-31	-43	-55	-58	-58	-31	-51	-26	-21	-39	-24	-22	-35	-31	-30	-38	-34.4	-09	-58
17	-53	-40	-35	-32	-42	-46	-34	-34	-30	-42	-54	-62	-64	-57	-47	-45	-34	-37	-42	-31	-04	-28	-34	-34	-40.0	-04	-64
18	-39	-37	-42	-38	-34	-30	-26	-23	-31	-37	-51	-56	-56	-50	-49	-36	-11	07	11	-19	-34	-24	-26	-46	-32.4	11	-56
19	-53	-73	-18	-21	-37	-30	-31	-33	-37	-49	-65	-72	-57	-41	-50	08	-25	00	-18	-34	-26	-23	-32	-35	-35.5	08	-73
20	-40	-47	-34	-40	-36	-30	-31	-29	-33	-42	-58	-58	-42	-50	19	20	-16	-27	-26	-35	-36	-36	-37	-38	-32.6	20	-58
21	-37	-37	-36	-36	-36	-34	-29	-26	-25	-40	-52	-61	-62	-49	-41	-45	-06	-38	-38	-37	-33	-29	-31	-36	-37.2	-06	-62
22*	-41	-37	-33	-34	-35	-32	-25	-19	-24	-41	-56	-60	-58	-49	-45	-42	-42	-41	-36	-33	-30	-27	-30	-33	-37.6	-19	-60
23*	-33	-33	-35	-38	-37	-33	-28	-24	-28	-44	-63	-69	-76	-65	-50	-45	-45	-45	-42	-39	-35	-33	-33	-32	-41.9	-24	-76
24*	-38	-36	-37	-36	-34	-33	-29	-22	-27	-41	-53	-62	-64	-59	-53	-46	-46	-46	-43	-41	-37	-32	-29	-34	-40.8	-22	-64
25	-37	-38	-45	-48	-51	-60	-60	-49	-44	-42	-51	-63	-62	-62	-60	-57	-49	-42	-37	-34	-33	-31	-26	-27	-46.2	-26	-63
26	-30	-35	-46	-34	-33	-41	-37	-29	-21	-30	-44	-53	-54	-52	-48	-48	-46	-43	-42	-40	-21	-31	-26	-34	-38.2	-21	-54
27	-55	-57	-38	-37	-36	-37	-32	-21	-17	-28	-42	-52	-56	-50	-49	-42	-36	-41	-45	-42	-38	-29	-32	-37	-39.5	-17	-57
28†	-37	-38	-37	-40	-39	-38	-34	-26	-26	-37	-52	-72	-86	-85	-92	-17	-07	-57	02	32	38	91	38	14	-25.2	**91**	-92
29†	-09	-26	-31	-45	-45	-46	-36	-81	-54	-35	-40	-45	-57	-46	-37	-26	13	28	05	38	29	-06	-19	-21	**-24.7**	38	-81
30	-12	-41	-66	-60	-45	-49	-34	-29	-26	-21	-37	-52	-44	-17	-22	19	05	24	-12	-06	-21	-45	-42	-31	-27.7	24	-66
31	-08	-36	-41	-43	-34	-40	-26	-15	-09	-21	-45	-34	-42	-44	12	-21	-19	-03	03	-23	-16	-35	-37	-31	-25.3	12	-45
Mittel	-35	-40	-39	-38	-40	-39	-34	-31	-30	-38	-51	-60	-62	-56	-48	-32	-30	-26	-25	-26	-23	-22	-30	-32	-36.9	03	-67

Ostkomponente.

Niemegk. $Y = -0.01200 + \text{Tafelwert}$. (r) 1942

0h 1h 2h 3h 4h 5h 6h 7h 8h 9h 10h 11h 12h 13h 14h 15h 16h 17h 18h 19h 20h 21h 22h 23h 24h Weltzeit

November

Tag	0h	1h	2h	3h	4h	5h	6h	7h	8h	9h	10h	11h	12h	13h	14h	15h	16h	17h	18h	19h	20h	21h	22h	23h	Tagesmittel γ	Max.	Min.
1	-44	-38	-44	-38	-38	-42	-41	-32	-29	-41	-48	-40	-47	-42	-37	-34	-21	-31	-32	-33	-30	-20	-29	-31	-35.9	-20	-48
2	-41	-33	-43	-39	-38	-42	-36	-30	-28	-32	-41	-60	-63	-64	-56	08	-26	-35	-01	-30	-33	-22	-29	-33	-35.3	08	-64
3	-33	-26	-33	-35	-35	-34	-33	-28	-28	-38	-46	-49	-49	-43	-36	-42	-34	-13	-24	-21	-17	-16	-21	-23	-31.5	-13	-49
4	-33	-37	-34	-35	-37	-36	-37	-30	-37	-42	-53	-63	-63	-53	-45	-41	-37	-40	-37	-29	-26	-30	-25	-33	-38.9	-25	-63
5	-36	-33	-30	-28	-31	-32	-27	-22	-25	-37	-48	-60	-60	-53	-48	-43	-41	-38	-44	-41	-38	-29	-16	-07	-36.1	-07	-60
6*	-16	-25	-37	-31	-32	-30	-29	-27	-32	-40	-47	-55	-56	-51	-46	-45	-40	-40	-37	-37	-35	-25	-18	-35	-36.1	-16	-56
7	-37	-48	-44	-37	-33	-37	-41	-32	-33	-36	-46	-54	-53	-48	-61	-45	-46	-42	-41	-38	-25	-24	-26	-23	-39.6	-23	-61
8	-25	-31	-31	-38	-33	-38	-36	-36	-34	-38	-55	-55	-66	-47	-48	-56	-53	-49	-42	-37	24	-17	-31	-27	-37.5	24	-66
9	-35	-28	-31	-31	-33	-30	-30	-28	-29	-36	-47	-48	-45	-41	-45	-45	-39	-36	-43	-36	-32	-24	-28	-31	-35.5	-24	-48
10	-35	-33	-31	-35	-36	-36	-37	-32	-30	-37	-46	-54	-55	-55	-46	-53	-56	-45	-38	-37	-30	-33	-24	-24	-39.1	-24	-56
11	-09	-28	-34	-25	-31	-36	-31	-29	-25	-35	-42	-52	-53	-38	-46	-48	-45	-45	-25	02	-22	-22	-21	-30	-32.1	02	-53
12	-32	-30	-34	-41	-41	-41	-37	-33	-29	-32	-38	-44	-47	-45	-25	-34	-42	-39	-21	-25	-25	-22	-30	-40	-34.5	-21	-47
13	-33	-18	-27	-34	-36	-38	-37	-33	-26	-39	-45	-49	-54	-63	-55	-42	-47	-40	-26	-25	-14	-16	-26	-29	-35.5	-14	-63
14	-34	-34	-30	-32	-34	-34	-38	-35	-24	-34	-48	-45	-46	-48	-45	-44	-42	-33	-05	-30	-35	-23	-14	-42	-34.5	-05	-48
15	-53	-43	-40	-42	-38	-34	-33	-31	-30	-38	-45	-49	-48	-46	-39	-32	-32	-34	-30	-30	-21	-25	-26	-35	-36.4	-21	-53
16	-43	-34	-32	-34	-33	-34	-34	-31	-30	-35	-45	-50	-48	-42	-38	-38	-36	-36	-36	-26	-28	-30	-35	-38	-36.1	-26	-50
17*	-38	-38	-38	-37	-39	-34	-33	-33	-36	-46	-53	-54	-47	-47	-46	-42	-42	-33	-30	-26	-22	-29	-28	-22	-37.2	-22	-54
18	-14	-17	-27	-30	-32	-33	-36	-39	-42	-43	-50	-54	-49	-42	-42	-34	-42	-41	-39	-18	-07	-30	-30	-34	-34.4	-07	-54
19*	-38	-39	-40	-41	-41	-38	-39	-42	-40	-43	-52	-55	-54	-50	-46	-46	-44	-35	-42	-30	-28	-34	-34	-33	**-41.0**	-28	-55
20	-38	-34	-44	-43	-50	-46	-42	-42	-45	-51	-57	-54	-62	-54	-55	-56	-48	-43	28	-21	-25	-23	-09	-03	-38.2	28	-62
21	-23	-33	-34	-35	-31	-35	-42	-38	-40	-41	-50	-50	-47	-49	-48	-42	-42	-40	-36	-30	-11	-11	-26	-27	-35.9	-11	-50
22*	-35	-38	-35	-37	-34	-34	-33	-35	-35	-38	-42	-47	-46	-44	-40	-38	-38	-29	-26	-31	-31	-33	-32	-34	-36.0	-26	-47
23†	-37	-38	-39	-42	-42	-42	-43	-42	-42	-46	-52	-55	-53	-55	-49	-06	-25	-29	-27	-26	-08	00	14	34	-31.2	34	-55
24†	43	-09	00	-56	-119	-70	-46	-54	-38	-36	-34	-40	-30	-10	-33	-21	-24	04	36	26	-01	-15	-21	-17	-23.5	**43**	**-119**
25†	-27	-31	-33	-36	-57	-45	-37	-28	-30	-27	-37	-32	-51	-31	-21	24	-21	-27	-11	01	-10	-14	-11	-21	-25.5	24	-57
26†	-22	-40	-63	-82	-37	-26	-26	-29	-31	-37	-32	-42	-46	09	-11	-28	-09	11	-29	-08	06	-16	-14	-24	-26.1	11	-82
27	-25	-30	-39	-43	-42	-39	-37	-46	-42	-38	-51	-49	-45	-38	-19	-27	-32	-26	-26	-02	13	-09	-10	-06	-29.5	13	-51
28†	-14	-18	-18	-22	-21	-27	-39	-35	-35	-35	-41	-43	-29	-34	-12	-30	23	30	15	00	-18	-18	19	22	**-15.8**	30	-43
29	-07	-11	-31	-36	-35	-32	-33	-35	-34	-35	-32	-49	-54	-37	-41	-05	-03	01	-11	-27	-26	-23	-18	-15	-26.2	01	-54
30*	-26	-32	-34	-38	-40	-36	-37	-34	-31	-34	-40	-47	-47	-42	-32	-33	-27	-22	-13	-09	-18	-27	-27	-34	-31.7	-09	-47
Mittel	-28	-31	-34	-38	-39	-37	-36	-34	-33	-38	-45	-50	-50	-43	-40	-34	-34	-29	-23	-22	-19	-22	-21	-23	-33.6	-04	-57

Dezember

Tag	0h	1h	2h	3h	4h	5h	6h	7h	8h	9h	10h	11h	12h	13h	14h	15h	16h	17h	18h	19h	20h	21h	22h	23h	Tagesmittel γ	Max.	Min.
1	-40	-33	-33	-35	-35	-33	-32	-30	-29	-35	-46	-49	-44	-42	-40	-37	-39	-38	-34	-02	-31	-27	-23	-20	-33.6	-02	-49
2	-26	-26	-26	-25	-30	-30	-30	-29	-29	-33	-39	-44	-46	-42	-38	-35	-35	-34	-31	-31	-30	-29	-28	-24	-32.1	-24	-46
3	-14	-22	-26	-28	-29	-29	-29	-29	-30	-36	-45	-49	-47	-42	-38	-34	-37	-34	-33	-30	-27	-27	-33	-32	-32.5	-14	-49
4	-08	-14	-26	-20	-26	-25	-27	-31	-30	-38	-44	-50	-52	-51	-54	-44	-37	-34	-29	-27	-28	-23	-25	-24	-32.0	-08	-54
5	-30	-38	-39	-26	-24	-25	-26	-24	-23	-31	-46	-48	-46	-41	-37	-34	-26	-30	-28	-26	-25	-28	-30	-31	-31.8	-23	-48
6	-34	-35	-36	-35	-34	-32	-28	-26	-29	-37	-45	-47	-47	-38	-33	-34	-35	-35	-35	-26	-20	-18	-23	-18	-32.5	-18	-47
7	-30	-38	-39	-40	-39	-35	-30	-29	-27	-34	-44	-54	-58	-64	-42	-37	-34	-28	-14	00	05	28	-05	-11	-29.1	28	-64
8†	-15	-29	-36	-36	-35	-33	-30	-28	-24	-31	-41	-46	-52	-54	-69	-59	-54	-34	-04	10	88	20	-04	-14	-25.4	**88**	-69
9†	-23	-31	-41	-39	-31	-34	-29	-26	-29	-31	-46	-40	-49	-52	-34	-28	-55	-11	-19	05	21	29	-09	-16	-25.8	29	-55
10	14	-09	-25	-44	-36	-26	-27	-27	-31	-22	-34	-39	-49	-38	-35	-39	-33	-31	-24	-22	-15	-12	-12	-20	-26.5	14	-49
11	-24	-31	-31	-33	-39	-29	-29	-26	-29	-27	-34	-36	-36	-36	-28	-36	-36	-34	-30	-14	-23	-18	-20	-28	-29.5	-14	-36
12	-24	-17	-32	-32	-34	-34	-32	-32	-31	-27	-31	-26	-24	-37	-33	-25	-33	-31	-30	-27	-25	-19	-11	-08	-27.3	-08	-37
13	-34	-30	-30	-32	-30	-31	-31	-30	-28	-30	-35	-42	-43	-39	-38	-38	-37	-35	-32	-28	-23	-22	-23	-23	-31.8	-22	-43
14	-31	-35	-31	-31	-31	-33	-35	-34	-37	-35	-40	-50	-50	-53	-51	-44	-41	-17	-23	-21	-26	-26	-17	-22	-33.9	-17	-53
15	-35	-31	-31	-35	-33	-33	-32	-28	-26	-31	-39	-43	-46	-46	-43	-40	-40	-39	-26	-25	-20	-26	-23	-12	-32.6	-12	-46
16	-14	-20	-25	-28	-31	-38	-36	-36	-36	-39	-41	-37	-40	-42	-39	-41	-24	-32	-28	-24	-25	-12	-24	-25	-30.7	-12	-42
17*	-28	-32	-33	-32	-32	-33	-32	-32	-32	-35	-39	-42	-46	-44	-39	-38	-37	-32	-33	-29	-25	-23	-24	-30	-33.4	-23	-46
18*	-32	-33	-36	-34	-30	-29	-28	-28	-31	-38	-43	-47	-47	-43	-39	-36	-35	-33	-32	-32	-31	-31	-32	-33	-34.7	-28	-47
19	-35	-35	-37	-37	-38	-34	-32	-31	-30	-30	-35	-40	-44	-43	-40	-37	-37	-36	-35	-33	-32	-30	-31	-32	**-35.2**	-30	-44
20	-37	-31	-56	-36	-36	-36	-36	-32	-32	-35	-40	-46	-44	-46	-42	-42	-44	-29	-13	-28	-23	-24	-20	-13	-34.2	-13	-56
21†	-02	-30	-27	-50	-51	-80	-51	-43	-37	-41	-46	-56	-46	-51	-43	-29	01	-16	12	-12	-13	-09	-11	-20	-31.3	12	**-80**
22	-24	-22	-60	-52	-31	-36	-36	-42	-37	-34	-41	-36	-32	-38	-30	-29	-33	-30	-27	-10	-18	-26	-28	-29	-32.5	-10	-60
23†	-31	-32	-33	-31	-41	-28	-32	-29	-35	-26	-31	-40	-40	-41	-32	19	-19	43	-01	-05	-10	-09	-20	-28	**-22.2**	43	-41
24	-39	-36	-29	-32	-33	-36	-40	-40	-40	-33	-33	-44	-33	-33	-04	-26	-28	-04	-19	-21	-22	-23	-22	-14	-28.5	-04	-44
25	-23	-22	-41	-23	-29	-27	-28	-27	-28	-32	-39	-41	-42	-30	-25	-29	-20	-16	-22	-25	-16	-18	-07	-11	-25.9	-07	-42
26†	-11	-19	-30	-34	-55	-42	-42	-32	-37	-45	-52	-50	-47	-36	-19	-32	-40	-20	17	-14	-14	-11	07	-17	-28.1	17	-55
27	-20	-27	-30	-33	-41	-42	-35	-34	-36	-33	-36	-40	-39	-37	-32	-33	-32	-31	-29	-26	-25	-11	-13	-24	-30.8	-11	-40
28*	-27	-31	-33	-40	-36	-33	-32	-30	-33	-33	-39	-43	-42	-40	-37	-34	-31	-27	-28	-25	-27	-27	-27	-31	-32.8	-25	-43
29	-31	-32	-34	-35	-32	-31	-30	-30	-32	-35	-42	-47	-49	-41	-37	-30	-24	-23	-32	-31	-25	-18	-19	-25	-31.9	-18	-49
30*	-29	-33	-34	-35	-33	-32	-29	-26	-27	-32	-37	-42	-45	-42	-36	-34	-34	-33	-32	-30	-29	-22	-24	-29	-32.5	-22	-45
31*	-33	-34	-28	-33	-32	-31	-30	-27	-25	-30	-38	-44	-46	-42	-37	-34	-34	-33	-32	-31	-30	-30	-31	-33	-33.2	-25	-46
Mittel	-25	-29	-34	-34	-34	-34	-32	-31	-31	-33	-40	-44	-44	-43	-37	-34	-34	-26	-23	-21	-18	-17	-20	-22	-30.8	-05	-49

Vertikalkomponente.

Niemegk $Z = 0.43500 + \text{Tafelwert.}$ (Γ) 1942

Tag	0h–1h	1h–2h	2h–3h	3h–4h	4h–5h	5h–6h	6h–7h	7h–8h	8h–9h	9h–10h	10h–11h	11h–12h	12h–13h	13h–14h	14h–15h	15h–16h	16h–17h	17h–18h	18h–19h	19h–20h	20h–21h	21h–22h	22h–23h	23h–24h	Tagesmittel γ	Max.	Min.
Januar																											
1*	-01	-01	-02	-03	-04	-04	-05	-05	-05	-04	-02	-03	-01	00	00	-01	-03	-04	-04	-04	-04	-03	-04	-04	-03.0	00	-05
2†	-05	-05	-05	-05	-07	-09	-10	-10	-12	-09	-10	-13	-08	-02	00	06	14	19	16	18	16	12	12	10	00.5	19	-13
3	08	05	04	03	02	01	-03	-08	-08	-04	-03	-06	-03	04	10	14	09	09	10	14	16	16	13	09	**04.7**	16	-08
4†	05	05	03	-06	-15	-11	-10	-08	-06	-02	-01	-01	02	04	14	14	15	11	11	19	16	13	10	07	03.7	19	**-15**
5†	05	04	-02	-01	-05	-01	00	00	01	04	05	02	05	07	09	10	12	17	12	05	06	04	03	-02	04.2	17	-05
6	-01	00	01	00	-01	-02	-02	-04	-03	00	02	-01	-01	03	05	05	08	08	00	06	04	00	-06	-09	00.5	08	-09
7	-10	-06	-05	-02	-04	-02	-03	-05	-06	-05	-04	-06	00	03	06	04	04	03	02	01	-02	00	00	-01	-01.6	06	-10
8*	-02	-02	-02	-02	-02	-02	-02	-01	-02	00	01	-04	-03	01	04	03	01	01	01	00	00	-02	-03	-04	-00.9	04	-04
9	-06	-06	-04	-07	-08	-07	-06	-05	-05	-03	-03	-08	-06	-03	-02	-01	00	-01	-01	-02	-02	-03	-04	-08	-04.2	00	-08
10	-12	-10	-08	-08	-07	-07	-05	-04	-04	-01	-02	-06	-04	-04	-02	00	02	05	02	01	00	-03	-06	-04	-03.6	05	-12
11	-07	-08	-08	-06	-05	-05	-04	-04	-04	-06	-08	-08	-04	-02	-03	-02	00	02	02	00	-02	-03	-03	-03	-03.8	02	-08
12	-04	-04	-06	-05	-06	-05	-05	-04	-04	-04	-06	-04	00	00	-02	00	00	01	01	01	-02	00	-03	-03	-02.7	01	-06
13	-04	-04	-04	-04	-04	-04	-04	-01	-01	00	00	-04	-01	-02	00	-02	-02	-01	-01	00	-02	-03	-04	-04	-02.3	00	-04
14	-04	-06	-07	-08	-08	-08	-08	-08	-07	-06	-10	-13	-10	-05	-06	-07	-07	-06	-05	-05	-05	-04	-10	-09	**-07.2**	-04	-13
15	-07	-05	-05	-06	-05	-06	-09	-09	-09	-06	-04	-02	03	04	07	08	06	04	03	02	02	02	02	02	-01.2	08	-09
16	00	-01	-02	-03	-04	-06	-06	-06	-05	-02	-02	-02	02	04	04	10	13	18	19	18	16	10	06	05	03.6	**19**	-06
17	04	-08	-04	-04	-04	-05	-02	-01	00	02	03	-01	06	08	07	07	05	04	03	02	02	01	00	-01	01.0	08	-08
18†	-01	-03	-01	-09	-02	-02	-01	-01	01	-02	-06	-08	-04	-02	-03	-02	-02	-01	00	-01	03	-02	-09	-05	-02.6	03	-09
19†	-05	-08	-11	-08	-07	-14	-12	-13	-09	-06	-05	-02	02	05	04	03	03	03	02	02	00	00	-01	-05	-03.4	05	-14
20	-03	-06	-03	-01	-01	-01	00	-01	00	-01	-01	00	02	04	02	02	03	02	03	01	01	00	-01	-02	00.0	04	-06
21*	-01	-02	-01	-01	-01	-01	00	-01	-02	-01	-01	-02	01	02	-01	-02	-01	00	03	02	03	02	01	-01	-00.2	03	-02
22	-02	-02	-02	-02	-04	-05	-04	-04	-04	-01	-02	-02	01	07	08	12	13	14	15	15	12	09	06	02	03.3	15	-05
23	-01	-01	00	-01	00	-01	-01	-03	-04	-01	00	-01	01	05	07	06	04	04	03	03	02	02	01	00	01.0	07	-04
24	-01	-01	-01	-02	-02	-01	-01	-03	-03	-01	-01	-06	-10	-06	-04	-04	-03	-03	-02	-02	-02	-02	-04	-04	-02.9	-01	-10
25	-04	-04	-03	-04	-04	-04	-04	-04	-05	-04	-03	-05	-04	02	02	00	00	00	01	04	03	03	02	02	-01.4	04	-05
26*	01	-01	-01	-02	-03	-02	00	00	-02	-06	-05	-02	01	03	02	00	00	00	01	01	02	03	02	01	-00.3	03	-06
27	00	00	-01	-01	-02	-02	-02	-03	-03	-02	-02	-03	-03	-01	00	02	02	04	04	03	04	04	04	03	00.2	04	-03
28	02	00	-03	-06	-07	-08	-05	-03	00	-02	00	00	02	07	07	06	05	04	04	04	04	06	05	04	01.1	07	-08
29	03	02	01	00	-01	-01	-01	-02	-02	00	02	00	01	03	03	03	02	03	04	07	10	09	06	04	02.3	10	-02
30	03	01	00	-01	-02	-04	-03	-02	-02	00	00	00	-02	01	03	02	02	03	02	02	03	05	04	02	00.7	05	-04
31*	01	-01	-01	-02	-04	-05	-04	-06	-06	-07	-07	-11	-06	-02	-03	-05	-04	-04	-04	-04	-04	-05	-05	-04	-04.3	01	-11
Mittel	-02	-03	-03	-03	-04	-04	-04	-04	-04	-03	-02	-04	-01	02	03	03	03	04	03	04	03	02	00	-01	-00.6	06	-07
Februar																											
1	-05	-06	-06	-06	-07	-09	-10	-10	-11	-13	-13	-16	-13	-10	-08	-09	-09	-08	-08	-07	-05	-05	-06	-06	**-08.6**	-05	-16
2	-07	-06	-07	-10	-10	-10	-08	-10	-08	-08	-07	-07	-03	00	04	06	09	08	04	01	00	-01	-02	-03	-03.1	09	-10
3	-02	-04	-03	-04	-04	-04	-03	-05	-04	-03	-04	-06	-04	-02	-01	-02	-01	-02	-02	-02	-03	-04	-05	-05	-03.3	-01	-06
4*	-05	-05	-05	-05	-05	-05	-05	-05	-05	-06	-07	-08	-04	00	01	00	-03	-03	-03	-04	-04	-05	-07	-07	-04.4	01	-08
5†	-07	-06	-06	-06	-05	-07	-10	-10	-09	-08	-04	-01	03	09	11	14	18	19	08	13	07	06	04	01	01.4	19	-10
6†	00	-03	-15	-12	-13	-08	-06	-02	-04	-06	-02	09	14	14	14	19	24	23	27	22	02	-01	-04	-04	03.7	27	-15
7	-06	-05	-10	-04	00	02	05	04	05	06	04	02	03	06	05	02	02	04	04	03	02	02	01	01	01.6	06	-10
8*	00	00	-01	-01	-01	-02	-03	-06	-06	-06	-04	-02	-02	-02	-02	-02	-01	-01	00	01	01	01	00	-02	-01.7	01	-06
9	00	-01	-02	-02	-02	-02	-02	-02	00	00	-04	-07	-07	-04	-02	00	00	00	00	00	00	00	-01	-01	-01.6	00	-07
10	-02	-02	-03	-03	-04	-04	-06	-07	-07	-06	-06	-04	-03	00	-02	-04	01	04	05	07	06	06	05	01	-01.2	07	-07
11	02	02	01	01	00	-01	-02	-07	-05	-03	-02	-02	01	02	02	02	07	10	14	19	13	10	08	06	03.2	19	-07
12*	05	05	03	03	02	01	00	00	00	01	02	01	00	02	00	-03	-03	-02	-02	-02	-01	-01	-01	-01	00.4	05	-03
13	-02	-01	00	-06	-06	-06	-05	-04	-04	-04	-04	-04	-04	-04	-04	-06	-06	-06	-06	-05	-04	-04	-05	-04	-04.3	00	-06
14	-05	-05	-06	-06	-06	-07	-06	-07	-07	-06	-04	-03	-03	-02	01	02	00	00	-02	-03	-02	-03	-04	-10	-03.9	02	-10
15	-11	-09	-06	-06	-06	-06	-08	-14	-13	-15	-15	-13	-08	-09	-04	-02	-02	01	11	11	05	02	01	-02	-04.9	11	-15
16	-02	-06	-05	-06	-06	-06	-07	-07	-06	-09	-13	-09	-07	-03	03	01	-01	-01	-02	00	00	-02	-02	-01	-04.0	03	-13
17	-02	-02	-07	-11	-10	-09	-07	-08	-07	-05	-02	01	04	04	04	01	-01	-01	-01	-01	00	-02	-02	-02	-02.8	04	-11
18*	-02	-02	-02	-04	-03	-03	-05	-04	-02	-02	-02	-04	-05	-05	-04	-04	-04	-03	-03	-02	-03	-03	-04	-04	-03.3	-02	-05
19*	-04	-04	-04	-04	-04	-03	-02	00	01	-01	-04	-05	-05	-03	-02	-03	-04	-04	-04	-05	-05	-05	-06	-05	-03.5	01	-06
20	-05	-05	-05	-05	-06	-06	-04	-03	-02	-07	-11	-10	-06	-04	02	04	02	02	04	02	04	03	02	-01	-02.3	04	-11
21	-06	-05	-06	-07	-07	-06	-07	-10	-11	-08	-06	-06	-07	-04	-04	-02	-01	00	00	00	00	00	-01	-01	-04.4	00	-11
22	-03	-08	-08	-07	-07	-08	-10	-11	-10	-10	-10	-09	-06	-04	-02	00	01	02	07	10	12	12	09	05	-02.3	12	-11
23†	-03	-03	-03	-03	-07	-06	-06	-08	-08	-08	-09	-09	-09	00	19	50	82	85	71	72	39	21	01	06	**15.2**	**85**	-09
24†	13	00	-16	-04	04	05	04	01	00	-04	-05	01	02	04	06	11	12	14	12	12	10	13	10	08	04.7	14	-16
25	01	-05	-05	-01	01	01	03	04	03	01	00	01	01	03	09	09	08	09	08	10	-01	04	02	-08	02.4	10	-08
26	-03	00	01	01	01	01	03	05	04	03	02	02	03	04	06	05	04	05	05	08	09	08	02	-01	03.2	09	-03
27	00	01	02	02	00	00	01	01	-01	-07	-08	-06	-04	-02	-01	02	03	07	14	15	12	16	16	05	02.8	16	-08
28†	-03	01	04	00	-02	00	00	-03	-06	-13	-16	-13	-34	-10	26	51	63	51	28	18	13	11	09	09	07.7	63	**-34**
Mittel	-02	-03	-04	-04	-04	-04	-04	-05	-04	-05	-06	-05	-04	-01	03	05	07	08	07	07	04	03	01	-01	-00.5	11	-10

Vertikalkomponente.

Niemegk

$Z = 0.43500 + \text{Tafelwert.}$ (Γ)

1942

Tag	0h–1h	1h–2h	2h–3h	3h–4h	4h–5h	5h–6h	6h–7h	7h–8h	8h–9h	9h–10h	10h–11h	11h–12h	12h–13h	13h–14h	14h–15h	15h–16h	16h–17h	17h–18h	18h–19h	19h–20h	20h–21h	21h–22h	22h–23h	23h–24h	Tagesmittel	Max.	Min.
März (Weltzeit)																									γ		
1†	05	06	06	06	06	06	06	31	18	26	32	15	35	54	68	54	42	33	38	32	33	40	13	03	25.3	68	03
2†	-39	-76	-73	-42	-16	-03	06	09	04	02	03	07	11	21	32	31	28	26	20	18	16	14	13	12	01.0	32	**-76**
3†	12	10	02	02	04	00	12	23	22	20	28	29	37	44	52	69	74	50	35	26	21	19	12	10	**25.5**	**74**	00
4	14	08	06	08	07	08	12	12	09	04	06	12	15	18	22	21	21	17	20	17	10	05	05	03	11.7	22	03
5†	03	06	07	08	08	10	02	02	-01	00	01	06	11	12	13	14	21	53	68	51	09	10	07	11	13.8	68	-01
6	16	10	-04	-08	-12	-03	06	12	11	14	14	16	24	19	27	27	24	18	15	14	13	13	10	10	11.9	27	-12
7	10	09	07	05	05	03	04	05	04	-01	-04	-01	-03	-02	04	12	12	12	08	08	07	12	09	08	05.5	12	-04
8	05	-10	-10	-30	-13	-04	02	02	01	-05	-04	00	05	10	15	21	25	32	33	24	10	06	06	-01	05.0	33	-30
9†	-04	-39	-46	-47	-36	-13	-04	-02	-02	-04	-05	-02	04	08	14	20	24	27	26	25	20	15	-07	-11	**-01.6**	27	-47
10	00	04	04	04	04	06	09	10	06	03	04	07	07	07	12	18	17	21	18	13	11	10	10	09	08.9	21	00
11	09	00	-03	-05	01	-02	-01	03	02	01	00	03	05	06	11	12	11	10	10	10	09	08	07	07	04.8	12	-05
12*	05	05	04	04	04	04	05	05	01	-02	-03	-02	00	02	06	06	04	04	04	05	06	06	06	01	03.3	06	-03
13	-05	-17	-10	-10	-18	-11	-03	-01	-03	-01	-04	-02	09	20	24	20	18	15	21	18	16	09	-06	01	03.3	24	-18
14	04	02	-01	00	01	01	06	12	02	-07	-08	-03	05	07	16	21	21	15	13	10	10	08	06	-07	05.6	21	-08
15	-06	01	02	03	03	04	06	07	02	-04	-03	-01	04	13	14	12	08	12	14	11	08	08	06	06	05.4	14	-06
16*	05	04	04	04	04	04	06	04	-04	-10	-09	-05	00	04	06	06	05	05	06	05	06	05	05	05	02.7	06	-10
17	05	05	00	02	01	01	06	06	01	-06	-10	-08	-03	01	03	06	06	07	08	08	05	01	03	04	02.2	08	-10
18	05	05	05	05	04	05	06	03	00	-03	-08	-09	-08	-03	05	17	28	29	24	16	10	09	-01	-01	06.0	29	-09
19	02	04	04	04	03	03	05	01	-06	-13	-16	-13	-07	-04	06	16	30	41	31	30	22	17	06	-05	06.7	41	-16
20	-10	-17	-08	-14	-10	-02	01	03	00	-05	-07	-06	-05	00	07	11	10	10	10	10	11	08	08	08	00.5	11	-17
21	06	06	06	-06	-07	-03	05	08	11	04	06	06	12	17	20	22	25	27	28	23	10	09	09	06	10.4	28	-07
22	07	01	-01	00	02	03	05	04	-05	-08	-08	-07	-02	02	09	14	16	14	09	10	09	10	10	09	04.3	16	-08
23	03	06	06	06	05	07	09	07	02	-01	-04	-07	-03	01	09	18	24	21	22	19	07	07	06	08	07.4	24	-07
24*	06	08	08	08	07	02	04	02	-05	-11	-16	-16	-12	-06	05	11	11	09	08	07	07	07	06	06	02.3	11	-16
25*	06	04	05	05	06	08	10	05	00	-06	-11	-12	-07	-05	01	07	07	06	06	06	06	06	05	06	02.7	10	-12
26	05	05	04	02	03	06	06	00	-10	-14	-14	-18	-09	08	14	10	17	17	16	14	14	12	11	09	04.5	17	-18
27	09	08	08	05	00	02	06	04	-02	-10	-12	-09	-06	-02	03	08	07	06	08	09	06	07	06	07	02.8	09	-12
28*	06	05	05	05	04	05	07	06	03	-06	-11	-11	-06	-01	04	05	04	03	04	03	03	04	04	04	02.0	07	-11
29	04	02	01	02	03	-04	-01	-01	-05	-07	-12	-14	-08	04	22	19	12	08	08	08	06	06	06	04	02.6	22	-14
30	04	06	04	04	04	06	07	09	04	-03	-12	-17	-14	-04	09	10	21	22	23	18	14	10	08	08	05.9	23	-17
31	08	08	08	07	07	07	08	05	01	-05	-11	-16	-19	-05	03	07	06	06	03	06	06	08	07	06	02.5	08	-19
Mittel	03	-01	-02	-02	-01	02	05	06	02	-02	-03	-03	02	08	15	18	19	19	18	15	11	10	06	05	06.3	24	-13
April																									γ		
1	04	04	03	00	00	-04	-04	-05	-11	-18	-23	-21	-19	-18	-13	-02	01	02	03	03	01	02	02	02	**-04.6**	04	-23
2	02	02	02	02	00	00	02	01	-03	-08	-11	00	09	24	33	42	49	49	42	30	20	06	06	05	12.7	49	-11
3†	-05	02	07	04	03	-19	-08	-02	-02	-07	-08	-04	01	13	19	24	17	14	12	09	09	08	-05	00	03.4	24	-19
4†	01	-03	-05	-01	04	03	09	00	-07	-10	-11	04	08	15	25	48	79	84	57	36	02	15	18	18	**16.2**	**84**	-11
5	14	16	18	19	17	16	18	15	11	08	06	04	07	13	22	23	22	23	23	19	18	17	13	11	15.5	23	04
6	11	10	12	13	11	14	18	17	13	08	02	-02	01	08	12	15	16	15	15	15	15	11	11	10	11.3	18	-02
7*	10	11	11	11	11	12	12	10	08	06	01	-02	-01	04	07	12	14	13	12	12	11	11	10	09	09.0	14	-02
8	08	04	-16	-17	-08	-04	-02	04	06	01	-04	-07	-06	00	07	16	17	33	28	24	19	16	15	12	06.1	33	-17
9	11	09	11	11	10	10	11	13	08	03	-02	-03	01	07	14	18	16	12	11	11	11	07	06	06	08.8	18	-03
10	07	08	08	08	08	08	08	09	06	00	-05	-08	-03	02	05	07	07	06	06	06	07	08	08	07	05.1	09	-08
11†	08	-06	-10	-30	-20	-14	-07	-01	02	04	02	04	11	26	48	51	39	34	28	25	22	18	18	17	11.2	51	-30
12	17	17	16	16	17	17	18	14	05	-02	-06	-07	00	06	12	19	16	18	16	15	16	15	14	12	11.7	19	-07
13	07	10	10	11	11	14	17	17	10	-03	-08	-10	-05	13	34	45	47	39	26	21	10	06	-07	-27	12.0	47	-27
14	-34	-72	-63	-30	-05	05	07	10	06	00	-05	-06	-06	00	06	11	12	12	11	10	11	11	11	11	-03.6	12	**-72**
15*	11	11	11	11	11	13	16	15	10	-01	-08	-08	-05	02	07	10	12	12	11	11	12	13	11	10	08.2	16	-08
16	10	10	09	07	03	08	05	03	00	-06	-12	-15	-10	-02	02	05	12	16	22	22	20	04	02	00	04.8	22	-15
17†	-08	-30	-27	-42	-24	-05	01	-02	-01	-02	-03	-01	02	11	26	39	45	47	39	32	27	22	16	11	07.2	47	-42
18†	11	10	12	09	08	07	03	00	-04	-10	-13	-05	08	24	42	50	44	33	18	18	18	13	06	-05	12.4	50	-13
19	-05	00	02	-01	05	07	12	13	10	00	-07	-06	04	11	17	18	18	22	23	21	18	16	14	13	09.4	23	-07
20	10	08	08	07	11	13	16	17	11	-01	-10	-09	-02	09	12	19	25	24	20	19	16	15	12	11	10.9	25	-10
21	11	12	13	13	13	11	10	09	04	-04	-14	-20	-14	-05	01	08	10	11	13	14	14	13	12	12	06.1	14	-20
22*	11	10	10	07	06	07	09	10	04	-08	-17	-24	-26	-19	-09	-02	04	05	05	07	07	07	07	07	00.8	11	-26
23	07	07	07	06	04	01	-01	-05	-14	-24	-27	-27	-19	-11	-03	17	28	31	28	21	18	16	14	-01	03.0	31	-27
24	01	-12	-08	00	06	08	09	08	03	-04	-09	-08	-03	07	12	13	16	17	17	15	14	12	11	12	05.7	17	-12
25*	12	12	12	13	15	14	10	06	02	-04	-17	-19	-14	-05	00	06	08	10	10	10	09	09	09	09	04.9	15	-19
26*	09	09	09	10	09	08	07	06	02	-06	-13	-17	-14	-06	01	02	05	07	07	08	08	08	08	08	03.1	10	-17
27	08	08	08	08	08	07	02	00	-06	-15	-20	-15	-08	-02	06	15	17	28	34	32	26	16	15	08	07.5	34	-20
28	-15	-22	-28	-05	01	05	08	07	06	04	-02	-03	00	07	15	14	14	13	12	12	11	12	08	07	03.4	15	-28
29	10	10	11	11	10	09	07	06	00	-06	-10	-07	-04	00	07	09	10	10	10	10	10	10	08	08	05.8	11	-10
30	08	09	09	09	07	04	02	00	-02	-14	-23	-18	-03	04	13	20	23	26	28	23	17	16	13	12	07.6	28	-23
Mittel	05	02	02	03	05	06	07	06	03	-04	-09	-09	-04	05	13	19	21	22	20	17	14	12	10	07	07.2	26	-18

Vertikalkomponente.

Niemegk — $Z = 0.43500 + \text{Tafelwert}$ (Γ) — 1942

Tag	0h–1h	1h–2h	2h–3h	3h–4h	4h–5h	5h–6h	6h–7h	7h–8h	8h–9h	9h–10h	10h–11h	11h–12h	12h–13h	13h–14h	14h–15h	15h–16h	16h–17h	17h–18h	18h–19h	19h–20h	20h–21h	21h–22h	22h–23h	23h–24h	Tagesmittel	Max.	Min.
Mai																									γ		
1	12	12	05	04	00	−02	−04	−04	−04	−05	−08	−03	04	10	16	17	18	19	16	14	12	12	12	11	06.8	19	−08
2	11	12	12	14	12	11	11	08	05	01	00	02	04	15	25	32	41	38	32	25	22	20	13	10	**15.7**	**41**	00
3	08	07	08	10	11	14	13	08	00	−05	−09	−08	−02	02	05	08	09	12	13	12	13	12	08	05	06.4	14	−09
4†	07	09	10	08	07	05	03	−02	−07	−12	−18	−17	−10	−02	04	12	23	28	26	26	23	14	12	10	06.6	28	−18
5†	04	−25	−19	−12	−10	−09	−04	−02	00	−02	−06	−06	00	08	08	10	11	17	18	17	16	10	05	06	01.5	18	−25
6	01	01	02	03	03	06	07	07	03	−04	−07	−04	01	05	10	12	15	16	15	14	12	12	11	11	06.3	16	−07
7*	10	10	10	09	09	08	08	06	01	−10	−14	−13	−10	−05	00	04	06	08	10	11	09	09	09	08	03.9	11	−14
8	08	07	08	09	08	09	10	06	01	−05	−09	−10	−05	00	04	08	10	09	08	08	07	07	07	07	04.7	10	−10
9*	07	07	06	06	06	04	04	02	−06	−09	−13	−14	−11	−06	−02	−01	02	05	06	07	07	07	06	07	01.1	07	−14
10	06	06	05	02	01	01	01	00	−03	−10	−17	−16	−14	−08	−03	−01	02	02	02	03	02	02	01	02	−01.4	06	−17
11	−02	−01	00	02	00	01	04	01	−01	−07	−11	−07	−08	−06	−01	01	05	08	06	06	07	05	04	05	00.5	08	−11
12*	05	05	06	07	06	04	04	03	−02	−15	−22	−23	−16	−07	01	04	09	14	15	12	11	09	08	06	01.8	15	−23
13*	05	07	07	08	09	10	12	11	06	−04	−11	−14	−11	−01	05	07	09	07	05	04	04	04	04	04	03.6	12	−14
14†	02	01	01	00	00	03	01	−05	00	−02	−12	−12	−06	01	11	15	18	18	18	14	14	13	12	11	04.8	18	−12
15	11	11	11	11	07	06	04	08	07	01	−03	−02	00	02	08	10	11	12	11	12	11	12	10	09	07.5	12	−03
16	09	09	10	10	09	08	08	04	−02	−11	−19	−19	−13	−05	−02	−01	06	12	15	13	13	11	10	10	03.5	15	−19
17	09	08	07	09	08	07	07	04	00	−07	−10	−06	01	08	09	08	08	11	16	15	13	11	10	08	06.4	16	−10
18	07	03	01	05	04	04	04	−02	−11	−20	−22	−20	−15	−09	−02	06	10	10	10	10	09	08	04	04	−00.1	10	−22
19	04	05	05	06	09	09	09	05	00	−11	−21	−18	−11	−06	00	04	06	09	11	11	09	09	07	07	02.4	11	−21
20	07	06	07	07	09	08	03	−02	−07	−18	−29	−29	−22	−15	−09	−06	00	08	08	07	07	06	03	02	**−02.0**	09	**−29**
21	04	06	−01	−05	−01	01	01	04	03	−06	−11	−08	−06	00	10	11	12	14	12	10	09	08	07	06	03.3	14	−11
22†	06	06	06	07	08	08	07	12	05	−04	−08	−07	−04	01	05	08	15	28	31	28	15	15	14	10	08.8	31	−08
23	08	03	08	11	14	12	12	08	01	−06	−16	−17	−10	−02	05	09	12	12	15	13	13	13	10	10	05.8	15	−17
24	09	09	10	10	09	08	09	05	03	02	−07	−13	−05	01	07	12	15	11	13	12	11	11	09	05	06.5	15	−13
25	−03	02	06	08	08	07	06	04	00	−04	−07	−12	−11	−04	01	03	05	06	07	08	08	09	08	08	02.6	09	−12
26*	08	08	08	10	10	07	05	00	−09	−21	−23	−19	−12	−04	01	03	09	10	10	08	08	08	07	07	01.6	10	−23
27†	07	07	08	09	09	07	05	−01	−10	−20	−22	−13	−11	−02	10	17	31	36	27	16	10	04	−02	−03	05.0	36	−22
28	−01	04	07	09	09	11	07	02	02	00	−04	−03	06	14	17	22	25	23	21	19	13	11	09	04	09.5	25	−04
29	06	08	10	14	15	12	09	05	00	−04	−09	−10	−07	−01	07	10	13	14	13	14	12	12	11	11	06.9	15	−10
30	10	07	01	04	06	05	06	02	−04	−10	−17	−17	−17	−08	05	10	11	10	12	11	10	10	08	08	02.6	12	−17
31	08	10	11	12	12	12	11	11	07	02	−02	−02	01	08	13	13	14	14	15	12	10	10	10	09	09.2	15	−02
Mittel	06	05	06	07	07	06	06	03	−01	−07	−12	−12	−07	−01	05	09	12	14	14	13	11	10	08	07	04.6	16	−14
Juni																									γ		
1	08	07	08	10	10	08	08	06	−02	−08	−13	−12	−06	−03	−02	00	05	08	06	06	06	05	05	05	02.7	10	−13
2*	05	06	07	08	07	05	04	01	−05	−08	−13	−13	−08	−03	−02	01	06	08	08	08	07	06	05	05	01.9	08	−13
3	06	06	07	09	08	04	02	−01	−02	−04	−14	−21	−13	−03	09	15	26	23	23	17	14	10	08	08	05.7	26	**−21**
4	08	04	06	08	08	09	10	04	−02	−06	−11	−16	−13	−02	08	05	07	11	12	12	10	08	08	06	03.9	12	−16
5	03	00	04	06	02	04	06	06	00	−08	−16	−18	−15	−06	05	13	16	13	08	06	06	06	07	07	02.3	16	−18
6	06	04	07	11	11	11	11	06	01	−03	−07	−08	−08	02	04	08	12	14	12	11	10	09	08	07	05.8	14	−08
7*	05	05	07	08	08	05	06	05	−01	−09	−10	−06	−03	00	03	06	08	08	08	08	08	07	07	07	03.8	08	−10
8	07	08	07	07	09	06	05	03	01	−01	−01	00	02	03	05	08	10	09	09	06	07	08	07	07	05.5	10	−01
9*	07	07	08	08	08	07	05	03	01	−04	−09	−04	03	05	07	07	09	10	07	07	07	06	07	07	05.0	10	−09
10*	07	07	08	11	13	11	06	00	−04	−03	−01	01	04	07	07	11	08	08	06	04	05	05	06	06	05.5	13	−04
11†	03	05	06	05	03	03	02	−01	−13	−14	−16	−16	−11	02	17	16	36	45	40	36	24	17	10	05	08.5	**45**	−16
12†	04	−03	02	07	11	12	12	08	01	01	00	−01	00	08	17	21	25	31	26	19	14	13	11	09	10.3	31	−03
13†	11	11	01	01	05	08	10	12	09	02	−03	−03	−04	01	08	11	24	25	21	21	15	13	06	−04	08.4	25	−04
14	−03	00	−02	03	05	07	09	09	09	04	00	00	02	10	16	15	16	21	18	13	14	11	10	10	08.2	21	−03
15	10	10	07	07	05	07	09	05	−04	−11	−12	−07	−02	03	07	10	12	15	13	13	12	11	10	10	05.8	15	−12
16	10	07	07	06	07	08	11	11	08	03	−01	−03	00	06	11	09	11	12	12	11	11	10	07	07	07.5	12	−03
17	07	08	09	11	11	08	06	06	06	06	02	06	11	11	14	15	18	17	16	15	13	11	10	10	10.3	18	02
18	10	−01	−02	00	04	04	05	01	00	03	03	00	−03	−01	05	07	12	11	10	09	08	08	08	07	04.5	12	−03
19†	08	04	05	07	06	05	03	−01	−04	−08	−12	−15	−07	09	24	26	35	43	44	35	27	18	12	11	**11.5**	44	−15
20	10	12	12	11	06	05	06	07	03	−04	−04	00	05	09	13	20	22	21	19	18	16	14	13	12	10.2	22	−04
21	11	11	07	07	08	08	09	15	13	07	04	01	06	11	12	13	17	18	15	13	12	11	11	10	10.4	18	01
22*	10	10	11	11	10	10	09	08	02	−03	−05	−04	−01	02	03	06	08	10	11	11	09	09	09	07	06.4	11	−05
23	07	06	06	06	05	05	02	−01	−09	−13	−17	−16	−14	−12	−06	−03	06	13	23	20	14	13	12	12	02.5	23	−17
24	06	−08	−11	−11	−09	−09	−09	−10	−04	−03	−05	−04	−03	03	10	12	14	12	12	10	09	08	07	00	00.7	14	−11
25	−06	−10	−09	−11	−13	−11	−05	−08	−09	−08	−02	−01	00	04	06	06	09	13	16	12	12	11	10	09	**00.6**	16	−13
26	09	09	09	08	08	06	09	08	05	03	−03	−06	−01	06	12	13	14	15	17	14	10	07	08	09	07.9	17	−06
27	09	09	10	11	11	04	−01	−03	−04	−06	−09	−10	−06	00	04	08	07	08	08	08	08	07	08	06	03.6	11	−10
28	06	06	06	07	08	09	09	12	05	−07	−16	−18	−09	06	16	26	34	29	25	21	16	14	12	10	09.5	34	−18
29	07	−02	−03	−01	00	02	02	02	−01	−04	−04	−02	02	08	11	15	15	17	23	21	16	14	12	11	06.7	23	−04
30†	07	−02	−04	−01	03	−06	−03	−04	−06	−07	−10	−11	−06	00	11	21	26	26	22	17	14	10	07	04	04.5	26	−11
Mittel	07	05	05	06	06	05	05	04	00	−04	−07	−07	−03	03	08	11	16	17	16	14	12	10	09	07	06.0	19	−09

Weltzeit

Vertikalkomponente.

Niemegk — $Z = 0.43\,500 + \text{Tafelwert}$ (Einheit: γ) — 1942

0h 1h 2h 3h 4h 5h 6h 7h 8h 9h 10h 11h 12h 13h 14h 15h 16h 17h 18h 19h 20h 21h 22h 23h 24h Weltzeit

Tag	0h–1h	1h–2h	2h–3h	3h–4h	4h–5h	5h–6h	6h–7h	7h–8h	8h–9h	9h–10h	10h–11h	11h–12h	12h–13h	13h–14h	14h–15h	15h–16h	16h–17h	17h–18h	18h–19h	19h–20h	20h–21h	21h–22h	22h–23h	23h–24h	Tagesmittel	Max.	Min.
Juli																									γ		
1	03	04	05	07	06	11	15	10	05	-02	-02	-02	-06	01	11	13	17	17	18	17	13	12	12	11	08.2	18	-06
2	10	10	11	11	11	11	13	16	13	01	-10	-10	-04	00	02	07	13	12	12	12	11	08	07	07	07.2	16	-10
3*	06	07	07	06	06	07	12	15	10	04	01	-04	-07	-05	06	08	09	12	13	11	09	08	08	07	06.5	15	-07
4*	07	07	08	10	10	07	06	10	07	00	-10	-18	-18	-21	-14	-03	05	05	04	05	05	06	05	05	**01.2**	10	-21
5*	05	04	06	07	06	06	06	06	03	-02	-10	-16	-10	-03	02	06	09	09	07	08	09	08	08	08	03.4	09	-16
6	07	06	09	09	08	08	09	08	02	-08	-17	-18	-14	-10	-08	-03	09	16	13	10	09	09	10	03	02.8	16	-18
7	02	03	06	07	08	06	08	08	00	-08	-13	-12	-05	-01	05	07	09	08	07	07	08	08	09	06	03.5	09	-13
8†	06	-01	-06	-02	-01	-03	-01	00	02	-05	-06	-11	-04	11	18	20	19	20	23	25	14	13	11	05	06.1	25	-11
9	00	00	01	05	08	08	10	13	08	01	-06	-12	-07	-01	05	10	18	26	27	19	16	17	14	12	08.0	27	-12
10	08	10	10	13	13	13	15	16	12	07	03	-05	-02	-01	04	07	14	16	15	14	12	13	11	09	09.5	16	-05
11†	05	-11	01	07	06	11	06	-02	-04	-02	-01	05	17	36	69	91	81	58	43	37	29	24	26	23	**23.1**	**91**	-11
12	24	22	22	21	17	14	17	13	03	-01	02	00	01	08	15	16	18	19	20	19	20	21	19	16	14.4	24	-01
13	12	08	12	13	14	15	18	16	15	11	08	06	06	09	17	24	27	25	26	25	21	18	18	16	15.8	27	06
14	16	16	16	15	16	19	13	09	07	02	02	02	03	07	18	18	24	21	22	20	18	17	14	04	13.3	24	02
15†	06	10	12	13	13	11	07	10	02	-03	-04	-02	-01	00	06	16	24	31	34	27	24	18	18	13	11.9	34	-04
16	-02	-04	06	10	17	13	11	10	04	03	02	04	07	10	17	21	26	26	24	24	19	12	06	10	11.5	26	-04
17	09	02	08	11	15	13	08	08	01	-02	-02	04	04	05	11	15	18	19	23	23	18	18	15	14	10.8	23	-02
18*	13	13	13	15	14	13	12	14	12	08	03	01	04	11	17	19	20	18	18	18	16	16	15	14	13.2	20	01
19*	14	13	14	14	15	14	14	12	09	02	-04	-04	-04	08	12	14	15	18	17	14	13	13	13	11	10.7	18	-04
20	11	11	12	13	14	12	10	05	01	00	01	04	05	06	20	21	24	23	18	18	20	15	17	10	12.1	24	00
21	00	-21	-10	00	03	04	06	12	10	05	02	02	03	11	17	22	21	19	18	17	18	17	12	12	08.3	22	**-21**
22	12	12	13	14	14	13	12	11	11	11	06	03	02	10	17	16	13	12	12	12	12	13	11	09	11.3	17	02
23	06	03	09	11	12	09	10	10	07	00	-06	-05	-04	06	10	10	10	13	16	19	18	17	13	12	08.6	19	-06
24	12	10	08	10	04	04	10	11	06	01	-08	-05	01	04	07	12	13	14	15	15	17	14	14	11	08.3	17	-08
25†	10	04	06	06	01	02	08	10	07	03	-05	-02	11	22	33	27	24	21	22	26	22	18	15	01	12.2	33	-05
26	07	11	13	14	14	15	15	14	06	03	01	-02	02	03	06	09	14	13	11	12	11	14	08	04	09.1	15	-02
27†	-03	-04	06	09	05	04	06	10	04	-04	-09	-05	02	09	15	22	27	20	19	20	17	16	10	-04	08.0	27	-09
28	-02	07	11	09	09	10	11	10	05	-03	-03	02	08	12	16	15	19	19	17	16	10	11	10	12	09.6	19	-03
29	10	03	08	10	13	17	17	17	14	13	08	07	07	08	13	18	18	18	16	15	15	16	14	13	12.8	18	03
30	04	06	10	12	09	12	15	16	15	11	08	04	05	10	14	16	17	20	21	18	14	14	11	09	12.1	21	04
31	10	07	07	12	15	17	18	11	-01	-08	-14	-10	-05	03	14	18	17	18	16	15	15	13	13	12	08.9	18	-14
Mittel	07	05	08	10	10	10	11	11	06	01	-03	-03	00	05	13	17	19	19	18	17	15	14	12	10	09.8	23	-06
August																									γ		
1	10	09	08	09	08	08	13	18	16	09	04	04	04	09	13	17	16	15	12	13	13	12	11	12	11.0	18	04
2	12	12	13	14	14	14	12	10	05	-06	-10	-05	-04	03	16	16	13	13	14	14	12	13	12	10	09.0	16	-10
3	06	04	05	07	08	11	13	12	07	06	-02	-02	03	10	15	18	15	16	16	15	14	12	10	08	09.5	18	-02
4*	09	10	11	13	10	10	11	10	04	00	-02	-03	01	05	09	14	14	13	15	16	16	15	14	14	09.5	16	-03
5	12	10	09	11	13	14	16	12	08	01	-04	-04	-04	05	09	13	15	14	12	12	11	11	10	08	**08.9**	16	-04
6	09	09	10	11	11	09	11	08	02	-05	-09	-12	-04	04	11	26	27	19	20	20	18	16	15	09	09.8	20	**-12**
7	09	02	02	08	09	07	10	06	-04	-04	-03	-09	-02	07	12	17	16	18	18	18	15	05	07	09	07.2	18	-09
8*	11	12	13	14	15	14	12	12	13	07	-02	-01	00	03	09	12	13	14	14	15	16	16	14	14	10.8	16	-02
9	14	13	13	15	16	14	12	11	07	00	-06	-06	02	05	10	19	24	24	21	16	14	14	14	13	11.6	24	-06
10†	12	14	13	13	13	15	16	16	12	10	05	00	06	08	11	24	31	30	39	31	26	19	14	11	16.2	39	00
11	09	14	16	18	17	14	14	12	11	05	-02	-01	06	13	18	22	22	20	19	18	18	18	18	16	14.0	22	-02
12	16	16	17	14	13	13	14	15	14	05	05	09	14	17	20	24	25	20	20	20	20	20	18	15	16.0	25	05
13	15	15	14	15	17	20	21	21	19	15	09	03	04	06	11	16	18	15	14	14	14	14	14	12	14.0	21	03
14*	09	09	11	15	18	16	17	16	15	10	04	03	09	16	19	21	18	15	14	15	15	14	14	14	13.6	21	03
15	15	15	16	17	19	18	18	19	15	09	06	01	03	06	08	14	14	13	13	18	23	20	18	16	13.9	23	01
16†	07	02	-01	03	03	-01	07	10	10	10	08	05	06	13	17	18	27	25	28	28	11	15	14	09	11.4	28	-01
17†	04	04	09	15	13	14	19	19	22	18	10	08	09	15	23	27	34	42	37	29	25	14	14	14	18.2	42	04
18	12	15	18	18	19	19	22	25	20	18	16	20	31	39	43	42	32	27	26	29	28	27	26	17	24.5	43	12
19†	08	09	14	14	15	17	18	17	17	12	08	07	14	17	20	27	33	37	29	28	22	11	00	-01	16.4	37	-01
20	-02	02	-02	07	08	11	14	14	12	09	07	08	15	18	19	22	23	22	25	29	26	23	21	20	14.6	29	-02
21	19	20	20	19	18	19	20	20	19	13	09	11	18	26	31	32	30	24	23	21	20	20	20	17	20.4	32	09
22	11	13	14	18	20	19	18	18	12	06	01	04	08	08	09	14	18	18	18	18	19	17	12	11	13.5	20	01
23†	08	-03	-01	04	05	09	11	11	06	00	00	00	12	21	28	52	74	65	51	35	31	27	12	16	19.8	**74**	-03
24	18	21	20	16	21	21	24	28	23	17	10	11	18	22	24	30	34	38	31	25	20	12	12	11	21.1	38	10
25	16	20	21	18	12	16	14	20	16	06	05	07	15	17	24	30	27	28	27	24	24	21	17	21	18.6	30	05
26	22	22	22	22	22	22	22	20	17	14	13	12	18	23	25	26	28	27	27	20	18	16	15	13	20.2	28	12
27	15	11	15	19	23	25	26	25	19	14	12	13	18	27	34	36	31	26	26	25	24	24	24	23	22.3	36	11
28*	23	23	24	24	26	28	29	26	23	17	08	08	08	09	13	19	22	22	22	24	24	23	23	22	20.4	29	08
29*	22	23	23	24	24	24	25	25	20	11	04	04	07	10	15	21	21	24	25	25	23	20	21	21	19.2	25	04
30	21	21	21	22	24	24	25	26	22	15	11	09	09	14	19	20	18	18	19	21	22	21	20	20	19.2	26	09
31	18	15	16	16	17	19	22	21	17	14	11	15	23	33	50	51	46	41	39	35	33	30	27	24	**26.4**	51	11
Mittel	13	12	13	15	15	16	17	17	14	08	04	04	09	14	19	24	25	24	23	22	20	17	16	14	15.5	28	02

Vertikalkomponente.

Niemegk — $Z = 0.43500 + \text{Tafelwert}$ (Γ) — 1942

Tag	0h–1h	1h–2h	2h–3h	3h–4h	4h–5h	5h–6h	6h–7h	7h–8h	8h–9h	9h–10h	10h–11h	11h–12h	12h–13h	13h–14h	14h–15h	15h–16h	16h–17h	17h–18h	18h–19h	19h–20h	20h–21h	21h–22h	22h–23h	23h–24h Weltzeit	Tagesmittel	Max.	Min.
September																									γ		
1	24	24	25	26	26	28	29	28	20	12	07	08	15	23	30	45	56	58	54	46	40	35	32	29	30.0	58	07
2	29	30	26	23	24	27	32	24	23	22	17	16	22	27	28	28	29	29	27	28	31	28	20	19	25.4	32	16
3	23	24	24	22	23	28	31	33	26	17	17	19	21	21	23	27	27	27	26	27	27	27	26	26	24.7	33	17
4	25	25	24	24	25	26	25	23	22	18	16	16	18	21	20	22	23	24	26	28	28	26	25	25	23.1	28	16
5	24	23	22	23	18	21	24	24	22	20	17	17	20	23	30	36	33	27	29	29	30	30	29	26	24.9	36	17
6	26	22	17	17	19	22	23	20	22	17	11	12	18	31	46	52	49	39	39	34	32	30	14	11	26.0	52	11
7	18	22	22	23	26	27	27	26	21	16	13	18	23	25	27	30	33	34	30	28	28	27	22	22	24.5	34	13
8	24	25	24	22	21	21	21	22	23	23	21	20	21	24	26	30	31	30	29	29	28	28	28	27	24.9	31	20
9*	27	26	25	24	24	26	28	24	19	18	17	18	19	20	24	25	27	27	25	26	26	25	24	24	23.7	28	17
10	24	23	23	20	19	21	20	19	16	10	10	12	15	21	26	28	30	30	30	29	28	28	24	23	22.0	30	10
11	23	21	21	21	23	23	23	24	21	10	06	12	17	21	21	17	18	33	35	35	34	32	12	−03	**20.8**	35	−03
12†	−21	−07	09	10	05	09	16	15	19	21	22	30	35	39	39	43	45	44	35	36	28	19	18	21	22.1	45	**−21**
13	15	11	15	21	26	27	28	31	29	29	22	21	23	26	30	36	42	38	36	31	30	33	23	14	26.5	42	11
14†	12	14	14	16	22	23	26	22	24	21	22	23	27	26	27	38	42	44	42	23	16	18	15	13	23.8	44	12
15	10	10	15	20	18	20	22	25	26	24	24	26	26	29	39	48	52	46	39	37	32	28	26	25	27.8	52	10
16	27	26	18	16	18	21	21	24	26	22	17	20	30	30	31	33	33	42	37	34	31	18	16	13	25.2	42	13
17†	13	21	21	23	25	28	27	29	25	25	31	32	35	39	46	57	59	47	38	36	35	21	07	09	**30.4**	**59**	07
18†	18	20	22	24	26	30	30	30	29	25	21	20	23	26	36	40	46	44	32	38	30	21	18	11	27.5	46	11
19	13	18	17	13	13	18	23	23	24	24	23	22	29	34	36	35	43	36	37	35	34	26	23	26	26.0	43	13
20	24	23	22	24	27	25	26	27	24	21	19	24	31	31	40	40	42	40	34	28	22	23	26	12	27.3	42	12
21†	15	17	17	14	19	25	24	24	24	23	24	28	39	43	43	40	50	42	34	30	31	27	27	25	28.5	50	14
22	26	25	27	29	24	27	24	24	19	18	20	30	35	35	36	36	35	37	35	35	33	25	24	17	28.2	37	17
23	18	22	26	28	28	29	30	29	24	16	14	18	23	27	30	31	30	29	29	29	29	30	30	28	26.1	31	14
24	20	22	26	26	28	29	30	30	27	23	21	24	29	29	32	34	34	32	30	30	30	31	29	30	28.2	34	20
25*	30	31	31	29	29	30	29	28	24	19	15	18	19	21	25	28	29	31	31	31	32	30	26	24	26.7	32	15
26	26	27	29	28	29	30	32	32	26	19	12	16	20	24	30	36	41	43	36	35	34	32	28	27	28.8	43	12
27	29	29	28	28	28	28	29	29	28	27	23	24	25	29	34	36	32	32	31	31	33	33	25	26	29.0	36	23
28*	28	28	27	27	27	28	29	29	28	27	26	26	29	27	28	31	30	29	29	29	29	29	28	25	28.0	31	25
29*	24	25	25	25	25	26	28	25	22	18	09	07	09	17	22	25	27	29	29	28	27	26	26	26	22.9	29	07
30*	26	26	25	25	25	26	28	27	20	14	09	10	13	17	22	24	25	27	30	31	30	29	27	26	23.4	31	09
Mittel	21	22	22	22	23	25	26	26	23	20	18	20	24	27	31	34	36	36	33	32	30	27	23	21	25.9	39	12
Oktober																									γ		
1*	26	26	26	25	26	29	31	31	25	22	20	21	22	23	24	26	26	27	27	27	26	25	25	21	**25.3**	31	20
2†	20	22	22	20	20	18	17	14	14	16	10	13	26	38	52	86	80	64	65	53	27	25	30	27	32.5	86	10
3†	26	04	05	04	−06	07	20	26	26	26	28	33	41	48	50	65	71	55	38	35	36	32	23	16	29.5	71	**−06**
4	14	21	20	24	28	30	32	35	33	31	31	33	43	52	57	65	64	52	47	43	43	38	26	15	36.5	65	14
5	22	22	24	22	24	30	33	35	35	34	37	40	41	47	56	54	43	41	38	36	34	35	34	32	35.4	56	22
6	29	30	31	32	33	36	39	38	36	31	29	29	30	30	32	33	32	32	32	33	35	31	29	29	32.1	39	29
7	27	19	15	19	22	28	37	35	32	27	24	23	28	38	43	46	46	41	42	41	41	39	31	30	32.2	46	15
8	32	32	33	32	31	32	36	36	33	28	25	27	31	35	38	39	38	40	42	44	39	37	36	34	34.6	44	25
9*	33	28	27	29	32	34	35	36	33	29	26	26	27	32	32	33	32	32	32	32	31	31	31	31	31.0	36	26
10	31	31	30	29	27	27	28	25	23	19	17	16	18	21	26	27	26	26	26	28	29	31	30	30	25.9	31	16
11	30	30	30	30	30	31	33	31	25	20	13	14	15	19	27	31	30	28	28	29	37	35	35	34	27.7	37	13
12	31	25	25	18	20	24	27	28	25	24	29	29	42	40	42	46	47	39	37	38	35	35	27	16	31.2	47	16
13†	19	22	17	20	26	30	31	29	24	20	21	25	26	31	41	44	47	38	46	40	35	24	16	16	28.7	47	16
14	21	29	28	28	30	31	35	36	34	29	25	31	42	45	52	61	48	40	37	27	21	16	22	26	33.1	61	16
15	28	30	31	30	32	25	27	29	26	21	22	26	31	37	43	44	44	40	32	35	35	27	15	11	30.0	44	11
16	19	20	16	24	27	29	31	29	26	24	22	26	35	42	41	42	44	42	31	36	27	28	30	30	30.0	44	16
17	29	26	27	29	30	25	28	29	28	26	25	28	29	33	36	37	36	35	35	34	32	29	29	32	30.3	37	25
18	33	32	30	29	30	30	35	36	33	29	29	31	35	36	42	44	45	43	44	45	38	32	33	31	35.2	45	29
19	21	15	10	21	25	27	32	32	30	25	27	36	46	56	63	70	60	44	41	42	37	37	37	36	36.2	70	10
20	36	31	31	31	30	30	34	33	30	26	31	37	41	46	52	57	60	50	41	38	37	36	37	36	38.0	60	26
21	36	36	35	35	34	35	36	37	35	30	30	31	36	40	40	46	46	45	41	39	38	38	37	36	37.2	46	30
22*	36	35	34	34	35	35	39	39	36	35	35	36	39	37	39	37	35	35	35	36	36	36	36	36	36.1	39	34
23*	34	34	34	34	34	36	40	40	35	31	29	33	34	34	36	34	35	38	37	36	35	35	35	34	34.9	40	29
24*	34	33	33	32	31	32	31	31	25	23	24	27	27	28	30	31	30	30	31	31	32	31	32	32	30.0	34	23
25	32	31	31	27	25	24	24	22	14	14	15	18	25	27	31	33	32	33	34	34	34	33	33	32	27.4	34	14
26	32	32	27	26	27	25	26	27	22	19	18	20	24	29	32	32	32	31	31	32	26	24	26	27	27.0	32	18
27	23	20	20	22	25	26	26	27	27	22	23	26	28	30	31	32	32	32	31	31	31	28	27	28	27.0	32	20
28†	29	29	28	29	28	28	29	29	25	22	22	23	30	43	62	96	114	128	138	103	76	22	22	04	**48.3**	**138**	04
29†	05	24	31	27	32	37	45	50	37	40	54	75	82	71	69	62	76	78	59	37	32	16	07	15	44.2	82	05
30	16	24	25	21	28	34	38	43	44	45	46	46	55	66	76	82	75	62	51	45	40	27	20	22	43.0	82	16
31	25	27	31	31	35	38	44	53	52	45	45	50	55	66	66	63	60	55	44	45	43	41	33	38	45.2	66	25
Mittel	27	26	26	26	27	29	32	33	30	27	27	30	35	39	44	48	48	44	42	39	35	31	29	27	33.4	52	18

Vertikalkomponente.

Niemegk — $Z = 0.43500 + \text{Tafelwert}$ (Γ) — 1942

0h 1h 2h 3h 4h 5h 6h 7h 8h 9h 10h 11h 12h 13h 14h 15h 16h 17h 18h 19h 20h 21h 22h 23h 24h Weltzeit

November

Tag	0h	1h	2h	3h	4h	5h	6h	7h	8h	9h	10h	11h	12h	13h	14h	15h	16h	17h	18h	19h	20h	21h	22h	23h	Tagesmittel γ	Max.	Min.
1	38	37	37	38	39	38	40	43	43	35	36	38	43	50	49	50	46	45	44	43	43	40	40	38	41.4	50	35
2	38	32	35	34	34	34	36	40	42	39	38	39	43	52	56	59	60	60	58	50	40	40	39	34	43.0	60	32
3	35	38	38	38	37	37	39	42	40	37	37	42	47	54	55	54	54	56	53	50	41	41	40	39	43.5	56	35
4	40	41	40	40	40	37	38	42	37	36	39	41	40	43	43	42	42	41	41	40	39	40	39	35	39.8	43	35
5	35	32	35	35	36	36	37	40	35	31	32	34	36	39	40	39	39	39	36	37	37	39	40	37	36.5	40	31
6*	40	40	36	34	36	36	39	40	38	37	37	40	41	44	44	43	41	40	39	40	39	39	39	38	39.2	44	34
7	37	37	34	34	34	36	35	36	37	36	37	40	42	45	49	48	44	41	41	41	44	44	43	41	39.8	49	34
8	41	38	36	35	32	30	30	30	31	33	35	37	42	46	43	41	40	39	39	41	41	44	41	40	37.7	46	30
9	35	35	36	36	37	36	36	38	37	36	37	38	39	41	40	39	40	38	38	39	38	38	38	37	37.6	41	35
10	36	36	36	36	36	35	32	32	30	28	29	30	33	41	46	42	42	44	44	42	42	35	32	32	36.3	46	28
11	32	30	30	30	31	32	33	34	32	30	33	35	40	38	38	40	38	39	41	36	38	36	35	30	34.6	41	30
12	30	30	32	35	34	34	36	40	40	36	34	31	32	36	39	40	40	39	37	39	39	36	34	27	35.4	40	27
13	25	26	31	32	32	32	32	37	35	31	29	28	28	34	46	49	45	45	47	45	44	41	39	34	36.1	49	25
14	32	33	33	35	35	36	36	37	34	33	32	34	35	39	39	41	39	40	39	40	38	33	34	29	35.7	41	29
15	28	21	27	28	30	32	32	33	31	30	31	33	35	38	39	39	41	41	38	33	33	33	32	28	32.8	41	21
16	22	25	28	30	32	32	32	32	30	27	27	28	32	35	36	35	34	33	35	34	35	33	32	32	31.3	36	22
17*	31	32	32	32	32	32	32	32	31	27	27	32	37	38	41	44	45	44	44	44	43	40	38	34	36.0	45	27
18	29	30	31	32	33	32	31	29	28	27	28	32	34	37	39	39	38	36	36	38	39	36	35	34	33.5	39	27
19*	34	33	33	33	32	31	30	27	24	22	23	27	29	31	31	33	34	33	34	32	33	32	32	32	**30.6**	34	22
20	31	31	31	28	29	25	24	23	24	21	24	30	34	38	40	41	42	47	48	49	43	41	41	38	34.3	49	21
21	37	36	36	36	34	34	33	30	29	28	29	32	32	35	36	36	36	37	37	38	36	36	35	34	34.2	38	28
22*	35	35	35	34	34	34	31	28	25	27	28	29	33	35	34	35	35	34	34	35	33	31	32	31	32.4	35	25
23†	32	32	31	29	29	29	28	26	24	22	22	27	33	42	43	52	58	49	44	44	43	32	10	−04	32.4	58	−04
24†	−05	−26	01	02	−04	06	22	33	35	38	49	49	61	66	56	51	52	50	49	46	30	37	40	39	32.4	66	**−26**
25†	33	32	21	27	28	30	32	37	38	37	42	46	48	53	58	60	59	54	52	43	46	36	26	35	40.5	60	21
26†	37	38	33	18	20	30	35	37	37	37	38	39	49	55	62	58	54	50	50	43	38	40	32	28	39.9	62	18
27	33	36	38	38	38	38	37	38	36	38	41	44	44	46	48	48	45	44	45	46	46	41	39	37	41.0	48	33
28†	39	39	40	39	39	39	39	41	42	38	42	47	56	60	66	64	61	55	56	54	51	49	36	38	**47.1**	**66**	36
29	28	30	33	36	39	41	41	43	42	42	40	42	48	50	50	51	52	52	54	49	45	44	43	39	43.1	54	28
30*	40	40	40	40	39	38	38	38	37	38	36	36	43	48	49	49	49	50	50	50	48	44	42	40	42.6	50	36
Mittel	33	32	33	32	33	33	34	35	34	33	34	36	40	44	45	45	45	44	43	42	40	38	36	34	37.4	48	26

Dezember

Tag	0h	1h	2h	3h	4h	5h	6h	7h	8h	9h	10h	11h	12h	13h	14h	15h	16h	17h	18h	19h	20h	21h	22h	23h	Tagesmittel γ	Max.	Min.
1	37	38	39	41	41	40	40	40	39	37	37	41	43	47	47	43	42	42	45	45	46	42	36	38	41.1	47	36
2	38	38	38	38	39	38	38	36	36	36	35	37	39	41	41	42	42	42	42	41	41	41	40	42	39.0	42	33
3	37	41	40	40	40	40	38	35	33	32	34	35	36	40	41	41	42	43	42	44	44	43	40	32	38.9	44	32
4	33	35	36	35	36	37	36	33	31	29	28	31	34	40	48	50	49	46	46	46	44	44	41	39	38.6	50	28
5	40	39	34	34	36	38	38	34	33	32	32	35	38	40	41	43	43	42	42	41	41	40	39	39	38.1	43	32
6	39	39	38	38	38	37	37	36	32	32	33	34	36	39	42	40	39	38	40	43	43	42	35	32	**37.6**	43	32
7	36	37	37	37	37	36	36	37	36	35	35	38	44	44	45	49	57	59	60	60	54	50	42	32	43.0	60	32
8†	37	40	42	42	42	41	40	39	38	33	36	38	42	45	50	58	67	75	70	68	58	51	45	44	47.5	75	33
9†	44	44	45	40	39	40	40	40	39	38	38	37	40	45	54	49	51	58	69	80	73	66	41	15	46.9	80	15
10	07	23	24	24	29	35	38	42	43	42	44	45	46	48	50	50	49	50	50	52	47	41	40	41	40.0	52	**07**
11	42	44	42	42	39	37	40	41	37	37	40	41	46	52	47	47	47	47	47	46	46	44	42	28	42.5	52	28
12	27	34	37	38	39	40	37	40	39	36	37	42	51	52	49	49	48	47	46	46	46	44	44	40	42.0	52	27
13	41	40	41	42	42	42	41	41	41	40	41	40	40	41	42	45	46	47	47	48	47	46	44	41	42.8	48	40
14	40	40	40	40	40	40	37	37	36	35	36	40	40	40	43	46	49	50	54	52	49	46	44	42	42.4	54	35
15	42	40	41	41	41	41	41	42	41	38	39	39	38	40	41	41	40	42	41	42	41	42	42	39	40.6	42	38
16	38	40	41	41	41	40	39	37	37	37	38	39	41	42	43	44	44	47	48	48	48	43	44	42	41.8	48	37
17*	42	42	42	42	41	41	38	37	37	37	36	36	37	40	42	43	44	43	44	44	44	43	42	42	40.8	44	36
18*	42	42	42	40	41	41	39	36	33	33	36	36	38	42	42	41	40	40	39	39	39	40	39	39	39.1	42	33
19	40	40	39	38	39	38	38	36	35	34	37	39	39	41	41	40	40	40	39	38	40	40	39	39	38.7	41	34
20	36	37	36	33	35	35	35	35	35	35	37	35	36	39	40	42	42	43	45	45	42	42	42	34	38.2	45	33
21†	36	38	39	39	36	32	29	28	30	35	36	34	56	68	62	63	68	65	60	52	48	42	38	36	44.6	68	28
22	39	37	35	29	33	36	40	40	40	40	41	46	48	52	53	53	50	48	51	49	47	46	45	45	43.5	53	29
23†	45	45	44	44	43	40	41	46	49	52	57	60	80	85	87	78	74	72	74	67	59	53	52	51	**58.2**	**87**	40
24	48	47	49	50	50	50	50	50	51	53	51	51	52	57	63	67	63	57	56	53	51	46	40	42	52.0	67	40
25	45	45	38	38	43	46	47	47	46	47	48	46	49	52	57	57	58	60	58	55	53	51	46	45	49.0	60	38
26†	43	40	40	42	36	36	39	40	40	40	41	45	49	52	62	61	61	60	60	58	54	44	44	33	46.7	62	33
27	40	45	46	46	45	44	44	44	44	45	46	46	48	50	50	49	49	50	50	50	50	48	49	48	46.9	50	40
28*	47	47	47	47	45	46	48	49	48	48	48	46	48	51	52	50	51	51	51	50	50	48	47	46	48.4	52	45
29	46	46	47	46	46	46	46	46	46	46	46	45	47	48	48	48	49	50	48	48	48	48	48	47	47.0	50	45
30*	47	46	46	46	46	46	46	46	46	46	43	41	42	44	45	46	46	46	46	46	47	46	46	44	45.4	47	41
31*	44	42	42	43	43	43	43	43	43	42	39	38	40	42	44	44	44	44	44	44	44	44	44	43	42.8	44	38
Mittel	39	40	40	40	40	40	40	40	39	39	40	41	44	47	49	49	49	50	50	50	48	45	43	39	43.4	53	33

Nordkomponente.

Niemegk — $X = 0.18300 + \text{Tafelwert}$ (Γ) — 1943

Januar (Weltzeit)

Tag	0h–1h	1h–2h	2h–3h	3h–4h	4h–5h	5h–6h	6h–7h	7h–8h	8h–9h	9h–10h	10h–11h	11h–12h	12h–13h	13h–14h	14h–15h	15h–16h	16h–17h	17h–18h	18h–19h	19h–20h	20h–21h	21h–22h	22h–23h	23h–24h	Tagesmittel γ	Max.	Min.
1	96	97	98	100	103	105	105	103	97	93	96	102	108	113	114	112	115	111	103	85	84	87	77	76	99.2	115	76
2	87	88	93	94	99	102	103	98	92	86	84	89	88	88	89	86	71	74	82	90	91	89	91	88	89.2	103	71
3	89	92	100	98	101	112	113	111	104	95	88	84	85	78	79	78	98	101	98	91	92	94	94	99	94.8	113	78
4†	109	91	87	88	94	96	101	96	89	89	78	28	40	58	87	82	45	63	48	64	103	95	84	80	79.0	109	28
5	84	69	81	81	95	92	88	87	79	71	78	86	89	89	81	77	72	73	78	88	96	106	95	75	83.8	106	69
6	79	77	82	85	87	87	95	96	86	77	65	68	83	85	88	85	82	89	84	86	112	95	86	85	85.2	112	65
7*	86	90	89	92	93	92	96	98	95	88	89	90	90	93	96	96	95	97	95	94	92	92	92	94	92.7	98	86
8	92	90	91	92	96	98	99	99	95	90	87	90	92	96	95	96	93	90	88	87	92	86	95	106	93.1	106	86
9	89	85	95	103	106	102	99	90	78	78	87	84	82	84	89	92	92	82	82	86	90	95	91	90	89.6	106	78
10	90	90	92	92	91	94	96	98	96	91	94	90	97	100	99	98	95	90	91	86	84	103	102	84	93.5	103	84
11	85	89	90	92	93	97	98	102	103	101	99	98	98	98	98	90	86	92	94	96	95	104	94	98	95.4	104	85
12	94	94	95	97	95	110	109	104	101	91	88	87	91	91	95	98	97	92	91	92	90	92	90	89	94.7	110	87
13*	91	93	94	96	97	97	101	104	99	101	97	96	95	97	95	95	94	98	98	97	100	98	102	100	97.3	104	91
14*	98	97	99	101	98	101	103	105	103	101	100	101	101	101	104	106	105	105	104	104	102	102	100	99	101.7	106	97
15*	98	98	99	102	103	107	109	109	106	103	102	103	104	105	106	105	105	105	107	105	103	100	99	99	**103.4**	109	98
16	99	102	103	104	106	107	110	111	108	104	101	99	98	98	91	81	81	87	87	80	87	88	90	100	96.8	111	80
17†	106	93	96	104	111	114	118	111	114	113	89	51	51	59	66	65	72	47	62	90	90	86	91	110	87.9	118	47
18	98	88	90	89	91	94	100	92	85	85	85	76	73	81	84	90	90	85	88	80	89	90	91	91	87.7	100	73
19	93	95	93	99	96	97	103	97	94	90	87	87	91	85	95	97	92	81	81	89	90	96	104	97	92.9	104	81
20†	93	91	96	99	105	108	94	99	95	82	78	66	80	70	64	49	55	21	47	13	01	58	37	60	**69.2**	108	**01**
21†	59	55	54	78	82	88	77	78	72	62	34	40	54	70	61	69	67	71	76	76	80	92	109	76	70.0	109	34
22†	122	83	77	84	86	92	95	90	78	59	61	68	65	54	55	66	53	78	69	70	77	93	92	75	76.8	**122**	53
23	70	76	83	83	89	81	87	86	84	83	75	70	77	81	84	82	78	82	86	86	85	101	88	87	82.7	101	70
24	81	82	75	93	91	93	97	93	92	94	84	73	78	78	82	81	87	88	85	82	94	88	88	93	86.3	97	73
25*	98	89	90	92	94	94	96	94	95	94	88	84	84	89	91	88	86	90	92	92	97	100	100	97	92.2	100	84
26	97	97	109	103	104	106	105	104	97	66	61	81	78	81	84	82	60	86	84	86	89	91	98	94	89.3	109	60
27	92	89	93	92	93	94	98	100	96	89	86	81	86	72	74	72	75	88	88	92	94	95	94	93	88.6	100	72
28	91	92	94	97	102	99	105	105	95	73	69	69	74	76	75	79	78	90	84	97	100	98	94	92	88.7	105	69
29	98	89	96	96	99	98	100	102	98	93	92	86	84	88	92	94	93	97	96	98	89	105	96	93	94.7	105	84
30	94	110	91	99	98	102	105	101	93	87	83	84	87	93	99	98	94	95	96	96	93	100	114	97	96.2	114	83
31	93	94	96	98	100	106	104	100	90	85	88	89	88	91	86	86	96	98	91	96	95	99	87	92	93.7	106	85
Mittel	92	89	91	94	97	99	100	99	94	88	84	81	84	85	87	86	84	85	86	86	90	94	92	91	89.9	107	72

Februar

Tag	0h–1h	1h–2h	2h–3h	3h–4h	4h–5h	5h–6h	6h–7h	7h–8h	8h–9h	9h–10h	10h–11h	11h–12h	12h–13h	13h–14h	14h–15h	15h–16h	16h–17h	17h–18h	18h–19h	19h–20h	20h–21h	21h–22h	22h–23h	23h–24h	Tagesmittel γ	Max.	Min.
1	90	100	96	92	95	97	100	100	96	93	92	90	86	88	88	88	94	90	92	92	93	89	102	108	93.8	108	86
2	94	95	95	98	102	104	105	106	107	107	107	104	101	94	90	90	92	94	102	105	99	93	92	91	**98.6**	107	90
3	91	102	95	97	100	106	108	108	109	106	103	89	82	72	72	86	85	93	98	92	99	83	85	89	93.8	109	72
4	89	87	83	104	99	98	98	92	96	94	81	72	91	86	76	79	78	90	88	86	86	92	90	88	88.5	104	72
5†	100	99	97	96	96	100	91	90	93	92	87	76	71	87	84	87	95	86	90	90	98	87	90	90	90.5	100	71
6	83	86	88	88	95	100	101	91	84	82	84	80	80	91	92	97	79	75	75	84	91	96	107	92	88.4	107	75
7	91	92	87	90	88	94	100	99	92	86	86	84	87	91	95	95	91	87	80	86	87	97	100	95	90.8	100	80
8	106	91	90	91	96	100	104	106	103	98	90	86	89	91	89	91	92	95	89	105	84	93	95	96	94.6	106	84
9	95	95	96	101	99	105	108	112	104	91	87	84	86	90	94	99	94	96	95	101	105	94	96	96	96.8	112	84
10*	96	97	98	100	103	103	107	107	101	91	93	91	89	88	90	91	94	94	95	100	97	96	101	93	96.5	107	88
11	94	91	99	105	117	114	100	94	88	83	80	76	74	80	88	90	91	91	90	87	95	87	90	91	91.5	117	74
12	90	87	91	93	92	92	95	96	92	85	78	74	81	90	98	96	95	95	96	96	102	105	104	102	92.7	105	74
13	98	107	116	122	107	114	109	107	90	81	76	76	80	90	83	84	88	92	87	90	91	92	105	94	95.0	122	76
14*	95	94	95	95	97	101	94	102	98	100	91	94	98	98	98	98	97	97	101	103	100	99	93	93	97.1	103	91
15*	94	99	100	103	104	105	101	104	89	84	78	85	86	85	88	90	93	93	94	96	98	94	94	94	93.8	105	78
16	93	94	93	93	95	98	102	103	97	88	84	84	89	92	93	93	94	105	106	106	112	114	111	115	98.1	115	84
17†	120	114	106	104	132	115	90	77	56	84	61	13	74	77	50	67	73	75	80	86	116	106	92	80	85.3	**132**	**13**
18	80	80	81	84	86	86	90	82	67	78	77	76	78	76	78	82	86	90	93	93	91	90	95	91	83.8	95	67
19	101	101	89	90	93	96	96	94	87	78	78	79	87	86	82	74	85	88	89	92	92	92	92	90	88.8	101	74
20	89	90	90	92	93	96	100	96	89	82	73	69	71	78	82	85	86	90	88	94	95	93	93	94	87.8	100	69
21	93	93	94	95	97	98	100	97	93	86	85	85	87	87	86	85	88	82	77	77	88	100	93	93	90.0	100	77
22*	92	92	94	96	99	101	105	105	105	96	85	87	85	84	92	88	92	97	92	92	95	93	96	97	94.2	105	84
23	95	103	94	95	101	105	107	110	100	86	85	88	88	84	90	92	90	88	95	86	86	96	92	88	93.5	110	84
24	88	88	94	96	90	89	100	101	97	83	74	76	76	77	81	88	91	85	81	89	89	111	91	104	89.1	111	74
25†	88	87	87	89	92	96	100	100	93	84	78	78	82	84	84	76	73	70	57	56	69	59	56	53	78.8	100	53
26†	54	52	107	85	73	85	81	84	75	67	53	65	70	78	83	82	55	48	56	44	46	55	60	58	**67.3**	107	44
27†	69	73	78	83	83	72	75	80	79	72	60	63	66	65	72	77	81	84	83	89	90	91	91	86	77.6	91	60
28*	84	81	83	87	89	93	99	98	90	80	74	69	72	78	81	81	79	84	89	94	94	94	92	91	85.7	99	69
Mittel	91	92	93	95	97	99	99	98	92	87	81	78	82	85	85	87	87	88	88	90	92	93	93	91	90.1	106	73

Nordkomponente.

Niemegk

$X = 0.18300 + \text{Tafelwert}$ Γ

1943

Tag	0h–1h	1h–2h	2h–3h	3h–4h	4h–5h	5h–6h	6h–7h	7h–8h	8h–9h	9h–10h	10h–11h	11h–12h	12h–13h	13h–14h	14h–15h	15h–16h	16h–17h	17h–18h	18h–19h	19h–20h	20h–21h	21h–22h	22h–23h	23h–24h Weltzeit	Tagesmittel	Max.	Min.
März																									γ		
1	90	92	92	93	95	100	110	107	103	100	95	95	97	90	84	61	58	67	80	87	91	93	94	95	90.4	110	58
2	96	96	94	90	99	102	106	80	45	32	50	67	74	66	67	71	73	74	77	84	83	83	86	87	78.4	106	32
3	83	81	82	82	86	91	97	100	94	79	59	64	65	67	71	71	77	80	78	72	74	76	79	82	78.8	100	59
4†	88	88	86	88	93	97	99	87	64	66	64	45	54	73	78	77	67	74	71	74	88	121	74	82	79.1	121	45
5	85	86	75	89	99	87	80	60	74	69	69	68	63	65	70	70	70	85	65	84	81	94	87	83	77.4	99	60
6	92	82	82	86	90	89	87	83	80	74	69	70	72	78	78	81	78	80	86	95	102	79	83	89	82.7	102	69
7	88	87	90	88	91	95	94	93	83	70	68	70	69	74	78	79	84	82	99	85	88	84	84	84	83.6	99	68
8	90	94	78	88	88	88	92	91	86	77	74	72	68	74	78	78	78	74	87	90	88	92	83	79	82.8	94	68
9	84	80	88	89	91	97	98	89	86	80	81	81	78	84	89	84	74	77	88	94	87	92	96	94	86.7	98	74
10*	89	89	95	92	92	95	97	96	92	88	85	81	81	82	85	82	82	81	83	82	86	84	92	97	87.8	97	81
11	84	82	93	91	94	94	95	92	86	73	68	68	72	75	86	92	96	105	101	78	82	78	75	71	84.6	105	68
12	86	94	73	98	86	91	94	90	87	82	73	71	64	66	82	58	71	69	81	88	84	85	96	94	81.8	98	58
13*	88	83	83	86	88	90	92	90	82	70	62	66	74	82	83	84	85	88	91	91	93	94	93	97	84.8	97	62
14	94	88	82	88	95	99	97	95	80	67	73	72	72	79	86	75	85	93	94	95	94	92	96	91	86.8	99	67
15*	89	90	89	92	94	95	95	90	80	69	62	68	76	84	84	86	87	88	94	98	98	98	98	98	87.6	98	62
16	97	93	95	98	105	102	99	92	85	49	06	27	55	48	60	68	61	78	88	85	94	79	82	99	76.9	105	**06**
17	85	74	82	84	84	85	83	82	72	61	40	31	44	63	75	77	79	84	84	86	88	97	94	96	76.2	97	31
18	87	86	89	90	90	90	96	86	65	59	60	64	71	75	83	87	85	86	85	87	94	94	96	95	83.3	96	59
19	95	91	92	95	98	102	106	95	88	80	72	69	78	84	85	94	82	94	100	104	94	122	94	90	**91.8**	**122**	69
20†	93	93	86	93	98	100	99	102	67	55	54	65	66	63	63	67	81	76	116	68	78	82	87	89	80.9	116	54
21	92	90	87	84	89	93	84	83	74	64	58	50	60	68	74	78	72	79	93	90	103	103	100	101	82.0	103	50
22	105	105	100	100	99	100	99	88	75	69	49	60	74	88	89	74	79	83	90	96	110	95	110	102	89.1	110	49
23†	101	102	65	78	75	75	65	54	41	47	47	47	51	64	73	75	78	90	84	97	110	90	90	87	74.4	110	41
24	80	81	83	83	90	93	82	71	72	66	61	56	47	70	76	80	84	87	84	88	90	90	90	90	78.9	93	47
25*	87	87	88	88	82	89	97	92	80	70	62	58	62	67	74	81	85	90	93	94	93	94	92	92	83.2	97	58
26	94	93	98	94	99	98	96	97	91	81	75	78	86	89	90	89	81	86	91	95	97	100	101	103	91.8	103	75
27	102	96	96	99	101	103	103	97	87	79	76	76	81	82	80	79	80	86	95	95	98	93	95	95	90.6	103	76
28*	95	95	95	95	99	101	102	94	80	75	71	70	70	76	83	92	93	95	95	100	101	96	99	98	90.4	102	70
29†	92	91	98	107	103	94	91	89	83	82	79	82	79	90	92	80	55	88	122	92	57	44	39	60	82.9	122	39
30†	58	63	72	76	72	60	51	42	45	51	32	42	61	66	47	68	71	81	78	76	112	83	69	57	**63.9**	112	32
31	66	58	66	65	68	74	82	76	74	68	65	66	58	67	69	71	90	82	61	74	67	88	84	81	71.7	90	58
Mittel	89	87	86	89	91	93	93	86	77	69	63	64	68	74	78	78	78	83	88	88	90	90	88	89	82.6	103	56
April																									γ		
1	73	70	68	79	68	64	70	68	62	53	55	52	50	59	58	50	58	72	91	83	75	78	85	80	67.5	91	50
2	91	98	86	87	93	90	66	69	66	68	66	63	58	58	64	74	80	86	85	86	82	103	87	104	79.6	104	58
3†	113	77	107	93	83	85	74	59	62	47	28	38	57	64	78	81	86	100	77	73	81	86	96	108	77.2	113	28
4	106	73	74	82	92	86	78	64	62	57	55	48	73	78	66	87	70	74	80	90	89	88	90	94	77.3	106	48
5†	100	78	56	83	86	84	83	70	49	42	42	58	69	65	61	78	118	79	70	76	86	103	105	99	76.7	118	42
6†	75	70	79	84	92	101	99	98	76	25	37	31	15	60	63	62	60	70	79	88	92	90	90	90	71.9	101	15
7	107	75	73	97	96	95	92	82	74	67	63	67	64	59	72	78	80	86	83	100	92	90	85	85	81.8	107	59
8	91	91	90	86	89	88	89	80	70	70	61	60	67	70	79	83	89	89	87	89	88	89	90	91	82.3	91	60
9	90	89	86	87	90	94	97	95	89	76	70	69	72	82	88	89	90	94	97	100	100	97	92	96	88.7	100	69
10	91	86	87	87	92	90	83	68	63	50	33	30	32	40	54	59	67	77	78	97	76	65	94	108	71.1	108	30
11†	103	71	103	91	48	25	20	14	10	11	25	26	40	45	49	56	63	59	69	72	69	64	75	92	**54.2**	103	**10**
12	84	78	77	80	83	85	80	74	69	54	49	51	50	59	70	77	83	87	89	88	89	90	89	85	75.8	90	49
13*	87	87	88	90	95	98	98	88	78	71	67	72	78	80	83	84	81	87	92	95	94	94	99	98	86.8	99	67
14*	92	91	94	96	100	105	108	106	95	80	70	67	69	75	83	92	94	95	99	100	100	104	104	102	92.5	108	67
15	100	100	102	103	107	111	114	114	104	87	76	73	76	79	82	92	101	89	110	104	95	108	109	109	**97.7**	114	73
16	109	98	100	100	110	105	90	83	87	75	66	60	59	56	67	86	98	98	98	94	99	99	99	98	88.9	110	56
17	101	105	96	94	99	99	88	79	81	73	66	67	76	79	86	80	87	91	95	94	95	94	93	92	87.9	105	66
18	95	94	94	94	83	88	86	82	77	76	78	83	86	91	97	98	97	98	98	100	99	98	98	96	91.1	100	76
19*	96	93	92	99	94	92	88	80	73	70	72	82	90	88	88	96	97	97	97	92	93	94	95	96	89.8	99	70
20	95	95	95	97	99	100	96	95	87	79	78	71	69	90	101	106	82	93	100	102	102	98	96	98	92.7	106	69
21	126	102	80	90	96	86	87	90	75	67	55	28	57	68	61	66	90	85	87	92	86	86	88	87	80.6	**126**	28
22	87	87	89	91	95	88	89	85	63	56	60	67	75	79	82	85	88	91	94	93	93	97	97	89	84.2	97	56
23*	88	89	91	90	90	90	86	79	70	64	61	68	78	87	97	99	99	96	99	99	100	98	96	95	87.9	100	61
24*	95	96	97	96	95	96	93	86	76	67	64	69	80	88	95	98	98	97	97	100	100	101	103	104	91.3	104	64
25	102	103	97	102	93	95	84	84	84	81	74	74	70	70	81	83	80	89	95	100	104	115	94	105	90.0	115	70
26†	96	104	71	102	83	49	46	40	28	22	30	33	39	45	54	57	61	63	70	74	76	88	66	68	61.0	104	22
27	68	75	78	72	72	69	63	60	58	60	65	70	72	70	76	75	82	92	92	96	87	84	83	83	75.1	96	58
28	82	83	83	81	78	78	78	74	72	68	64	66	68	75	87	93	98	102	107	114	120	93	88	93	85.2	120	64
29	84	80	86	83	86	80	72	56	62	62	56	61	74	70	63	70	85	88	89	90	98	88	83	81	77.0	90	56
30	89	89	85	90	88	82	75	76	82	66	29	67	67	60	70	78	80	92	94	94	112	94	90	89	80.8	112	29
Mittel	94	88	87	90	89	87	82	77	70	61	57	59	64	70	75	80	85	87	90	92	92	93	92	94	81.5	105	52

Nordkomponente.

Niemegk $X = 0.18300 + \text{Tafelwert}$ [γ] 1943

Weltzeit

Tag	0h–1h	1h–2h	2h–3h	3h–4h	4h–5h	5h–6h	6h–7h	7h–8h	8h–9h	9h–10h	10h–11h	11h–12h	12h–13h	13h–14h	14h–15h	15h–16h	16h–17h	17h–18h	18h–19h	19h–20h	20h–21h	21h–22h	22h–23h	23h–24h	Tages-mittel	Max.	Min.
Mai																									γ		
1†	100	98	71	89	67	27	08	20	32	02	17	43	35	50	64	51	64	82	87	69	74	63	86	79	**57.4**	100	**02**
2	78	83	79	74	57	50	49	50	32	19	38	46	41	41	42	67	89	85	81	83	83	81	83	81	63.0	89	19
3	70	75	76	75	73	69	63	56	55	58	60	61	60	62	65	76	88	91	83	88	87	87	111	127	75.7	127	55
4	91	91	89	91	84	66	67	67	64	60	58	58	62	71	76	81	89	88	95	98	97	91	106	86	80.2	106	58
5	89	85	88	88	84	80	71	61	57	67	68	74	50	64	65	70	86	87	92	96	96	101	99	92	79.6	101	50
6	91	92	86	91	91	88	80	72	65	63	55	61	66	71	77	71	80	86	97	101	100	97	97	96	82.2	101	55
7*	93	91	87	88	94	92	84	72	64	61	63	68	77	84	84	84	84	90	94	97	96	96	94	100	84.9	100	61
8*	98	98	98	96	96	96	90	82	74	72	78	80	80	84	88	89	94	98	100	100	100	96	96	96	90.8	100	72
9*	95	94	94	93	95	89	83	74	61	60	68	78	81	82	82	87	87	97	101	100	98	98	99	100	87.3	101	60
10	102	100	100	99	98	94	95	90	83	82	78	74	76	76	85	87	95	113	115	110	111	110	108	105	95.2	115	74
11	107	103	101	104	104	107	103	91	80	65	64	68	71	78	92	105	112	114	117	116	118	121	117	112	**98.8**	121	64
12	108	107	110	90	104	104	99	65	56	63	59	60	66	74	89	92	98	99	101	102	105	101	105	107	90.2	110	56
13	102	107	111	112	121	119	106	80	64	68	72	56	55	62	77	74	79	112	92	98	100	106	97	91	90.0	121	55
14	91	90	78	90	87	84	76	69	65	43	52	50	67	71	76	79	84	101	100	101	99	102	104	117	82.3	117	43
15	81	115	85	48	54	61	51	38	33	44	47	34	47	58	57	62	78	87	89	91	101	100	98	91	68.8	115	33
16	88	88	91	94	96	92	81	77	73	62	56	66	46	58	77	89	86	92	92	84	94	90	90	93	81.5	96	46
17†	89	85	90	101	97	98	84	76	75	60	56	48	55	64	68	83	76	87	99	110	134	99	94	89	84.0	**134**	48
18†	92	94	59	88	66	79	51	61	44	44	32	29	41	51	59	91	76	83	98	92	93	105	107	89	71.8	107	29
19	91	96	104	93	67	72	79	43	52	55	50	56	48	52	61	78	73	84	93	95	113	96	84	83	75.8	113	43
20*	89	80	85	84	81	73	65	61	54	54	59	59	73	78	78	78	80	85	88	93	90	90	90	86	77.2	93	54
21	93	83	84	87	88	82	71	63	60	57	52	65	74	77	84	89	92	94	97	101	99	97	96	96	82.5	101	52
22*	95	94	94	96	90	85	77	67	66	66	69	73	77	80	90	93	96	97	99	97	96	96	99	102	87.2	102	66
23	105	102	100	101	98	81	74	71	69	69	77	68	72	80	72	84	84	96	105	94	108	99	95	96	87.5	108	68
24†	102	116	118	99	85	81	72	61	54	57	66	77	76	88	77	84	88	86	94	81	80	87	100	91	84.2	118	54
25	88	77	83	86	79	76	73	40	49	57	61	66	72	67	47	79	78	84	100	96	90	94	81	86	75.4	100	40
26	80	85	82	78	80	74	69	66	69	69	73	73	72	73	77	84	89	87	99	96	98	101	100	109	82.6	109	66
27	106	108	103	93	86	76	67	64	58	62	68	71	80	82	82	86	88	100	106	110	97	112	109	99	88.0	112	58
28†	99	89	72	94	68	59	62	61	58	41	40	55	59	70	63	65	89	97	113	95	96	91	96	102	76.4	113	40
29	110	95	92	72	80	80	68	63	58	63	71	66	62	65	76	76	87	93	96	97	102	96	89	91	81.2	110	58
30	94	90	86	92	94	81	70	62	74	70	69	70	72	85	79	78	83	98	101	98	94	95	104	91	84.6	104	62
31	94	92	93	94	90	81	76	70	69	72	74	76	78	86	96	90	95	104	102	110	110	110	115	115	91.3	115	69
Mittel	94	94	90	90	86	81	73	64	60	58	60	62	64	70	74	81	86	93	98	97	99	97	98	97	81.9	108	52
Juni																									γ		
1	111	110	110	114	106	100	87	77	68	64	77	88	88	102	105	106	103	105	111	118	111	120	105	97	99.3	120	64
2	97	98	99	100	101	93	86	80	72	66	63	72	75	92	102	98	94	97	100	101	100	101	102	99	91.2	102	63
3*	98	96	98	101	99	91	79	66	63	69	68	66	71	78	94	98	99	101	102	107	107	106	105	105	90.3	107	63
4*	105	104	101	103	101	103	97	92	91	83	71	67	73	86	98	99	100	102	106	107	107	105	104	103	96.2	107	67
5	102	105	104	106	108	109	104	97	88	77	70	67	75	87	98	114	114	116	126	127	125	129	127	127	104.2	129	67
6	139	119	105	113	128	116	111	90	76	80	79	83	79	86	91	95	107	106	109	109	106	108	106	103	101.8	**139**	76
7	102	98	99	101	106	103	97	92	83	71	75	72	47	75	92	99	91	114	103	101	101	104	111	121	94.1	121	47
8†	119	106	97	116	102	91	80	76	62	62	65	63	59	78	78	60	84	124	96	87	93	103	104	94	87.5	124	62
9	92	94	97	90	71	88	83	73	55	16	34	52	75	64	63	90	80	83	95	106	98	100	101	95	79.0	106	**16**
10	96	95	97	90	80	96	98	83	63	47	54	65	66	67	76	87	96	84	94	99	96	100	115	90	84.8	115	47
11	91	92	94	96	96	92	87	84	78	70	64	60	59	81	92	87	74	103	98	103	104	107	98	98	87.8	107	59
12	97	96	96	98	99	85	83	71	57	75	71	66	83	77	75	80	85	92	94	110	99	102	100	99	87.1	110	57
13	93	83	99	99	84	78	79	75	74	72	74	76	75	84	86	90	97	96	92	106	117	105	106	92	88.8	117	72
14	96	112	92	90	85	67	67	79	81	72	56	67	74	92	86	82	89	105	88	92	92	91	91	90	84.8	112	56
15	90	89	91	93	89	91	87	74	62	62	67	66	69	75	84	92	93	96	100	96	100	101	102	97	86.1	102	62
16	97	96	97	104	106	99	89	76	63	61	66	75	86	86	86	87	94	97	103	101	106	101	100	103	90.5	106	61
17*	103	99	104	107	103	94	85	78	70	64	67	68	75	90	101	103	103	100	100	102	101	99	100	98	92.2	107	64
18*	99	99	102	103	104	95	91	84	78	78	78	79	80	88	97	100	99	100	106	110	110	114	115	112	96.7	115	78
19	109	110	113	113	111	108	106	99	93	84	86	92	88	91	110	111	117	101	103	116	119	112	110	105	**104.5**	119	84
20†	125	98	78	83	85	75	71	67	63	44	48	58	65	66	80	71	90	95	106	101	106	102	96	100	82.2	125	44
21†	107	105	98	89	89	90	80	61	52	53	40	63	39	65	69	76	74	107	112	102	99	103	105	103	82.5	112	39
22	95	100	92	80	72	70	55	36	37	59	59	58	52	52	74	88	92	91	115	94	91	116	99	88	**77.7**	116	36
23	85	92	80	87	95	81	70	82	69	66	70	66	57	52	75	75	70	97	102	107	109	96	94	91	82.0	109	52
24†	98	95	83	89	76	59	68	46	54	52	46	57	51	63	76	88	114	129	104	85	88	90	92	96	79.1	129	46
25	100	100	94	97	88	86	78	59	60	63	53	60	54	49	68	83	93	117	104	96	104	108	94	88	83.2	117	49
26	87	89	89	90	83	76	77	68	64	68	72	72	74	78	86	84	86	95	100	98	96	94	102	96	84.3	102	64
27	99	91	94	96	95	93	85	74	71	77	75	73	71	74	82	86	104	113	118	113	114	109	124	104	93.1	124	71
28†	102	106	108	117	108	104	105	56	50	57	66	52	48	45	77	76	89	103	104	133	95	84	87	97	86.2	133	45
29	96	91	91	90	81	91	94	80	71	67	69	63	78	88	97	100	95	93	90	90	96	99	99	100	87.9	100	63
30*	102	99	99	104	105	97	91	87	82	75	77	72	72	79	91	96	105	107	105	103	100	100	99	100	93.6	107	72
Mittel	101	99	97	99	95	91	86	75	68	65	65	68	69	76	86	90	94	102	103	104	103	104	103	100	89.3	115	58

Nordkomponente.

Niemegk

$X = 0.18300 + \text{Tafelwert.}$ (Γ)

1943

0h 1h 2h 3h 4h 5h 6h 7h 8h 9h 10h 11h 12h 13h 14h 15h 16h 17h 18h 19h 20h 21h 22h 23h 24h Weltzeit

Juli

Tag	0h	1h	2h	3h	4h	5h	6h	7h	8h	9h	10h	11h	12h	13h	14h	15h	16h	17h	18h	19h	20h	21h	22h	23h	Tagesmittel γ	Max.	Min.
1*	99	98	99	101	99	95	86	87	88	87	84	86	91	91	92	88	94	100	102	106	106	106	106	104	95.6	106	84
2	106	106	108	110	108	106	100	94	88	83	85	90	93	98	94	99	101	108	111	115	114	110	109	125	**102.5**	125	83
3	112	116	121	107	97	87	72	79	63	68	70	63	62	59	68	78	92	96	100	96	94	91	92	94	86.5	121	59
4†	94	99	94	96	94	90	84	79	72	74	83	94	68	88	96	105	84	67	100	112	122	88	96	99	90.8	122	67
5†	92	95	110	100	99	60	57	67	60	50	59	67	73	70	59	112	94	125	135	104	95	96	127	104	87.9	135	50
6†	92	89	76	98	95	54	45	66	66	47	01	42	61	65	61	86	90	75	80	81	102	92	91	104	**73.3**	104	**01**
7	90	90	94	100	88	72	84	84	74	59	51	47	53	72	87	83	100	100	99	94	99	104	103	93	84.2	104	47
8	105	101	99	95	81	90	76	48	45	71	60	42	46	49	72	75	73	76	92	104	94	87	91	92	77.7	105	42
9†	97	91	88	85	83	74	67	29	48	48	56	53	68	71	82	73	76	108	138	88	102	100	88	86	79.1	**138**	29
10†	88	84	79	90	97	88	66	56	60	52	57	44	57	66	85	68	89	88	82	88	87	86	90	89	76.5	97	44
11	88	85	86	90	89	68	56	32	18	46	56	61	75	62	86	80	83	86	93	89	94	98	106	96	76.0	106	18
12	101	92	97	96	85	74	70	76	60	42	50	50	56	70	76	85	80	96	98	98	98	98	88	92	80.3	101	42
13	88	104	94	88	84	82	76	78	75	52	46	48	56	68	91	70	82	84	96	104	116	100	95	94	82.1	116	46
14*	88	88	90	93	95	92	84	76	66	63	64	67	69	74	81	90	98	104	102	96	92	92	93	94	85.5	104	63
15	95	95	95	98	102	95	92	82	74	67	63	69	64	77	84	78	74	84	91	103	95	99	92	89	85.7	103	63
16	94	93	87	99	105	104	92	85	74	65	64	68	71	80	84	69	79	72	76	84	97	103	92	92	84.5	105	64
17	97	95	110	104	98	93	92	87	79	77	72	73	75	73	79	89	92	100	104	104	101	108	113	121	93.2	121	72
18	98	95	91	95	101	101	89	92	86	76	87	70	78	87	86	112	102	102	110	94	108	89	84	108	93.4	112	70
19	92	80	76	74	87	86	72	57	68	58	56	61	64	64	65	85	100	97	100	94	95	108	104	96	80.5	108	56
20	92	89	81	96	98	94	83	75	61	56	67	72	81	89	100	100	110	98	92	96	96	98	100	100	88.5	110	56
21	113	104	93	92	92	90	81	76	73	60	48	52	60	73	96	100	109	112	93	85	91	97	104	100	87.2	113	48
22	93	97	82	84	94	99	87	81	76	63	55	63	73	69	85	85	81	88	96	96	104	112	105	94	85.9	112	55
23	92	92	90	89	89	88	77	77	76	79	91	88	83	81	84	81	78	92	101	103	103	102	102	99	89.0	103	76
24*	98	93	90	90	88	97	101	92	85	73	68	70	76	78	77	82	86	92	97	97	99	97	95	94	88.1	101	68
25*	93	92	93	95	93	96	97	90	82	80	83	82	74	72	81	89	97	104	106	109	109	109	113	110	93.7	113	72
26	109	108	106	106	106	106	107	103	94	80	78	70	70	73	86	95	105	111	110	98	118	98	104	97	97.4	118	70
27	97	100	115	105	105	104	102	101	96	77	66	59	63	81	89	76	83	102	99	97	100	101	101	101	92.5	115	59
28	101	98	98	100	99	96	97	95	91	81	76	73	73	68	82	90	92	95	102	102	104	105	103	105	92.8	105	68
29*	97	98	93	107	103	95	88	80	73	67	69	72	77	82	86	92	94	98	106	108	107	106	110	114	92.6	114	67
30	112	118	111	118	116	96	90	83	73	68	58	80	87	71	65	62	73	97	95	101	95	90	91	101	89.6	118	58
31	114	92	86	84	86	86	75	66	66	61	44	43	71	72	82	87	89	90	94	92	100	114	94	83	82.1	114	43
Mittel	98	96	95	96	95	89	82	77	71	65	63	65	70	74	82	86	90	95	100	98	101	99	99	99	86.9	112	56

August

Tag	0h	1h	2h	3h	4h	5h	6h	7h	8h	9h	10h	11h	12h	13h	14h	15h	16h	17h	18h	19h	20h	21h	22h	23h	Tagesmittel γ	Max.	Min.
1	89	90	95	98	105	109	86	77	68	67	67	55	39	69	73	75	99	101	110	106	109	106	95	91	86.6	110	39
2	93	86	82	87	102	80	55	65	74	65	62	54	72	82	64	85	93	97	103	99	98	102	98	112	83.8	112	54
3	83	81	103	79	76	82	66	50	56	52	73	66	68	53	80	82	84	88	98	99	83	87	93	98	78.3	103	50
4	86	84	88	90	79	81	81	63	62	55	52	71	64	74	76	83	82	116	108	95	94	93	98	86	81.7	116	52
5	87	76	106	81	72	66	54	57	61	52	71	75	71	64	78	78	90	90	80	84	95	83	89	86	76.9	106	52
6	86	81	84	82	75	83	76	66	39	48	55	70	79	82	88	94	75	81	95	107	79	86	87	90	78.7	107	39
7	88	89	97	100	103	101	91	88	81	42	45	53	51	63	78	74	98	93	91	91	92	90	87	85	82.1	103	42
8†	92	99	103	101	82	102	98	90	81	63	31	37	29	64	84	117	83	74	63	50	42	64	47	64	73.3	117	29
9	62	94	66	60	42	57	70	54	28	31	33	34	36	44	50	58	63	65	80	70	74	78	81	90	59.2	94	28
10*	76	72	66	70	86	78	73	64	59	58	55	56	55	61	67	75	79	85	86	84	83	88	82	84	72.6	88	55
11*	86	83	81	80	79	79	72	64	58	54	51	59	66	74	79	78	81	83	94	94	96	95	99	89	78.1	99	51
12*	93	86	86	98	96	95	82	69	67	67	66	71	78	82	82	88	86	92	102	107	111	105	98	118	**88.5**	118	66
13†	107	102	97	96	92	64	68	70	56	37	50	50	52	25	56	57	76	73	102	128	83	133	85	78	76.5	**133**	25
14	70	92	86	79	77	77	63	58	54	47	54	61	65	63	68	84	84	110	90	106	100	86	102	104	78.3	110	47
15	82	72	70	72	74	70	68	60	58	56	66	70	76	79	74	92	88	100	96	107	82	106	86	81	78.5	107	56
16	83	85	74	80	83	74	48	40	58	55	34	36	46	61	69	70	82	95	95	92	97	107	98	89	73.0	107	34
17	90	76	79	89	82	54	40	34	46	56	50	59	67	74	69	78	83	92	94	95	98	89	79	84	73.2	98	34
18	86	75	90	79	62	62	63	54	33	48	33	62	52	50	46	48	72	72	70	84	79	77	75	73	64.4	90	33
19	72	73	75	76	80	81	78	40	29	10	10	28	35	26	38	64	53	68	100	74	128	92	74	113	63.2	128	10
20	96	73	77	69	63	73	39	64	53	39	17	18	37	45	53	59	72	79	70	83	79	104	88	80	63.8	104	17
21	77	84	65	65	71	54	70	65	50	28	40	47	48	42	65	75	84	86	84	88	88	89	88	87	68.3	89	28
22*	83	81	80	83	83	83	74	66	62	57	59	60	64	68	78	88	83	87	92	89	90	95	90	85	78.3	95	57
23	84	86	90	87	88	90	86	77	69	66	76	84	96	84	92	84	84	86	92	95	96	92	92	120	87.3	120	66
24	95	98	86	87	89	50	72	87	79	70	73	72	73	75	78	89	76	92	87	84	87	92	107	88	82.8	107	50
25	87	87	92	74	90	78	64	67	67	70	76	75	72	68	66	74	76	96	91	84	95	95	100	84	80.3	100	64
26	81	84	81	75	80	86	50	40	50	72	65	58	72	80	76	80	84	86	86	94	92	84	90	84	76.2	94	40
27*	83	87	84	76	85	85	82	77	72	73	81	86	88	88	86	80	81	83	88	89	94	92	90	91	84.2	94	72
28	96	98	93	100	96	94	96	94	96	84	63	48	56	64	38	53	59	56	76	81	96	93	88	110	80.3	110	38
29†	71	78	68	68	66	74	76	54	45	45	38	32	47	40	56	72	54	63	78	109	91	80	88	88	65.9	109	32
30†	82	82	78	86	89	106	104	76	32	12	−02	15	07	36	54	43	36	82	50	61	73	82	54	52	57.9	106	−02
31†	60	89	51	83	−40	03	−26	−30	−36	−67	−84	−44	11	25	59	14	34	60	51	79	97	49	64	64	**23.6**	97	**−84**
Mittel	84	85	83	82	78	76	68	61	55	49	47	52	57	61	68	74	77	85	87	91	90	91	87	89	74.1	106	38

Nordkomponente.

Niemegk — $X = 0.18300 + \text{Tafelwert}$ (Tafelwert in γ) — 1943

Tag	0h–1h	1h–2h	2h–3h	3h–4h	4h–5h	5h–6h	6h–7h	7h–8h	8h–9h	9h–10h	10h–11h	11h–12h	12h–13h	13h–14h	14h–15h	15h–16h	16h–17h	17h–18h	18h–19h	19h–20h	20h–21h	21h–22h	22h–23h	23h–24h Weltzeit	Tagesmittel γ	Max.	Min.
September																											
1	38	68	49	60	68	50	30	34	25	22	09	20	43	41	37	50	56	76	90	67	65	70	75	87	51.2	90	09
2	86	83	45	79	64	63	51	43	31	24	31	38	44	56	74	52	54	54	52	72	72	80	90	75	58.9	90	24
3†	71	57	75	67	53	60	36	43	24	21	20	07	26	23	27	54	60	86	74	72	75	96	82	84	53.9	96	07
4	82	69	74	70	68	50	26	52	36	44	32	34	55	63	45	67	74	67	95	104	72	75	76	73	62.6	104	26
5	73	73	77	63	76	62	56	56	46	39	38	32	60	63	72	76	90	65	76	75	96	87	86	84	67.5	96	32
6*	74	74	76	69	72	60	56	56	58	52	49	47	55	60	67	74	80	80	87	83	83	81	82	82	69.0	87	47
7*	83	80	85	79	81	75	73	68	64	58	54	60	63	68	68	78	87	88	88	92	92	87	89	91	77.1	92	54
8	88	100	91	92	87	86	82	78	66	60	58	63	66	73	81	84	91	91	95	74	80	123	87	99	83.1	123	58
9†	76	97	97	85	60	72	76	68	52	36	33	52	59	67	59	60	73	74	76	79	87	111	94	110	73.0	111	33
10	85	87	61	86	75	72	65	60	57	31	13	29	50	71	75	65	57	65	80	84	84	98	107	94	68.8	107	13
11	84	63	72	93	64	77	78	66	48	58	58	61	63	51	59	67	64	66	82	83	88	108	100	82	72.3	108	48
12	63	81	70	77	81	79	72	62	56	42	40	47	70	72	72	75	82	76	90	100	77	80	84	86	72.2	100	40
13	86	79	77	68	86	73	65	67	62	61	43	31	46	59	60	60	43	37	88	95	85	84	84	87	67.8	95	31
14	96	83	89	75	78	87	79	68	64	56	32	54	72	78	80	77	79	84	84	117	112	89	80	88	79.2	117	32
15	97	77	76	76	74	77	62	61	57	53	51	61	69	69	69	77	87	76	85	99	88	84	83	93	75.0	99	51
16	89	77	78	79	79	77	74	68	65	63	64	65	73	81	77	76	72	76	88	92	109	93	84	96	79.0	109	63
17*	88	94	92	82	67	77	79	74	69	65	64	66	68	66	63	73	82	86	92	92	93	81	87	93	78.9	94	63
18	84	82	82	81	78	81	82	80	75	68	66	75	77	76	76	77	82	86	86	86	88	112	118	91	82.9	118	66
19	69	74	76	81	89	74	73	81	73	66	49	54	69	69	75	80	85	89	88	89	89	88	97	89	77.8	97	49
20*	85	85	88	88	87	89	84	77	69	64	68	73	85	85	84	82	93	100	101	103	103	97	97	97	**86.8**	103	64
21	97	105	106	87	93	89	77	68	69	70	62	27	55	56	76	73	79	88	89	92	78	85	95	97	79.7	106	27
22	89	84	84	85	72	82	76	64	63	60	58	58	68	62	66	65	74	96	97	92	91	83	85	91	76.9	97	58
23	85	83	83	68	79	83	73	75	56	49	52	57	68	77	81	83	75	81	85	91	96	105	93	91	77.9	105	49
24*	74	83	89	89	89	85	81	77	69	63	65	70	78	85	86	87	87	88	87	86	103	98	100	97	84.0	103	63
25	95	96	97	97	104	114	83	73	77	69	66	64	53	60	65	77	72	83	85	87	88	89	89	93	82.3	114	53
26	87	89	91	91	96	81	69	61	70	55	60	66	62	67	10	28	49	54	56	60	94	105	96	78	69.8	105	10
27	74	77	85	95	98	89	75	80	67	54	24	32	56	57	49	72	67	76	133	112	68	119	96	85	76.7	133	24
28†	100	109	89	50	58	72	68	64	39	09	14	32	13	41	35	54	46	68	92	66	70	108	87	78	60.9	109	09
29†	78	65	74	67	82	93	80	60	15	00	−06	−14	04	20	53	36	41	42	41	86	62	59	80	82	**50.0**	93	**−14**
30†	66	45	53	63	70	77	60	59	45	43	35	10	50	66	74	77	69	70	131	102	60	134	54	94	67.0	**134**	10
Mittel	81	81	79	78	78	77	68	65	56	48	43	46	57	63	64	69	72	76	86	88	85	94	89	89	72.1	104	37
Oktober																											
1	60	56	74	77	56	81	54	53	38	29	18	41	48	49	42	46	42	60	67	87	100	80	73	73	58.5	100	18
2†	106	78	70	70	80	77	45	56	50	32	18	50	63	35	52	34	104	41	106	53	73	77	71	58	62.5	106	18
3	94	98	76	65	61	70	59	30	18	02	04	26	57	58	70	51	78	64	62	88	94	129	94	72	63.3	**129**	02
4	58	77	58	79	76	70	56	72	61	32	24	34	41	46	59	54	80	75	74	78	86	87	94	83	64.8	94	24
5	74	68	80	85	84	80	74	74	68	56	57	61	64	74	74	76	78	78	82	105	90	77	80	86	76.0	105	56
6*	82	82	87	79	80	84	85	80	64	54	53	61	66	69	67	69	77	82	84	85	86	86	87	87	76.5	87	53
7	89	86	99	85	88	95	98	91	83	79	78	71	79	72	42	51	71	74	70	78	84	89	112	79	81.0	112	42
8	101	79	69	76	78	76	74	70	68	62	65	29	40	68	78	74	63	71	72	86	88	81	74	91	72.2	101	29
9	88	82	85	80	59	67	63	−03	25	45	50	40	54	48	61	55	98	103	70	79	108	92	96	81	67.8	108	**−03**
10	77	83	73	77	79	82	81	65	56	63	58	63	66	57	63	70	84	66	69	76	77	80	85	79	72.0	85	56
11	78	74	78	80	83	81	71	63	56	50	49	50	55	73	78	80	81	78	80	82	107	97	80	88	74.7	107	49
12	91	85	93	96	94	77	73	64	63	58	58	62	67	70	71	74	74	72	78	104	89	82	89	85	77.9	104	58
13*	85	79	78	86	85	85	81	74	68	64	66	69	71	64	75	78	78	81	84	86	85	86	85	84	78.2	86	64
14*	82	80	82	83	83	83	82	76	70	68	72	79	85	88	87	84	84	86	87	88	96	92	89	87	83.0	96	68
15*	85	84	86	87	88	90	91	86	77	71	77	89	90	90	88	86	86	87	90	90	89	90	88	89	86.4	91	71
16*	90	88	88	91	95	95	94	92	82	74	78	88	93	94	86	81	81	87	89	92	93	107	110	93	**90.0**	110	74
17	92	89	94	97	95	100	93	74	64	61	74	65	51	62	73	72	73	78	81	83	85	93	98	83	80.4	100	51
18	83	85	83	87	89	88	85	81	75	71	71	75	81	83	80	83	85	84	71	85	90	89	98	90	83.0	98	71
19	91	90	86	86	88	94	94	80	66	53	52	61	67	81	80	94	94	94	93	93	94	91	90	92	83.5	94	52
20	90	92	96	97	95	98	93	87	77	69	68	79	89	95	90	74	77	75	86	79	84	91	92	87	85.8	98	68
21	92	99	92	78	80	81	78	76	68	62	65	69	75	79	81	80	81	86	85	85	83	83	83	84	80.2	99	62
22	83	84	87	86	83	87	96	101	93	81	75	41	43	51	60	52	77	58	86	79	77	93	83	76	76.3	101	41
23	104	104	93	79	80	82	79	74	64	66	65	66	67	69	62	72	78	83	83	82	80	90	75	87	78.5	104	62
24	87	105	108	89	85	82	87	88	76	44	01	56	31	36	29	40	39	60	57	65	82	98	85	80	67.1	108	01
25	93	49	56	85	64	65	60	41	17	36	54	53	45	58	56	54	62	57	80	98	107	89	68	81	63.7	107	17
26†	72	97	105	79	67	56	24	43	08	14	20	41	33	16	46	34	50	101	73	55	100	80	71	70	**56.5**	105	08
27	74	60	68	77	62	70	57	27	38	46	41	52	60	60	61	61	56	75	113	82	82	109	56	76	65.1	113	27
28†	96	60	72	94	74	55	67	57	54	42	47	53	55	48	40	58	48	92	97	67	99	90	91	75	68.0	99	40
29†	68	52	65	65	61	71	73	65	44	37	55	31	20	38	37	40	52	47	88	98	56	72	74	76	57.7	98	20
30	68	73	69	77	81	84	58	69	65	51	41	42	45	20	35	57	66	79	74	80	78	78	82	76	64.5	84	20
31†	75	79	70	55	86	74	65	69	59	51	38	25	37	56	59	60	62	44	54	93	96	63	68	76	63.1	96	25
Mittel	84	81	81	82	79	80	74	67	59	52	51	56	59	62	64	64	73	75	80	83	88	88	85	81	72.8	101	40

Nordkomponente.

Niemegk

γ
X = 0.18300 + Tafelwert.

1943

Weltzeit

November

Tag	0h–1h	1h–2h	2h–3h	3h–4h	4h–5h	5h–6h	6h–7h	7h–8h	8h–9h	9h–10h	10h–11h	11h–12h	12h–13h	13h–14h	14h–15h	15h–16h	16h–17h	17h–18h	18h–19h	19h–20h	20h–21h	21h–22h	22h–23h	23h–24h	Tagesmittel γ	Max.	Min.
1	70	60	67	69	69	59	65	57	39	38	15	28	30	44	32	46	61	60	92	81	76	83	86	73	58.3	92	15
2*	65	71	72	71	71	76	74	69	59	47	55	63	68	72	73	72	72	73	73	72	78	80	79	79	70.2	80	47
3	79	79	77	79	83	81	79	76	68	62	64	67	73	77	78	74	75	75	76	77	78	84	93	88	76.8	93	62
4	79	79	81	87	91	94	91	84	78	72	69	69	74	79	77	74	80	81	84	85	86	86	91	86	81.5	94	69
5	79	80	82	84	96	109	102	96	84	78	73	75	78	75	60	60	78	81	78	78	78	85	84	82	81.5	109	60
6†	79	77	79	79	90	89	94	88	85	81	78	76	75	78	53	53	73	106	42	46	61	71	88	78	75.8	106	42
7	73	55	65	64	71	73	76	73	58	70	71	66	69	76	78	78	78	73	72	74	100	82	71	74	72.5	100	55
8	75	74	76	80	78	80	69	80	65	61	76	76	80	82	78	73	74	72	83	74	87	86	92	74	76.9	92	61
9	78	81	82	83	83	86	72	75	76	74	70	72	77	77	79	71	74	80	80	84	79	83	85	88	78.7	88	70
10	78	77	74	82	84	84	87	84	76	69	64	64	68	75	75	77	82	85	86	104	98	66	80	82	79.2	104	64
11*	77	76	77	79	82	86	88	78	70	64	62	66	75	78	78	77	80	81	83	87	85	83	84	83	78.3	88	62
12*	82	82	84	89	90	92	94	88	84	80	74	68	65	73	82	77	79	81	83	84	79	80	80	82	81.3	94	65
13	81	81	82	84	86	86	86	82	75	72	72	74	77	76	78	78	81	76	81	91	90	96	85	82	81.3	96	72
14	82	82	83	86	82	85	86	87	82	78	77	78	82	85	86	82	77	79	82	88	86	82	84	84	82.7	88	77
15*	84	84	84	88	92	95	98	97	91	85	81	84	87	93	95	94	89	89	93	90	90	88	92	90	**89.7**	98	81
16	88	83	82	98	119	105	106	103	92	86	80	80	77	76	71	67	72	82	83	84	78	96	82	77	86.1	119	67
17*	77	81	82	83	84	88	90	88	84	80	79	82	86	87	84	82	84	86	87	89	88	89	89	90	85.0	90	77
18	89	89	86	90	92	95	96	100	94	85	78	80	89	83	89	92	76	68	63	77	81	84	86	86	85.3	100	63
19†	84	82	87	85	96	106	88	78	19	19	42	14	−08	45	41	64	43	56	73	109	69	61	72	117	64.2	117	**−08**
20	65	67	60	96	61	62	44	37	34	30	37	40	55	54	66	46	107	67	68	78	101	65	66	70	61.5	107	30
21	115	78	67	74	64	67	65	39	44	48	38	38	38	35	44	46	65	59	56	82	82	66	76	85	61.3	115	35
22	76	79	80	78	63	67	76	65	50	50	58	63	56	49	44	58	84	72	59	88	78	70	72	70	66.9	88	44
23†	77	72	69	65	75	83	65	58	66	53	47	57	43	48	40	70	63	76	69	81	50	47	89	54	63.2	89	40
24	53	47	72	66	55	63	61	59	46	36	40	53	47	31	45	37	56	66	124	65	72	80	87	89	60.4	**124**	31
25†	77	54	74	84	73	70	77	67	53	41	17	21	36	40	60	47	44	99	44	96	53	47	64	48	**57.8**	99	17
26†	60	58	59	58	51	67	77	56	59	72	68	58	50	42	15	09	42	76	70	57	74	106	69	56	58.7	106	09
27	98	80	74	42	102	77	36	53	43	41	37	40	22	46	56	57	63	66	67	50	61	74	64	89	59.9	102	22
28	78	64	64	69	74	79	79	70	50	61	32	74	78	77	73	70	70	67	110	73	71	69	73	78	71.0	110	32
29	88	69	64	78	81	61	54	60	48	55	58	40	46	22	45	65	48	48	52	67	80	63	69	71	59.7	88	22
30	72	72	82	81	80	77	71	68	64	62	60	60	52	44	48	45	54	62	67	71	72	74	76	74	66.2	82	44
Mittel	79	74	76	78	81	81	78	74	65	62	59	61	62	64	64	65	71	75	76	79	79	78	80	79	72.4	99	48

Dezember

Tag	0h–1h	1h–2h	2h–3h	3h–4h	4h–5h	5h–6h	6h–7h	7h–8h	8h–9h	9h–10h	10h–11h	11h–12h	12h–13h	13h–14h	14h–15h	15h–16h	16h–17h	17h–18h	18h–19h	19h–20h	20h–21h	21h–22h	22h–23h	23h–24h	Tagesmittel γ	Max.	Min.
1	73	74	77	77	79	79	78	77	72	66	69	76	82	85	80	78	69	65	88	77	70	67	73	78	75.4	88	65
2	77	76	76	76	81	88	86	89	85	82	81	88	92	93	88	72	35	62	64	83	61	67	73	101	78.2	101	35
3†	70	74	64	69	76	70	74	80	73	74	75	74	70	58	36	50	89	66	45	92	56	71	74	76	69.0	92	36
4	83	76	65	81	84	81	78	73	70	72	72	70	78	51	55	53	68	72	92	76	65	63	94	74	72.8	94	51
5	64	68	72	77	62	72	85	82	76	80	79	77	69	69	47	63	79	72	74	80	84	85	74	74	73.5	85	47
6*	77	74	76	76	78	79	80	80	78	78	78	80	80	81	78	79	79	84	85	85	82	81	77	74	79.1	85	74
7*	76	79	84	86	89	88	87	85	80	77	78	80	74	73	73	77	82	84	85	84	84	80	81	81	81.1	89	73
8	84	86	87	88	86	89	93	92	87	85	87	86	83	81	74	70	74	66	73	77	81	81	79	81	82.1	93	66
9	79	82	85	98	102	109	105	97	85	85	87	81	75	73	67	55	67	71	81	78	74	75	81	75	82.0	109	55
10	96	90	90	91	98	94	94	91	90	92	90	86	66	69	64	50	59	75	81	86	84	83	79	79	82.4	98	50
11	81	78	82	83	86	88	90	91	94	92	93	96	94	91	86	83	79	74	84	86	87	86	87	88	86.6	96	74
12*	85	86	88	90	93	95	94	96	95	92	89	86	87	86	82	83	82	82	83	83	82	81	82	91	87.2	96	81
13*	82	80	82	92	94	94	96	97	95	97	94	92	90	89	86	84	85	85	82	90	84	86	86	86	**88.7**	97	80
14	86	68	89	90	94	98	101	104	104	105	98	95	90	81	63	32	56	73	77	77	78	77	79	74	82.9	105	32
15	75	74	76	78	81	84	85	85	80	82	80	82	86	89	87	86	83	80	79	74	81	81	70	74	80.5	89	70
16†	98	77	78	87	90	90	101	101	83	25	30	69	37	−03	18	06	32	28	49	51	70	74	81	80	**60.5**	101	**−03**
17†	86	63	69	71	51	79	81	75	80	73	34	23	38	39	57	60	72	65	60	74	71	77	65	93	64.8	93	23
18	80	74	59	72	79	74	71	74	76	75	82	74	66	66	46	55	55	65	65	110	94	74	73	74	72.2	110	46
19†	79	81	99	80	81	83	83	60	67	65	56	58	45	53	65	68	39	40	62	50	78	89	86	67	68.1	99	39
20†	62	72	74	74	70	72	76	57	61	67	50	59	59	59	45	40	57	79	51	101	80	58	66	102	66.3	102	40
21	83	79	82	73	73	75	74	80	78	83	88	80	65	75	72	79	82	76	79	119	89	69	94	74	80.0	**119**	65
22	62	62	67	79	71	77	79	78	75	57	72	68	67	64	69	68	86	68	73	94	85	80	74	102	74.0	102	57
23	77	74	80	73	78	84	81	81	71	62	59	66	59	72	71	76	80	80	84	88	70	72	83	91	75.5	91	59
24	84	85	84	78	80	87	80	80	77	79	79	78	77	75	73	76	74	76	75	77	80	82	80	82	79.1	87	73
25	78	80	79	87	80	106	96	90	84	74	62	69	78	79	80	83	79	78	76	80	98	87	74	74	81.3	106	62
26	73	90	80	80	82	87	90	87	83	77	69	65	60	51	54	66	69	56	66	68	59	75	77	72	72.3	90	51
27	72	71	73	77	86	88	88	86	78	73	70	65	69	73	79	82	83	84	82	87	83	83	79	82	78.9	88	65
28*	77	80	82	87	90	91	95	99	91	84	79	82	85	87	86	86	86	88	91	90	87	85	82	82	86.3	99	77
29	79	82	82	86	89	92	88	87	79	64	69	78	85	83	83	83	70	70	79	73	76	78	77	78	79.6	92	64
30	78	80	82	85	88	91	94	91	86	82	82	85	85	86	70	80	81	84	90	92	92	92	87	86	85.4	94	70
31	86	83	86	86	87	91	95	94	86	67	72	76	68	63	55	45	38	38	34	53	65	62	110	88	72.0	110	34
Mittel	79	77	79	82	83	86	87	85	81	76	74	76	73	71	67	67	70	71	74	82	78	77	80	82	77.3	97	55

Ostkomponente.

Niemegk — Y = — 0.01 200 + Tafelwert. (Γ) — 1943

0h 1h 2h 3h 4h 5h 6h 7h 8h 9h 10h 11h 12h 13h 14h 15h 16h 17h 18h 19h 20h 21h 22h 23h 24h Weltzeit

Januar

Tag	0h	1h	2h	3h	4h	5h	6h	7h	8h	9h	10h	11h	12h	13h	14h	15h	16h	17h	18h	19h	20h	21h	22h	23h	Tagesmittel γ	Max.	Min.
1	-33	-33	-33	-33	-32	-32	-29	-28	-27	-34	-42	-48	-49	-44	-39	-37	-39	-40	-38	-23	05	10	13	-10	-29.0	13	-49
2	-21	-30	-30	-30	-30	-32	-31	-28	-31	-37	-44	-50	-49	-44	-41	-39	-38	-35	-34	-26	-25	-22	-23	-30	-33.3	-21	-50
3	-34	-37	-37	-37	-38	-36	-33	-28	-25	-28	-37	-46	-48	-46	-46	-51	-37	-35	-37	-30	-25	-22	-03	-06	**-33.4**	-03	-51
4†	-18	-23	-25	-33	-39	-38	-32	-30	-26	-36	-47	-49	-57	-42	-38	-54	-64	54	-07	-17	10	-22	00	-09	-26.8	54	**-64**
5	-21	-32	-40	-31	-28	-33	-36	-28	-29	-28	-36	-41	-42	-39	-37	-30	-30	-16	-22	-25	-24	-20	07	-18	-28.3	07	-42
6	-24	-28	-31	-30	-30	-31	-34	-37	-30	-29	-35	-42	-44	-47	-40	-34	-19	-19	-30	-19	-15	-22	-21	-28	-30.0	-15	-47
7*	-29	-30	-31	-30	-30	-30	-28	-24	-22	-27	-36	-42	-45	-41	-34	-30	-30	-29	-29	-26	-26	-26	-24	-27	-30.2	-22	-45
8	-27	-30	-30	-31	-34	-34	-32	-29	-26	-30	-38	-45	-45	-42	-44	-43	-39	-36	-30	-22	01	-03	-18	-29	-30.7	01	-45
9	-18	-22	-34	-27	-32	-33	-38	-30	-31	-37	-29	-36	-43	-45	-40	-35	-35	-34	-32	-27	-24	-20	-22	-27	-31.3	-18	-45
10	-25	-24	-23	-26	-29	-30	-31	-27	-24	-34	-39	-43	-43	-46	-42	-36	-34	-30	-30	-26	-23	-11	-05	-17	-29.1	-05	-46
11	-25	-28	-30	-29	-30	-34	-32	-29	-28	-31	-35	-38	-40	-43	-41	-39	-35	-36	-31	-28	-25	-12	-22	-22	-31.0	-12	-43
12	-23	-28	-26	-27	-31	-34	-32	-33	-30	-26	-30	-38	-44	-43	-40	-36	-38	-38	-35	-32	-28	-10	-11	-20	-30.5	-10	-44
13*	-26	-35	-32	-30	-30	-31	-31	-30	-31	-34	-40	-47	-46	-40	-39	-37	-34	-31	-31	-29	-27	-27	-29	-30	-33.2	-26	-47
14*	-30	-30	-31	-29	-31	-28	-27	-24	-23	-27	-31	-40	-44	-39	-35	-32	-31	-32	-32	-31	-29	-27	-29	-31	-31.0	-23	-44
15*	-32	-34	-36	-36	-36	-34	-31	-25	-24	-29	-34	-38	-42	-41	-39	-39	-39	-38	-36	-33	-27	-15	-16	-28	-32.6	-15	-42
16	-32	-34	-35	-35	-34	-33	-31	-26	-25	-32	-38	-41	-48	-50	-49	-47	-48	-30	-22	-29	-18	-20	-14	-15	32.8	-14	-50
17†	-14	-20	-34	-34	-32	-33	-32	-34	-31	-39	-39	-52	-59	-53	-56	-17	-36	-11	-08	31	-01	-16	-20	-26	-27.8	31	-59
18	-16	-22	-28	-32	-31	-28	-29	-23	-23	-25	-34	-39	-36	-41	-36	-33	-32	-27	01	-19	-21	-23	-22	-25	-26.8	01	-41
19	-35	-27	-34	-30	-30	-26	-27	-18	-21	-27	-31	-38	-43	-36	-32	-29	-29	-18	-23	-21	-15	-06	-15	-23	-26.4	-06	-43
20†	-35	-31	-32	-34	-34	-34	-31	-30	-29	-30	-36	-49	-51	-45	-40	-42	-30	14	50	68	92	138	50	02	**-08.3**	**138**	-51
21†	-19	-24	-48	-42	-28	-31	-27	-31	-32	-29	-25	-28	-46	-38	-11	-01	-28	-23	-20	-16	-04	01	-10	-13	-23.9	01	-48
22†	-12	-17	-26	-30	-32	-30	-27	-20	-28	-26	-30	-43	-45	-40	-18	-30	-28	34	19	-16	-09	04	-11	-18	-20.0	34	-45
23	-31	-44	-30	-30	-30	-37	-25	-15	-18	-24	-31	-34	-43	-36	-31	-29	-24	-26	-28	-28	-21	-14	-20	-22	-28.0	-14	-44
24	-27	-20	-34	-25	-21	-25	-25	-23	-18	-22	-30	-35	-48	-42	-34	-28	-28	-27	-28	-20	-05	-21	-21	-24	-26.3	-05	-48
25*	-24	-24	-28	-28	-30	-32	-27	-20	-22	-23	-26	-39	-44	-40	-34	-32	-33	-33	-32	-29	-23	-24	-26	-27	-29.2	-20	-44
26	-27	-32	-24	-11	-28	-34	-30	-27	-30	-31	-40	-36	-45	-43	-39	-33	-24	-32	-28	-24	-18	-15	-07	-24	-28.4	-07	-45
27	-19	-28	-27	-28	-29	-28	-26	-22	-23	-26	-31	-36	-47	-43	-28	-35	-22	-10	-29	-26	-24	-23	-24	-24	-27.4	-10	-47
28	-27	-27	-28	-32	-35	-32	-28	-23	-25	-30	-36	-44	-50	-45	-36	-30	-19	-13	-25	-03	-19	-23	-25	-27	-28.4	-03	-50
29	-20	-24	-31	-27	-31	-28	-27	-22	-24	-28	-33	-37	-43	-40	-34	-31	-29	-29	-28	-26	-18	-16	-28	-27	-28.4	-16	-43
30	-31	-29	-35	-30	-29	-30	-26	-21	-21	-28	-33	-36	-43	-39	-34	-32	-29	-31	-31	-28	-24	-13	-15	-22	-28.8	-13	-43
31	-28	-29	-31	-32	-34	-31	-28	-24	-21	-23	-29	-37	-46	-45	-42	-43	-36	-34	-31	-26	-26	-11	-20	-23	-30.4	-11	-46
Mittel	-25	-28	-31	-30	-31	-32	-30	-26	-26	-29	-35	-41	-46	-43	-37	-34	-33	-22	-23	-20	-14	-11	-14	-22	-28.4	00	-47

Februar

Tag	0h	1h	2h	3h	4h	5h	6h	7h	8h	9h	10h	11h	12h	13h	14h	15h	16h	17h	18h	19h	20h	21h	22h	23h	Tagesmittel γ	Max.	Min.
1	-19	-25	-17	-24	-25	-24	-20	-16	-16	-25	-33	-40	-43	-44	-46	-43	-38	-36	-31	-29	-24	-18	-06	-11	-27.2	-06	-46
2	-24	-24	-28	-27	-30	-28	-26	-24	-21	-27	-31	-37	-40	-47	-42	-43	-43	-36	-34	-32	-27	-24	-19	-20	-30.6	-19	-47
3	-20	-10	-14	-21	-23	-27	-27	-27	-31	-37	-40	-40	-48	-54	-53	-43	-39	-38	-35	-29	08	-01	-05	-13	-27.8	08	-54
4	-20	-27	-30	-38	-32	-24	-20	-19	-24	-37	-40	-36	-52	-49	-40	-40	-43	-32	-35	-23	-18	-17	-21	-18	-30.6	-17	-52
5†	-38	-36	-24	-20	-26	-24	-22	-25	-26	-27	-38	-45	-42	-40	-39	-34	-12	-24	-27	-24	12	-21	-16	-22	-26.7	12	-45
6	-28	-43	-26	-28	-24	-24	-22	-25	-32	-33	-38	-38	-38	-39	-37	-35	-23	-09	-33	-24	-18	-04	-03	-18	-26.8	-03	-43
7	-16	-20	-28	-30	-32	-28	-23	-20	-20	-24	-33	-36	-39	-39	-37	-36	-39	-41	-35	-29	-16	-12	-11	-17	-27.5	-11	-41
8	-27	-20	-23	-28	-31	-31	-28	-28	-27	-31	-36	-38	-45	-44	-41	-39	-39	-34	-21	-08	-14	-19	-22	-21	-29.0	-08	-45
9	-27	-29	-31	-35	-34	-33	-31	-32	-31	-28	-35	-38	-45	-42	-39	-35	-32	-31	-28	-13	-12	-22	-23	-27	-30.5	-12	-45
10*	-27	-29	-29	-30	-28	-28	-27	-29	-31	-37	-44	-48	-55	-52	-46	-41	-39	-39	-22	-30	-28	-25	-14	-18	**-33.2**	-14	-55
11	-20	-27	-35	-33	-31	-32	-28	-23	-19	-25	-33	-44	-52	-46	-39	-35	-31	-30	-30	-30	-20	-24	-20	-20	-30.3	-19	-52
12	-18	-20	-22	-18	-22	-28	-26	-21	-20	-28	-34	-46	-55	-52	-44	-40	-38	-37	-33	-24	-14	-17	-24	-28	-29.5	-14	-55
13	-28	-31	-29	-28	-35	-31	-32	-24	-21	-27	-37	-46	-52	-52	-44	-39	-37	-35	-18	-18	-22	-19	-22	-23	-31.2	-18	-52
14*	-31	-23	-23	-26	-26	-25	-24	-24	-24	-36	-41	-38	-41	-39	-37	-34	-30	-30	-30	-29	-29	-16	-18	-25	-29.1	-16	-41
15*	-38	-29	-26	-27	-27	-24	-25	-22	-22	-28	-34	-37	-42	-37	-35	-31	-30	-27	-24	-18	-21	-25	-28	-30	-28.6	-18	-42
16	-31	-30	-28	-28	-26	-25	-22	-15	-11	-18	-29	-35	-38	-38	-34	-30	-30	-34	-33	-29	-30	-32	-31	-30	-28.6	-11	-38
17†	-32	-31	-34	-44	-63	-53	-39	-42	-47	-38	-41	-14	-27	-34	-35	-12	-17	-07	-14	03	-06	19	03	-13	-25.8	19	**-63**
18	-19	-26	-35	-45	-23	-22	-22	-21	-19	-23	-33	-36	-38	-37	-34	-32	-27	-23	-27	-24	-25	-23	-16	-11	-26.7	-11	-45
19	-21	-22	-36	-21	-24	-25	-26	-26	-23	-21	-31	-35	-42	-38	-30	-23	-18	-26	-23	-21	-15	-19	-22	-24	-25.5	-15	-42
20	-26	-28	-30	-30	-27	-32	-23	-20	-18	-21	-30	-44	-51	-50	-47	-33	-23	-15	-28	-25	-23	-23	-23	-25	-29.0	-15	-51
21	-27	-28	-28	-26	-26	-24	-20	-16	-15	-18	-31	-44	-47	-44	-37	-31	-30	-30	-27	-23	-14	-12	-24	-27	-27.0	-12	-47
22*	-27	-28	-29	-28	-28	-26	-24	-19	-17	-26	-30	-43	-47	-40	-39	-35	-34	-30	-30	-24	-12	-19	-26	-26	-28.6	-12	-47
23	-22	-31	-27	-26	-28	-28	-26	-19	-19	-24	-32	-40	-48	-47	-39	-31	-32	-31	-30	-21	-03	-04	-11	-19	-26.6	-03	-48
24	-21	-32	-28	-27	-28	-30	-29	-20	-19	-18	-23	-38	-42	-43	-42	-37	-34	-30	-27	-24	-21	-04	-22	-11	-27.1	-04	-43
25†	-17	-19	-22	-25	-25	-22	-22	-18	-13	-17	-33	-47	-54	-58	-60	-58	-55	-40	15	04	24	20	30	40	-19.7	**40**	-60
26†	27	01	26	40	08	02	-09	-15	-15	-21	-22	-34	-47	-44	-36	-27	-19	-28	08	-17	-07	08	13	30	**-07.4**	**40**	-47
27†	31	15	04	-04	-11	-18	-19	-15	-16	-27	-32	-39	-50	-50	-43	-36	-30	-26	-22	-10	-12	-18	-15	-15	-19.1	31	-50
28*	-15	-12	-19	-24	-23	-24	-21	-14	-12	-19	-32	-42	-44	-43	-38	-32	-27	-21	-19	-21	-25	-24	-24	-24	-25.0	-12	-44
Mittel	-21	-24	-24	-25	-27	-26	-24	-22	-22	-26	-34	-39	-45	-44	-40	-35	-32	-29	-25	-21	-15	-14	-15	-17	-27.0	-04	-48

Ostkomponente.

Niemegk $Y = -0.01200 + \text{Tafelwert}$ (Γ) 1943

Weltzeit: 0h 1h 2h 3h 4h 5h 6h 7h 8h 9h 10h 11h 12h 13h 14h 15h 16h 17h 18h 19h 20h 21h 22h 23h 24h

März

Tag	0h–1h	1h–2h	2h–3h	3h–4h	4h–5h	5h–6h	6h–7h	7h–8h	8h–9h	9h–10h	10h–11h	11h–12h	12h–13h	13h–14h	14h–15h	15h–16h	16h–17h	17h–18h	18h–19h	19h–20h	20h–21h	21h–22h	22h–23h	23h–24h	Tagesmittel γ	Max.	Min.
1	-23	-23	-25	-25	-24	-24	-23	-19	-18	-22	-30	-44	-56	-54	-52	-40	-46	-29	-26	-25	-22	-22	-19	-21	**-29.7**	-18	-56
2	-22	-23	-16	-24	-26	-24	-24	-16	-10	-31	-49	-49	-49	-44	-41	-33	-32	-32	-30	-21	-19	-21	-19	-18	-28.0	-10	-49
3	-14	-16	-16	-17	-18	-20	-19	-14	-15	-21	-39	-48	-61	-43	-42	-36	-31	-29	-26	-13	05	29	00	-10	-21.4	29	-61
4†	-22	-10	-07	-15	-23	-19	-20	-11	-25	-27	-47	-48	-43	-38	-40	-36	-35	-11	-13	-10	-03	-12	04	-12	-21.8	04	-48
5	-10	-15	-14	-28	-13	-13	-19	-33	-24	-19	-27	-36	-38	-44	-37	-34	-14	27	-10	-12	-16	-03	-10	-19	-19.2	27	-44
6	-28	-22	-17	-17	-18	-17	-16	-12	-09	-14	-26	-39	-53	-47	-42	-32	-34	-31	-30	-16	14	-08	-14	-12	-22.5	14	-53
7	-24	-24	-18	-19	-22	-22	-19	-13	-09	-12	-31	-48	-54	-56	-47	-38	-30	-31	-40	-15	03	02	01	-04	-23.8	03	-56
8	-09	-11	-10	-26	-12	-17	-16	-11	-12	-18	-33	-45	-54	-54	-46	-35	-36	-28	-21	-26	-23	-12	-04	-12	-23.8	-04	-54
9	-10	-13	-27	-22	-22	-22	-20	-22	-19	-21	-38	-40	-46	-38	-40	-33	-28	-30	-28	-26	-16	-26	-22	-17	-26.1	-10	-46
10*	-14	-23	-23	-23	-24	-22	-19	-13	-10	-18	-33	-43	-46	-46	-45	-37	-33	-31	-26	-21	-14	-10	-01	-02	-24.0	-01	-46
11	-06	-15	-21	-14	-13	-19	-19	-11	-10	-14	-27	-41	-51	-48	-45	-44	-50	-52	-64	-40	-12	26	25	-16	-24.2	26	-64
12	-32	-14	-24	-31	-20	-22	-16	-11	-14	-22	-34	-52	-55	-42	-38	-02	-15	-26	-20	-06	-12	-02	-15	-26	-23.0	-02	-55
13*	-23	-23	-32	-20	-17	-16	-14	-10	-12	-22	-35	-45	-46	-48	-41	-32	-27	-28	-26	-25	-24	-24	-22	-22	-26.4	-10	-48
14	-22	-22	-29	-36	-37	-22	-13	-08	-15	-24	-36	-46	-51	-50	-44	-26	-18	-25	-26	-23	-23	-20	-19	-23	-27.4	-08	-51
15*	-22	-22	-22	-22	-20	-18	-10	-03	-04	-22	-41	-53	-54	-49	-36	-29	-22	-26	-26	-26	-26	-26	-25	-24	-26.2	-03	-54
16	-29	-31	-25	-18	-17	-14	-34	-18	-18	-17	-52	-54	-58	-62	-42	-30	-20	-18	-21	00	62	04	-20	-25	-23.2	62	-62
17	-02	-14	-16	-18	-17	-13	-06	02	04	-08	-26	-43	-50	-50	-44	-32	-19	-19	-22	-19	-19	-10	-16	-25	-20.1	04	-50
18	-22	-22	-22	-21	-18	-14	-05	-01	-10	-22	-42	-55	-58	-50	-39	-30	-23	-06	-08	-23	-26	-26	-26	-27	-24.8	-01	-58
19	-22	-24	-23	-22	-20	-18	-08	02	00	-17	-39	-49	-59	-59	-46	-40	-26	-32	-29	-20	-19	29	-06	-21	-23.7	29	-59
20†	-22	-26	-32	-30	-24	-17	-10	-02	-09	-30	-42	-50	-65	-61	-51	-09	-30	-14	85	-03	-08	-18	-22	-23	-21.4	**85**	-65
21	-22	-23	-23	-21	-18	-15	-10	-08	-13	-32	-46	-52	-57	-54	-46	-37	-27	-17	-21	-15	-20	-22	-20	-20	-26.6	-08	-57
22	-22	-22	-18	-22	-22	-16	-05	02	-07	-25	-43	-57	-56	-54	-49	-38	-18	-20	-14	20	49	51	-07	-03	-16.5	51	-57
23†	-36	-18	-18	-40	-42	-18	-14	05	-03	00	-24	-38	-36	-38	-42	-34	-14	-09	-06	13	04	00	-14	-30	-18.8	13	-42
24	-24	-21	-19	-19	-17	-10	-02	-11	-04	-12	-21	-42	-39	-40	-42	-32	06	02	-22	-21	-22	-20	-20	-19	-19.6	06	-42
25*	-19	-22	-21	-26	-29	-32	-14	-02	-02	-07	-26	-43	-50	-49	-44	-34	-30	-26	-25	-23	-22	-20	-18	-18	-25.1	-02	-50
26	-30	-30	-18	-18	-20	-18	-14	-09	-08	-13	-30	-49	-55	-52	-40	-30	-16	-20	-22	-23	-24	-25	-23	-29	-25.7	-08	-55
27	-21	-18	-17	-16	-15	-14	-06	00	-02	-12	-29	-46	-53	-53	-45	-34	-28	-24	-12	-09	-02	-13	-22	-22	-21.4	00	-53
28*	-22	-22	-22	-21	-21	-19	-10	-02	-02	-15	-32	-50	-58	-56	-47	-38	-29	-27	-25	-26	-23	-10	-04	-11	-24.7	-02	-58
29†	-11	-17	-19	-15	-08	-08	-07	01	01	-12	-33	-61	-79	-74	-75	-67	-54	-34	-34	-13	83	76	36	41	-16.0	83	**-79**
30†	58	48	33	17	-01	-11	-02	-10	-09	-30	-48	-45	-55	-66	-59	-41	-36	-26	-23	-14	10	04	20	-05	**-12.1**	58	-66
31	-08	-23	-14	-02	-14	-10	-02	00	-03	-14	-24	-42	-50	-49	-41	-33	18	08	-06	08	-05	09	-12	-20	-13.7	18	-50
Mittel	-17	-18	-19	-20	-20	-18	-13	-08	-09	-18	-35	-47	-53	-51	-45	-34	-26	-21	-20	-15	-05	-04	-10	-16	-22.6	14	-54

April

Tag	0h–1h	1h–2h	2h–3h	3h–4h	4h–5h	5h–6h	6h–7h	7h–8h	8h–9h	9h–10h	10h–11h	11h–12h	12h–13h	13h–14h	14h–15h	15h–16h	16h–17h	17h–18h	18h–19h	19h–20h	20h–21h	21h–22h	22h–23h	23h–24h	Tagesmittel γ	Max.	Min.
1	-10	-07	-22	-04	04	-06	03	05	-05	-21	-42	-52	-57	-55	-44	-33	-17	-15	12	06	-09	-12	-17	-26	-17.7	12	-57
2	-13	-12	-04	-05	-08	-03	05	-06	-02	-15	-32	-50	-54	-54	-29	-24	-22	-18	-18	-17	-14	-14	-10	-11	-17.9	05	-54
3†	00	-13	26	40	-02	-14	-01	01	00	-21	-37	-57	-63	-51	-38	-14	-08	17	-09	-24	-17	-16	-15	-42	-14.9	40	-63
4	-08	-05	-20	-41	-14	-13	-03	02	-01	-15	-40	-46	-50	-54	-23	-27	-34	-22	07	-24	-18	-23	-21	-06	-20.8	07	-54
5†	-01	29	-03	-11	-03	-06	03	03	-04	-18	-30	-49	-57	-64	-57	-46	20	-05	-29	-19	-16	-05	02	25	-14.2	25	-64
6†	-09	-33	-35	-07	-10	-06	-02	06	04	-14	-42	-63	-70	-62	-50	-14	-22	-21	-19	-18	-04	-03	-26	-43	-23.5	06	**-70**
7	00	-22	-51	-30	-08	-03	02	03	03	-12	-27	-49	-60	-50	-31	-22	-18	-20	-14	18	-07	-11	-16	-18	-18.5	18	-60
8	-31	-16	-10	-15	-13	-09	-02	-01	05	-03	-19	-28	-36	-37	-33	-26	-22	-16	-19	-18	-17	-17	-16	-16	-17.3	05	-37
9	-14	-13	-13	-11	-09	-04	02	09	07	-02	-14	-31	-41	-45	-40	-30	-27	-24	-25	-24	-24	-18	-09	04	-16.5	09	-45
10	-03	-10	-08	-06	05	-08	-20	-09	-06	-13	-28	-55	-57	-49	-47	-34	-20	-15	-12	23	12	10	08	13	-13.7	23	-57
11†	44	29	-11	-12	-54	-46	-29	-17	-10	-11	-20	-34	-35	-47	-51	-45	-29	-26	-19	-09	19	-02	-09	-26	-18.8	**44**	-54
12	-07	-05	-06	-07	-10	-06	-02	02	00	-10	-24	-40	-46	-45	-36	-25	-19	-19	-19	-20	-13	-12	-15	-16	-16.7	02	-46
13*	-14	-13	-12	-12	-12	-10	-03	02	00	-07	-22	-38	-46	-42	-34	-27	-25	-22	-24	-24	-24	-22	-17	-14	-19.2	02	-46
14*	-16	-15	-15	-14	-16	-11	-02	05	06	-01	-16	-34	-45	-45	-41	-36	-33	-30	-27	-25	-23	-20	-21	-18	-20.5	06	-45
15	-18	-16	-14	-12	-11	-08	-02	06	04	-08	-29	-48	-62	-57	-46	-44	-40	-37	-30	-21	-15	-18	-17	-20	-23.5	06	-62
16	-02	-12	-14	-17	-15	-17	-17	-22	-02	-06	-16	-38	-49	-49	-39	-22	-26	-15	-16	-16	-13	-18	-18	-17	-19.8	-02	-49
17	-27	-15	-10	-07	-05	01	02	03	02	-07	-18	-33	-41	-40	-37	-30	-24	-21	-20	-19	-19	-16	-17	-17	-17.3	03	-41
18	-24	-18	-16	-17	-21	-11	-01	05	-03	-17	-36	-53	-57	-49	-40	-33	-28	-25	-25	-24	-21	-21	-18	-17	-23.8	05	-57
19*	-15	-14	-20	-22	-15	-02	05	06	02	-15	-35	-51	-57	-52	-38	-31	-24	-21	-18	-19	-17	-17	-19	-19	-21.2	06	-57
20	-18	-19	-17	-16	-15	-16	-06	02	-04	-18	-41	-62	-61	-54	-44	-33	-26	-18	-26	-22	-20	-09	-08	-22	**-23.9**	02	-62
21	-34	-12	-30	-25	-09	-02	-10	06	08	-11	-41	-54	-62	-66	-52	-32	-20	-14	-12	29	-01	-17	-17	-17	-20.6	29	-66
22	-17	-17	-14	-15	-12	-10	-03	05	03	-13	-28	-41	-51	-48	-37	-23	-17	-13	-17	-16	-16	-09	-13	-15	-18.2	05	-51
23*	-15	-17	-18	-17	-13	-05	07	10	03	-14	-33	-48	-56	-49	-40	-29	-26	-24	-24	-25	-22	-19	-14	-14	-20.9	10	-56
24*	-15	-15	-15	-14	-09	-04	02	02	-01	-12	-32	-48	-53	-45	-38	-29	-23	-24	-25	-25	-26	-22	-21	-22	-21.4	02	-53
25	-22	-26	-31	-20	-10	-13	-14	-13	-06	-15	-31	-54	-60	-53	-46	-39	-17	-21	-25	-23	-23	07	09	07	-22.5	09	-60
26†	25	38	-15	01	-14	05	03	-17	-06	-20	-30	-42	-40	-28	-24	-17	-20	-20	-13	-09	-07	-02	04	19	**-09.5**	38	-42
27	15	-21	01	05	08	08	04	-02	-13	-22	-31	-38	-41	-36	-27	-21	-20	-20	-17	-15	-17	-17	-16	-14	-14.5	15	-41
28	-12	-09	-05	-01	-05	-02	06	09	-02	-21	-38	-48	-45	-36	-31	-28	-28	-29	-31	-31	-28	-02	-12	03	-17.8	09	-48
29	10	10	-17	-10	-05	03	09	-07	-18	-28	-47	-48	-48	-43	-33	-22	-18	-12	-12	-12	-10	-03	05	12	-14.3	12	-48
30	00	-08	-04	14	-02	00	06	-08	-07	-27	-40	-48	-64	-60	-41	-33	-24	-23	-20	-14	00	04	-01	-10	-17.1	14	-64
Mittel	-08	-09	-14	-10	-10	-07	-02	00	-01	-14	-31	-46	-52	-49	-39	-29	-22	-19	-18	-15	-14	-11	-12	-12	-18.6	12	-54

Ostkomponente.

Niemegk — $Y = -0.01200 + \text{Tafelwert}$ (Γ) — 1943

0h 1h 2h 3h 4h 5h 6h 7h 8h 9h 10h 11h 12h 13h 14h 15h 16h 17h 18h 19h 20h 21h 22h 23h 24h Weltzeit

Mai

Tag	0h	1h	2h	3h	4h	5h	6h	7h	8h	9h	10h	11h	12h	13h	14h	15h	16h	17h	18h	19h	20h	21h	22h	23h	Tagesmittel γ	Max.	Min.
1†	-03	12	-03	-28	-28	-24	-32	-08	-11	-34	-46	-42	-57	-51	-31	-39	-22	-04	11	31	15	03	12	-02	-15.9	**31**	-57
2	-26	02	07	12	12	08	10	01	-09	-19	-35	-42	-45	-56	-51	-11	-12	-13	04	-01	-08	-08	-02	-15	-12.4	12	-56
3	-34	-17	-09	-05	-02	04	09	10	02	-15	-32	-50	-56	-51	-44	-36	-06	-22	-18	-18	-09	00	15	15	-15.4	15	-56
4	06	-04	-09	-08	-02	-04	-02	03	-13	-28	-39	-48	-46	-41	-33	-28	-25	-26	-25	-23	-19	01	-03	-10	-17.8	06	-48
5	-08	-09	-06	-06	-04	04	14	07	00	-12	-28	-56	-47	-48	-36	-30	-24	-22	-19	-18	-17	-07	-04	-14	-16.2	14	-56
6	-32	-17	-06	-01	04	08	08	07	-01	-20	-40	-51	-54	-46	-39	-31	-24	-24	-23	-21	-21	-18	-16	-15	-19.7	08	-54
7*	-12	-12	-14	-22	-08	05	11	08	-04	-23	-41	-59	-62	-52	-36	-26	-21	-18	-20	-17	-20	-18	-18	-19	-20.8	11	-62
8*	-13	-12	-13	-07	-03	-01	02	03	-09	-30	-48	-56	-52	-38	-29	-25	-20	-20	-24	-24	-21	-20	-18	-17	-20.6	03	-56
9*	-14	-13	-12	-06	02	09	10	05	-09	-24	-36	-50	-52	-46	-33	-26	-20	-19	-17	-17	-20	-20	-21	-17	-18.6	10	-52
10	-17	-14	-09	-01	05	11	15	08	-06	-20	-36	-50	-52	-46	-44	-40	-33	-28	-32	-31	-26	-24	-22	-16	-21.2	15	-52
11	-16	-08	-08	-04	03	11	10	02	-13	-25	-36	-46	-49	-47	-44	-42	-39	-26	-25	-26	-28	-09	-09	-15	-20.4	11	-49
12	-14	-16	-21	-43	-30	03	11	05	-02	-16	-37	-52	-54	-44	-36	-32	-26	-20	-17	-15	-09	-18	-18	-17	-21.6	11	-54
13	-14	-16	-12	-04	00	02	05	-04	-14	-21	-30	-44	-50	-47	-47	-36	-20	-03	-09	-19	-12	05	-15	-10	-17.3	05	-50
14	-09	-13	-29	-21	02	14	19	17	05	-09	-26	-33	-36	-33	-30	-28	-24	-21	-22	-21	-20	-18	-03	-08	-14.5	19	-36
15	-26	-36	-24	-33	-42	-26	-04	-12	-19	-23	-38	-46	-45	-41	-34	-21	-12	-13	-16	-17	-06	-17	-08	-13	**-23.8**	-04	-46
16	-11	-12	-10	-07	00	06	08	07	-03	-24	-44	-66	-64	-44	-37	-27	-21	-16	00	-07	12	-15	-17	-11	-16.8	12	**-66**
17†	-23	-37	-20	-08	06	15	-03	-06	-07	-22	-37	-55	-53	-45	-37	-35	-24	08	-13	-19	-14	-46	03	-33	-21.0	15	-55
18†	-41	-18	-17	03	-34	-48	-17	14	18	-02	-18	-32	-32	-33	-24	-12	-21	-20	-08	-03	-08	-20	-25	01	-16.5	18	-48
19	-08	-21	-29	-16	-57	-31	-09	-10	-08	-18	-29	-41	-45	-38	-34	-33	-28	-22	-20	-13	07	09	-06	-04	-21.0	09	-57
20*	-10	-14	-13	-08	02	10	16	11	-01	-16	-33	-43	-39	-36	-34	-30	-21	-17	-10	-12	-16	-16	-18	-18	-15.2	16	-43
21	-08	-13	-08	-04	02	08	08	07	-04	-20	-34	-40	-47	-45	-40	-33	-28	-16	-14	-14	-19	-19	-18	-16	-17.3	08	-47
22*	-14	-12	-08	-02	07	14	20	10	00	-19	-38	-46	-49	-38	-30	-21	-16	-14	-20	-17	-17	-16	-15	-16	-14.9	20	-49
23	-16	-14	-11	-05	03	06	06	03	-09	-25	-46	-57	-43	-50	-48	-40	-35	-31	-25	-24	-15	07	07	02	-19.2	07	-57
24†	04	-05	-13	15	19	31	22	15	-04	-15	-23	-38	-42	-48	-51	-34	-25	-27	-18	-09	-08	-08	13	-01	-10.4	**31**	-51
25	14	00	-11	19	20	13	21	08	-12	-14	-26	-40	-40	-53	-33	-36	-29	-21	-08	-10	-12	09	03	00	**-09.9**	21	-53
26	-05	-10	-09	02	13	13	09	00	-08	-22	-27	-34	-42	-47	-47	-40	-38	-26	-18	-23	-22	-08	01	12	-15.7	13	-47
27	-17	-04	16	22	09	04	-07	-12	-14	-22	-32	-42	-46	-48	-43	-41	-44	-38	-31	-14	-11	-13	-18	05	-18.4	22	-48
28†	08	06	-35	-20	-03	-05	-09	00	-01	-13	-20	-32	-36	-35	-38	-24	-20	-20	-19	-12	-13	-13	-30	-04	-16.2	08	-38
29	-04	00	01	-04	-11	06	09	08	01	-08	-20	-30	-38	-38	-30	-25	-23	-20	-16	-05	-12	-11	-12	-12	-12.2	09	-38
30	-11	-09	-21	-09	03	12	08	00	-04	-08	-20	-31	-33	-41	-37	-30	-22	-15	-16	-14	-14	-14	-11	-10	-14.5	12	-41
31	-08	-08	-08	-03	05	11	15	14	05	-12	-31	-46	-49	-46	-47	-39	-31	-30	-24	-23	-23	-18	-16	-08	-17.5	15	-49
Mittel	-12	-11	-12	-07	-03	03	06	04	-05	-19	-33	-45	-47	-44	-38	-31	-24	-19	-17	-15	-13	-12	-09	-09	-17.2	13	-51

Juni

Tag	0h	1h	2h	3h	4h	5h	6h	7h	8h	9h	10h	11h	12h	13h	14h	15h	16h	17h	18h	19h	20h	21h	22h	23h	Tagesmittel γ	Max.	Min.
1	-13	-11	-05	05	07	12	12	06	-07	-19	-31	-38	-36	-31	-28	-22	-24	-25	-26	-24	-13	23	-01	-05	-12.2	23	-38
2	-08	-08	-06	-04	05	12	13	11	00	-18	-34	-48	-47	-36	-35	-29	-24	-20	-24	-28	-26	-22	-21	-20	-17.4	13	-48
3*	-19	-14	-09	-03	06	08	07	-04	-11	-16	-28	-39	-47	-46	-36	-29	-25	-24	-23	-20	-20	-19	-16	-08	-18.1	08	-47
4*	-10	-02	-06	03	05	08	10	04	-01	-11	-23	-35	-48	-52	-43	-32	-24	-20	-17	-17	-17	-17	-16	-13	-15.6	10	-52
5	-13	-13	-08	00	02	06	08	10	08	-03	-21	-40	-51	-55	-54	-55	-46	-38	-31	-24	-23	-19	-15	-16	**-20.5**	10	-55
6	-12	09	04	-13	15	20	34	29	09	-07	-16	-28	-39	-46	-42	-34	-32	-28	-24	-21	-19	-15	-12	-09	-11.5	**34**	-46
7	-09	-08	-07	-03	04	10	13	10	00	-17	-32	-51	-47	-44	-46	-44	-36	-35	-28	-19	-16	-16	-19	-23	-19.3	13	-51
8†	01	01	04	05	00	-31	-26	-28	-19	-27	-30	-30	-37	-46	-49	-38	-27	20	-05	-18	-20	-10	20	01	-16.2	20	-49
9	-12	-19	-03	-02	-19	-02	09	04	04	-04	-17	-26	-38	-45	-23	-32	-31	-24	-12	-02	-13	-18	-09	-10	-14.3	09	-45
10	-06	-01	02	-09	-28	-10	05	11	18	02	00	-04	-19	-31	-34	-14	-12	-22	-19	-19	-15	-11	-02	02	-09.0	18	-34
11	-08	-09	-07	-02	05	11	14	16	04	-13	-30	-43	-39	-37	-39	-38	-19	-22	-23	-21	-19	-13	-12	-07	-14.6	16	-43
12	-11	-07	-03	03	05	06	14	-01	-05	-16	-23	-32	-31	-35	-29	-22	-20	-22	-22	-03	-16	-19	-19	-15	-13.5	14	-35
13	-22	-66	-02	10	11	09	13	13	08	-03	-20	-45	-57	-53	-47	-41	-23	-23	-18	-19	-07	-06	-13	-10	-17.1	13	**-66**
14	-22	-16	-10	07	06	13	-04	04	12	02	-05	-26	-39	-32	-29	-14	-10	-04	-13	-10	-13	-14	-15	-14	-10.2	13	-39
15	-13	-12	-04	04	08	10	15	13	07	-02	-22	-33	-39	-42	-37	-26	-16	-11	-14	-14	-14	-10	-02	-09	-11.0	15	-42
16	-10	-13	-09	01	06	13	18	23	18	-02	-25	-37	-43	-42	-36	-24	-17	-16	-16	-18	-18	-18	-19	-12	-12.3	23	-43
17*	-06	-02	05	12	14	18	18	13	04	-06	-21	-30	-33	-26	-21	-15	-13	-14	-17	-19	-19	-19	-15	-14	-08.6	18	-33
18*	-12	-10	-06	00	11	20	18	13	02	-15	-30	-43	-45	-45	-39	-30	-21	-17	-17	-25	-25	-24	-20	-17	-15.7	20	-45
19	-11	-09	-05	01	20	23	23	19	06	-15	-38	-53	-57	-54	-55	-45	-42	-33	-27	-25	-21	-09	-05	-17	-17.9	23	-57
20†	-18	13	07	19	25	27	18	19	05	-19	-36	-45	-55	-55	-50	-34	-22	-18	-09	-09	-09	-05	-22	07	-11.1	27	-55
21†	-16	13	07	07	01	16	18	08	03	-11	-24	-54	-55	-61	-56	-58	-32	-17	-03	-13	-10	-02	-18	-08	-15.2	18	-61
22	-02	02	10	-16	-23	-17	-05	03	06	03	-18	-33	-46	-38	-38	-36	-30	-20	03	-09	-10	11	00	01	-12.6	11	-46
23	01	04	02	-06	02	14	14	23	17	06	-14	-32	-47	-52	-44	-44	-16	-17	-20	-15	-06	-18	-13	06	-10.6	23	-52
24†	06	20	-05	00	-19	01	12	07	13	02	-07	-18	-33	-38	-40	-37	-22	-11	-02	-23	-21	-15	-11	-16	-10.7	20	-40
25	-17	-11	-02	07	14	15	19	19	17	06	-05	-16	-27	-29	-28	-29	-24	-10	-14	-13	-02	-13	-09	02	**-06.2**	19	-29
26	-01	-03	-04	04	04	10	13	15	08	-01	-20	-33	-36	-33	-23	-19	-18	-20	-18	-15	-16	-12	-14	-05	-09.9	15	-36
27	-17	00	02	05	12	15	12	08	08	00	-08	-23	-31	-34	-36	-28	-20	-21	-25	-26	-23	-12	24	12	-08.6	24	-36
28†	11	07	07	08	10	01	08	01	-20	-20	-20	-40	-52	-44	-32	-31	-26	-20	-09	26	04	-08	-12	-09	-10.8	26	-52
29	-17	00	01	00	-16	-08	08	08	09	03	-16	-25	-35	-36	-29	-21	-18	-14	-12	-11	-13	-12	-10	-06	-11.2	09	-36
30*	-05	-05	-03	-01	10	17	16	16	10	-03	-19	-29	-38	-36	-36	-30	-28	-25	-21	-18	-15	-13	-09	-06	-11.3	17	-38
Mittel	-10	-06	-02	01	03	08	12	10	04	-07	-21	-34	-42	-42	-38	-32	-24	-19	-17	-16	-15	-12	-10	-08	-13.1	17	-45

Ostkomponente.

Niemegk — Y = — 0.01 200 + Tafelwert. (Γ) — 1943

Weltzeit: 0h 1h 2h 3h 4h 5h 6h 7h 8h 9h 10h 11h 12h 13h 14h 15h 16h 17h 18h 19h 20h 21h 22h 23h 24h

Juli

Tag	0h–1h	1h–2h	2h–3h	3h–4h	4h–5h	5h–6h	6h–7h	7h–8h	8h–9h	9h–10h	10h–11h	11h–12h	12h–13h	13h–14h	14h–15h	15h–16h	16h–17h	17h–18h	18h–19h	19h–20h	20h–21h	21h–22h	22h–23h	23h–24h	Tagesmittel γ	Max.	Min.
1*	-06	-07	-05	-02	06	14	18	14	10	-08	-22	-28	-35	-36	-37	-30	-22	-18	-18	-19	-17	-15	-14	-09	-11.9	18	-37
2	-07	-05	-04	04	12	20	18	09	-01	-11	-18	-35	-44	-47	-43	-32	-23	-23	-26	-27	-16	-18	-15	-03	-14.0	20	-47
3	18	08	11	24	11	-14	-06	-04	-12	-02	-08	-25	-40	-44	-44	-34	-24	-16	-15	-16	-11	-07	-05	-08	-11.0	24	-44
4†	-07	-04	03	11	23	31	30	20	10	-04	-22	-45	-36	-46	-41	-41	-40	-15	-24	-02	54	-05	-12	-11	-07.2	**54**	-46
5†	-02	-15	08	06	14	04	08	04	09	02	-05	-20	-33	-46	-32	-35	-33	-20	-10	08	02	-03	30	12	**-06.1**	30	-46
6†	12	03	-36	-19	10	07	04	18	11	00	-15	-25	-17	-28	-36	-19	-10	-22	-18	-08	04	02	-17	01	-08.2	18	-36
7	00	-21	00	12	12	-06	-01	08	07	-03	-13	-20	-29	-35	-34	-20	-16	-22	-20	-17	-08	12	06	04	-08.5	12	-35
8	-07	16	06	04	-02	06	-02	06	-05	00	-16	-26	-21	-31	-24	-24	-23	-23	-23	-01	00	-08	-10	-08	-09.0	16	-31
9†	-07	00	-18	-08	-07	-08	-12	-06	-03	-01	-03	-02	-12	-23	-24	-25	-24	-16	11	-01	-03	-04	-04	-06	-08.6	11	-25
10†	-06	-05	-14	-32	04	00	14	09	01	-07	-11	-18	-22	-28	-05	-21	-20	-10	-15	-15	-14	-12	-12	-07	-10.2	14	-32
11	-05	-09	-06	-03	-03	06	-06	04	-12	-03	-13	-23	-35	-19	-17	-23	-19	00	-04	-13	-12	-07	02	-09	-09.5	06	-35
12	09	08	04	-12	01	08	05	09	01	-04	-15	-23	-31	-35	-33	-29	-15	-15	-14	-09	11	05	-07	-12	-08.0	11	-35
13	-24	-15	14	06	09	09	16	15	08	-07	-12	-21	-32	-34	-31	-26	-15	-19	-08	-14	-10	-19	-07	-04	-09.2	16	-34
14*	-12	-11	-01	04	08	12	12	12	05	-05	-20	-28	-33	-38	-30	-21	-14	-11	-12	-12	-09	-12	-11	-11	-09.9	12	-38
15	-08	-08	-04	-07	04	13	16	21	12	03	-11	-25	-27	-27	-38	-35	-21	-13	-10	12	-03	04	-03	00	-06.5	21	-38
16	01	-03	-09	00	10	21	23	13	04	-09	-24	-35	-50	-55	-48	-28	-23	-14	-01	-08	-02	00	-04	-07	-10.3	23	-55
17	-08	-24	-07	12	09	13	10	09	01	-07	-23	-29	-36	-39	-36	-28	-18	-20	-18	-12	-15	-12	06	17	-10.6	17	-39
18	09	04	04	04	09	17	19	20	16	05	-18	-38	-57	-72	-56	-35	-25	-15	-17	-04	14	13	-03	04	-08.4	20	**-72**
19	-01	08	-12	-11	05	17	10	07	16	08	-04	-19	-29	-39	-34	-25	-28	-18	-17	-10	-08	10	15	09	-06.2	17	-39
20	-01	01	-08	04	06	10	11	11	05	-01	-12	-28	-40	-45	-44	-26	-11	-21	-20	-17	-14	-14	-08	-06	-11.2	11	-45
21	-02	-13	09	12	08	02	00	09	10	08	-12	-23	-34	-39	-37	-39	-30	-11	-16	-18	-15	-05	-14	-11	-10.9	12	-39
22	-03	06	-03	-15	01	05	09	13	07	01	-07	-16	-33	-33	-28	-23	-24	-19	-07	-09	-15	-19	-13	04	-09.2	13	-33
23	01	-01	-08	-01	02	09	13	10	06	-06	-22	-38	-43	-42	-42	-40	-34	-25	-19	-11	-11	-08	-04	-03	-13.2	13	-43
24*	01	11	07	09	00	01	10	14	11	06	-07	-24	-36	-39	-32	-26	-22	-17	-13	-11	-11	-11	-08	-07	-08.1	14	-39
25*	-06	-06	-06	00	00	05	09	08	-01	-07	-16	-27	-39	-40	-33	-25	-21	-20	-18	-16	-15	-11	-04	-03	-12.2	09	-40
26	-06	-03	-01	01	03	04	09	09	08	-01	-12	-29	-45	-47	-39	-26	-15	-19	-19	-11	02	-15	-14	-04	-11.2	09	-47
27	-10	-20	07	-01	-02	-07	-05	06	05	00	-17	-33	-36	-41	-36	-30	-16	-15	-14	-14	-15	-10	-05	-06	-13.1	07	-41
28	-03	-03	-02	02	09	06	09	09	02	-04	-16	-28	-38	-35	-31	-25	-22	-18	-17	-17	-11	-09	-11	-07	-10.8	09	-38
29*	-04	-06	-08	00	13	17	21	17	06	-04	-18	-31	-38	-37	-31	-21	-16	-15	-18	-19	-19	-17	-12	-05	-10.2	21	-38
30	-04	-07	-01	01	10	16	09	08	-06	-20	-35	-44	-66	-68	-58	-40	-29	-06	-13	28	05	-11	-09	-04	**-14.3**	28	-68
31	01	11	13	09	15	16	10	06	00	-23	-35	-44	-58	-58	-43	-32	-16	-08	-10	-07	-05	-03	02	-03	-10.9	16	-58
Mittel	-03	-04	-02	00	06	08	09	10	04	-03	-16	-27	-36	-40	-35	-29	-22	-16	-14	-09	-05	-07	-05	-03	-10.0	17	-42

August

Tag	0h–1h	1h–2h	2h–3h	3h–4h	4h–5h	5h–6h	6h–7h	7h–8h	8h–9h	9h–10h	10h–11h	11h–12h	12h–13h	13h–14h	14h–15h	15h–16h	16h–17h	17h–18h	18h–19h	19h–20h	20h–21h	21h–22h	22h–23h	23h–24h	Tagesmittel γ	Max.	Min.
1	-28	-22	01	09	15	15	13	-04	-10	-18	-38	-54	-57	-43	-40	-31	-22	10	-13	-11	-04	-03	-05	-07	**-14.5**	15	-57
2	-03	-09	-22	-08	-05	06	-01	12	01	-08	-30	-46	-50	-57	-34	-17	-22	-17	23	-14	-13	-09	-07	-02	-13.8	23	-57
3	01	-03	04	-07	-12	03	05	10	01	00	-11	-27	-34	-32	-16	-20	-15	-12	00	25	04	-11	-04	14	-05.7	25	-34
4	15	-05	-02	-17	-09	-03	08	-02	03	-07	-17	-16	-28	-10	-14	-03	-19	-07	05	-15	-18	-16	-16	-03	-08.2	15	-28
5	-11	-20	-26	02	-07	-05	-11	03	-04	00	-03	-15	-32	-27	-32	-22	-18	-17	-11	-09	04	-06	-07	03	-11.3	04	-32
6	-05	-16	-14	-07	-06	-01	04	03	-02	-15	-30	-40	-36	-35	-22	-22	-14	-13	12	20	09	-06	-07	-08	-10.5	20	-40
7	00	01	-03	-01	-02	05	05	05	01	01	-20	-34	-33	-48	-45	-20	-10	-11	-14	-14	-14	-12	-10	-07	-11.7	05	-48
8†	-07	-03	-03	-06	-18	-10	05	01	-07	-07	-15	-27	-30	-46	-44	21	-02	-22	17	37	38	55	19	18	-01.5	55	-46
9	106	65	22	-10	-22	-12	04	12	09	17	02	-13	-13	-23	-25	-17	-14	-02	03	-05	-05	-02	-14	-09	**02.2**	**106**	-25
10*	02	13	-02	-03	02	02	13	13	16	09	-04	-17	-26	-26	-22	-14	-10	-06	-06	-07	-06	-03	-02	-07	-03.8	16	-26
11*	-15	-02	02	12	08	14	15	16	08	01	-11	-26	-30	-30	-22	-10	-01	-02	-09	-10	-09	-09	-01	-02	-04.7	16	-30
12*	-08	-04	-05	18	24	27	24	11	04	-08	-19	-26	-32	-31	-22	-19	-21	-23	-22	-22	-19	-12	-06	-02	-08.0	27	-32
13†	01	06	18	20	36	46	13	08	-06	-31	-52	-55	-59	-44	-42	-26	-04	-03	17	36	22	63	16	12	-00.3	63	-59
14	-11	02	22	17	17	15	11	10	02	-10	-29	-43	-41	-35	-35	-11	-02	11	-11	00	-18	10	18	02	-04.5	22	-43
15	18	06	-02	01	18	05	14	18	11	-01	-08	-22	-30	-31	-18	-04	-16	-11	18	22	04	-05	-01	02	-00.5	22	-31
16	-05	-02	-16	-18	00	11	17	16	07	-02	-19	-26	-48	-36	-36	-21	-09	23	07	02	04	-08	-05	05	-06.6	23	-48
17	-11	-34	-08	08	14	-02	13	11	18	15	-06	-21	-27	-32	-25	-21	-13	02	-05	06	21	12	-10	-15	-04.6	21	-34
18	-03	-15	02	10	04	07	19	24	27	06	-22	-38	-68	-27	-30	-19	25	-01	13	04	-01	00	-01	02	-03.4	27	-68
19	02	02	02	01	03	01	07	03	-09	-03	-27	-37	-45	-46	-24	-31	-21	10	17	-01	09	07	-11	-04	-08.1	17	-46
20	-21	12	-02	02	10	08	-04	02	-04	-14	-28	-26	-32	-30	-15	-08	-02	00	10	09	02	-13	-06	-06	-06.5	12	-32
21	-10	05	11	17	17	-01	06	26	17	08	-08	-27	-40	-40	-23	-18	-10	-06	-07	-07	-03	04	-04	-03	-04.0	26	-40
22*	-10	02	02	05	07	10	09	04	02	-03	-14	-23	-28	-22	-21	-17	-14	-09	-06	-06	-11	-06	01	-01	-06.2	10	-28
23	03	05	09	14	10	11	06	04	01	-15	-30	-39	-45	-34	-34	-22	-16	-18	-20	-17	-17	-10	00	15	-10.0	15	-45
24	08	29	21	09	21	-12	-45	02	00	-06	-14	-23	-26	-30	-26	-22	-14	10	-09	-15	-10	06	03	08	-05.6	29	-45
25	05	-04	-18	-12	13	22	17	10	08	07	00	-11	-22	-26	-21	-09	-14	07	-05	02	-04	13	30	28	00.7	30	-26
26	27	14	10	02	02	-05	-01	02	-03	04	-12	-26	-29	-32	-25	-20	-08	-08	-03	08	02	-02	02	-01	-04.2	27	-32
27*	02	05	08	04	05	10	10	10	05	-02	-15	-27	-31	-27	-20	-14	-10	-07	-07	-06	04	-03	-05	-12	-05.1	10	-31
28	-07	-02	06	12	14	16	12	14	03	-12	-25	-39	-54	-78	-35	-32	-14	18	05	08	13	05	42	58	-03.0	58	-78
29†	15	22	00	-13	00	14	25	22	26	13	-11	-18	-35	-28	-48	10	-19	-10	06	44	16	07	-06	-07	01.0	44	-48
30†	-04	-13	-62	-45	10	15	34	24	15	03	-07	-30	-25	-29	-13	13	00	41	11	41	09	31	58	-27	02.1	58	-62
31†	49	25	-27	12	-80	-57	-28	-04	23	-02	-16	-27	-52	-32	-15	07	43	34	26	24	13	30	17	03	-01.4	49	**-80**
Mittel	03	02	-02	01	03	05	07	09	05	-03	-17	-29	-37	-34	-27	-14	-09	-01	01	04	01	03	03	02	-05.2	29	-43

Ostkomponente.

Niemegk — Γ — Y = — 0.01 200 + Tafelwert. — 1943

Tag	0h–1h	1h–2h	2h–3h	3h–4h	4h–5h	5h–6h	6h–7h	7h–8h	8h–9h	9h–10h	10h–11h	11h–12h	12h–13h	13h–14h	14h–15h	15h–16h	16h–17h	17h–18h	18h–19h	19h–20h	20h–21h	21h–22h	22h–23h	23h–24h	Tagesmittel	Max.	Min.
September (Weltzeit)																									γ		
1	-35	04	05	13	23	17	08	10	04	04	-16	-23	-19	-28	-18	02	08	49	23	-01	00	00	00	-04	01.1	49	-35
2	-02	15	-30	07	19	11	07	09	06	-03	-18	-14	-24	-18	23	-01	-05	-01	23	36	-03	15	13	31	04.0	36	-30
3†	22	-08	04	06	-16	-27	-12	12	10	02	-06	00	-12	-18	-01	11	00	35	04	08	15	-20	-01	29	01.5	35	-27
4	19	07	03	07	00	-01	-05	-08	04	-05	-12	-12	-14	-18	02	00	-01	33	12	22	07	02	01	05	02.0	33	-18
5	04	-10	-16	-25	02	12	18	23	13	04	-09	-05	-17	-21	-14	-16	28	07	11	14	02	07	16	06	01.4	28	-25
6*	-01	-06	06	07	11	11	13	15	13	06	-03	-09	-20	-22	-19	-08	00	10	15	-04	-03	-01	00	02	00.5	15	-22
7*	03	-09	03	05	11	15	15	11	08	04	-04	-16	-21	-27	-22	-14	-15	-12	01	-05	-06	02	04	07	-02.6	15	-27
8	06	12	19	25	19	22	19	11	06	-01	-23	-30	-29	-26	-30	-28	-25	-02	84	08	22	43	02	22	05.2	**84**	-30
9†	42	-01	35	28	03	03	14	11	07	03	-05	-27	-32	-32	-32	-20	-15	-01	11	15	03	-26	07	53	01.8	53	-32
10	11	17	-08	04	24	23	22	24	16	-01	-09	-17	-24	-12	-18	12	12	-04	02	-06	12	05	02	19	04.4	24	-24
11	23	-14	-22	05	15	22	16	14	10	06	-04	-17	-30	-36	-14	-11	-02	07	-03	-04	01	39	47	16	02.7	47	-36
12	-13	04	10	11	16	15	16	19	10	00	-20	-26	-28	-28	-20	-12	-06	03	39	15	07	-04	-05	-01	00.1	39	-28
13	13	00	19	-08	10	11	13	14	10	-06	-17	-35	-29	-32	-19	-05	24	02	34	02	05	04	03	07	00.8	34	-35
14	-26	06	23	15	-01	10	13	11	07	-19	-25	-38	-33	-14	-16	-09	00	-02	-01	47	26	11	14	-20	-00.9	47	-38
15	-01	21	18	11	11	11	11	15	07	-06	-21	-33	-32	-23	-10	09	-09	-06	04	23	-01	03	-23	-02	-01.0	23	-33
16	02	12	10	10	07	11	15	14	08	17	-17	-26	-31	-29	-17	-07	18	-14	-10	01	06	02	10	-02	-00.4	17	-31
17*	11	11	22	20	01	-01	07	15	03	-06	-20	-25	-29	-29	-17	-04	-06	-05	-05	02	15	08	02	-03	-01.4	22	-29
18	07	09	10	07	07	09	14	15	11	02	-06	-17	-21	-16	-13	-10	-06	-06	-05	-01	-04	-02	29	47	02.5	47	-21
19	14	10	06	06	03	06	06	17	15	03	-11	-15	-20	-20	-15	-11	-09	-08	07	-04	-02	-01	10	11	-00.1	17	-20
20*	07	03	00	07	03	02	07	14	09	-01	-13	-25	-37	-33	-32	-22	-20	-21	-14	-12	-12	03	22	-05	**-07.1**	22	-37
21	26	10	26	13	13	15	17	05	07	-01	-17	-21	-30	-33	-29	-24	-10	-03	-06	47	14	06	07	15	02.0	47	-33
22	-02	-06	03	07	-05	03	07	10	10	-02	-19	-27	-33	-25	-10	-12	-09	22	07	15	11	03	-01	-06	-02.5	22	-33
23	-08	-17	-06	-07	03	09	09	11	08	-03	-12	-29	-30	-26	-21	-13	-09	-05	-02	01	10	11	18	23	-03.5	23	-30
24*	-05	-04	04	07	07	11	15	19	12	-02	-21	-29	-29	-23	-21	-13	-09	-09	-09	-05	03	03	05	03	-03.8	19	-29
25	01	02	03	00	-01	00	12	-03	01	04	-06	-29	-18	-28	-14	-12	-01	02	-01	01	07	07	05	03	-02.7	12	-29
26	07	03	03	-02	-04	-17	-06	02	03	-01	-04	-26	-36	-43	-32	-05	06	35	59	16	22	16	12	19	01.1	59	-43
27	-01	-29	-24	-17	-09	-20	08	13	06	02	-05	-05	-22	-25	-29	04	-06	11	68	50	28	11	19	16	01.8	68	-29
28†	-49	20	13	-13	-21	-05	07	11	15	19	10	-08	-07	07	-12	14	07	46	19	19	27	37	19	20	08.1	46	**-49**
29†	26	-09	-28	-41	-37	-24	06	02	12	12	-01	-24	-05	-13	43	07	43	39	84	44	23	10	-08	18	07.5	**84**	-41
30†	24	-17	-34	-25	-46	-11	15	18	22	19	05	27	-05	-13	-10	27	03	-06	56	10	36	66	46	30	**09.9**	66	-46
Mittel	04	01	03	03	02	05	10	12	09	02	-11	-19	-24	-23	-15	-06	00	07	17	12	09	09	09	12	01.1	38	-31
Oktober																									γ		
1	33	-15	-01	-10	-22	-06	07	13	10	04	-11	-14	-17	10	62	17	10	11	02	20	14	11	09	-29	04.5	62	-29
2†	24	11	28	23	13	07	02	19	14	-03	-01	-11	-25	11	04	05	64	26	55	07	39	22	19	-36	**13.2**	64	-36
3	-01	-11	-01	12	03	-01	-02	14	-03	-06	-18	-27	-24	-04	27	14	53	22	19	14	14	02	36	09	05.9	53	-27
4	-08	-01	-29	03	07	01	06	18	16	06	-02	-11	-21	06	-02	04	38	01	01	02	07	04	-02	06	02.1	38	-29
5	08	-21	00	02	03	04	13	17	17	04	-07	-14	-14	-15	-10	-05	-01	-01	18	30	14	06	05	-06	02.0	30	-21
6*	-06	02	07	06	02	04	11	18	16	10	-04	-21	-25	-21	-13	-09	-01	00	02	01	02	02	04	04	-00.4	18	-25
7	04	01	26	10	03	05	13	18	18	06	-16	-20	-36	-46	-45	-30	-10	-07	01	10	22	15	39	40	00.9	40	-46
8	23	34	08	05	09	10	14	21	10	05	-22	-38	-29	-30	-22	-18	10	06	00	36	34	37	38	16	06.5	38	-38
9	03	04	14	03	-03	-01	-02	-13	-28	-08	-18	-14	-24	-18	-15	-10	42	22	17	30	-17	31	21	10	01.1	42	-28
10	-08	14	14	10	10	10	06	14	21	05	-15	-24	-21	-16	10	12	64	15	-01	03	04	03	16	07	06.4	64	-24
11	10	04	02	06	07	10	17	20	19	09	-04	-20	-06	-11	-09	-02	-02	01	05	10	21	08	07	-02	04.2	21	-20
12	04	14	07	05	05	-01	07	13	12	06	-04	-14	-16	-12	-04	-02	02	11	10	06	07	10	-06	01	02.5	14	-16
13*	06	13	09	02	09	08	13	18	16	03	-13	-20	-25	-14	-06	-01	-02	-02	02	00	03	02	06	15	01.8	18	-25
14*	09	02	08	08	07	10	13	19	16	05	-12	-21	-22	-14	-06	-02	-03	02	06	04	06	01	03	05	01.8	19	-22
15*	06	04	04	03	02	02	07	15	17	08	-08	-22	-21	-18	-09	-04	-05	-03	-01	-01	02	03	03	04	-00.5	17	-22
16*	03	04	00	-02	01	01	06	14	15	05	-16	-25	-24	-15	-07	00	-02	-02	-03	00	00	08	09	05	-01.0	15	-25
17	06	03	03	01	-03	-01	06	05	-01	-05	-15	-26	-31	-21	-06	-05	-02	-02	06	14	26	10	09	08	-00.9	26	-31
18	06	07	04	01	02	05	11	16	13	04	-08	-18	-17	-14	-08	-03	-06	06	06	04	02	06	07	-06	00.8	16	-18
19	02	04	10	01	-01	04	08	14	07	-03	-12	-18	-18	-17	-20	-09	-07	-07	-03	-01	01	04	03	05	-02.2	14	-20
20	03	04	02	04	01	02	06	14	16	10	-03	-18	-16	-10	-07	-09	-06	14	77	06	07	04	-07	14	04.5	**77**	-18
21	-06	09	25	10	08	10	11	10	10	00	-14	-18	-14	-07	-01	01	01	02	02	01	03	04	03	02	02.2	25	-18
22	03	00	04	06	09	08	07	-04	04	-05	-19	-22	-26	-26	-15	06	46	30	17	06	08	41	16	-03	03.8	46	-26
23	-20	10	04	-05	02	10	12	15	14	05	-09	-18	-19	-10	11	00	00	02	03	10	18	30	17	14	04.0	30	-20
24	14	17	28	01	08	06	05	05	08	02	-30	-33	-39	-42	21	00	27	43	14	30	-03	18	33	13	06.1	43	-42
25	-01	-31	-03	06	00	07	03	-19	-13	-15	-15	-11	12	03	02	00	08	38	45	41	22	38	13	09	05.8	45	-31
26†	-10	-29	25	-08	-36	-58	-42	-14	-17	-23	-15	01	-20	-05	34	-07	21	44	35	45	-04	05	11	-20	**-03.6**	45	**-58**
27	-94	-09	-11	02	00	01	-03	-03	-04	-07	-03	-09	-07	-03	03	06	13	17	61	38	59	64	14	-08	08.6	64	-11
28†	35	02	-19	-29	-03	-23	05	04	09	10	01	-04	05	15	15	57	23	58	45	33	06	-10	04	09	10.3	58	-29
29†	02	-26	-01	02	07	-01	-04	06	09	08	-12	-19	-02	-15	48	29	53	28	68	44	29	08	-12	02	10.5	68	-26
30	08	05	-35	-01	09	-04	04	09	11	01	-07	-08	00	25	06	04	32	32	48	22	17	26	-10	11	08.5	48	-35
31†	09	06	00	-54	-46	-11	10	11	12	-04	-11	-11	09	-10	-05	02	09	36	32	36	20	37	01	10	03.7	37	-54
Mittel	05	01	04	01	00	01	05	10	09	01	-11	-18	-17	-11	01	01	15	14	19	16	12	15	10	04	03.6	39	-28

Ostkomponente.

Niemegk — Y = — 0.01 200 Γ + Tafelwert. — 1943

Weltzeit

Tag	0h–1h	1h–2h	2h–3h	3h–4h	4h–5h	5h–6h	6h–7h	7h–8h	8h–9h	9h–10h	10h–11h	11h–12h	12h–13h	13h–14h	14h–15h	15h–16h	16h–17h	17h–18h	18h–19h	19h–20h	20h–21h	21h–22h	22h–23h	23h–24h	Tagesmittel	Max.	Min.
November																									γ		
1	22	00	04	04	09	05	00	07	08	01	09	-10	-10	54	12	05	23	41	23	13	25	21	09	16	12.1	54	-10
2*	-02	-04	06	06	06	08	08	14	13	04	-05	-14	-15	-10	-03	00	13	09	16	11	10	09	09	09	04.1	16	-15
3	08	06	05	05	05	06	08	13	16	08	-03	-10	-11	-06	00	05	01	05	07	14	14	15	13	14	05.8	16	-11
4	07	06	05	04	01	02	06	13	16	08	00	-12	-16	-15	-12	-10	-03	-03	01	04	05	07	22	28	02.7	28	-16
5	08	03	05	08	00	10	04	05	09	00	-09	-15	-28	-21	-29	-12	-08	-08	-03	04	10	21	20	13	-00.5	21	-29
6†	09	12	08	-07	12	11	08	10	11	04	-08	-11	-18	-19	-07	-15	52	121	28	38	36	28	-08	08	12.6	**121**	-19
7	14	-02	08	14	10	09	09	08	18	12	-05	-14	-15	-10	-05	-04	-04	-03	01	03	51	21	11	04	05.5	51	-15
8	-04	02	06	11	05	07	04	04	07	12	-01	-14	-09	-04	-03	02	-02	01	12	08	20	24	16	23	05.3	24	-14
9	05	10	-04	14	08	06	08	06	10	08	00	-07	-09	-04	03	04	02	12	02	16	11	12	14	03	05.4	16	-09
10	13	16	08	08	10	08	10	10	12	03	-04	-10	-09	-04	01	04	00	03	03	56	56	19	05	06	09.3	56	-10
11*	04	05	07	08	10	08	12	16	16	11	03	-04	-03	01	05	06	07	08	10	10	08	07	05	04	06.8	16	-04
12*	04	04	04	03	02	03	05	08	05	-04	-12	-19	-24	-23	-06	-01	05	08	08	16	12	16	12	08	01.4	16	-24
13	07	05	04	04	04	05	06	07	07	-01	-12	-19	-16	-09	-04	-01	-01	-01	05	15	23	31	27	14	04.2	31	-19
14	03	03	03	05	07	03	07	09	05	-02	-08	-11	-11	-07	-03	-01	00	04	12	20	18	11	06	07	03.3	20	-11
15*	03	05	05	03	03	02	02	02	03	-02	-10	-17	-15	-08	-05	-05	-09	-07	-04	-01	03	06	05	05	**-01.5**	06	-17
16	07	09	-06	-17	-01	-02	05	06	06	-01	-09	-17	-20	-16	-10	-10	-06	02	07	34	24	41	18	13	02.4	41	-20
17*	02	01	03	05	03	05	06	10	07	02	-05	-10	-12	-06	-01	01	02	04	06	06	06	07	06	07	02.3	10	-12
18	06	05	02	02	02	03	03	06	07	03	-05	-05	-09	-02	02	-02	-03	18	18	18	15	11	06	03	04.3	18	-09
19†	03	02	-01	-13	-18	-17	-02	02	04	-17	-10	-09	21	00	-05	50	04	39	57	66	26	18	24	-04	09.2	66	-18
20	18	18	-18	-18	-14	-26	-14	-18	-09	-08	06	-02	02	16	11	38	94	10	07	45	75	26	17	08	11.0	94	-26
21	-02	22	26	12	00	-21	-11	-09	-10	04	-06	-02	17	25	35	20	52	54	45	62	23	23	17	-12	15.2	62	-21
22	03	-05	-01	-10	-11	-15	-10	-02	06	08	02	-05	03	27	16	11	107	36	28	30	20	23	15	-07	11.2	107	-15
23†	-02	02	-03	-04	03	00	-03	06	02	09	10	-01	22	27	07	53	38	26	57	50	62	56	62	45	21.8	62	-04
24	17	-22	-10	06	-03	00	07	08	16	18	04	02	-09	19	86	12	06	34	86	60	22	24	25	02	17.1	86	-22
25†	23	07	-11	06	-02	-03	-10	06	11	10	18	-01	22	-06	46	58	40	61	72	66	82	83	29	04	**25.5**	83	-11
26†	12	14	11	10	-12	-21	-02	02	10	11	01	-02	-03	04	58	14	18	42	26	22	02	37	45	-10	12.0	58	-21
27	13	30	18	-30	-59	-23	-22	-22	-04	08	14	02	16	09	29	30	05	10	14	40	33	39	29	02	07.5	40	**-59**
28	38	18	10	02	-17	-18	-11	02	03	02	-09	03	02	06	10	10	09	22	74	22	23	18	12	-10	09.2	74	-18
29	13	-04	-30	-22	-15	-26	-11	-07	10	10	03	07	07	23	08	35	21	31	80	27	31	26	22	14	10.5	80	-30
30	07	04	04	10	07	06	08	04	03	-02	-02	-04	00	05	01	12	32	11	12	14	14	16	15	13	07.9	32	-04
Mittel	09	06	02	01	-02	-02	01	04	07	04	-02	-08	-05	02	08	10	16	20	24	26	25	23	17	08	08.1	47	-17
Dezember																									γ		
1	10	09	09	07	07	09	09	10	09	09	06	02	00	01	04	05	-09	02	27	08	18	42	22	11	09.5	42	-09
2	11	12	15	13	08	10	09	10	07	01	-04	-03	-03	-06	-06	-26	21	-10	02	81	53	21	28	25	11.2	81	-26
3†	19	19	03	07	06	13	12	09	05	09	00	-02	-04	-03	05	04	53	46	22	38	29	23	00	-04	12.9	53	-04
4	-03	19	21	12	20	13	08	07	04	04	-03	-02	-06	20	28	05	07	17	50	52	24	32	07	21	14.9	52	-06
5	18	08	02	09	04	06	05	04	08	02	00	-02	06	04	12	04	28	12	07	17	24	20	17	17	09.7	28	-02
6*	16	14	12	10	10	12	11	09	06	02	02	04	05	06	06	09	09	09	10	10	12	13	14	13	09.3	16	02
7*	11	09	08	08	09	09	10	08	04	-02	-04	-03	00	-01	-04	01	05	08	10	10	10	11	12	12	05.9	12	-04
8	08	08	06	06	06	07	08	08	07	04	04	-01	-03	-03	00	03	28	11	18	16	15	14	10	09	07.9	28	-03
9	08	04	-03	04	04	01	00	00	02	03	01	-04	-08	-09	-04	13	13	09	09	12	19	22	24	16	05.7	24	-09
10	-03	15	11	10	07	01	01	-01	-02	-02	-01	-05	-05	-04	-01	-06	05	12	11	11	11	12	12	09	04.1	15	-05
11	12	08	09	08	07	06	05	02	00	-01	-02	-02	00	01	01	01	00	00	12	12	08	10	12	12	05.0	12	-02
12*	09	06	04	02	03	04	05	05	05	05	03	00	02	04	02	01	00	02	02	11	19	19	16	12	05.9	19	00
13*	14	03	-03	03	01	01	03	02	02	03	01	-03	-02	00	00	01	02	02	04	22	22	15	12	10	04.8	22	-03
14	08	06	04	04	03	03	04	01	01	00	-01	-04	-04	-05	-08	-23	03	01	05	12	15	18	21	21	**03.5**	21	-23
15	12	13	08	08	06	05	07	06	08	04	02	01	05	08	08	05	00	02	01	07	38	52	26	13	10.2	52	00
16†	26	19	08	03	00	-01	-03	-04	00	-03	-32	-16	-35	-18	01	20	39	26	93	59	47	12	28	28	12.4	93	**-35**
17†	46	09	-01	13	-18	-08	-24	01	06	00	-05	20	08	02	06	28	69	32	26	32	26	19	06	-01	12.2	69	-24
18	18	20	02	09	08	07	05	-02	04	18	07	04	15	12	60	12	22	24	40	40	42	17	13	12	17.0	60	-02
19†	21	13	00	18	10	06	-03	-18	-15	-07	04	-05	09	22	16	08	21	100	113	41	35	51	18	32	**20.4**	**113**	-18
20†	-09	04	15	12	10	08	01	00	-05	-06	-04	11	-01	40	31	42	50	70	28	61	55	21	16	32	20.1	70	-09
21	17	22	25	13	11	04	02	-03	00	04	-01	-03	11	13	10	13	08	07	21	107	55	21	19	27	16.8	107	-03
22	16	01	11	10	11	11	07	08	03	13	06	-08	05	07	28	19	52	32	32	38	28	20	11	17	15.8	52	-08
23	12	12	17	13	08	09	08	06	04	09	01	04	03	30	05	09	09	17	34	35	17	20	17	23	13.4	35	01
24	15	29	24	12	07	08	07	04	05	04	03	03	04	08	13	12	08	07	12	28	23	16	12	11	11.5	28	03
25	11	08	08	09	-11	06	03	08	05	05	12	13	08	09	11	13	12	11	12	16	32	29	22	17	11.2	32	-11
26	08	04	18	11	08	09	11	16	12	05	08	06	04	02	07	16	66	07	24	49	47	26	18	14	16.5	49	02
27	10	07	07	-01	04	10	13	13	13	11	05	02	-03	05	10	08	08	12	22	21	18	16	15	14	10.0	22	-03
28*	12	09	08	08	05	07	01	10	08	04	01	-03	00	04	08	08	09	10	12	13	14	15	15	13	08.0	15	-03
29	11	08	07	11	11	12	14	16	13	08	-03	-04	-02	00	04	02	03	06	10	28	38	19	21	17	10.4	38	-04
30	13	11	08	06	05	05	07	12	11	06	03	00	02	01	10	01	00	06	05	10	12	13	13	14	07.2	14	00
31	18	14	13	13	12	08	08	10	13	12	01	-02	-08	-18	-03	01	-03	12	33	67	58	35	62	58	17.2	67	-18
Mittel	13	11	09	09	06	06	05	05	05	04	00	00	00	04	08	07	17	16	23	31	28	22	17	17	11.0	43	-07

Vertikalkomponente.

Niemegk — $Z = 0.43500 + \text{Tafelwert}$ (Γ) — 1943

Weltzeit

Tag	0–1h	1–2h	2–3h	3–4h	4–5h	5–6h	6–7h	7–8h	8–9h	9–10h	10–11h	11–12h	12–13h	13–14h	14–15h	15–16h	16–17h	17–18h	18–19h	19–20h	20–21h	21–22h	22–23h	23–24h	Tagesmittel	Max.	Min.
Januar																									γ		
1	43	42	42	42	41	41	42	42	41	39	37	36	36	38	38	39	38	40	41	46	48	48	48	47	41.5	48	36
2	45	45	44	44	43	43	43	44	42	37	35	37	42	45	46	47	50	51	50	48	47	47	47	46	44.5	51	35
3	45	43	41	42	42	40	40	39	38	34	34	37	41	46	48	47	44	43	44	46	48	47	47	44	42.5	48	34
4†	39	39	40	41	40	41	41	42	41	39	42	49	53	62	59	53	67	73	75	66	53	47	46	47	49.8	75	39
5	44	46	36	38	40	42	42	44	46	46	46	46	48	51	52	53	55	56	56	52	47	41	40	44	46.3	56	36
6	44	44	46	46	46	44	43	44	45	44	47	42	44	48	50	52	52	51	53	51	46	46	47	48	46.8	53	42
7*	47	47	47	47	47	46	44	43	43	43	43	41	43	48	49	49	48	47	47	47	47	46	45	44	45.8	49	41
8	45	45	45	45	44	44	44	44	41	38	35	37	40	44	46	45	46	47	48	49	50	50	46	39	44.0	50	35
9	38	40	39	38	39	39	40	42	43	40	38	38	40	43	47	47	48	50	50	50	50	49	47	46	43.4	50	38
10	45	45	44	44	44	44	44	44	42	40	40	39	41	46	46	45	45	47	47	48	49	44	41	43	44.0	49	39
11	44	44	43	44	44	43	43	42	37	36	37	37	38	42	43	46	47	48	47	47	47	45	46	44	43.1	48	36
12	44	43	42	42	42	39	41	40	40	42	43	45	44	48	48	47	47	47	49	49	50	49	49	48	44.9	50	39
13*	46	44	43	42	43	43	42	40	38	38	40	38	41	43	44	45	46	45	46	46	45	44	43	41	42.8	46	38
14*	40	41	41	41	41	41	41	39	38	38	37	37	40	43	44	44	44	43	43	43	42	42	42	42	41.1	44	37
15*	42	41	41	41	41	40	40	41	36	38	41	38	41	44	42	41	41	40	41	42	42	44	44	43	**41.0**	44	36
16	42	41	39	39	38	38	38	38	36	34	36	36	37	42	45	46	47	47	51	51	51	50	50	46	42.4	51	34
17†	41	42	41	40	38	37	35	36	32	30	32	36	44	51	56	62	62	76	68	59	54	49	46	38	46.0	76	30
18	38	41	43	43	43	43	42	43	43	42	40	41	45	49	48	48	47	48	50	50	49	47	46	45	44.8	50	38
19	44	42	42	40	42	42	41	42	39	41	43	41	44	50	47	46	47	49	51	50	49	47	44	43	44.4	51	39
20†	42	42	42	41	40	40	42	40	40	40	40	40	39	50	57	62	66	87	89	88	72	36	48	49	51.3	**89**	36
21†	47	50	45	38	44	47	49	50	49	50	56	58	58	62	70	68	63	61	58	58	58	55	46	48	**53.7**	70	38
22†	30	34	41	45	46	46	46	46	45	45	47	50	55	64	65	64	66	66	67	61	58	51	44	49	51.3	67	**30**
23	49	45	46	49	48	50	48	47	46	44	46	47	52	53	50	52	52	52	52	51	51	47	48	47	48.8	53	44
24	48	48	48	43	46	46	46	45	45	45	44	45	49	54	53	54	52	51	51	52	49	49	47	46	48.2	54	43
25*	44	47	46	46	46	47	45	42	40	40	38	37	41	46	47	49	49	47	48	48	47	47	45	45	44.9	49	37
26	45	44	38	39	39	38	38	38	41	45	44	41	44	47	50	53	57	52	52	51	50	49	46	44	45.2	57	38
27	43	44	44	45	46	46	45	41	40	41	40	40	45	52	51	53	53	52	51	50	49	47	47	46	46.3	53	40
28	46	46	45	45	45	46	46	47	46	47	46	49	50	53	53	52	54	53	54	51	49	47	47	47	48.5	54	45
29	44	46	44	44	44	44	44	44	43	43	42	40	41	46	48	48	47	47	47	47	48	44	46	44	44.8	48	40
30	44	38	42	38	41	42	42	42	43	44	47	46	45	48	48	46	46	45	46	45	46	43	39	42	43.7	48	38
31	42	42	42	42	42	42	43	43	44	43	42	42	41	44	48	47	44	44	47	47	48	47	49	46	44.2	49	41
Mittel	43	43	43	42	43	43	43	42	41	41	41	41	44	48	50	50	51	52	52	51	50	47	46	45	45.5	54	38
Februar																									γ		
1	44	42	42	43	42	43	43	42	42	42	42	43	44	46	47	45	45	47	47	48	48	49	47	43	44.4	49	42
2	44	44	43	42	41	40	39	40	40	40	37	37	37	41	43	44	44	44	44	44	44	46	47	47	42.2	47	37
3	45	41	41	40	39	38	38	38	36	36	39	41	43	47	47	47	49	47	47	48	48	49	47	45	43.2	49	36
4	44	45	44	37	35	36	37	37	34	36	42	42	42	45	49	49	50	49	52	54	54	51	51	48	44.3	54	34
5†	45	40	40	41	42	41	42	42	40	40	39	41	43	47	49	48	48	49	48	48	47	48	46	44	44.1	49	39
6	46	41	42	43	43	42	42	42	41	42	43	42	42	44	46	45	50	54	54	52	50	47	45	45	45.1	54	41
7	44	42	43	43	44	43	42	41	40	40	43	42	42	45	47	48	47	48	50	50	51	48	46	44	44.7	51	40
8	38	40	41	42	42	41	40	37	37	40	42	41	41	42	46	46	45	45	47	42	46	45	44	42	42.2	47	37
9	41	41	41	40	41	40	38	35	35	37	41	44	42	42	44	43	44	44	44	44	43	44	41	41	41.2	44	35
10*	41	41	41	41	41	40	38	38	41	41	38	38	40	44	44	43	44	45	46	45	45	45	44	44	42.0	46	38
11	43	43	41	40	37	37	36	38	36	36	39	39	38	40	45	44	45	45	46	46	45	46	44	44	41.4	46	36
12	42	41	40	40	41	42	42	42	43	40	40	38	37	40	44	43	43	43	43	44	44	41	39	38	41.2	44	37
13	38	37	34	33	35	35	38	38	39	40	38	35	35	37	40	41	42	43	46	47	46	45	40	41	39.3	47	33
14*	40	39	40	40	40	40	40	38	38	38	39	39	40	40	40	39	40	41	40	41	42	42	44	42	40.1	44.	38
15*	41	39	40	40	40	40	40	39	38	36	37	42	44	44	44	45	44	44	44	43	42	43	42	42	41.4	45	36
16	41	41	40	40	40	40	40	41	37	33	33	36	40	42	42	41	41	39	38	38	37	36	36	36	38.7	42	33
17†	35	35	36	38	27	25	31	37	42	34	42	58	52	52	56	53	53	53	54	51	40	35	36	40	42.3	58	25
18	40	42	44	39	38	40	40	41	40	37	37	39	42	46	49	48	47	45	45	44	44	43	41	40	42.1	49	37
19	35	33	32	34	36	38	38	41	41	42	44	44	45	45	46	49	46	46	45	44	42	42	41	41	41.2	49	32
20	41	41	41	40	41	40	40	42	42	42	39	38	43	43	47	46	45	45	44	43	42	42	42	41	42.1	47	38
21	40	40	40	40	40	40	40	39	36	33	32	33	36	38	43	43	42	44	46	48	45	42	42	41	40.1	48	32
22*	41	41	41	40	40	39	37	37	32	29	30	31	36	38	38	41	41	41	41	42	42	42	41	40	38.4	42	29
23	39	36	37	38	37	37	36	36	35	33	30	29	30	34	36	38	39	40	41	45	46	40	37	39	**37.0**	46	29
24	38	38	36	37	37	37	36	36	34	34	33	35	36	41	41	41	42	45	46	45	46	38	40	34	38.6	46	33
25†	36	37	38	40	39	38	37	37	38	36	32	34	35	37	41	44	47	55	65	69	63	58	55	48	44.1	**69**	32
26†	46	44	24	30	33	34	38	40	36	35	36	39	41	43	47	53	60	63	65	69	66	61	56	52	**46.3**	**69**	**24**
27†	45	40	35	35	38	41	42	44	42	43	44	45	46	49	50	51	50	48	48	48	47	46	43	43	44.3	51	35
28*	43	43	42	41	41	41	43	44	41	40	39	40	43	44	46	46	46	46	45	45	44	43	43	43	43.0	46	39
Mittel	41	40	39	39	39	39	39	39	38	38	38	39	41	43	45	45	46	46	47	47	46	45	44	42	42.0	49	35

Vertikalkomponente.

Niemegk $Z = 0.43500 + \text{Tafelwert.}$ (Γ) 1943

0h 1h 2h 3h 4h 5h 6h 7h 8h 9h 10h 11h 12h 13h 14h 15h 16h 17h 18h 19h 20h 21h 22h 23h 24h Weltzeit

März

Tag																									Tagesmittel γ	Max.	Min.
1	43	42	41	41	40	40	40	41	39	36	34	33	36	40	46	51	53	52	51	50	47	46	45	44	43.0	53	33
2	42	41	41	41	38	37	39	44	46	46	41	43	45	52	56	54	52	51	50	49	49	49	47	47	45.8	56	37
3	47	47	46	45	44	43	43	41	40	38	39	40	47	46	46	50	49	48	49	52	53	49	47	46	45.6	53	38
4†	43	40	41	41	39	36	37	39	40	37	45	49	47	50	55	56	55	54	55	54	50	38	41	44	45.2	56	36
5	40	40	43	35	31	33	37	39	36	38	38	39	44	49	53	56	58	58	57	50	49	46	47	44	44.2	58	31
6	39	40	42	42	42	42	43	44	43	40	40	42	45	45	50	53	51	49	49	47	45	48	47	45	44.7	53	39
7	44	44	44	44	44	42	43	44	43	38	35	36	40	44	48	49	47	49	45	47	47	45	43	42	43.6	49	35
8	39	38	41	36	37	38	38	38	35	31	30	33	39	44	49	54	52	50	49	46	46	44	45	45	41.5	54	30
9	44	44	41	42	42	40	41	44	43	42	42	44	48	46	49	49	50	49	47	46	48	45	39	41	44.4	50	39
10*	41	41	38	39	40	40	43	43	41	36	31	27	28	32	38	44	45	46	47	48	47	45	43	39	40.1	48	27
11	40	41	37	38	38	39	42	43	40	36	33	33	36	35	36	39	42	40	46	53	54	51	49	48	41.2	54	33
12	43	34	41	33	37	37	37	36	32	32	31	33	37	38	46	61	60	55	52	49	47	46	40	39	41.5	61	31
13*	39	42	42	40	40	40	41	38	33	29	26	27	31	36	39	40	39	39	40	41	41	41	40	38	37.6	42	26
14	38	39	40	36	33	34	38	39	37	28	26	29	32	36	42	47	42	41	41	40	40	40	38	39	37.3	47	26
15*	40	39	39	38	39	39	40	39	32	23	20	25	30	36	40	41	40	41	40	40	39	39	38	37	36.4	41	20
16	37	35	35	36	36	38	39	37	32	34	41	37	41	47	49	52	54	48	47	48	46	44	42	32	41.1	54	32
17	25	36	39	42	42	45	48	45	42	36	33	37	38	40	44	48	47	46	45	44	43	42	39	38	41.0	48	25
18	39	40	41	41	41	41	41	38	32	27	26	28	32	37	40	40	42	42	45	43	42	42	41	41	38.4	45	26
19	39	40	39	38	38	38	37	35	24	19	21	24	26	32	38	39	43	42	42	40	43	33	38	38	35.2	43	19
20†	38	38	38	36	35	33	35	30	24	20	17	21	28	36	48	52	48	53	48	53	46	45	43	42	37.8	53	17
21	39	38	38	40	40	41	43	41	36	27	26	32	38	40	43	46	48	48	47	48	44	42	42	42	40.4	48	26
22	40	39	38	38	38	40	41	40	37	32	31	29	33	40	45	53	53	50	48	45	39	32	08	13	37.6	53	08
23†	−02	−12	04	12	16	26	36	38	40	34	31	32	40	42	46	49	49	48	49	44	38	38	37	36	**32.1**	49	**−12**
24	36	38	39	40	40	43	46	45	39	37	34	34	38	40	45	49	52	54	48	45	44	44	42	42	42.2	54	34
25*	43	43	43	42	43	40	42	40	35	30	29	28	31	35	39	42	43	43	42	41	41	41	40	41	39.0	43	28
26	39	38	36	38	39	40	41	39	35	30	24	21	29	37	42	46	47	46	45	45	43	41	41	39	38.4	47	21
27	36	38	39	39	39	41	43	42	36	32	30	30	31	36	42	46	46	43	44	44	43	43	42	41	39.4	46	30
28*	41	40	39	39	40	41	45	46	45	40	31	28	30	34	36	40	41	40	40	40	40	41	41	38	39.0	46	28
29†	37	37	35	33	34	37	40	38	36	32	26	23	25	30	42	58	58	47	42	48	46	33	06	12	35.6	58	06
30†	18	19	18	23	19	23	26	31	29	26	29	32	38	47	55	56	52	49	51	54	47	47	44	47	36.7	56	18
31	46	42	37	39	41	42	43	44	43	39	38	38	44	49	54	62	65	68	65	60	59	52	44	36	**47.9**	**68**	36
Mittel	38	37	38	38	38	38	40	40	37	33	32	32	36	40	45	49	49	48	47	47	45	43	40	39	40.4	51	27

April

0h 1h 2h 3h 4h 5h 6h 7h 8h 9h 10h 11h 12h 13h 14h 15h 16h 17h 18h 19h 20h 21h 22h 23h 24h Weltzeit

Tag																									Tagesmittel γ	Max.	Min.
1	44	47	42	34	37	39	39	39	36	37	39	42	43	49	55	63	62	61	58	56	55	54	51	48	47.1	63	34
2	42	37	38	39	38	39	43	42	38	38	38	38	41	46	54	58	52	50	49	49	50	42	44	42	43.6	58	37
3†	31	18	05	20	26	30	36	42	36	32	33	39	42	48	53	58	59	57	57	52	49	48	43	32	39.4	59	05
4	28	37	37	28	27	37	42	46	42	40	41	42	42	48	60	64	64	64	64	53	48	48	47	43	45.5	64	27
5†	35	32	35	32	37	43	47	48	47	39	32	32	38	47	49	47	65	74	59	57	54	44	30	26	43.7	74	26
6†	36	40	37	39	44	48	52	49	43	40	34	37	44	46	57	75	66	60	55	52	50	49	43	36	47.2	75	34
7	28	39	34	24	32	40	44	46	41	33	27	28	37	47	52	57	55	51	52	49	49	46	46	46	41.8	57	24
8	41	40	41	44	46	47	50	49	45	39	36	36	39	44	47	49	49	49	48	48	48	47	46	46	44.8	50	36
9	46	45	45	45	45	45	46	43	37	33	33	31	30	34	38	40	42	44	44	44	45	45	45	44	41.2	46	30
10	44	45	45	45	44	46	46	46	43	41	40	43	56	57	60	61	63	64	63	59	54	51	41	27	**49.3**	64	27
11†	21	25	04	06	08	14	23	34	39	38	40	45	47	50	56	66	73	77	70	67	66	63	53	41	42.8	**77**	04
12	41	48	49	50	50	53	55	54	49	46	42	42	43	45	48	50	53	50	50	50	50	49	48	49	48.5	55	41
13*	48	48	47	46	45	47	48	48	43	38	32	30	35	42	46	49	49	47	46	46	46	46	44	44	44.2	49	30
14*	45	45	44	44	44	44	44	44	42	39	34	32	36	39	41	42	45	44	44	45	46	45	45	45	42.4	46	32
15	44	44	43	42	41	40	40	38	33	30	30	31	34	37	40	43	51	48	46	49	50	48	46	43	41.3	51	30
16	38	42	43	43	42	45	47	43	38	36	35	35	38	45	46	50	52	51	49	50	49	47	47	46	44.0	52	35
17	44	40	42	43	45	46	46	46	40	36	32	28	29	37	47	52	51	51	50	48	47	47	46	46	43.3	52	28
18	45	44	44	45	44	42	42	43	38	31	25	23	27	33	40	42	45	45	45	45	45	45	45	45	40.3	45	23
19*	45	45	45	42	42	42	42	41	36	26	19	16	20	30	35	40	43	44	43	44	44	44	45	44	**38.2**	45	16
20	45	44	44	44	44	43	43	46	43	34	25	25	25	27	34	43	49	47	46	44	45	45	45	44	40.6	49	25
21	31	28	25	29	33	36	39	40	40	29	24	32	35	46	60	59	55	58	52	54	52	49	48	48	41.8	60	24
22	48	48	48	49	49	49	48	46	44	38	32	28	32	40	45	48	49	48	46	47	47	46	45	45	44.4	49	28
23*	46	46	46	47	48	49	49	44	37	31	26	22	28	36	39	40	43	42	42	44	44	45	45	45	41.0	49	22
24*	44	44	44	45	46	47	47	45	40	31	24	18	22	29	36	43	44	43	42	43	44	43	42	42	39.5	47	18
25	42	42	41	37	40	41	42	41	40	35	30	28	32	39	41	46	49	52	50	48	47	44	43	29	40.8	52	28
26†	20	16	12	−06	04	17	23	33	37	40	41	49	58	61	67	67	67	72	72	69	65	51	53	53	43.4	72	**−06**
27	51	45	42	50	51	53	55	55	51	45	36	32	33	40	46	49	48	50	50	50	50	49	49	49	47.0	55	32
28	49	48	48	47	48	48	45	41	34	30	31	33	36	38	40	42	42	42	43	42	44	52	51	45	42.5	52	30
29	42	42	42	43	44	46	48	47	39	34	28	24	26	35	41	41	47	52	55	56	52	52	51	59	43.2	56	24
30	46	46	45	40	42	44	43	36	28	29	28	25	35	45	44	46	50	51	54	52	48	49	48	46	42.5	54	25
Mittel	40	40	39	38	40	42	44	44	40	36	32	32	36	42	47	51	53	53	51	50	49	48	46	43	43.2	56	26

Vertikalkomponente.

Niemegk $Z = 0.43500 + \text{Tafelwert}$. [Γ] 1943

Tag	0h–1h	1h–2h	2h–3h	3h–4h	4h–5h	5h–6h	6h–7h	7h–8h	8h–9h	9h–10h	10h–11h	11h–12h	12h–13h	13h–14h	14h–15h	15h–16h	16h–17h	17h–18h	18h–19h	19h–20h	20h–21h	21h–22h	22h–23h	23h–24h	Tagesmittel	Max.	Min.
Mai																									γ		
1†	38	38	42	23	26	29	26	24	27	33	38	51	54	66	84	89	88	88	82	73	64	56	33	22	49.8	**89**	22
2	16	29	34	38	43	49	49	47	44	41	34	30	35	49	60	68	71	68	67	63	58	55	51	50	47.9	71	16
3	48	46	50	52	54	55	51	45	36	27	23	27	37	49	56	61	66	72	67	62	61	58	46	35	49.3	72	23
4	42	45	49	50	52	52	48	43	42	38	36	37	42	49	52	52	55	54	54	53	53	54	48	49	47.9	55	36
5	49	50	50	52	53	54	55	52	46	43	36	39	47	57	57	58	56	55	55	53	52	50	50	51	50.8	58	36
6	48	44	47	50	51	53	54	51	45	40	37	37	42	45	50	55	54	52	51	50	50	50	49	49	48.1	55	37
7*	49	49	51	48	47	47	46	47	46	44	40	37	41	47	47	48	47	46	46	47	47	47	47	44	46.0	51	37
8*	42	42	43	46	48	48	49	47	42	33	26	26	32	39	42	44	44	45	46	46	46	46	45	45	42.2	49	26
9*	46	45	46	48	48	46	45	43	41	32	22	25	35	42	40	41	44	46	47	48	48	47	47	46	42.4	48	22
10	44	44	44	46	47	47	43	40	32	24	22	24	25	31	32	36	41	43	48	47	46	46	45	46	39.3	48	22
11	44	45	44	44	46	45	44	41	35	27	25	28	34	38	40	45	48	47	46	45	44	41	41	41	40.8	48	25
12	41	41	41	46	36	38	42	45	39	29	25	25	30	37	43	47	47	46	47	47	46	46	45	44	40.5	47	25
13	44	42	42	45	44	42	42	42	43	41	35	36	38	43	60	60	69	66	65	58	54	47	45	44	47.8	69	35
14	46	46	48	38	41	44	46	45	39	37	33	34	41	43	43	48	47	46	48	48	48	48	45	39	43.4	48	33
15	37	08	07	07	12	22	34	38	35	34	31	35	38	44	54	56	54	53	53	52	50	47	45	46	**37.2**	56	07
16	47	48	49	49	50	48	47	42	35	26	22	28	43	44	48	54	58	63	61	63	58	53	52	49	47.4	63	22
17†	50	48	42	42	45	50	52	49	46	38	34	38	40	47	52	55	63	64	63	55	48	40	40	38	47.5	64	34
18†	25	27	26	17	33	27	36	38	42	43	36	43	49	50	54	56	60	56	58	57	55	48	34	39	42.0	60	17
19	44	44	34	41	42	33	40	44	40	38	38	38	45	57	61	61	63	59	56	56	49	49	49	49	47.1	63	33
20*	48	49	50	52	54	54	53	48	43	38	36	40	43	47	50	51	52	53	53	53	52	51	51	50	48.8	54	36
21	46	47	49	51	52	54	56	54	45	31	26	30	37	43	47	51	53	53	52	51	49	48	48	48	46.7	56	26
22*	48	48	49	51	53	54	52	48	39	32	30	31	37	45	49	52	52	49	48	49	49	48	48	47	46.2	54	30
23	46	46	48	48	49	50	46	43	40	38	32	27	27	36	41	42	52	48	50	52	49	49	48	45	43.8	52	27
24†	41	30	04	16	32	35	40	41	40	35	32	32	32	38	50	60	77	77	78	74	64	56	45	36	44.4	78	**04**
25	34	39	32	37	46	49	51	55	48	48	44	45	49	64	62	62	68	64	62	62	59	53	53	50	**51.5**	68	32
26	49	46	46	48	49	49	47	44	44	41	33	34	38	43	45	49	56	62	59	56	53	50	47	41	47.0	62	33
27	41	34	36	41	39	40	42	39	34	33	28	30	36	43	47	48	48	45	49	52	52	44	35	31	40.3	52	28
28†	33	35	32	22	33	38	43	43	42	44	41	40	40	49	60	67	61	59	56	55	52	51	44	34	44.8	67	22
29	33	37	40	43	39	42	42	42	40	36	30	31	39	47	51	50	51	50	52	52	50	49	48	48	43.4	52	30
30	47	48	45	43	44	43	44	42	36	31	28	31	33	42	49	49	51	50	49	50	49	48	44	45	43.4	51	28
31	45	45	47	48	49	49	48	48	43	33	27	26	31	34	41	44	44	45	48	46	46	46	45	43	42.5	49	26
Mittel	42	41	41	41	44	45	46	44	40	36	32	33	38	45	51	54	56	56	55	54	52	49	46	43	45.2	58	27
Juni																									γ		
1	41	41	45	47	49	47	48	46	36	27	19	19	30	38	42	45	47	44	43	46	48	46	46	46	41.1	49	19
2	46	46	47	47	47	42	39	34	28	25	22	26	26	31	42	48	49	49	48	48	48	47	45	46	40.7	49	22
3*	46	48	49	50	50	51	51	52	44	35	29	33	41	42	44	48	49	52	50	49	48	48	47	46	45.9	52	29
4*	45	44	47	49	49	48	48	43	36	34	37	36	37	38	42	46	49	49	45	44	43	44	44	44	43.4	49	34
5	44	43	45	48	48	46	45	41	37	33	33	36	38	42	47	47	45	46	46	46	44	42	42	39	42.6	48	33
6	30	28	35	33	28	35	36	37	37	27	27	27	33	39	41	42	44	46	45	45	44	44	43	44	**37.1**	46	27
7	43	43	44	42	41	43	40	34	30	29	22	26	30	32	39	49	49	49	52	51	49	48	44	33	40.1	52	22
8†	32	37	42	42	43	43	46	48	45	46	45	43	49	58	68	73	72	78	77	68	60	53	48	48	**52.7**	**78**	32
9	42	40	44	46	45	40	49	49	43	44	45	39	40	48	52	56	58	61	58	57	54	50	48	48	48.2	61	39
10	47	47	48	48	46	42	42	41	38	38	31	35	37	42	48	52	59	55	53	51	51	48	39	40	44.9	59	31
11	42	44	46	47	47	49	50	48	43	37	32	36	41	42	46	58	56	57	58	55	53	51	50	49	47.4	58	32
12	48	49	50	52	52	50	45	38	36	29	24	28	33	45	50	54	55	55	55	54	54	52	51	48	46.1	55	24
13	50	39	18	29	38	40	42	45	42	39	35	37	39	44	52	52	61	61	62	55	50	48	44	47	44.5	62	**18**
14	47	34	34	42	46	48	49	49	48	46	44	44	50	57	60	59	59	58	54	52	52	52	51	51	49.4	60	34
15	50	50	50	50	51	50	54	57	49	39	37	38	35	42	48	53	56	54	52	53	52	52	50	50	48.8	57	35
16	50	50	50	50	50	52	51	50	47	36	30	32	39	46	49	51	53	53	52	51	50	49	50	49	47.5	53	30
17*	48	49	49	50	50	50	50	48	48	47	42	38	34	37	42	46	50	51	49	48	48	48	48	49	46.6	51	34
18*	49	49	51	53	53	50	43	40	38	42	32	25	30	39	47	50	50	49	48	48	47	47	46	46	44.7	53	25
19	46	46	48	48	46	46	44	42	40	36	31	33	33	37	44	48	58	56	50	49	48	49	49	47	44.8	58	31
20†	22	20	23	27	35	40	42	44	38	35	33	32	35	43	51	56	58	61	56	55	53	52	41	37	41.2	61	20
21†	35	33	40	42	45	45	47	46	45	38	30	30	37	43	56	67	68	70	66	61	56	52	44	44	47.5	70	30
22	46	45	46	48	40	39	44	44	39	36	33	37	44	48	50	52	60	61	64	62	59	50	47	46	47.5	64	33
23	47	46	46	43	44	46	47	41	38	33	27	35	47	59	54	61	69	69	68	65	57	45	39	37	48.5	69	27
24†	36	37	38	40	42	42	45	46	40	35	34	38	43	45	50	56	61	67	66	62	57	55	52	50	47.4	67	34
25	41	36	37	40	43	43	45	49	44	36	38	38	39	45	47	50	55	55	59	59	54	49	47	48	45.7	59	36
26	48	49	49	48	50	48	48	48	39	32	33	36	34	38	44	47	49	52	54	55	54	53	48	46	45.9	55	32
27	43	44	48	48	48	44	46	48	38	32	32	36	37	42	46	47	52	53	52	50	48	50	46	45	44.8	53	32
28†	43	43	44	46	46	42	36	42	36	32	30	24	36	37	42	50	51	59	64	57	54	53	52	48	44.5	64	24
29	42	43	48	51	49	42	42	45	44	42	37	38	42	46	50	52	54	53	52	50	49	49	49	49	46.6	54	37
30*	49	49	49	49	49	48	44	41	38	39	38	37	39	46	48	48	52	53	50	50	49	48	48	49	46.2	53	37
Mittel	43	42	44	45	46	45	45	45	40	36	33	34	38	43	48	52	55	56	55	53	51	49	47	46	45.4	57	30

Weltzeit

Vertikalkomponente.

Niemegk

$Z = 0.43500 + \text{Tafelwert}$. (γ)

1943

Tag	0h–1h	1h–2h	2h–3h	3h–4h	4h–5h	5h–6h	6h–7h	7h–8h	8h–9h	9h–10h	10h–11h	11h–12h	12h–13h	13h–14h	14h–15h	15h–16h	16h–17h	17h–18h	18h–19h	19h–20h	20h–21h	21h–22h	22h–23h	23h–24h	Tagesmittel	Max.	Min.
Juli																									γ		
1*	49	49	49	49	49	46	46	42	36	32	30	27	32	41	48	48	47	48	48	47	47	47	47	47	43.8	49	27
2	47	47	48	48	48	46	45	42	39	34	30	23	24	33	43	47	46	42	43	45	45	46	46	39	**41.5**	48	**23**
3	42	41	41	45	46	36	35	33	36	32	28	29	35	45	51	53	58	60	57	54	51	52	50	51	44.2	60	28
4†	47	43	45	48	49	47	43	41	33	29	23	25	32	43	46	56	72	76	70	68	58	55	49	48	47.8	76	**23**
5†	47	40	24	38	42	49	45	43	43	42	39	42	48	54	60	73	77	77	68	63	61	57	44	43	50.8	77	24
6†	45	48	42	27	37	45	42	47	46	46	43	42	54	65	70	76	82	75	66	65	60	55	48	39	52.7	**82**	27
7	44	42	40	44	49	49	44	48	48	43	41	46	44	48	54	60	62	62	61	57	55	52	49	49	49.6	62	40
8	38	32	41	45	44	44	47	48	39	33	33	43	46	51	58	60	59	61	59	61	59	57	55	54	48.6	61	32
9†	51	53	52	53	54	54	52	50	54	53	49	47	51	55	66	66	68	72	72	71	60	53	54	54	56.8	72	47
10†	54	54	54	35	32	39	41	43	40	43	41	48	50	60	77	73	71	75	70	64	59	59	57	56	54.0	77	32
11	56	56	54	54	53	53	48	53	50	40	42	41	47	62	69	64	64	60	64	64	59	56	49	43	54.2	69	40
12	38	42	44	38	39	45	50	51	51	52	51	50	47	45	48	58	62	63	63	64	61	59	56	55	51.3	64	38
13	53	35	37	46	50	52	53	50	44	43	49	49	43	41	52	65	70	77	69	65	57	54	55	55	52.7	77	35
14*	55	51	52	53	52	52	57	60	55	49	46	47	48	48	49	51	53	55	55	55	54	54	54	54	52.5	60	46
15	54	53	52	51	50	50	50	53	52	50	50	54	55	59	63	69	69	69	66	65	62	58	56	56	**56.9**	69	50
16	53	51	53	48	49	45	45	48	54	55	51	47	49	55	64	68	75	75	72	67	62	60	56	56	56.6	75	45
17	56	56	41	46	50	51	54	56	54	45	45	47	47	52	58	62	64	64	59	60	58	58	56	48	53.6	64	41
18	50	50	53	52	50	52	52	50	46	41	40	41	41	47	57	71	78	74	72	73	62	61	57	49	55.0	78	40
19	51	52	52	46	44	50	57	58	55	52	45	39	39	47	49	56	66	73	70	66	61	52	51	52	53.5	73	39
20	52	52	53	51	52	50	52	54	52	47	41	41	41	48	55	66	66	66	62	59	57	54	53	53	53.2	66	41
21	48	42	46	50	53	53	51	49	47	44	42	41	41	45	57	62	64	69	65	62	58	56	51	47	51.8	69	41
22	49	49	52	47	47	49	53	52	49	47	42	38	44	52	58	59	60	60	59	57	55	49	43	48	50.8	60	38
23	50	51	51	52	52	53	54	51	48	47	42	41	43	48	53	54	53	54	55	55	56	55	55	53	51.1	56	41
24*	51	50	51	52	53	54	56	60	56	49	43	43	44	52	55	57	55	56	55	54	54	54	54	54	52.6	60	43
25*	53	54	53	54	54	51	54	49	45	44	42	40	43	46	48	49	50	50	52	54	52	51	50	49	49.5	54	40
26	49	49	49	48	49	45	44	40	33	37	33	32	34	38	43	48	49	51	55	59	51	52	51	52	45.5	59	32
27	49	40	32	38	42	45	45	41	45	47	39	37	40	46	55	58	57	58	57	56	56	56	54	53	47.8	58	32
28	53	53	54	55	56	52	45	43	38	36	35	34	35	41	49	52	53	52	52	52	53	52	52	52	47.9	56	34
29*	53	52	53	50	52	52	50	49	47	45	45	46	46	49	53	56	58	54	53	52	52	53	53	51	51.0	58	45
30	51	51	52	51	52	53	50	45	42	40	36	35	42	51	65	74	70	73	70	62	60	58	57	54	53.9	74	35
31	49	50	53	57	60	58	58	57	52	46	38	42	49	57	64	71	72	68	64	63	60	55	54	54	56.3	72	38
Mittel	50	48	48	47	49	49	49	49	46	43	40	41	43	49	56	61	63	64	61	60	57	55	52	51	51.2	66	37
August																									γ		
1	50	47	51	54	54	52	52	50	48	48	46	47	49	48	58	63	64	77	67	67	62	57	58	58	**55.3**	77	46
2	57	58	58	55	53	55	58	53	55	53	48	48	50	59	72	81	83	81	81	73	66	63	58	49	61.1	83	48
3	48	37	42	50	52	55	62	60	56	58	55	50	51	64	67	73	74	71	74	73	71	67	59	55	59.3	74	37
4	57	58	58	57	56	56	57	59	61	60	58	60	67	76	84	86	80	76	84	77	70	66	58	60	65.9	86	56
5	61	57	41	52	53	53	56	58	64	64	61	60	63	61	76	85	89	85	82	76	68	69	62	61	64.9	89	41
6	61	59	57	57	60	63	65	64	64	63	58	55	61	69	71	74	78	76	77	76	73	70	68	66	66.0	78	55
7	66	66	65	66	64	62	66	66	63	57	51	53	57	65	72	76	76	74	71	68	67	67	66	66	65.4	76	51
8†	65	65	64	63	60	55	58	58	56	55	54	53	60	81	113	153	152	138	116	94	79	41	51	31	75.6	153	31
9	−05	01	05	20	30	41	51	63	63	61	62	67	68	77	86	97	90	90	85	80	76	74	69	60	58.8	97	−05
10*	57	60	60	57	55	61	66	70	72	69	65	65	66	67	66	68	70	71	71	71	71	69	69	66	65.9	72	55
11*	62	62	62	66	67	69	70	69	69	66	61	54	53	61	65	69	72	70	66	66	66	66	66	66	65.1	72	53
12*	65	65	62	64	66	69	71	68	65	60	57	57	59	63	64	66	66	64	64	65	64	66	67	59	64.0	71	57
13†	55	56	60	60	62	60	55	49	50	52	52	64	76	92	92	95	98	87	80	70	69	44	58	55	66.3	98	44
14	49	50	57	64	64	65	68	68	65	60	56	62	72	72	80	81	81	80	78	73	65	65	55	48	65.8	81	48
15	57	64	65	62	65	67	65	62	59	56	53	52	54	64	76	81	75	76	81	74	72	58	60	64	65.1	81	52
16	64	64	59	48	52	56	62	59	57	53	56	51	64	64	71	72	75	80	79	74	69	64	60	62	63.1	80	48
17	56	52	41	53	58	64	68	71	68	64	64	62	64	67	71	77	77	79	75	73	70	70	69	60	65.5	79	41
18	60	59	57	63	64	63	68	69	60	52	55	60	64	70	74	80	84	86	77	75	72	72	70	71	67.7	86	52
19	71	71	71	72	72	72	71	76	70	68	60	60	77	90	99	99	94	94	88	84	65	66	65	44	75.0	99	44
20	36	40	49	57	67	72	73	67	62	61	59	58	66	76	90	86	84	82	84	79	76	67	62	61	67.2	90	36
21	48	35	46	58	61	64	60	66	66	64	63	66	71	75	76	76	76	74	72	71	71	71	71	69	65.4	76	35
22*	66	67	69	70	71	71	74	75	74	71	66	66	68	71	71	76	75	72	73	73	72	70	70	71	70.9	76	66
23	70	68	66	66	67	66	68	70	69	57	45	46	51	60	68	68	68	68	67	68	68	70	70	61	64.4	70	45
24	56	55	58	62	63	65	51	60	65	64	59	60	63	67	70	76	88	87	84	80	76	75	70	71	67.7	88	51
25	70	70	60	53	53	60	62	63	62	62	62	62	66	70	74	85	80	80	80	77	74	72	67	64	67.8	85	53
26	65	68	69	66	64	64	68	68	60	58	56	57	61	68	71	75	76	80	79	76	75	73	71	71	68.3	80	56
27*	70	70	70	71	69	70	72	72	69	65	64	65	67	68	70	72	70	69	70	72	70	71	72	69	69.5	72	64
28	67	65	64	63	66	68	67	66	62	61	62	62	67	78	90	92	98	98	90	86	83	70	42	41	71.2	98	41
29†	51	55	59	59	67	70	73	74	71	62	60	64	80	96	105	120	104	91	83	76	74	74	71	70	75.4	120	51
30†	72	72	61	39	41	57	60	66	72	75	77	79	92	111	137	151	130	107	104	93	70	40	40	10	**77.3**	151	10
31†	−14	00	−03	−21	−07	−22	15	23	48	65	78	100	146	172	166	188	166	128	108	91	63	71	70	69	70.8	**188**	**−22**
Mittel	55	55	55	56	58	59	62	63	63	61	59	60	67	75	82	88	87	84	80	76	71	66	63	59	66.8	91	43

Weltzeit

Vertikalkomponente.

Niemegk $Z = 0.43500^{\Gamma} +$ Tafelwert. 1943

Weltzeit

Tag	0h	1h	2h	3h	4h	5h	6h	7h	8h	9h	10h	11h	12h	13h	14h	15h	16h	17h	18h	19h	20h	21h	22h	23h	Tagesmittel	Max.	Min.
September																									γ		
1	61	52	61	67	73	77	77	78	77	73	73	76	88	98	98	99	104	105	92	83	84	83	82	77	80.8	105	52
2	70	68	66	55	70	76	80	81	82	81	76	85	90	97	118	107	103	103	102	92	86	82	70	65	83.5	118	55
3†	64	65	60	70	69	69	72	73	80	77	72	80	91	104	128	118	102	93	89	88	86	68	52	59	80.4	128	52
4	69	73	74	74	75	80	79	75	77	76	74	75	74	81	86	87	92	98	90	79	82	81	80	80	79.6	98	69
5	80	77	66	63	63	73	75	80	81	78	74	74	70	75	76	86	92	96	91	88	81	77	71	65	77.2	96	63
6*	70	70	72	76	75	78	80	79	79	75	74	70	75	79	81	83	85	85	82	81	80	79	79	79	77.8	85	70
7*	77	77	74	75	75	77	76	76	76	73	67	64	70	76	75	76	76	79	79	79	79	79	79	76	75.4	79	64
8	75	70	70	71	74	74	72	70	71	69	65	70	70	71	75	71	75	92	92	88	81	63	60	53	72.6	92	53
9†	54	40	50	59	63	58	63	68	69	71	69	69	71	76	84	82	83	88	88	88	82	58	50	47	**67.9**	88	40
10	41	35	40	41	58	67	71	76	75	75	77	81	79	80	87	99	103	93	86	84	84	78	65	67	72.6	103	**35**
11	70	70	60	54	62	66	68	72	72	69	69	68	70	80	79	84	91	86	84	82	80	74	72	72	73.1	91	54
12	68	62	68	70	72	75	78	79	77	71	73	72	71	73	74	74	78	86	81	78	79	77	75	75	74.4	86	62
13	74	71	63	57	61	69	74	74	72	65	67	75	73	77	82	90	90	88	83	79	77	76	76	76	74.5	90	57
14	66	65	67	72	67	68	73	72	66	65	66	67	74	80	78	76	76	77	77	71	70	71	72	69	71.0	80	65
15	59	66	68	70	72	72	74	73	68	64	64	67	72	78	83	83	84	84	80	77	78	76	72	61	72.7	84	59
16	64	70	73	74	74	78	78	77	74	71	67	66	68	73	78	84	85	81	77	78	73	73	74	71	74.2	85	64
17*	70	68	69	72	73	72	72	72	71	67	64	65	67	72	77	81	78	76	76	77	77	78	74	70	72.4	81	64
18	72	74	75	75	76	76	76	77	70	67	64	60	65	70	72	75	76	76	77	78	77	71	60	57	71.5	78	57
19	66	69	72	73	72	77	80	78	76	73	71	71	74	76	77	76	78	78	78	78	78	77	73	74	74.8	80	66
20*	76	74	74	72	73	73	74	73	68	63	59	59	64	66	71	70	72	73	72	73	74	76	77	72	70.8	77	59
21	68	65	62	67	67	69	71	70	64	64	61	65	66	70	75	77	79	79	80	81	84	80	76	74	71.4	84	61
22	70	63	60	64	63	66	70	75	75	70	64	65	70	80	87	92	86	83	78	79	78	79	78	74	73.7	92	60
23	73	70	65	67	66	68	72	68	68	68	68	74	75	74	76	78	79	78	78	77	75	73	70	70	72.1	79	65
24*	73	69	69	70	71	74	77	75	69	59	55	57	59	63	67	71	72	73	74	75	71	71	71	71	69.0	77	55
25	71	71	70	69	66	66	72	70	65	63	59	62	64	71	75	79	82	79	76	76	74	75	74	73	70.9	82	59
26	73	73	72	70	68	70	70	70	68	67	63	67	70	76	110	115	105	102	99	95	81	66	67	69	78.6	115	63
27	72	59	57	47	51	57	62	69	70	69	73	74	79	80	89	90	86	84	72	73	76	62	64	63	69.9	90	47
28†	42	36	38	44	46	53	64	71	74	76	79	84	96	106	102	102	106	96	88	87	83	70	66	68	74.0	106	36
29†	66	65	58	53	52	58	69	77	81	86	90	103	122	114	123	129	124	118	106	80	86	81	64	64	**86.2**	**129**	52
30†	71	71	55	52	51	57	71	76	79	79	84	97	96	87	89	98	93	88	76	72	74	50	55	39	73.3	98	39
Mittel	68	65	64	65	67	70	73	74	73	71	69	72	76	80	86	88	88	87	83	81	79	73	70	68	74.5	93	57
Oktober																									γ		
1	54	49	56	64	63	65	73	75	75	73	75	78	86	95	113	114	106	98	92	82	74	72	72	59	77.6	114	49
2†	42	38	46	61	67	72	82	81	80	77	76	76	83	99	110	110	102	105	82	83	77	76	73	71	77.9	110	**38**
3	50	50	53	60	68	72	80	82	82	80	87	82	82	92	104	104	101	99	92	81	73	60	54	55	76.8	104	50
4	52	52	55	58	69	77	79	77	72	68	68	71	78	89	93	97	93	89	86	83	82	78	74	73	75.5	97	52
5	74	71	65	70	73	78	82	82	79	74	67	66	70	76	80	80	80	80	81	75	76	76	76	75	75.2	82	65
6*	71	71	71	73	75	76	78	76	75	70	68	69	70	71	76	80	78	78	78	78	77	77	77	76	74.5	80	68
7	76	74	67	71	71	74	76	75	70	65	64	66	70	76	83	81	81	86	90	89	87	82	71	75	75.8	90	64
8	62	66	72	74	76	77	78	75	68	63	65	77	74	77	77	83	92	93	92	89	86	82	76	68	76.8	93	62
9	61	62	66	69	68	67	73	82	72	72	71	77	80	82	87	88	84	85	87	82	65	65	66	70	74.2	88	61
10	71	70	73	73	75	76	78	77	76	71	69	70	75	86	88	94	92	92	85	82	82	81	80	80	79.0	94	69
11	80	80	78	78	78	79	83	81	76	74	68	70	75	77	80	79	78	79	80	81	73	69	75	75	76.9	83	68
12	70	72	69	68	69	73	79	80	75	71	68	67	70	71	75	77	79	81	80	73	72	74	72	67	73.0	81	67
13*	69	73	74	71	72	74	77	77	73	70	67	67	68	73	77	78	78	77	78	77	79	77	76	76	74.1	79	67
14*	76	75	75	76	75	76	76	75	69	64	62	64	66	70	74	75	74	75	75	76	72	73	74	74	72.5	76	62
15*	75	75	74	74	74	73	75	75	71	65	58	56	61	66	70	72	73	74	74	74	74	74	74	74	71.0	75	56
16*	73	73	72	71	71	71	72	72	70	61	55	58	64	69	74	75	74	75	75	75	75	70	68	70	70.1	75	55
17	70	72	72	71	72	70	73	75	69	62	61	65	71	74	76	78	79	79	79	80	80	75	70	74	72.9	80	61
18	74	74	75	75	74	75	76	75	71	68	64	63	65	70	74	75	75	76	81	78	76	75	72	72	73.0	81	63
19	68	67	70	70	70	70	72	74	70	65	65	67	71	74	75	72	72	72	73	73	73	73	73	72	70.9	75	65
20	72	71	70	70	70	70	71	70	66	64	62	64	66	67	73	77	77	83	83	83	78	74	68	68	71.5	83	62
21	65	56	61	67	68	70	71	72	68	63	61	65	67	72	73	73	73	73	74	74	74	73	73	73	**69.1**	74	56
22	73	72	70	70	71	69	69	68	66	66	67	74	80	82	82	91	94	92	82	80	79	73	74	72	75.7	94	66
23	53	48	53	60	62	67	71	73	73	73	73	71	74	78	84	81	78	76	76	76	77	74	76	69	70.7	84	48
24	67	61	60	63	64	66	69	72	70	67	70	67	80	87	107	105	101	96	90	87	73	56	61	59	74.9	107	56
25	53	54	47	50	61	69	75	78	75	70	71	77	87	88	89	88	85	88	85	76	66	66	71	68	72.4	89	47
26†	68	52	51	58	57	58	66	69	81	76	76	88	98	122	128	113	99	88	87	87	69	67	70	65	78.9	**128**	51
27	65	68	70	70	72	72	79	84	80	72	75	77	78	81	83	86	88	87	78	80	72	61	67	51	74.8	88	51
28†	47	52	41	39	48	58	64	73	74	72	70	74	83	90	101	106	98	87	81	81	69	62	58	61	70.4	106	39
29†	67	59	53	64	71	73	75	78	76	71	70	83	94	93	100	108	103	101	86	77	80	72	62	66	78.4	108	53
30	74	75	68	61	68	71	75	75	73	76	77	80	89	111	106	92	90	89	87	80	77	74	63	69	**79.2**	111	61
31†	75	75	76	68	52	56	65	72	71	70	73	89	107	93	93	90	89	95	94	81	69	72	70	70	77.7	107	52
Mittel	66	65	65	67	69	71	75	76	73	69	68	72	77	82	87	88	86	85	83	80	75	72	71	69	74.6	91	58

Vertikalkomponente.

Niemegk

$Z = 0.43500 + \text{Tafelwert}$ (Γ)

1943

Weltzeit

November

Tag	0h–1h	1h–2h	2h–3h	3h–4h	4h–5h	5h–6h	6h–7h	7h–8h	8h–9h	9h–10h	10h–11h	11h–12h	12h–13h	13h–14h	14h–15h	15h–16h	16h–17h	17h–18h	18h–19h	19h–20h	20h–21h	21h–22h	22h–23h	23h–24h	Tagesmittel (γ)	Max.	Min.
1	74	76	76	78	79	80	79	81	81	83	90	95	98	109	114	102	99	98	87	82	82	81	79	79	86.8	114	74
2*	81	79	79	81	82	82	83	82	82	79	77	77	80	82	84	85	85	86	85	86	84	83	82	81	82.0	86	77
3	80	80	81	81	80	81	81	83	82	79	77	79	79	81	82	84	84	84	85	84	83	80	76	76	80.9	85	76
4	77	78	77	77	77	76	77	79	77	73	73	73	74	78	80	78	79	80	80	80	80	80	77	78	77.4	80	73
5	78	77	76	75	73	69	70	71	72	69	70	70	75	76	87	82	82	82	83	84	85	83	81	80	77.1	87	69
6†	80	79	77	75	71	72	71	74	74	74	75	74	75	78	87	90	94	95	101	94	84	83	73	64	79.8	101	64
7	69	73	72	76	79	78	76	75	75	74	71	71	74	78	79	80	80	82	84	85	80	81	80	80	77.2	85	69
8	77	74	75	76	77	77	78	77	79	76	75	75	76	78	80	80	81	82	81	83	80	81	76	79	78.0	83	74
9	77	77	72	71	75	74	77	76	77	76	74	73	76	79	79	80	81	80	80	79	80	79	78	74	76.8	81	71
10	74	76	76	75	75	76	76	77	76	76	73	74	75	79	79	79	79	79	79	76	75	79	76	76	76.5	79	73
11*	77	78	78	77	77	76	77	79	77	76	76	75	77	79	80	79	80	79	79	78	77	78	77	77	77.6	80	75
12*	77	77	76	76	75	74	74	73	70	69	70	72	75	76	76	79	80	80	80	80	80	80	80	79	76.2	80	69
13	79	79	79	78	78	77	76	76	75	72	72	74	75	77	79	78	79	81	81	79	79	76	77	76	77.2	81	72
14	77	77	76	76	77	76	75	73	71	69	70	70	72	74	74	78	79	79	79	78	77	78	76	76	75.3	79	69
15*	75	75	74	74	73	73	72	71	68	69	70	70	70	72	73	74	75	75	75	76	75	74	73	73	72.9	76	68
16	73	73	73	67	63	67	64	64	63	62	63	67	72	74	77	79	78	79	79	79	80	74	75	74	**71.6**	80	62
17*	74	74	74	74	74	73	72	71	67	67	66	67	71	73	74	76	76	76	76	75	76	74	74	73	72.8	76	66
18	73	72	72	72	72	72	71	71	71	69	66	67	71	75	72	72	77	80	84	82	82	79	77	76	74.0	84	66
19†	74	74	73	73	69	67	70	74	84	84	83	94	106	95	96	94	96	93	90	81	83	83	78	56	82.1	106	56
20	63	67	66	58	65	66	70	77	78	80	84	89	89	93	90	94	85	88	85	82	78	82	79	77	78.5	94	58
21	56	58	65	68	71	72	74	80	81	80	85	87	94	105	107	105	99	97	94	85	78	78	76	69	81.8	107	56
22	68	71	70	69	73	71	73	77	77	76	77	79	84	91	94	92	88	93	88	81	80	80	79	76	79.5	94	68
23†	70	73	76	77	75	76	80	81	81	82	82	84	95	99	106	102	100	93	91	81	78	63	40	64	81.2	106	40
24	70	60	58	65	73	77	80	83	86	88	88	90	97	104	110	107	97	93	82	91	82	73	70	69	83.0	110	58
25†	70	76	67	70	73	76	76	79	81	83	88	96	100	102	102	111	108	92	96	76	75	76	75	72	84.2	111	67
26†	75	81	82	83	81	77	76	79	81	80	79	78	86	97	120	131	115	102	96	94	84	62	71	65	86.5	**131**	62
27	37	49	59	57	37	51	65	66	70	78	82	92	96	97	99	97	93	91	89	94	88	84	84	66	75.9	99	**37**
28	66	74	78	80	77	73	73	78	85	89	94	88	90	93	93	92	92	93	85	91	87	88	84	78	84.2	94	66
29	72	79	78	73	77	81	81	72	81	87	89	92	94	102	102	100	100	100	98	93	82	88	85	86	87.2	102	72
30	86	87	84	84	84	85	84	84	85	87	87	88	90	96	97	100	99	96	94	92	90	89	89	88	**89.4**	100	84
Mittel	73	74	74	74	74	74	75	76	77	77	78	79	83	86	89	89	88	87	86	83	81	79	77	75	79.5	92	66

Dezember

Tag	0h–1h	1h–2h	2h–3h	3h–4h	4h–5h	5h–6h	6h–7h	7h–8h	8h–9h	9h–10h	10h–11h	11h–12h	12h–13h	13h–14h	14h–15h	15h–16h	16h–17h	17h–18h	18h–19h	19h–20h	20h–21h	21h–22h	22h–23h	23h–24h	Tagesmittel (γ)	Max.	Min.
1	89	88	88	88	88	88	89	89	89	90	89	86	85	88	88	88	90	93	92	93	95	98	96	92	90.0	98	85
2	90	88	87	86	85	84	84	83	83	84	84	82	83	83	83	90	102	100	101	101	105	96	90	78	88.8	105	78
3†	83	83	85	84	84	84	82	82	82	81	80	83	88	93	104	102	97	100	101	92	95	92	88	82	88.6	104	80
4	73	76	81	79	79	81	82	82	82	84	86	85	87	93	97	96	93	94	92	93	94	92	81	82	86.0	97	73
5	86	86	83	82	83	82	82	82	84	88	88	86	87	91	94	94	93	94	92	90	89	88	88	89	87.5	94	82
6*	88	88	88	88	87	87	85	84	86	89	88	87	87	87	88	89	89	89	89	89	89	86	89	90	87.8	90	84
7*	89	87	86	85	85	85	84	83	80	81	85	89	89	89	89	88	88	88	86	86	86	86	86	86	86.1	89	80
8	84	84	84	83	83	83	82	81	83	84	85	85	88	88	88	89	90	93	91	91	90	89	87	86	86.3	93	81
9	86	85	83	78	79	77	77	76	79	79	79	80	82	85	86	92	93	92	89	90	91	91	88	87	84.3	93	76
10	79	77	78	79	78	78	78	77	79	81	81	84	89	90	91	95	93	91	89	88	87	87	87	86	84.2	95	77
11	85	84	84	84	83	82	82	82	83	84	83	87	88	85	84	84	86	87	86	86	85	84	83	83	84.3	87	82
12*	83	83	82	82	81	82	81	78	81	83	82	80	83	83	84	84	84	85	87	88	88	88	87	82	83.4	88	78
13*	82	82	82	80	81	81	80	78	80	81	80	79	82	84	84	85	85	85	86	85	86	83	82	82	**82.3**	86	78
14	82	82	81	81	81	81	79	76	75	75	75	78	81	84	87	98	97	94	91	91	90	89	87	87	84.2	98	75
15	86	86	86	84	84	83	82	81	82	83	84	86	86	86	85	85	85	86	86	88	87	88	86	80	84.8	88	80
16†	70	77	81	81	81	82	78	76	80	87	88	92	104	119	128	132	126	122	118	111	99	89	77	77	94.8	**132**	70
17†	73	76	76	78	82	76	79	81	82	84	89	97	103	104	100	103	102	104	100	97	95	89	88	70	88.7	104	70
18	74	79	84	81	83	87	88	87	89	88	91	94	97	99	103	104	101	100	100	88	87	88	88	88	90.3	104	74
19†	86	82	76	79	82	84	84	88	88	91	94	98	104	106	102	100	108	108	106	104	93	82	84	85	92.2	108	76
20†	83	73	80	87	87	89	89	91	91	92	94	98	99	104	106	107	108	105	106	91	90	94	92	80	93.2	108	73
21	80	79	80	86	87	89	90	91	93	92	89	90	95	97	97	96	94	95	95	90	91	86	74	68	88.5	97	**68**
22	79	80	83	84	86	88	89	88	90	93	91	93	95	97	98	98	96	98	96	91	91	91	89	78	90.1	98	78
23	83	86	86	88	87	88	88	88	91	95	98	96	101	101	100	97	94	94	93	93	95	94	91	87	92.2	101	83
24	87	86	84	86	84	85	86	86	87	91	92	92	92	94	94	94	94	94	96	94	94	94	92	91	90.4	96	84
25	91	90	90	88	88	82	86	86	88	92	94	93	93	93	92	92	93	93	93	93	89	90	91	88	90.3	94	82
26	87	83	86	87	88	88	88	91	91	93	98	100	103	105	105	104	107	109	103	104	103	94	92	93	95.9	109	83
27	94	94	94	94	92	92	92	90	91	93	93	92	93	97	99	97	96	96	96	95	93	92	92	92	93.7	99	90
28*	93	92	92	92	91	90	89	87	87	87	88	87	90	92	92	93	93	92	92	92	92	91	91	90	90.6	93	87
29	90	90	90	89	90	90	90	88	90	92	92	89	91	93	94	94	96	97	97	98	98	95	95	92	92.5	98	88
30	92	92	92	91	90	89	88	90	91	92	92	92	96	96	97	96	96	95	93	92	91	90	90	90	92.2	97	88
31	90	90	89	90	90	90	88	87	89	90	92	91	93	96	101	107	111	115	119	114	112	108	85	82	**96.6**	119	82
Mittel	84	84	85	85	85	85	85	84	85	87	88	89	91	94	95	96	96	96	96	93	93	90	88	85	89.1	99	80

Nordkomponente.

Niemegk　　　　γ
X = 0.18300 + Tafelwert.　　　　1944

Tag	0h–1h	1h–2h	2h–3h	3h–4h	4h–5h	5h–6h	6h–7h	7h–8h	8h–9h	9h–10h	10h–11h	11h–12h	12h–13h	13h–14h	14h–15h	15h–16h	16h–17h	17h–18h	18h–19h	19h–20h	20h–21h	21h–22h	22h–23h	23h–24h	Tagesmittel	Max.	Min.
Januar																									γ		
1	65	69	77	82	85	84	88	93	83	75	79	82	82	83	20	14	17	46	66	62	73	70	67	69	**68.0**	93	**14**
2	67	64	66	69	72	76	80	80	77	73	70	70	73	79	78	67	78	82	74	74	81	75	78	78	74.2	82	64
3*	79	80	80	79	80	84	81	79	77	72	75	77	77	75	76	85	85	85	84	82	80	80	80	79	79.6	85	72
4*	79	86	83	88	86	87	89	86	82	80	81	87	91	93	90	86	86	86	88	87	89	86	81	82	85.8	93	79
5	111	81	78	81	82	75	86	89	80	72	78	86	92	90	87	66	59	75	86	76	80	85	82	82	81.6	111	59
6*	77	78	79	79	83	85	86	85	80	73	69	72	75	74	84	89	90	90	85	83	87	80	72	72	80.3	90	69
7*	79	82	82	85	86	90	90	87	82	78	79	82	85	90	90	90	90	86	86	85	86	86	85	84	85.2	90	78
8	84	86	84	87	92	95	95	95	87	83	77	75	80	78	76	71	71	80	85	90	98	84	85	85	84.3	98	71
9	85	97	89	89	92	95	99	98	96	97	96	94	98	100	93	85	77	78	84	87	88	86	83	101	91.1	101	77
10	80	82	85	90	90	95	95	97	103	104	102	96	90	84	85	82	82	79	83	88	80	92	132	92	**91.2**	**132**	79
11†	66	72	74	99	95	81	86	84	78	58	64	80	79	76	76	56	47	104	64	51	81	87	81	74	75.5	104	47
12	77	66	74	81	76	70	85	75	54	66	74	61	63	63	61	60	49	70	81	78	80	86	80	96	71.9	96	49
13†	101	91	76	91	83	81	70	73	61	57	69	68	66	41	81	72	68	60	68	86	71	82	102	83	75.0	102	41
14†	71	68	76	85	86	74	80	81	86	76	51	64	59	63	49	63	74	74	60	56	70	94	80	82	71.8	94	49
15†	72	79	71	88	88	80	76	76	78	78	78	73	67	73	75	51	66	58	92	80	90	71	115	83	77.4	115	51
16†	65	75	79	78	75	78	77	71	72	68	59	62	61	70	68	70	54	92	62	69	86	83	91	85	72.9	92	54
17	89	77	72	79	81	79	80	76	80	86	76	61	56	66	66	70	72	88	79	83	91	80	69	86	76.8	91	56
18	82	77	80	81	84	89	81	78	74	45	26	59	61	74	76	78	90	62	64	98	80	69	79	78	73.5	98	26
19	73	78	69	78	85	84	84	84	70	74	76	77	74	74	74	73	81	75	80	89	85	83	89	95	79.3	95	69
20	86	78	80	84	82	87	89	80	78	70	60	56	62	64	73	66	78	71	69	79	74	92	99	80	76.5	99	56
21	81	82	82	80	82	82	83	86	85	77	70	68	68	72	71	81	85	86	82	80	80	83	83	83	79.7	86	68
22	91	100	85	88	87	87	89	90	80	73	70	70	73	74	78	80	78	79	79	82	91	82	82	82	82.1	100	70
23	82	82	84	86	90	92	92	92	87	76	69	73	77	82	85	86	88	89	89	87	78	78	85	92	84.2	92	69
24	94	82	83	84	88	91	95	94	87	77	73	75	79	85	85	80	71	79	90	94	93	93	93	93	85.8	95	71
25	92	92	93	93	93	94	98	99	93	93	89	89	93	87	76	73	74	80	90	90	86	90	86	84	88.6	99	73
26	84	85	87	89	92	96	99	100	94	88	84	91	97	112	114	111	91	76	68	50	61	66	92	69	87.3	114	50
27	57	62	70	71	79	82	81	77	69	64	68	78	77	89	85	78	82	76	82	58	64	71	84	81	74.4	89	57
28	80	90	81	81	88	84	84	90	89	82	76	73	79	81	78	81	79	80	79	75	95	83	84	82	82.2	95	73
29	76	76	79	78	82	85	87	89	84	76	78	80	82	84	72	64	73	74	82	85	86	86	81	82	80.0	89	64
30*	82	83	84	87	88	84	86	86	83	81	82	82	84	84	86	86	83	78	80	82	83	88	83	83	83.7	88	78
31	83	86	89	87	89	92	94	91	90	88	89	91	93	91	89	82	65	68	74	70	62	72	83	77	83.1	94	62
Mittel	80	80	80	84	85	85	87	86	81	76	74	76	77	79	77	74	74	78	79	79	82	82	86	83	80.1	97	61
Februar																									γ		
1	75	77	76	78	80	82	83	83	79	78	77	71	74	82	88	88	88	84	81	85	81	78	82	84	80.6	88	71
2	84	85	84	86	87	86	95	91	81	84	86	82	82	80	83	82	85	85	86	86	80	84	89	80	84.7	95	80
3*	80	84	83	84	88	87	90	93	92	93	90	88	87	87	87	87	87	86	86	86	90	90	88	89	87.6	93	80
4	88	88	88	92	105	103	101	106	108	108	107	99	92	87	83	93	89	80	85	87	90	92	88	90	93.7	108	80
5	89	89	90	92	93	94	95	98	99	103	101	93	94	98	97	95	95	89	82	76	78	84	95	96	92.3	103	76
6	86	85	87	90	90	91	93	93	92	95	92	86	84	82	82	80	85	90	94	94	95	94	92	93	89.4	95	80
7†	96	96	94	98	106	114	103	102	98	77	46	71	41	10	9	12	48	70	80	58	103	106	68	47	73.0	114	**09**
8†	70	63	63	67	67	61	72	73	70	65	60	59	59	44	59	56	54	68	78	101	110	110	65	69	69.3	110	44
9†	72	76	79	83	85	83	63	78	71	64	53	44	38	38	40	59	73	58	68	100	80	81	78	82	68.6	100	38
10	87	79	81	86	80	92	81	77	78	71	48	68	61	67	72	79	71	64	94	92	70	80	76	80	76.4	94	48
11	86	75	77	85	83	90	83	67	63	50	42	53	45	61	67	61	73	79	74	80	82	84	88	77	71.9	90	42
12	72	76	81	75	91	86	84	81	76	73	63	64	59	49	56	70	73	81	82	82	85	83	82	82	75.2	91	49
13	81	81	82	83	85	86	87	86	84	82	81	76	72	66	71	71	73	68	76	83	96	98	95	138	83.4	**138**	66
14†	80	79	92	75	136	58	52	56	49	21	32	49	28	23	36	54	61	63	68	78	97	78	70	73	**62.8**	136	21
15†	86	70	81	68	83	71	75	79	80	70	63	54	48	55	60	72	66	82	81	62	77	69	85	79	71.5	86	48
16	70	70	75	76	76	78	69	62	62	60	56	62	70	75	73	69	75	72	75	77	79	83	81	79	71.8	83	56
17	87	81	81	80	82	81	79	74	69	65	70	73	74	72	69	74	74	81	83	82	79	90	82	81	77.6	90	65
18	79	78	77	79	80	82	84	82	80	77	71	68	74	82	86	86	86	86	86	87	86	85	86	85	81.3	87	68
19	85	84	85	86	92	92	91	88	85	75	72	69	78	84	87	88	87	86	87	87	88	87	87	85	84.8	92	69
20	85	83	84	88	92	96	100	102	97	91	102	76	80	50	40	66	73	62	70	63	58	66	70	83	78.2	100	40
21	78	72	70	75	69	79	84	78	72	64	58	69	70	69	73	65	73	77	81	84	86	87	80	75	74.5	87	58
22	77	87	84	77	86	84	85	86	85	82	79	76	77	80	80	80	80	81	83	85	86	85	84	83	82.2	87	76
23	84	83	82	85	83	88	89	88	88	88	88	86	80	86	88	85	81	80	78	81	85	86	99	92	85.5	99	78
24*	85	82	81	84	85	90	94	95	92	88	86	86	88	90	91	90	88	89	90	91	86	86	96	84	88.2	96	81
25*	87	90	84	89	89	93	98	94	88	84	80	83	88	93	96	92	90	90	94	95	95	92	95	92	90.5	98	80
26	88	88	88	89	91	92	92	92	89	86	83	89	96	100	98	95	94	93	97	97	94	91	91	90	91.8	100	83
27*	91	93	87	91	90	92	94	92	87	78	73	72	75	79	84	86	87	88	92	96	95	93	93	91	87.5	96	72
28	96	94	89	94	98	99	102	98	91	86	88	87	87	94	98	97	96	94	93	91	97	98	97	94	**94.1**	102	86
29	94	92	97	99	99	96	98	88	84	76	74	77	81	88	83	79	79	76	79	91	96	101	87	91	87.7	101	74
Mittel	83	82	83	84	89	87	87	86	82	77	73	73	72	71	74	76	79	79	83	85	87	88	85	85	81.2	99	63

Weltzeit

Nordkomponente.

Niemegk — X = 0.18300 Γ + Tafelwert — 1944

0h 1h 2h 3h 4h 5h 6h 7h 8h 9h 10h 11h 12h 13h 14h 15h 16h 17h 18h 19h 20h 21h 22h 23h 24h Weltzeit

März

Tag	0h	1h	2h	3h	4h	5h	6h	7h	8h	9h	10h	11h	12h	13h	14h	15h	16h	17h	18h	19h	20h	21h	22h	23h	Tagesmittel γ	Max.	Min.
1*	90	90	87	86	94	94	92	87	91	86	83	85	88	92	93	94	91	91	94	95	96	94	96	92	90.9	96	83
2	100	94	83	82	84	79	79	91	85	82	80	79	81	72	76	76	83	84	84	82	111	86	88	87	84.5	111	72
3*	87	85	85	90	92	92	92	86	82	78	80	85	92	94	96	94	92	92	93	91	92	95	95	97	89.9	97	78
4	98	104	106	97	105	100	102	81	79	27	59	72	38	65	67	65	75	76	74	77	86	95	106	98	81.3	106	27
5	81	81	82	84	88	87	89	86	80	74	78	82	84	87	80	72	70	70	70	85	90	97	94	90	82.5	97	70
6	86	92	93	70	82	94	90	92	90	72	66	74	81	82	71	80	72	80	98	123	101	73	90	85	84.9	**123**	66
7†	89	84	70	80	92	79	73	71	64	75	72	74	64	72	49	78	55	67	89	86	84	89	83	102	76.7	102	49
8	81	81	79	80	88	73	88	83	78	77	73	80	54	72	75	81	76	70	79	103	81	88	94	94	80.3	103	54
9	90	105	101	92	90	77	101	93	86	78	76	46	56	63	64	71	86	72	86	112	94	94	90	104	84.5	112	46
10	91	84	80	78	84	69	88	60	39	44	59	37	38	56	61	71	70	101	130	75	70	100	114	89	74.5	130	37
11	82	73	77	76	81	76	83	89	85	66	53	65	81	84	81	82	83	88	76	87	82	87	87	91	79.8	91	53
12	90	94	91	84	77	76	93	90	87	67	75	77	83	85	76	30	63	64	75	101	97	97	104	90	81.9	101	30
13	82	87	80	79	82	84	83	86	83	77	77	80	75	68	73	82	83	85	87	89	94	92	93	92	83.0	94	68
14	91	88	89	90	70	80	70	76	84	70	68	70	76	83	88	83	81	84	84	107	86	90	89	89	82.8	107	68
15*	89	89	86	86	86	86	92	90	85	76	69	69	72	76	80	84	86	88	90	90	95	92	89	84	84.5	95	69
16	86	89	93	84	86	91	88	90	86	80	72	64	64	76	78	76	73	75	84	88	91	91	90	90	82.7	93	64
17*	89	86	87	88	90	92	94	93	91	84	80	78	79	83	85	85	86	89	92	92	94	94	97	96	88.5	97	78
18	96	95	95	96	98	101	106	97	94	90	86	87	95	97	100	98	100	100	92	76	65	68	110	100	93.4	110	65
19†	84	61	76	87	74	70	71	75	73	65	57	42	62	70	62	78	79	82	83	77	106	74	61	95	73.5	106	42
20	79	75	71	76	79	82	80	72	61	58	63	62	72	78	83	82	80	85	87	84	82	84	88	86	77.0	88	58
21	85	81	84	80	84	91	86	79	72	70	66	64	69	76	82	83	78	78	84	76	79	80	106	100	80.5	106	64
22	85	88	81	90	80	85	80	84	79	70	72	68	74	83	92	98	101	95	87	91	96	94	93	93	85.8	101	68
23*	96	93	92	93	93	88	86	84	70	67	66	66	75	82	82	85	82	83	82	90	86	104	102	86	84.7	104	66
24	89	91	92	92	95	96	94	90	80	74	77	77	76	84	90	85	93	95	96	98	97	98	97	96	89.7	98	74
25	98	98	97	98	100	101	105	98	89	83	72	72	81	91	96	102	108	96	86	91	89	90	118	96	**94.0**	118	72
26†	106	90	99	98	94	96	96	56	53	62	61	63	53	89	68	73	83	87	94	95	99	102	110	114	85.0	114	53
27†	53	106	69	54	13	83	57	39	39	17	02	37	38	52	62	76	69	70	92	79	98	86	79	89	**60.8**	106	**02**
28	84	78	78	78	78	81	77	73	66	47	50	51	57	69	77	68	70	64	66	71	82	96	86	73	71.7	96	47
29	80	106	89	71	76	81	71	67	38	47	33	46	63	65	63	72	70	68	78	90	79	79	79	77	70.3	106	33
30	78	96	86	83	89	82	68	73	74	70	68	68	72	64	74	68	77	98	90	92	84	90	111	118	82.2	118	64
31	92	86	87	78	77	82	82	76	62	59	56	48	54	76	81	81	82	86	90	90	91	94	93	90	78.9	94	48
Mittel	87	89	86	84	84	85	86	81	75	68	66	67	69	77	78	79	81	83	87	90	90	90	95	93	82.0	104	57

April

Tag	0h	1h	2h	3h	4h	5h	6h	7h	8h	9h	10h	11h	12h	13h	14h	15h	16h	17h	18h	19h	20h	21h	22h	23h	Tagesmittel γ	Max.	Min.
1	80	84	85	85	86	84	77	70	67	67	71	79	84	86	87	87	88	89	88	102	99	76	92	120	84.6	120	67
2†	97	106	128	116	100	98	46	−78	−70	−111	−144	−54	2	30	11	4	20	28	44	74	60	58	76	76	**29.9**	128	**−144**
3	49	59	42	57	43	63	68	57	49	51	54	58	55	58	59	65	70	75	87	79	84	86	93	92	64.7	93	42
4†	86	85	79	82	83	81	56	65	63	54	32	31	52	60	81	77	71	77	83	80	84	84	100	85	72.1	100	31
5†	87	88	76	81	82	86	83	81	71	57	58	45	73	78	74	83	85	70	104	87	76	91	109	96	80.0	109	45
6†	71	75	79	78	88	88	84	42	37	29	22	47	67	62	74	72	69	98	96	104	88	85	87	92	72.3	104	22
7	86	82	86	86	86	87	82	71	49	52	60	62	60	69	77	83	80	95	83	87	90	88	91	72	77.7	95	49
8	78	78	77	82	84	87	88	86	79	75	71	69	49	62	80	83	81	81	88	100	110	99	94	89	82.1	110	49
9	90	88	86	89	89	84	80	74	66	56	53	66	83	91	96	99	96	95	109	102	100	87	127	105	88.0	127	53
10	100	99	98	95	77	101	107	82	46	34	52	48	62	60	77	84	92	87	91	91	95	94	100	93	81.9	107	34
11	101	94	75	89	91	92	84	80	75	66	66	74	78	83	85	90	90	75	96	89	95	121	104	87	86.7	121	66
12	96	83	95	95	95	93	81	82	74	67	63	68	78	86	86	89	90	93	94	97	92	91	94	97	86.7	97	63
13*	95	93	94	95	94	95	95	90	84	76	70	71	76	79	82	86	89	93	96	98	98	99	97	98	89.2	99	70
14*	96	98	98	100	103	108	111	109	105	93	80	78	83	86	91	96	95	95	100	100	100	100	99	98	96.8	111	78
15	100	103	99	102	106	109	108	100	87	75	71	72	78	93	105	111	121	117	122	128	111	117	107	109	**102.1**	**128**	71
16†	99	104	104	125	112	97	83	59	44	29	19	14	36	34	35	42	53	99	52	73	76	90	90	101	69.6	125	14
17	79	84	77	84	93	92	88	77	67	56	56	55	62	76	80	82	85	94	94	92	94	94	93	86	80.8	94	55
18	83	85	97	92	92	90	83	78	73	69	69	77	82	85	85	86	90	96	94	94	94	96	97	104	87.1	104	69
19*	102	93	89	92	93	92	87	81	77	75	77	83	89	94	92	86	90	94	98	100	103	102	100	99	91.2	103	75
20	97	100	97	95	101	95	92	89	85	79	77	83	92	99	101	102	103	97	96	100	101	100	100	100	95.0	103	77
21	99	99	101	102	101	98	96	90	82	78	77	82	81	86	102	107	104	106	106	104	104	106	104	103	96.6	107	77
22*	102	101	102	101	100	98	94	87	84	79	79	87	86	87	89	94	100	105	104	105	104	104	104	104	95.8	105	79
23*	103	103	104	105	107	108	104	92	87	82	81	83	85	92	94	98	101	105	106	107	106	106	104	104	98.6	108	81
24	103	121	127	127	117	104	98	89	81	82	77	79	77	84	93	93	100	97	89	95	103	108	94	104	97.6	127	77
25	112	101	92	99	94	97	94	82	78	75	73	78	85	91	94	100	100	102	104	102	103	101	100	110	94.5	112	73
26	99	95	96	95	97	92	88	92	91	83	76	77	83	93	97	100	109	109	97	96	105	109	112	108	95.8	112	76
27	103	99	99	98	93	98	99	92	89	83	73	65	80	100	108	105	94	103	99	107	120	103	106	110	96.9	120	65
28	94	87	97	88	96	98	95	94	85	89	89	83	87	88	88	93	81	90	99	114	91	97	102	102	92.8	114	81
29	105	106	108	109	97	99	98	82	79	84	90	93	91	76	72	96	98	102	100	104	105	105	103	103	96.0	109	72
30	102	101	106	104	102	79	89	80	58	65	87	81	81	81	85	88	94	103	100	103	102	104	101	116	92.2	116	58
Mittel	93	93	93	95	93	93	88	76	68	62	59	64	73	78	83	86	88	92	94	97	96	97	99	99	85.8	110	54

Nordkomponente.

Niemegk — X = 0.18300 Γ + Tafelwert — 1944

0h 1h 2h 3h 4h 5h 6h 7h 8h 9h 10h 11h 12h 13h 14h 15h 16h 17h 18h 19h 20h 21h 22h 23h 24h Weltzeit

Mai

Tag	0h	1h	2h	3h	4h	5h	6h	7h	8h	9h	10h	11h	12h	13h	14h	15h	16h	17h	18h	19h	20h	21h	22h	23h	Tagesmittel γ	Max.	Min.
1†	116	99	103	107	102	95	94	87	74	69	71	72	76	66	85	90	68	97	77	91	93	102	114	95	89.3	116	66
2†	79	71	81	84	85	49	75	84	84	81	66	50	63	81	84	91	85	88	88	94	103	97	92	96	**81.3**	103	49
3	92	92	84	87	79	82	82	79	70	69	69	75	78	57	76	80	90	94	95	91	88	92	90	93	82.7	95	57
4†	93	94	93	94	96	92	86	81	76	75	77	60	63	77	79	100	80	108	79	97	109	100	98	101	87.8	109	60
5	111	117	97	92	89	80	71	66	67	68	59	60	73	72	77	73	88	100	86	96	98	96	96	98	84.6	117	59
6†	102	108	98	93	90	81	80	68	66	68	68	52	74	83	81	89	95	107	125	98	95	101	98	94	88.1	125	52
7	92	91	88	89	78	77	60	46	68	69	73	67	75	78	80	85	93	106	93	97	105	111	93	95	83.7	111	**46**
8	92	76	90	96	88	82	81	71	54	64	78	78	80	86	91	94	96	95	96	92	93	96	91	98	85.8	98	54
9	94	94	92	92	96	93	92	88	84	76	80	83	84	84	90	95	100	105	104	107	100	96	97	100	92.8	107	76
10	98	92	90	97	100	100	96	88	80	76	75	80	89	96	96	101	107	108	104	109	110	109	107	105	96.4	110	75
11	107	98	98	99	103	102	95	89	86	84	84	85	87	92	100	106	111	113	113	115	115	115	110	106	100.5	115	84
12	105	110	105	101	99	94	86	82	81	84	83	85	80	92	96	98	108	106	112	115	108	107	119	109	98.5	119	80
13*	103	101	101	103	102	98	93	86	81	76	74	76	82	86	95	100	100	106	109	106	106	109	105	108	96.1	109	74
14	107	108	109	111	111	100	95	93	84	76	74	71	75	86	87	88	93	102	104	106	100	101	98	100	95.0	111	71
15	104	108	99	102	108	99	96	97	90	84	84	80	76	79	87	91	94	98	98	96	95	95	96	96	93.8	108	76
16*	96	96	95	95	96	95	96	92	88	85	86	86	87	90	91	96	97	101	107	107	105	102	101	99	95.3	107	85
17	98	100	101	102	100	94	90	90	90	94	98	100	99	101	99	102	107	109	108	108	110	108	108	111	101.1	111	90
18*	104	99	97	101	101	98	89	82	88	96	100	107	104	103	99	98	98	104	110	114	116	116	115	110	102.0	116	82
19	109	110	109	106	105	98	87	82	81	87	91	91	95	94	97	103	107	107	112	111	109	106	107	105	100.4	112	81
20*	103	105	105	107	105	101	92	79	74	77	82	85	88	89	94	100	107	107	108	109	109	109	109	109	98.0	109	74
21*	109	109	111	113	115	111	106	100	98	94	89	92	95	95	99	98	102	104	109	108	109	109	111	112	**104.1**	115	89
22	103	104	106	109	112	105	93	84	82	84	90	92	95	98	100	100	109	109	106	111	112	118	112	113	102.0	118	82
23	112	111	107	104	104	109	100	90	90	90	84	85	87	93	104	95	90	95	102	103	107	108	110	108	99.5	112	84
24	116	119	113	114	111	100	88	66	62	64	80	93	98	96	97	92	89	90	101	101	101	95	99	101	95.2	119	62
25	97	96	97	95	91	96	97	87	85	85	82	82	82	82	77	89	100	106	100	112	109	108	109	108	94.7	112	77
26	111	112	103	100	104	97	93	82	72	72	67	74	81	87	97	98	97	96	101	101	101	100	102	103	93.8	112	67
27	102	106	112	119	106	90	99	104	92	76	87	78	72	79	84	94	100	103	102	102	102	101	99	98	96.1	119	72
28	98	97	101	103	104	100	94	88	87	90	100	99	92	87	85	95	105	104	107	112	109	110	106	100	98.9	112	85
29†	120	99	99	104	105	104	95	84	82	70	64	60	68	70	70	97	98	109	100	106	117	132	118	82	93.9	**132**	60
30	109	100	96	89	88	92	83	62	67	73	74	64	70	67	75	92	91	98	99	98	92	90	92	90	85.5	109	62
31	92	92	92	95	92	82	72	77	76	78	79	82	85	82	90	112	104	100	88	94	94	94	95	98	89.4	112	72
Mittel	102	100	99	100	99	93	89	82	79	78	80	79	82	85	89	95	97	102	101	104	104	104	103	101	93.8	112	71

Juni

Tag	0h	1h	2h	3h	4h	5h	6h	7h	8h	9h	10h	11h	12h	13h	14h	15h	16h	17h	18h	19h	20h	21h	22h	23h	Tagesmittel γ	Max.	Min.
1	91	92	92	97	95	89	84	80	75	73	69	69	72	82	90	83	93	99	94	101	102	100	99	99	88.3	102	69
2	98	98	96	97	97	89	82	73	67	61	52	56	72	81	85	84	86	90	96	99	105	99	97	96	85.7	105	52
3*	98	96	97	95	95	88	80	73	76	80	87	92	94	96	95	94	92	94	99	104	101	101	103	103	93.0	104	73
4	105	102	101	103	100	93	91	88	84	84	88	92	96	98	101	102	103	109	108	114	121	125	129	125	**102.6**	**129**	84
5	124	117	115	114	113	107	98	82	72	75	88	98	99	98	96	99	99	96	96	107	104	108	103	102	100.4	124	72
6	98	96	98	100	102	96	91	90	87	89	96	100	105	109	103	98	98	103	94	100	100	98	98	100	97.9	109	87
7*	100	100	103	107	108	100	94	89	80	80	79	88	101	109	112	109	101	101	108	112	112	110	109	106	100.8	112	79
8*	102	102	103	104	105	99	92	86	82	84	88	92	90	96	109	109	105	101	106	108	108	107	105	107	99.6	108	82
9	111	112	116	119	116	111	109	101	90	78	76	82	90	90	100	103	103	101	107	106	103	105	104	103	101.5	119	76
10*	101	101	104	106	105	99	92	88	81	79	79	81	76	84	90	100	100	110	110	107	108	105	103	102	96.3	110	76
11	101	100	105	108	108	102	93	80	66	60	64	70	80	94	110	113	94	108	103	94	92	92	93	98	92.8	113	60
12*	98	95	96	96	96	92	86	81	72	68	64	72	82	84	93	96	98	101	104	106	105	104	102	101	91.3	106	64
13	100	101	101	105	106	101	96	89	86	81	80	86	89	100	107	111	113	119	115	108	109	114	109	104	101.2	119	80
14	99	108	101	107	107	98	93	84	79	74	72	84	96	80	97	91	92	100	106	105	104	105	96	108	95.3	108	72
15†	109	82	87	115	113	108	104	78	58	69	70	67	55	68	79	80	82	113	102	95	98	118	116	110	90.7	118	55
16	93	85	85	94	100	95	81	62	63	70	66	66	79	83	80	87	99	94	102	104	97	99	104	108	87.3	108	62
17	93	92	91	93	94	92	87	73	70	72	78	86	87	85	91	89	94	95	103	106	103	101	107	113	91.5	113	70
18	95	97	94	97	94	94	95	93	82	82	83	83	74	79	83	90	96	101	102	103	103	105	102	100	92.8	105	74
19	98	96	96	99	99	93	87	77	75	75	76	75	74	79	86	85	92	101	107	112	108	110	107	104	92.1	112	74
20	98	100	100	104	108	93	82	77	63	70	75	74	78	81	72	84	97	102	117	111	106	100	103	126	92.5	126	63
21†	115	105	114	113	111	104	96	76	60	58	73	77	75	75	79	90	96	96	104	109	101	104	107	106	93.5	115	58
22†	117	101	109	104	110	110	97	80	68	41	66	84	84	82	94	92	114	86	98	104	104	118	118	106	95.3	118	**41**
23†	96	93	95	98	100	96	78	46	72	83	78	81	84	88	88	93	94	86	96	98	100	103	115	100	90.0	115	46
24	95	94	92	98	104	97	82	72	62	58	57	66	77	78	84	80	89	91	92	96	98	98	96	97	**85.5**	104	57
25	97	98	101	103	100	94	88	83	76	63	63	64	73	83	89	96	97	113	112	103	108	109	107	104	92.7	109	63
26†	100	98	96	109	110	100	90	81	73	70	64	78	84	103	117	105	101	96	91	96	97	84	82	101	92.8	117	64
27	91	94	90	94	99	98	92	83	71	63	54	60	75	79	86	83	93	92	96	96	99	96	102	96	86.8	102	54
28	94	91	89	90	96	94	92	84	74	74	83	80	83	85	88	80	90	96	100	105	102	102	100	101	90.5	105	74
29	114	102	98	101	68	95	93	90	86	76	70	67	69	76	84	97	92	94	100	100	101	102	97	94	90.2	114	67
30	96	95	100	102	106	103	98	83	77	74	68	70	70	79	95	99	94	95	99	102	103	104	103	106	92.5	106	68
Mittel	101	98	99	102	102	98	91	81	74	72	74	78	82	87	93	94	97	99	102	104	103	104	104	104	93.4	112	67

Nordkomponente.

Niemegk — $X = 0.18300 + \text{Tafelwert}$ (γ) — 1944

Tag	0h	1h	2h	3h	4h	5h	6h	7h	8h	9h	10h	11h	12h	13h	14h	15h	16h	17h	18h	19h	20h	21h	22h	23h	Tagesmittel	Max.	Min.
Juli																									γ		
1	97	94	89	100	101	94	85	77	70	67	68	79	86	96	93	101	93	102	107	111	108	109	105	105	93.2	111	67
2	101	97	98	98	104	97	91	87	84	82	79	76	77	85	92	94	99	100	103	109	108	108	106	114	95.4	114	76
3	104	107	105	103	102	98	88	88	79	65	72	74	90	88	94	92	96	97	108	106	102	110	111	109	95.3	111	65
4	106	102	98	100	99	98	96	89	78	74	73	86	90	97	105	106	100	104	106	108	103	104	104	103	97.0	108	73
5	99	95	100	102	109	102	94	86	76	76	77	81	88	96	101	103	100	99	104	106	107	105	106	106	96.6	109	76
6	104	105	104	106	107	109	102	84	71	68	72	74	75	81	94	97	100	106	106	114	112	114	117	116	**97.4**	**117**	68
7	98	102	112	116	112	102	98	88	78	67	67	70	75	75	75	92	100	102	102	100	97	98	98	98	92.6	116	67
8	98	98	98	98	96	89	84	77	71	69	80	82	79	80	86	96	98	101	109	109	104	104	106	110	92.6	110	69
9†	114	115	117	115	99	102	102	84	59	46	54	58	72	84	82	81	89	94	96	99	94	95	96	94	89.2	**117**	**46**
10	94	90	91	89	91	89	89	83	73	64	61	69	78	91	97	95	94	102	101	103	113	91	92	91	88.8	113	61
11	90	90	87	91	87	79	79	78	79	71	69	75	79	82	86	87	94	99	104	102	98	96	98	99	87.5	104	69
12	98	100	99	102	101	96	95	89	83	75	69	74	83	88	95	102	109	100	105	106	111	110	110	116	96.5	116	69
13	111	106	101	101	101	99	90	83	75	67	65	68	83	91	102	96	94	104	107	104	108	103	105	104	94.5	111	65
14	104	100	103	102	101	94	83	73	69	62	73	82	91	92	93	93	105	110	107	107	107	108	106	106	94.6	110	62
15†	103	96	95	97	100	90	70	69	73	67	66	58	60	72	79	85	87	88	92	94	101	96	95	96	**84.5**	103	58
16	94	95	94	100	98	94	84	79	76	79	71	71	76	80	94	97	90	92	111	108	111	98	99	101	91.3	111	71
17	100	102	97	90	91	81	80	80	84	73	56	50	66	78	84	84	85	91	89	98	93	95	95	94	84.8	102	50
18	92	89	93	94	92	88	79	74	72	74	76	71	69	84	93	93	94	101	96	100	95	96	97	96	87.8	101	69
19†	105	93	88	95	92	84	83	83	85	75	80	78	60	71	95	99	96	95	100	105	109	105	104	102	90.9	109	60
20†	102	99	95	107	110	106	104	84	61	56	60	66	63	58	69	84	87	89	95	97	100	97	96	94	86.6	110	56
21†	98	101	104	104	101	100	91	82	78	64	55	59	54	74	84	91	100	100	92	95	99	101	93	87	87.8	104	54
22	86	87	93	97	96	85	75	70	61	71	71	69	70	73	84	95	95	101	106	96	101	100	96	94	86.3	106	61
23	94	93	95	97	98	91	83	75	68	72	81	82	79	79	83	82	92	95	99	100	99	96	95	95	88.4	100	68
24*	95	95	95	97	97	91	80	71	72	69	66	63	68	76	80	88	94	97	99	100	100	99	97	97	86.9	100	63
25*	97	95	94	92	92	89	85	83	78	75	75	69	69	76	83	93	96	98	103	103	103	104	104	103	90.0	104	69
26*	102	102	106	106	107	98	92	88	79	69	61	62	70	75	83	90	90	99	103	105	107	106	102	101	91.8	107	61
27*	100	100	101	102	103	98	92	89	89	84	76	76	81	81	88	88	95	105	108	113	111	107	104	98	95.4	113	76
28*	98	96	96	96	94	88	84	80	79	79	79	81	77	76	79	84	95	104	111	116	115	117	116	100	93.3	**117**	76
29	96	95	96	98	99	94	91	88	86	84	88	85	87	92	93	95	94	99	103	104	110	104	102	96	95.0	110	84
30	96	91	90	95	96	97	93	83	83	87	83	76	82	82	82	83	84	95	104	105	108	102	102	101	91.7	108	76
31	98	95	92	101	106	105	93	87	79	80	80	84	76	85	90	90	95	98	104	109	107	97	97	96	93.5	109	76
Mittel	99	98	98	100	99	94	88	82	76	71	71	72	76	82	88	92	95	99	103	104	105	102	102	101	91.5	109	66
August																									γ		
1	95	98	97	103	106	98	93	80	77	77	72	62	65	80	80	87	92	99	99	100	98	96	94	94	89.2	106	62
2†	91	90	96	99	99	92	93	89	88	80	77	83	86	87	89	91	99	108	109	122	119	109	111	93	**95.8**	122	77
3†	100	120	115	118	111	83	35	29	24	5	15	18	23	47	59	63	64	67	73	86	84	85	82	72	**65.8**	120	**5**
4	78	70	71	78	80	80	77	72	63	54	55	56	60	66	77	81	80	82	80	82	85	91	83	82	74.3	91	54
5	80	81	81	82	85	83	78	69	63	52	54	68	69	71	79	92	90	90	88	94	95	91	85	88	79.5	95	52
6	89	87	82	80	90	88	80	66	46	42	52	60	74	81	84	90	84	78	88	93	96	98	102	96	80.3	102	42
7	95	94	88	91	91	86	79	72	67	66	67	65	72	78	78	95	93	95	98	101	101	100	99	104	86.5	104	65
8	96	95	94	92	92	90	87	81	71	64	59	67	75	85	87	83	77	88	96	119	111	98	96	98	87.5	119	59
9	93	92	91	87	86	83	83	79	78	75	72	69	70	72	85	97	96	95	100	97	98	100	99	96	87.2	100	69
10	101	99	101	104	103	90	70	68	81	74	59	59	59	69	75	75	76	89	93	96	98	95	96	106	84.8	106	59
11	104	98	86	96	94	91	85	74	72	75	77	83	89	87	93	98	93	96	93	99	104	98	99	99	91.0	104	72
12	103	99	86	95	99	93	83	73	67	67	70	71	78	67	82	87	88	91	93	95	94	93	96	102	86.3	103	67
13	99	87	90	89	89	83	71	64	64	76	80	84	85	80	79	82	81	82	87	92	96	87	88	89	83.5	99	64
14	89	88	90	92	89	87	82	76	75	79	83	89	95	95	96	93	97	96	101	111	114	112	103	108	93.3	114	75
15	100	99	99	92	97	94	89	83	83	83	78	77	78	78	82	84	87	90	94	92	93	91	95	93	88.8	100	77
16	94	92	91	95	96	92	88	79	64	60	69	76	80	81	80	80	93	94	98	95	100	102	101	118	88.2	118	60
17	107	94	76	97	92	85	78	68	67	67	70	72	79	84	91	91	93	93	98	102	101	104	104	104	88.2	107	67
18†	102	102	104	106	105	106	105	81	29	51	51	59	62	58	68	68	75	82	94	87	88	90	94	98	81.9	106	29
19	80	92	78	81	84	78	81	73	58	58	53	56	62	68	74	80	86	89	93	94	92	93	93	91	78.6	94	53
20*	97	102	90	88	88	84	81	75	67	63	65	69	68	79	79	85	89	88	90	92	91	95	95	90	83.8	102	63
21*	90	90	88	92	90	94	92	85	73	64	62	67	74	77	80	84	89	91	97	101	93	94	96	95	85.8	101	62
22	93	96	96	92	88	94	93	85	76	68	68	73	72	75	80	83	86	91	96	94	95	98	101	95	87.0	101	68
23	88	110	104	108	107	106	88	76	60	55	61	58	63	74	74	71	66	73	80	83	83	88	94	93	81.8	108	55
24	96	96	104	113	105	94	95	94	74	61	62	70	76	56	55	56	78	80	83	84	87	91	92	92	83.1	113	55
25*	91	87	86	84	90	94	92	84	70	66	65	66	72	78	80	81	78	82	91	89	88	87	87	88	82.3	94	65
26*	86	86	86	87	87	87	82	77	73	75	78	79	82	80	87	91	89	89	99	106	108	105	123	106	89.5	**123**	73
27	94	94	92	91	88	80	76	66	64	62	63	70	75	79	83	92	95	92	97	109	104	92	96	99	85.5	109	62
28†	103	98	99	100	99	88	50	61	72	78	79	70	61	61	68	73	74	78	88	102	117	100	81	81	82.5	117	50
29*	82	86	80	81	80	76	72	67	69	74	77	81	87	87	81	83	83	90	90	94	96	96	96	100	83.7	100	67
30	103	105	89	90	89	86	82	78	74	74	80	90	88	80	85	85	89	95	102	98	98	94	92	94	89.2	105	74
31†	95	103	96	96	84	94	89	76	58	77	86	73	87	86	89	89	88	84	85	108	94	92	96	96	88.4	108	58
Mittel	94	94	91	94	93	89	82	74	67	65	66	69	73	76	80	84	85	88	93	97	98	96	96	96	85.0	106	60

Weltzeit

Nordkomponente.

Niemegk — Γ X = 0.18300 + Tafelwert — 1944

Tag	0h–1h	1h–2h	2h–3h	3h–4h	4h–5h	5h–6h	6h–7h	7h–8h	8h–9h	9h–10h	10h–11h	11h–12h	12h–13h	13h–14h	14h–15h	15h–16h	16h–17h	17h–18h	18h–19h	19h–20h	20h–21h	21h–22h	22h–23h	23h–24h	Tages-mittel	Max.	Min.
September																									γ		
1	95	79	90	96	94	92	85	77	72	67	68	76	73	79	79	77	84	90	95	92	92	95	93	104	85.2	104	67
2†	132	93	96	92	95	76	47	53	54	56	68	55	73	82	74	72	77	103	88	82	86	92	108	99	81.4	**132**	47
3	91	83	76	78	81	79	73	53	57	64	62	77	94	94	92	90	79	84	88	89	89	88	88	90	80.8	94	53
4	89	90	88	86	85	86	81	72	68	66	66	75	83	90	93	93	96	96	98	94	102	100	84	87	86.2	102	66
5	101	102	88	90	94	87	82	75	65	62	63	65	70	80	85	87	88	90	90	89	90	92	94	94	84.3	102	62
6	93	92	92	93	91	89	86	79	68	64	66	76	92	92	93	96	102	107	100	103	106	106	105	97	91.2	107	64
7	94	93	94	96	94	89	92	88	70	50	56	67	77	80	81	83	90	91	94	94	94	93	92	92	85.2	96	50
8	92	92	90	94	92	92	88	83	72	58	48	50	58	59	57	65	82	92	95	90	106	96	85	82	79.9	106	48
9*	93	88	86	88	81	80	82	74	68	68	66	71	76	77	82	84	84	87	93	97	101	93	99	94	83.8	101	66
10	95	90	92	92	93	90	88	76	70	69	69	74	81	80	82	81	92	98	102	103	92	94	95	92	87.1	103	69
11	98	100	93	90	91	91	89	85	81	79	76	80	85	88	87	84	86	91	96	98	99	112	108	110	91.5	112	76
12	105	97	95	95	101	98	87	84	70	71	67	68	72	86	87	87	86	86	91	93	93	101	92	97	87.9	105	67
13	95	93	93	93	93	91	89	84	81	84	85	84	84	85	90	92	94	98	98	98	107	104	109	104	92.8	109	81
14	99	92	96	107	96	113	93	80	69	68	73	76	83	84	72	83	79	76	83	91	96	100	100	97	87.8	113	68
15*	101	97	98	98	96	98	89	79	67	65	77	89	90	88	87	88	90	94	96	97	96	98	98	97	90.5	101	65
16*	95	93	93	93	89	91	81	71	70	67	69	76	84	89	86	77	85	93	97	95	94	91	91	92	85.9	97	67
17*	92	93	93	94	92	93	92	89	84	73	65	68	76	83	90	100	103	96	103	106	106	103	104	105	91.8	106	65
18	106	97	112	94	93	88	89	74	66	62	64	72	78	74	75	81	84	90	94	89	88	89	94	94	85.3	112	62
19*	92	91	91	93	93	95	93	86	80	80	77	77	80	85	82	90	93	94	97	97	97	97	97	98	89.8	98	77
20	97	95	95	97	97	99	98	92	83	78	78	81	84	85	89	90	95	104	99	109	115	105	102	104	**94.6**	115	78
21†	90	114	86	93	93	92	89	72	73	61	49	60	65	70	71	74	81	83	85	92	88	93	90	93	81.5	114	49
22	90	96	90	85	85	88	89	85	83	81	78	78	77	76	81	86	81	86	86	115	99	94	106	118	88.9	118	76
23	98	86	76	73	84	93	91	81	76	74	76	83	83	82	82	86	92	102	110	117	102	90	78	53	86.2	117	53
24†	84	104	73	81	72	77	73	70	36	45	69	75	66	57	51	74	79	82	87	81	81	94	117	89	**75.7**	117	**36**
25	78	74	85	84	79	77	77	73	68	68	70	70	77	80	73	81	82	85	85	96	82	86	86	95	79.6	96	68
26	93	92	89	90	91	88	77	65	60	57	57	62	72	80	78	72	84	89	91	91	92	109	97	86	81.8	109	57
27†	86	87	89	93	90	86	86	84	63	65	63	60	62	76	87	90	91	70	71	74	85	101	87	82	80.4	101	60
28	82	83	82	82	90	94	86	78	64	65	70	70	70	78	79	82	81	84	88	87	89	94	92	90	81.7	94	64
29	87	85	88	91	90	96	93	91	89	66	57	59	62	69	72	84	89	91	91	88	98	110	90	91	84.5	110	57
30†	90	94	95	94	95	100	100	96	86	86	88	86	82	62	46	65	45	79	86	129	54	64	80	120	84.2	129	45
Mittel	94	92	90	91	90	90	86	78	70	67	68	72	77	80	79	83	86	90	93	96	94	96	95	95	85.6	107	62.
Oktober																									γ		
1†	72	72	71	75	74	77	78	76	76	71	72	52	69	78	76	70	74	72	75	77	103	107	89	72	76.2	107	52
2	74	76	80	82	84	82	78	70	64	58	62	65	71	78	81	82	83	86	94	95	103	94	97	90	80.4	103	58
3	81	78	84	87	73	80	84	78	58	59	68	69	69	72	69	70	89	85	89	95	120	88	95	98	80.8	120	59
4	78	74	77	82	81	78	70	56	50	54	65	73	83	89	88	84	79	87	94	107	93	90	90	88	79.6	107	50
5*	89	91	96	88	88	87	83	69	58	53	54	63	74	86	91	91	92	90	93	94	94	92	91	92	83.3	96	53
6	90	93	97	100	100	97	90	83	71	69	71	77	84	94	96	100	101	94	92	75	72	81	119	85	88.8	119	69
7	79	79	80	81	84	91	87	79	67	60	59	63	66	78	83	82	83	89	90	95	103	89	97	95	81.6	103	59
8*	84	84	86	88	90	92	92	84	75	70	66	67	72	77	83	88	92	97	95	96	96	95	97	96	85.9	97	66
9*	107	94	95	88	91	94	84	81	78	66	68	77	83	87	87	88	90	93	95	95	95	95	95	95	88.4	107	66
10	95	95	95	98	100	100	96	88	82	75	71	73	78	86	92	94	92	95	94	95	107	107	99	78	**91.0**	107	71
11†	80	98	91	109	96	95	82	82	83	85	91	92	94	95	80	77	34	49	60	70	68	75	72	67	80.2	109	34
12	68	68	67	69	78	73	73	74	71	69	65	63	70	79	77	74	71	76	76	85	92	89	84	84	74.8	92	63
13	82	84	84	84	87	89	88	81	74	73	77	79	81	68	62	73	78	80	81	89	80	93	86	88	80.9	93	62
14†	98	84	85	84	85	87	82	79	68	58	44	40	53	58	63	64	66	70	74	78	74	77	72	89	72.2	98	40
15†	63	69	44	36	56	68	66	58	50	26	24	37	52	61	67	64	67	69	66	60	65	66	101	80	**59.0**	101	**24**
16	66	71	72	74	79	81	68	71	73	68	67	70	72	69	75	79	80	68	76	71	75	77	77	79	73.2	81	66
17	77	80	76	82	88	89	87	82	72	66	67	67	67	75	79	81	85	90	91	90	84	90	96	69	80.4	96	66
18	65	76	72	82	88	91	84	82	77	76	71	59	68	81	80	79	80	86	89	88	92	91	90	84	80.5	92	59
19*	87	84	85	87	86	88	82	74	68	58	69	75	79	81	82	82	84	87	89	91	88	88	88	85	82.0	91	58
20	85	86	86	87	89	90	88	79	71	71	76	78	83	86	88	88	85	77	69	79	89	96	93	87	83.6	96	69
21*	83	83	88	91	93	95	94	88	76	68	67	71	76	77	81	85	88	84	77	80	85	98	100	91	84.1	100	67
22	89	89	89	92	94	96	97	89	81	76	71	72	77	85	84	88	86	83	86	87	92	94	93	95	86.9	97	71
23	92	89	93	96	98	96	99	104	92	77	72	72	75	84	87	68	45	47	47	60	81	91	112	109	82.7	112	45
24†	74	68	81	88	94	90	76	81	83	74	66	55	73	84	81	79	86	84	70	67	62	83	82	84	77.7	94	55
25	89	84	82	81	84	86	86	79	76	72	73	77	81	86	84	85	88	87	88	122	88	88	89	93	85.3	**122**	72
26	104	88	85	74	82	81	67	74	70	60	68	71	74	79	81	83	86	86	90	89	92	89	92	84	81.2	104	60
27	87	90	85	83	88	87	86	81	76	66	65	74	78	77	82	80	96	88	87	88	95	93	89	90	83.8	96	65
28	89	90	88	89	94	87	83	86	86	76	67	66	69	72	74	81	81	79	83	84	85	85	91	91	82.3	94	66
29	93	92	93	93	89	93	93	86	77	73	75	80	86	91	92	91	94	96	88	84	89	88	101	93	88.8	101	73
30	86	86	91	91	91	92	87	88	83	76	76	77	80	82	83	86	91	95	96	97	95	96	96	91	88.0	97	76
31	93	93	96	103	91	88	84	85	68	70	67	68	74	75	70	80	84	86	72	81	106	102	90	87	83.9	106	67
Mittel	84	84	84	85	87	88	84	80	73	67	67	68	75	80	81	81	82	82	83	86	89	90	92	87	81.5	101	60

Weltzeit

Nordkomponente.

Niemegk $X = 0.18300 + \text{Tafelwert}$ [Γ] 1944

Tag	0h–1h	1h–2h	2h–3h	3h–4h	4h–5h	5h–6h	6h–7h	7h–8h	8h–9h	9h–10h	10h–11h	11h–12h	12h–13h	13h–14h	14h–15h	15h–16h	16h–17h	17h–18h	18h–19h	19h–20h	20h–21h	21h–22h	22h–23h	23h–24h Weltzeit	Tages-mittel γ	Max.	Min.
November																											
1	84	86	86	87	90	93	94	89	81	71	68	73	76	80	84	88	92	93	94	95	94	94	96	96	86.8	96	68
2	90	90	90	90	94	92	92	90	83	74	75	83	92	95	92	89	91	93	97	98	96	94	97	95	90.5	98	74
3	93	94	95	98	99	97	98	95	90	80	78	73	65	76	83	69	75	76	91	95	93	95	94	93	87.3	99	65
4†	91	90	88	95	94	101	100	82	72	67	59	58	41	61	63	61	84	86	78	87	88	89	100	97	80.5	101	41
5†	90	93	97	96	107	99	89	71	56	53	57	63	55	69	63	72	82	61	46	52	75	113	88	84	76.3	113	46
6†	86	83	82	86	87	73	71	64	44	51	55	57	53	54	67	74	79	86	87	87	81	85	84	81	**73.2**	87	44
7	81	82	85	86	87	89	90	86	84	82	79	81	81	79	73	63	71	79	80	80	79	88	90	85	81.7	90	63
8	87	91	99	89	89	90	92	86	77	74	67	70	80	82	81	83	88	91	93	93	93	92	94	96	86.5	99	67
9	98	95	88	95	95	95	96	92	78	84	86	87	84	82	80	82	83	87	91	85	104	94	90	89	89.2	104	78
10†	90	90	90	92	94	98	102	110	107	103	92	92	78	68	72	81	75	83	70	86	86	85	83	84	88.0	110	68
11	83	84	85	86	87	89	88	81	77	74	73	77	79	83	89	89	92	89	83	89	90	91	89	89	84.9	92	73
12	88	92	93	96	95	97	99	94	87	83	81	85	88	89	92	95	96	97	97	97	96	94	92	92	92.3	99	81
13*	92	91	93	94	97	98	98	94	89	85	89	95	99	100	98	97	98	98	98	97	95	98	97	96	95.2	100	85
14	95	97	98	101	101	103	105	101	96	90	89	91	93	92	86	80	76	72	78	88	93	93	97	97	92.2	105	72
15*	88	86	88	90	95	99	102	100	98	95	93	93	93	93	93	92	90	90	90	92	92	94	101	94	93.4	102	86
16	94	94	95	100	106	107	105	100	90	82	80	78	83	86	87	91	96	98	98	97	94	93	93	93	93.4	107	78
17	92	95	96	98	100	100	100	98	92	88	84	86	91	96	97	99	100	100	97	94	96	97	91	100	95.3	100	84
18	102	100	98	100	104	103	103	96	87	81	82	82	85	83	69	68	87	94	98	101	101	99	101	98	92.6	104	68
19	96	92	86	100	105	110	106	101	95	93	88	94	95	89	84	79	93	92	89	88	93	93	95	90	93.6	110	79
20†	92	97	100	97	103	123	109	99	90	85	75	73	61	30	35	49	30	28	49	65	70	72	109	81	75.8	**123**	**28**
21	68	73	78	81	83	84	86	84	84	85	84	82	83	81	80	82	84	86	86	86	87	85	82	82	82.3	87	68
22	82	83	85	87	89	91	90	89	84	80	80	83	89	90	87	83	76	84	84	87	90	91	94	91	86.2	94	76
23	88	86	94	96	96	98	96	90	87	81	80	80	78	81	77	79	80	84	84	87	90	92	93	91	87.0	98	77
24*	88	85	84	89	94	96	96	96	91	84	84	83	85	87	88	90	92	93	93	93	93	92	92	90	89.9	96	83
25*	90	91	94	97	100	101	101	101	97	92	89	89	93	95	96	97	97	97	96	96	97	98	95	95	**95.6**	101	89
26	93	104	95	94	95	95	90	87	77	71	73	78	83	85	80	78	88	93	94	95	92	92	91	93	88.2	104	71
27*	91	91	92	96	95	95	91	90	84	80	76	77	82	89	92	93	94	95	95	95	97	97	95	94	90.7	97	77
28	94	94	91	91	90	89	88	86	85	81	80	83	86	89	90	93	97	100	99	99	98	98	96	95	91.3	100	80
29	94	95	94	96	99	106	107	106	100	94	89	86	89	91	89	88	89	92	95	95	97	96	94	92	94.7	107	86
30	102	94	93	95	96	99	102	101	100	93	85	86	84	79	76	74	83	93	89	86	85	90	88	86	90.0	102	74
Mittel	90	91	91	93	96	97	96	92	85	81	79	81	81	82	81	82	85	87	87	90	91	93	93	91	88.2	108	80
Dezember																									γ		
1	88	91	89	93	99	102	102	99	100	96	94	88	81	78	72	64	65	73	80	79	72	85	85	87	85.9	102	64
2	88	102	93	90	98	96	98	96	82	74	61	68	82	86	84	77	51	49	64	104	90	75	76	80	81.8	104	49
3	81	83	82	78	88	93	78	86	88	84	83	87	88	80	79	81	84	82	88	92	95	86	97	94	85.7	97	78
4	84	85	90	89	83	90	95	92	86	87	87	87	90	92	89	87	88	87	88	88	88	86	89	84	88.0	95	84
5	88	89	87	96	98	95	96	96	88	76	80	82	80	74	70	76	86	92	91	86	86	87	94	94	87.0	98	70
6	89	94	85	86	91	91	93	89	92	84	84	84	84	84	79	68	69	78	84	87	90	86	87	89	85.3	94	68
7*	90	92	89	91	93	95	96	96	95	95	94	90	88	86	87	90	91	92	92	90	90	91	91	94	91.6	96	86
8	94	93	94	97	100	101	103	101	104	102	99	93	89	85	83	83	84	84	90	95	99	98	93	97	94.2	104	83
9	96	93	91	89	99	100	95	97	96	92	90	89	90	93	93	92	85	87	83	83	91	91	90	88	91.4	100	83
10*	92	88	84	85	87	88	90	91	91	92	92	93	92	96	96	96	96	92	90	94	92	92	92	92	91.4	96	84
11*	88	88	89	94	95	98	99	97	91	87	88	85	82	87	92	92	92	95	98	99	98	96	96	94	92.5	99	82
12	91	95	94	96	105	104	105	103	100	98	94	92	96	98	101	102	104	104	100	92	96	97	93	93	**98.0**	105	91
13†	92	90	96	104	107	104	108	108	105	101	95	95	92	80	79	70	31	36	46	59	69	76	92	84	84.1	108	31
14	72	77	80	90	108	88	73	65	58	59	65	58	55	58	48	53	66	73	79	80	81	80	79	80	71.9	108	48
15	82	82	81	82	84	85	84	83	81	81	85	84	80	77	79	76	81	86	90	97	91	85	113	102	85.5	113	76
16†	100	91	93	97	108	122	112	115	105	108	126	98	93	33	-106	-85	-30	-77	-26	03	03	09	16	18	47.0	**126**	**-106**
17†	20	24	24	27	28	33	33	-05	-18	-04	04	10	24	26	18	29	-14	61	-10	26	33	28	34	51	**20.0**	61	-18
18†	35	29	37	35	36	32	43	40	39	44	42	29	40	40	46	51	59	57	50	61	68	64	63	58	45.7	68	29
19	56	60	57	57	64	67	58	61	61	56	65	67	61	58	55	55	65	63	61	65	75	72	64	59	61.8	75	55
20	55	59	59	64	61	63	58	63	65	63	61	63	65	66	68	65	66	73	68	64	66	69	75	83	65.1	83	55
21	69	67	67	65	72	76	75	73	68	67	67	70	71	71	68	71	69	63	68	71	74	72	68	68	69.6	76	63
22	74	77	70	71	74	73	74	72	71	71	76	79	77	75	71	74	66	73	71	74	75	59	62	64	71.8	79	59
23	62	64	68	70	75	75	80	82	83	76	74	71	76	79	75	73	75	76	75	79	79	82	78	72	75.0	83	62
24*	72	74	75	77	77	78	79	77	75	75	76	79	80	77	74	72	76	77	74	76	77	77	75	73	75.9	80	72
25*	72	71	71	73	74	74	73	72	74	79	85	89	88	86	82	79	78	80	82	83	82	79	77	74	78.2	89	71
26	76	75	78	79	79	80	79	76	77	80	91	97	96	98	87	87	98	94	83	80	74	81	86	95	84.4	98	74
27†	90	89	98	105	100	101	97	83	80	69	60	47	33	34	01	-23	-21	-14	-17	08	-05	24	37	70	47.8	105	-23
28	82	40	52	57	62	66	76	73	66	56	59	67	72	78	72	70	55	59	64	66	71	75	70	67	65.6	82	40
29	67	70	75	79	92	93	90	79	75	64	70	70	67	62	63	59	61	58	60	84	77	68	72	69	71.8	93	58
30	78	83	64	68	83	89	88	83	70	69	68	68	61	66	66	80	77	72	75	71	70	68	92	69	74.1	92	61
31	73	71	76	78	84	87	87	83	82	81	79	82	84	79	66	61	63	66	64	64	74	73	81	72	75.4	87	61
Mittel	77	77	77	79	84	85	84	82	78	76	77	76	76	74	66	65	65	67	68	74	75	75	78	78	75.6	93	54

Ostkomponente.

Niemegk — $Y = -\,0.01\,200^{\Gamma} + \text{Tafelwert}$ — 1944

Januar

Tag	0h–1h	1h–2h	2h–3h	3h–4h	4h–5h	5h–6h	6h–7h	7h–8h	8h–9h	9h–10h	10h–11h	11h–12h	12h–13h	13h–14h	14h–15h	15h–16h	16h–17h	17h–18h	18h–19h	19h–20h	20h–21h	21h–22h	22h–23h	23h–24h	Tagesmittel γ	Max.	Min.
1	14	07	08	06	08	05	11	09	11	12	11	03	−02	−02	11	08	−14	03	13	11	70	31	33	30	12.4	70	**−14**
2	28	26	18	19	17	16	14	12	11	08	06	03	01	05	05	07	12	09	12	24	42	24	18	16	14.7	42	01
3*	10	14	15	13	14	16	14	13	10	09	07	02	02	08	13	11	13	14	14	16	17	18	19	19	12.5	19	02
4*	20	14	21	25	22	17	16	13	11	06	01	−02	01	07	08	02	05	04	09	10	24	18	19	27	12.4	27	−02
5	04	29	24	17	11	13	15	09	06	−01	−02	00	−01	04	05	09	14	22	26	14	19	28	18	15	12.4	29	−02
6*	14	15	13	11	12	12	13	14	13	09	09	03	01	05	03	03	05	08	10	14	39	36	31	22	13.1	39	01
7*	08	15	16	16	15	16	18	15	12	08	09	03	02	04	07	09	11	13	20	18	21	18	16	13	12.6	21	02
8	09	13	14	13	10	13	12	13	09	05	03	−06	−11	−03	02	05	17	11	17	24	29	17	17	14	**10.3**	29	−11
9	16	04	12	19	13	11	12	11	08	06	03	04	04	08	08	05	02	21	11	13	15	18	22	32	11.6	32	02
10	15	14	11	09	08	10	10	09	05	01	03	01	02	01	08	06	17	13	13	14	41	23	74	67	15.6	74	01
11†	26	29	09	08	02	02	05	04	05	07	07	03	01	07	09	19	47	160	71	26	40	29	29	20	23.5	**160**	01
12	36	20	13	14	14	02	−04	01	06	10	04	07	19	07	29	65	12	20	49	27	21	24	22	27	18.5	65	−04
13†	07	09	18	23	09	06	09	−05	05	04	00	07	11	18	36	13	19	30	73	77	37	15	22	25	19.5	77	−05
14†	30	08	−02	06	09	05	−02	02	−01	00	06	05	00	29	15	48	35	120	30	22	36	34	29	18	20.1	120	−02
15†	−14	13	−03	−03	21	08	09	11	12	11	06	02	07	11	36	57	27	19	51	105	62	66	36	36	**24.4**	105	−14
16†	21	−10	26	23	14	11	09	15	11	11	19	05	01	13	60	38	57	61	13	18	33	33	30	15	22.0	61	−10
17	01	06	13	14	04	−11	02	−05	01	05	−01	03	18	11	57	24	18	39	19	44	70	40	25	07	16.8	70	−11
18	16	16	11	07	−03	03	07	11	09	02	−03	03	09	22	13	38	66	23	21	59	42	41	20	08	18.4	66	−03
19	09	15	−08	00	12	10	12	10	17	08	06	04	04	08	12	16	54	22	24	23	18	21	20	15	13.8	54	−08
20	26	19	10	08	08	09	09	15	15	10	03	02	−01	00	09	15	07	13	35	28	34	44	37	22	15.7	44	−01
21	20	05	12	07	14	14	17	19	23	20	11	03	01	07	14	19	13	15	22	23	20	18	18	18	14.7	23	01
22	04	18	18	14	12	11	11	14	18	12	06	01	−02	04	08	11	11	14	15	23	34	20	20	16	13.0	34	−02
23	14	07	06	09	16	16	16	20	20	15	14	07	02	04	10	15	15	17	18	19	26	27	26	06	14.4	27	02
24	22	16	15	14	14	14	16	21	20	16	08	02	−02	03	08	14	20	06	10	13	15	17	16	14	13.0	22	−02
25	11	10	08	07	07	09	14	18	18	08	00	−02	−02	01	05	05	07	15	15	16	18	45	24	17	11.4	45	−02
26	14	12	11	10	10	12	13	15	13	06	04	−02	−07	−10	−04	−02	−04	04	14	24	43	44	76	42	14.1	76	−10
27	33	23	22	16	22	18	21	19	14	06	−03	−07	00	07	06	10	13	09	28	50	39	18	22	23	17.0	50	−07
28	27	29	23	21	19	19	12	12	09	06	−02	08	02	−03	01	06	05	08	10	14	31	24	27	26	13.9	31	−03
29	23	19	18	16	13	12	15	20	20	17	10	05	02	−02	−02	04	01	05	13	17	24	31	22	20	13.5	31	−02
30*	20	18	17	12	18	16	16	14	11	11	08	04	00	01	05	08	06	05	08	13	19	31	24	22	12.8	31	00
31	19	14	16	16	14	13	13	17	18	10	04	−02	−05	−03	01	02	−03	−07	04	27	26	37	52	44	13.6	52	−07
Mittel	16	14	13	13	12	11	12	12	12	08	05	02	02	06	13	16	16	23	22	27	32	29	28	22	15.2	52	−04

Februar

Tag	0h–1h	1h–2h	2h–3h	3h–4h	4h–5h	5h–6h	6h–7h	7h–8h	8h–9h	9h–10h	10h–11h	11h–12h	12h–13h	13h–14h	14h–15h	15h–16h	16h–17h	17h–18h	18h–19h	19h–20h	20h–21h	21h–22h	22h–23h	23h–24h	Tagesmittel γ	Max.	Min.
1	35	33	26	20	15	15	18	23	24	22	16	02	−05	−02	04	06	06	05	07	25	22	21	23	24	16.0	35	−05
2	20	20	19	18	18	12	15	16	12	08	09	01	02	04	05	05	08	08	11	15	19	39	39	28	14.6	39	01
3*	23	21	18	15	14	14	15	16	16	12	07	02	01	04	07	07	08	10	15	16	21	16	15	15	12.8	23	01
4	17	15	13	10	13	13	11	08	08	07	03	07	−02	−04	02	08	04	12	24	39	15	12	16	16	11.1	39	−04
5	16	12	10	09	10	11	09	12	12	11	07	04	−02	02	02	02	03	07	16	17	16	25	24	22	**10.7**	25	−02
6	22	14	12	12	11	11	12	15	18	16	13	08	06	05	08	12	12	11	11	12	14	14	15	17	12.5	22	05
7†	08	11	10	10	09	09	04	−01	−01	−01	−07	04	−25	−24	18	19	45	75	46	62	41	44	44	33	18.0	**75**	−25
8†	−22	13	18	15	07	−02	−06	−01	17	12	10	08	09	28	22	27	32	48	19	46	42	20	30	26	17.4	48	−22
9†	24	22	18	16	13	04	−15	−13	09	12	16	02	−02	26	21	35	24	50	42	39	23	24	22	16	17.8	50	−15
10	20	15	08	−09	−05	07	10	12	16	09	11	21	14	33	25	51	39	23	50	30	28	26	24	13	19.6	51	−09
11	10	05	−14	15	15	07	11	13	17	16	23	07	09	12	18	48	16	14	22	34	33	21	28	29	17.0	48	−14
12	21	15	09	−06	09	12	07	12	10	09	07	10	05	26	28	13	15	15	19	34	33	19	22	21	15.2	34	−06
13	20	17	13	12	13	14	16	21	23	23	15	11	06	07	07	05	22	10	12	20	19	15	41	56	17.4	56	05
14†	43	31	28	35	−26	−53	−43	04	16	14	15	07	26	16	20	26	22	26	34	47	55	29	24	23	17.5	55	**−53**
15†	32	32	00	25	19	24	24	26	18	18	10	14	15	30	24	37	30	69	55	43	46	23	04	22	**26.7**	69	00
16	24	12	22	21	18	19	21	25	21	10	05	03	06	05	13	24	21	18	16	19	19	19	21	08	16.3	25	03
17	05	15	16	22	22	22	24	28	26	15	04	03	05	07	15	16	15	18	17	19	28	32	24	21	17.5	32	03
18*	19	21	21	23	22	22	23	24	24	14	03	00	03	07	10	13	13	15	15	16	17	18	18	18	15.8	24	00
19	16	16	16	15	18	20	23	23	20	10	−02	−03	−02	04	10	15	15	15	15	16	16	18	19	18	13.8	23	−03
20	19	20	18	17	18	18	18	19	17	08	−08	−09	−07	−10	02	08	12	10	33	37	43	38	44	16	15.9	44	−10
21	41	36	28	27	22	22	24	25	20	20	15	06	08	03	07	12	11	14	20	22	29	29	34	33	21.2	41	03
22	27	17	31	27	27	25	23	23	23	21	12	07	06	09	11	18	14	13	16	18	19	20	23	22	18.8	31	06
23	20	22	20	23	24	20	20	20	21	18	09	01	00	04	09	11	12	10	10	16	22	24	25	26	16.1	26	00
24*	26	23	22	22	22	22	22	21	18	14	11	07	03	03	07	10	12	12	14	19	26	20	30	26	17.2	30	03
25*	19	29	26	28	25	23	23	25	26	19	10	00	−02	01	10	17	15	13	13	15	18	19	23	26	17.5	29	−02
26	26	22	21	18	18	19	18	19	19	14	07	−01	00	02	06	10	10	10	11	13	18	25	23	24	14.7	26	−01
27*	27	27	25	25	22	22	20	21	23	18	07	−02	−06	−06	00	06	06	09	13	16	18	19	19	22	14.6	27	−06
28	19	24	22	19	20	19	20	22	23	16	06	−05	−09	−07	−02	09	10	09	11	26	22	26	26	27	14.7	27	−09
29	19	18	16	18	21	14	18	26	26	22	02	−07	−10	−09	−07	02	02	−02	07	12	26	35	28	20	12.4	35	−10
Mittel	21	20	17	17	15	13	13	17	18	14	08	04	02	06	10	16	16	19	20	26	26	24	25	23	16.2	38	−06

Ostkomponente.

Niemegk — $Y = \overset{\Gamma}{-\,0.01200} + \text{Tafelwert}$ — 1944

Tag	0h	1h	2h	3h	4h	5h	6h	7h	8h	9h	10h	11h	12h	13h	14h	15h	16h	17h	18h	19h	20h	21h	22h	23h	Tages-mittel	Max.	Min.
März																									γ		
1*	21	20	26	18	23	29	27	27	25	19	10	03	03	01	06	12	10	10	10	12	14	16	15	27	16.0	29	01
2	29	39	29	29	16	14	23	26	26	18	07	-05	-06	-02	05	09	18	10	14	22	55	25	22	20	18.5	55	-06
3*	20	17	17	18	25	21	22	26	28	17	05	-03	-04	01	09	14	14	13	14	14	17	20	17	17	14.9	28	-04
4	16	15	17	13	14	18	20	23	13	19	-07	-12	-15	-02	09	16	33	21	29	32	38	33	36	25	16.8	38	-15
5	23	18	18	15	19	24	26	32	30	19	09	00	-03	-01	01	20	10	11	36	22	24	27	32	29	18.4	36	-03
6	23	07	20	03	07	16	19	26	21	13	09	06	00	01	11	21	20	18	61	47	52	43	28	23	20.6	52	00
7†	13	17	-03	13	28	30	28	26	25	21	07	-03	11	07	44	94	27	23	33	20	21	22	32	09	22.7	94	-03
8	17	18	25	20	20	17	27	28	28	19	14	-05	03	01	04	13	22	33	41	26	28	21	23	20	19.3	41	-05
9	20	-14	12	29	13	02	17	21	22	14	10	06	14	04	22	36	46	34	37	34	39	31	26	00	19.7	46	-14
10†	22	24	06	-14	02	-04	23	22	20	22	19	10	30	05	30	38	11	57	74	55	42	41	31	26	24.7	74	-14
11	31	26	26	15	12	08	24	25	21	18	17	06	04	02	06	12	14	16	66	69	26	20	23	21	21.2	69	02
12	25	11	30	27	09	10	12	26	22	19	11	06	10	06	08	38	40	39	35	48	38	30	13	27	22.5	48	06
13	03	19	-08	15	18	20	28	23	23	16	12	-01	-05	19	28	24	39	09	14	18	24	23	20	22	16.8	39	-08
14	20	21	13	33	28	17	23	23	27	15	15	00	07	08	15	19	25	25	34	43	21	20	24	25	20.9	43	00
15*	21	21	21	19	17	14	23	33	34	26	15	06	-03	-02	03	09	13	13	16	22	30	32	44	35	19.2	44	-03
16	30	26	31	12	06	18	27	36	34	24	11	-04	-01	02	06	10	21	17	15	18	19	21	22	21	17.6	36	-04
17*	25	23	22	20	22	23	28	34	34	26	10	-02	-06	-06	02	12	16	16	18	20	18	19	19	20	17.2	34	-06
18	20	19	19	19	18	19	25	33	34	26	09	-06	-13	-10	-04	06	08	13	19	27	78	61	105	86	25.5	105	-13
19†	107	78	28	67	44	38	40	45	38	31	06	04	02	-03	07	18	18	19	22	28	72	72	65	32	**36.6**	**107**	-03
20	37	38	28	26	30	31	34	34	28	18	10	02	00	04	11	17	20	20	36	33	33	30	29	32	24.2	38	00
21	34	30	38	34	21	30	36	41	39	30	16	05	-04	-01	02	08	12	14	20	32	38	33	39	23	23.8	41	-04
22	26	31	16	17	41	39	37	45	39	26	10	-08	-29	-18	-03	00	02	08	14	17	16	18	26	22	16.3	45	-29
23	25	22	22	22	22	22	25	34	36	22	10	00	-06	-04	04	14	22	22	50	32	26	25	30	26	21.0	50	-06
24*	22	22	21	20	20	26	35	41	38	30	12	-03	-07	-03	06	19	19	16	16	17	18	18	17	18	18.2	41	-07
25	17	19	20	19	20	22	30	38	34	17	06	-02	-10	-13	-15	-09	-09	-07	22	26	21	26	18	28	**13.2**	38	-15
26†	14	29	28	26	31	28	39	49	27	16	13	-22	-14	-22	-02	02	17	15	12	13	13	18	18	18	15.2	49	-22
27†	00	44	28	37	-31	04	24	22	41	34	35	20	02	12	15	48	39	38	40	27	18	27	29	23	24.0	48	**-31**
28	25	30	31	28	25	27	35	44	37	27	16	07	09	05	07	28	23	22	31	32	28	54	61	72	29.3	72	05
29	48	34	72	40	41	-10	03	22	26	15	09	00	-01	-06	06	12	22	29	38	31	45	47	42	40	25.2	72	-10
30	49	31	43	38	36	36	36	33	30	24	15	09	00	04	07	09	18	48	38	30	24	21	26	18	26.0	49	00
31	48	45	42	34	23	24	34	38	37	23	08	-09	-10	09	10	17	21	22	22	21	23	36	35	28	24.2	48	-10
Mittel	27	25	24	23	20	20	27	32	30	21	11	00	-01	00	08	19	20	21	30	29	31	30	31	27	21.0	52	-07
April																									γ		
1	30	17	22	30	30	33	39	42	33	19	06	-07	-14	-10	-01	05	09	11	21	70	67	61	27	25	23.5	70	-14
2†	62	51	58	62	44	38	38	-14	23	23	-27	-23	-28	-15	23	30	28	21	55	98	52	37	26	33	29.0	**98**	**-28**
3	33	13	08	27	23	38	42	47	46	40	27	11	02	02	05	13	21	23	31	36	26	26	27	10	24.0	47	02
4†	15	29	30	30	31	24	18	38	47	30	19	29	04	01	10	32	27	47	41	42	38	31	23	26	27.6	47	01
5†	18	33	25	11	14	10	37	45	50	39	24	17	00	-04	05	20	26	26	77	42	38	40	28	44	27.7	77	-04
6†	25	09	17	18	20	33	34	34	39	34	26	13	-04	06	16	15	22	52	41	51	37	43	28	17	26.1	52	-04
7	29	25	-08	25	30	31	38	40	43	35	22	06	-02	01	05	11	14	22	54	70	40	77	77	24	**29.5**	77	-02
8	06	26	29	29	29	30	38	42	39	30	18	-05	-13	08	07	14	22	25	31	45	38	19	24	23	23.1	45	-13
9	24	26	26	25	28	30	38	46	38	27	08	-09	-14	-09	02	09	13	14	14	21	38	52	66	43	23.2	66	-14
10	22	27	20	27	08	-05	26	32	33	19	10	03	-04	-11	12	18	36	14	18	22	20	22	25	26	17.5	36	-11
11	11	24	22	34	34	36	42	46	41	30	18	07	-05	-01	06	10	17	51	42	24	26	35	31	38	25.8	51	-05
12	31	-04	18	39	38	38	38	36	33	30	18	06	-02	01	08	17	21	22	26	23	22	23	23	24	22.0	39	-04
13*	27	27	30	31	30	33	38	42	41	35	19	04	00	03	09	14	17	20	20	19	19	20	22	23	22.6	42	00
14*	24	25	26	28	28	29	36	41	41	35	25	12	-01	00	04	11	16	19	19	19	19	20	20	22	21.6	41	-01
15	15	19	25	27	29	31	39	46	44	33	14	-04	-12	-13	-13	-08	-04	-05	00	10	22	06	20	27	**14.5**	46	-13
16†	26	22	-17	24	11	19	16	22	26	29	08	-05	02	-18	-01	18	36	85	32	37	31	25	38	41	21.1	85	-17
17	39	38	29	19	36	40	43	44	37	29	10	-01	-05	-07	-01	07	16	18	20	21	31	34	34	44	24.0	44	-07
18	53	19	31	38	41	44	48	45	37	23	07	-04	-06	-04	04	12	20	24	25	25	28	28	21	28	24.5	53	-06
19*	31	33	32	32	36	42	46	47	40	29	17	06	04	06	12	18	20	22	20	20	26	27	23	23	25.5	47	04
20	22	24	34	32	38	44	42	40	32	24	08	-04	-08	-04	04	11	13	20	24	27	26	25	22	22	21.6	44	-08
21	22	22	23	29	36	39	43	42	37	21	04	-09	-14	-02	11	11	16	18	21	23	21	21	22	23	20.0	43	-14
22*	24	23	24	26	29	36	43	45	42	28	09	-07	-10	-02	09	16	21	24	20	20	21	20	21	23	21.0	45	-10
23*	24	24	25	26	30	35	40	43	44	37	23	08	00	00	05	11	15	19	17	18	20	20	22	22	22.0	44	00
24	22	23	26	32	37	38	48	36	32	28	12	-10	-15	-08	-08	01	09	17	14	20	28	29	30	24	19.4	48	-15
25	24	43	38	40	37	39	45	46	41	32	20	05	-03	00	06	08	09	15	34	27	26	33	42	49	27.3	49	-03
26	39	44	40	36	36	39	32	41	42	28	12	-09	-16	-12	-01	08	11	37	41	19	16	36	45	40	25.2	45	-16
27	36	29	32	31	30	32	39	44	36	26	03	-16	-23	-16	-11	-05	06	26	09	30	28	30	30	29	19.0	44	-23
28	38	19	32	34	33	40	42	43	43	34	16	00	-08	-11	-05	01	11	15	24	55	24	20	20	20	22.5	55	-11
29	24	24	26	30	30	28	34	32	30	24	09	-07	-20	-10	04	13	13	16	24	32	23	26	25	25	19.0	34	-20
30	26	24	33	41	49	36	34	27	27	26	21	12	16	16	20	17	17	19	25	21	23	20	22	18	24.6	49	12
Mittel	27	25	25	30	31	33	38	39	38	29	14	01	-07	-4	05	12	17	25	28	33	29	30	30	28	23.2	52	-08

Weltzeit

Ostkomponente.

Niemegk $Y = -0.01200 + \text{Tafelwert}$ (γ) 1944

Tag	0h–1h	1h–2h	2h–3h	3h–4h	4h–5h	5h–6h	6h–7h	7h–8h	8h–9h	9h–10h	10h–11h	11h–12h	12h–13h	13h–14h	14h–15h	15h–16h	16h–17h	17h–18h	18h–19h	19h–20h	20h–21h	21h–22h	22h–23h	23h–24h	Tagesmittel	Max.	Min.
Mai																									γ		
1†	29	30	42	46	48	48	36	36	31	14	−02	−03	−16	−28	13	07	28	46	37	64	32	25	45	36	26.8	64	**−28**
2†	28	10	28	38	35	13	09	31	30	19	02	04	02	23	11	08	31	25	21	25	25	22	29	18	20.3	38	02
3	20	25	18	17	23	32	48	48	42	26	06	−02	−10	08	15	25	27	27	25	24	27	28	26	25	22.9	48	−10
4†	26	28	33	36	38	42	45	45	37	23	03	−05	−07	00	09	06	05	15	47	31	77	37	27	24	25.9	**77**	−07
5	16	15	36	45	49	52	51	49	41	28	19	16	03	12	29	14	16	23	40	26	26	24	25	27	28.4	52	03
6†	−01	16	37	46	49	52	49	44	33	16	03	−02	04	01	18	34	22	35	40	40	23	24	22	26	26.3	52	−02
7	27	31	27	27	37	37	21	14	16	12	01	−02	04	11	22	35	43	37	28	33	21	36	32	27	24.0	43	−02
8	22	16	18	38	46	46	50	46	41	31	15	00	−04	05	14	20	23	25	28	29	33	37	26	28	26.4	50	−04
9	30	31	31	33	38	41	45	46	37	25	12	−03	−10	−04	05	15	20	25	26	46	36	30	26	26	25.3	46	−10
10	30	35	21	34	41	43	45	46	42	32	14	−02	−07	−03	04	10	15	19	21	21	22	28	40	28	24.1	46	−07
11	41	38	38	38	42	48	52	45	30	20	11	−02	−07	01	06	09	08	09	11	14	16	25	31	29	23.0	52	−07
12	26	31	41	44	47	47	44	38	30	19	09	00	02	02	02	05	08	12	20	26	18	23	27	27	22.8	47	00
13*	33	33	35	36	39	38	40	40	34	25	14	05	02	−02	00	02	09	15	17	18	19	26	24	22	21.8	40	−02
14	26	29	29	35	44	42	45	41	35	27	21	13	06	05	08	14	18	21	23	24	26	28	28	29	25.7	45	05
15	18	32	46	47	49	42	38	39	33	22	11	−05	−06	−02	05	13	20	28	30	29	26	27	28	28	24.9	49	−06
16*	28	29	31	33	38	43	45	48	44	32	17	02	−01	−02	08	16	21	20	28	26	26	28	28	30	25.8	48	−02
17	26	26	35	39	45	45	46	42	32	22	06	−02	−06	00	08	11	14	15	18	19	19	21	30	30	22.5	46	−06
18*	31	31	38	42	50	50	46	34	23	08	−04	−10	−05	02	10	14	18	17	16	17	16	18	24	25	21.3	50	−10
19	23	26	34	42	50	53	47	38	23	03	−13	−18	−14	−06	06	13	22	25	29	21	18	19	22	24	20.3	53	−18
20*	26	23	26	32	40	44	45	43	32	16	02	−06	−09	−04	04	14	23	26	25	22	21	22	22	22	21.3	45	−09
21*	23	26	26	34	45	52	56	60	53	38	18	04	−06	−05	01	10	20	26	26	23	22	26	26	34	26.6	60	−06
22	29	27	30	35	46	54	59	58	46	27	11	03	−06	−06	−02	09	15	21	22	19	25	29	27	26	25.2	59	−06
23	29	30	34	38	40	46	49	45	35	17	01	−09	−14	−10	−16	−11	03	14	14	24	26	26	27	30	**19.5**	49	−16
24	33	41	45	46	55	50	50	42	13	06	04	−06	−10	−06	00	04	08	15	21	27	42	42	25	30	24.0	55	−10
25	34	36	37	38	33	32	39	45	41	27	11	−05	−14	−13	−04	07	17	21	28	27	21	22	24	24	22.0	45	−14
26	22	19	34	43	44	44	47	49	42	30	19	09	−01	01	07	11	17	23	23	23	27	27	29	31	25.8	49	−01
27	31	26	24	37	50	44	44	49	43	38	27	11	04	03	07	19	22	23	24	25	25	28	30	31	27.7	50	03
28	32	32	34	39	50	51	51	45	36	24	20	11	11	13	15	18	19	19	17	17	22	22	25	26	27.0	51	11
29†	41	40	38	43	40	45	43	35	33	19	05	01	−08	−03	07	09	27	33	22	22	30	26	36	26	25.4	45	−08
30	32	46	42	44	45	50	51	39	39	29	16	09	11	04	27	22	21	23	21	22	24	26	27	29	**29.1**	51	04
31	30	30	30	31	39	37	43	40	36	22	04	−06	−01	08	16	15	23	40	22	17	18	28	37	40	25.0	43	−06
Mittel	27	29	33	38	43	44	44	43	35	22	09	00	−04	00	08	13	19	23	25	26	26	27	28	28	24.4	50	−54
Juni																									γ		
1	32	22	28	39	47	56	60	62	52	40	21	07	03	07	12	22	30	28	33	25	23	22	23	23	29.9	62	03
2	22	25	29	37	50	57	57	50	40	22	05	−06	−07	00	08	18	24	27	28	32	34	29	27	26	26.4	57	−07
3*	29	29	33	38	43	45	44	42	39	25	07	−04	−07	04	11	20	25	26	25	24	26	27	24	25	25.0	45	−07
4	26	28	29	36	48	55	58	58	48	30	08	−02	−04	−01	08	19	23	24	22	19	15	17	32	37	26.4	58	−04
5	31	36	36	46	48	50	50	41	28	13	−07	−17	−12	−07	08	15	14	11	21	22	29	24	24	23	**22.0**	50	−17
6	29	29	38	42	48	55	61	60	47	28	09	−11	−12	−04	06	18	21	20	30	24	22	24	25	26	26.4	61	−12
7*	28	29	33	39	46	47	49	53	48	32	11	−07	−18	−18	−08	05	14	21	16	16	20	23	26	25	22.1	58	−18
8*	27	31	35	39	46	45	47	47	44	36	17	02	−07	−08	00	11	18	20	22	19	20	22	25	25	24.3	47	−08
9	31	32	29	32	40	48	48	45	36	24	12	−01	−13	−10	−02	09	17	19	23	25	28	28	34	32	23.6	48	−13
10*	30	20	35	47	52	45	42	42	32	28	21	07	02	−06	−04	04	13	18	23	24	26	28	28	30	24.5	52	−06
11	27	32	37	44	50	47	45	46	37	25	09	−10	−18	−17	−11	00	17	26	25	34	33	31	31	26	23.6	50	−18
12*	28	28	35	39	47	51	49	49	40	26	16	05	−02	00	03	13	25	29	30	28	27	26	28	29	27.0	51	−02
13	32	33	36	43	50	52	51	50	50	40	24	−04	−12	−12	−12	−02	11	14	15	29	27	23	26	28	24.7	52	−12
14	27	35	34	28	52	58	57	52	41	24	09	−03	−21	−11	00	09	15	21	20	21	28	23	22	30	23.8	58	−21
15†	53	65	48	47	57	50	56	56	49	33	24	08	02	04	−02	05	14	41	21	23	31	44	47	56	**34.7**	65	−02
16	56	46	37	48	53	57	57	59	49	33	15	03	−03	−06	00	09	17	25	31	29	29	28	38	29	30.8	59	−06
17	31	41	47	51	53	55	58	51	41	27	15	06	05	11	15	27	25	22	20	23	24	28	32	45	31.4	58	05
18	44	44	45	46	46	45	46	45	39	21	10	−01	01	06	11	18	28	32	31	29	28	28	32	36	29.6	46	−01
19	37	36	35	46	57	58	54	48	41	29	22	09	08	07	05	13	19	21	21	24	26	39	33	38	30.2	58	05
20	42	27	37	51	69	73	55	52	36	17	05	−05	−08	−07	02	14	21	24	26	37	41	34	33	45	30.0	**73**	−08
21†	41	38	39	43	60	41	52	45	32	18	09	06	01	−03	06	16	20	25	26	31	29	30	37	32	28.1	60	−03
22†	57	53	42	42	14	52	53	61	48	29	23	13	05	02	08	10	51	22	19	22	24	41	34	37	31.8	61	02
23†	36	41	33	47	52	58	52	46	42	29	13	03	−06	−03	03	11	36	27	25	25	28	34	38	33	29.3	58	−03
24	34	35	27	35	46	50	54	57	47	29	16	04	−04	00	10	19	26	29	34	35	30	30	30	32	29.4	57	−04
25	34	36	38	47	52	58	58	52	48	37	25	14	09	02	00	06	16	19	24	35	30	30	32	34	30.7	58	00
26†	37	40	37	56	57	53	55	56	43	24	09	02	−07	−26	−17	−14	−03	15	25	31	64	48	38	24	27.0	64	**−26**
27	43	42	34	36	48	54	57	54	46	34	23	20	14	11	12	16	18	19	27	28	25	28	36	36	31.6	57	11
28	43	45	45	48	51	53	51	53	50	37	26	18	15	10	10	19	22	22	22	22	22	24	29	38	32.3	53	10
29	39	41	46	46	31	15	40	50	53	44	26	10	04	10	14	12	15	22	22	24	26	34	32	34	28.8	53	04
30	31	27	32	50	61	63	62	56	47	36	24	10	06	05	09	12	19	25	27	26	27	27	26	34	30.9	63	05
Mittel	35	36	36	43	49	52	53	51	43	29	15	02	−03	−02	04	12	20	23	24	26	28	29	31	32	27.9	56	−05

Ostkomponente.

Niemegk $Y = -0.01200 + \text{Tafelwert}$ [γ] 1944

0h 1h 2h 3h 4h 5h 6h 7h 8h 9h 10h 11h 12h 13h 14h 15h 16h 17h 18h 19h 20h 21h 22h 23h 24h Weltzeit

Juli

Tag	0h	1h	2h	3h	4h	5h	6h	7h	8h	9h	10h	11h	12h	13h	14h	15h	16h	17h	18h	19h	20h	21h	22h	23h	Tages-mittel	Max.	Min.
																									γ		
1	35	43	32	49	59	60	57	50	38	24	12	-03	-07	-04	08	20	28	21	18	22	26	30	29	34	28.4	60	-07
2	37	32	29	28	36	42	49	58	53	33	17	01	00	01	04	12	16	19	23	23	26	27	30	26	25.9	58	00
3	34	32	36	40	52	54	50	52	39	18	02	-03	-09	-03	11	25	27	29	32	34	36	29	31	39	28.6	54	-09
4	41	47	47	47	52	59	55	52	46	33	15	03	-01	-04	03	14	22	22	23	27	32	28	28	28	30.0	59	-04
5	29	23	29	41	51	62	64	58	44	31	14	03	-03	-09	-09	02	15	24	31	29	29	29	28	29	26.8	64	-09
6	29	33	35	39	45	50	53	52	47	31	10	-05	-13	-13	-06	10	25	29	30	32	29	26	14	36	25.8	53	-13
7	38	26	26	50	60	62	67	71	59	43	26	10	00	-06	01	10	23	29	30	30	31	36	34	34	32.9	**71**	-06
8	33	34	37	41	52	54	58	56	41	26	07	-09	-09	-11	-05	07	16	24	31	24	25	26	26	25	25.4	58	-11
9†	26	06	37	35	37	37	52	52	38	22	02	-03	-06	-14	-06	13	20	22	24	28	32	33	37	41	**23.5**	52	-14
10	39	35	37	39	47	53	60	56	48	37	23	03	-09	-17	-15	-05	10	13	22	24	33	33	33	33	26.3	60	**-17**
11	36	37	31	42	50	46	47	44	39	27	16	07	-01	-01	03	12	18	21	23	24	27	28	28	31	26.5	50	-01
12	34	36	38	43	55	59	60	57	48	34	16	02	-01	-04	-03	03	08	20	16	15	17	22	28	22	26.0	60	-04
13	23	38	45	50	54	54	54	48	44	34	27	17	10	04	03	12	20	20	21	24	21	22	23	29	29.0	54	03
14	31	31	34	42	51	52	52	45	34	21	12	12	06	00	01	09	12	14	16	20	24	24	30	38	25.5	52	00
15†	48	37	28	36	51	60	52	40	38	25	10	-04	-08	-03	06	16	27	32	34	33	35	29	31	33	28.6	60	-08
16	37	39	38	46	56	60	62	55	48	32	20	03	-06	-01	02	08	15	21	40	30	44	36	30	29	31.0	62	-06
17	35	35	37	36	29	28	38	47	39	30	14	08	-03	-07	03	17	27	29	31	33	30	30	34	33	26.4	47	-07
18	28	31	32	43	52	56	56	52	46	34	20	02	-02	-01	04	11	24	29	37	44	30	30	33	31	30.1	56	-02
19†	53	60	47	48	56	51	47	48	41	36	20	02	-08	-08	00	11	20	24	23	21	21	29	31	19	28.8	60	-08
20†	36	42	35	34	51	50	53	44	34	25	16	05	-11	-15	05	21	29	33	30	29	37	35	28	31	28.2	53	-15
21†	34	37	42	47	45	47	45	42	34	21	15	07	05	11	09	14	23	28	32	37	28	37	34	34	29.5	47	05
22	39	32	44	47	57	62	60	54	47	38	24	12	05	07	16	22	28	35	36	24	21	21	28	35	**33.1**	62	05
23	32	41	43	45	50	52	50	43	35	26	13	06	03	08	13	17	22	23	26	28	31	32	28	32	29.1	52	03
24*	33	37	39	44	51	56	57	51	45	36	28	17	12	10	15	19	20	20	28	25	22	26	30	33	31.4	57	10
25*	36	39	37	37	36	44	50	53	48	37	26	16	07	04	05	09	16	23	27	29	28	29	30	33	29.1	53	04
26*	37	36	37	40	48	52	58	61	51	38	26	12	02	00	00	06	14	17	21	24	25	33	37	37	29.7	61	00
27*	39	38	40	42	48	53	58	62	52	40	25	12	04	02	01	07	13	13	16	19	24	32	43	42	30.2	62	01
28*	42	41	39	43	49	53	55	53	46	32	19	10	04	06	12	15	18	16	15	17	21	30	48	46	30.4	55	04
29	42	44	39	44	52	52	52	51	45	31	17	00	-08	-03	10	17	24	26	27	30	33	40	41	41	31.1	52	-08
30	43	47	43	37	49	54	53	45	36	25	13	05	04	03	05	14	25	27	25	25	34	39	34	37	30.1	54	03
31	39	36	27	38	58	52	51	52	44	32	18	03	06	08	14	22	26	27	24	26	36	37	38	47	31.7	58	03
Mittel	36	36	37	42	50	52	54	52	44	31	17	05	-01	-02	04	13	20	24	26	27	29	30	32	34	28.7	57	-04

August

Tag	0h	1h	2h	3h	4h	5h	6h	7h	8h	9h	10h	11h	12h	13h	14h	15h	16h	17h	18h	19h	20h	21h	22h	23h	Tages-mittel	Max.	Min.
																									γ		
1	45	44	42	44	52	52	47	42	34	24	10	-04	02	04	08	19	22	26	27	28	31	33	34	37	29.3	52	-04
2†	36	37	39	45	50	48	42	46	40	33	19	04	01	09	13	25	25	26	17	27	39	47	61	70	33.3	**70**	01
3†	41	61	04	-10	50	67	66	48	39	45	26	07	-02	18	31	36	38	39	38	50	46	51	54	46	37.0	67	-10
4	44	45	48	53	61	63	63	62	57	50	36	19	10	14	25	28	35	36	35	34	38	40	41	39	**40.7**	63	10
5	35	34	42	46	50	55	58	53	46	36	23	11	06	08	14	20	24	30	28	34	42	63	40	42	35.0	63	06
6	47	47	51	43	53	63	61	59	47	31	19	07	06	10	24	29	30	29	29	31	31	35	36	37	35.6	63	06
7	35	43	38	41	48	54	58	58	54	44	31	12	04	-02	08	21	22	26	26	28	29	33	34	43	32.8	58	-02
8	40	41	42	46	55	57	51	47	39	32	26	13	04	-02	-03	03	17	21	27	51	35	33	35	39	31.2	57	-03
9	42	34	44	46	56	57	56	58	54	48	38	24	07	05	07	12	16	30	25	26	29	33	34	33	33.9	58	05
10	32	40	42	46	51	53	49	34	30	23	26	15	08	01	-04	06	08	14	18	24	28	34	35	32	26.9	53	-04
11	35	40	21	38	58	63	62	51	50	48	40	32	22	16	21	25	25	26	33	35	42	43	35	11	36.3	63	11
12	34	53	41	30	49	44	45	35	35	24	16	09	02	06	09	12	17	23	25	25	31	32	31	30	27.4	53	02
13	46	43	43	53	56	59	57	49	40	36	30	23	18	23	29	34	35	30	29	40	40	32	35	36	38.2	59	18
14	39	40	39	47	53	55	55	50	40	24	04	-04	-04	05	10	19	22	24	23	22	41	33	35	38	29.6	55	-04
15	42	42	50	54	55	62	58	45	33	23	10	03	02	12	18	28	33	30	33	33	36	37	36	38	33.9	62	02
16	38	40	42	42	49	52	55	52	44	28	07	-04	-04	07	07	19	28	28	25	29	28	30	31	38	29.6	55	-04
17	44	51	35	44	56	57	58	56	47	32	18	08	04	06	14	25	32	33	29	30	34	31	33	35	33.8	58	04
18†	29	19	40	48	60	69	57	41	36	00	02	-04	-02	18	22	26	30	54	66	38	30	32	38	46	33.1	69	-04
19	45	26	36	37	40	46	64	56	50	35	22	05	-01	05	17	27	31	36	34	34	35	37	37	38	33.0	64	-01
20*	36	50	51	48	52	55	56	58	52	43	28	18	17	19	19	23	29	34	34	34	37	36	37	39	37.7	58	17
21*	40	39	35	41	44	50	56	52	46	35	17	05	00	05	12	22	28	29	32	42	44	36	35	35	32.5	56	00
22	36	35	43	47	42	48	55	56	50	38	20	08	05	12	20	23	26	28	29	31	33	36	56	44	34.2	56	05
23	27	15	51	52	58	57	55	43	37	19	01	-09	-05	12	20	33	32	29	33	38	43	38	36	34	31.2	58	-09
24	38	37	30	40	46	48	48	43	36	23	00	-16	-26	-34	-08	19	28	28	32	32	37	39	47	45	**25.5**	48	**-34**
25*	40	42	43	36	43	53	61	62	57	46	28	14	09	09	15	25	32	40	39	41	36	38	39	39	37.0	62	09
26*	39	39	40	42	45	49	54	56	54	44	27	13	08	12	14	18	27	28	27	42	41	32	44	57	35.5	57	08
27	39	45	47	49	51	53	64	63	51	40	24	09	04	09	21	29	34	32	28	31	44	36	37	40	36.7	64	04
28†	47	46	48	53	57	62	32	04	38	19	15	-04	-06	06	15	21	32	38	34	54	54	46	40	42	33.0	62	-06
29*	39	41	45	48	52	55	54	49	38	24	11	06	08	17	28	35	40	40	29	29	29	31	33	41	34.2	55	06
30	26	49	53	44	50	48	48	41	37	22	03	-02	04	12	21	29	30	26	37	34	28	33	36	38	31.1	53	-02
31†	33	31	46	56	39	45	55	57	45	33	13	07	05	13	21	31	49	63	33	42	38	33	27	43	35.8	63	05
Mittel	38	40	41	44	51	55	55	49	44	32	19	07	03	08	15	23	28	32	31	34	36	37	38	40	33.4	49	01

Ostkomponente.

Niemegk $\qquad Y = -\ 0.01\,200 + \text{Tafelwert}$ $\qquad$ 1944

0h 1h 2h 3h 4h 5h 6h 7h 8h 9h 10h 11h 12h 13h 14h 15h 16h 17h 18h 19h 20h 21h 22h 23h 24h Weltzeit

September

Tag	0h–1h	1h–2h	2h–3h	3h–4h	4h–5h	5h–6h	6h–7h	7h–8h	8h–9h	9h–10h	10h–11h	11h–12h	12h–13h	13h–14h	14h–15h	15h–16h	16h–17h	17h–18h	18h–19h	19h–20h	20h–21h	21h–22h	22h–23h	23h–24h	Tages-mittel	Max.	Min.
																									γ		
1	56	37	53	56	55	56	58	53	50	32	15	03	02	18	22	29	37	38	37	35	37	45	40	36	37.5	58	02
2†	37	59	57	51	56	41	38	44	42	20	00	−01	08	06	12	24	42	60	59	60	45	50	36	56	37.6	60	−01
3	50	44	47	47	52	57	60	57	45	33	12	05	−03	04	17	25	33	35	36	38	43	42	40	40	35.8	60	**−03**
4	42	47	44	52	51	56	58	56	50	38	21	10	10	12	18	24	27	28	30	53	72	78	75	54	41.9	78	10
5	43	58	54	51	54	62	65	64	54	40	24	10	10	14	23	32	37	36	35	37	40	41	42	46	40.5	65	10
6	37	38	41	41	42	47	50	49	47	33	16	03	−02	08	19	24	22	21	19	25	30	36	46	52	**31.0**	52	−02
7	42	41	41	44	49	46	47	48	40	36	20	15	12	15	21	32	39	39	37	37	37	38	40	41	35.7	49	12
8	42	43	43	43	47	52	54	52	48	39	30	13	00	−01	08	14	24	29	32	42	70	70	64	46	37.7	70	−01
9*	26	40	45	48	51	53	54	52	47	40	22	14	11	14	18	25	33	36	38	39	45	37	38	43	36.2	54	11
10	45	51	47	50	55	54	54	55	50	43	26	10	09	12	18	27	28	26	30	32	45	41	53	46	37.8	55	09
11	39	41	42	44	48	55	59	54	42	38	23	12	12	19	26	31	32	34	36	35	38	50	44	31	36.9	59	12
12	47	46	42	49	50	50	52	51	48	28	14	01	02	14	21	32	36	34	43	45	42	45	42	31	36.0	52	01
13	39	43	44	42	42	48	55	56	53	39	26	17	16	21	25	29	32	45	31	31	31	35	55	48	37.6	56	16
14	49	49	31	49	46	47	50	53	50	40	23	15	07	07	22	32	30	37	33	31	34	38	40	44	35.7	53	07
15*	48	46	50	45	41	45	48	49	43	30	16	10	16	25	33	35	35	34	35	37	38	37	38	38	36.3	50	10
16*	39	40	42	48	45	52	54	50	40	31	22	17	15	20	30	38	38	37	38	38	42	41	40	42	37.5	54	15
17*	44	46	45	47	47	50	55	55	48	40	29	21	21	20	24	22	22	26	30	31	32	35	38	38	36.1	55	20
18	43	38	46	48	50	48	41	50	48	43	32	22	20	24	33	35	34	34	36	46	50	46	46	50	40.1	50	20
19*	45	48	42	42	43	48	55	56	54	44	29	21	20	18	23	28	32	33	34	36	40	41	41	42	38.1	56	18
20	42	43	42	42	43	48	55	58	53	40	19	08	05	06	11	22	27	20	19	27	27	37	62	97	35.5	**97**	05
21†	58	77	27	51	59	61	61	54	47	32	36	21	13	16	21	29	37	31	40	45	46	44	45	41	41.3	77	13
22	36	40	51	47	45	42	48	52	54	48	33	21	14	15	19	22	28	29	32	62	44	70	86	72	42.1	86	14
23	74	62	49	37	41	45	51	57	50	38	22	10	02	06	14	22	29	24	23	24	36	76	90	84	40.3	90	02
24†	64	58	60	65	53	58	61	59	57	54	31	18	07	23	44	33	33	34	38	58	53	57	46	53	**46.5**	65	07
25	49	31	35	39	46	49	55	55	50	41	27	12	14	14	22	32	30	34	44	76	54	56	38	32	39.0	76	12
26	17	26	53	50	49	52	56	59	56	38	21	06	08	09	13	27	28	33	38	38	42	60	53	41	36.4	60	06
27†	42	42	41	41	48	52	56	57	56	45	29	10	09	17	25	32	36	52	60	62	75	57	43	45	43.0	75	09
28	43	47	47	39	47	53	62	64	62	53	36	24	21	21	29	38	38	38	51	42	45	45	41	41	42.8	64	21
29	44	41	44	43	33	40	55	60	53	48	38	26	18	12	25	30	33	37	37	40	63	54	46	45	40.2	63	12
30†	47	45	45	45	44	45	47	57	54	46	33	11	09	08	−04	81	31	28	37	87	54	57	62	49	42.4	87	−04
Mittel	44	46	45	46	48	50	54	54	50	39	24	13	10	14	21	30	32	34	36	43	45	49	49	48	38.5	64	09

Oktober

Tag	0h–1h	1h–2h	2h–3h	3h–4h	4h–5h	5h–6h	6h–7h	7h–8h	8h–9h	9h–10h	10h–11h	11h–12h	12h–13h	13h–14h	14h–15h	15h–16h	16h–17h	17h–18h	18h–19h	19h–20h	20h–21h	21h–22h	22h–23h	23h–24h	Tages-mittel	Max.	Min.
																									γ		
1†	71	69	57	53	49	43	49	49	50	44	33	19	36	25	21	25	44	75	44	37	54	28	59	55	45.4	75	19
2	43	46	49	49	48	52	57	60	57	48	33	18	33	30	33	33	37	35	42	48	57	56	57	59	45.0	60	18
3	46	35	43	49	37	37	50	57	57	46	22	10	08	19	32	56	59	44	40	46	68	65	42	61	42.9	68	08
4	39	46	44	48	49	52	57	57	49	34	19	14	18	25	34	37	37	37	44	61	51	44	42	42	40.8	61	14
5*	41	36	34	43	46	52	61	64	58	42	21	12	13	21	29	34	35	35	36	38	41	44	44	40	38.3	64	12
6	42	39	38	41	42	44	49	56	48	31	13	05	08	11	22	24	24	24	55	75	53	85	75	72	40.7	85	05
7	52	48	47	45	41	48	57	61	60	48	31	19	15	20	26	33	36	37	38	61	53	43	51	55	42.7	61	15
8*	51	49	46	45	45	46	53	59	58	50	34	22	19	21	26	32	33	33	37	38	41	44	53	47	40.9	59	19
9*	39	42	48	46	46	49	54	59	53	41	31	21	15	17	25	33	35	35	36	39	42	44	42	42	38.9	59	15
10	43	42	41	41	40	42	46	49	48	39	27	21	19	21	29	35	38	36	38	51	50	78	90	73	43.2	90	19
11†	53	63	50	11	53	52	58	66	61	50	33	20	08	−05	−19	−36	−12	29	45	46	50	71	65	56	**36.2**	71	**−36**
12	50	50	45	44	49	49	53	57	55	42	30	25	24	30	38	45	58	55	49	53	44	66	40	51	45.9	66	24
13	40	34	49	48	47	48	54	60	58	45	29	19	14	21	25	61	40	41	55	69	69	71	56	26	45.0	71	14
14†	40	44	45	43	47	49	51	51	43	32	15	11	14	08	20	50	54	43	91	67	106	89	92	154	52.5	**154**	08
15†	70	70	69	28	46	68	72	73	58	48	28	17	26	29	39	45	66	48	65	77	93	91	33	65	**55.2**	93	17
16	60	53	50	49	52	55	64	66	56	44	36	28	26	30	40	36	40	50	72	68	57	58	56	41	49.5	72	26
17	36	47	49	49	51	49	55	32	48	36	22	16	15	24	31	37	37	36	38	40	44	54	84	82	42.2	84	15
18	52	62	49	48	50	50	49	53	49	38	28	26	28	34	39	40	40	53	46	43	47	44	45	45	44.1	62	26
19*	39	40	43	45	49	52	58	60	50	41	31	24	26	22	39	40	40	41	44	43	46	47	44	44	42.0	60	22
20	42	44	44	44	48	49	56	61	55	42	32	27	25	28	34	36	36	38	43	44	45	56	80	63	44.7	80	25
21*	52	49	43	46	47	47	52	56	56	47	36	29	26	28	32	33	35	40	42	48	45	50	52	47	43.2	56	26
22	44	44	44	42	41	42	52	57	56	45	34	25	25	28	32	35	38	40	40	54	57	46	44	46	42.1	57	25
23	44	44	38	44	44	44	47	48	44	40	32	26	27	28	32	48	33	50	77	68	59	82	40	58	45.7	82	26
24†	62	34	30	33	40	46	52	49	46	38	26	27	30	34	36	36	46	58	56	90	59	52	53	46	45.0	90	26
25	33	48	48	45	46	46	48	52	49	38	29	27	28	32	37	38	37	39	43	84	54	47	50	49	43.6	84	27
26	52	47	56	49	54	53	53	48	51	48	39	32	29	32	37	38	39	41	62	53	57	52	42	37	45.9	62	29
27	28	43	48	43	46	50	56	60	56	41	31	26	25	33	39	40	74	44	43	45	43	44	44	44	43.6	74	25
28	45	43	43	41	48	52	50	56	47	27	25	20	24	31	43	40	38	41	42	55	56	48	48	43	41.9	56	20
29	38	41	41	43	41	43	47	51	50	40	29	24	25	31	35	35	37	38	39	48	43	47	51	55	40.5	55	24
30	53	43	47	47	45	48	52	54	48	42	34	30	32	37	40	38	37	38	40	42	43	44	45	46	42.7	54	30
31	46	44	36	51	51	42	46	46	52	46	33	23	29	25	32	43	36	69	50	54	51	49	51	47	43.8	69	23
Mittel	47	46	46	44	46	48	54	56	52	42	29	21	22	25	31	36	40	43	48	54	54	56	54	55	43.7	72	18

Ostkomponente.

Niemegk $Y = -0.01200 + \text{Tafelwert}$ 1944

Weltzeit

November

Tag	0h–1h	1h–2h	2h–3h	3h–4h	4h–5h	5h–6h	6h–7h	7h–8h	8h–9h	9h–10h	10h–11h	11h–12h	12h–13h	13h–14h	14h–15h	15h–16h	16h–17h	17h–18h	18h–19h	19h–20h	20h–21h	21h–22h	22h–23h	23h–24h	Tagesmittel γ	Max.	Min.
1	46	47	43	42	43	43	46	52	54	45	35	27	27	34	40	38	37	39	45	43	43	46	51	46	42.2	54	27
2	46	44	46	39	45	49	48	51	50	42	35	29	30	35	39	39	39	40	40	42	44	47	47	44	42.1	51	29
3	43	41	40	39	41	43	44	50	45	39	25	20	23	24	26	21	36	38	42	43	47	45	45	45	**37.7**	50	20
4†	45	43	37	36	39	43	46	53	48	42	35	19	25	15	23	36	63	44	46	50	52	52	53	52	41.5	63	**15**
5†	48	45	47	26	46	33	31	39	36	38	35	28	29	39	38	63	49	79	73	83	65	71	104	70	**50.6**	**104**	26
6†	60	56	46	44	28	23	34	39	45	32	31	20	25	26	51	34	38	41	43	46	49	55	56	52	40.6	60	20
7	51	49	46	45	45	47	47	48	47	42	38	35	36	40	47	49	42	44	47	53	62	66	61	49	47.3	66	35
8	46	41	40	45	41	45	47	43	36	33	26	22	29	33	38	40	41	42	42	44	45	46	48	48	40.0	48	22
9	46	49	37	41	44	45	47	47	41	33	30	30	34	38	38	40	42	44	44	45	69	50	46	46	42.8	69	30
10†	44	43	42	41	42	42	42	43	42	36	31	22	17	24	17	26	68	52	42	45	48	50	50	49	39.9	68	17
11	48	45	45	44	41	46	47	52	52	42	34	28	30	38	38	38	39	58	46	48	46	46	47	48	43.6	58	28
12	47	40	44	42	42	45	49	53	54	43	34	30	30	35	38	39	41	43	45	46	46	47	47	46	42.8	54	30
13*	45	44	42	42	42	42	45	48	49	41	32	28	30	36	38	38	40	42	44	44	46	46	45	43	41.3	49	28
14	41	38	37	38	39	41	45	47	44	36	29	27	31	36	35	34	37	42	50	49	47	50	50	56	40.8	56	27
15*	53	43	42	41	41	43	45	46	45	38	32	30	32	36	36	35	35	38	42	46	49	47	52	52	41.6	53	30
16	48	46	40	35	42	42	42	46	49	42	39	34	33	38	36	40	39	40	42	45	47	47	48	47	42.0	49	33
17	44	42	41	40	41	42	45	47	50	46	39	34	32	35	38	38	41	41	42	46	47	48	49	56	42.7	56	32
18	53	45	42	40	38	43	46	51	50	46	38	33	30	32	37	37	40	41	42	46	47	51	51	50	42.9	53	30
19	48	45	29	40	42	46	46	47	46	43	35	35	31	35	38	44	37	38	45	52	56	53	53	50	43.1	56	29
20†	46	45	46	37	24	41	36	34	34	34	34	24	28	21	19	83	60	63	71	60	61	70	74	72	46.5	83	19
21	60	51	47	45	43	43	44	45	46	44	40	41	41	44	45	45	45	46	47	48	54	56	56	53	47.0	60	40
22	50	49	46	45	45	45	45	47	46	44	41	37	36	40	41	42	53	45	46	49	50	49	50	52	45.5	53	36
23	49	41	43	43	43	45	45	46	47	45	45	37	40	39	41	41	40	45	53	51	50	51	53	52	45.2	53	37
24*	51	48	47	45	45	47	48	47	47	45	37	33	34	38	41	42	43	45	45	46	47	48	49	47	44.4	51	33
25*	44	41	41	41	41	43	45	46	46	42	36	33	34	35	38	41	42	44	44	45	44	42	42	42	41.3	46	33
26	43	43	57	47	47	49	49	51	49	45	36	32	30	33	41	38	44	45	45	48	49	50	50	49	44.6	57	30
27*	44	42	42	44	47	49	48	51	52	47	40	35	33	35	40	44	45	46	48	48	48	47	45	45	44.4	52	33
28	44	43	44	47	48	49	49	50	50	45	39	35	36	38	41	43	45	44	45	47	46	46	49	45	44.5	50	35
29	44	43	41	40	37	42	42	42	45	44	41	35	33	36	37	40	42	44	48	48	48	48	47	47	42.2	48	33
30	42	44	40	43	42	45	45	44	41	39	36	27	23	21	23	36	50	48	52	57	58	61	53	48	42.4	61	21
Mittel	47	44	43	41	42	43	45	47	46	41	35	30	31	34	37	41	44	45	47	49	50	51	52	50	43.1	58	29

Dezember

Tag	0h–1h	1h–2h	2h–3h	3h–4h	4h–5h	5h–6h	6h–7h	7h–8h	8h–9h	9h–10h	10h–11h	11h–12h	12h–13h	13h–14h	14h–15h	15h–16h	16h–17h	17h–18h	18h–19h	19h–20h	20h–21h	21h–22h	22h–23h	23h–24h	Tagesmittel γ	Max.	Min.
1	46	44	41	44	44	43	44	45	45	41	36	27	29	31	29	45	40	48	48	54	65	59	54	50	43.8	65	27
2	41	40	46	46	44	42	39	40	40	41	26	19	29	39	44	44	68	60	61	113	93	60	60	52	49.5	113	19
3	48	39	47	38	42	40	40	49	48	41	39	37	40	49	53	48	47	51	51	53	56	54	57	55	46.8	57	37
4	52	44	46	47	38	45	47	44	46	41	38	37	38	42	46	48	47	47	48	61	60	56	60	57	47.3	61	37
5	52	48	44	41	46	46	46	46	48	44	36	36	32	32	32	43	44	45	46	49	54	52	67	68	45.7	68	32
6	61	75	67	54	51	46	45	48	48	44	38	40	37	41	43	44	44	46	48	49	60	55	52	51	49.5	75	37
7*	44	47	48	47	46	46	47	48	47	46	44	43	43	45	46	46	48	48	47	48	49	49	50	47	46.6	50	43
8	49	47	46	45	44	44	44	43	45	46	38	36	36	33	35	34	37	36	42	48	49	52	51	62	**43.4**	62	33
9	62	53	53	37	47	46	44	50	49	42	38	35	32	36	38	40	40	44	41	48	50	50	48	53	44.8	62	32
10*	56	58	53	52	48	50	50	51	48	40	36	34	30	36	40	42	42	42	44	47	50	53	49	50	45.9	58	30
11*	49	45	39	43	43	47	48	51	52	48	40	33	32	36	40	40	44	45	46	48	48	49	49	49	44.3	52	32
12	49	47	49	48	49	47	48	49	49	46	43	40	35	35	38	40	42	43	44	52	52	49	49	49	45.5	52	35
13†	47	44	40	43	40	40	38	46	45	39	35	29	19	08	25	26	68	56	79	60	67	72	65	63	45.6	79	08
14	62	52	39	24	20	13	23	37	50	53	52	44	55	56	62	56	54	54	60	56	56	56	55	53	47.6	62	13
15	52	51	52	52	52	52	48	51	52	48	45	46	42	44	47	48	50	48	51	53	53	55	70	66	51.2	70	42
16†	53	44	40	40	44	37	39	45	48	38	50	112	118	114	100	88	116	46	63	85	72	75	76	70	67.2	118	37
17†	68	64	68	71	58	06	51	52	39	42	53	48	46	52	69	113	59	126	87	100	105	108	105	64	68.9	126	**06**
18†	82	57	57	54	54	51	44	55	67	64	61	61	57	59	62	68	71	75	62	62	56	63	67	68	61.5	82	44
19	64	63	63	56	57	58	60	58	55	52	52	51	51	55	57	56	69	56	53	56	70	66	75	69	59.2	75	51
20	64	60	60	57	56	57	60	60	56	53	44	48	47	50	52	51	56	54	51	68	63	63	66	51	56.1	66	44
21	57	86	76	65	54	61	58	58	59	54	46	38	39	43	46	51	48	56	50	58	59	58	63	52	55.6	86	38
22	50	56	57	57	56	56	56	56	52	48	44	40	40	46	52	48	52	56	52	65	80	60	66	64	54.5	80	40
23	65	54	56	54	56	54	53	52	44	48	44	40	44	48	48	50	51	52	55	58	55	59	58	54	52.2	65	40
24*	56	57	55	56	55	56	58	56	52	48	41	40	42	47	48	46	52	52	56	54	56	58	58	59	52.4	59	40
25*	58	58	60	59	60	58	57	55	48	46	44	44	47	52	53	52	53	52	51	55	56	57	60	62	54.0	62	44
26	64	62	60	60	56	56	58	55	48	44	33	27	40	36	36	34	42	42	52	52	60	58	52	44	48.8	64	27
27†	50	50	46	56	47	44	49	47	42	39	43	36	28	28	34	33	146	104	108	144	135	130	136	127	**70.9**	**146**	28
28	71	60	61	58	56	57	58	60	58	49	48	43	38	46	48	49	58	61	61	68	68	70	68	63	57.4	71	38
29	57	53	47	39	51	51	51	54	57	65	58	55	48	51	55	54	57	71	71	102	102	80	73	69	61.3	102	39
30	74	75	58	40	49	50	57	57	52	48	44	44	46	54	64	61	49	51	60	64	75	94	100	66	59.7	100	40
31	58	52	52	49	50	52	52	58	57	56	55	50	50	56	60	60	57	56	61	61	67	69	88	60	57.7	88	49
Mittel	57	54	52	49	49	47	49	51	50	47	43	42	42	45	48	50	56	56	56	64	66	64	66	60	52.7	76	34

Vertikalkomponente.

Niemegk — $Z = 0.43\,500\ \Gamma + \text{Tafelwert}$ — 1944

Tag	0h–1h	1h–2h	2h–3h	3h–4h	4h–5h	5h–6h	6h–7h	7h–8h	8h–9h	9h–10h	10h–11h	11h–12h	12h–13h	13h–14h	14h–15h	15h–16h	16h–17h	17h–18h	18h–19h	19h–20h	20h–21h	21h–22h	22h–23h	23h–24h Weltzeit	Tagesmittel	Max.	Min.
Januar																									γ		
1	85	88	89	90	90	91	88	88	89	92	92	91	92	96	113	132	130	123	114	113	111	107	103	100	**100.3**	**132**	85
2	98	98	97	96	96	96	96	95	97	98	98	96	97	98	98	100	100	99	100	100	99	98	96	95	97.6	100	95
3*	94	94	94	94	95	95	95	92	93	96	93	93	95	96	95	93	92	92	88	94	94	94	94	93	93.7	96	88
4*	93	91	90	90	91	91	92	91	92	93	96	95	97	95	93	93	93	94	93	94	95	95	96	96	93.3	97	90
5	83	80	86	90	90	92	91	90	90	94	94	94	92	92	93	98	100	100	99	97	97	94	96	93	92.7	100	80
6*	94	93	93	92	93	93	93	93	93	96	94	93	93	95	94	93	93	92	94	94	95	97	98	98	94.0	98	92
7*	96	94	94	92	92	92	92	92	94	97	97	95	93	93	93	92	91	92	93	93	94	94	93	93	93.3	97	91
8	93	93	93	92	90	90	90	86	87	91	94	95	95	97	98	99	100	98	96	95	92	94	93	93	93.4	100	86
9	92	87	86	87	89	89	88	88	88	90	90	88	87	90	92	93	94	97	95	94	93	93	94	89	90.6	97	86
10	92	92	92	90	90	89	88	87	87	90	91	88	91	93	93	94	95	96	94	93	96	93	77	77	**90.3**	96	77
11†	83	86	87	78	79	86	87	89	92	97	93	94	94	95	97	102	106	101	108	103	95	90	90	90	92.5	108	83
12	89	92	91	92	92	93	93	97	101	101	101	102	103	103	106	113	110	105	103	102	98	97	98	91	98.8	113	89
13†	84	76	84	85	87	89	92	92	94	97	97	95	97	108	105	103	102	104	106	101	97	89	84	86	94.0	108	**76**
14†	89	92	89	87	90	93	91	89	91	96	98	92	98	104	113	112	111	108	110	103	100	94	94	92	97.4	113	87
15†	86	84	88	84	85	89	91	93	94	95	93	93	94	98	99	106	105	108	100	102	97	88	76	81	92.9	108	**76**
16†	88	82	83	88	92	93	94	92	94	97	96	97	101	104	107	111	109	105	105	100	96	95	90	88	96.2	109	82
17	81	83	89	91	92	90	91	92	94	98	98	102	104	108	111	110	104	100	102	97	97	98	97	92	96.8	111	81
18	92	93	93	93	93	91	94	95	97	102	103	101	101	102	102	101	101	104	103	97	98	97	94	92	97.4	104	91
19	92	92	93	90	92	93	94	95	97	98	98	97	96	96	96	98	100	102	99	99	97	97	95	90	95.6	102	90
20	90	93	93	92	93	93	94	94	95	98	100	103	105	105	102	102	99	99	100	100	99	94	92	93	97.0	105	90
21	93	92	92	92	93	93	94	93	91	91	95	96	97	99	100	97	95	94	95	96	96	95	94	94	94.5	100	91
22	91	85	89	89	90	90	90	92	94	95	95	96	97	99	98	97	97	96	96	95	94	95	94	94	93.7	99	85
23	94	93	92	91	91	92	92	92	92	95	95	92	93	96	96	96	95	94	93	93	95	95	94	89	93.3	96	89
24	84	90	91	92	92	92	92	92	90	90	90	89	92	96	96	97	99	96	94	92	91	91	91	91	92.0	99	84
25	90	90	90	90	90	90	90	90	86	86	89	89	89	95	97	97	96	96	94	92	94	92	91	92	91.5	97	86
26	92	92	92	92	92	91	90	87	86	88	90	89	90	87	86	85	91	96	100	108	108	100	90	94	92.3	108	85
27	95	94	94	95	95	94	93	91	90	90	91	92	96	98	99	98	96	98	97	104	105	103	97	96	95.9	105	90
28	95	91	91	92	92	92	92	89	88	90	90	89	89	93	96	95	97	96	96	100	95	95	95	95	93.0	100	88
29	95	94	94	94	94	94	93	91	89	86	87	87	86	92	96	99	97	98	96	96	96	96	95	93	93.3	99	86
30*	93	93	92	91	90	91	90	88	87	88	88	87	87	91	92	93	94	94	94	94	94	94	94	94	91.4	94	87
31	94	92	90	90	90	90	89	88	86	87	84	82	83	88	92	94	97	98	99	104	107	104	100	97	92.7	107	82
Mittel	91	90	91	90	91	92	92	91	92	94	94	93	94	97	98	100	100	99	99	98	97	95	93	92	94.2	103	86
Februar																									γ		
1	94	94	94	94	94	94	94	92	89	88	84	82	83	89	93	92	92	93	94	94	97	97	96	94	92.0	97	82
2	93	93	93	92	91	91	89	91	92	91	92	91	93	96	95	95	95	94	94	95	96	96	95	95	93.3	96	89
3*	94	93	92	92	91	91	91	88	86	85	86	90	91	94	94	94	93	93	93	92	91	91	91	91	91.1	94	85
4	91	90	90	87	85	85	84	82	84	85	84	84	84	90	90	90	92	93	94	94	91	90	90	90	88.4	94	82
5	91	90	90	88	88	87	87	86	85	84	84	82	83	86	86	86	87	88	92	93	93	93	90	88	**87.8**	93	82
6	88	89	88	88	88	88	88	88	89	88	86	85	89	91	93	92	91	90	89	89	89	90	90	89	89.0	93	85
7†	88	86	86	85	84	83	84	83	84	87	92	90	104	121	129	130	123	112	108	104	87	71	79	84	95.2	**130**	71
8†	73	68	79	86	89	88	89	86	89	90	93	94	96	106	107	107	110	106	103	94	86	81	88	92	91.7	110	68
9†	93	93	92	92	92	93	92	84	87	90	93	98	106	122	119	112	106	107	105	96	95	95	95	94	**98.0**	122	84
10	90	93	91	86	85	84	88	89	90	92	96	97	100	106	106	105	106	104	96	94	98	95	95	94	95.0	106	84
11	88	88	84	83	87	87	89	94	94	98	100	100	100	104	105	105	104	99	100	98	98	94	92	93	95.1	105	83
12	93	91	89	88	86	89	90	88	88	89	95	97	100	105	107	103	103	99	98	98	98	98	97	97	95.3	107	86
13	97	96	96	95	94	94	94	92	90	90	91	91	91	96	98	102	101	102	101	99	95	92	90	79	94.2	102	79
14†	87	79	62	67	53	66	62	66	76	84	95	96	103	117	112	113	107	104	104	101	96	96	96	96	89.1	117	**53**
15†	90	92	83	88	89	92	92	92	91	92	97	91	106	110	109	107	107	101	102	101	95	96	86	88	96.0	110	83
16	92	94	94	94	96	95	96	98	98	97	97	99	100	101	101	101	100	100	100	100	100	96	96	96	97.5	101	92
17	91	93	94	95	95	96	97	97	95	93	92	96	97	100	99	99	98	97	95	96	97	95	95	95	95.6	100	91
18*	95	95	95	96	95	95	95	94	94	94	95	95	95	98	98	98	97	97	96	96	96	94	94	95	95.4	98	94
19	95	94	95	95	94	94	94	94	94	96	95	94	93	94	94	95	94	94	94	94	94	95	95	95	94.4	96	93
20	94	95	95	93	92	91	90	89	88	87	87	88	96	108	115	102	102	105	104	106	107	108	105	97	97.7	115	87
21	88	93	97	97	97	95	95	96	96	97	98	100	100	101	102	102	99	99	99	99	99	98	99	100	97.8	102	88
22	99	95	93	95	94	95	94	94	94	94	93	93	91	92	95	96	97	97	98	97	97	98	98	99	95.3	99	91
23	98	97	97	95	96	95	95	94	92	90	88	91	93	94	96	98	98	98	99	99	99	99	94	94	95.3	99	88
24*	94	94	95	95	94	93	92	92	92	93	91	88	86	89	92	92	92	94	94	94	97	97	94	96	92.9	97	86
25*	94	93	94	93	93	93	92	93	93	90	86	86	87	90	92	93	92	91	92	92	92	94	93	93	91.7	94	86
26	93	93	93	93	92	92	92	92	92	89	86	87	86	86	89	91	91	92	92	92	93	95	95	94	91.3	95	86
27*	93	93	94	93	94	92	92	90	89	86	83	84	86	90	93	95	94	94	94	93	93	93	93	94	91.5	95	83
28	91	90	91	90	90	89	89	88	88	87	86	86	85	86	89	90	90	92	92	94	93	93	92	92	89.8	94	85
29	92	92	91	90	90	90	91	93	92	87	82	85	87	91	95	97	97	99	99	98	96	94	94	93	92.3	99	82
Mittel	92	91	91	90	90	90	90	90	90	90	91	91	94	98	100	99	99	98	97	96	95	94	93	93	93.4	102	84

Vertikalkomponente.

Niemegk

$Z = 0.43\,500 + \text{Tafelwert}$ Γ

1944

0h 1h 2h 3h 4h 5h 6h 7h 8h 9h 10h 11h 12h 13h 14h 15h 16h 17h 18h 19h 20h 21h 22h 23h 24h Weltzeit

März

Tag	0h	1h	2h	3h	4h	5h	6h	7h	8h	9h	10h	11h	12h	13h	14h	15h	16h	17h	18h	19h	20h	21h	22h	23h	Tages-mittel γ	Max.	Min.
1*	93	92	93	92	89	90	91	89	87	87	88	87	85	86	88	89	91	91	91	92	92	93	93	93	90.2	93	85
2	87	84	88	90	90	88	91	91	89	87	86	88	91	95	96	98	97	97	97	98	93	93	92	93	91.7	98	84
3*	92	92	92	91	91	91	91	92	91	86	84	86	86	88	90	90	89	90	91	92	92	92	92	91	90.1	92	84
4	90	88	88	89	87	88	88	91	96	88	81	84	96	97	100	105	104	104	103	105	100	95	89	87	93.0	105	81
5	90	91	92	93	92	93	94	94	89	86	82	82	85	88	96	98	103	103	106	104	100	97	96	96	93.9	106	82
6	93	90	87	92	88	91	92	88	86	85	83	82	89	92	101	102	103	101	98	91	87	93	88	90	91.2	103	82
7†	90	89	87	82	86	91	92	92	89	84	84	87	93	101	114	126	119	108	102	100	100	98	98	88	95.8	126	82
8	89	92	94	96	94	97	95	95	94	91	89	90	94	98	99	100	101	105	103	94	98	97	95	94	95.6	105	89
9	93	80	76	85	87	87	86	87	86	86	87	96	96	99	103	103	110	111	103	96	94	91	91	81	92.6	111	76
10†	80	87	91	87	84	90	91	97	97	93	92	101	110	118	127	127	115	105	95	99	99	89	82	84	97.5	**127**	80
11	86	93	94	97	95	95	95	92	89	90	91	91	90	96	101	102	101	98	104	102	102	99	98	96	95.8	104	86
12	94	88	89	92	93	92	90	90	89	87	86	88	90	92	105	119	119	116	111	101	92	92	84	85	95.1	119	84
13	86	85	84	84	89	92	93	92	89	87	87	90	94	105	111	114	108	103	98	98	97	97	96	97	94.9	114	84
14	97	96	93	91	95	94	96	93	91	91	88	89	90	93	96	98	100	100	100	96	98	96	96	96	94.8	100	88
15*	96	96	97	97	97	97	98	97	93	90	87	87	90	92	92	95	97	97	97	97	97	97	97	98	94.9	98	87
16	94	93	93	93	89	90	94	93	90	88	86	89	89	90	99	104	104	104	101	99	99	98	98	98	94.8	104	86
17*	98	98	97	97	97	97	98	95	92	87	82	82	83	86	90	97	98	97	96	96	96	97	97	96	93.7	98	82
18	95	95	95	94	93	93	93	95	90	83	78	76	78	84	89	92	92	93	98	104	109	104	88	82	91.3	109	76
19†	65	67	44	57	75	87	92	92	90	89	88	87	90	100	106	104	103	99	101	104	98	100	98	86	**88.4**	106	**44**
20	87	93	96	97	98	99	99	96	94	92	89	90	92	96	99	102	102	101	102	103	103	102	101	99	97.3	103	87
21	98	99	98	99	97	97	100	98	94	88	89	89	92	95	99	102	103	102	102	106	106	105	98	95	98.0	106	88
22	97	98	99	90	91	93	93	90	87	82	81	83	82	83	89	94	95	96	97	97	98	98	98	98	92.0	99	81
23	97	97	96	96	97	98	98	96	94	89	84	84	86	92	98	101	102	102	102	101	99	95	91	96	95.4	102	84
24*	96	96	96	96	96	96	96	91	90	86	82	83	86	88	94	96	94	93	93	93	94	93	94	95	92.4	96	82
25	94	94	93	93	94	96	94	92	87	82	82	84	89	91	92	92	93	97	102	103	104	103	92	91	93.1	104	82
26†	88	90	89	88	83	85	88	90	88	83	80	82	91	93	94	103	100	99	98	98	98	98	96	94	91.5	103	80
27†	89	47	73	67	63	62	78	87	91	95	96	98	101	102	110	115	117	111	105	105	97	95	98	96	91.5	117	47
28	95	97	99	100	101	103	104	100	94	92	87	90	93	96	103	110	113	113	112	109	104	99	94	94	**100.0**	113	87
29	91	74	75	87	91	85	81	85	86	82	84	86	92	101	108	113	119	119	115	108	104	103	103	103	95.6	119	74
30	100	89	87	92	93	97	101	98	93	88	85	87	92	98	104	105	105	107	106	103	103	102	94	85	96.3	107	85
31	83	88	92	95	96	97	99	98	98	95	92	93	94	98	103	103	103	101	100	100	100	101	100	97	97.0	103	83
Mittel	91	89	89	90	91	92	93	93	89	88	86	88	91	95	100	103	103	102	101	100	98	97	94	93	94.0	106	81

April

Tag	0h	1h	2h	3h	4h	5h	6h	7h	8h	9h	10h	11h	12h	13h	14h	15h	16h	17h	18h	19h	20h	21h	22h	23h	Tages-mittel γ	Max.	Min.
1	97	97	94	97	98	103	104	99	93	87	82	83	86	92	96	98	100	101	103	102	100	98	94	81	95.1	104	81
2†	82	74	63	68	75	80	91	103	89	107	109	129	118	114	117	116	114	118	127	128	123	120	108	102	103.2	129	**63**
3	108	100	102	97	101	103	106	104	101	97	96	95	96	99	107	107	110	109	108	110	107	107	102	95	102.8	110	95
4†	94	97	102	102	103	108	114	112	107	101	100	104	109	113	116	120	118	118	113	111	110	109	100	102	**107.6**	120	94
5†	101	100	104	100	100	106	108	107	104	100	95	95	95	100	107	112	122	118	109	111	110	104	92	91	103.8	122	91
6†	97	95	96	99	99	102	104	108	100	100	104	100	101	109	111	117	116	116	109	105	104	103	101	95	103.7	117	95
7	98	101	89	92	97	102	104	104	104	100	92	87	89	95	100	103	107	104	112	109	101	86	87	93	98.2	112	86
8	87	92	97	99	99	102	104	104	98	90	85	86	98	102	104	104	108	108	105	104	98	97	96	99	98.6	108	85
9	100	101	102	103	103	104	104	104	100	95	92	90	96	102	103	104	103	101	99	100	100	101	89	90	99.4	104	89
10	89	89	92	95	95	89	90	98	100	101	94	95	101	108	110	112	110	108	105	105	105	105	104	104	100.3	112	89
11	95	94	98	100	104	106	108	105	100	95	93	89	90	94	97	99	106	112	111	107	105	95	95	95	99.7	112	89
12	89	86	82	90	94	98	101	101	99	96	92	89	92	95	99	101	102	103	103	101	102	102	101	100	96.5	103	82
13*	100	100	100	101	101	103	104	101	95	89	86	88	93	98	101	102	101	99	99	99	99	98	98	99	98.0	104	86
14*	98	98	98	98	97	98	99	96	89	82	73	70	76	81	86	90	94	95	96	96	96	96	96	97	**91.4**	99	70
15	96	93	94	94	94	97	99	98	93	87	83	86	91	92	93	93	93	94	93	94	99	93	88	92	92.9	99	83
16†	96	95	93	73	83	89	92	94	95	97	100	101	113	125	134	140	141	135	125	118	114	110	108	101	107.1	**141**	73
17	103	102	104	98	97	98	100	100	97	97	92	90	90	93	101	105	103	102	103	103	103	104	104	102	99.8	105	90
18	100	97	92	95	96	98	98	95	90	84	83	83	90	96	98	98	100	102	103	103	102	101	100	96	95.8	103	83
19*	94	96	98	99	99	99	99	95	94	90	87	86	87	93	98	100	101	103	100	100	100	100	100	100	96.6	103	86
20	99	98	99	99	96	96	96	95	94	88	82	83	86	93	94	96	98	101	100	100	100	100	100	99	95.5	101	82
21	100	100	99	98	97	96	95	93	90	82	79	79	84	84	87	90	93	94	94	95	96	96	97	97	92.4	100	79
22*	97	97	97	98	98	98	98	98	97	87	77	77	85	91	94	95	96	97	96	96	96	97	97	97	94.0	98	77
23*	97	97	97	97	97	97	96	94	90	85	79	74	76	84	90	93	95	96	96	95	95	96	96	96	91.9	97	74
24	96	92	92	92	95	96	94	97	91	86	79	76	81	86	92	93	97	104	104	101	98	94	97	93	92.7	104	76
25	86	85	92	94	96	95	95	94	93	89	85	83	87	93	95	96	96	98	100	102	99	100	98	95	93.5	102	83
26	93	92	95	96	96	97	94	92	90	84	74	74	80	90	95	97	99	104	108	103	100	97	96	93	93.3	108	74
27	92	94	95	95	96	95	96	94	89	81	76	76	78	88	94	98	105	110	111	107	100	100	97	90	94.0	111	76
28	94	94	91	96	92	94	98	97	95	87	77	72	73	83	88	99	105	106	108	104	104	100	99	98	93.9	108	72
29	98	97	97	98	99	96	95	94	86	81	78	76	81	90	93	97	98	99	100	99	98	98	98	98	93.5	100	76
30	98	97	96	98	97	95	86	88	90	83	80	83	86	88	91	92	93	99	101	100	99	99	99	93	92.9	101	80
Mittel	96	95	95	95	96	98	99	99	96	91	87	87	90	96	100	102	104	105	105	104	102	100	98	96	97.3	108	82

Vertikalkomponente.

Niemegk — $Z = 0.43\,500\ \Gamma + \text{Tafelwert}$ — 1944

0h 1h 2h 3h 4h 5h 6h 7h 8h 9h 10h 11h 12h 13h 14h 15h 16h 17h 18h 19h 20h 21h 22h 23h 24h Weltzeit

Tag																									Tagesmittel	Max.	Min.
Mai																											
																									γ		
1†	86	88	91	93	94	95	94	94	94	89	84	85	93	111	142	155	162	139	127	118	112	105	95	89	**105.5**	**162**	84
2†	92	97	95	100	100	103	89	93	88	83	82	88	100	115	112	112	114	110	109	106	103	101	100	99	99.7	114	82
3	98	100	101	98	101	100	99	97	95	92	88	84	93	100	100	103	106	104	102	102	102	101	102	101	98.6	106	84
4†	101	101	101	101	100	102	101	96	93	85	80	85	88	93	96	103	105	108	121	114	105	98	99	99	99.0	121	80
5	90	81	82	90	96	100	103	100	92	81	81	84	89	102	114	109	105	109	114	110	106	105	105	103	97.8	114	81
6†	99	85	90	96	100	100	96	95	95	92	88	95	98	104	110	109	111	112	111	107	105	102	100	100	100.1	112	85
7	101	102	102	100	101	101	101	94	84	80	81	88	93	103	109	114	118	117	115	110	100	99	101	101	100.6	118	80
8	99	99	94	95	95	96	94	93	90	86	83	87	95	99	103	103	105	105	104	103	103	102	102	102	97.3	105	83
9	102	102	103	103	103	102	101	99	94	88	84	82	90	93	97	100	102	103	105	103	104	102	101	99	98.4	105	82
10	99	100	101	100	101	100	100	98	95	92	84	84	90	95	98	100	101	101	101	100	100	100	100	99	97.4	101	84
11	95	98	99	100	99	98	99	95	88	78	74	74	79	84	90	94	95	98	97	97	98	97	97	97	92.5	100	74
12	97	94	94	97	97	95	95	92	89	82	76	77	83	87	89	92	95	99	100	99	99	98	95	94	92.2	100	76
13*	95	95	96	98	96	96	98	96	93	87	79	78	80	84	87	94	97	99	99	98	98	97	97	96	93.0	99	78
14	96	95	96	97	96	96	95	94	94	82	70	70	75	82	92	96	99	98	98	97	98	97	98	98	92.0	99	70
15	96	89	92	94	92	96	98	98	95	85	75	73	74	83	88	94	97	100	100	100	98	98	98	98	92.2	100	73
16*	96	96	96	98	98	96	96	95	88	81	79	80	84	89	92	92	94	95	95	96	97	97	97	98	92.7	98	79
17	96	94	94	96	98	97	94	90	83	81	77	76	80	87	88	90	92	94	93	93	94	96	96	93	90.5	98	76
18*	92	93	95	97	97	97	97	90	80	69	68	74	79	86	92	94	94	93	93	94	94	94	94	95	89.7	97	68
19	95	94	94	96	96	95	94	88	80	77	77	80	87	93	94	99	98	97	96	95	94	95	95	96	91.9	99	77
20*	95	95	95	96	97	92	92	91	88	83	78	77	83	90	97	96	97	96	94	93	94	94	94	94	91.7	97	77
21*	94	94	94	96	96	93	92	91	90	88	83	77	80	86	90	96	95	95	95	94	94	95	94	92	91.4	96	77
22	93	93	95	95	96	96	93	90	83	75	70	71	77	83	90	93	96	97	96	95	95	91	92	93	89.6	97	70
23	93	93	93	95	91	88	90	85	75	68	69	76	82	86	94	98	99	99	96	95	95	95	95	95	**89.3**	99	68
24	90	88	90	93	94	95	94	94	97	90	86	86	88	89	93	101	107	108	108	108	106	102	97	92	95.8	108	86
25	95	98	98	99	98	95	96	96	93	91	83	82	84	92	96	94	96	100	103	100	100	99	98	98	95.2	103	82
26	94	90	90	94	94	94	93	88	80	74	78	78	81	88	94	98	100	100	99	99	99	98	97	96	91.5	100	74
27	96	95	95	94	96	96	90	92	93	90	84	84	89	94	98	100	104	106	102	100	99	99	99	99	95.6	106	84
28	98	99	99	100	99	99	100	98	94	88	83	83	88	94	100	100	100	101	99	98	98	95	96	96	95.9	101	83
29†	83	86	90	93	93	92	93	92	94	91	83	84	86	94	104	104	112	115	106	105	98	88	82	80	93.8	115	80
30	63	76	83	91	93	94	95	94	90	83	80	84	87	103	106	107	105	99	96	99	99	99	99	99	92.7	107	**63**
31	98	98	100	99	98	98	100	95	93	88	86	89	95	99	99	101	110	117	112	106	105	100	99	97	99.2	117	86
Mittel	94	94	95	97	97	97	96	94	90	84	80	81	85	93	98	101	104	104	103	101	100	98	97	96	94.9	106	78
Juni																											
																									γ		
1	97	98	96	99	100	96	93	89	90	85	85	85	86	85	94	97	99	101	100	100	97	97	97	97	94.4	101	85
2	96	96	97	97	99	99	97	98	92	87	87	86	91	92	95	95	96	96	97	98	97	97	96	97	95.0	99	86
3*	96	96	97	98	98	97	97	96	93	86	79	79	82	90	96	95	96	96	95	95	95	94	94	94	93.1	98	79
4	94	94	95	96	97	96	92	90	88	83	74	70	75	84	90	92	94	93	93	92	92	92	90	89	89.4	97	70
5	88	90	92	94	94	93	94	92	87	81	78	77	83	95	101	101	105	104	99	99	99	98	98	98	93.3	105	77
6	96	96	97	99	97	96	93	90	85	83	84	83	78	84	90	90	94	94	96	97	97	96	95	95	91.9	99	78
7*	95	95	96	95	94	95	96	95	90	88	84	74	77	84	93	97	98	95	94	90	91	93	94	95	91.6	98	74
8*	94	94	96	97	97	98	98	96	93	83	79	77	82	82	82	88	96	96	93	92	92	93	93	92	91.0	98	77
9	92	92	93	93	92	89	89	86	81	81	80	79	86	91	96	100	98	94	92	91	92	92	93	93	90.3	100	79
10*	94	92	92	93	92	92	94	98	99	93	84	77	74	80	86	89	95	96	97	95	94	92	90	90	90.8	99	74
11	91	91	92	93	90	93	96	97	92	83	78	78	79	82	91	98	104	103	105	104	102	100	99	96	93.3	105	78
12*	93	93	94	95	94	96	97	93	88	83	78	75	81	88	89	95	97	96	95	94	94	94	93	93	91.1	97	75
13	93	93	94	95	94	93	92	92	87	82	75	71	75	81	87	88	91	95	96	97	96	95	94	94	89.6	97	71
14	93	91	92	93	94	96	95	92	89	86	80	78	84	92	94	98	103	104	103	101	99	98	98	92	93.5	104	78
15†	85	85	84	76	80	80	84	88	89	82	80	87	94	95	105	111	116	115	115	106	103	96	89	84	92.9	116	76
16	85	89	92	92	94	94	94	92	89	90	88	86	88	90	95	92	95	100	101	104	104	101	97	89	93.4	104	85
17	89	92	95	96	97	95	92	91	86	80	73	76	81	88	98	102	103	97	97	98	97	97	93	90	91.7	103	73
18	93	92	95	95	94	91	91	92	91	82	84	86	88	90	97	98	98	95	93	93	93	94	94	94	92.3	98	82
19	94	95	95	95	95	94	94	90	82	79	79	85	88	90	96	96	97	96	94	94	94	93	93	92	91.8	97	79
20	92	90	91	93	92	90	90	85	80	74	72	77	82	88	93	96	98	98	95	98	99	97	94	88	89.6	99	72
21†	90	92	91	91	89	89	91	91	83	69	60	60	64	79	91	95	99	103	102	100	100	96	95	94	**88.1**	103	**60**
22†	87	90	92	94	82	80	86	87	84	84	84	84	87	96	98	115	114	113	104	100	98	92	87	86	92.6	115	80
23†	88	89	91	92	94	94	97	96	87	85	86	89	92	97	98	104	112	109	104	102	100	97	91	92	95.1	112	85
24	92	93	94	92	92	95	99	98	98	92	82	80	79	84	94	103	104	103	102	100	98	97	96	95	94.3	104	79
25	95	96	97	98	98	97	97	98	94	87	83	79	80	86	90	95	98	97	98	99	96	95	94	94	93.4	99	79
26†	94	95	94	90	89	87	86	89	87	81	77	77	83	95	109	116	122	125	121	115	105	103	100	87	**96.9**	**125**	77
27	88	91	95	93	93	94	98	98	94	86	80	80	82	81	90	96	99	106	105	105	102	99	97	94	93.6	106	80
28	93	95	98	99	99	97	96	98	95	89	84	86	87	92	96	99	98	99	96	95	95	95	95	95	94.7	99	84
29	89	86	90	90	95	83	85	87	85	85	79	78	81	88	94	99	101	100	96	96	96	96	96	96	90.3	101	78
30	95	94	91	93	93	93	91	90	86	81	83	86	90	90	95	100	97	96	96	96	94	93	93	91	92.0	100	81
Mittel	92	92	94	94	94	93	93	92	89	84	80	80	83	88	94	98	101	100	99	98	97	96	94	92	92.4	103	78

Vertikalkomponente.

Niemegk

Γ

$Z = 0.43\,500 + \text{Tafelwert}$

1944

Weltzeit

Tag	0h–1h	1h–2h	2h–3h	3h–4h	4h–5h	5h–6h	6h–7h	7h–8h	8h–9h	9h–10h	10h–11h	11h–12h	12h–13h	13h–14h	14h–15h	15h–16h	16h–17h	17h–18h	18h–19h	19h–20h	20h–21h	21h–22h	22h–23h	23h–24h	Tagesmittel	Max.	Min.
Juli																									γ		
1	91	91	92	91	92	91	93	94	89	78	72	73	75	84	91	90	93	93	94	94	94	92	91	91	88.7	94	72
2	92	92	91	90	89	90	90	84	79	77	77	79	80	87	92	96	95	93	94	94	93	92	91	89	88.6	96	77
3	89	90	91	95	93	91	91	82	80	77	73	79	82	91	97	101	97	96	98	96	94	92	92	92	90.0	101	73
4	91	93	96	97	94	92	94	92	92	87	81	78	82	91	96	97	98	92	90	90	93	92	92	93	91.4	98	78
5	94	94	92	93	93	90	89	87	87	87	86	87	85	89	94	95	95	95	94	92	92	92	91	90	91.0	95	85
6	91	90	91	92	91	88	92	93	88	86	83	85	90	90	92	97	97	96	94	92	91	91	86	82	90.3	97	82
7	87	86	79	76	78	81	82	87	86	83	81	81	82	89	93	92	98	100	98	94	93	92	91	92	87.6	100	76
8	92	92	93	93	93	90	89	88	87	78	67	65	70	75	82	87	92	93	92	91	90	89	89	89	86.1	93	**65**
9†	87	86	84	85	87	85	83	84	83	75	70	72	80	90	97	103	104	103	99	97	96	94	93	92	88.7	**104**	70
10	90	90	90	91	92	95	97	93	91	84	83	85	83	90	95	100	100	100	98	97	92	92	92	92	92.2	100	83
11	92	92	92	92	96	95	95	93	93	90	84	80	80	85	92	95	94	94	92	92	92	92	91	91	91.0	96	80
12	91	90	91	92	91	91	90	86	79	74	73	69	71	72	74	80	84	88	90	89	89	89	89	86	**84.1**	92	69
13	82	83	85	89	88	88	89	89	88	90	84	79	79	83	90	95	93	92	91	91	90	90	90	90	87.8	95	79
14	89	89	88	90	90	90	92	92	87	82	77	74	79	82	85	85	89	91	90	89	90	90	90	90	87.1	92	74
15†	90	90	91	91	88	89	94	86	86	84	80	84	83	85	90	94	96	93	92	94	93	93	92	92	89.6	96	80
16	92	92	92	92	91	90	91	91	90	87	85	78	78	84	93	97	101	101	95	97	92	93	92	92	91.1	101	78
17	92	92	93	97	93	91	88	85	85	85	86	85	86	89	94	98	101	101	98	96	96	94	93	92	92.1	101	85
18	93	92	92	94	94	95	99	97	95	89	83	80	79	85	92	94	93	96	100	100	96	94	94	90	92.3	100	79
19†	85	85	90	94	95	95	96	94	89	80	73	73	79	80	85	89	90	90	90	90	90	91	91	90	87.7	96	73
20†	88	90	92	88	86	86	89	92	96	91	81	82	85	90	93	97	98	97	94	92	94	95	93	93	90.9	98	81
21†	93	93	93	93	92	90	92	92	88	84	76	78	85	88	93	97	100	100	100	100	98	94	93	94	91.9	100	76
22	94	94	94	96	96	96	94	91	89	84	82	78	83	89	94	98	100	100	100	97	95	94	94	93	92.7	100	78
23	93	94	94	95	97	95	95	95	93	89	86	86	88	92	96	98	97	100	98	96	95	94	93	93	**93.8**	100	86
24*	93	93	94	97	98	94	92	91	87	82	82	80	85	90	93	92	94	95	94	93	93	92	93	93	91.2	98	80
25*	92	92	94	95	95	94	94	94	89	85	88	89	88	90	94	94	94	94	93	90	89	89	89	90	91.5	95	85
26*	90	90	89	89	89	91	92	87	81	72	67	66	70	75	83	85	88	89	88	88	89	90	90	90	84.5	92	66
27*	89	89	89	92	92	89	90	89	86	82	77	75	77	81	89	89	89	90	88	89	90	90	90	90	87.1	92	75
28*	90	90	90	91	93	93	93	92	93	88	76	74	79	82	91	90	86	87	88	88	88	88	88	90	87.8	93	74
29	89	89	90	91	92	91	91	91	88	82	75	71	74	80	91	93	92	89	90	89	88	88	86	87	87.0	93	71
30	86	87	89	89	90	87	86	83	81	79	80	79	82	83	87	93	92	90	92	92	91	92	90	89	87.0	93	79
31	87	89	90	87	89	89	89	84	82	79	77	76	77	84	88	90	90	87	87	87	90	92	90	88	86.2	92	76
Mittel	90	91	91	92	92	91	91	90	87	83	79	78	80	85	91	94	94	94	94	93	92	92	91	90	89.3	97	77
August																									γ		
1	90	89	89	88	87	87	86	88	87	82	76	76	78	81	86	88	90	89	91	92	91	91	92	92	86.9	92	76
2†	92	92	92	92	92	92	90	89	86	79	71	68	69	73	80	85	86	88	93	93	91	76	66	67	83.4	93	68
3†	42	36	20	14	24	47	64	69	75	81	91	92	96	101	109	110	106	103	99	97	98	97	94	92	**77.4**	110	**14**
4	88	90	93	96	96	97	97	94	90	86	84	87	88	92	95	94	96	97	96	96	96	95	96	96	93.1	97	84
5	95	93	93	96	97	97	96	92	86	82	81	86	91	92	96	101	100	100	98	97	97	93	95	94	93.7	101	81
6	94	94	95	95	93	94	94	90	88	86	80	75	74	84	88	93	96	96	95	95	96	95	93	92	90.6	96	74
7	92	92	94	93	96	97	100	99	91	86	81	85	81	86	94	97	97	95	92	92	93	93	92	92	92.1	100	81
8	92	92	93	95	96	93	92	92	88	82	75	75	76	83	92	97	98	96	99	93	93	93	93	93	90.5	99	75
9	94	92	89	94	94	93	94	92	88	88	86	82	83	89	93	98	100	98	97	96	95	94	94	93	92.4	100	82
10	91	90	90	90	90	92	93	84	82	83	83	78	74	81	94	98	99	98	98	98	96	94	93	91	90.0	99	74
11	88	86	86	82	86	88	90	91	87	87	81	80	82	92	94	92	92	93	93	94	93	94	93	90	88.9	94	80
12	81	84	88	74	76	77	81	81	79	74	71	76	77	79	82	91	94	94	96	94	93	93	94	87	84.0	96	71
13	83	86	85	88	90	93	94	92	88	88	88	87	83	88	94	95	94	93	92	94	94	94	94	94	90.5	95	83
14	93	93	92	92	94	92	92	92	82	70	64	68	73	75	82	86	85	85	86	88	90	88	90	90	85.1	94	64
15	91	90	90	92	91	91	92	87	79	75	75	78	85	87	91	94	91	91	92	95	94	94	94	94	88.9	95	75
16	93	93	92	92	92	92	93	92	85	74	64	69	75	82	89	92	94	93	92	92	92	91	92	87	87.6	94	64
17	87	88	91	87	92	94	95	93	94	94	92	89	89	89	90	94	94	93	90	93	94	91	90	92	91.5	95	87
18†	93	89	87	90	90	90	90	88	90	81	79	80	83	87	96	101	102	100	102	102	98	97	96	96	92.0	102	79
19	96	88	90	93	94	95	95	97	97	92	87	88	93	100	104	104	103	100	98	98	97	95	96	97	95.7	104	87
20*	94	89	93	95	98	100	98	94	93	84	78	83	86	89	94	95	96	96	96	96	96	95	95	95	92.8	100	78
21*	95	95	95	94	94	95	96	97	93	89	83	80	83	85	90	95	96	95	95	95	96	94	94	94	92.4	97	80
22	94	93	92	94	94	93	94	97	94	91	86	83	88	93	95	97	98	95	94	94	94	94	93	92	93.0	98	83
23	92	79	82	84	87	87	89	89	87	81	77	81	89	98	104	106	109	107	106	105	104	102	99	98	93.4	109	77
24	98	97	93	87	89	91	90	90	88	81	73	72	83	96	105	111	107	104	100	100	100	99	98	97	93.7	**111**	72
25*	97	97	97	99	98	99	98	96	95	89	84	85	87	91	96	101	102	101	100	101	100	98	98	98	**96.1**	102	84
26*	97	97	97	96	97	98	99	99	94	87	84	86	86	88	90	94	97	97	95	94	95	94	89	90	93.3	99	84
27	89	89	93	95	96	98	96	98	95	89	84	86	89	91	93	94	95	96	95	95	97	98	97	96	93.5	98	84
28†	94	95	93	93	93	95	101	89	89	83	78	84	88	93	96	100	106	106	101	97	91	91	92	96	93.5	106	78
29*	96	96	96	97	97	97	96	94	90	80	79	84	84	87	89	93	94	95	96	96	95	95	95	95	92.3	97	79
30	92	88	90	90	89	90	92	92	87	78	78	83	86	92	93	94	94	94	95	97	96	97	98	97	90.9	98	78
31†	95	89	86	84	88	89	91	89	84	76	78	82	84	90	96	100	106	109	104	95	97	96	93	90	91.3	109	76
Mittel	91	89	89	89	90	91	92	91	88	83	80	81	83	88	93	96	97	97	96	96	95	94	93	92	90.7	99	76

Vertikalkomponente.

Niemegk — $Z = 0.43500 + \text{Tafelwert}$ (Γ) — 1944

Weltzeit

Tag	0h–1h	1h–2h	2h–3h	3h–4h	4h–5h	5h–6h	6h–7h	7h–8h	8h–9h	9h–10h	10h–11h	11h–12h	12h–13h	13h–14h	14h–15h	15h–16h	16h–17h	17h–18h	18h–19h	19h–20h	20h–21h	21h–22h	22h–23h	23h–24h	Tagesmittel	Max.	Min.
September																									γ		
1	85	85	82	88	89	91	95	94	90	83	74	75	84	90	96	94	96	96	95	95	95	95	96	93	**89.9**	96	**74**
2†	81	80	79	78	78	83	89	92	94	85	79	92	100	104	105	106	105	104	104	103	98	97	89	87	92.2	106	78
3	88	85	90	95	97	100	102	102	97	92	86	83	89	95	98	102	102	97	97	97	97	98	97	97	95.1	102	83
4	97	96	96	96	96	96	97	95	90	87	85	84	83	88	91	94	94	94	98	100	100	96	94	88	93.1	100	83
5	80	82	89	92	94	95	95	95	89	82	78	82	86	89	94	98	97	96	96	96	97	97	97	96	91.3	98	80
6	96	96	95	96	97	98	98	98	98	93	91	88	87	90	92	96	96	96	96	96	96	96	96	97	94.9	98	87
7	96	96	96	96	96	98	96	98	100	97	87	86	90	94	97	100	101	100	99	99	99	98	98	97	96.4	101	86
8	97	97	97	96	97	100	100	100	98	95	92	90	95	102	106	106	105	101	101	101	100	101	101	101	99.1	106	90
9*	95	94	96	98	100	101	101	101	95	86	86	88	89	93	95	98	99	99	99	99	98	99	97	98	96.0	101	86
10	98	98	98	96	96	98	98	97	93	87	81	80	81	88	96	98	96	93	95	97	101	100	101	100	94.4	101	80
11	98	96	95	96	96	97	98	97	93	87	85	86	91	94	97	99	99	99	99	98	98	94	92	87	94.6	99	85
12	88	92	92	90	92	93	94	94	91	85	82	83	88	93	98	99	101	99	100	100	100	98	99	97	93.7	101	82
13	94	94	95	97	98	98	98	97	94	86	84	87	89	92	93	95	96	98	99	98	97	98	94	93	94.3	99	84
14	92	94	93	88	93	93	98	98	94	89	83	82	84	92	99	104	105	108	106	104	102	102	101	101	96.0	108	82
15*	99	100	99	98	99	99	102	100	97	90	84	88	94	98	98	97	95	95	96	96	96	97	98	98	96.4	102	84
16*	98	98	98	97	97	98	102	102	97	91	87	87	92	98	102	102	99	98	99	98	98	98	99	100	97.3	102	87
17*	100	100	100	99	100	100	98	95	93	89	87	86	89	95	98	96	97	96	97	96	96	96	97	97	95.7	100	86
18	95	95	88	92	94	96	97	98	96	93	90	91	97	102	104	104	102	100	99	100	100	100	100	100	97.2	104	88
19*	100	100	100	99	100	101	101	100	94	89	86	89	91	92	95	96	97	97	96	97	98	98	99	98	96.4	101	86
20	98	98	98	96	97	99	100	97	93	84	80	84	88	92	95	97	96	96	98	97	98	99	100	93	94.7	100	80
21†	96	91	91	79	89	92	92	95	92	90	91	92	93	94	99	99	100	103	104	103	105	104	103	101	95.8	105	79
22	99	95	96	96	97	99	100	98	94	89	82	82	85	89	94	99	101	102	103	99	98	98	91	83	94.5	103	82
23	84	89	94	96	96	100	103	105	100	89	82	84	88	92	92	96	98	97	96	96	102	106	103	103	95.5	106	82
24†	90	75	88	92	97	99	102	101	102	95	90	94	101	108	112	110	106	105	106	108	108	103	92	94	99.1	112	75
25	97	98	94	97	100	103	106	106	103	99	96	96	94	96	102	103	102	102	104	104	106	101	101	95	100.2	106	94
26	91	85	91	95	98	102	105	105	103	95	88	90	93	97	105	106	103	103	103	102	103	97	100	100	98.3	106	85
27†	101	101	101	100	100	103	105	102	101	96	92	94	95	99	101	103	103	112	115	113	107	100	100	103	102.0	115	92
28	104	104	104	102	102	104	106	104	103	100	96	95	97	100	104	105	104	103	105	105	104	102	101	102	102.3	106	95
29	102	102	102	101	101	99	102	102	98	96	94	95	96	99	101	102	102	103	104	105	103	102	102	102	100.6	105	94
30†	102	102	101	100	100	100	102	100	98	95	91	90	92	105	119	137	132	116	113	107	110	110	108	91	**105.0**	**137**	90
Mittel	95	94	95	95	96	98	99	99	96	90	86	87	91	95	99	101	101	100	101	100	100	99	98	96	96.4	104	85
Oktober																									γ		
1†	94	101	105	105	106	106	107	107	107	104	102	106	105	106	109	110	113	118	116	112	103	94	92	102	105.4	118	92
2	102	103	104	106	107	108	109	108	106	103	99	102	104	107	106	107	107	108	106	107	103	104	100	101	104.9	109	99
3	100	102	101	102	104	102	106	105	101	96	94	97	103	109	115	113	114	111	109	106	99	100	94	90	103.0	115	90
4	90	97	101	103	106	109	112	112	107	104	106	106	108	111	111	111	111	109	106	104	105	105	105	105	106.0	112	90
5*	106	105	102	102	106	108	111	111	108	98	93	95	99	102	108	108	105	106	106	105	105	106	106	105	104.4	111	93
6	105	104	102	102	103	107	107	106	103	96	96	101	101	103	104	105	104	107	111	118	117	112	101	101	104.8	118	96
7	103	106	106	107	108	109	112	110	106	102	102	102	105	107	110	112	109	108	108	107	106	106	104	105	106.7	112	102
8*	105	105	106	106	105	108	109	109	108	104	101	102	105	105	108	108	107	106	107	107	107	107	106	105	106.1	109	101
9*	100	100	100	101	102	105	109	107	102	97	92	95	97	98	103	104	104	104	104	104	104	104	104	104	**101.8**	109	92
10	104	103	103	102	102	103	106	105	102	101	100	102	102	102	107	106	105	105	105	105	105	103	101	98	99	103.0	107	98
11†	90	74	74	59	78	91	98	99	97	91	86	90	93	100	106	117	142	138	133	125	122	119	116	113	102.1	**142**	59
12	113	112	111	109	108	110	113	112	106	100	99	102	106	108	112	114	114	115	114	112	107	106	106	106	109.0	115	99
13	107	106	106	107	108	110	110	110	106	101	98	99	103	110	116	117	116	115	114	114	113	107	106	104	108.4	117	98
14†	99	105	107	108	110	111	113	110	105	105	107	113	116	117	120	125	128	122	123	121	114	108	91	57	109.8	128	57
15†	47	47	66	79	90	104	114	114	109	108	109	111	116	120	121	121	118	120	121	124	118	110	89	91	102.8	124	**47**
16	103	108	110	111	112	114	118	114	109	105	104	103	106	111	115	114	114	117	118	117	116	115	115	111	111.7	118	103
17	106	104	109	110	111	112	114	111	106	103	103	105	106	109	112	112	111	111	112	113	115	114	110	113	109.7	115	103
18	112	110	111	113	113	113	116	116	112	105	107	111	115	115	117	115	114	114	114	112	111	111	112	112	112.5	117	105
19*	112	112	110	111	112	114	116	112	107	106	105	108	110	111	114	113	111	112	112	111	113	113	113	113	111.3	116	105
20	112	112	111	112	113	115	117	116	112	108	107	107	109	111	111	110	112	115	118	116	115	112	106	108	111.9	118	106
21*	110	110	110	110	110	112	112	110	108	104	104	106	110	112	112	110	111	116	117	116	116	113	111	111	110.9	117	104
22	112	111	111	111	110	110	112	112	110	105	105	105	109	110	114	111	113	114	114	115	114	113	112	110	111.0	115	105
23	111	111	110	108	109	110	110	106	106	106	105	105	108	110	112	120	130	134	138	131	126	117	98	94	113.1	138	94
24†	105	110	104	103	106	108	112	107	106	106	110	112	112	112	116	114	116	118	123	124	124	118	118	117	112.5	124	103
25	112	112	113	114	115	115	118	119	116	112	112	113	113	115	117	114	114	117	116	111	116	113	114	113	114.3	119	111
26	106	105	105	110	112	115	118	118	118	116	117	117	116	117	117	117	116	116	116	117	114	116	115	114	114.5	118	105
27	112	110	112	112	112	113	116	112	106	106	106	109	114	117	118	116	115	116	115	115	113	113	113	114	112.7	118	106
28	114	113	112	112	112	113	115	113	108	104	105	109	112	116	120	120	120	120	119	118	119	117	116	116	114.3	120	104
29	114	114	113	114	114	113	113	114	111	108	111	112	115	116	114	113	114	114	116	117	116	117	115	116	113.9	117	108
30	115	115	115	115	116	116	118	116	116	116	116	117	118	121	121	117	116	116	116	115	115	115	115	116	**116.3**	121	115
31	116	116	111	110	112	113	114	113	112	110	111	114	114	120	121	121	121	121	125	122	116	114	114	115	115.7	125	110
Mittel	104	105	105	106	108	110	112	111	108	104	104	106	108	111	113	113	114	115	115	114	112	110	107	106	109.2	118	97

Vertikalkomponente.

Niemegk

Z = 0.43500 Γ + Tafelwert

1944

November

Tag	0h–1h	1h–2h	2h–3h	3h–4h	4h–5h	5h–6h	6h–7h	7h–8h	8h–9h	9h–10h	10h–11h	11h–12h	12h–13h	13h–14h	14h–15h	15h–16h	16h–17h	17h–18h	18h–19h	19h–20h	20h–21h	21h–22h	22h–23h	23h–24h	Tagesmittel γ	Max.	Min.
1	116	117	116	116	115	116	115	116	116	114	112	113	117	119	119	117	117	116	116	116	115	115	114	114	115.7	119	112
2	114	114	115	115	114	114	114	115	114	114	115	114	116	116	117	117	117	116	116	116	115	114	114	115	**115.0**	117	114
3	115	115	114	114	114	115	115	115	111	109	111	114	118	121	121	124	124	125	122	121	119	118	117	117	117.0	125	109
4†	116	116	116	115	116	115	116	118	118	118	118	122	125	129	130	132	132	128	127	126	125	123	119	118	121.6	132	115
5†	118	117	116	110	108	110	114	115	116	115	115	118	124	128	129	129	128	133	140	138	130	107	104	105	119.5	140	**104**
6†	105	106	107	107	108	110	111	119	122	123	124	126	127	132	133	129	126	123	123	123	124	123	123	123	119.9	133	105
7	123	122	120	120	120	119	118	119	117	117	117	120	123	124	125	127	126	124	125	126	126	122	119	120	121.6	127	117
8	120	118	114	116	117	116	116	118	118	118	121	123	125	127	124	122	121	120	120	121	121	120	120	119	119.8	127	114
9	118	117	118	115	117	118	118	121	120	118	119	121	123	125	124	124	124	123	122	124	120	121	121	120	120.5	125	115
10†	120	120	120	119	118	118	118	116	112	108	112	115	121	123	122	122	131	135	132	132	128	126	125	125	121.6	135	108
11	124	123	122	122	121	121	122	124	123	120	124	124	125	124	124	124	123	124	123	123	123	123	123	123	123.0	125	120
12	122	121	121	120	120	120	120	122	122	118	118	121	123	123	123	122	122	122	121	120	120	120	121	121	121.0	123	118
13*	121	120	120	120	118	118	118	119	117	115	116	119	122	121	121	120	120	120	119	118	120	120	119	120	119.2	122	115
14	119	118	118	117	117	117	117	117	116	115	116	119	122	124	123	123	125	126	126	124	122	122	121	120	120.2	126	115
15*	120	121	120	120	120	119	119	118	115	111	115	118	122	124	122	122	121	122	121	122	122	120	119	120	119.7	124	111
16	120	120	120	119	118	118	118	118	118	118	118	120	120	123	124	123	123	121	120	120	122	122	122	122	120.3	124	118
17	122	121	121	120	121	120	120	120	120	120	118	117	119	120	120	121	120	120	120	121	120	120	120	118	120.0	122	117
18	116	114	116	117	117	118	119	121	121	122	121	121	122	125	129	129	126	124	122	121	121	121	120	121	121.0	129	114
19	120	121	121	118	119	119	118	120	120	114	114	115	118	120	123	125	123	124	124	124	125	123	122	121	120.4	125	114
20†	120	120	120	121	116	112	114	115	115	116	118	122	127	137	142	149	158	161	153	144	140	137	122	126	**129.4**	**161**	112
21	127	127	128	127	127	127	126	123	120	120	120	121	125	126	126	128	128	127	126	126	126	127	127	127	125.5	128	120
22	126	126	126	126	125	125	125	125	125	122	121	120	122	124	125	126	128	127	127	127	126	125	125	124	124.9	128	120
23	124	125	120	122	122	122	123	124	124	123	121	121	121	123	125	127	127	128	129	128	127	126	125	125	124.2	129	120
24*	125	125	124	123	122	122	122	120	119	117	115	117	118	120	123	124	124	124	125	125	124	125	124	124	122.1	125	115
25*	123	123	122	122	122	121	121	120	119	119	118	118	119	121	122	121	121	121	122	121	121	121	121	121	120.8	123	118
26	122	116	116	117	118	120	121	121	118	116	117	119	122	125	126	126	124	124	123	122	123	123	124	124	121.1	126	116
27*	123	123	122	120	120	121	121	121	121	120	122	124	126	127	126	125	124	124	123	123	123	122	122	122	122.7	127	120
28	122	122	122	123	122	122	122	120	119	119	121	123	124	125	126	125	124	123	122	122	122	122	122	123	122.4	126	119
29	123	121	122	121	121	119	119	117	118	119	118	118	120	122	123	124	125	123	123	124	121	122	122	122	121.1	125	117
30	119	120	120	121	121	120	119	118	119	119	117	116	119	123	124	127	126	126	126	126	127	125	125	126	122.0	127	116
Mittel	120	120	119	119	118	118	119	119	118	117	118	119	122	124	125	125	125	125	125	124	123	122	121	121	121.1	128	115

Dezember

Tag	0h–1h	1h–2h	2h–3h	3h–4h	4h–5h	5h–6h	6h–7h	7h–8h	8h–9h	9h–10h	10h–11h	11h–12h	12h–13h	13h–14h	14h–15h	15h–16h	16h–17h	17h–18h	18h–19h	19h–20h	20h–21h	21h–22h	22h–23h	23h–24h	Tagesmittel γ	Max.	Min.
1	124	123	123	123	122	122	121	119	118	119	120	123	124	125	129	136	135	133	131	130	132	128	128	127	125.6	136	118
2	124	117	118	121	122	121	124	123	124	123	124	126	127	129	130	132	139	141	139	131	132	128	128	127	127.1	141	117
3	126	124	123	126	125	125	126	125	123	119	118	121	124	128	128	128	128	129	129	128	127	127	126	123	125.2	129	118
4	123	123	123	123	124	123	123	123	122	123	124	125	126	126	128	127	128	127	127	127	127	127	126	126	125.0	128	122
5	125	125	125	123	122	123	123	124	124	125	126	127	127	129	130	130	130	128	128	128	129	129	125	124	126.2	130	122
6	120	119	121	122	123	124	124	125	124	125	126	128	127	127	128	131	131	131	131	131	129	129	127	127	126.2	131	119
7*	126	125	125	126	126	126	126	125	123	121	124	126	126	125	126	126	126	126	127	127	126	126	126	125	125.5	127	121
8	125	125	125	125	125	124	124	124	124	124	124	124	125	127	128	129	129	130	129	129	128	128	128	126	126.0	130	124
9	125	123	121	121	120	121	122	120	119	118	119	120	120	121	123	125	127	128	130	130	130	129	128	127	123.6	130	118
10*	125	125	126	126	126	126	126	125	123	122	122	124	125	127	127	126	125	127	127	127	127	127	126	126	125.6	127	122
11*	126	126	125	124	125	125	124	121	119	117	118	122	124	126	128	127	127	127	126	125	126	126	126	126	124.3	129	117
12	126	124	124	123	122	122	121	120	119	118	120	120	121	124	125	124	123	123	124	125	125	125	125	126	**122.9**	126	118
13†	125	124	123	122	122	122	122	119	116	113	115	114	119	126	128	132	149	155	156	150	144	140	128	125	128.6	156	113
14	127	127	127	116	108	110	114	120	121	125	129	133	140	142	144	143	140	137	135	134	132	132	133	133	129.2	144	**108**
15	133	132	133	133	132	132	130	128	127	127	127	129	134	134	133	133	130	129	129	130	129	131	122	124	130.0	134	122
16†	124	124	125	124	122	119	120	116	117	115	117	125	133	158	299	402	312	257	210	192	182	172	167	165	**170.8**	**402**	115
17†	163	162	162	162	163	154	150	156	156	156	159	161	162	167	181	192	200	178	184	169	157	158	151	141	164.4	200	141
18†	147	152	151	151	151	151	151	150	150	151	154	155	161	164	165	162	161	159	159	156	154	151	151	152	154.4	165	147
19	152	151	151	151	150	150	150	149	147	147	149	151	154	155	156	156	154	154	154	152	150	149	149	151	151.3	156	147
20	152	151	151	150	151	150	150	149	149	147	147	147	150	151	151	150	149	147	150	151	150	149	146	140	149.1	151	140
21	137	138	142	144	139	141	142	143	144	144	146	144	146	149	149	149	150	151	151	151	151	149	149	151	145.7	151	137
22	145	143	144	145	145	145	145	146	146	148	147	147	150	149	147	148	149	148	148	148	149	151	150	151	147.2	151	143
23	149	148	147	146	144	144	143	143	143	142	143	146	148	147	146	147	147	147	147	147	146	145	145	145	145.7	149	142
24*	144	144	143	142	142	142	142	141	143	144	141	141	143	143	143	145	145	145	146	146	145	145	145	145	143.6	146	141
25*	146	145	145	144	144	144	143	141	142	141	140	140	145	144	143	144	144	144	143	144	144	145	145	145	143.5	146	140
26	145	144	143	142	141	141	142	140	140	141	140	143	145	144	143	142	139	141	142	142	144	140	140	138	141.9	145	138
27†	137	135	131	130	132	133	134	137	137	139	142	147	155	162	180	208	221	202	197	185	172	155	138	118	155.3	221	118
28	113	128	139	145	147	147	146	145	146	147	147	148	150	147	147	147	149	149	149	148	146	146	147	147	144.7	150	113
29	148	146	144	144	140	140	140	142	143	145	146	149	151	151	150	151	151	152	152	145	142	144	143	144	145.9	152	140
30	138	137	141	140	139	139	139	142	144	144	142	144	149	149	150	148	146	146	145	144	146	145	141	141	143.3	150	137
31	140	141	141	142	143	142	142	140	140	140	139	135	140	145	146	148	149	150	151	152	149	148	144	143	143.7	152	135
Mittel	134	134	134	134	134	133	133	133	133	133	133	135	138	140	146	151	150	146	145	143	141	140	137	136	138.1	154	128

Weltzeit

FSC
www.fsc.org
MIX
Papier | Fördert gute Waldnutzung
FSC® C083411

Zeitfracht Medien GmbH
Ferdinand-Jühlke-Straße 7
99095 Erfurt, Deutschland
produktsicherheit@kolibri360.de